JN326967

VETERINARY EMERGENCY MEDICINE SECRETS

小動物医療
救急救命
シークレット

編集
WAYNE E. WINGFIELD, DVM, MS

■

監訳
安川明男

■

翻訳
吉川幸一・廣中俊郎・村田　篤・斉藤　聡
畑　孝・松倉克仁・麻生真由美・阿部　嗣
増田　聖・内藤晴道・梅原絵麻・鈴木通之
堀川元樹・増田智之・上ノ堀雅子

ANIMAL MEDIA

VETERINARY EMERGENCY MEDICINE SECRETS

WAYNE E. WINGFIELD, DVM, MS
Diplomate, AVECC, ACVS
Professor and Chief, Emergency and Critical Care Medicine
Department of Clinical Sciences and
Veterinary Teaching Hospital
Colorado State University
College of Veterinary Medicine and Biomedical Sciences
Fort Collins, Colorado

HANLEY & BELFUS, INC./ Philadelphia

VETERINARY EMERGENCY MEDICINE SECRETS

© 1997 by Hanley & Belfus, Inc. All rights reserved. No part of this book may be reproduced, reused, republished, or transmitted in any form, or stored in a data base or retrieval system, without written permission of the publisher.

Hanley & Belfus, Inc から出版された Veterinary Emergency Medicine Secrets の日本語版独占翻訳権は、有限会社アニマル・メディア社が保有します。

献　辞

　筆者らは、この1冊を私達の過去・現在そして未来の患者達にささげます。彼らは私達により良い物を作り上げることを示唆しました。私達が進歩していくことに対し何の疑いも抱かずに…。

　そして私の両親 Opal と Bud の終生の愛と友情、そして彼らの励ましに。また、私の輝く瞳である Shawna と Yvonne に、最後に私の愛する人であり友人である Suzan に、この1冊をささげます。

WEW
（WAYNE E. WINGFIELD）

VETERINARY EMERGENCY MEDICINE SECRETS

小動物医療
救急救命
シークレット

■

CONTENTS

■

目次

監訳　安川明男
（西荻動物病院・上石神井動物病院）

CONTENTS 目次

献辞	5
執筆者一覧	14
編者序文	18
日本語監訳者序文	19

I 生命の危機を伴う動物の救急救命療法
翻訳　吉川幸一［猫の病院フェリス］

1	小動物救急救命医療における指針の決定	23
2	小動物における心肺停止と蘇生法	26
3	呼吸困難	40
4	うっ血性心不全の病態生理学	47
5	ショック	54
6	急性胃拡張-捻転	60
7	アナフィラキシー	64
8	低体温	69
9	熱射病	72

II 外傷症例における救急救命療法
翻訳　廣中俊郎［廣中動物病院］

10	外傷治療における優先順位	79
11	動脈出血	83
12	呼吸器の救急小動物医療	86
13	外傷性心筋炎	89
14	外傷症例における輸液薬の選択	92
15	輸血	98
16	脳損傷	104
17	急性脊髄損傷	113
18	末梢神経外傷	117
19	四肢の外傷	121
20	腹部損傷	125
21	小動物救急救命医療における疼痛管理	129

III 救急救命状態でよくみられる一次症状　　翻訳　村田　篤［動物病院ムラタベッツ］

22	嘔吐	141
23	下痢	145
24	失神と発作	148
25	運動失調	150
26	食欲不振	152
27	発熱	156
28	排尿困難	159
29	腸閉塞と便秘	164
30	歯の破折	167
31	膿瘍と蜂窩織炎	169
32	ガラガラヘビ毒中毒	171
33	跛行	176
34	伝染病	180

IV 眼科疾患における救急救命療法　　翻訳　斉藤　聡［石山通り動物病院札幌］

35	眼の急性外傷	187
36	眼球内出血	193
37	急性失明	198
38	ブドウ膜炎	202
39	緑内障	207
40	視力に関する危険性-角膜潰瘍	212

V 呼吸器系疾患における救急救命療法　　翻訳　畑　孝［いぐさ動物病院］

41	猫の喘息	219
42	吸引（誤嚥）性肺炎	222
43	犬フィラリア症	225
44	肺血栓塞栓症	230
45	喉頭麻痺	233

46	溺れによる衰弱	234
47	肺水腫	237
48	喀血	241
49	煙吸引と熱（火）傷	242

VI 心臓血管系疾患における救急救命療法　翻訳　松倉克仁［蔵の街動物医療センター］

50	心内膜疾患に起因する僧帽弁閉鎖不全	249
51	拡張型心筋症	252
52	不整脈	261
53	心臓のペースメーカー	267
54	心膜滲出	271
55	猫の心筋疾患	277
56	全身性の動脈血栓塞栓症	285

VII 腫瘍および血液疾患における救急救命療法　翻訳　麻生真由美［西荻動物病院］

57	腫瘍患者における好中球減少症、敗血症、血小板減少症	293
58	急性腫瘍融解症候群	300
59	血液凝固系の疾患	302
60	腫瘍患者における代謝性の救急救命療法	305
61	腫瘍の治療によって誘発されるうっ血性心不全	311
62	化学療法薬誘発性アナフィラキシー	316
63	化学療法薬の漏出	319
64	化学療法薬誘発性急性腎不全	322
65	貧血、血小板減少症、低蛋白血症	327

VIII 神経疾患における救急救命療法
翻訳　阿部　嗣［篠崎動物病院］

66	椎間板疾患	333
67	発作	336
68	髄膜炎と脳炎	340
69	昏睡	345
70	急性進行性下位運動ニューロン疾患	349
71	脳死	352

IX 代謝性疾患における救急救命療法
翻訳　増田　聖［増田動物病院］

72	真性糖尿病	357
73	低血糖症	363
74	急性膵炎	366
75	副腎皮質機能低下症	369
76	腹膜炎	375
77	カリウム異常	381
78	マグネシウム異常	387
79	低蛋白血症	391
80	液体と電解質治療	394
81	酸‐塩基平衡異常	401
82	門脈体循環シャント	409
83	肝リピドーシスと急性肝炎	413

X 消化器系疾患における救急救命療法
翻訳　内藤晴道［ハート動物クリニック］

84	消化器内の異物	419
85	犬の出血性胃腸炎	424
86	食道の障害	425
87	犬パルボウイルス	429
88	腸重積	435
89	大腸炎	439

XI　生殖器系疾患における救急救命療法
翻訳　梅原絵麻［西荻動物病院］

90	子宮蓄膿症	445
91	嵌頓性包茎	448
92	子癇	450
93	難産	452
94	流産	458

XII　泌尿器系疾患における救急救命療法
翻訳　鈴木通之［新桜どうぶつ病院］

95	急性細菌性前立腺炎と前立腺膿瘍	463
96	尿路感染症と急性腎盂腎炎	466
97	急性腎不全	472
98	猫の閉塞性下部尿路疾患	479
99	腹膜透析と血液透析	486

XIII　毒物を原因とする症例の救急救命療法
翻訳　堀川元樹［日向台ほりかわ動物病院］

100	よくある中毒とそのアプローチ法	495
101	エチレン・グリコール中毒	502
102	鉛中毒	505
103	有機リン酸塩とカルバメート系殺虫剤による中毒	507
104	血液凝固阻害性殺鼠剤による中毒	512
105	コレカルシフェロール中毒	515
106	中毒性発作	518
107	咬傷と刺傷	521
108	市販の非ステロイド性抗炎症剤による中毒	525

VIX 救急救命治療の手技

翻訳　増田智之［おおまち動物病院］

109	一時的な気管切開術	531
110	胸腔ドレナージ	537
111	心膜穿刺	545
112	緊急静脈確保	550
113	尿道カテーテル法	553
114	腹腔穿刺	563
115	脳脊髄液の採取と評価	570
116	侵襲的血圧モニタリング	577
117	非侵襲的血圧モニタリング	580
118	経腸栄養	585
119	機械的換気	593
120	眼の初期評価	595

附表　救急救命用薬物リスト　　翻訳　上ノ堀雅子［西荻動物病院］　601

執筆者一覧　CONTRIBUTORS

Jonathan A. Abbott, DVM, Dip. ACVIM
Associate Professor, Department of Veterinary Internal Medicine, Western College of Veterinary Medicine, University of Saskatchewan, Saskatoon, Saskatchewan, Canada

Karin Allenspach, DMV
Emergency and Critical Care Medicine, Department of Medicine, Tufts University School of Veterinary Medicine, North Grafton, Massachusetts

Andrew William Beardow, BVM&S, MRCVS, Dip. ACVIM
Vice-President, Cardiopet, Inc., Veterinary Referral Centre, Little Falls, New Jersey

Jean M. Betkowski, VMD
Division of Cardiology, Department of Medicine, Tufts University School of Veterinary Medicine, North Grafton, Massachusetts

Terri E. Bonenberger, DVM
Associate Veterinarian, Emergency Animal Clinic, Dallas, Texas

Derek P. Burney, DVM, PhD, Dip. ACVIM
Associate Veterinarian, Gulf Coast Veterinary Internists, Gulf Coast Veterinary Specialists, Houston, Texas

Leslie J. Carter, RVT, MS, VTS
Supervisor, Critical Care Unit, Veterinary Teaching Hospital, Colorado State University, College of Veterinary Medicine and Biomedical Sciences, Fort Collins, Colorado

Kelly J. Diehl, DVM, MS, Dip. ACVIM
Staff Veterinarian, Internal Medicine Section, Veterinary Referral Center of Colorado, Denver, Colorado

Dianne Dunning, DVM, MS
Small Animal Surgery, Colorado State University, College of Veterinary Medicine and Biomedical Sciences, Fort Collins, Colorado

Teresa L. Dye, DVM
Emergency Clinician, Wheat Ridge Animal Hospital, Wheat Ridge, Colorado

Tam Garland, DVM, PhD, Dip. ABVT
Department of Physiology and Pharmacology, Texas A&M University, College of Veterinary Medicine, College Station, Texas

Kristi L. Graham, DVM
Small Animal Internal Medicine, Department of Companion Animals, Atlantic Veterinary College, University of Prince Edward Island, Charlottetown, Prince Edward Island, Canada

Timothy B. Hackett, DVM, MS, Dip. AVECC
Assistant Professor, Department of Clinical Sciences, Veterinary Teaching Hospital, Colorado State University, College of Veterinary Medicine and Biomedical Sciences, Fort Collins, Colorado

Peter W. Hellyer, DVM, MS, Dip. ACVA
Associate Professor of Anesthesiology, Colorado State University, College of Veterinary Medicine and Biomedical Sciences, Fort Collins, Colorado

Orna Kristal, DVM
Department of Medicine, Tufts University School of Veterinary Medicine, North Grafton, Massachusetts

Michael S. Lagutchik, DVM
Emergency and Critical Care Medicine, Colorado State University, College of Veterinary Medicine and Biomedical Sciences, Fort Collins, Colorado

India F. Lane, DVM, MS, Dip. ACVIM
Assistant Professor of Companion Animal Medicine, Department of Companion Animals, and Internist and Medicine Service Chief, Veterinary Teaching Hospital, Atlantic Veterinary College, University of Prince Edward Island, Charlottetown, Prince Edward Island, Canada

Michael R. Lappin, DVM, PhD, Dip. ACVIM
Associate Professor, Clinical Sciences, Colorado State University, College of Veterinary Medicine and Biomedical Sciences, Fort Collins, Colorado

Stephanie J. Lifton, DVM, Dip. ACVIM
Staff Internist, VCA West Lost Angeles Animal Hospital, Los Angeles, California

Catriona MacPhail, DVM
Small Animal Medicine and Surgery, Colorado State University, College of Veterinary Medicine and Biomedical Sciences, Fort Collins, Colorado

Dennis W. Macy, DVM, MS, Dip. ACVIM
Department of Clinical Sciences, Colorado State University, College of Veterinary Medicine and Biomedical Sciences, Fort Collins, Colorado

Steven L. Marks, BVSc, MS, MRCVS, Dip. ACVIM
Assistant Professor of Companion Animal Medicine, Department of Veterinary Clinical Sciences, Louisiana State University, School of Veterinary Medicine, Baton Rouge, Louisiana

Linda G. Martin, DVM, MS, Dip. ACVECC
Veterinary Referral Center of Colorado, Denver, Colorado

Cary L. Matwichuk, DVM, MVSc, Dip. ACVIM
Clinical Instructor, Department of Small Animal Clinical Sciences, College of Veterinary Medicine, Knoxville, Tennessee

John J. McDonnell, DVM, MS
Department of Neurology, Tufts University, School of Veterinary Medicine, North Grafton, Massachusetts

James Michael McFarland, DVM
Medical Director, Emergency Animal Clinic, Dallas, Texas

Christopher Alan McReynolds, DVM, BA
Small Animal Internal Medicine, Department of Clinical Sciences, Veterinary Teaching Hospital, Colorado State University, College of Veterinary Medicine and Biomedical Sciences, Fort Collins, Colorado

Lynda Melendez, DVM
Department of Clinical Sciences, Colorado State University College of Veterinary Medicine and Biomedical Sciences, Fort Collins, Colorado

Steven Mensack, VMD
Emergency and Critical Care, Department of Medicine, Tufts University, School of Veterinary Medicine, North Grafton, Massachusetts

Eric Monnet, DVM, PhD, Dip. ACVS, Dip. ECVS
Assistant Professor, Small Animal Surgery, Soft Tissue, Department of Clinical Sciences, Colorado State University, College of Veterinary Medicine and Biomedical Sciences, Fort Collins, Colorado

Colleen Murray, DVM
Staff Veterinarian, Emergency Animal Clinic, Dallas, Texas

Robert J. Murtaugh, DVM, MS, Dip. ACVIM, Dip. ACVECC
Professor, Department of Medicine, Tufts University, School of Veterinary Medicine, North Grafton, Massachusetts

J. Bruce Nixon, DVM
Chief of Overnight Services, Metroplex Veterinary Centre, Irvine, Texas

Maura G. O'Brien, DVM, Dip. ACVS
Staff Surgeon, VCA West Los Angeles Animal Hospital, Los Angeles, California

Gregory K. Ogilvie, DVM, Dip. ACVIM
Professor, Department of Internal Medicine/Oncology, Colorado State University, College of Veterinary Medicine and Biomedical Sciences, Fort Collins, Colorado

Donald A. Ostwald, Jr., DVM
Wheat Ridge Animal Hospital, Wheat Ridge, Colorado

Therese E. O'Toole, DVM
Small Animal Medicine, Department of Medicine, Tufts University, School of Veterinary Medicine, North Grafton, Massachusetts

Cynthia C. Powell, DVM, MS, Dip. ACVO
Assistant Professor, Department of Clinical Sciences, Colorado State University, Fort Collins, Colorado

Lisa Leigh Powell, DVM
Department of Emergency and Critical Care Medicine, Tufts University, School of Veterinary Medicine, North Grafton, Massachusetts

Jeffrey Proulx, DVM
Department of Emergency and Critical Care Medicine, Tufts University, School of Veterinary Medicine, North Grafton, Massachusetts

Adam J. Reiss, DVM
Emergency and Critical Care, Wheat Ridge Animal Hospital, Wheat Ridge, Colorado

Steven M. Roberts, DVM, MS, Dip. ACVO
Associate Professor, Department of Clinical Sciences, Colorado State University, College of Veterinary Medicine and Biomedical Sciences, Fort Collins, Colorado

Elizabeth Rozanski, DVM, Dip. AVECC
Staff Veterinarian in ICU/Emergency Medicine, Department of Medicine, Tufts University, School of Veterinary Medicine, North Grafton, Massachusetts

Howard B. Seim, III, DVM, Dip. ACVS
Associate Professor, Chief Small Animal Surgical Section, Department of Clinical Sciences, Colorado State University, College of Veterinary Medicine and Biomedical Sciences, Fort Collins, Colorado

Carolyn M. Selavka, VMD, MS
Director of Clinical Services, New Haven Central Hospital for Veterinary Medicine, New Haven, Connecticut

Cynthia J. Stubbs, DVM
Small Animal Internal Medicine, Department of Clinical Sciences, Colorado State University, College of Veterinary Medicine and Biomedical Sciences, Fort Collins, Colorado

Nancy S. Taylor, DVM
Department of Emergency and Critical Care Medicine, Tufts University, School of Veterinary Medicine and Warwick Animal Hospital, North Grafton, Massachusetts

Andrew J. Triolo, DVM, MS, Dip. ACVIM
Intern Director, VCA West Los Angeles Animal Hospital, Los Angeles, California

Deborah R. Van Pelt, DVM, MS, Dip. ACVECC
Wheat Ridge Animal Hospital, Wheat Ridge, Colorado

Ann E. Wagner, DVM, MS, Dip. ACVA
Associate Professor of Anesthesiology, Veterinary Teaching Hospital, Colorado State University, College of Veterinary Medicine and Biomedical Sciences, Fort Collins, Colorado

J. Michael Walters, DVM
Assistant Medical Director, Emergency Animal Clinic, Dallas, Texas

Ronald S. Walton, DVM
Emergency Medicine and Critical Care, Veterinary Teaching Hospital, Colorado State University, College of Veterinary Medicine and Biomedical Sciences, Fort Collins, Colorado

Suzanne G. Wingfield, RVT, VTS
Veterinary Specialist II, Veterinary Teaching Hospital, Colorado State University, College of Veterinary Medicine and Biomedical Sciences, Fort Collins, Colorado

Wayne E. Wingfield, DVM, MS, Dip. AVECC, Dip. ACVS
Professor and Chief, Emergency and Critical Care Medicine, Department of Clinical Sciences, Veterinary Teaching Hospital, Colorado State University, College of Veterinary Medicine and Biomedical Sciences, Fort Collins, Colorado

Lori A. Wise, DVM, MS, Dip. ACVIM
Wheat Ridge Animal Hospital, Wheat Ridge, Colorado

Erika Zsombor Murray, DVM
Department of Medicine, Tufts University, School of Veterinary Medicine, North Grafton, Massachusetts

編者序文

　動物の救急救命医療は、ここ数年の間に、内科学、外科学、麻酔学、腫瘍学とならんで獣医学の中の重要な専門分野に浮上してきた。救急救命医療は、飼い主が獣医師による処置を必要とする最も一般的な状況のうちの1つである。救急救命医療においては、最少限の検査データと最も短い時間内での評価によって診断し、そして治療を施す技術を必要とする。獣医療の最前線で、獣医師が日常的に直面する疑問に対する正確な解答を得ることが、救急救命医療を取り囲んでいる無秩序な環境を打ち破るファーストステップとなる。

　Secrets Series は、長期間にわたってヒトの医療の多くの分野における標準的な参考書であった。Secrets Series の必要性は、学生、学位取得後の研修医、獣医師と大学の教育スタッフに十分に知られている。我々は通常、重要な情報を得るために読まなければならない資料の多さに困惑している。この問題を解決する手段として、救急救命医療でよくある重要な疑問に解答を得るための情報を本シリーズを通じて引き出した。

　学生や獣医師に対する指導は、疑問に対し、解答することによって成し得られる。重要な疑問とそれに対する解答を知ることは、学生にとっても、獣医師にとっても成功するための秘訣となる。医療はただ1つの基本的事実のみに集中するだけでは、達成はできない。獣医療の患者には、直ちに取りかからなければならない問題が多い。このため本書においては、救急救命医療施設や動物病院での治療中とその後に発生する可能性の高い重要な問題に関する項目について簡潔にまとめている。

　シリーズものとしてまとめられている他の書籍のように、Veterinary Emergency Medicine Secrets を伝統的な教科書にするつもりはない。この本を編集するにあたって我々は、単純化しすぎず、また複雑化しすぎないように試みた。本書の大部分の箇所で、我々は、アカデミックな教科書で数多く論じられている内容の繰り返しにならないように意識して努力した。その代わりに我々は獣医学的資源（人材）をコツコツと探りあてることによって、経験豊富な臨床家、前途有望な学生、そして最も重要なことに、実際に最前線で活躍する研修医の手助けを得ることができた。その調和が読者に対して、本書の大意と共に最新技術のアイデアと実際的な情報を提供できることを切望している。

　我々は多くの疑問とそれに解答するために、多くの患者や飼い主、そして学生の助けを受けた。我々の患者達とは、理解できる言葉でコミュニケーションをとることはできないが、ただ彼らと共に過ごし、観察し、そして学習することは、コミュニケートする意味と、彼らのニーズに応える手段とを教えてくれる。暗黒時代からより優れた医療を供給できる時代へと導いてくれたことに対し、救急救命医療のローテーションをやりとげた多くの学生諸君に心から感謝する。特にコロラド大学の 1997 年の卒業生に感謝する。彼らは、ソクラテス式問答法の教育理論を研究し、大成功を収めている。執筆を助けてくれた獣医師と動物看護師諸氏の洞察は非常に楽しく、比類ない熱意に満ちており、その将来は非常に明るい。我々は、読者諸氏が本書を学ぶことに喜びを感じていただけることを祈って止まない。

Wayne E. Wingfield, DVM, MS

日本語版監訳者序文

　本書（原書）は、第一線の小動物臨床獣医師の手によって手筆、編纂されたＡ５変型判、小型のいわゆるハンドブック型の書籍である。しかしながらその内容は、14章の章立ての中に、各科で起こり得る救急救命症例について詳細に考察し、その膨大な治療実践に基づいた診断治療手技を基礎理念はもとより、実際の治療手技に関する筆者ら独自の工夫に至るまで細かく盛り込まれ、その膨大な情報量は大書に匹敵する内容であろうと思われる。これだけのボリュームを擁する本、ハンドブックを米国、欧州の獣医臨床家のみならず、獣医科学生が座右の書として日頃から実際的な救急救命医療を学んでいる事実を考えると、日本の一臨床獣医師として少々焦燥感を感じる。

　"救急救命医療は医療の原点であるだろう！"
　現在の医療については、各科に細分化されそれぞれの科目で詳細な教育を受け、細部に至った診療を目指し、日々進歩してきている感を多くの人々が抱いていることだろう。しかし、昔も今も救急救命の原理、原則は不変であるはずだ。

　また救急救命こそ第一線の開業獣医師の手腕の見せ所であるに違いない！現在、我が国の獣医科大学の動物医療センターによっては一次獣医療は全く施さない状況にあるという。やはり、救急救命の手腕は私達、在野の動物病院の臨床家がその技術を日頃から研ぎ澄まされなければならない。私自身、遅きに失した感を否定はできないが、改めて救急救命医療技術の向上に努めていかなければならないことを再認識するにあたり、本書は十分に充実した内容を提供してくれていると思う。

　本書の翻訳は、常に小動物の救急救命症例に接する臨床家諸氏によって実施して頂いた。それぞれ各科を専門的に勉強した経験を持ち、臨床例にその知識と技術を提供している先生方であると思われ、非常に素晴しい内容の翻訳原稿を頂いた。本書の内容に不備があるとすれば、それは監訳者の責であると考えられる。

　読者諸兄の知識と技術を持って更に救急救命医療が向上され、あわせて本書が更に充実していくことを願って止まない。

2004年　白露
安川明男

I

生命の危機を伴う動物の救急救命療法
Life-threatening Emergencies

Section Editor : Wayne E. Wingfield, D.V.M., M.S.

I

生命の危機を生ずる動物の救急救命法
Life-threatening Emergencies

Section Editor: Wayne E. Wingfield, DVM, MS

1. 小動物救急救命医療における指針の決定
DECISION MAKING IN VETERINARY EMERGENCY MEDICINE
Wayne E. Wingfield, D.V.M., M.S.

1. 獣医療において救急救命医療はなぜ重要なのか？
   救急症例は、動物の医療における来院症例の60％を占めているからである。

2. 救急患者に対する対応は、一般の外来患者と比べてどこが違うのか？
   総合的に病歴を聴取し、身体検査、一般臨床検査、特殊診断検査を行い、除外リストを作成していては、時間がかかりすぎる場合が多い。獣医師は、最少の病歴と明らかな外傷や疾患を特定するような簡単な身体検査で対処し、さらに、動物の検査をしている間に、治療を開始しなければならないことが多い。

3. 救急とは？
   救急とは、来院した飼い主によって迅速な処置が必要だと認識されたすべての疾患、または外傷である。すべての「救急」が生命の危機にあるものではない。したがって答えを出さなければならない最も重要な問題は「何が動物の生命を脅かしているのか」である。救急においては、診断と治療を通常どおりの決まった方法で行っていたのでは、この問題に対する迅速な解答にはならない。救急には、お決まりの方法が通用しない、厳しい時間の制約がある。

4. 生命の危機に陥った動物をどのようにして認識するか？
   生命の危機にある動物を迅速に認識するには、以下の3点が必要である。
   1. 主訴の聴取
   2. 完全で正確な一連のバイタルサイン（生命徴候）の確認
   3. 視診、聴診、触診の実施

5. 主訴はなぜ重要か？
   主訴は、獣医師が問題を大まかに分類する手助けとなる（呼吸器、心臓血管、外傷、泌尿器等）。

6. 救急の初期治療において、バイタルサインはなぜそれほどまでに重要なのか？
   バイタルサインは、獣医師に役立つ最初の客観的な情報を示しているものである。その結果は、主訴と合わせて生命の危機にある患者の大まかな治療の優先順位の決定に利用される。

7. 救急患者で最も重要なバイタルサインは？
   - 呼吸数と呼吸様式

- 心拍数と心調律
- 脈拍数とその調律、そしてその特徴
- 正確な深部体温
- 粘膜色と毛細血管再充填時間

8. 正常なバイタルサインを決定する要素は？

　年齢、動物の習性、基礎的な身体状態、医学的異常（例えば、高血圧、脳脊髄液圧の上昇）、そして直近に投薬されている薬物が、来院した動物の正常なバイタルサインを決定するものとして重要となる。一例として、体調の良い競技用の狩猟犬種が大きな外傷を負って来院したときの心拍数が100回／分であるとする。その犬はおそらくショックを起こし、相当量の出血を伴っていると考えられる。なぜなら、その犬の正常心拍数は毎分約40～50回／分だからである。

9. 動物の視診、聴診、触診はなぜ必要か？

　多くの例で、これらを実施することは生命の危険性を鑑別する補助となる（例えば、異常を起こしている部位は上部呼吸器か下部呼吸器か、あるいは循環器にあるかなど）。動物に触れることは、圧痛部位の確認に役立つ。皮膚の触診は、ショックが血管収縮性（外傷性、循環血液量減少性、心原性）なのか、血管拡張性（敗血症性、神経性、アナフィラキシー性）なのかを判断するのに重要である。聴診によって、下部気道（例えば、気管支収縮、緊張性気胸）または循環（僧帽弁閉鎖不全、大動脈狭窄）に関連する生命の危機を特定することができる。

10. 生命の危険を確認した場合、その後には何をするか？

　生命の危機を回避するために介入せよ。異常が緊張性気胸による呼吸困難である場合は、直ちに胸腔穿刺が必要である。失血が問題な場合には、循環血液量の補充と出血の制御（可能であれば）が必要となる。

11. 生命の危険を確認し、そこから回避することができた後には何をするか？

　獣医師は除外リストを検討し、最も深刻な状態から治療を開始し、順次、優先順位の高いものから治療をしていくべきである。頭部が重度に腫脹し、呼吸困難を起こしている幼犬を1つの例として挙げる。獣医師はそれが外傷によるものであると仮定するばかりでなく、蜂窩織炎、アナフィラキシー、ガラガラヘビ毒などによる中毒の可能性も考慮にいれなければならない。呼吸困難が軽減されたら、他の可能性についても考え、適切な行動がとれるような時間をとることができる。

12. 問題点を除外していく方法では、なぜ問題を生じることがあるのか？

　動物の状態を確実に診断するために、最も多くみられそうな状態、あるいは統計的に最も可能性の高い状態を考察していく傾向がある。そのとおりに実行した場合には、獣医師はほとんどの事例で正しいだろうが、普段あまりみられない非常に深刻な異常を見過ごす可能性がある。よって、動物の救急医療では、答えをじっくり考えるのではなく、個々に「反応」することが要求される。このことは可能性のある最も深刻な状態を考察することをも含んでおり、削除可能か理論的思考をしたうえで除外し、その結果正確で一般的に、より共通した診断に到達でき

るのである。

13. 救急状態で、確定診断をつける必要はあるか？
　もちろん、否である。最終的な診断には、時には数時間、数日、数週、さらには数カ月を要することもある。すべての救急患者に診断を確定しなければならないというのは、合理的ではない。救急における獣医師の役割は、動物の救急状態の深刻な、あるいは生命に関わる危険の原因を排除することにある。あなたが動物を安定化させる行動を起こす前に絶対的な確定診断をつけないと行動に移れない強迫観念の持ち主であるならば、救急医療はあなたにとって不適切な仕事となるだろう。

14. 動物を入院させるか否かをどのようにして決定するか？
　難しい質問である。この決定をするには明らかにいくつかの要因が重要である。
- まず考慮すべき要因は、内科的、外科的にみた状態である。次の１つの大切な質問に答えなければならない。「入院しなければできない治療が必要であるか、否か」。例えば、酸素吸入、特殊なモニター、集中的な輸液管理、静脈内の投薬は必要なのか。
- その動物は退院して飼い主のもとに帰ったあと、適切な経過観察と治療が受けられるか。果たして動物の飼い主はいるのか。
- 残念ながら、この決定には経済的な要因が関与しなければならない。飼い主に入院をさせる余裕がない場合、獣医師は２つの重要な決定に直面しなければならない。
①動物の生命存続を危険にさらすことなく自宅で治療し続ける方法があるか。
②動物の状態が安楽死の検討をしなければならないほど重症なものか。

15. 飼い主のいない来院動物の治療には、どのような基準が適応されるか？
- 動物の身元を確認する何らかの方法があるか？マイクロチップがあるかどうか走査する。鼠蹊部や耳介に入れ墨がないか、動物の首輪に鑑札がないかを調べる。動物を連れてきた人に以前その動物を見たことがないかを聞く。病院のスタッフにその動物を知らないかを聞く。
- 動物が、条例で定められた拘留期間の少なくとも一部の期間を拘留するのに、十分に快適に過ごすことができるか？
- その動物を引き取ることができるか？あなたは、これまでに病気や怪我を負った動物を引き取らなかった獣医師、動物看護師、獣医科学生に会ったことはあるだろうか。私は、ないと思う。

　動物が病院に一歩でも入ったら、連れてきた人が診療費を払えようと払えまいと、あなたは少なくとも応急処置を行うことを委託されたということを忘れないで欲しい。

16. 人道的理由で安楽死を行うのはいつか？
　第一に、地方条例を知ることが必要である。動物を快適にさせることができないのであれば、おそらく安楽死が必要となるだろう。すべての医学的記録を記載し、痛み、苦痛、切迫した死、昏睡、重度の呼吸困難、回復不可能なショック状態、制御できない出血、回復不可能な神経損傷のほか、動物が「生存するために必要な状況」にまで回復できそうにないといった用語に注意を払いなさい。

17. 救急時の指針決定において最終的考慮すべきことは？

　救急で動物を連れてきた良きサマリア人（情け深い隣人の意）は、しばしばいろいろなことを言って、あなたの判断を動揺させるだろう。彼らは、支払いをすると申し出ることさえする（しかし、滅多にしない）。こんなときは同僚や専門のスタッフに相談し、最終的には動物にとって良いと考えられることをすれば良いのである。それにしても、是非とも記録だけはしっかりとっておくべきである。

---

2. 小動物における心肺停止と蘇生法
CARDIOPULMONARY ARREST AND RESUSCITATION IN SMALL ANIMALS
Wayne E. Wingfield, D.V.M., M.S.

---

1. 心肺停止の定義を述べ、蘇生法の3つのステージを挙げよ。

　心肺停止は『自発的で有効な換気と全身の循環の突然で予期できぬ停止である』と定義されている。心肺蘇生法（cardiopulmonary resuscitation: CPR）とは、前進的生命維持が得られ、自発的な循環と換気が回復できるまで、人工的に換気と循環を維持することをいう。CPRは3つの維持期に分けられる。
- 基礎的生命維持期
- 積極的生命維持期
- 延長的生命維持期

2. どのような動物が心肺停止の危険性があるか？その誘発因子は何か？

　心肺停止は通常、心臓の調律異常の結果生じる。これは、原発性の心疾患、その他の臓器の疾患に伴ってみられることもある。ほとんどの動物の場合、停止は重度の多器官にわたる疾患や外傷、さらに心調律異常などの結果生じた呼吸器系の疾患（肺炎、喉頭麻痺、新生物、胸腔内滲出、吸引性肺炎）に原因している。

　誘発因子には次のものがある；①細胞の低酸素、②迷走神経の刺激、③酸‐塩基平衡および電解質異常、④麻酔薬、⑤外傷、⑥全身性および代謝性の疾患。

3. 心肺停止の前兆徴候は何か？
　呼吸数、呼吸深度、呼吸様式の変化
　微弱あるいは不整な脈拍
　徐脈
　低血圧
　原因のはっきりしない麻酔深度の変化
　チアノーゼ

低体温

4. 心肺停止の診断はどのようにするか？

心肺停止は、古くは以下のように記述されている。①換気をしていないこと（呼吸停止）とチアノーゼ、②触知可能な脈拍の欠如（触知可能な脈拍は収縮期の血圧が＜60mm／Hgで消失する）、③心音の欠如（心音は収縮期の血圧が＜50mm／Hgで消失する）、④瞳孔の散大。

5. 心肺蘇生法の各ステージにはどのような内容が含まれるか？

基礎的生命維持

  A＝気道（Airway）の確保

  B＝呼吸（Breathing）の維持

  C＝循環（Circulation）の維持

積極的生命維持

  D＝診断（Diagnosis）と投薬（Drugs）

  E＝心電図（Electrocardiography）

  F＝徐細動（Fibrillation）

延長的生命維持

  G＝患者の反応を評価（Gauging）

  H＝脳に対する有望な（Hopeful）処置

  I＝集中（Intensive）治療

CPRを最良に行うためには、基礎的、積極的、延長的生命維持を開始する前に「評価」を行うべきである。例えば、評価→気道確保、評価→呼吸維持、評価→循環維持、次の評価など、といった具合に各ステージを通して行う。

6. 心肺停止のそれぞれの動物に対して、正確な記録をとるべきか？

とるべきである。心肺停止中のすべての行為を記録するのは難しいかも知れないが、基本的な情報を記録していくことは重要である。

基礎的生命維持

7. 基礎的生命維持は、どのように重要か？

基礎的生命維持は、心肺蘇生法の最も重要な段階である。これは、スタッフ全員で診療にあたることが要求される。ぬいぐるみの動物を使って、心肺停止の模擬演習をするのは容易である。そのぬいぐるみでCPRのイロハを練習することができる。このような演習を通して、スタッフは、この緊迫した救急に迅速に対応できるようになるのである。

8. 気道の確保は、どのようにして行うか？

第一段階は、気道の反応がないことを判断し確認することである。迅速に気道に異物（骨片、血餅、骨折した下顎骨、吐物）がないかを確認する。動物を腹臥位にして、気管チューブの挿管の準備をする。気管チューブは正確に挿管、設置すべきである。

9. 動物にどのように呼吸をさせるか？
　まず、動物が無呼吸で補助呼吸が必要かどうかを確認する。胸壁の動きがないことを確認したら、動物に通気を開始し、「長い」呼吸（1.5〜2.0秒）を2回行う。そして、5〜7秒以内に呼吸を開始しない場合は、1分間に12〜20回の人工呼吸を行う。
　刺鍼術を用いて呼吸を刺激する方法が報告されている。Jen Chung（GV26）は、針を刺鍼のつぼに刺入し、臨床における呼吸停止を回復させている。方法は、上唇溝に刺入した小さな針（22〜28ゲージ、1〜1.5インチ）を使用する。その針を力強く回転させ、また上下に動かし、その間呼吸の回復をモニターする。この簡単な方法はすばやく応用できる。

10. CPRの間、循環をどう維持するか？
　外部からの心臓マッサージを始める前に動物の脈拍がないことを確認しなければならない。最近、CPRにおける正方向への血流の機序を説明する2つの学説が出た。それは①心臓ポンプ説と②胸郭ポンプ説である。心臓ポンプ説は小さい動物（7kg以下）にとって、胸郭ポンプ説はより大きな動物（7kg以上）にとって重要である。心臓ポンプと胸郭ポンプには相互作用があると考えられており、それぞれがCPRにおける血流に影響を与える圧力勾配と関与している。

11. 心臓ポンプ説とは？
　もともとの仮説は、体外から心臓を圧迫したときの末梢への血流は、犬、猫の胸骨と椎骨によって（背臥位の場合）、または左右の胸壁によって（横臥位の場合）心臓が直接圧迫された結果起こる現象を示したものである。本説によると、胸郭の圧迫（人工的収縮）は開胸式心臓マッサージと同等であり、その結果、肺動脈弁および大動脈弁が開くとともに血液を左右の心室から肺動脈、大動脈へと送る。血液の逆流は左右の房室弁が閉鎖することで防止される。心室は、胸郭の圧迫が行われてない弛緩期（人工的拡張期）にもとの形状に戻り、吸引効果によって血液が充満する。その間、上昇した大動脈圧により大動脈弁と肺動脈弁は閉鎖する。

12. 胸郭ポンプ説とは？
　動物の胸郭に圧力が加わったとき、圧迫された胸腔内圧の上昇と頸動脈の血流および血圧の見かけ上の大きさの間には相関が存在する。蘇生中に脳へ血液が供給されるためには、胸郭の圧迫中に頸動脈から頸静脈にかけての血圧の勾配が必ず起きる必要がある。大型犬で行った実験的研究では、CPR中の胸郭の圧迫により、中心大静脈、右心房、肺動脈、大動脈、食道、側方胸膜腔の圧力が、心臓内の圧勾配を起こすことなく、本質的に同等の上昇を示した。大動脈圧は効果的に頸動脈に伝達されるが、胸腔内静脈圧の頸静脈への逆行性の伝達は、おそらく胸腔入口の弁と静脈の虚脱によって防止される。このように、人工的収縮期の間、末梢動静脈に圧勾配が生じ、その結果、血流が生じるのである。この方法では心臓内に圧力勾配はできない。このように心臓は単に受動的な導管として作用しているにすぎない。大型犬の血管造影撮影による研究では、胸郭圧迫時に部分的な右房室弁の閉鎖、大静脈の虚脱、肺動脈弁、左房室弁（僧帽弁）、大動脈弁の開口が確認されている。胸郭圧迫が開放されると（人工的拡張）、胸腔内圧はゼロにまで低下し、右心および肺への静脈性の血流が生じる。人工的拡張時に、胸部内の大動脈と右心房の間にも穏やかな勾配が同時に生じ、冠状血管（心筋）の灌流を補う。

小型犬では、活発な胸郭の圧迫を受けると、胸郭内の血管圧は記録された胸膜圧よりもはるかに上昇する。血管内圧の上昇は、おそらく胸部圧迫中における心臓の圧迫によるもので、上昇した胸腔内圧によるものではない。

13. CPR により臓器へ血液を灌流させるのに必要なのは？

　脳への血流は収縮（胸郭の圧迫）時の頸動脈と脳内圧との間の勾配に左右される。心筋への血流は拡張（胸郭圧迫の解放）時の大動脈と右房間の勾配による。通常の CPR では、脳と心筋の血流は停止前の 5％以下である。横隔膜より後方の腎臓と肝臓の CPR 時の血流は停止前の 1〜5％である。

14. CPR により臓器の血液灌流を改善させるのに必要なのは？

　CPR 時の胸郭圧迫の強さ、回数、持続時間が臓器への血液灌流の効果を決定する。CPR によって血流が促進しているにもかかわらず、胸郭圧迫の力を増加させると動脈圧は増加する。400 ニュートン（約 40kg）以上の圧力では、骨折や組織損傷が生じる可能性が高くなる。胸郭圧迫の回数を著しく増加させると、動脈圧が上がる。

動物の CPR の一般的ガイドライン

15. 血流を最大にする最適な体位は？

　7 kg 未満の動物では横臥位（胸骨が台の上面と平行になるようにする）を用い、7 kg 以上の動物では背臥位が理想的である。V 字型の保定台など何らかの工夫をしないと、犬を背臥位に維持するのは非常に難しい。しかし、背臥位は胸腔内圧の最大限の変化とこれによる正向性の血流をもたらす。CPR の最中に末梢の脈拍が触知できないときは、動物の体位と CPR 法の変更を考えるべきである。

16. 外部から心臓を圧迫する際、圧迫 / 弛緩の最適比率はどのくらいか？

　呼吸に対する心臓圧迫の最適比率は動物では 1：1（同時圧迫 − 呼吸）であることが研究で示されている。胸壁を圧迫するたびに、動物に代わってあなたが呼吸を行う。

17. 2 人の人間が CPR に従事できる状況では、どのような頻度で、心臓の圧迫と呼吸を行えば良いか？

　体重 7 kg 未満の動物で推奨される呼吸と圧迫の回数は 120 回 / 分である。体重 7 kg 以上の動物では、圧迫と呼吸の回数は 80〜100 回 / 分である。

18. 途中で行う腹部の圧迫とは？

　外部から胸郭を圧迫している間、静脈血の還流を改善し動脈血の漏出を減少させるため、胸を圧迫する合間ごとに 1 人に上腹部を押さえさせることである。ヒトではこの方法により、退院率が 33％まで改善している。動物では、比較研究がまだ行われていない。

19. CPR に取りかかれるスタッフがたった 1 人しかいなかったらどうするか？

　1 人で行う動物の CPR は、非常に効果が低い。胸部圧迫に対する人工呼吸の比率は 15：2 である。つまり胸部圧迫を 15 回やってから 2 回の長い人工呼吸を行う。動物の体重が 7 kg 未満の場合は毎分 120 回の胸部圧迫を行い、7 kg 以上の場合は毎分 80 ～ 100 回の人工呼吸を行う。

　豚で実験的に CPR を誘発した最近の報告では、心臓の圧迫のみを行った場合に非常に良好な蘇生率が示された。実際、その研究者たちは CPR が人工呼吸の補助を受けた場合と受けない場合では、血行動態、48 時間の生存、神経学的結果に相違があることを確認することはできなかった。この点を考慮すると、専門のスタッフの人数が十分でない場合に心肺停止が起こった際は、心臓の圧迫のみを行うべきである。

20. どの時点で開胸をして CPR を行うべきか？

　胸部の圧迫で静脈（右心房）圧のピークは、ほとんど動脈圧のピークと同じくらい高く上昇し、頭蓋内圧は上昇する。この結果、大脳と心筋の灌流圧の低下を招く。動物では、開胸による CPR は心房血圧の上昇を起こすことはなく、外部からの CPR に比較してより良好な大脳と冠状動脈の灌流圧および灌流量が生じる。開胸による CPR は 1880 年代に導入されているが、手術室で起こった心肺停止に対して迅速に実施すれば、ヒトでは良好な臨床結果が得られている。閉胸による CPR を行った後に開胸による CPR に切り替えても、ヒトの患者では、これまでのところ結果の改善をみていない。これはおそらく、切り替えた時期が遅すぎるからであると考えられている。動物の開胸による CPR に対しての臨床的な比較研究は行われていない。現在では、開胸による CPR は手術室でのみ行い、胸部の穿通創の症例に限定されるべきであるといわれている。

21. 外部からの胸部圧迫の効果はどのようにモニターできるか？

　従来から、胸部圧迫時に脈拍があることが効果的な圧迫の証明とされてきた。最近になって、量的ドップラー法を用いて、末梢の脈拍をモニターした結果、圧迫で生じた脈拍が、実際は動脈の血流によるものではなく、静脈性であることが示された。獣医学では脈拍をモニターすることが効果をみる最も一般的な方法である。

　脈拍の酸素を測定することで、ヘモグロビンの酸素飽和度がわかる。CPR の間、酸素測定値と可視粘膜色の改善を確認するべきである。終末呼気の二酸化炭素のモニターは CPR の効果測定の最も効果的な方法であることが証明されている。本装置は気管内チューブと装置のラインチューブでつながっており、二酸化炭素濃度を測定するものである。効果的な CPR を行っていれば、終末呼気の CO_2 が増加することを確認できる。

22. 脈拍がとれない場合や、酸素測定または終末呼気の CO_2 に変化がない場合は何ができるか？

　動物の体位を変えることと、胸郭の圧迫の力や回数を変えることを考えなさい。

23. CPR についてスタッフにどのような訓練を行えば良いか？

　あらゆる獣医臨床施設で基礎的生命維持についての定期的な訓練講習を行う必要がある。これは時間を浪費するものではなく、スタッフが迅速かつ効率的に行動できるようになれば、そ

の効果は非常に大きなものとなる。訓練を行う効果的な方法は、費用のかからないCPR用モデル動物を作ることである。このような教材として、古い麻酔用の蛇腹管（気管）、麻酔用のY字管（気管分岐部）、2つの麻酔用再呼吸バッグ（肺）を準備し、ぬいぐるみの胸の中にそれらを埋め込む。これらの装置はスタッフとともにCPR技術の練習をするのに使用できる。口の中に異物を置いたり、Jen Chungの鍼操作の練習をしたり、脈拍を触知したり、呼吸毎の胸郭の広がりをみることができ、胸郭圧迫を行った際の肺の広がりを感じることができる。実習講習は、突然の予期せぬ心肺停止を想定して、いつでも思い起こすことができる。

積極的生命維持

24. 救急用カートの中にはどのような薬物を準備しておいたら良いか？
    心肺停止に必要と思われる薬物は、①エピネフリン、②アトロピン、③マグネシウム塩、④ナロキシン、⑤リドカイン、⑥重炭酸塩、⑦メトキサミン、⑧ブレチリウムトシレートなどである。

25. それ以外の薬物で用意するべきものは？
    CPRの蘇生後に重要な薬物は、①ドブタミン、②マンニトール、③フロセミド、④リドカイン、⑤ベラパニル、⑥重炭酸塩、⑦ドーパミン、⑧静脈用輸液薬などである。

26. CPR時の救急薬使用に関する指示は？
    1. 電気的活動を開始させる。
    2. 心拍数を増加させる。
    3. 心筋への酸素供給を改善する。
    4. 生命の危険性がある不整脈を治療する。

27. CPR時の薬物の最善の投与経路は？
    CPR時の薬物投与の経路として、主に使用される4つの経路は、それぞれに長所と短所がある。
    1. 静脈内投与（IV）：CPR時での薬物投与でよく使われるのがIVである。中心静脈カテーテルを用いると、薬物を急速に冠状動脈経由で作用部位に供給できる。CPR時でのIV薬物投与において重要なことは、心肺停止では通常、低血圧、血管収縮、循環血液量減少を起こすため、それぞれの薬物に続いて十分量の生理的食塩液または注射用蒸留水を薬物がしっかり心臓に到達するように注入することである。現時点では、末梢の静脈を経由して投与するよりも中心静脈を使用して投与した方が良いとする最終的データはない。
    2. 気管内投与（IT）：ITの長所は、肺静脈に非常に接近しているので、これを経由して左心系に到達しやすいこと、そして広い面積の薬物吸収領域を持っていることである。短所は、多くの薬物の必要な用量を増加しなければならないこと（しばしばIVの10倍量）と肺疾患があると効果が低下すること、そしてある種の薬物はIT投与ができないことが挙げられる（例えば、重炭酸ナトリウム）。
    3. 骨内投与（IO）または髄内：骨髄腔は広範に静脈から心臓血管系へと連絡している。通

常、静脈内投与ができる薬物は骨髄腔経由で投与できるはずである。CPR 時に、大腿骨転子窩または大腿骨遠位端前側を通して骨髄腔へ投与されることが最も多い。

4. 心臓内投与（IC）：薬物は心臓内経路を経由して直接、心臓に送られる。心臓に薬物を注射できるスタッフ数が不足する場合は、IC を用いることが困難である。心尖拍動が正常ではない場合、動物にこの技術を施すことは非常に難しいと多くの人が認めている。加えて、薬物が心室に入らずに、心筋内に注入されるという問題もある。心筋への薬物注入は不整脈や冠状動脈の裂傷を招く可能性がある。そして、IC 注射を試みている間は、基礎的生命維持の中断を余儀なくされる。

28. 心肺停止時によくみられる心調律はどのような調律か？
 心肺停止時の様々な調律異常を認識する唯一の方法は、心電図である。
 1. 心室不全収縮は、心電図上で心筋の機械的活動および電気的活動の双方とも起こっていないという特徴を持つ（下図を参照）。

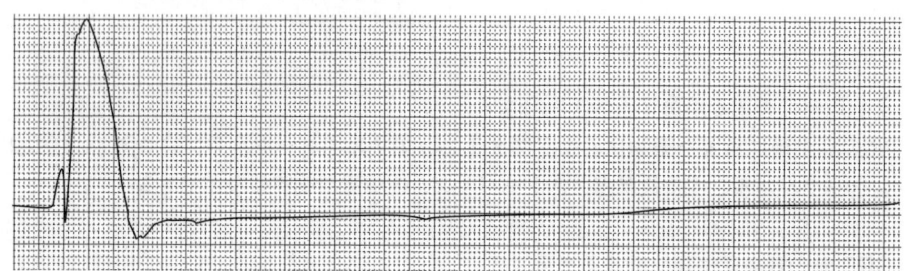

 治療：エピネフリン、アトロピン

 2. 非灌流調律（一般的に電気的機械的解離［EMD］と呼ばれる）は、適切な心拍出量や脈拍を起こさせるほど十分な機械的活動を伴わない電気的活動と特徴づけられている（下図を参照）。この収縮不全は、おそらく心筋の酸素貯蔵の不足のためであり、内因性エンドルフィンによって永続していると考えられている。

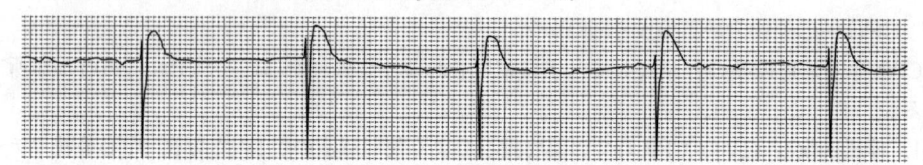

 治療：ナロキシン、エピネフリン、大量のアトロピン

 3. 心室細動は無秩序でみだれた異所性の心室性活動が特徴であり、抑圧的な心室性収縮を招来する（下図を参照）。冠状動脈は心筋の弛緩時（拡張期）に心筋層を灌流するため、動物が心室細動を起こしている限り冠状動脈灌流は起こらない。

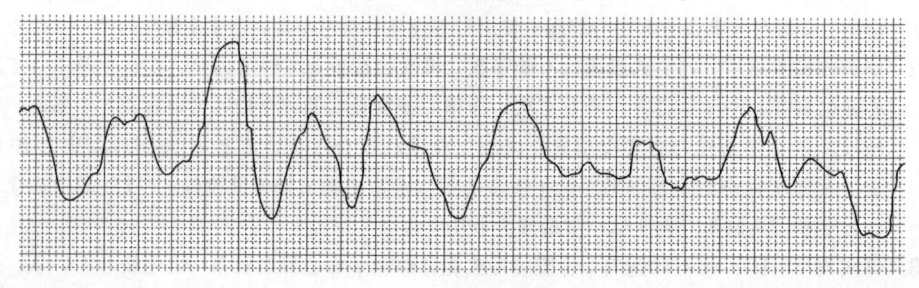

治療：心室細動の治療には、DC カウンターショックが選択される。最初に遭遇した調律が心室細動であるなら、電気的除細動を繰り返し試みるべきである。心室細動が最初の律動ではなく、あるいは DC カウンターショックでも相変わらず心室細動が解除されなかったり、別な非灌流性の自発的な心調律を招来するならば、気管内挿管を行って胸部圧迫を開始し、観察された調律に引き続き対応するために静脈を確保するべきである。

DC カウンターショックに対する心臓の反応は、主として時間に依存している。DC カウンターショックが心室細動の発生から 3 分以内に行われたならば、70～80% の患者が適切な血液灌流が可能な心調律に復帰する（ヒトのデータ）。心室細動の発生から 5 分経つと、DC カウンターショックでは自発的な灌流性の調律の回復は稀で、通常、不全収縮、EMD、持続性の心室細動が発現する。

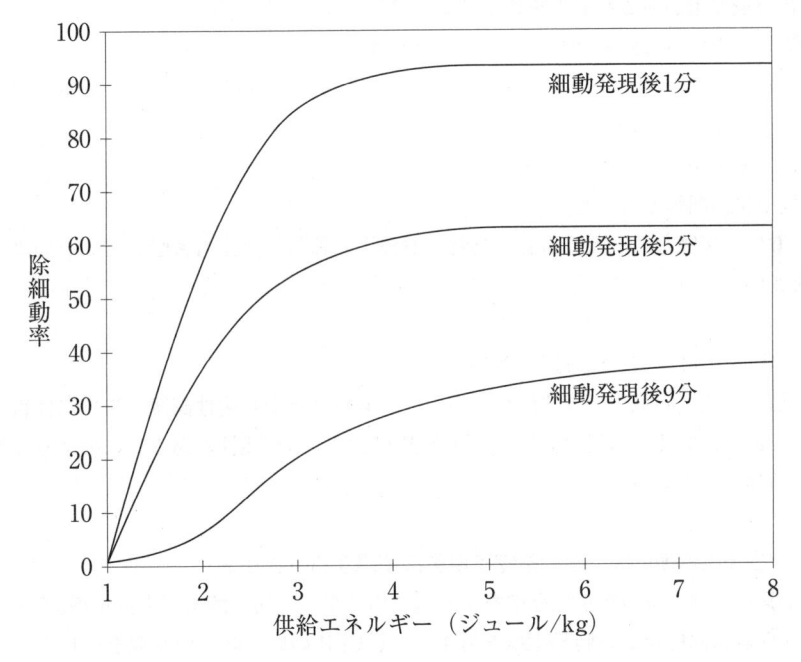

曲線は犬の細動発現から 1 分、5 分、9 分後における供給エネルギー量に対する除細動の推測成功率を示す。犬は、エピネフリンの投与とともに閉胸式心マッサージと人工呼吸を受けている。(Yakaitis RW, Ewy GA, Otto GW, et al: Influence of time and therapy on VF in dogs. Crit Care Med 8: 157, 1980 より許可を得て転載)

DC カウンターショックで心室細動に変化が現れなければ、エピネフリンを投与するべきである（IV または IT）。エピネフリンの効果は、第一にその α-1 アドレナリン作用、すなわち動脈血管収縮と心拍出量の選択的再分布に依存している。

エピネフリンは大動脈の拡張期圧を増加させることで CPR 時の拡張期大動脈 - 右房心筋層灌流勾配（冠状血管灌流圧）を増加させ、頸動脈圧を増加することで大脳の灌流勾配を改善する。化学的な除細動薬は、獣医臨床では効果が認められていない。不幸にも、多くの獣医師が電気的除細動器を持っていない。そこで、化学的な除細動薬が唯一の選択肢になる。心室細動において試みられる薬物にはブレチリウムトシレートやマグネシウム塩がある。これらの薬物

は電気的除細動が無効なときに心室細動を終息させるのに有効であると報告されている。

29. 電気的除細動器を使用する場合、注意すべき重要事項とは？

　電気的除細動器は、心室細動に対して、第一に選択するべき治療法である。しかし同時に、不適切に使用された場合は、患者に損傷を与えたり、死を招く危険な機器であり、また獣医師にとっても危険のある機器となる。心筋に送られる最適エネルギーはおよそ2～4ジュール/kgである。このカウンターショックを心筋に送る場合、除細動するためには心筋細胞の約28％にだけ「命中」させることが必要である。よって、腹臥位は以前信じられていたほど重要ではない。除細動中は胸部間のインピーダンスを減らすようにあらゆる努力をするべきである。次の要因がインピーダンスに影響する。

1. 大きな表面積があるパドルを使用せよ。
2. 密接して当てられたカウンターショックが非常に有効であろう。
3. 電解質ペーストやゲルのような電極－皮膚接触薬を使用せよ。アルコールは使ってはならない。
4. 電極に圧をかけること。
5. 呼気中に除細動すること。

注意：常に「接触なし」と宣言し、動物、診療台、器具には誰も接触していないよう周囲を見回しなさい。

30. 心室細動における犬、猫の違いは？

　正常な猫の場合、心臓が一般的に小さいので、心室細動から洞性調律に自然に回復するであろう。あいにく、同時に病気の猫は、心臓が肥大している可能性がある。このような例では、電気的除細動を試みるべきである。

31. 積極的生命維持期には、どの薬物を慎重に使用するべきか？

1. カルシウムは心室の興奮性を増強する（この結果、心筋の酸素要求量を増加させる）。カルシウムは洞房結節の刺激生成を低下させ、CPR の間、脳への血流をゼロ近くにまで減少させ、冠状動脈の血管攣縮を起こし、アラキドン酸と酸素遊離基の形成に重要な媒介物質である。現在のところ、CPR の間のカルシウムの使用は、高カリウム血症あるいは低カルシウム血症がある場合か、カルシウム・チャンネル・ブロッカーが過去に使われていた場合を除き、通常は勧められない。$CaCl_2$ は、血漿イオン化カルシウムを最も長時間、また最も確実に増加させることができる。
2. イソプロテノールは、純粋なβ作動薬である。CPR 中に心筋の酸素需要を増加させ、脳血流を減少させる。最近ではイソプロテノールはアトロピン抵抗性の徐脈の患者のために取っておかれる。
3. 重炭酸ナトリウムは、かつては CPR 中に決まって使用されていたが、その経験的な使用は次の事項に関連している。
   - 血清浸透圧の増加（8.5％溶液 =1,500mOsm）
   - 重炭酸塩の代謝は、PCO_2 値の上昇を招来する。
     $(HCO_3^- + H^+ \Leftrightarrow H_2CO_3 \Leftrightarrow CO_2 + H_2O)$

- 不十分な換気では脳脊髄液（CSF）の逆説的アシドーシスを起こす（HCO_3^-はCO_2よりもゆっくりと脳‐血液関門を通過する）。
- 重炭酸ナトリウムは酸化ヘモグロビンの解離曲線を左方に移動させる（組織に放出される酸素量は減少する）。
- アルカローシスは直接的な心筋に抑制をする（心拍出量を低下させる）。
- 代謝性アルカローシス（pH＞7.55）は調律異常を引き起こしやすい。これは、抗不整脈療法に反応しない可能性がある。
- 重炭酸ナトリウムを投与する前に動物が適切な呼吸をしているかどうかを確認せよ。
- 理想的には、重炭酸ナトリウムの投与はpHと$PaCO_2$に基づくべきである。

　緩衝薬療法の適用は、心肺停止の持続時間とCPR時間によって決まる。代謝性アシドーシス（塩基欠乏）は是正するべきである。それは、適切な酸‐塩基平衡は犬では心臓血管系の蘇生と脳の回復力を改善するからである。犬では心室細動により血流が5分間停止した場合、代謝性アシドーシスは軽度で一時的であり、早期の経験的$NaHCO_3$の投与は心臓に有害ではなく脳には有益であろう。より長い心肺停止やCPR時間の後に動物に心臓血管系の改善と脳の回復がみられたならば、CPR中にエピネフリンを$NaHCO_3$の経験的投与量の1 mEq/kg IVとともに投与することが勧められる。その後、塩基欠乏をモニターしながら修正し、$NaHCO_3$の5 mEq/kg以上の投与が続けられる。これは一時的なCO_2の負荷を生じることもあり、その結果、心停止によって引き起こされた心筋の高炭酸症を悪化させ、心蘇生を抑制する可能性もでてくる。この$NaHCO_3$による高炭酸血症は、通常軽度で短時間であり過換気によって是正でき、エピネフリン使用時には心臓に害はなく、おそらく脳に対しても有害ではないだろう。

4. CPRの間、静脈内輸液は、循環血液量の減少が停止の原因であるときのみに投与される。CPR中の輸液の負荷は、脳血流量を減少させ、右心房圧を上昇させ（冠状動脈の灌流圧を低下させる）、その結果、冠状動脈流を減少させる。
5. 塩酸ドキサプラムは中枢性の呼吸刺激薬である。CPR中に使用することは勧められない。呼吸中枢の刺激は、一時的な呼吸亢進を引き起こし、その後無呼吸に陥る。

32. CPRにおいてエピネフリンの希釈は必要か？
　エピネフリンはもはや希釈する必要はない。1：1,000の濃度、すなわち包装されているときの濃度でIV、IT、IO、ICで使用される。

延長的生命維持期

33. 蘇生後の主な合併症は？
　呼吸停止あるいは心肺停止の再発が、蘇生後の最大の関心事である。ほとんどの場合の停止は最初の発症から4時間以内に再発する（36ページの図を参照）。

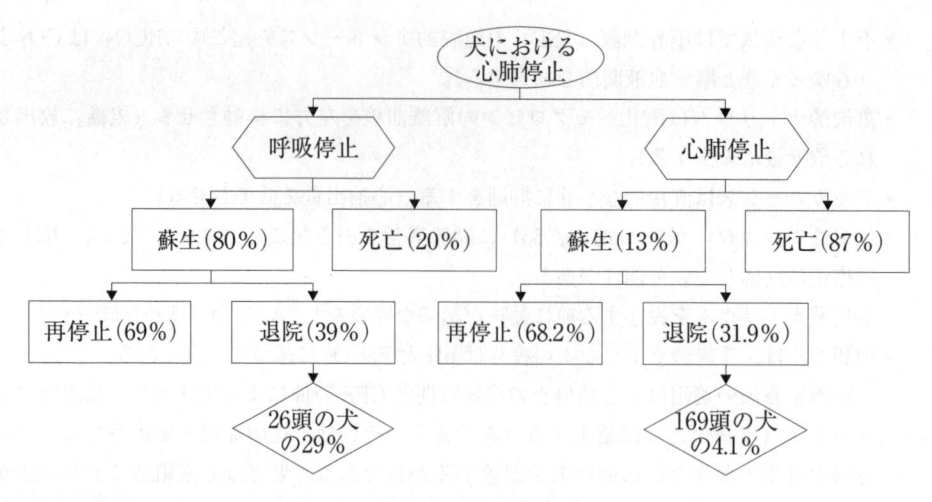

```
              犬における
               心肺停止
          ┌──────┴──────┐
       呼吸停止          心肺停止
       ┌──┴──┐         ┌──┴──┐
    蘇生(80%) 死亡(20%) 蘇生(13%) 死亡(87%)
    ┌──┴──┐           ┌──┴──┐
 再停止(69%) 退院(39%) 再停止(68.2%) 退院(31.9%)
              │                    │
          26頭の犬              169頭の犬
           の29%                 の4.1%
```

犬における心肺停止

(Wingfield WE, Van Pelt DR: Respiratory and cardiopulmonary arrest in dogs and cats: 265 cases (1986-1991). J Am Vet Med Assoc 200: 1993~1996, 1992 より許可を得て掲載)

```
              猫における
               心肺停止
          ┌──────┴──────┐
       呼吸停止          心肺停止
       ┌──┴──┐         ┌──┴──┐
    蘇生(76%) 死亡(24%) 蘇生(16.4%) 死亡(84.6%)
    ┌──┴──┐           ┌──┴──┐
 再停止(22.2%) 退院(77.8%) 再停止(37.5%) 退院(62.5%)
              │                    │
          12頭の猫              52頭の猫
           の68.3%               の9.6%
```

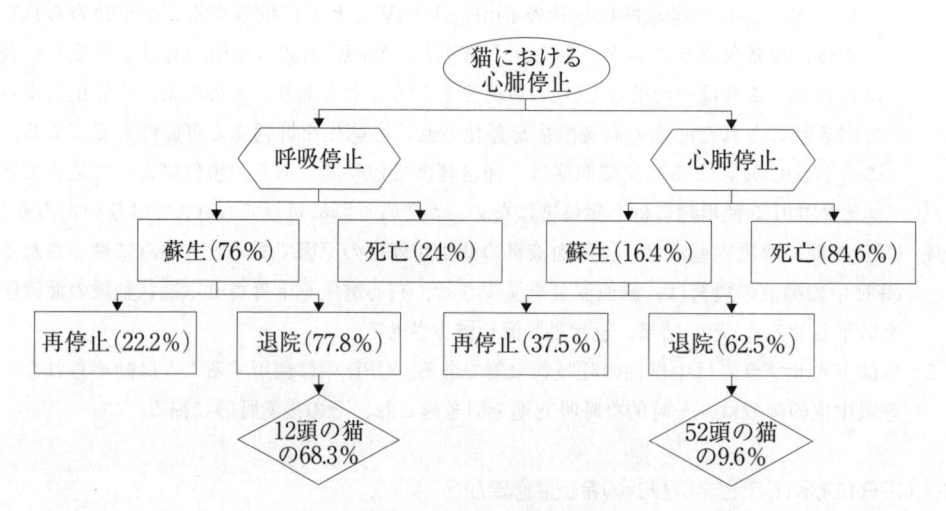

猫における心肺停止

(Wingfield WE, Van Pelt DR: Respiratory and cardiopulmonary arrest in dogs and cats: 265 cases (1986-1991). J Am Vet Med Assoc 200: 1993~1996, 1992 より許可を得て掲載)

　心肺停止後、脳の蘇生に関して起こる現象が次の最も重要な併発症になる。CPR 中の脳への血流低下状態のため、虚血と低酸素症によって脳浮腫が生じる。心臓が組織への再灌流を開始すると、かなりの量の損傷由来産物が全身循環へと放出される可能性がある。

34. 心肺停止後、どのような脳合併症が予想されるか？

　正常な脳の場合、自己調節が働き、脳灌流圧（CPP: cerebral perfusion pressures）（すなわち、平均動脈圧 – 頭蓋内圧）が 50～150mm/Hg であるにもかかわらず、約 50mL/脳 100g/分の全大脳内血流を維持する。CPP が 50mm/Hg 以下に降下したときに脳血流は減少し、CPP ＜ 30mm/Hg や全脳血流 ＜ 15mL/100g/分 あるいは脳静脈酸素分圧（PO_2）＜ 20mm/Hg

になると、正常なニューロンが侵される可能性がある。完全な脳虚血では、カルシウム移動、脳組織乳酸アシドーシス、脳内遊離酸の増加、興奮性のアミノ酸（特にグルタミン酸塩、アスパラギン酸塩）の浸透圧と細胞外濃度が増加し、再び酸素付加されたときに傷害を起こすような状態となる。

35. 蘇生後の脳障害の病態生理学は？

　蘇生後の脳障害は4つの構成要素からなり立っているように思われる。①灌流不全（すなわち、不十分な酸素供給）、②脳壊死に対する再酸素付加による化学的カスケード、③低酸素症後の内臓に由来する中毒など、脳以外の障害、④血行静止に由来する血液障害。

　灌流不全は4つの病期を経て進行すると考えられる。①多中心的な血流の再開は直ちに起こらず、正常圧または高圧の再灌流では容易に回復されないようである。②短時間の全体的な「反応性」充血。これは15～30分続く。③遅れて起こり、長引く全体的な多中心性の灌流低下。停止後、約2～12時間に及ぶ。脳血流は全体的に標準の50％にまで減少する。一方、O_2の取り込みは全体的に標準あるいは標準以上に回復し、脳静脈PO_2は20mm/Hg以下に減少し、O_2の供給とO_2の取り込みの不均衡を反映する。そして最終的に④20時間後に、正常な全般に及ぶ脳血流と全般的な酸素摂取が回復されるか、さもなければ両者ともに低下したまま（昏睡を伴う）となる。あるいは、酸素摂取の減少に関連するといわれている二次性の充血が生じ、脳死を招来する。

　再酸素付加は不可欠であるが、同時に化学的カスケード（遊離イオン、遊離基、カルシウム移動、アシドーシス、興奮性アミノ酸、カテコールアミン）を発現させる恐れもあり、結果的に膜の脂質過酸化を引き起こす。

　脳以外の障害は、脳に悪影響をもたらす可能性がある。犬での研究では、心停止後、正常血圧を維持したにもかかわらず、遅れて心拍出量の低下がみられている。肺水腫は、長い時間換気を管理することで予防が可能である。

　血液障害は、多形核白血球とマクロファージの凝集によるもので、毛細管を閉塞し、遊離基を放出し、内皮に損傷を与える可能性がある。

36. 蘇生後の患者にCPRによる不測の合併症を少なくさせるにはどうしたら良いか？

　心肺停止後、最初の4時間は注意深い監視が非常に大切である。すべての患者に、酸素ケージ、鼻孔通気、顔面マスクにより酸素を供給する必要がある。CPRが成功したならば、蘇生後の段階で、心臓の機能を維持する必要がある。これには、血管拡張薬（ニトロプラシド塩）と抗不整脈薬（リドカイン）を使用して変力性に維持（ドブタミンまたはドーパミン）するようにする。これらの薬物は、通常心肺停止後にみられる肺水腫を減少させるのに有効である。そのほか、フロセミドを肺水腫を減少させるために投与する。脳の低酸素症や虚血が、CPR中に結果的に生じる。最終的には、脳水腫を招く。脳水腫の治療にはマンニトールがあり、また通常、副腎皮質ホルモンも使用する。その他、脳の蘇生に効果が期待できる薬物には次のようなものがある。

- カルシウム・チャンネル・ブロッカーは脳の血管攣縮を元に戻し、致死的なカルシウムの細胞内への流入を防止する。
- バルビツール酸誘導体は作用の弱いカルシウム遮断薬であるが、これは脳における代謝的

要求と同様に、ニューロンにおけるアラキドン酸や遊離脂肪酸のレベルも減少させる。現在、バルビツール酸誘導体の使用を支持する結論的な証拠はない。さらに、結果として生じる鎮静は、引き続き行う神経学的評価を不可能にする。
- 鉄キレート薬と遊離基捕集薬。現時点では実験的であるが、結果は有望である。

37. CPR 後の患者で起こる脳への影響をどのようにして知るか？

心肺停止後の不可逆的脳障害について常に関心を持つべきである。連日の神経学的検査と評価が必要である。患者の状態の推移を注意深く観察するために毎日臨床所見を記録すること。心肺停止後、観察するべき臨床徴候は以下の項目である。
- 瞳孔反射
- 運動反射
- 刺激に対する反射の増強
- 運動姿勢
- 呼吸様式

38. 蘇生が難しい特定の疾病の患者があるか？

動物の場合、現在のところ有益な研究はないが、ヒトでの研究では特定群の患者、すなわち乏尿、転移性癌、敗血症、肺炎、急性卒中の患者は生残できないことを指摘している。おそらくこのような状況の動物も生存し得ないであろう。

39. どのようなときに「蘇生をさせない」指示を受け入れるか？

蘇生をさせないという指示は、飼い主によってまず発せられる必要がある。動物を入院させるときは常に依頼人との十分なコミュニケーションを保つことが有益である。飼い主に心肺停止は突然に、予期せずに起こることを忠告することは、賢明であろう。ペットが心肺停止を起こしたら、どこまで治療するかを飼い主に尋ねなさい。その答えを記録し、飼い主の希望に従うべきである。

CPR 中止の決定については、常識、依頼主とのコミュニケーション、蘇生を担当している獣医師の経験で勘案するべきである。私たちの経験からすると、CPR の平均所要時間はおよそ 20 分である。

CPR が広く行われるようになって 30 年以上が経過するが、生存と QOL（Quality of life）という観点からその利点を再評価すると、CPR は本当に限られた数の患者だけを助けるために必死で行う努力であることを示している。大部分の患者にとって CPR は成功していないのである。

参考文献

1. Babbs CF: Interposed abdominal compression-CPR: A case study in cardiac arrest research. Ann Emerg Med 22: 24-32, 1993.
2. Babbs CF: New versus old theories of blood flow during CPR. Crit Care Med 8: 191-196, 1980.
3. Babbs CF: Effect of thoracic venting on arterial pressure, and flow during external cardiopulmonary resuscitation in animals. Crit Care Med 9: 785-788, 1981.
4. Berg RA, Wilcoxson D, Hilwig RW, et al: The need for ventilatory support during bystander CPR. Ann Emerg Med 26: 342-350, 1995.
5. Brown SA, Hall ED: Role of oxygen-derived free radicals in the pathogenesis of shock and

trauma, with focus on central nervous system injures. J Am Vet Med Assoc 200: 1849-1958, 1992.
6. Chandra NC: Mechanisms of blood flow during CPR. Ann Emerg Med 22: 281-288, 1993.
7. DeBehnke DJ: Effects of vagal tone on resuscitation from experimental electromechanical dissociation. Ann Emerg Med 22: 1789-1794, 1993.
8. Gonzales ER: Pharmacologic controversies in CPR. Ann Emerg Med 22: 317-323, 1993.
9. Haskins SC: Internal cardiac compression. J Am Vet Med Assoc 200: 1945-1946, 1992.
10. Henik RA: Basic life support and external cardiac compression in dogs and cats. J Am Vet Med Assoc 200: 1925-1930, 1992.
11. Janssens L, Altman S, Rogers PAM: Respiratory and cardiac arrest under general anesthesia: Treatment by acupuncture of the nasal philtrum. Vet Rec Sep: 273-276, 1979.
12. Kass PH, Haskins SC: Survival following cardiopulmonary resuscitation in dogs and cats. J Vet Emerg Crit Care 2: 57-65, 1993.
13. Neimann JT, Rosborough JP, Hausknecht M, et al: Pressure synchronized cineangiograp hy during experimenatal cardiopulmonary resuscitation. Circulation 64: 985, 1981.
14. Neimann JT: Cardiopulmonary resuscitation. N Engl J Med 327: 1075-1080, 1992.
15. Rudikoff MT, Maughan WL, Effron M, et al: Mechanisms of flow during cardiopulmonary resuscitation.Circulation 61: 345-351, 1980.
16. Safer P: Cerebral resuscitation after cardiac arrest: Research initiatives and future directions. Ann Emerg Med 22: 324-349, 1993.
17. Van Pelt DR, Wingfield WE: Controversial issues in drug treatment during cardiopulmonary resuscitation. J Am Vet Med Assoc 200: 1993-1996, 1992.
18. Ward KR, Sullivan RJ, Zelenak RR, et al: A comparison of interposed abdominal compression CPR and standard CPR by monitoring end-tidal CO_2. Ann Emerg Med 18: 831-837, 1989.
19. Wingfield WE, Van Pelt DR: Respiratory and cardiopulmonary arrest in dogs and cats: 265 cases (1986-1991). J Am Vet Med Assoc 200: 1993-1996, 1992.
20. Wingfield WE: Cardiopulmonary arrest and resuscitation in small animals. Part Ⅰ: Basic life support.Emerg Sci Technol 2: 21-26, 1996.
21. Wingfield WE: Cardiopulmonary arrest and resuscitation in small animals. Part Ⅱ: Advanced and prolonged life support. Emerg Sci Technol 2: 21-31, 1996.
22. Yakaitis RW, Ewy GA, Otto CW, et al: Influence of time and therapy on VF in dogs. Crit Care Med 8: 157, 1980.

3. 呼吸困難
RESPIRATORY DISTRESS

Michael S. Lagutchik, D.V.M.

1. 呼吸窮迫、呼吸困難、呼吸促迫、起座呼吸、過換気、低換気、無呼吸とは？

呼吸窮迫：外見上明らかに身体的努力を要する換気または呼吸。臨床的に明白な換気不能状態あるいは適切な酸素供給不能の状態。本用語が重度の呼吸困難を呈する患者に対して、現在の段階で好ましいとされている用語である。

呼吸困難：「空気欠乏」の意識的な認識または本質的に自覚される「息切れ」。本用語は患者に対して用いるのは理想的ではない。その理由は、患者は呼吸困難の認識の意思を伝達できないからである。

呼吸促迫：呼吸数が正常より多い状態。

起座呼吸：患者が横たわっていたり胸部が圧迫されているときに、悪化する呼吸窮迫。

過換気：代謝の要求量を超える換気。動脈血二酸化炭素分圧（$PaCO_2$）＜35mm/Hg（低炭酸症）を引き起こす換気と定義される。

低換気：代謝の要求を満たすことができない換気。定義としては動脈血二酸化炭素分圧（$PaCO_2$）＞45mm/Hg（高炭酸症、炭酸過剰血症、換気不全）を結果的に引き起こす換気。

無呼吸：不特定の時間にわたる呼吸の停止。

2. 急性高炭酸症性呼吸不全とは？

高炭酸症性呼吸不全は、動脈血二酸化炭素分圧（$PaCO_2$）＞45mm/Hgを示す急性呼吸困難と定義される。典型的には、これには中枢神経系の呼吸制御の異常が関連し、末梢神経系と呼吸器官、胸壁／ふいご状器官、気体輸送を行う気道との相互作用が関係する。高炭酸症性呼吸不全は、このような理由で「呼吸ポンプ不全」または「換気不全」と呼ばれることがある。

3. 急性低酸素血症性呼吸不全とは？

低酸素血症性呼吸不全とは、少なくとも60％の補充酸素の追加にもかかわらずPaO_2＜60mm/Hgの結果をもたらす呼吸困難と定義される。通常、これには呼吸器系の肺胞成分が関与する。低酸素血症性呼吸不全は、「肺不全」あるいは「酸素付加不全」とも呼ばれる。原因としては次のようなものがある。①吸気酸素分画［F_IO_2］の減少（例：高地への登りや換気装置に設定された［F_IO_2］の減少）、②換気量の減少（例：呼吸麻痺、気道閉塞、無気肺）、③拡散障害（例：重度の肺炎、間質性線維症、間質性肺水種）、④換気と血流比（V/Q）の不均衡（例：肺気腫、肺胞性肺水腫、気胸、無気肺）、⑤肺内および肺外シャント（技術的には最も重篤なV/Qの不均衡をいう。例：肺硬化、無気肺）。

4. 呼吸困難に陥ったすべての患者に対し、最優先するべき初期治療は？

重篤な呼吸困難の患者にとって最優先して行うべき治療の目的は、適切な動脈血酸素分圧の回復と過剰な CO_2 の除去である。この目的を達成する主な方法は、潜在する原因が何であれ、十分に気道を確保し、人工呼吸を開始するか、呼吸を補助すること、酸素供給量を最大にして酸素を十分に補給し、酸素分圧を維持することである。

5. 呼吸困難の患者を評価する上で最も有用な診断手段は？

最も単純で最も有効なのは、よく聴取された病歴、詳細な身体検査、注意深い胸部聴診である。その他の有効なものとして、動脈血ガス分析、パルスオキシメトリー、カプノグラム、胸部 X 線検査、肺灌流走査（しかし、急患の場合は通常行われない）がある。

6. 呼吸困難の救急患者でみられる低酸素症の様々な原因の鑑別方法とは？

低酸素症は、$SpO_2 < 90\%$ の存在または、動脈血ガス（ABG）が $PaO_2 < 60mm/Hg$ を認めたときに診断される。ABG 分析は、低酸素症の原因を適切に解釈するには欠かせないものである。それに代わる方法としてパルスオキシメトリー、カプノグラムも診断に有効である。高炭酸症を伴う低酸素症は、基礎的な原因として低換気があることを示している。炭酸が正常な状態の低酸素症は、基礎的な原因として拡散障害、換気／血流不均衡（V/Q 不均衡）、そしてシャントがあることを示している。動物病院に上診する患者の場合、拡散障害は本質的に低酸素症にそのまま発展するほど重症であることはほとんどない。V/Q 不均衡の典型的な患者は、酸素の補給によって著明な反応（すなわち、PaO_2 の改善）を示す。一方、シャントを持つ患者は、PaO_2 の改善があったとしてもごくわずかな改善しか示さない（すなわち、定義にしたがって、少なくとも 40％ の酸素補給でも PaO_2 が 10mm/Hg 未満の増加に留まる難治性の低酸素症〔機械性低酸素症〕である）。

7. 重篤な呼吸困難の患者の状態をどのように把握するか？

通常、このような患者の状態を把握するのは難しくない。呼吸困難の患者では、異常呼吸音（喘鳴、ゼイゼイ音）、異常な姿勢（起座呼吸、頭部と頸部の伸張、肘の外転、伏せの姿勢）、可視粘膜色の異常（チアノーゼまたは蒼白）、呼吸促迫、脱力および消耗、呼吸努力の変化（浅速なまたは苦しい、努力性呼吸、あるいは変化のない場合もある）、呼吸抑制に対する活発な抵抗などがよくみられる徴候である。しかしながら、ペットは強い呼吸適応力を持ち、さらに外面的には呼吸困難の臨床症状を最小限にしか示さない。猫は、特にこの種の様相を示すことが多い。注意深い丁寧な診察が、患者をストレスに起因する明確な呼吸困難や呼吸停止に追い込まないために重要となる。

8. 主要な呼吸器異常の原因や原因部位を鑑別するにはどのような身体検査所見が有益か？

浅速呼吸様式のある患者では、しばしば胸膜腔疾患（胸膜滲出、血胸、気胸）が存在する。呼気終末期の努力呼吸と胸部聴診による喘鳴がある患者は、軽度の気道閉塞疾患（喘息）を患っていることが多い。深く苦しそうな胸郭の運動をする患者では、肺実質の疾患（肺水腫、肺挫傷、空間を占有する腫瘤）を持っていることが多い。はっきりした喘鳴、鼻孔や口でのわずかな空気の流通および著明な吸気時の努力がみられる患者は、典型的に上部気道の閉塞（喉頭

浮腫あるいは麻痺、異物の吸引）を持っている。これらの様式はほとんどの場合除外されることはない。しばしば患者は複数の問題を持っており、一部の患者では潜在的に重大な呼吸器異常があっても臨床的には正常にみえることがある。

9. チアノーゼの定義を述べよ。その原因とチアノーゼのある救急患者の重要な特徴と治療法は？

　チアノーゼは、①肺で血液が十分に酸素化されないとき、②ヘモグロビンが酸素を運搬できないとき、③血液が末梢血管床で停滞するとき、に起こる。臨床的に検出するためには、非酸素ヘモグロビン濃度が血液の 5 g/dL 以上なくてはならない。この段階で重篤な低酸素症がすでに存在している可能性がある（＜ 50mm/Hg）。このように、呼吸困難のある危険な患者でのチアノーゼの重要性が強調される。なお、貧血の患者はチアノーゼを発現しないことがある。チアノーゼは、中心的に仲介され、成立する場合（右左心臓血管シャント、換気過少、気道閉塞、V/Q 不均衡、メトヘモグロビン血症）と、末梢的に仲介される場合（動脈血栓塞栓症、静脈閉塞、小動脈狭窄、低心拍出量性心不全、ショック）がある。救急治療法は、酸素の補給と基礎疾患の迅速な特定と是正によって行われる。

10. 呼吸器系以外のどのような病態が、急性呼吸困難に類似するか？

　非常に多くの異常が、実際に呼吸器疾患がないにもかかわらず、頻回呼吸、起座呼吸および呼吸器系に関わると考えられるその他の症状を引き起こすことがある。このような異常は臨床医を混乱させる。その例としては、高体温、ショック、代謝性アシドーシスおよびアルカローシス、甲状腺機能亢進症、恐怖や不安、心タンポナーゼ、貧血、腹腔内臓器の腫大あるいは腹水、薬物による呼吸中枢制御の異常、代謝性または器質的な中枢神経性疾患などがある。

11. 犬と猫における外傷性の呼吸器救急疾患の 2 大カテゴリーとは？

　鈍性胸部外傷（例えば、交通事故、高所からの落下）と穿孔性外傷（例えば、弾丸、矢、咬傷、穿孔性の異物）。

12. 小動物における外傷性呼吸器救急疾患の部位と、最もよくみられる外傷の型を分類せよ。

　喉頭および主要な胸郭外気道：一般的に首輪、咬傷、銃撃による創傷によって発現する。気道閉塞は、血餅、浮腫、異物、組織壊死片、分泌物によって起こる。典型的な症状は、苦しそうな吸気、喘鳴、チアノーゼで、吸引性肺炎が存在することもある。

　胸壁：肋骨骨折（動揺胸部分を含む）と開放性（吸入性）胸部外傷（開放性気胸）も胸部外傷の患者においては、稀なことではない。

　胸膜腔：気胸や血胸は胸部外傷後に最もよくみられる合併症である。横隔膜ヘルニアの発生はそれ程多くはなく、外観的な診断は困難である。

　肺実質および主要な胸郭内気道：肺挫傷は鈍性外傷例の約 45％ にみられる。肺破裂と肺血腫はあまりみられない。気管支内出血は予後が悪く、主要な胸部外傷例として非常によくみられる。胸腔内気道の破裂または分裂は、おそらくよく起こっていると思われる。それは、気胸の多くの症例で体表に空気の漏出源が認められないからである。肺実質と主要気道が大きく分裂してしまうと、急死に至りやすい。

13. 低酸素症の患者の治療における酸素補給療法の3つの目標とは？酸素補給は、いつ実施するべきか？

目標は、①低酸素症を治療する、②呼吸の仕事量を減らす、③心筋の仕事量を減らす、である。酸素補給療法は、呼吸困難のあるほとんどの患者に必要である。通常の投与方法（14.を参照）では、増加した酸素で患者に障害を与えることはない。それよりは、酸素を与えるか与えないかによっての生きるか死ぬかの違いを考えるべき、ということになるだろう。

14. 酸素補給療法が実施されるときの投与経路と、それぞれの長所、短所を一覧表にするとどうなるか？

酸素補給をする際には、通常4つの方法が採用される。①マスク、②鼻からの酸素注入、③酸素ケージ、④気管内酸素投与。

方法	長所	短所
マスク	簡便 廉価 すぐに利用できる 40〜60%のF_IO_2を供給する結果となる	高O_2流量が必要 患者がマスクを受け入れないことがある 患者に常時、付き添う必要がある
鼻からの酸素供給	患者の動きはより自由	F_IO_2が不明（22〜44%？） 過度の流量は胃拡張の恐れがある
酸素ケージ	非侵襲的 湿度と温度の調節された環境で既知のF_IO_2を供給できる 患者にストレスが少ない	患者は物理的に介護者と隔離される ドアを開けるとF_IO_2が低下する 最高のF_IO_2は経済的な濃度で40〜50%である
気管内酸素供給	緊急時に経気管カテーテルを留置できる カテーテルか気管内チューブを使用することによって、40〜80%のF_IO_2が得られる	気管内チューブの設置には鎮静または麻酔が必要 気管切開用チューブを必要な場合がある 継続的なモニターが必要である

15. 犬、猫における気道閉塞の一般的原因は？

外傷
鼻腔、咽頭、喉頭への感染
異物による閉塞
浮腫形成や気管支収縮を伴う局所性あるいは全身性アナフィラキシー
気道と周囲軟部組織を圧迫する腫瘍
短頭種症候群に関する要因（外鼻孔狭窄、軟口蓋過長、喉頭形成異常、喉頭小嚢の反転、気管形成不全［気管虚脱］）
喉頭麻痺
気管狭窄

16. 呼吸困難を起こす一般的な肺実質性の疾患を挙げ、急性期の診断に役立つ所見を簡単に説明せよ。

　肺炎（急性劇症気管支肺炎、吸引性肺炎、煙吸入性肺炎）、肺挫傷、肺水種、喘息（猫における）肺血栓塞栓症は呼吸窮迫を起こす一般的な実質性の疾患である。肺炎の患者は通常、沈うつを示し、食欲はなく、発熱がある。深在性で湿性の頻回の咳がある場合もあれば、ない場合もある。異常な肺音（握雪音）は気管支肺炎を示唆することもある。挫傷のある患者は、必ず外傷の病歴がある。聴診においては、胸部領域、特に肋骨骨折や皮膚挫傷に隣接した部位では、血液や水腫で塞がれた肺胞や小気管支を反映して静かであろう。肺水腫の患者では、聴診ではっきりした、あるいは粗雑な握雪音が聴かれ、心臓または心臓以外に水腫の原因を示唆する検査所見がみられる可能性がある。これには、潜在する原因（例えば、うっ血性心不全、電線によるショック）を示唆する病歴の情報が加わることもある。喘息のある猫は、一般的に喘息に関わる病歴があり、通常、胸部に喘鳴音が聴かれ、部分的あるいは完全な小気道の閉塞に対して小気道に力を入れて空気を送り込むことで起こる特徴的な呼吸終末期性の努力性呼吸を示す。肺塞栓症（PTE: pulmonary thromboembolism）の患者は、しばしば塞栓症を起こしやすくする別の重要な医学的問題を持っている（副腎皮質機能亢進症、糖尿病、外傷、播種性血管内凝固）。PTEの患者のきわだった特徴的所見は、急性で激しい呼吸窮迫とX線検査であまり変化のみられないこと、他の原因を示唆する徴候はないが酸素供給に著しい反応を示すことである。

17. 胸膜腔の異常で呼吸困難を呈する患者をどのように診断し治療するか？

　胸膜腔疾患または胸壁に穿通性の損傷がある患者は、特徴的な限定された呼吸様式（呼吸困難に付随するその他の徴候とともにみられる浅速呼吸）を呈する傾向がある。胸部聴診では通常、全体的な肺音の喪失（消音された）がみられる。胸膜腔疾患のよくある原因には、開放性の胸部外傷、動揺胸、気胸、胸膜滲出、血胸、横隔膜ヘルニアがある。治療は原因に従って行うが、一般的に気胸、血胸、重度の胸膜滲出では、迅速かつ注意深い胸腔穿刺が必要である。横隔膜ヘルニアの患者では最終的な外科手術が可能になるまで、慎重な看護が要求される。胸壁の外傷は、肋骨骨折部の局所麻酔による痛感遮断下で適切な処置を行う。

18. 劇症の肺水腫の患者には、どのような治療を行うか？

　治療は水腫発生の病態生理学的機序に基づいて行う。急性心原性水腫は、①心臓の仕事量の最小化（ケージレスト、鎮静、変力作用を補助）、②酸素供給の改善（酸素の補給、気管支拡張薬、気道の吸引、機械的人工呼吸）、③肺水腫の改善（利尿薬、血管拡張薬、瀉血）、④心機能の改善（変力作用を補助）によって治療を行う。非心原性水腫（毛細血管透過性の亢進による）の治療は、より一層課題が多い。その理由は、潜在的原因がしばしば不明だからである。酸素の補給は重要な鍵となる手段で、呼気終末期における陽圧人工呼吸が必要なこともある。基本的に輸液療法を慎重に行うことは重要で、患者の循環血液量が正常の場合に限って利尿薬と血管拡張薬が推奨できる。心臓血管系の維持も重要で、変力作用の維持と酸素供給の維持のための輸血がある。

19. 内在型胸腔切開チューブ（胸腔チューブ）の設置はどのようなときに行うべきか？

持続的な空気の漏出や短時間で起こる大量の空気の集積（例えば、緊張性気胸）によって胸腔内に空気が継続的に存在すること、あるいは胸膜腔に多量の液体（血液、乳糜、膿）の貯留している例が適応症となる。内在型チューブの設置を決定する際には、正しい臨床診断が求められる。チューブには潜在的に重大な合併症の恐れがないわけではなく、飼い主の費用負担を増し、患者の不快さも助長し、継続的な観察が必須となる。厳密な指針は明確にできないが、通常筆者は、緊張性気胸が発生した場合には直ちに、また、もし大量の空気や液体が6～8時間以上にわたって胸部から繰り返し取り除かれる場合に、可能ならすぐにチューブを設置する。または、患者が臨床的に病的症状を現している場合もできるだけ早く設置する。

20. 呼吸窮迫を示す救急患者が、どのような徴候を示すときに気管切開手術を行うか？

最も一般的な例としては、胸腔外の気道の閉塞、CNSや神経筋疾患による換気過少、基礎にある肺疾患のために換気の補助を必要とする低酸素症である。

21. 呼吸窮迫症の患者で人工呼吸を必要とするのは？

人工呼吸は、顔面マスク、鼻腔カニューレ、酸素ケージによる補助酸素投与に無反応な換気不全または重度の低酸素症の患者に適応する。換気不全の特別な適応症としては①無呼吸、②麻痺性の薬物の投与、③原因にかかわらず、進行性の高炭酸血症とアシドーシス（通常 $PaCO_2 > 60mm/Hg$ および動脈 pH < 7.30 と定義される）を伴う無効な努力性呼吸が挙げられる。低酸素症の患者を治療する際の特別な徴候は、①100%酸素下で動脈血 PO_2 が50～60mm/Hg 未満で維持されること、②非毒性量の酸素補給下（< 60%O_2）で PaO_2 が50～60mm/Hg 以上を維持できないことである。

22. 猫における急性小気道性疾患（喘息）に対する救急治療は？

救急治療の主要な柱となるものは、酸素投与、副腎皮質ホルモン（コハク酸プレドニゾロンナトリウム、10～20mg/kg IV）、気管支拡張薬（アミノフィリン、2～4mg/kg IM またはゆっくり IV）である。これらの薬物を用い、5～15分で危機を回避できない場合は追加投与の薬物、すなわちエピネフリン（1：10,000 希釈を 0.5～1.0mL IM または SQ）、βアドレナリン作動薬（テルブタリン、1.25～2.5mg PO）、副交感神経遮断薬（アトロピン、0.04mg/kg SC または IM）が必要となるだろう。

23. 肺胞-動脈血酸素分圧較差とは？呼吸困難症の患者を治療するにあたり、それはどのように有効か？

肺胞-動脈血酸素分圧較差（A-a 勾配）は、肺胞から肺毛細血管への酸素移送の適正度の評価を可能にする計算式である。理想的な肺胞では、吸入された酸素はすべて急速に0のA-a 勾配で毛細血中に流入する。生理的には、一部の血液に正常なシャントが存在し、A-a 勾配は 10mm/Hg くらいまで上昇することがある。ある特定の病的状態（拡散障害、V/Q 不均衡、シャント）では A-a 勾配は増加し、酸素運搬の不十分さを反映する。方程式の肺胞成分は、肺胞ガス式を用いて計算される。

$$P_{AO_2} = (大気圧 - 47) F_IO_2 - (PaCO_2/0.8)$$

ここで、P_{AO_2}は予測される肺胞酸素部分圧、47は水の蒸気圧、F_IO_2は吸入された酸素濃度（21%、すなわち室内空気に対する0.21）、そして0.8は呼吸商である。P_{AO_2}が決まれば、動脈酸素分圧（PaO_2）を測定しP_{AO_2}から減ずればA-a勾配が得られる。

例：患者は室内空気を呼吸して50mm/HgのPaO_2と50mm/Hgの$PaCO_2$を示している。大気圧は760mm/Hgである。推定されるO_2圧は上の式から87mm/Hgである。実際のPaO_2を引けば（87-50）のA-a勾配を得る。この場合は、37mm/Hgである。

0～10mm/Hgの勾配は正常と考えられ、10～20は酸素交換の軽度の悪化、20～30は中程度の悪化で、＞30は重度のガス交換の異常と考えられる。臨床的には、A-a勾配は長時間にわたってガス交換機能の評価に活用される。そしてこのようにある種の呼吸窮迫症を持つ患者の監視に有効である。

補給酸素が投与されると、A-a勾配は上記のような計算では正確ではなくなる。測定したPaO_2を吸入酸素分画で割るとPaO_2/F_IO_2比率が得られるが、こちらは正確である。この比率の正常値は＞200～250mm/Hgである。重度の呼吸不全を持つ患者は値が＜200となる。

例：50%の酸素を呼吸し50mm/HgのPaO_2を示す患者は100（50/.50）のPaO_2/F_IO_2比率を持つであろう。これは重度の呼吸不全を示している。

24. 成人呼吸窮迫症候群（ARDS）とは？それは犬、猫でも起こるか？

ARDSは急性肺傷害による命に関わる呼吸不全の形態である。ヒトでは数多くの原因が挙げられている。そして最近の進歩にもかかわらず、死亡率はなお高い。最近、Parentらが、犬におけるヒトのARDSに類似した症候群を報告している。本研究に適用したヒトの診断基準には重度の呼吸窮迫症、補給酸素に反応しない重度の低酸素症、胸部X線検査における左右対称性の肺胞浸潤、肺伸展性の低下、やや正常に近い心機能などがある。これらの所見は重度の肺水腫やARDSに特徴的な深部の肺炎症反応を示している。治療は非特異的であり、基礎的な状態を正すこと、低酸素症（これはしばしば陽性呼気終末期圧での人工呼吸が必要）、輸液および栄養療法、二次感染の予防を目的とする。

25. 心肺停止（CPA）が最も一般的にみられ、すぐに可逆性を示す急性呼吸器疾患の原因は？

臨床家は緊張性気胸や閉塞性窒息に対して注意を怠ってはならない。これらの急激に進行する状況はすぐに可逆性を呈し、もし適切な処置をしなければ深刻な予後を招来する。緊張性気胸は外傷患者や人工呼吸を受けた患者に典型的にみられる。これは、突発性の低血圧、低酸素症、高い空気流抵抗性（人工呼吸を施された患者の場合）、皮下気腫、聴取しにくい肺音などの特徴がある。閉塞性窒息は、異物の吸引、喉頭麻痺、咽頭後部の膿瘍形成、頸部および顔面の外傷例で典型的にみられる。

参考文献

1. Crowe DT Jr: Managing respiration in the critical patient. Vet Med 1: 55-76, 1989.

2. Drobatz KJ, Concannon K: Noncardiogenic pulmonary edema. Comp Cont Educ Pract Vet 16: 333-345, 1994.
3. Frevert CW, Warner AE: Respiratory distress resulting from acute lung injury in the veterinary patient. J Vet Intern Med 6: 154-165, 1992.
4. Hackner SG: Emergency management of traumatic pulmonary contusions. Comp Cont Educ Pract Vet 17: 677-686, 1995.
5. Harpster N: Pulmonary edema.In Kirk RW, Bonagura JD (eds): Current Veterinary Therapy, 10th ed. Philadelphia, W. B. Saunders, 1989, pp 385-392.
6. Keyes ML, Rush JE, Knowles KE: Pulmonary thromboembolism in dogs. J Vet Emerg Crit Care 3: 23-32, 1993.
7. Kovacic JP: Management of life-threatening trauma. Vet Clin North Am: Small Anim Pract 24: 1057-1094, 1994.
8. Lanken PN: Respiratory failure: An overview. In Carlson RW, Geheb MA (eds): Principles and Practice of Medical Intensive Care. Philadelphia, W. B. Saunders, 1993, pp 754-762.
9. Murtaugh RJ, Spaulding GL: Initial management of respiratory emergencies.In Kirk RW, Bonagura JD (eds): Current Veterinary Therapy, 10th ed. Philadelphia, W. B. Saund ers, 1989, pp 195-201.
10. Parent C, King LG, Van Winkle TJ, Walker LM: Respiratory function and treatment in dogs with acute respiratory distress syndrome: 19 cases (1985-1993). J Am Vet Med Assoc 208: 1428-1433, 1996.
11. Taboada J, Hoskins JD, Morgan RV: Respiratory emergencies. In Emergency Medicine and Critical Care in Practice. Trenton, VLS Books, 1996, pp 227-247.
12. Tams TR, Sherding RG: Smoke inhalation injury. In Emergency Medicine and Critical Care in Practice. Trenton, VLS Books, 1992, pp 42-49.
13. Van Pelt DR, Wingfield WE, Hackett TB, Martin LG: Application of airway pressure therapy in veterinary critical care. Part Ⅰ: Respiratory mechanics and hypoxemia. J Vet Emerg Crit Care 3: 63-70, 1993.

4. うっ血性心不全の病態生理学
PATHOPYSIOLOGY OF CONGESTIVE HEART FAILURE
Wayne E. Wingfield, D.V.M., M.S.

1. 心不全とは？

　小動物の心不全は、慢性心機能障害とそれを代償しようとする神経・体液系の作用が結び付いた結果生じる。末梢静脈うっ血（すなわち、肺水腫）は、左心室の機能が低下し始めると生じ、全身性静脈うっ血（すなわち、腹水、肝臓うっ血、稀に末梢の浮腫）は、右心室の機能が

低下し始めると起こる。そして、左右両心室の機能が低下すると全体に及ぶ心不全が発現する。

2. 小動物における心不全を説明する4つの一般的メカニズムとは？それぞれの主な原因を挙げよ。
   1. 圧負荷あるいは容量負荷の過剰（僧帽弁閉鎖不全、全身性高血圧）。
   2. 心筋の機能不全（拡張型心筋症）。
   3. 拡張不全（肥大型心筋症）。
   4. 心調律の異常（心房細動、心室細動）。

3. 血管抵抗に関わる血圧と血流の関係を定義せよ。
   　　心臓は血圧と血流を発生する。両者は生体器官の機能を生成するため、一定範囲内に維持されねばならない。したがって、血圧と血流の関係は血管抵抗によって定義される。

$$血管抵抗 = \frac{血圧}{血流}$$

4. 心臓薬を臨床に使用する際、血管抵抗、血圧、血流の関係をいかに活用するか？
   　　動脈の血管収縮は血圧を改善するが、また同時に血流を減少させ、おそらく組織灌流を減少させる。動脈の血管拡張は血圧を低下させるが、血流と組織灌流を改善する。

5. 心拍出量とは？それを決めるものは？
   　　心拍出量とは、心臓から拍出されるすべての前進性の血流であり、1回拍出量と心拍数を生成する。1回拍出量を決定する3つの要素とは①前負荷、②後負荷、③収縮性である。

6. 前負荷とは？
   　　収縮前に心筋線維にかかる伸展張力、すなわち負荷を前負荷と呼ぶ。限界範囲内では、この負荷あるいは伸展張力は心筋線維の短縮や1回拍出量を増加する。フランク－スターリング（心拍出量）曲線はこの関係を図示したものである。

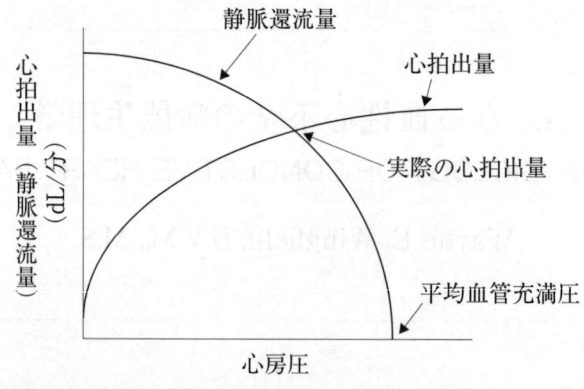

実際の心拍出量は心拍出量と静脈還流量曲線の交点で決定される。心拍出量は心拍出量曲線または静脈還流量（前負荷）曲線が動くと変化する。

7. 心臓への静脈還流量に影響する2つの心臓以外の要素とは？この2つの要素を決定する因子は何か？

動脈血管の緊張と血液の粘性によって決定される末梢血管抵抗、および血管内血液容量と静脈血管の緊張によって決定される平均血管充満圧である。

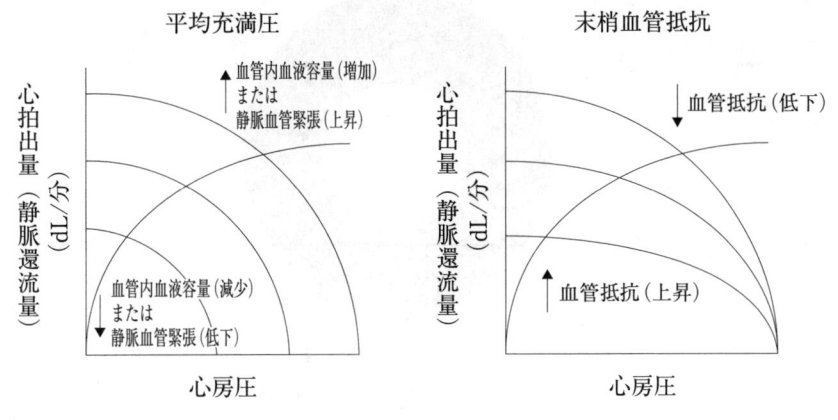

静脈還流量の変化に対応する前負荷の変化

8. 後負荷とは？

後負荷とは、収縮期の心室壁に生じるピークの負荷あるいは応力である。心筋線維が収縮を開始するためには、後負荷と同等で、またそれに対抗する張力を引き出さなければならない。心筋による全仕事量は、心筋線維が引き出す後負荷の総量と心筋線維収縮の程度、あるいは心拍1回拍出量の程度に直接関連している。ある一定の心筋仕事量には、後負荷と1回拍出量の間には反比例の関係がある。心筋後負荷が増加すると1回拍出量と心拍出量は減少する。また、その逆も同じである。

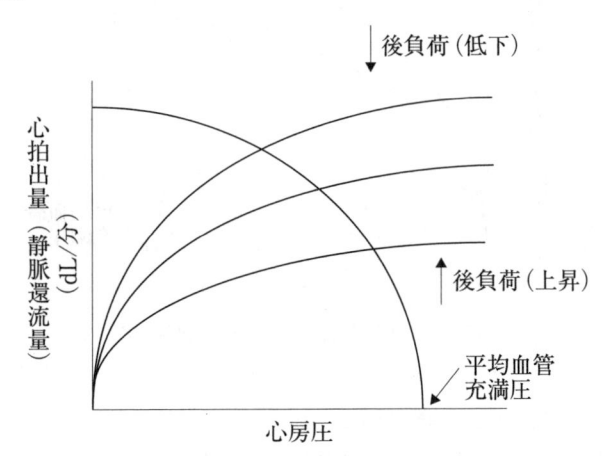

後負荷の増加は心拍出量曲線の下降変化を生じる。一方、後負荷の減少は心拍出量を増加させる。

9. どのような要因が心臓の後負荷を決定するのか？

LaPlace関係が心臓の後負荷を決定する。この関係は、球体の壁張力は球体の圧力と半径に直接比例し、壁の厚さに反比例することを予測したものである。このように後負荷は、大部分

が収縮圧による機能である。収縮圧の減少は心拍出量を増加させる。それに加えて収縮期圧は大動脈インピーダンス（すなわち、壁の固さ）と末梢血管抵抗（下の図を参照）とに影響される。

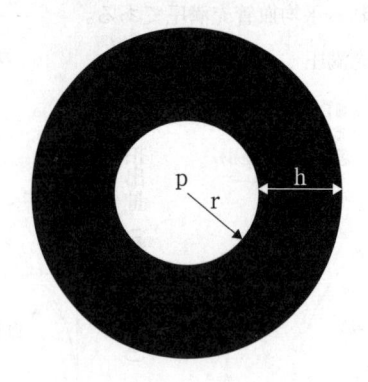

$$収縮期の壁応力（後負荷）= \frac{収縮期圧（P）\times 半径（r）}{壁の厚さ（h）}$$

後負荷は収縮期中の心室壁応力に等しい。そして収縮期圧（P）、心室半径（r）、壁の厚さ（h）によって決定される。

10. 収縮性とは？それはどのような影響を受けるか？

収縮性とは、心臓の負荷（すなわち後負荷と前負荷）とは独立して心筋線維の短縮と1回拍出量を変えさせる心筋の本来備えている性質である。収縮性の変化は心拍出量を変える。

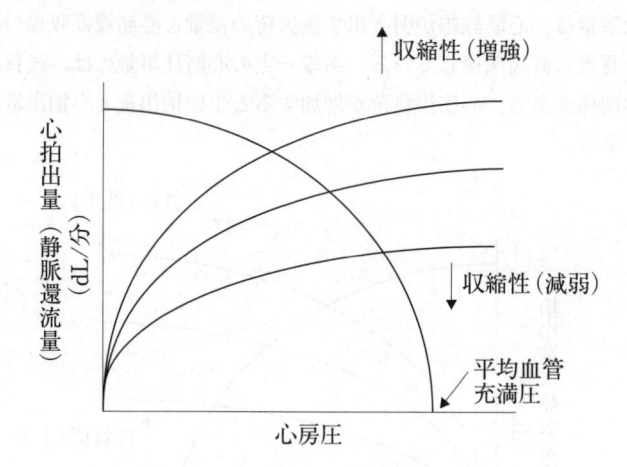

収縮性の変化は心拍出量曲線を移動させる。

11. 心筋の収縮性はどのように調節されるのか？

心臓に対する交感神経の緊張が収縮性を調節する。この緊張は心筋収縮時のカルシウムの流入を変化させる β_1 レセプターによって媒介されている。変力性薬物は収縮に利用されるカルシウム量を変化させることで心筋収縮性を変化させる。心肥大も心臓収縮性をある程度変化させる。心筋の量的喪失は収縮性を減弱させ、心筋の肥大は収縮性を増強させる。

12. うっ血性心不全ではフランク‐スターリング（心拍出量）曲線に何が起こるか？
　心筋の病変は、心拍出量曲線の下降、右方移動を起こしたり（低拍出性心不全）、また静脈還流量曲線の下降、左方変化を起こす（循環血液量減少性ショック、48ページ6.の図を参照）。

13. 心不全における神経・体液性の3つの段階とは？
　1. 心臓の損傷または心機能不全。
　2. 心臓の損傷または心機能不全に対する神経、体液性反応の活性化。
　3. 神経・体液性の過代償。

14. 心臓の損傷または心機能不全の間に何が起こるか？
　心臓の損傷または心機能不全は、先天性のことも後天性のこともあり、また一次性であることも二次性であることもあるが、最終的には心臓への血行力学的な過負荷を招来する。血行力学的な過負荷の2つのタイプは、①圧力過負荷（心臓弁の狭窄あるいは全身性高血圧）、②容量過負荷（弁閉鎖不全、動脈管開存症、心室中隔欠損症）である。この神経・体液性反応は臨床的に見過ごされることが多い。

15. 損傷または不全に対して体はどのように神経・体液性反応を活性化させるか？それぞれの効果をいくつか列記せよ。
　心筋損傷あるいは心機能不全に対して多くの反応が活性化される。
- レニン‐アンジオテンシン（血管収縮を起こし血圧を上昇させ心拍出量を増加する）
- アルドステロン（ナトリウムの貯留、その結果としての水分の貯留を通じて血液量の増加を起こす）
- 交感神経系（血管収縮、心拍数の増加、収縮性の増大）
- バソプレッシン（ADH：水分を貯留し血液量を増やす）
- 心房性ナトリウム利尿ペプチド（ANP：血管拡張、静脈うっ血の減少）
- 心筋肥大（心筋量の増加、収縮性を増すための心室拡張の増大）

16. 心機能不全において過代償はどのように悪い作用を及ぼすか？
　心房内における高い静脈性の充満圧は、肺（左心房）や末梢静脈系（右心房）に静脈性のうっ滞を招来する。それに加えて、動脈の血管収縮は組織の灌流を阻害する。この状態は、うっ血性心不全（CHF：Congestive Heart Failure）と呼ばれる。

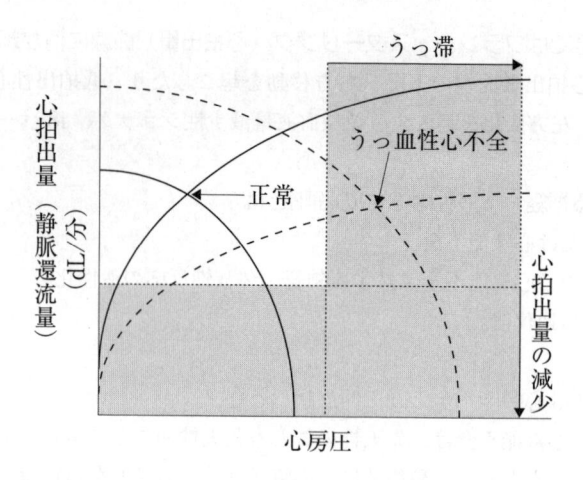

うっ血性心不全は慢性的な心筋の不全あるいは損傷と神経体液性反応の結果生じる。

17. CHF の動物を治療する際、どのような対策がとられるか？
　心拍出量を決定する4つの因子を操作して心機能を改善せよ。
- 静脈のうっ血（前負荷）を減少させよ。
- 心拍出量（前負荷、後負荷と収縮性）を改善せよ。
- 心拍数と調律（心拍数）を正常化せよ。
- 疾患の進行を遅らせよ（前負荷、後負荷、収縮性と心拍数）。

18. 静脈のうっ血はどのように減少されるか？
　静脈のうっ血は、前負荷を減らすことによって減少できる。このことは、動脈圧を減らし、その結果肺や全身の静脈うっ血を減少させる。前負荷を減らすと心拍出量を減らすこともありえる。前負荷を減らすためには2つの方法がある。：①血管内血液容量を減少させる（利尿薬、塩分の制限）、②血管緊張を減らす（静脈あるいは動静脈血管拡張薬）。両対策とも、結果として静脈還流曲線の左方移動を起こす（48ページ6.の図を参照）。

19. 心拍出量はいかにして改善されるか？
　心拍出量は前負荷を低下させ、収縮性を増強させ、後負荷を低下させることによって改善される。前負荷は4-18.で述べたように減少される。収縮性は陽性変力性作動薬によって増強される。それは、心拍出量曲線を上方および左方に移動させる（52ページ16.の図を参照）。陽性変力性作動薬は、収縮機能障害が認められるときに特に必要となる。動脈および動静脈血管拡張薬は、後負荷を軽減し心拍出量曲線の上方移動を起こす。

20. どのように心拍数と心調律を正常に戻すか？
　最善の努力をして調律異常の原因を特定し、それを治療するべきである。調律異常の治療は原因を軽減するものではない。頻拍性不整脈をジギタリスや抗不整脈薬で治療することも症例によっては要求される。さらに、第三度房室（AV）ブロック、重度の第二度房室（AV）ブロック、洞機能不全調律ではペースメーカーの移植を必要とすることもある。

21. 心不全の患者の臨床的分類を記述せよ。

　動物における心不全の進行度を示す多くの分類の中で、年月と経験を重ねて考査によって現在も継続しているものは The New York Heart Association の臨床的分類である。これはヒトの医学からとられたものだが、臨床家にとって心不全の動物の重症度や治療の必要性を決定するために有用である。付け加えるなら、ほとんどの新しい心不全の分類は The New York Heart Association 分類と関係がある。その分類は以下のとおりである。

　　クラス I：明確に運動制限を受けるほどの臨床症状はない。
　　クラス II：軽度の運動制限があり、日常の身体運動で咳嗽を発現する。
　　クラス III：休息中はくつろげるが、最小限の身体運動で臨床症状が発現する。
　　クラス IV：休息中にも心不全の臨床症状が明らかで、いかなる運動も厳しく制限される。

22. 心不全の進行をいかに遅らせることができるか？

　CHF に対する神経・体液性反応は不全の進行を促進する。進行を遅らせるためには神経・体液性反応を最小に抑えなければならない。動物の場合、臨床的確証は現在のところ入手しにくいが、ジゴキシンはもちろんアンジオテンシン変換酵素（ACE）阻害薬、β遮断薬はヒトの生存期間を延長する。

参考文献

1. Atkins CE: Cardiovascular disease seminar. Proceedings of the 55th Annual Conference of Veterinarians, Colorado Satate Univ., January 8-11, 1994, pp 185-213.
2. Francis GS: Neuroendocrine manifestations of congestive heart failure. Am J Cardiol 62: 9A-13A, 1991.
3. Gheorghiade M, Ferguson D: Digoxin: A neurohumeral modulator in heart failure? Circulation 84: 2181-2186, 1991.
4. Kittleson MD: Myocardial function in small animals with chronic mitral regurgitation and severe congestive heart failure. J Am Vet Med Assoc 184: 455-459, 1984.
5. Mancini DM, LeJemtel TH, Factor S, et al: Central and peripheral components of cardiac failure. Am J Med 80: 2-13, 1986.
6. Massie BM, Swedberg K, Cohn JN: Is neurohormonal activation deleterious to the long-term outcome of patients with congestive heart failure? J Am Coll Cardiol 12: 547-558, 1988.
7. Moe GW, Grima EA, Angus C, et al: Response of atrial naturetic factor to acute and chronic increases of atrial pressures in experimental heart failure in dogs. Circulation 83: 1780-1787, 1991.
8. Packer M, Bristow MR, Cohn JN, et al: The effect of carvedilol on morbidity and mortality in patients with chronic heart failure. N Engel J Med 334: 1349-1355; 1396-1397, 1996.
9. Wall RE: Congestive heart failure: Pathogenesis and treatment. Proceedings of the 10th ACVIM Forum, San Diego, May, 1992, pp 19-24.
10. Ware WA, Lund DD, Subieta AR, et al: Sympathetic activation in dogs with congestive heart failure caused by chronic mitral valve disease and dilated cardiomyopathy. J Am Vet Med Assoc 197: 1475-1481, 1990.
11. Zells R: Sympathetic nervous system, angiotensin and other hormones in CHF. Proceedings of the 10th ACVIM Forum, San Diego, May, 1992, pp 586-588.

5. ショック
SHOCK
Ronald S. Walton, D.V.M.

1. 小動物におけるショックを定義せよ。
　ショックとは、細胞への酸素供給と栄養供給、細胞による酸素と栄養の消費との間に起きる生命の危機を伴った不均衡である。ショックは非常に重篤な有効血液量の減少を起こすすべての症候群、病的状態、そして障害でもある。有効な循環血液の欠如は、細胞の代謝の混乱状態を引き起こし、最終的に細胞を死に至らしめる。ショックは、そのまま放置されると複数の器官の機能障害および機能不全を招来し、最終的に死に至る。

2. ショックの患者に対し直ちに必要なことは？
　ショックについての最も重要な3つの概念は、VIPという頭文字に要約される。
　V＝十分に気道を確保し、酸素投与と血液の酸素運搬能を最大にする換気（Ventilation）。
　I＝血管内血液容量を回復するための輸液（Infusion of fluids）。
　P＝心拍出量および血流を回復させるための心筋ポンプ（Pumping）機能の維持。

3. ショックの4つの病態生理学的分類を挙げよ。
　①循環血液量減少性、②心原性、③分布性、④閉塞性。

4. ショックの4つの分類における各々の例を挙げよ。
　血液量、血管抵抗、血管内血液容量、ポンプ機能が血流の型を決める。4つの病態生理学的分類の各々は、これらの決定要因の1つか複数のものと関連している。
　循環血液量減少性ショックは、小動物で最もよくみられるショックの形態である。典型的な患者は、出血による血液量減少、サードスペースへの液体移動による重度の血液量減少または利尿薬による血液量減少を呈し、ちょうど重度の糖尿病性ケトアシドーシスの場合のようである。
　心原性ショックは、心不全でみられるショックの形態で、ポンプ機能不全と高い中心静脈圧が特徴である。ポンプ機能不全は心筋症、不整脈、弁膜異常に関連して生じることがある。
　分布性ショックは、血管原性のショックの一形態で、敗血症、アナフィラキシー、外傷、神経的原因、薬物の副作用でみられる。
　閉塞性ショックは、多くの分類体系の中で心原性原因によるものと区分されるが、閉塞性ショックは血流の閉塞を含み、必ずしもポンプの機能障害ではない。重度の犬糸状虫症、心タンポナーデ、心臓内腫瘍、肺または大動脈血栓塞栓症などは、閉塞性ショックに分類される。

5. 身体検査で、どのようにショックの分類を決定するか？
　循環血液量減少性、心原性、または閉塞性ショックの患者には、典型的には冷たい四肢、可

視粘膜の蒼白、低血圧、頻脈がみられる。分布性ショックの患者も、末期にはこのような症状を呈することがある。典型的に、分布性ショックの患者は温かい四肢、充血した粘膜、正常血圧～高血圧、頻脈を呈する。

6．中心静脈圧とは？それはどのようにして測定するか？
　中心静脈圧（CVP: central venous pressure）は、胸腔内頸静脈が右心房に入るときの管腔血圧の測定値である。CVPは、心臓が静脈還流をポンプで送り出す相対的能力の値を表している。CVPの測定単位は、水のセンチメートル水銀柱圧（cm/H_2O）または水銀のミリメートル水銀柱圧（mm/Hg）で表すことができる。代表的には動物患者の場合、CVPは水柱圧計で計測する。右心房と思われる部位と圧力計に1本の想像上の線を引き、ゼロ基準のマークとして用いる。水柱のメニスカスとゼロ点間の差が計測されたCVP（cm/H_2O）である。また標準機械的圧力変換器を中心静脈カテーテルに適応して、CVPを直接計測することもできる（mm/Hg）。犬猫における最も広く公表されている値は、H_2Oのcm単位で表されている。mm/Hgをcm/H_2Oに変換するには、値に1.36を掛ければ良い。
注：猫で、頸静脈カテーテルが留置できない場合は、後大静脈圧がCVPの正確な指標として用いられる。

7．犬、猫における正常CVPはいくつか？
　犬猫の正常CVPは0～10cm/H_2Oの範囲である。0cm/H_2O未満の値は相対的な循環血液量減少を示し、10cm/H_2Oを超える値は相対的な循環血液量過多を示す。

8．CVPを決める4つの要素とは？
　①胸腔内圧、②血管内血液容量、③右心室機能、④静脈の緊張度、である。

9．循環血液量喪失に対する体の最初の血行力学的反応は？
　循環血液量の有意な喪失は、心拍出量の減少を導く。反射性頻拍が血圧を維持しようとして生じる。心拍出量の減少に反応して、交感神経副腎反射が圧受容器を介して起こる。この反射によって、副腎からのノルエピネフリン、エピネフリン、コルチゾールの放出が開始し、心拍出量の増加を招く。増加した収縮性、心拍数、静脈の緊張は心拍出量の初期の増加に不可欠なものである。皮膚、筋肉、腎、胃腸管などの末梢動脈収縮は血液を心臓、脳へ還流させる。腎血流量の減少は、レニン－アンジオテンシン－アルドステロン系の活性化に次いで尿量と水分喪失を抑え、ナトリウムと水分の貯留を増やす。抗利尿ホルモンとアルドステロンの放出も、血液量の維持を促進する。コルチゾールとカテコールアミンは、代謝の要求を満たす働きを助けるため、エネルギー基質の放出、動員、変換を促進する。次ページの図には以上の初期段階を示した。

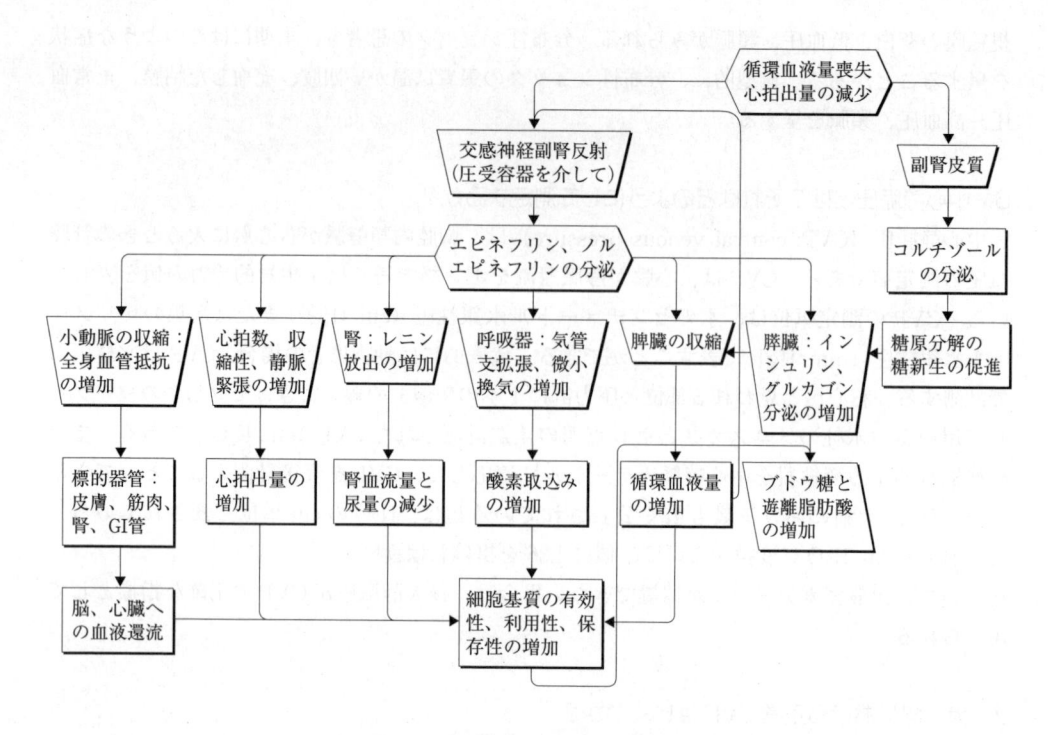

循環血液量喪失に対する代償反応

10. 敗血症を定義せよ。

　敗血症は通常、広汎な感染に対する全身的反応と定義される。他方では、敗血症は血液中における病原微生物あるいはその毒素の存在に対する体の反応と定義されてきた。多くの場合、敗血症はグラム陰性細菌の感染あるいは菌体毒素によるが、グラム陽性細菌、真菌、ウイルス、寄生虫感染によって起こることもある。

11. 全身性炎症反応症候群（systemic inflammatory response syndrome: SIRS）を定義せよ。

　全身性炎症反応は、様々な重度の全身性障害に対する広汎な炎症反応である。SIRSの現在の定義基準は、以下の基準の2つまたはそれ以上を満たすことである。

 1. 体温　>39.7℃ または< 37.8℃。
 2. 心拍数　>160bpm（犬）または>250bpm（猫）。
 3. 呼吸数　>20bpm　または $PaCO_2$ < 32mm/Hg。
 4. 白血球数　>12,000 または< 4,000/μL、あるいは>10% 有核杆状好中球。

12. 敗血症あるいは敗血症性ショックをいつ疑うべきか？

　患者に頻拍、低血圧、循環血液量減少、発熱、低体温、白血球数の増加または減少、多臓器の関連症状がみられたときである。

13. 敗血症性ショックとは？

　敗血症性ショックとは敗血症に続発する血管系ショックの一形態である。その特徴的所見は低血圧、灌流異常で、ほとんどの例で十分な輸液療法を行っても改善しない。

14. 敗血症性ショックの初期にみられる全身血管抵抗（systemic vascular resistance: SVR）と心拍出量の重大な変化とは？

　敗血症性ショックの初期（心室収縮力過多期）においてSVRは減少し、心拍出量は増加する。心拍出量の増加は低下するSVRに対する代償的反応である。

15. 心原性ショックとは？

　心原性ショックはポンプ不全に続いて生じる。心原性ショックの鍵となる特徴は、全身性低血圧、心拍数の増加、中心静脈圧の増加、酸素抽出の増加、心拍出量の減少である。ポンプ機能不全は弁閉鎖不全および心筋不全に関連する可能性がある。ある分類によっては、閉塞性ショックすなわち犬糸状虫症、心タンポナーデ、肺血栓塞栓症なども正方向の血流の一般的な不全であることから心原性ショックに分類される。

16. 敗血症性ショックと心原性ショックは、どうして類似しているようにみえるのか？

　敗血症性ショックの心室収縮力低下期（後期）においては、心拍出量は心指数の減少と肺毛細血管抵抗の増加によって抑制される。これらの要素が一緒になって著しく心拍出量を減少させCVPを上昇させることがあり、ちょうど右心不全と同じようにみえることがある。患者は典型的に灌流の減少と頻拍のために冷たい四肢を示す。後期段階（心室収縮力低下）に入った敗血症性ショックの予後は悪い。

17. 敗血症性ショックに対する治療の第一目標は？

　第一の目標は、酸素要求量が高くなっているため、組織への酸素供給を最大にすることである。血行力学的状態を改善し、潜在的な代謝異常を補正しなければならない。その後、感染源を積極的に探し、除去しなければならない。

18. 出血性ショックの治療の第一目標は何か？

　持続している失血を止め、血液量を回復させ、酸素運搬能力を回復させることである。

19. 神経原性ショックとは？

　神経原性ショックとは交感神経性血管緊張が急速に喪失したときに生じ、それによって動静脈の拡張が起こる。神経原性ショックは脊髄損傷の結果や全身麻酔薬の過剰投与によってさえも起こることがある。この血管性、分布性ショックの型は、標準的な輸液療法に反応しないことがある。α作動薬が治療抵抗性の低血圧の治療に必要となる場合もある。

20. 心タンポナーデはどんな型のショックか？

　閉塞性心タンポナーデは、心膜腔内にある心臓を物理的に圧迫する。この圧迫は、拡張期に心臓に入りうる血液総量を抑制し、その結果、1回拍出量を抑制し、心拍出量の減少を招く。

21. どのような臨床症状が心タンポナーデを示唆するか？どのようにして診断を確定するか？

　心タンポナーデに特有の臨床徴候は、単一のものではない。典型的な心タンポナーデの患者は、急性虚脱の病歴がある。異常な身体指標として、中心静脈圧の増加、頻拍、頸静脈拍動、末梢血管の拡張、聴取しにくい心音が認められる。心電図で、QRS群の低下と電気的交代波がみられると本症の診断を支持するものである。心超音波検査は、心膜滲出とタンポナーデの診断のために優れた基準になると考えられている。

22. 心膜タンポナーデの救急治療とは？

　心嚢穿刺である。患者は左側横臥位または伏臥位の姿勢にして良い。心嚢穿刺は通常、第5肋間で胸壁のおおよそ中心部位に、長い外套針カテーテルを用いて行う。多くの場合、少量の液を除去することで、タンポナーデの症状を軽減できる。心嚢を穿通させることにより心嚢に小さな穴があき、針、カテーテルが抜去された後も、その穴から胸膜腔へと液を排出し続けることとなる。

23. ショック時の患者の治療に選択する輸液薬は？

　輸液薬の投与は、非心原性ショックの患者にとって有効な治療の基礎となるものである。正確な輸液薬の投与については議論の余地があり、著者にもよるが、原則は同じである。晶質液（ナトリウムを含む）が最初の選択液として好まれ、晶質液は投与しやすく、すぐに入手でき、安価で効果的である。ショックは、まずナトリウムを適量含む輸液で積極的に治療を開始するべきである。理由は細胞外液中には比較的高濃度のナトリウムが存在するからである。入手しやすく一般に使われる等張液は0.9%塩化ナトリウム、ラクトリンゲル液、Plasmalyte、Normosol-Rである。

24. ショックの患者に乳酸加リンゲル液よりも Plasmalyte や Normosol-R の方が好まれるのはなぜか？

　ラクトリンゲル液は、主要な緩衝液として乳酸を使用している。乳酸が重炭酸塩に変わるためには肝臓により活発な代謝を受ける必要がある。ショック患者の肝臓代謝は著しく阻害されている。Plasmalyte や Normosol-R は、主要緩衝薬として酢酸塩とグルコン酸塩を含んでいる。酢酸塩とグルコン酸塩は主に骨格筋によって代謝され重炭酸塩になる。ショック時に血液細胞の流れが骨格筋に対して減少する一方、酢酸塩とグルコン酸塩は循環が回復すれば容易に重炭酸塩に変化させられる。循環系と末梢の灌流が回復するにつれて、肝臓には代謝のために多量の乳酸塩が送られる（乳酸アシドーシス）が、過剰の乳酸塩を十分に代謝することが不可能なこともある。

25. 高張食塩液とは？それはいつ用いられるか？

　高張食塩液とは生理的な量を超えたナトリウムを含む晶質液である。代表的なナトリウム濃度は3～7%である。7%高張食塩液の4～5mL/kgの投与量は、犬では即効性のある血漿増量薬であることが報告されている。それは細胞内や間質より水分を引き出し、血管に導く働きをする。これらの変化は、急速ではあるが一時的な血管内血液容量の増加を引き起こす。デキストラン70のような合成コロイドと混合すると増量効果は助長される。高張食塩液の禁忌

は、高ナトリウム血症、高浸透圧症、心原性ショック、腎不全である。高張食塩液は血液量の急速で緊急的な回復の目的にのみ使用されるもので、高張食塩液の効果は一時的なものであることから、その後に必ず限定的な治療を行わなければならない。

26. ショック患者を蘇生させるためにどのくらいの量の晶質液が用いられるか？

　猫および犬への投与量は、公表された文献によると異なっている。犬では、ショック時の輸液量は50〜90mL/kg/時 あるいは1時間当たり全血液量までと報告されている。猫での輸液量は40〜60mL/kg/時 あるいは1時間当たりおおよそ全血漿量と報告されている。猫と犬の蘇生時における輸液量の相違は文献でははっきりしない。例によって、これらの輸液量は、1時間当たりの投与量として準備する指標とみなすべきである。しかし、治療は各々の患者で必要とされる量に合わせて決定する必要がある。非常に効果的な方法として、ショック時の輸液量を4分の1量で投与する方法がある。計算されたショック時の輸液量の4分の1を、ヘマトクリットと総蛋白の基準値からの逸脱を監視しながら15分毎に投与する。この方法を用いると90mL/kg/時 を必要とする患者は滅多にいないし、輸液量過剰になることもあまりない。

27. ショック時の患者への合成コロイド溶液の標準的な輸液量はどのくらいか？

　コロイドの標準的投与量は、合成あるいは天然を問わず一般的に10〜20mL/kg/日 である。この投与量を通常4〜6時間以上かけて与えるが、必要であればもっと速く投与しても良い。しばしば、輸液療法プログラムにおいて、合成コロイドの投与を行うことによって晶質液の必要量を40〜60%、減量することが可能である。

参考文献

1. Astiz ME, Rackow EC, Weil MH: Pathopysiology and treatment of circulatory shock. Crit Care Clin 9: 183-203, 1993.
2. Crystal MA, Cotter SM: Acute hemorrhage: A hematologic emergency in dogs. Compend Cont Educ Pract Vet 14: 1992.
3. Falk JL, Rackow EC, Astiz M, et al: Fluid resuscitation in shock. J Cardiothoracic Anesth 2: 33-38, 1988.
4. Ford SL, Schaer M: Shock syndrome in cats. Compend Cont Educ Pract Vet 15: 120-125, 1993.
5. Kirby R: Septic shock. In Kirk RW (ed): Current Veterinary Therapy, vol IX. Philadelph ia, W. B. Saunders, 1995, pp 139-146.
6. Muir WW: Overview of Shock. 14th Annual Kal Kan Waltham Symposium, 7-13, 1990.
7. Rackow EC, Astiz ME: Mechanisms and management of septic shock. Crit Care Clin 9: 219-237, 1993.
8. Schertel ER, Muir WW: Shock: Pathopysiology, monitoring, and therapy. In Kirk RW (ed): Current Veterinary Therapy, vol X, Philadelphia, W. B. Saunders, 1989, pp 316-330.
9. Ware WA: Shock. In Murtaugh RJ, Kaplan PM (eds): Veterinary Emergency and Critical Care Medicine. Chicago, Mosby-Year Book, 1992, pp 163-175.

6. 急性胃拡張-捻転
ACUTE GASTRIC DILATATION-VOLVULUS

Wayne E. Wingfield, D.V.M., M.S.

1. 犬の急性胃拡張-捻転（acute gastric dilatation-volvulus: GDV）の特徴は？

　急性GDVの犬の特徴は、様々な程度の胃の変位、胃内の急速なガス蓄積、胃内圧の上昇、ショックであり、死亡例も時折みられる。

2. 「鼓脹症」はGDVと同じものか？

　犬の飼い主はGDVのことをしばしば「鼓脹症」という。この名称は臨床家にも僅かに誤解を与えている節がある。ほとんどの臨床家は、鼓脹症は反芻動物の泡沫性の発酵が原因になると考えている。泡沫性鼓脹症は犬や猫にはみられない。

3. どのような動物がGDVに罹りやすいか？

　大型および超大型犬種、特に純粋種の犬はGDVに対してより高い危険性を持つようである。GDVの発生頻度は1000頭中2.9～6.8頭にわたるといわれている。GDVに最もなりやすい品種は、グレート・デン、ワイマラナー、セント・バーナード、ゴードン・セッター、アイリッシュ・セッターとスタンダード・プードルである。家猫やヒト以外の霊長類にもGDVの発生が報告されている。

4. 犬のGDVに対する危険要因について知られていることを述べよ。

　品種基準に基づき、体重が増加傾向にある品種の成犬が重大な危険要因である。肥満などの単なる身体の重さは、GDVに関する危険要因としては品種体重より重要性は低い。体の形態、特に狭くて深い胸腔もまた、特定の品種ではGDVの危険性に影響していることが示唆される。

5. 食事はGDVの原因とどのように関連しているか？

　今日まで食事がGDVの原因であるという決定的な証拠はない。特殊な食事や給餌習慣が犬のGDVの発生を増やしていることは証明されていない。

6. GDVの原因は？

　原因は不明である。研究者らは、ガストリンのような局所において活性化するペプチド、胃の筋起電力の機能不全、食道括約筋機能異常に対して疑いを抱いている。急速にガスの蓄積を導く胃の細菌性疾患（例えば、*Clostridium perfringens*）によるものではないことは確実である。

7. GDVを持つ犬の胃内ガスの構成はどうなっているか？

　GDVを持つ犬の胃から収集された気体は、部屋の空気と大部分が一致する。ガスは明らか

に空気の嚥下によって蓄積されたものである。

8. GDVの診断をはっきりと示している身体検査所見を述べよ。
   - 鼓脹による前腹部の膨満
   - 嘔気はあるが嘔吐できない
   - 口腔・胃チューブの通過不能。この基準は誤って解釈されることが多い。胃チューブの通過不能はGDVの診断を示唆するが、チューブが通過してガスが抜けたとしてもそれだけでGDVを除外することはできない。口腔・胃チューブの挿入は診断の手順というより治療の手順と考えるべきである

9. GDVの治療をどのように開始したら良いか？
   GDVには2つの重要な初期治療がある。
   - 胃の減圧
   - ショックの治療を開始（54ページ5.を参照）

10. GDVの犬に胃チューブをどのようにして通すか？
    犬に不必要にストレスを与えてはならない。ほどよく大きく柔軟なチューブ（例えば、子馬用胃チューブ）を使用せよ。鼻端から最後肋骨までの長さを測り、どこまでチューブを入れるかを示すためにチューブにテープを貼る。犬をうつ伏せにして開口器（例えば、約5cm幅の全巻テープ）を挿入し、チューブに潤滑薬を塗り、ゆっくり丁寧にチューブを通す。犬がゆっくりとチューブを飲み込む状況が観察できるであろう。また、チューブが進むにつれ気管と食道を広げながら下がっていくチューブを触知できる。胃、食道の接合部で抵抗が感じられることもある。力ずくでチューブを胃に入れてはいけない。接合部を通過しようとするとき、チューブをちょっとねじってみなさい。あまり力を入れすぎると食道か胃を破ってしまう恐れがある。一旦チューブが胃に納まったらチューブの後ろの端をバケツの湯水の中に入れるとガスが抜けてくるのが観察できる。助手が前腹部を優しく押し、できるだけ多くのガスを排出させる。チューブに胃ポンプを取り付け、内容物をすべて除去し、排出液がきれいになるまで胃を洗浄する。チューブを取り除く準備をしたら、チューブを巻き取り、ゆっくりとチューブを抜き、開口器を外す。

11. 口腔・胃チューブを挿入できない場合はどうするべきか？
    胃の減圧はGDV治療で必ず行わなくてはならない部分である。減圧の最も簡単な方法は、套管針で胃を穿刺することである。前腹部を打診し、音が反響する部位を探す。その部位は通常右の腹側壁に存在する。その部分の毛を刈り、迅速に外科手術ができるように皮膚を準備し、14～16ゲージで2.5cmまたは3.8cm針を挿入する。ガスは套管針を通って外に排出するはずである。今度は、ほとんどの場合で口腔・胃チューブを通し、徹底的に排出を行い、胃を洗浄することができるであろう。

12. 手術に際し、胃・腹壁固定術としてはどの術式を採用するべきか？
    多数の胃・腹壁固定術が獣医学文献に記述されているが、最も好まれている2つの方法は肋

骨周囲胃、腹壁固定術と belt-loop 胃、腹壁固定術である。両者とも再発率は比較的低い（＜6.9％）。チューブによる胃造瘻術は、早期のチューブ抜去、チューブ周囲のフレグモーネ、胃筋起電力の変化に関して合併症の発生が高くなると報告されている。成功率を高める決定的な要因は、おそらく外科医の手技への精通度と最短の麻酔時間で遂行する手腕にかかっている。

13. 幽門の手術は、再発防止と胃を空虚にしやすくするために実施するべきか？
　否である。正常犬で行われた研究では、幽門形成術も幽門筋層切開術も胃の空虚化にはそれほどには影響しないことが示されているし、事実、両者とも空虚化を遅らせる可能性がある。さらに今日まで、胃の空虚化の遅延や幽門病変が本疾患の要因になっているという証拠はない。これらの所見より、GDV における幽門手術は、胃の流出障害が確実に存在しない限りは禁忌であることを強く示唆している。

14. 胃の虚血や壊死の徴候を発見したときは、何をするべきか？
　壊死組織の胃切除術を行うべきである。最も起こりやすい部位は、短胃動脈が脾臓に連絡している大弯部である。多くの外科医の経験によると、胃切除術が要求されるときは死亡率が高くなる。その理由はおそらく時間的に延長するショック状態と長時間に及ぶ麻酔、飼い主による専門的機関への援助要請の遅れなどのためである。

15. 脾臓摘出術は、犬の GDV の再発を予防できるか？
　否である。脾臓の切除では GDV の再発を予防できない。手術時に、犬に脾臓梗塞のあることがわかった場合に、部分的脾臓摘出術あるいは全脾臓摘出術が指示されることはある。

16. GDV の犬の術後に最もよくみられる併発症は？
　• ショック・不整脈
　• 治療を必要とする痛み・低カリウム血症
　• 外科的合併症

17. GDV の手術後、最もよくみられる不整脈は？
　心室性期外収縮と心室性頻拍が、最もよくみられる不整脈である。これらはショックが最初に解除されなければ、制御するのが困難となる場合が多い。ほとんどの症例で、この不整脈を制御するのにリドカインまたはプロカインアミド が用いられる。時に、犬は術後に心房細動を起こすことがある。この場合、潜在的な原因がある可能性がある（例えば、拡張性心筋症）。心房細動は、ショックが解除されたりカルシウム・チャンネル・ブロッカー、アデノシン、あるいは稀にキニジンの投与によって洞調律に変化することがある。

18. 将来鼓脹症を起こす危険性を減らすために、飼い主がとるべき予防策の要点を述べよ。
　・一度に大量の食事を与えるよりも、毎日数回、少量の食事を与える
　・給餌前後は運動と興奮を最小限にする
　・鼓脹症の臨床症状の見分け方を知り、獣医師の手配がすぐできるように緊急の電話番号を用意しておく

・危険性の高い犬の飼い主には、事前に予防的な胃腹壁固定術の賛否について議論しておくように奨励する必要がある

論点

19. 手術に入る前に犬の腹部X線検査を行うべきか？

賛成：X線検査は診断を確立し、おそらく手術時に遭遇するであろう他の合併症を事前に知ることができる可能性がある。胃穿刺術は腹腔内に遊離空気の貯留を誘発することがあり、これを胃破裂と判断してはならない。

反対：X線検査は費用がかかり、また時間もかかり、GDVの犬にはストレスにもなる。はっきりした品種の特性や危険要因、身体検査による陽性所見があれば、その犬にはすぐに手術を行うべきである。

参考文献

1. Glickman LT, Glickman NW, Perez CM, et al: Analysis of risk factors for gastric dilatation-volvulus in dogs. J Am Vet Assoc 204: 1465-4571, 1994.
2. Greenfield CI, Walshaw R, Thomas MW: Significance of the Heineke-Mikulicz pyloroplasty in the treatment of gastric dilatation-volvulus: A prospective clinical study. Vet Surg 18: 22-26, 1989.
3. Hall JA, Twedt DC, Curtis CR: Relationship of plasma gastrin immunoreactivity and gastroesophageal sphincter pressure in normal dogs and dogs with previous gastric dilatation-volvulus. Am J Vet Res 50: 1228-1232, 1989.
4. Hosgood G: Gastric dilatation-volvulus in dogs. J Am Vet Assoc 204: 1742-1747, 1994.
5. Leib MS, Wingfield WE, Twedt DC, et al: Plasma gastrin immunoreactivity in dogs with gastric dilatation-volvulus. J Am Vet Assoc 185: 205-208, 1984.
6. Leib MS, Konde LJ, Wingfield WE, et al: Circumcostal gastropexy for preventing recurrence of gastric dilatation-volvulus in the dog: An evaluation of 30 cases. J Am Vet Assoc 187: 245-248, 1985.
7. van Sluijs FJ, van den Brom WE: Gastric emptying of a radionucleotide-labeled test meal after surgical correction of gastric dilatation-volvulus in dogs. Am J Vet Res 50: 433-435, 1989.
8. van Sluijs FJ: Gastric dilatation-volvulus in the dog: Current views and a retrospective study in 160 patients. Tijdscher Diergereeskd 116: 112-120, 1991.
9. Whitney WO, Scavelli TD, Matthiesen DT, et al: Belt-loop gastropexy technique and surgical results in 20 dogs. J Am Anim Hosp Assoc 25: 75-83, 1989.

7. アナフィラキシー
ANAPHYLAXIS

Michael S. Lagutchik, D.V.M.

1. 全身性アナフィラキシーを定義せよ。

　全身性アナフィラキシーは、内因性の化学伝達物質（ケミカル・メディエーター）の生成と放出、そしてこれらの伝達が様々な器官系（第一に心臓血管系と肺）に及ぼす影響から生じる、生命に関わる急性の反応のことをいう。

2. 各種のアナフィラキシーにはどのような型があるか？救急患者にはどの型が最も重要性が高いか？

　アナフィラキシーは全身性または局所性に起こり得る。アナフィラキシーという言葉は一般に3つの別個の臨床状態を記述するために用いられる。全身性アナフィラキシー、蕁麻疹、血管性浮腫である。全身性アナフィラキシーは、肥満細胞伝達物質（マストセル・メディエーター）の全身的な大量放出の結果起こり、最も重症な型である。蕁麻疹と血管性浮腫は即時型過敏症が、局所性に起こる異なった型である。蕁麻疹は、様々な程度の掻痒症を伴う表層皮膚血管を内包する膨疹、すなわち「蜂巣状構造」の特徴を有する。血管性浮腫は皮膚のより深部の血管に起こり、皮膚深層と皮下組織に浮腫を形成する。あまり一般的ではないが、蕁麻疹と血管性浮腫は全身性アナフィラキシーに発展することがある。

3. どのような基礎的メカニズムがアナフィラキシーを引き起こすか？

　2つの総括的なメカニズムが肥満細胞と好塩基球を活性化し、その結果アナフィラキシーを誘発する。アナフィラキシーは最も一般的には免疫介在性である。稀に非免疫性の相互作用がアナフィラキシーを誘発することがあり、この症候群はアナフィラキシー様反応と呼ばれる。本質的に患者の管理に異なる点はないが、これら2つの違いを認識すれば潜在的な原因をより理解しやすくなるし、病態をより迅速に認識する上での助けとなる。

4. 免疫介在性（古典的）アナフィラキシーの病態生理学的メカニズムは？

　感受性のある個体がある抗原に最初に接触すると、免疫グロブリンE（IgE）が産生され、エフェクター細胞（肥満細胞、好塩基球）の表面レセプターに結合する。その抗原に二度目に接触すると、次段階として抗原-抗体複合体が引き金になってエフェクター細胞内にカルシウムの流入が起こる。すると細胞内で一連の反応が次々に始まり、最終的に、それ以前に形成された化学的伝達物質の脱顆粒が起こり新しい伝達物質が生成される。これらの伝達物質がアナフィラキシーの病態生理学的過程を引き起こしている。

5. 非免疫介在性アナフィラキシーの病態生理学的メカニズムは？

　アナフィラキシー様反応は2つの別個のメカニズムによって発現する。より一般的には、薬物やその他の化学物質（すなわち、特異体質性の薬理学的反応または薬物反応）による肥満細胞と好塩基球の直接的な活性化による。これ以後は前述した古典的アナフィラキシーと類似したものである。以前に抗原に接触していなくても、この型のアナフィラキシーは発症する。あまり一般的ではないが、一連の反応における補体の活性化がアナフィラトキシン（C3a、C5a）を生成することもある。これらのアナフィラトキシンはヒスタミンの放出を伴って肥満細胞の脱顆粒を起こし、平滑筋の収縮を増強し、多形核白血球からの加水分解酵素の放出を促進する。

6. アナフィラキシーにおける病態生理学的現象を引き起こす伝達物質について説明せよ。

　アナフィラキシーの伝達物質には、①一次性（あらかじめ形成された）と②二次性のものがある。一次性伝達物質には、ヒスタミン（血管拡張、血管透過性の亢進および気管支、胃腸、冠状動脈の平滑筋収縮）、ヘパリン（抗凝固、可能性として気管支痙攣、蕁麻疹、発熱、抗補体活性）、好酸球と好中球の化学走化性因子（好酸球と好中球の化学走化性）、蛋白分解酵素（キニンの生成、播種性血管内凝固の開始、補体カスケードの活性化）、セロトニン（血管作動性の働き）およびアデノシン（気管支痙攣、肥満細胞の脱顆粒の調整）がある。

　二次性伝達物質は好酸球や好塩基球によって産生され、また一次性伝達物質が活性化された後にその他のメカニズムによって産生される。主要な二次性伝達物質はアラキドン酸（プロスタグランディンとロイコトリエン）および血小板活性因子である。これらの伝達物質にはプロスタグランディン E_2、D_2 と I_2（プロスタサイクリン）、ロイコトリエン B_4、C_4、D_4 と E_4、トロンボキサン A_2、および血小板活性因子などがある。これら伝達物質の大多数は血管拡張の誘発、血管透過性の亢進、ヒスタミン、ブラジキニン、ロイコトリエン、化学走化性因子の生成促進、気管支収縮の惹起、血小板凝集の促進、好酸球と好中球の化学走化性の刺激、心機能低下の誘発、気道粘液産生の増加、血小板放出の誘発、多形核細胞からの顆粒放出増加などを起こす。あるもの（プロスタグランディン D_2、プロスタグランディン I_2、好酸球の生成物質）は過敏反応を抑制するように作用する。

7. 犬、猫のアナフィラキシーの共通する原因について述べよ。

　免疫介在性アナフィラキシー
　　毒を持つ昆虫や爬虫類（蜂、蜘蛛、蛇）による咬傷
　　ワクチン
　　ホルモン（インシュリン、バソプレッシン、コルチコトロピン、ベタメサゾン、トリアムシノロン）
　　抗生物質（ペニシリン誘導体、クロラムフェニコール、ゲンタマイシン、テトラサイクリン、トリメトプリムとサルファ薬の複合薬、セファロスポリン、その他多数）
　　麻酔薬（アセプロマジン、ケタミン、バルビツレート、リドカイン、アヘン系麻酔薬、ジアゼパム）
　　駆虫薬（ピペラジン、ジエチルカルバマジン、チアセタルサマイド、アイバメクチン）
　　その他一般的に使用される薬物（アミノフィリン、L-アスパラギナーゼ、デキストラン、

　　　　アレルゲン抽出物、アンホテリシンB）
　　　血液および血液成分
アナフィラキシー様反応
　　　ヨウ素系X線造影薬
　　　非ステロイド系抗炎症薬（アスピリン、イブプロフェン）
　　　アヘン系麻酔薬
　　　マンニトール
　　　デキストラン

8. 犬、猫双方におけるアナフィラキシー反応の標的器官は何か？
　主要標的器官はアナフィラキシーの型に左右される。局所性のアナフィラキシー（蕁麻疹と血管性浮腫）は多くの場合、皮膚と胃腸の反応を誘発する。最もよくみられる皮膚症状は、掻痒症、浮腫、紅斑、典型的な膨疹、発赤反応である。最もよくみられる胃腸症状は、吐き気、嘔吐、しぶり、下痢である。全身性アナフィラキシーの主要標的器官は、犬では肝臓、猫では呼吸器と胃腸器官である。

9. 犬、猫における臨床的全身性アナフィラキシーをどのようにして認識するか？
　全身性アナフィラキシーの臨床徴候は、犬と猫では大きく異なっている。
　犬の場合、アナフィラキシーの最も初期症状としては、最初は興奮がみられることがあり、嘔吐、排便、排尿をたびたび伴うことが報告されている。アナフィラキシーが進行するにつれ、呼吸の抑制あるいは窮迫、筋力低下に関連した虚脱、心臓血管系の虚脱がみられるようになる。急速に死亡の転帰を辿る可能性もある（1時間以内に）。犬では肝臓が主要標的器官になるため、剖検時に門脈の高血圧を伴った重度の肝うっ血がよく認められる所見である。死亡以前には、これらの所見が役立つような、肝臓を正確に評価するための時間がほとんどない。
　猫の場合、一番早く報告されるアナフィラキシーの症状は掻痒症で、特に顔と頭部で顕著である。気管支収縮と肺水腫が、猫の場合の典型的な続発症であるが、重度の呼吸窮迫が最もよくみられる症状である。その他の症状では喉頭浮腫と上部気道閉塞、大量の流涎、嘔吐、共調運動不能が認められる。最終的には重篤な呼吸器障害と心不全が生じ、虚脱そして死に至る。

10. アナフィラキシー・ショックとは？
　アナフィラキシー・ショックとは、血管原性変化、神経原性変化、内毒素性変化の複合したものが、様々な臓器、特に心臓血管系と呼吸器系を巻き込んで起こるアナフィラキシーの最終段階である。一次性および二次性の伝達物質は、微小循環の血管変化を誘発し、血液量の60～80％を末梢にプールするに至る。またアナフィラキシーにおいて非常に危険なことは血管透過性の亢進で、血管内循環血液の漏出を起こすことである。これらの伝達物質はまた、循環血液量減少、不整脈、心筋収縮力の低下、肺低血圧を生じさせ、続いて組織の低酸素症、代謝性アシドーシス、細胞の壊死へと導く。アナフィラキシー・ショックの臨床症状は特徴のあるものではなく、重度の心肺虚脱を招くあらゆる原因に起因する症状に類似している。

11. アナフィラキシーは、どのくらいの速さで進行するか？

　アナフィラキシーは通常、誘発物質に曝露された直後、もしくは2～3分後に起こる。しかしながら数時間遅れて発症することもある。ヒトではアナフィラキシーは5～30分で症状のピークに達すると報告されている。

12. 全身性アナフィラキシーはどのようにして診断するか？

　診断は病歴、身体検査、臨床症状に基づく。強く疑われる要因に固執することが迅速な病気の鑑別と治療の開始に必要である。全身性アナフィラキシー診断の鍵となるのは、各々の動物種の標的器官に関連する臨床症状の急速な進行であり、通常は最近アナフィラキシーを誘発すると知られている物質に曝露された病歴がある。

13. 迅速な診断と治療がアナフィラキシーの管理の成功を約束するものならば、早急に除外しなければならないその他の鑑別診断は？

　全身性アナフィラキシーと一致する重度の症状を持つ患者において早急に除外しなければならない病態には、急性肺疾患（喘息発作、肺水腫、肺塞栓、自然気胸、異物の吸引、喉頭麻痺）と急性心疾患（上室性および心室性頻拍性不整脈、敗血症性および心原性ショック）がある。

14. 全身性アナフィラキシーの最初の治療は？

　アナフィラキシーの際に即時に行うべき治療は、開放性の気道確保、血管の確保、積極的な輸液療法、エピネフリンの投与である。重篤度に応じて、気道の管理は顔面マスクによる酸素の供給から経口気管挿管まで様々であり、気管切開術が必要なこともある。損傷を受けた（浮腫を起こした）気道、肺水腫、気管支収縮を呈する重症の患者では、機械的人工呼吸が必要になることがある。血管の確保は、できれば中心静脈が望ましく、輸液療法や薬物投与はきわめて重要である。積極的な輸液療法はショックの程度に応じて実施するべきであるが、臨床医は等張の晶質液と、できればコロイド溶液のショック時に必要な量を投与できるように準備しておかなければならない。エピネフリンはアナフィラキシーの治療において最も肝要なものである。気管支収縮を緩和し、動脈血圧を支持し、肥満細胞の脱顆粒が継続して行われるのを阻止し、心収縮力と心拍数を改善し、さらに冠状動脈の血流を改善するからである。推奨投与量は静脈内に0.01～0.02mg/kgである。これは1：1,000 エピネフリン塩酸塩の0.01～0.02mL/kgに相当する。血管の確保が不可能な場合は、この投与量を倍にして気管内に投薬することが可能である。治療抵抗性の低血圧や気管支収縮を持つ重症例では、この投与量を5～10分おきに繰り返すことができ、あるいは1～4 μg/kg/分 の定速で行う持続注入の方法が確立されている。

15. 全身性アナフィラキシーの管理に対する補助的治療は？

　アナフィラキシーの補助的治療には抗ヒスタミン薬、グルココルチコイドの使用と、低血圧、肺水腫、気管支収縮、不整脈に対して必要に応じて行う支持的手段がある。抗ヒスタミン薬とグルココルチコイドの作用は非常に緩徐であるため、初期治療ですぐに有効にはならないが、二次性伝達物質に起因する反応や合併症を予防する点で重要な役割を果たす。ジフェンヒドラ

ミン（5～50mg/kgを ゆっくりIV投与、1日2回）は最もよく使われる抗ヒスタミン薬である。H_2遮断薬の併用を勧める者もいる（例：シメチジン5～10mg/kgを 経口投与、8時間おき）。リン酸デキサメサゾンナトリウム（1～4mg/kg IV）とコハク酸プレドニゾロンナトリウム（10～25mg/kg IV）が最も良く使用されるグルココルチコイドである。ドーパミン（2～10μg/kg/分）は心臓や昇圧の支持のために使われることが多い。持続性気管支収縮の患者にはアミノフィリン（5～10mg/kg IM 投与または緩徐にIV）が勧められる。

16. 全身性アナフィラキシーの初期治療が成功したら、患者は「危機を脱した」ことになるか？

患者を帰宅させるのは必ずしも安全ではない。全身性アナフィラキシーの即時的効果から回復した患者には、後期段階の反応がしばしば起こる。これらは、二次性伝達物質により誘発された、遅れて現れてきたメディエーターによるもので、最初の発症から6～12時間後に起こることがある。患者の監視への細心の注意、ショックと肺の合併症に対する積極的な治療、通常、抗ヒスタミン薬とグルココルチコイドの使用がこの潜在的に致命的な併発症を予防するのに勧められる。患者を少なくとも24時間は入院させ、切迫した合併症の徴候を積極的に監視するべきである。

参考文献

1. Cohen RD: Systemic anaphylaxis. In Bonagura JD(ed): Current Veterinary Therapy, vol XII. Philadelphia, W. B. Saunders, 1995, pp 150-152.
2. Haupt MT: Anaphylaxis and anaphylactic shock. In Parrillo JE, Bone RC(eds): Critical Care Medicine: Principles of Diagnosis and Management. St. Louis, Mosby, 1995, pp 433-447.
3. Markovchick V: Anaphylaxis. In Persons PE, Wiener-Kronish JP(eds): Critical Care Secrets. Philadelphia, Hanley & Belfus, 1992, pp 407-409.
4. Mueller DL, Noxon JO: Anaphylaxis: Pathophysiology and treatment. Comp Cont Educ Pract Vet 12: 157-170, 1990.
5. Noxon JO: Anaphylaxis, urticaria, and angioedema. Semin Vet Med Surg (Sm Anim) 6: 265-272, 1991.
6. Ware WA: Shock. In Murtaugh RJ, Kaplan PM(eds): Veterinary Emergency and Critical Care Medicine. St. Louis, Mosby, 1992, pp 163-175.

8. 低体温
HYPOTHERMIA
Ronald S. Walton, D.V.M.

1. 小動物における低体温を定義せよ。

 低体温は、恒温動物において正常以下の体温と定義される。正常体温は、犬では＞37.5℃、猫では＞37.8℃ である。

2. 低体温の重症度は、どのようにグレード分けするか？
   - 軽　度：32.3～37.2℃
   - 中等度：27.8～37.5℃
   - 重　度：深部体温＜27.8℃

3. 体から熱が奪われる4つの主要なメカニズムを挙げよ。
   - 対流
   - 放射
   - 伝導
   - 蒸泄

4. 熱喪失の4つの主要なメカニズムの中で、通常、小動物ではどれが最も関係しているか？

 通常の条件下では、放射が熱喪失の大部分を占めている。放射は環境中で皮膚と直接接触していない物体との間で行われる熱交換である。相対温度が熱移動の方向を決定する。

5. 正常な犬、猫では、体温はどのようにして維持されているか？

 体温は中枢神経系、もっと具体的には視床下部によって調節されている。体温の低下によって、犬猫には行動的および生理的反応がみられる。一般にみられる行動的反応は、熱を求めることと体を丸くして体表面積を最小にすることである。体温低下に対する生理的反応は、立毛と末梢血管の収縮で始まる。これらの反応は、血流を中心部に移動することで体の熱を保持しようとするものである。震えによる熱産生と代謝率の増加は、次に現れる体温上昇のための努力である。このような方法がうまくいかないと、熱は失われ深部体温は低下する。

6. 体温調節はどのようにして阻害されるのか？

 体温調節機構は、主要な4つのメカニズムである。代謝性、末梢性、局所性および薬理学的メカニズムによって阻害される。糖尿病性ケトアシドーシスや尿毒症のような代謝障害に関連した血漿浸透圧の変化は、中枢性の低体温を引き起こす。視床下部機能は様々な CNS の過程（外傷、変性、新生物、先天性）に影響され、低体温状態を招来する。薬物（例えば、フェノチアジンやバルビツレート）は、中枢性の体温調節を障害して低体温を誘発する。

7. 深部体温を定義せよ。それはどのように測定するのか？

　深部体温は、末梢血管系の血管収縮効果に影響されない中心部の体温である。深部体温は、直腸、食道、鼓膜で、あるいは体温計を備えた中心静脈用カテーテルを用いて測定できる。直腸温は体温計が冷たい便の中に入ると、誤って低くなることがある。

8. どのような要因が動物を低体温にさせやすいか？

　熱の産生を減少し、熱の喪失を増加する要因が、低体温を起こしやすくする。熱の産生を減少させる要因には、年齢（新生子）、外傷、体を動かせないこと、麻酔、心疾患、損傷を受けた中枢性体温調節、内分泌異常（甲状腺機能低下症、副腎皮質機能低下症、低血糖症、下垂体機能不全）、神経筋疾患などがある。熱の喪失を増やす要因には、外傷、火傷、体を動かせないこと、周囲環境への曝露、麻酔、手術、冷たい表面との接触、化学物質（例えば、バルビツレート、アルコール、フェノチアジン、エチレン・グリコール）への曝露などがある。

9. 低体温患者によくみられる臨床所見は？

　低体温の患者は、曝露の度合いと長さによって様々な臨床症状を呈する。よくみられる臨床症状は、鈍麻、弱い脈拍、そして脈拍の欠如、徐脈、あるいは触知不能の心拍、筋肉の硬化、浅く間隔の長い呼吸である。腸の運動音は減弱するか消失する。軽症例で震えが観察されることがあるが、体温が＜31℃ではそれもみられなくなる。正常な大脳の機能は＜32℃で損なわれる。心不整脈が＜30℃で出現する。末梢の反射は＜27℃で消失する。体温＜26℃で犬は瞳孔対光反射が消失し、意識もなくなる。

10. 患者の体温を復温する方法を決定する場合、鍵となる決断は何か？

　最初の決断は、患者の復温を消極的に行うか、積極的に行うかである。消極的な復温は非侵

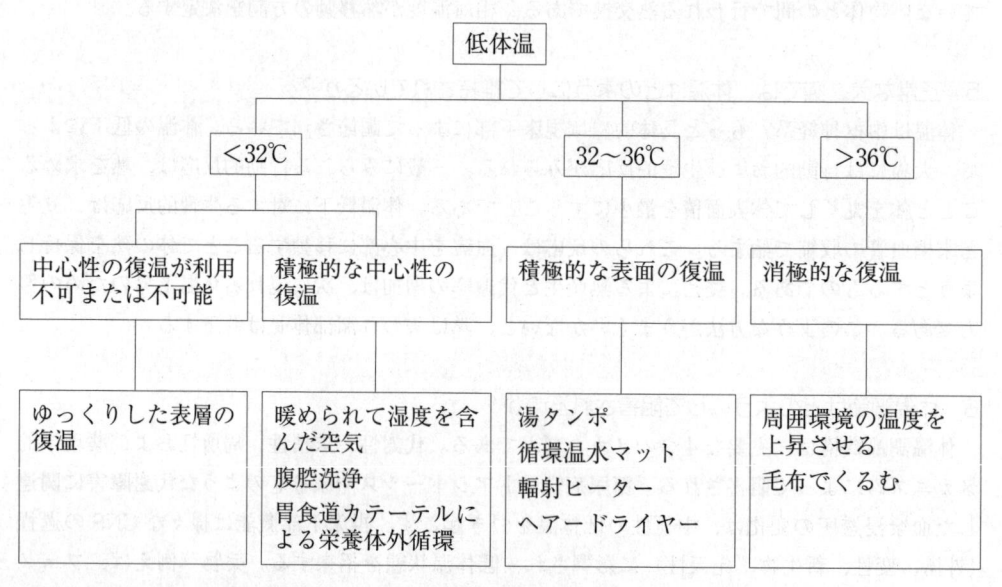

```
                    低体温
        ┌─────────────┼─────────────┐
      <32℃         32〜36℃        >36℃
    ┌────┴────┐        │             │
  中心性の    積極的な    積極的な表面   消極的な復温
  復温が利用  中心性の    の復温
  不可または  復温
  不可能
    │          │           │             │
  ゆっくり   暖められて   湯タンポ     周囲環境の温度を
  した表層の 湿度を含    循環温水マット 上昇させる
  復温       んだ空気    輻射ヒーター   毛布でくるむ
             腹腔洗浄    ヘアードライヤー
             胃食道カテーテルに
             よる栄養体外循環
```

低体温の管理

(Haskins SC: Thermoregulation, hypothermia, hyperthermia. In Ettinger SJ, Feldman EC (eds): Textbook of Small Animal Medicine. Philadelphia, W. B. Saunders, 1995, p 28 より改変)

襲的で、患者に単に覆いをかけて温かい場所に置くことである。積極的な復温は、しばしば特殊な器具や装置を必要とする。70ページのフローチャートは、小動物における復温の方法の選択肢についての指針を示している。

11. 積極的な復温の方法とその利用にあたっての指針について討論せよ。

積極的に復温する方法は、体の深部に直接熱を供給する。積極的な復温の最近の選択肢として、体外より暖めること、加熱した静脈内輸液、温水での腹腔洗浄、胃腸灌注がある。心臓血管が安定しない場合、あるいは深部体温が33.3℃以下のときに、積極的に復温を行う必要がある。

12. 消極的な復温の方法と、その利用にあたっての指針について討論せよ。

消極的な復温は、それまで健康であった患者が軽度の低体温を起こした場合に適している。消極的な復温は、単に周囲の温度を上げ、患者を毛布で包むことである。

13. 低体温に関連してよくみられる臨床病理学的変化は？
- ブドウ糖：高血糖症が初期にみられる。その機序として、コルチゾール放出の増加、交感神経活性の上昇が挙げられる。低体温がなかなか治らない場合、高血糖症の原因はインシュリン抵抗性によるもので、体温が30℃未満のときに発生する。低体温症が続くと、低下した糖新生によって低血糖症を起こし、肝臓のグリコーゲン沈着を招来する。
- 電解質異常：電解質の変動は予想不可能で、患者ごとに異なる。低体温症が長時間にわたると低ナトリウム血症と高カリウム血症を引き起こす。これはおそらく細胞膜におけるナトリウム-カリウムATPaseポンプの機能低下によるものと思われる。症例がこれにあてはまる場合、体内に存在している総ナトリウム量と総カリウムの量は正常に近いはずである。
- 酸-塩基状態：組織灌流の低下と震えの間に起こる筋肉の消耗の亢進によって、乳酸の蓄積と、それに起因する代謝性アシドーシスが認められるようになる。また肝臓における乳酸塩の代謝も低下する。低体温の軽症例では、患者は代謝性アシドーシスと呼吸性アルカローシスの混合した状態を呈することがある。低体温が継続すると、意識は低下し、その結果呼吸数の減少がみられる。これは呼吸性アシドーシスの進展につながる。
- 凝固異常：低体温症の血液凝固に与える影響は複雑である。犬において実験的に作成した低体温では、凝固因子の様々な機能的な変化が起こった。低体温があると、ヒトでは活性化部分トロンボプラスチン時間（APTT）とプロトロンビン時間（PT）双方とも延長する。低体温はまた、可逆的な血小板機能障害をも引き起こす。重度の低体温症は、播種性血管内凝固（DIC）の発現を誘発することもある。DICの発症は、通常、復温を行った結果、繊維素溶解活性の増加、血管内皮の損傷、血液凝固因子の減少、血小板機能の低下が起こり、それらに続発してみられる。

14. 低体温に関連して、よくみられる心電図の異常所見は？

低体温の初期には心房性不整脈がよくみられる。心室性不整脈は、長時間に及ぶ低体温の症例で生じる。よくみられる心室性不整脈は、心室性期外収縮（PVCS）と心室性頻拍である。

重症の低体温症例では、深部体温が28℃以下に低下した時、心室細動がよくみられるようになる。低体温に続発した心室細動は、電気的除細動に反応しないことが多い。

15. 積極的な復温の最中、またはその後によくみられる合併症は?

　中程度から重度の低体温の患者は、積極的に復温されると、さまざまな全身性合併発症が起こる可能性がある。次の事項について、患者を注意深く監視する必要がある。

- 復温開始後の体温の低下：深部体温は、患者が寒い場所から移された後も低下し続ける。この理由はおそらく冷たい末梢血が心臓に戻ることと、より温かい体の深部からより冷たい末梢組織へ熱が継続的に伝導するためである。
- 復温によるショック：この現象には多くの要因が関与している。代謝性の要因には、血液灌流の減少による乳酸アシドーシスがある。寒冷による利尿のために生じた電解質の異常（低ナトリウム血症と高カリウム血症）は、再灌流が障害された状況を示している。凝固異常は、凝固時間の延長からDICにまで及ぶ。PVCSや心室細動のような心不整脈が重症例でみられる。肺の合併症では、肺分泌液の粘性の増加と毛細血管の漏出に続発してみられる肺炎などが多い。他の全身性障害には、脳浮腫による脳内圧の上昇、膵炎、横紋筋変性、急性腎尿細管壊死等がある。虚血によって損傷を受けた皮膚や胃腸管の関門を細菌が通過することにより、敗血症が発症することがある。多形核細胞の貧食能および遊走能の低下によって、通過した細菌を排除する能力は著明に減少する。

参考文献

1. Dhupa N: Hypothermia in dogs and cats. Cont Educ Pract Vet 17: 61-66, 1995.
2. Haskins SC: Hypothermia and its prevention during general anesthesia in cats. Am J Vet Res 42: 856-861, 1981.
3. Haskins SC: Thermoregulation, hypothermia, hyperthermia. In Ettinger SJ, Feldman EC(eds): Textbook of Small Animal Internal Medicine Philadelphia, W. B. Saunders, 1995, pp 26-29.
4. Moon PF: Surface induced hypothermia in dogs. J Am Vet Med Assoc 202: 856-861, 1993.
5. Smith M: Hypothermia. Comp Cont Educ Pract Vet 7: 321-326, 1985.

9. 熱射病

HEAT STROKE

Tim Hackett, D.V.M., M.S.

1. 熱射病とは？

　熱射病とは、周囲の高温にさらされて生じた重度の発熱（40.5～43.0℃）である。熱射病は、動物が過剰に温度の上昇した自動車の中に閉じ込められたり、適当な日除けがない場所で暑く

太陽が照りつける日に戸外に放置されたときに非常によく発生する。激しい運動による熱射病は稀であるが、動物が暑く湿度の高い天候下で運動をさせられたり、熱を発散する能力が障害されたりしたときに発生する。

2. 正常体温は、どのように維持されるか？

体温の恒常性は、視床下部の体温調節中枢によって管理されている熱獲得と熱放散の機構の均衡である。熱獲得は、環境温度と代謝熱によるものである。熱の喪失は、行動学的な機構、血液循環の変化、蒸泄による冷却、放射を通して行われる。体温が上昇すると、末梢血管の拡張と皮膚の血行増進によって皮膚からの放射と対流が促進される。動物は日陰を求め、放射と伝導による熱の喪失を最大にする姿勢をとる。蒸泄によって冷却するための有意義な発汗を欠くため、犬猫は、熱喪失のために激しい喘ぎ呼吸に頼る。喘ぎ呼吸は換気のデッドスペースを増加させ、肺胞の換気を変えずに上部呼吸器道における蒸泄冷却を促進する。

3. 熱射病に罹患する危険性が増大する要因とは？

様々な条件が、動物の熱を発散させる能力を損なう可能性を持っている。呼吸性蒸泄による体温の喪失は、湿度の高い条件下や上部気道閉塞がある場合には低下する。短頭構造、喉頭麻痺、気管虚脱、空気の流れを妨害する腫瘤病変を有する動物は熱を発散できない可能性もある。循環血液量減少や心拍出量低下を生じる条件では、皮膚の血行を悪化させ、皮膚からの対流による熱喪失を低下させる。肥満もまた対流を阻害し、熱喪失を低下させる。

4. 体温が40.5℃以上の動物では、どのような鑑別診断を検討しなければならないか？

ほとんどの症例で、臨床症状と閉じ込めや強制運動、あるいは極端な温度や湿度の曝露の病歴で熱射病と診断するのに十分である。髄膜炎や脳炎のような炎症性疾患は、極度の高熱を来たすことがある。視床下部や体温調節中枢に関わる局所病変も考慮に入れるべきである。悪性高熱は犬では症例数は少ないが、ハロセンのような吸入麻酔薬に曝露されることに関与している。ストリキニーネやメタアルデヒドのような毒物に関連した不可視的な発作活動や筋肉の振せんも重度の高熱の原因になることがある。

5. 熱射病を示す臨床症状は？

最初の症状は、早い喘ぎ呼吸、頻拍、過剰な動脈拍動、充血および乾燥した粘膜である。これらの所見は、対流による熱放散を増加させようとして血液が末梢に多く集まるためで、増加した心拍出量に呼応する。直腸温は通常、40.5～43.0℃まで上昇する。その後、熱射病が悪化すると、強いCNSの低下と循環性ショックがみられるようになる。弱い脈拍、粘膜の蒼白、嘔吐、下痢は、切迫した臓器不全を示している。著しい努力性呼吸が浅い呼吸に変わり、痙攣、昏睡を起こし、そして死に至ることがある。

6. 熱射病患者では、どのような臨床検査の異常が予想されるか？

生化学的検査では、主要な臓器の損傷が反映されるであろう。血液尿素窒素（BUN）とクレアチニン値の増加は、急性腎尿細管壊死で観察される。肝障害では、アスパラギン酸トランスアミナーゼ（AST）、アラニン・トランスアミナーゼ（ALT）、血清ビリルビンが上昇する。

筋肉の温熱傷害では、横紋筋変性を生じ、血清クレアチニン・フォスフォキナーゼ（CK）とASTが著明に上昇する。血糖はしばしば著明に減少し、補充の必要性が出てくるであろう。

　ヘマトクリット値と総固形物〔≒総蛋白質量〕は、しばしば脱水のために上昇する。血小板減少症、フィブリン分解生成物（FDPS）の増加、プロトロンビン時間（PT）と部分トロンボプラスチン時間（APTT）の延長は、播種性血管内凝固（DIC）を示している。

　血液ガス分析では、様々な結果が出る。温熱侵襲の初期段階では、動物は肺胞換気に影響を及ぼさずに喘ぎ呼吸を呈することもある。温熱侵襲が進行し、熱射病に発展すると、努力性呼吸がさらに強くなり、呼吸性アルカローシスがみられるようになる。脈拍が非常に悪くなり血管運動の虚脱がみられるようになると、乳酸生成の増加によって代謝性アシドーシスが生じる。

　腎臓に円柱がみられるときや血糖が正常から低値にもかかわらず糖尿が存在するときは、重度な尿細管壊死を示唆する。ミオグロビン尿は、横紋筋変性の存在を示唆しており、急性尿細管壊死を悪化させるものである。

7．熱射病患者の症状を安定させるのに、最も重要な初期治療は？
　深部体温を下げることである。動物を熱のある場所から連れ出し、日陰や屋内の涼しい所に移動させる必要がある。冷水で被毛を濡らし、扇風機を回すことは、蒸泄による冷却を最大にする。腋窩や大腿の血管に冷湿布を当てるのも有効である。最初に対応した者が、動物を冷やしすぎないようにすることが絶対的に必要である。深部体温が39.5℃になったら、冷却は打ち切らなければならない。目標は、30～60分で深部体温を39.0℃まで下げることである。

8．体温を下げるその他の方法を解説せよ。
　動物の体をマッサージすると、末梢血流が増加し、血管拡張が促進され、深部体温の冷却を早める。冷やした静脈輸液、冷却胃洗浄、冷水による浣腸は、末梢血管の収縮を起こさずに深部体温を下げる方法として報告されている。ある研究では、冷却腹腔洗浄が、蒸泄による冷却法よりも体温を下げるためにより有効であった、と結論づけた。その他には、蒸泄による冷却が冷却胃洗浄よりも効果的であったことを論証した研究もある。腹腔洗浄および胃洗浄は、意識のある動物の場合、蒸泄冷却と比べて実施が困難であり、より侵襲の少ない冷却法に反応しない症例のために考慮しておくべき方法だろう。

9．体温が39.5℃に達したら、なぜ、動物の冷却を中止するのか？
　体温が39℃以下に低下すると、動物は再び震え始め、結果的にさらに熱を発生させてしまう。急速な外部からの冷却も、末梢血管の収縮を招き、体流による熱放散の効率を低下させてしまう。脳浮腫と視床下部への熱の障害は、体温の恒常性の維持を困難にする。深部体温の持続的な監視により、治療方針を決め、医原性の低体温を予防することとなる。

10．静脈輸液の急速投与は、直ちに開始するべきか？
　熱侵襲と熱射病の初期には、実際の体液不足は比較的軽微であろう。心拍出量の増加と末梢血管拡張がある場合に行う補充輸液は、循環血液量過負荷を招来し、肺水腫と脳浮腫を起こすことがある。低血圧は冷却のみで改善すると考えられる。その理由は、末梢血管収縮によって循環血液量が増加するためである。可能性のある症状と合併症は広範囲にわたるため、輸液の

必要性は個々の患者によって検討するべきである。全体的な水和状態、中心静脈圧、電解質バランス、尿生成量等の要因を評価する必要がある。

11. 解熱消炎鎮痛薬の使用は？コルチコステロイドは？

否である。熱射病は、非発熱性の高熱の病態であり、そのため視床下部の体温調節温度は正常である。スルピリン、アスピリン、フルニキシン・メグルミンのような解熱消炎鎮痛薬の使用は禁忌である。これらの薬物は、視床下部の体温調節温度に対して作用し、医原性低体温を起こす原因になりうる。薬物はまた、胃腸の潰瘍形成と虚血性腎臓障害を促進する可能性もある。

コルチコステロイドの使用については、まだ明らかになっていない。もっとも、脳浮腫のような特定の合併症に対する使用は正当と考えて良いだろう。

12. 熱射病の動物で、どのような合併症が予想されるか？

深部体温が43℃またはそれ以上になると、回復不能な臓器障害が起こるだろう。酸化的リン酸化反応が阻害され、また細胞膜の機能が障害され、酵素系のは変性が起きる。腎臓障害も多発する。腎尿細管上皮に対する直接的な温熱による障害、腎血流量の減少、DICに関連した低血圧と血栓症のために、臨床的にはBUNとクレアチニン値は増加し、腎尿細管円柱が尿中にみられる。乏尿と無尿も起こり得る。

低血圧と温熱障害は、胃腸管にも影響を及ぼし胃腸に潰瘍性病変を起こす。正常な粘膜障壁の破壊によって菌血症や敗血症が生じる。肝臓障害は、AST、ALT、血清ビリルビン値の上昇によって確認されるが、温熱障害または長時間にわたり継続した内臓の低血圧により発生すると考えられている。

DICは、熱射病でよくみられる続発症の1つである。熱による内皮細胞の損傷と広範囲にわたる細胞壊死が、血小板および凝固因子の不活化と消費を招来する。血小板減少症、フィブリン分解生成物、プロトロンビン時間と部分トロンボプラスチン時間の延長もまた観察される。

神経組織は熱損傷の影響を受けやすい。熱損傷は、内皮に直接、熱の影響を及ぼして、脳出血、脳浮腫はもちろん、脳組織の血栓症や梗塞を引き起こす。高温に長時間さらされると、神経の壊死を起こし不可逆的な脳障害を引き起こす。

13. 冷却に成功した後、どのくらいの期間、上記の合併症が問題となるか？

上記の合併症に関連した臨床症状は、明らかに回復した後も3〜5日は発症する可能性がある。精神状態の変化、乏尿、嘔吐、血液の混ざった下痢、黄疸、呼吸困難、点状出血がみられたら、臨床医は重大な合併症について警戒するべきである。熱射病が解消した後も、長期間にわたり、継続的な監視が必須である。

14. 合併症をどのように管理するべきか？

急性腎不全は、脱水を回復させ、糸球体濾過量を改善するために、静脈輸液で積極的に治療するべきである。これに続き、中心静脈圧と尿量を、すべての熱射病患者で定時的に検査する必要がある。乏尿性腎不全が存在する場合は、尿量を改善するために、静脈経路でフロセミドを投与し、そしてドーパミンの定速度注入を行う。

肝不全または胃腸障害の症状のある患者には、水分と電解質平衡を維持するために支持療法を行うべきである。損傷を受けた組織に細菌が侵入する危険性があるため、広域スペクトルで腎毒性のない抗生物質の投与を開始する必要がある。
　DIC の患者には、凝固因子を補充するために、新鮮な凍結血漿を使用する必要がある。DIC でみられる微小血管の血栓症を予防するためには、ヘパリンの皮下注射の投与も考えられる。
　発作は、まずジアゼパムの静脈内投与で治療する。昏睡や脳浮腫の他の症状は、デキサメサゾンの静脈内投与で管理できるであろう。

15. 熱射病の予防法について解説せよ。
　熱射病は、動物が暑い環境に閉じ込められたときに最も起こりやすい。飼い主に動物を自動車の中や、適当な日陰や水のない、日の当たる場所に放置したりする危険性について、教育するべきである。以前から気道疾患のある動物や、肥満の動物は、慎重に運動させる必要がある。日中の最も暑い時間は避けることが望ましい。咽喉頭麻痺や肥満のような基礎的な問題については、可能な限り是正しておくべきである。

参考文献

1. Bouchama A, Hammami M, Haq A Jackson J: Evidence for endothelial cell activation/injury in heatstroke. Crit Care Med 24: 1173-1178, 1996.
2. Drobatz KJ: Heat-induced illness in dogs. Proceedings of the Fourth International Veterinary Emergency and Critical Care Symposium. 1994, pp 361-364.
3. Holloway SA: Heatstroke in dogs. Comp Contin Educ Pract Vet 14: 1598-1604, 1992.
4. Lee-Parritz DE, Pavletic MM: Pysical and chemical injuries: Heatstroke, hypothermia, burns, and frostbite. In Murtaugh RJ(ed): Veterinary Emergency and Critical Care Medicine. St. Louis, Mosby, 1992, pp 194-196.
5. Ruslander D: Heat stroke. In Kirik RW(ed): Kirk's Current Veterinary Therapy, vol XI. Philadelphia, W. B. Saunders, 1992, pp 143-146.

II

外傷症例における救急救命療法
Trauma

Section Editor : Wayne E. Wingfield, D.V.M., M.S.

10. 外傷治療における優先順序
TREATMENT PRIORITIES IN TRAUMA

Wayne E. Wingfield, D.V.M., M.S.

1. 外傷を定義せよ。

　外傷は、体に与えるさまざまな傷害である。傷害の多様性がすさまじいものであることは明らかである。臨床家が遭遇する一般的な外傷の原因には、自動車との接触、動物同士のケンカ、罠、火傷、銃や矢のような武器、そして虐待が挙げられる。

2. 外傷が重要項目であるのはなぜか？

　外傷は、小動物の主な死因の1つである。救急医療の経験やICU設備で系統だった治療を行うことで、多くの死を防ぐことができる。明瞭で組織的なアプローチとして、身体機能による適切な優先順序、動物の全身状態の注意深い評価、迅速かつ積極的な蘇生、完全で正確な治療、そして獣医師と看護師とのチームワークなどが挙げられる。

3. 優先順序（トリアージュ：triage）を定義せよ。

　フランス語のtrierに由来するtriageは、「選り抜き」、または「選り分け」という意味で、フランス商人が品質によって羊毛を様々なカテゴリーに分類したところからきた言葉である。獣医学の分野では、ふるい分けは、最も重症の動物から治療するために、そして最も生命に関わるような障害を明確にするために使用されている。言い換えれば、激しい呼吸困難と大腿骨の開放性骨折を伴った動物の場合、呼吸困難の方がより生命に関わる徴候であり、一刻も早く治療を要するべきである、という判定などをいう。

4. 「ゴールデンアワー」とは？

　外傷による傷害は、刻一刻と進行し、待ってはくれない。ゴールデンアワーとは、損傷を受けた後の初期の時間帯を指す。すべての外傷が全身で評価され、生命に関わる損傷が認識され、そして治療方法が確定されることが、理想的である。獣医学の分野においては、外傷の結果死亡するまでには3つの段階がある。

- 第一段階は、外傷を受けた直後に起こる。このような例は、動物病院では稀にしかみられない。
- 第二段階は、外傷を受けた後3〜4時間以内に起こる。このような例が、動物病院で最も一般的にみられる。迅速かつ積極的な治療が、生死の境目となる。
- 第三段階は、3〜5日後である。細部まで注意を払い、隠された損傷を認知し、適切なモニタリングをすることにより、獣医師はこのような症例の不必要な死を防ぐことができる。

5. 損傷のメカニズムを定義せよ。
　損傷のメカニズムは、既知の、または未知の外傷性損傷の原因そのもの、またはその状況に関与する。重大な損傷機転は、様々な外傷の原因に大きく関連している。

重大な損傷のメカニズム

鈍性外傷	鋭性外傷
自動車による打撃	銃による傷害
馬に蹴られること	矢の穿通
動物虐待	異物の穿通
走っている車からの落下	動物による咬傷

6. 多発性外傷とは？
　多発性外傷とは、主要な器官に１つ以上の明らかに外傷が存在していることを示している。多くの重大な損傷機転のある動物もまた、多発性外傷である。主要な損傷機転の後、動物が外観上良好にみえても、多発性外傷を強く疑うことが重要である。

7. 外傷を受けた動物を管理する上で最初に行うべきことは？
   - 獣医師と看護師は、動物が来院途中なのか、または、すでに病院に到着しているのかを確認する。
   - 損傷機転を含め、事故の様子を素早く確認する。
   - もし可能なら、受付係、看護師、熟練した助手、獣医学生を、患者の飼い主と同席させる。飼い主もまた精神的外傷を感じており、注意が必要である。
   - 外傷症例を診断、治療するために、指定され、設備が整えられている病院内の特定のエリアに動物を移動させる。
   - ABCD（10-8.を参照）を判定し、必要に応じた対症処置を実施する。
   - できる限り迅速に、生命徴候を収集する（1-4.を参照）。
   - 緊急時の最小限のデータ収集と検査の基準データの作製のために、血液と尿のサンプルを採取する。

8. 外傷の ABCD とは？
   - A＝気道（Airway）：気道の開放性は、鳴き声を聞き、そして口腔内の閉塞物（血液や嘔吐物または異物による）を確認することで評価する。幸い、気道閉塞は、小動物ではあまりみられない。すべての外傷症例に対し、動物のストレスにならない場合は、持続的に酸素吸入を行う。酸素吸入には、マスクからの経鼻吸入法や酸素テント、またはその他の手技でうまくいかない場合には、ただ鼻孔に酸素を吹き込むなどの手技がある。
   - B＝呼吸（Breathing）：換気は、胸壁の対称的な上昇・下降を観察し、左右の胸部双方の呼吸音を聴診することによって評価する。皮下気腫や肋骨骨折を確認するため、胸壁を穏やかに触診する必要がある。可能なら脈拍酸素測定法により評価された酸素飽和度が、胸腔穿刺術が必要か否かを判断するのに有用となる。
   - C＝循環（Circulation）：循環機能は、動物の意識の有無、粘膜の色調と状態（冷たく湿

っているのか、または、暖かく乾燥しているのか）、生命徴候、大腿動脈の触知脈拍の存在・状態・リズムで評価する。可能ならば、心電図のモニターを開始し、輸液による蘇生のために血管を確保する。
- D＝障害（Disabilities）：動物の神経状態を評価して、記録する。脳外傷の徴候をみるための脳神経と、さらに脊髄または末梢神経の損傷の徴候をみるための末梢神経反射を評価することが特に重要である。この段階では、どのような異常な運動姿勢にも注意する（例えば、除脳性硬直、除小脳性または Schiff-Sherrington 姿勢）。

9. 大きな外傷を負った動物に対し確立するべき静脈経路確保の方法を述べよ。

大きな径（16 ゲージあるいはそれ以上）の静脈内カテーテルを用いる。しばしば、1本以上のカテーテルが必要となることがある。前腕橈側皮静脈、犬では反回足根静脈（外側伏在静脈）、猫では（大腿）内側伏在静脈がカテーテル挿入のためによく使われる。頸静脈カテーテル法は、高張液の輸液や中心静脈圧の測定に役立つが、病院に着いたばかりの動物にはストレスが強すぎる可能性がある。

10. 外傷症例に対する適切で最小限のデータとは？

それぞれの病院で、最小限のデータベースを確立するべきである。我々は、それぞれの救急症例で、次のようなベースラインを使用している：赤血球容積値、血中総蛋白質量、血糖、血液活性凝固時間。そして可能なら、尿比重。治療中にこれらの指標の変化をモニターする。

11. その他の検査室所見は有用か？

実際上は有用ではない。多くの外傷症例からのサンプルが、血球算定および生化学検査のために送られてくるが、赤血球容積値のベースラインは、以前からあった貧血を診断し、尿検査では以前からあった腎疾患や尿症を発見し、そして、低血糖症を示している血糖値は、獣医師に敗血症の可能性を示唆することもある。検査室での検査では損傷を明確にすることはないうえ、初期の検査結果が、その後の治療管理や計画に影響することは滅多にない。

12. 外傷時に重要な身体器官系の優先順序を挙げよ。
- 動脈出血：現実的には、動物が病院へ到着した際には、動脈出血の程度は、おそらくはっきりしないだろう。骨折部位に明らかな出血が確認できても、動脈出血は輸液療法を始め、血圧が上がるまでは明白にならないことがある。
- 呼吸器系：確かに呼吸器系は、外傷において最も重要な身体器官である。損傷には様々な形態があり、気胸、肺打撲傷、血胸、動揺胸、そして横隔膜ヘルニアなどが含まれる。通常、呼吸器系には複数の損傷がみられる（例えば、肺打撲傷を伴った気胸）。
- 心臓血管系：外傷患者では心臓血管系の(1)ポンプ、(2)ボリュームという2つの面に対し注意を必要とする。もし、ポンプ異常ならば（例えば、重大な不整脈または弁疾患）、ショックの治療のために循環血液量を増加させる処置が不可能な場合もある。
- 出血と輸血：静脈、および／または動脈出血の確実なコントロールを行う。極端な血液希釈を避けるために、赤血球容積値、および血中総蛋白量を再検査する。必要ならば輸血を行う。

- 神経系：神経系では、次の3点を評価する。
  (1) 脳、(2) 脊髄、(3) 末梢神経。
- 筋骨格系：骨折は、緊急疾患ではない。骨折することよりも、失血や骨折周囲組織の損傷の方が動物を死に至らせる可能性が高い。激しい疼痛を引き起こす脱臼（例えば、肘関節脱臼）に遭遇することが多々あるが、脱臼を整復するまでショックが緩和できない場合もある。骨折の上側および下側に関節固定法を用いてスプリントを正しく当て固定することができれば、骨折はこの段階で固定できる。
- その他の損傷：獣医師は、腹部損傷へどのようにアプローチするかを確認、決定する事態に直面する（例えば、肝臓・腎臓・脾臓の破裂や尿路損傷）。このような損傷が存在することを認識する手がかりは、腹痛の存在によって評価でき、また、このような動物は、全身状態を安定させることが困難な場合が多い。

13. 気胸や横隔膜ヘルニアを除外するために、できる限り早期に胸部X線撮影を実施するべきか？

　違う。X線撮影は、保定するために動物にストレスを与える。胸腔または、腹腔穿刺を行うことにより、胸腔、腹腔内の異常物の存在を確認することができる。すぐにX線撮影を行うと、肺打撲傷の徴候がみられなけば、肺野は安全であるという誤った印象を持つ可能性がある。X線写真で肺打撲傷の徴候がみられるのは、12～24時間後のことが多い。

14. 組織灌流をどのように臨床評価するか？

　臓器への灌流は均等ではない。血液は、優先的に冠状動脈および頸動脈に供給される。心拍出量が適切ならば、血液はそれから肝臓、腎臓、腸管膜臓器へと流れ、最終的には皮膚へと移行する。尿排泄は腎灌流が適切であることを示し、四肢が暖かいのは通常、皮膚に適切な灌流があることを示唆している。

15. 初期の蘇生時に使用される輸液薬は？

　輸液蘇生の頼みの綱は、晶質液の迅速な注入である。膠質液（例えば、デキストラン、ヘタスターチ）は高価であり、なおかつ死亡率を低下させるという意味で有利であるとは証明されていない。高張性食塩液は、血圧を速やかに上昇させ、心拍出量も増加させる可能性もあるが、受傷から24時間以内の投与が適切であり、その投与時間も24時間以内である。全血や、最終的には組織変換型ヘモグロビンが、大量失血の動物に対する一時的な治療に用いられる。

論 点

16. 外傷動物の出血を最小限にするために輸液蘇生を見合わせるべきか？

　最近は、大きな血管損傷がコントロールされるまでは、輸液蘇生を遅らせることを勧めている報告もある。胸部穿通損傷のヒトにおける研究では、灌流圧の増加により血餅を排除し、止血機能を抑制し、凝固機能も制御できなくなることを主張している。編集者に寄せられた多数の投書では、こうしたことはICUにおいて頻回に観察されたために気付いたものであり、またショックの程度によっては十分ではないことを論じている。臨床獣医学上の研究では、現在

のところこの理論は、応用可能ではない。多くの獣医師は、緊急に胸、腹部の外科手術を行うことがないために、低流量輸液蘇生は推奨できない。

17. ショック時に静脈還流を増加させるための空気入り抗ショック衣や四肢包装の役割は？

空気入り抗ショック衣は、かつて四肢から中央への循環を移行させると信じられていた。血流量を増加させるために使われるこれらの衣や包装は、末梢血管抵抗を増加させ、大きな胸、腹部の損傷に対して有害なものとなる可能性がある。獣医救急医療においてこの方法は必要ない。

18. 第二次診査とは？

第二次診査は、潜在的な生命に関わる損傷の詳細な評価である。これは、頭から足指までの身体検査、可能な限りのX線検査、さらに進んだ検査、特殊な診断テストなどが含まれる。

19. 第三次診査とは？

動物に対する完全な再評価が、12～24時間後に行われる。この目的は、隠されていた、また以前に診断されていた損傷の確認や、病院へ運ばれてからの経過を確認するためである。

参考文献

1. Bickwell WH, Wall MJ Jr, Pepe PE, et al: Immediate versus delayed fluid resuscitation for hypotensive patients with penetrting torso injuries. N Engl J Med 331: 1105-1109, 1994.
2. Eisenberg MS, Copass MK: Trauma. In Emergency Medical Therapy. Philadelphia, W. B. Saunders, 1988, pp 403-503.
3. McAnulty JF, Smith GK: Circumferential external counterpressure by abdominal wrapping and its effect on simulated intra-abdominal hemorrhage. Vet Surg 15: 270-274, 1986.
4. Spackman GJA, Laywood DD, Feeney DA, et al: Thoracic wall and pulmonary trauma in dogs sustaining fractures as a result of motor vehicle accidents. J Am Vet Med Assoc 185: 975-977, 1984.
5. Wingfield WE, Henik RA: Treatment priorities in multiple trauma. Semin Vet Med Surg 3(3): 193-201, 1988.

11. 動脈出血
ARTERIAL BLEEDING
Wayne E. Wingfield, D.V.M., M.S.

1. 動脈出血はどのようなメカニズムで起こるのか？
   • 鈍性外傷   • 整形外科による損傷

- 穿通性外傷　　・外科手術による外傷
- 医原性外傷

2. 銃弾の運動性エネルギーとは？穿通性外傷でこれが重要となるのはなぜか？
　　銃弾の運動性エネルギー（K）は、M＝質量　V＝速度とすると、次の方程式で表される。
$$K = \frac{1}{2}MV^2$$
　組織エネルギーは、速度の2乗と関連している。そのため、高速の銃弾は、小さく低速の銃弾より大きなダメージを与え、より広範囲な辺縁組織切除を必要とする。

3. 車にはねられた動物では、動脈出血はどういう場合にみられるか？
　　外傷を受けた動物のほとんどが、動脈出血の危険性がある。出血が激しければ、その動物は、病院へ到着するまで生きてはいないだろう。動脈出血は、通常、静脈内輸液を行い血圧が上昇すると気付くことが多い。多くの場合、動脈出血は、遠位の橈骨または尺骨、脛骨または腓骨の開放骨折においてみられる。

4. 動脈出血をどのように確認するか？
　　動脈血は通常、静脈血よりも鮮やかな赤色である。静脈出血が創傷からにじみ出るのに対して、動脈出血は一般には心拍動に伴って噴出する。

5. 四肢の遠位末梢の動脈出血を管理する上で最初に行うことは？
　　四肢の遠位末梢の動脈出血は、創傷部分へ圧力を加えることにより、最もうまく管理できる。無計画に締め付けると、軟部組織や神経を不必要に傷つけることになるので避けるべきである。一般的に外傷では、創傷部分を4×4cmのガーゼスポンジで覆い、四肢の周囲にテープとガーゼを巻く。動脈の外科的結紮は、通常この段階では不必要である。出血を最終的にコントロールする前に、呼吸器系と心臓血管系の機能を判定して、静脈輸液による蘇生を開始することが重要である。

6. 動脈の損傷では、完全切断と不完全切断のどちらがより多く出血するか？また、それはどうしてか？
　　不完全切断は、完全切断とは異なり、退縮、血管狭窄、血栓形成されないため、より多く出血する。

7. 動脈の3つの層とは？
　　内膜、中膜、外膜。

8. 鈍性外傷による動脈損傷のメカニズムとは？
　　動脈壁が伸展すると、弾性外膜と筋層はそのまま残るが、内膜は断裂を起こす。さらに、管腔を塞ぐ内膜弁が形成され、血流により内膜のすぐ下が切り裂かれる。

9. 動脈出血のコントロールのために止血帯を使用するべきか？
　可能なら、止血帯の使用は避ける。止血帯は、側副血行を妨げ、遠位虚血を悪化させることとなる。不適切に使うと、動脈血の流入を許し、静脈還流を妨害し、出血が悪化することもある。

10. 損傷を受けた動脈は結紮するべきか、または外科的に修復するべきか？
　これは難しい問題である。理想的には、外科的修復が良い方法である。現実的には、獣医師は一般的には、血管の外科的修復の訓練を積んでいない。修復は正確に行わなければならないため、非常に小さな縫合糸を使い、さらに術野の拡大を必要とする。外科的技能が絶対的に必要となる。動脈出血のほとんどが、四肢の骨折によるものであるため、外科的結紮が行われる。幸いに、通常は側副血行により、十分遠位虚血を防ぐことができる。手術中に動脈に損傷を与えたならば、この決断をするための外科的判断と技能を兼ね備えなければならないことは明白である。

11. 外科的修復を試みる場合、最初のステップは？
　専用の血管鉗子を用いて、損傷を受けた血管を近位と遠位からコントロールする。

12. 動脈修復の外科的手段は？
　創傷辺縁を切除、血餅、血栓を除去、注意深く動脈再構築、軟部組織による被覆である。

13. 獣医療で最もよくみられる総腹腔内動脈の損傷とは？
　誰が理解できているだろうか。獣医学の文献で、これに関する詳細を述べた報告はない。経験的には、おそらくほとんどの動脈損傷が、肝臓内や脾臓内のより小さい動脈に起こっていることがわかっている。時折、腎臓破裂が、手術時に認識されることがある（しかし、ほとんどは、剖検時に認識される）。

14. コンパートメント症候群を定義せよ。
　前肢もしくは後肢上方の一連の損傷に伴って、虚血や広範な軟部組織の外傷に起因する浮腫が起こることがある。圧力の増加により、毛細血管流が減少し、組織壊死となることがある。この症候群では、神経学的損傷が最初に起こる。なぜなら、神経は、虚血に最も敏感であるからである。コンパートメント症候群の全身症状には、高カリウム血症、ミオグロビン尿症、敗血症がある。

15. コンパートメント症候群を疑った場合、最初に行う処置は？
　迅速な筋膜切開術。

16. どのような損傷が、最もコンパートメント症候群を発症しやすいか？
　ガラガラ蛇毒による咬傷が、最もコンパートメント症候群を発症しやすい。

17. 動脈上のドップラーシグナルを動脈損傷から除外するために使用できるか？
　できない。ドップラーシグナルは、動脈損傷や適切な灌流の評価として確実なものではない。

18. 胸部の動脈出血の原因として最もよくある損傷は？
　獣医療の分野では、この質問に答えるためのデータがない。激しい鈍性、鋭性外傷がある場合、死因となる損傷は、大動脈または肺動脈のものである可能性が最も高い。動脈出血を起こす可能性が最も高い外科的処置は、動脈管開存症の外科的修復手術である。

19. 手術後早期にみられる明らかな腫脹は、どのような合併症を暗示しているか？
　静脈の血栓症。

参考文献

1. Eisenberg MS, Copass MK: Emergency Medical Therapy. Philadelphia, W. B. Saunders, 1988, pp 403-503.
2. McAnulty JF, Smith GK: Circumferential external counterpressure by abdominal wrapping and its effect on simulated intra-abdominal hemorrhage. Vet Surg 15: 270-274, 1986.
3. Wingfield WE, Henik RA: Treatment priorities in multiple trauma. Semin Vet Med Surg 3(3): 193-201, 1988.

12. 呼吸器の救急小動物医療
RESPIRATORY EMERGENCIES
Deborah R. Van Pelt, D.V.M., M.S.

1. 胸部外傷に関連してみられる最も一般的な呼吸器損傷は？
　・肺挫傷　　・肋骨骨折
　・気胸　　　・横隔膜ヘルニア

2. 緊張性気胸とは？
　緊張性気胸は、肺に一方向弁を形成するような肺への鈍性、または鋭性外傷により生じる。肺から漏れた空気は胸腔内へ入り、逃げ道を失い、その結果、胸腔内圧が増加する。胸腔内圧はついには静脈還流を妨害するようになるまで増加し、循環虚脱やショックを伴って血管内いっぱいに血液が貯留されることになる。

3. 緊張性気胸のX線検査で確認できるものは？
　・高透過で過剰に拡大した半胸郭

- 対側への縦隔移動
- 気胸のX線所見−胸骨から挙上した心臓、胸壁から落ち込んだ肺小葉

4. 緊張性気胸にはどのような治療を行うべきか？

　緊張性気胸の治療として最も緊急に行うべきことは、増加した胸腔内圧を減少させることである。20ゲージ針を用いて、第7〜8肋間で胸腔穿刺術を行うことによって最も迅速に達成できる。一旦胸腔内の空気が排出されても、気胸が再発したり、持続する場合は、カテーテルチューブを使用した胸部フィステル形成術を実施するべきである。

5. 動揺胸とは？

　胸壁の一部が胸壁から切り離されると動揺胸が起きる。最も典型的なものは、2カ所で骨折した肋骨により、胸壁の動揺している断片が、押し流されることにより生じる。動揺胸はまた、肋骨が接合部近くで骨折し、肋軟骨の末端が離断すると発現する可能性がある。肋軟骨が非常に柔軟な若齢の動物においては、肋骨が接合部近くで骨折し、肋軟骨が胸壁から分離することから動揺胸が発現する場合もある。

6. 動揺胸はどのように治療するべきか？

　動揺胸の治療は、臨床的状態と呼吸困難の程度によって決定される。傷害を受けた肋骨を局所ブロックすることで（ブロカインを尾側から肋骨の損傷部へ点滴注入する）、動物の疼痛を軽減できる。動揺断片が、ガス交換や血中酸素濃度に影響するようなら、胸部ラップでしっかりと固定補助を行うべきである。また、診察台の上で、動揺断片が下になるように動物を横たわらせることにより、一時的に固定することができる。固定することにより、呼気中に動揺断片が予測不能の部位に移動してしまうことを防止する。酸素供給は、潜在する肺疾患の病態を考えて必要となるだろう。動揺断片を外科的に安定化させる必要はあまりない。

7. 肺打撲傷の治療における酸素供給と利尿薬の使用について議論せよ。

　酸素供給：肺の間質および肺胞内への微細な出血は、拡散の障害や換気/灌流の不適合により、二次的に低酸素血症を引き起こすが、いずれも酸素供給に対して反応する。酸素供給は、酸素マスクや鼻孔カニューレ、酸素ケージにより重症例では気管挿管や陽圧ベンチレーターによって行うことができる。

　利尿薬：肺打撲傷を受けた循環血液量減少症の動物では、利尿薬の使用は、血液量減少症をより複雑化し、そのためさらなる組織への酸素供給を減少させ、急速な循環不全を引き起こす。心臓血管系の状態が安定している重篤な肺打撲傷の動物では、利尿薬は、肺水腫の発現率を低下させる可能性がある。しかしながら、利尿薬が潜在的な肺胞毛細血管の損傷を改善させることはないので、肺打撲傷の治療として日常的に使用するべきではない。

8. 肺打撲傷の治療におけるステロイドの使用に関する論争について討論せよ。

　コルチコステロイドが、肺打撲傷の動物の治療に有効であることを示す報告はない。実際に、免疫抑制に関連する作用により、コルチコステロイドは、動物を細菌性肺炎に罹患しやすくする可能性がある。

9. 肺打撲傷の動物への輸液療法を行う際に配慮するべきことについて述べよ。

　肺打撲傷の病勢の進行は、外傷動物の蘇生時に輸液薬を過度に投与することと関係することが多い。過剰な晶質液の輸液は、肺水腫を発現させることがあり、それは、肺打撲傷を複雑化する。蘇生時には、注意深い晶質液の投与が、心臓血管系をサポートするために必要であるが、過剰な輸液療法は、肺打撲傷を悪化させる可能性がある。膠質液の使用は、蘇生時に蓄積する肺内の水分量を減少させることがある。

10. 気胸が疑われる動物に対し胸部 X 線検査はいつ実施するべきか？

　気胸の初期診断は、呼吸困難や頻回呼吸、そして胸部聴診によるこもった心音や肺音などの身体検査所見に基づいて行うべきである。胸部 X 線検査は、当面の呼吸困難が軽減され、動物がやや安定した後に初めて実施するべきである。胸腔穿刺術は、胸部 X 線検査前に身体検査所見に基づいて行う必要がある。胸腔穿刺術により、診断（気胸の疑いを確定するため）と治療（気胸を緩和するため）の両方を行うことになる。

11. 横隔膜ヘルニアの動物で呼吸困難が起こる原因を述べよ。
- 胸腔内への腹部臓器の陥入が、胸腔臓器への圧迫と無気肺を起こす。
- 無気肺と潜在的な胸膜浸出液が肺機能の損失をもたらす。
- 同時に起きた胸部損傷が肺打撲傷を引き起こし、さらに低酸素血症を招来することがある。
- 胃ヘルニアにより胃拡張が起こり、そのため胸部臓器の圧迫や肺気量の減少、循環虚脱を引き起こす可能性がある。

参考文献

1. Coalson JJ: Pathophysiologic features of infant and adult respiratory distress syndrome. In Shoemaker WC, Ayres S, Grenvik A, et al (eds): Textbook of Critical Care. Philadelphia, W. B. Saunders, 1989, pp 464-478.
2. Crowe DT: Traumatic pulmonary contusions, hematomas, pseudocysts, and acute respiratory distress syndrome: An update. Comp Cont Educ Pract Vet 5: 396-407, 1983.
3. Hackner SG: Emergency management of fraumatic pulmonary contusions. Comp Cont Educ 17: 677-686, 1995.
4. Hudson LD, Milberg JA, Anardi D, Maunder RJ: Clinical risks for developmant of the acute respiratory distress syndrome: 1983-1993. JAMA 273: 306-309, 1995.
5. Kirby R, Crowe DT: Emergency medicine. Vet Clin North Am Small Animal Prac 24: 997-1274, 1994.
6. Kramek BA, Caywood DD: Pneumothorax. Vet Clin North Am Small Animal Prac 17: 285-300, 1987.
7. Orton EC: Management of thoracic trauma. Proceedings of Respiratory and Pulmonary Conditions: A refresher course for veterinarians. Sydney, University of Sydney, 1993, pp 181-202.
8. Schaer M: Dyspnea in the cat - an update. Proceedings in Veterinary Continuing Education. Taupo, Australia, 1993, pp 91-99.
9. Wingfield WE, Henik RA: Treatment priorities in cases of multiple trauma. Semin Vet Med Surg Small Animal 3: 193-201, 1988.

13. 外傷性心筋炎
TRAUMATIC MYOCARDITIS
Steven L. Marks, B. VSc., M.S., M.R.C.V.S.

1. 外傷性心筋炎の定義を述べよ。疑われる病態生理は？

　外傷性心筋炎は、鈍性外傷の後に起こる心不整脈を表すために使用される一般的な用語である。心筋層に影響を与える過程が組み合わさり、不整脈を引き起こす。不整脈の原因はわかっていないが、おそらく再灌流、ショック、神経損傷、交感神経刺激など、多様な原因があるであろう。心筋炎は、通常みられない。壊死または打撲傷が共通してみられ、それはしばしば鈍性外傷後に心臓へ物理的な力が加わった結果である。

2. 心臓へのどのような力が不整脈を起こす可能性があるか？
   - 一方向性
   - 減速性
   - 圧迫性
   - 振盪性
   - 間接性

3. いつ心筋外傷を推測するべきか？

　あらゆる鈍性外傷、または肺打撲傷、気胸、血胸、乳び胸、横隔膜ヘルニアを引き起こす鈍性外傷などの胸部損傷の後には心筋外傷を疑うべきである。鋭性胸部損傷は、心筋の変性を引き起こす場合もある。外傷性心筋炎は、犬では一般的にみられるが、不整脈は損傷後24～48時間経過するまでは発現しないことが多い。

4. 犬、猫の外傷性心筋炎の臨床徴候は？

　外傷性心筋炎では、臨床症状が表われないことが多い。臨床症状は胸部外傷に関係していることが多いが、それらは心筋の損傷に特異的なものではない。不整脈は、脈拍欠損、嗜眠、低血圧症と関連することもある。

5. どのような補助的診断検査を行うべきか？

　追加診断は、徹底的な身体検査や動物のふるい分けをした後に行うべきである。胸部X線検査や心電図検査を、胸部外傷の場合には考慮するべきである。その他の検査は、胸腔穿刺、血液ガス分析、電解質、心超音波検査、パルスオキシメトリーなどにより、臨床状態を判断した上で考慮するべきである。

6. 外傷性心筋炎において心電図の果たす役割は？

　心電図は、診断と心不整脈のモニタリングの両方において価値ある道具である。上室性頻拍性不整脈、心室性不整脈、徐脈性不整脈が、外傷後遺症の症例で報告されている。報告されて

いる不整脈には、心室性頻拍、加速した心室性固有調律、心室性早期拍動、心房細動、脚ブロックを伴う洞律動、房室ブロックが含まれている。

7. 外傷後に最もよくみられる不整脈は？
　心室性頻拍と加速した心室性固有調律である。

8. 加速した心室性固有調律とは？
　加速した心室性固有調律とは、犬において最も一般的な外傷後遺症の心不整脈の1つであり、損傷を受けて48時間以内に発生することが多い。その機序はわかっていないが、自動性障害、または灌流障害と関係している可能性が高い。異常な自動性は、なぜ心室性調律が正常なペースメーカーを上回るかということで、説明できる可能性がある。一般に、この調律は＜150回／分であり、しばしば洞調律の休止により先行する。加速した心室性固有調律は、しばしば心室性頻拍と誤診され、抗不整脈薬による治療が行われる。この調律により、血液動態が不安定になることはない。これは、自己限定性であり、治療を必要としない。

9. 外傷性心筋炎に関連して起こる不整脈を治療する基準を説明せよ。
　不整脈の治療は、救急医療でよく直面するジレンマである。不整脈の治療は、動物の臨床状態に基づいて行うべきである。動物の状態ではなく、心電図のみに基づいて治療を行うのは誤りである。抗不整脈薬の投与は、合併症を引き起こさないとは限らず、不整脈を悪化させることがある。抗不整脈薬はすべて、心筋の抑制作用も有している。したがって治療は、臨床症状、静脈還流および血圧に基づいて行うべきである。抗不整脈薬の使用を考える前に、循環血液量減少、電解質異常、酸－塩基平衡障害や疼痛のような潜在する問題に対処する必要がある。上室性頻拍の臨床症状が存在するならば、カルシウムチャンネル遮断薬やベーター遮断薬の投与を考慮することもある。心室性頻拍が疑われたら、心調律（＞150回／分）、形態学的多病巣、R on T 現象をもとに治療を開始する。

10. 外傷由来の不整脈には、どのような抗不整脈薬が使用されるか？

頻脈	徐脈
上室性	アトロピン
プロプラノロール	グリコパイロレート
エスモロール	ドーパミン
ジルチアゼム	イソプロテノール
プロカインアミド	テオフィリン
	アミノフィリン
心室性	テブタリン
リドカイン	
プロカインアミド	
メキシレチン	
硫酸マグネシウム	
エスモロール	
プロプラノロール	

11. 外傷性心筋炎の動物に麻酔をかけることができるか？

麻酔前の評価は、徹底した健康診断に基づいて行うべきである。麻酔は動物が安定し、悪性の不整脈が制御されるまで、考慮するべきではない。アメリカ麻酔学会 によって採用された分類は、外傷を受けた動物に用いることができる。

Class Ⅰ：全身性疾患のない正常な患者
Class Ⅱ：わずかな全身性疾患のある患者
Class Ⅲ：活動を制限するような重篤な全身性疾患のある患者
Class Ⅳ：生命に関わる重大な全身性疾患のある患者
Class Ⅴ：24時間生存する可能性の低い瀕死の患者

若く、または健康な動物においては、赤血球容積値、血中総蛋白量、血中ブドウ糖といった最小限のデータベースが必要である。5歳齢以上の動物においては、生化学的性状を含めた、より広範囲なデータベースを必要とすることが多い。外傷動物では、心電図検査と胸部X線検査を考慮するべきである。心肺外傷のための他の特殊な診断器機としては、血圧測定器、血液ガス分析器、パルス・オキシメトリーがある。

麻酔薬は、動物の臨床的評価に基づいて選択する必要がある。麻酔薬はすべて、心臓の電気生理学的特性を変えるので、慎重に使用するべきである。吸入麻酔薬の使用は、同時に酸素を供給できるという利点がある。これらの点から考えて、ハロセンは、心筋層のカテコールアミン感作により不整脈を発現する可能性が最も高い。キシラジンのように、不整脈発現が知られている注射薬の使用は避けるべきである。ベンゾジアゼピンやオピオイドが、最も安全な注射導入薬だろう。チオバルビツレートの低容量使用も問題ないでだろう。

12. 動物をどのようにモニターするか？

動物のモニターは、臨床症状に基づいて行うべきである。持続的な心電図モニターは、不整脈の進行を確認するのに良い。血圧、血液ガス分析、中心静脈圧、赤血球容積値、血中総蛋白量などの、その他のパラメーターは、必要に応じてモニターするべきである。

参考文献

1. Abbott JA: Traumatic myocarditis. In Bonagura JD (ed): Kirks Current Veterinary Therapy XII: Small Animal Practice. Philadelphia, W. B. Saunders, 1995, pp 846-850.
2. Abbott JA, King RR: Third degree atrioventricular block following non-penetrating chest in a dogs. J Small Animal Pract 34: 377-380, 1993.
3. Alexander JW, Bolton GR, Koslow GL: Electrocardiographic changes in nonpenetrating trauma to the chest. J Am Animal Hosp Assoc 11: 160-166, 1975.
4. Macintire DK, Snider TG III: Cardic arrhythmias associated with multiple trauma in dog. J am Vet Med Assoc 184: 541-545, 1984.
5. Muir WW, Mason D: Cardiovascular System. Baltimore, Williams & Wilkins, 1996, pp 62-113
6. Murtaugh RJ, Ross JN: Cardiac arrhythmias: Pathogenesis and treatment in the trauma patient. Compend Cont Edue Pract Vet 10: 332-339, 1988.
7. Roy LM, Short CE: Anesthetic consideration in dog with traumatic myocarditis. Cornell Vet 76: 175-187, 1986.

8. Thurmon JC, Tranquilli WJ, Benson GJ (eds): Lumb and Jones Veterinary Anesthesia. Baltimore, Williams & Wilkins, 1996, pp 5-34.

14. 外傷症例における輸液薬の選択
FLUID SELECTION IN TRAUMA
Wayne E. Wingfield, D.V.M., M.S.

1. 体内のどこに水分はあるのか？

ほとんどの水分は、細胞内に存在している（～66％）。細胞外には、全身の約34％の水分がある。細胞外液はさらに、血管内（～25％）と間質内（～75％）に分類される。

2. 体内の水分分配は何に左右されるか？

液体区画間の半透性膜により、遊離水と低分子量溶液（<～40,000 Da）を素早く平衡状態となる。この半透性膜を通過することが不可能な微粒子（溶質）は、コロイド浸透圧を生み出す。コロイド浸透圧におけるこの相対的な差が、区画間の液体を配分している。

3. 遊離水が血管内へ入る際に、何が起きるのか？

デキストロース溶液を注入すると、デキストロースは代謝されて、遊離水中に留まる。血管内へ注入すると、遊離水は相対的な水分量に比例して、細胞外と細胞内で均衡をとる。言い換えれば、ほとんどの水分は細胞内へ移動し（～75％）、相対的に、細胞外である血管内にはほとんど残らない。

4. デキストロース溶液を、ショックにおける蘇生時に用いるべきか？

いいえ。前述のとおり、ほとんどの水分は細胞内へ素早く移動する。ショック時の治療の目的は、細胞の灌流と代謝を改善させるために、血管内腔を拡大することである。

5. 体液の「サードスペース」とは？

「サードスペース」は、非機能的な細胞外液に由来する。すなわち、栄養の輸送や、体細胞からの老廃物の輸送に関わらない。火傷、組織の挫傷、重度の軟部組織感染、術後創傷、子宮蓄膿症、腹膜炎、出血性（外傷性）ショックなどにおいて、細胞外液量が大量に失われると、間質および血漿量が明らかに減少する。静脈輸液で、細胞外および細胞内の水分を元に戻そうとする試みは、さらに、非機能的なサードスペースへの液体流出を招く。最終的には、しばしば大量な増大となる。急性の損傷においては、サードスペースは、損傷後48～72時間でなくなる。これは、吸収、利尿、損失量と関連していて、しばしば、心臓血管系および／あるいは肺の合併症を引き起こす。

6. 晶質液とは？

　晶質液は、ナトリウム塩とその他の生理的な活性溶質を含む。ナトリウムは、重要な成分であり、ナトリウムの分布により、注入された晶質液の分布が決まる。

7. 晶質液を静脈内投与をすると、どのように再分布するか？

　注入された晶質液と体液との間には浸透圧の差がないため、細胞内に水分を浸透させる力はない。間質と血管内の間に存在する膜は、イオンおよび微粒子を透過させることができる。細胞内を取り巻く膜は、イオンや微粒子が比較的透過しにくい。したがって、細胞外が等張晶質液の分布部位となる。健康な成人においては、注入された晶質液の1/4量のみが、1時間後に血管内に残留する。疾病または損傷のあるヒトでは、注入後1～2時間では1/5以下しか残留しないだろう。

8. ショックにより赤血球容積値（ヘマトクリット）はどうなるか？

　急激な失血は、血管内容量を拡大させようと、間質および細胞内容量の再分布が起きることにより、赤血球容積値（PCV）の進行性の低下を招来する。PCVは2時間で14～36％となり、8時間で36～50％、24時間で63～77％となる。晶質液の再分布によって、PCVは再び上昇する。総血漿蛋白量も同様に変化する。血管内容量の喪失は、間質液が血管内へ移動することにより補填される。カテコールアミンは細動脈の血管狭窄を刺激して、毛細血管床の静水圧を減少させ、細動脈の血管狭窄より、遠位の血管枝への間質液流入に対して有利に働く。その後、リンパ液の流れが、血管内への血漿蛋白の返還に働く。このリンパ液の流れの増加は、晶質液が間質内に移動することで強められ、さらに、間質圧が増加することになる。付け加えると、血管内容量の増加により二次的にアルブミン合成は増し、利尿が自然に起こる。

9. ショックの蘇生のために、晶質液を使用する際には、どのくらいの量が必要となるか？

　適切な量を補充するために必要とされる晶質液量は、失血量の3～5倍から12倍と幅がある。

10. 犬、猫における、いわゆる「ショック容量」はどのようにして決定するのか？

　その答えは論争中である。伝統的には、犬におけるショック容量は、90mL/kg/時といわれている。猫におけるショック容量は、44mL/kg/時といわれている。しかしながら、これらの値を決めるのに犬では血液量を、猫では血漿量が使われている。一般的な経験では、犬でいわれているショック容量（90mL/kg/時）は、蘇生のために必要とされることは滅多にない。あれこれ考えるよりも犬におけるショック容量として推奨されている血漿容量（50mL/kg/hr）を与えるべきである。

犬、猫における容量の推定値

	犬	猫
全体液量	717 ± 17mL/kg	596 ± 50.5mL/kg
赤血球量	36.9 ± 6mL/kg	17 ± 3.2mL/kg
血漿量	50.7 ± 4.3mL/kg	44.3 ± 5mL/kg
全血液容量	88.7 ± 8.3mL/kg	60.1 ± 9.3mL/kg

11. 最も一般に使われている晶質液は？

　調査すると獣医療においては、ラクトリンゲル液が最も一般的に使用されている晶質液であろう。電解質のバランスという点では、最も良い選択とはいえない。ナトリウムが130mEq/L だけという点においても、小動物にとってラクトリンゲル液は、低ナトリウムで低張（浸透圧 = 273）である。小動物にとって、よりバランスの良い輸液薬は、Normosol-R（Abbott Laboratories）である。下表は、晶質液と組成リストである。

血漿と一般的に使用されている晶質液の電解質組成（mEq/L）

	血漿	0.9％食塩液	ラクトリンゲル液	NORMOSOL-R
ナトリウム	145	154	130	140
塩素	110	154	109	98
カリウム	4〜5	−	4	5
カルシウムとマグネシウム	5/2	−	3/0	0/3
浸透圧	300	308	273	295
pH	7.386	5.7	6.7	7.4
緩衝薬	NaHCO₃ 20〜22	−	乳酸 28	酢酸塩 27 グルコン酸塩 23

12. 晶質液の緩衝薬とは？なぜ使われるのか？

　ラクトリンゲル液と Normosol-R の緩衝薬は、重炭酸イオンの前駆物質である。そのため、これらが代謝されると重炭酸イオンが形成され、代謝性アシドーシスの改善に働く。酢酸塩とグルコン酸塩が、骨格筋および周囲組織により代謝されるのに対して、乳酸塩は、肝循環で代謝される。ショック時には、肝血流量が減少するので、乳酸塩は、十分に代謝されない可能性がある。そのため、リンパ肉腫の犬では、乳酸塩が乳酸に変化して、酸‐塩基平衡を複雑化する場合があると証明されている。病犬において、このような現象が実際に起こるか否かは、研究中である。

13. 晶質液による蘇生における主要な注意点は？

　1つは、不適切な輸液管理と過剰な血液希釈を避けなくてはならないことである。次に、晶質液は、動物が肺損傷（例えば、打撲傷）や脳外傷を受けている場合は、慎重に投与する必要がある。

14. 過剰な血液希釈が意味することは？

　前記のとおり、晶質液がショック蘇生で使われると、赤血球と血漿蛋白を希釈することになる。この希釈は、組織の酸素飽和度に影響し、明らかな間質性水腫を引き起こすだろう。ショック動物における赤血球容積値は20％以上で維持し、そして、血漿中総蛋白量は、少なくとも最初の50％のレベルを保つ必要がある。言い換えれば、PCV は20％以下に、血漿総蛋白量は最初の50％を下回ってはならない。

15. 血液希釈は、心拍出量と組織の酸素飽和に対して有害であるか？

　血液希釈は、適度に心拍出量を改善し、組織の酸素飽和度を増加させる。

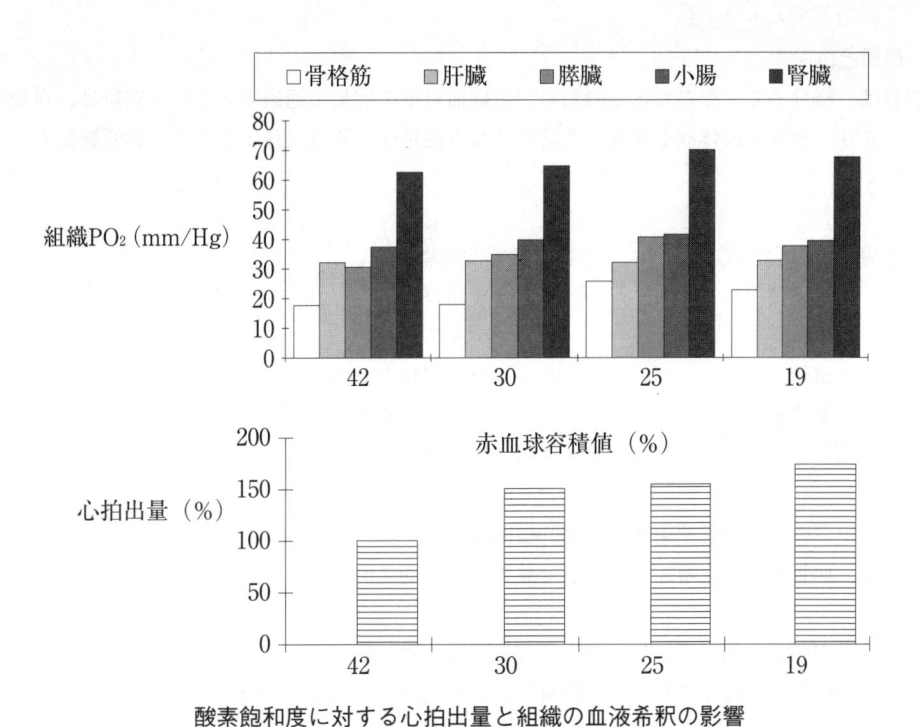

酸素飽和度に対する心拍出量と組織の血液希釈の影響

16. 高張食塩液とは？小動物のショックの蘇生にどのように使用するか？

　ナトリウムと塩素を含んだ濃縮した晶質液（>0.9%）を高張食塩液と呼ぶ。蘇生時の輸液量を少なくし、水腫の危険性を低下をさせるためによく使用されており、また入院管理下にない動物においても、蘇生時に効率良く体液分配する能力を改善させる。高張食塩液は、動物実験および出血性ショックにおけるヒトの臨床での試用で、効果的であることが示されている。

17. ショックの蘇生における高張食塩液の利点と欠点を挙げよ。

利点	欠点
血液動態の有効な改善	高ナトリウム血症の誘発
心拍出量の増加	
周辺血流および血流分布の改善	
酸素生産の増加	
冠動脈、腸間膜動脈、腎動脈の血流の改善	
尿産生の促進	高塩素血症の誘発
頭蓋内圧の低下	高浸透圧（7.5% =2,400mOsm）
末梢および中枢神経系の浮腫の整復による持続的な血液動態への効果	低カリウム血症の誘発
	非呼吸性アシドーシスを発現する可能性（高塩基性アシドーシス）
初期およびそれに続く体液量の整復	心調律異常が報告されている
代謝異常の補正	出血傾向の増加
生存率の改善	アナフィラキシー
	腎機能が悪化する可能性

18. 膠質とは？
　膠質は、高分子で、その大きさのため、毛細血管壁を容易に通過できない。膠質は、血管内にとどまり、血管内に体液を保留する助けとなる浸透圧（膠質浸透圧力または膠質膨張力）として働く。

19. 膠質の主な2つのタイプは？それぞれの例を挙げよ。

血性膠質	合成膠質
全血	デキストラン
血漿	ハイドロキシル・スターチ
充填赤血球	ペンタスターチ
	アルブミン

20. ショック時に膠質を使用する理論的根拠は？
　膠質は、血管内容量を増加させる点で晶質よりも効果的である。

21. ショック時の蘇生に使われるのは合成の膠質だけか？
　違う。合成膠質が投与されると、間質および細胞内からの水分の吸引が起き、これは、再水和する必要がある。そのため、一般に膠質と晶質を組み合わせて使用する。

22. デキストランとは？
　デキストランは、元来サトウダイコンの汁から得られる高分子多糖類である。最も一般に使われるのは、デキストラン-70（平均分子量=70,000Da）とデキストラン-40（平均分子量=40,000Da）である。アルブミンの平均分子量が69,000Daなため、デキストラン-70がその大きさから理想的な代用物であるように思われる。しかし、より有用な計測値は、多数平均分子量であり、これによるとデキストラン-70は、39,000Da程度である。

23. ハイドロキシル・スターチとは？
　ハイドロキシル・スターチ（Hetastarch）は、平均分子量=480,000Da、多数平均分子量=69,000Daの合成でん粉である。9つの研究において、ハイドロキシル・スターチは、70～200%の量を注入することによって平均141%の血漿量増加を示した。

24. 種々の合成膠質の臨床効果の持続時間はどれくらいか？
- デキストラン-70の血漿中半減期は25.5時間であり、臨床効果の持続時間は、およそ24時間である。
- デキストラン-40の血漿中半減期は2.5時間である。臨床効果の持続時間は、20分（18,000～23,000の微粒子サイズ）から12時間（55,000～69,000の微粒子サイズ）である。
- ハイドロキシル・スターチの血漿中半減期は25.5時間であり、臨床効果の持続時間は12～48時間である。

25. 合成膠質に関連する副作用は？
    - 動物とヒトでは、デキストランとハイドロキシル・スターチの使用により、出血の危険性が増大する。現在、出血異常の程度は、その使用量と関係があるように考えられている。このような異常は、容易に可逆性である。出血の危険性のある動物は、血小板減少症、異常な血小板機能、Von Willebrand 因子欠損、第 VIII:c 因子の欠損などを持っている。
    - ヒトではハイドロキシル・スターチに対し、アナフィラキシー反応（皮膚紅斑、緊張低下、呼吸困難、心停止）が起こる頻度は 0.007％ と見積もられている。ヒトにおけるデキストラン・アナフィラキシー反応の出現率は、0.03〜4.7％ である。獣医学の分野では、この点に関する報告はない。
    - デキストラン -40 は、ヒトでは急性腎不全に関連する。
    - ヒトでは、ハイドロキシル・スターチを注入している間に、血清アミラーゼレベルが正常の 2〜4 倍になり、その後 5 日間持続することがある。高アミラーゼ血症は、生産を減少させるための正常な反応であり、動物が膵炎を起こしていることを示しているのではない。動物で、ハイドロキシル・スターチを使用した後に、膵炎を診断し、経過を追いかけていくためには血清リパーゼを用いなくてはならない。
    - 合成膠質は、血管膨脹を起こすことにより、深在性に血管内容量を増加させ水腫を起こしやすくなることから、うっ血性心不全の動物には禁忌である。

26. 合成膠質を使用した後に、血中総蛋白濃度をみるために、屈折計を使用することができるか？
    屈折計を使って膠質浸透圧を評価するのは、正確ではないと思われる。浸透圧計を使って膠質浸透圧を直接測定することは、膠質輸液療法の指針で挙げられている選択である。

論 点

27. ショックを治療する際に晶質と膠質のどちらの輸液薬を使うべきか？
    適切な蘇生液の議論は、論争の域を越え、熱烈に行われる論戦である。下表に重要な論拠の要約を示す。あらゆる戦いと同様に、真実は両者の中間にあるように思える。

晶質液 vs. 膠質液

	晶質	合成膠質
血液動態効果	多量を必要とする	直接血管内容量を増加させる
		必要量は少量である
		心拍出量を改善する
		酸素輸送を改善する
肺水腫の危険性	血液希釈を伴うため危険性は低い	理論的には、毛細血管より漏出して肺水腫を引き起こす可能性がある
	毛細血管が漏出性を示すなら、肺水腫を起こしやすいだろう	晶質ほど水腫を引き起こすことはない

次ページへ続く

晶質液 vs. 膠質液（続き）		
	晶質	合成膠質
臨床結果	生存において膠質ほどの利点はない（ヒト）	生存において晶質ほどの利点はない（ヒト）
費用	膠質ほど高価ではない	晶質よりは明らかに高価である
結論	目的が細胞外全域を増加させたいなら、晶質液を使いなさい	目的が細胞内容量を増加させたいなら、膠質液を使いなさい

参考文献

1. Carey JS, Scharschmidt BF, Culiford AT: Hemodynamic effectiveness of colloid and electrolyte solutions for replacement of simulated operative blood loss. Surg Gynecol Obstet 131: 679-686, 1970.
2. Concannon KT: Colloid oncotic pressure and the clinical use of colloidal solutions. J Vet Emerg Crit Care 3: 49-62, 1995.
3. Ebert RV, Stead EA Jr, Gibson JG: Response of normal subjects to acute blood loss with special reference to the mechanism of restoration of blood volume. Arch Intern Med 68: 578-590, 1941.
4. Hauser CJ, Shoemaker WC, Turpin I: Oxygen transport responses to colloids and crystalloids in critically ill surgical patients. Surg Gynecol Obstet 150: 811-816, 1980.
5. Hulse JD, Yacobi A: Hetastarch: An overview of the colloid and its metabolism. Drug Intell Clin Pharmacol 17: 334-341, 1983.
6. Lowe RJ, Moss Gs, Jilek J, et al: Crystalloid versus colloid in the etiology of pulmonary failure after trauma: A randomized trial in man. Surgery 81: 676-683, 1977.
7. Lewis RT: Albumin: Role and discriminatuve use in surgery. Can J Surg 23: 322-328, 1980.
8. Mishler JM: Pharmacology of Hydroxyethyl Starch. Use in Therapy and Blood Banking. New York, Oxford University Press, 1982, pp 1-53.
9. Moss GS, Lower RJ, Jilek J, et al: Colloid or crystalloid in the resuscitation of shock. A controlled clinical trial. Surgery 89: 434-438, 1981.
10. Weil MH, Morissette M, Michaels S, et al: Routine plasma colloid osmotic pressure measurements. Crit Care Med 2: 229-234, 1974.

15. 輸　血
BLOOD TRANSFUSIONS
Michael S. Lagutchik, D.V.M.

1. 出血性ショックの動物において優先的に行う治療は？
　血管内圧、心拍出量、血中酸素量を速やかに改善させることが、出血性ショックからの蘇生

に優先される。血液、または血液製薬の適用は、これらすべてを改善させるために有効である。

2. 血液の酸素輸送能を増加させるための選択肢は？
　現在、選択肢には同種血輸血および自己血輸血がある。3つ目の選択肢は、まもなく利用可能となる代用赤血球製薬の使用である（15-21. を参照）。

3. 犬および猫における重篤な失血性貧血の一般的な原因は？
   - 外傷
   - 凝固異常（先天性、血液凝固阻害薬、肝疾患）
   - 血小板疾患（血小板減少症、von Willebrand 病、薬物、血小板障害）
   - 脾臓破裂（外傷、新生物、捻転）
   - 胃腸出血（潰瘍、新生物、内部寄生虫、異物、止血障害）
   - 鼻出血（新生物、感染、止血障害）

4. 重症疾患あるいは重症外傷の動物に対する、輸血の一般的適用例は？
　酸素輸送能力が代謝の必要量を満たすのに不十分なときは、赤血球輸血を適用する。機能不全は、赤血球の損失、ヘモグロビン濃度の減少、または組織灌流の不足による可能性がある。一般的な適用には、急性および慢性の失血、溶血性頻血、赤血球産生の減少、そして重度のショックが考えられる。

5. 全血または赤血球成分を輸血する際に、赤血球容積（PCV）をどのように考慮しなければならないか？
　PCVを確認しないで輸血することを、習慣化してはならない。輸血の必要性は、貧血（急性または慢性）、貧血の原因と程度、血液のさらなる損失の可能性、他の補助療法に対する反応、そして心臓、肺、腎臓の状態に基づいて決定する。

6. 動物の酸素輸送能は、ヘマトクリット値にどのように影響するか？
　多少、論点となってはいるが、PCVが20％を下回ると酸素輸送に重大な異常を示し、その異常が続くようならば、不可逆性である可能性があることを多くが認め、20～30％という記載の削除を勧めている。ヘマトクリットが30％を下回っているとき、心室機能は低下している。しかし、ヘマトクリットが20％、おそらくそれ以下になるまで、酸素抽出と中心静脈PO_2は正常のままである。特に、外傷においては重症に陥ることを避けるため、輸血の実施は遅いよりむしろ早い方がよいだろう。

7. 輸血を実施する際にヘマトクリット値はどのような指標となるか？
　同様の理由のため、前の質問を読むこと。必要になることは滅多になく、正常なPCVの範囲内にある動物への輸血は、有害である可能性があることを論じている人もいる。ヘマトクリットが増加すると、それと同時に血液の粘稠度も増加する。血液粘稠度の増加は、ショックや急性貧血により、組織灌流の乏しくなった動物にとって望ましい状況ではないだろう。

8. 急性失血の犬と猫における輸血の必要性を示す特異的な指標を挙げよ
    - 全血の30%を超える急性失血（30mL/kg）
    - 赤血球容積値（ヘマトクリット）＜20%
    - 血漿蛋白量＜3.5g/dL
    - 晶質／膠質輸液療法に反応しない進行性失血
    - 酸素輸送能の低下を伴わない血液減少性ショックで、治療抵抗性であり反応が悪い状態ならば、輸血療法に反応する可能性がある。
        粘膜蒼白
        毛細血管再充満時間の延長（＞2.0sec）
        心拍数増加（＞180bpm）
        呼吸数増加（＞60bpm）
        動脈圧の減少（MAP＜80mm/Hg）
        中心静脈圧の減少（≦0 cm/H_2O）

9. ヒトの医療で現在推奨されている輸血の必要性の指標とは？それらを、動物医療の患者に適用できるか？
    手術時の赤血球輸血におけるアメリカ国立衛生研究所の意見によれば、ヒトにおける赤血球輸血の必要性に関する指標は変化している。
    - ヘモグロビンが＞10g/dL なら輸血はほとんど必要ない。
    - ヘモグロビンが＜7g/dL なら輸血は通常適用される。
    - ヘモグロビンが＞7g/dL、＜10g/dL なら臨床状態、混合静脈酸素圧、そして抽出率によって輸血の必要性を決める。

    これは、おそらく獣医療にも適用できるが、犬や猫では、15-4.～8.において記述された基準が推奨されている。ほとんどの場合、獣医療のモニタリング技術のレベルは、ヒトの重症患者の管理におけるものほど高くはない（例えば、肺動脈カテーテルの型どおりの使用、心拍出量の測定）。

10. 輸血を必要とする場合、どのようにして輸血の血液量を算定するか？
    どの程度ヘマトクリットを上昇させたいのか（15-5.～8.を参照）。よく知られているが、適用量を決定するのに、いくつかの公式が利用できる。

    ① 迅速で信頼性の高い方法は、「①の法則」で、体重（BW）1ポンド当たり1mLの輸血で、PCVを1%上昇させる。これは、血液2.2mL/kg（BW）でPCVを1%上昇させることとほぼ同じである。その他の迅速な算定では、20mL/kg（BW）の全血または10mL/kg（BW）の充填赤血球の輸血でヘマトクリットを10%上昇させる。

    ② 輸血量（mL）＝ $\dfrac{BW（kg）×希望するHb×70}{供血者Hb}$

    ③ BW（kg）×90mL/kg× $\dfrac{希望するPCV－患者のPCV}{供血者PCV}$

①と③の公式の欠点は、供血のPCVそして/またはヘモグロビン濃度（Hb）がわかっていなければならないということである。

11. 重症患者における輸血の速度は？

　速度は、その必要性に応じて変わる。晶質液や合成膠質液に反応せず、進行性の出血性ショックでは、直ちに血液を必要としている。必要なら、輸血ポンプやマルチプルカテーテルを使用し、可能な限り速く輸血を実施するべきである。速い速度の輸血の危険性も、生命を救うという観点から確かに重要となる。自家血輸血は、代用血液療法に付け加えられる新たな選択肢である。

　従来の長期間かけて起きた失血に対し、輸血を行う場合には、全血または血液製薬の推奨される注入速度は、10～22mL/kg/時 である。

12. 手術中に起きた急性の出血に対し、どのように対処するか？

　最初の段階は、失血の量を測定することである（吸引カニスターを使用したり、4×4cmガーゼ1枚にびしょ濡れになる程度の血液は5～10mLと算定されている）。そうして失血の代用が必要か否かを判定する。たいていの健康な動物では、10%の急速な血液量の損失は安全であり、40～50%までの失血は容認できるだろうとしている人もいる。しかしながら、状態の悪い動物では、そのような失血量には耐えられない。最初に、晶質液で失血の治療を行い、その場合血液1単位の置換に晶質液は3倍量必要となる。血液希釈は、モニターしておく。ヘマトクリットが20%以上、総蛋白（アルブミン）が3.5g/dL（1.5g/dL）以上、そして血圧が正常なら、輸血は一般には適用されない。これらのパラメーターが下回るか、あるいは心臓血管機能が悪化し、通常の治療に反応しないようなら全血を適用する。

13. 自家血輸血とは？どのように行うのか？

　自家血輸血は、疾患のある動物自身の血液を収集し、輸血することである。これは、多くの適用や使用例があるが、救急患者に対する使用は、主要な体腔（胸腔および腹腔）への失血に対する急性置換に限られている。これは、より適切な方法がとられるまでの時間稼ぎと救命になり得るだろう。収集の一般的な方法は、遠心機を使った細胞サルベージ、受動的カニスター収集、直接吸引と再注入がある。赤血球に損傷を与えない適切な吸引、感染を最小限にする濾過、凝固抑制の3つの要素が不可欠である。合併症としては、凝固異常、敗血症、血栓症、空気塞栓症、悪性腫瘍の拡散などがある。これらの危険性については、それぞれの症例において潜在的な利益（すなわち生命）と天秤にかける必要がある。

14. 輸血の危険性は？

　輸血の危険性として、急性および遅延性溶血反応、限局性または全身性アナフィラキシー、病原体の伝播、クエン酸中毒（低カルシウム血症）、循環過剰負荷が挙げられる。

15. 溶血性輸血反応では、どのような現象が起こるのか？またどのようにして診断、治療を行うか？

　急性溶血反応（血管内溶血）は、輸血を始めてから数分～数時間で発見する。症状には、発

熱、頻脈、不安、嘔吐、流涎、振戦、衰弱、呼吸困難、急性虚脱、緊張低下、発作がある。すぐに輸血を中止して、血圧と腎血流量を維持するために、積極的な輸液療法を始める。

遅延性溶血反応（血管外溶血）は、輸血後、3日～3週間で起きる。症状には、発熱、食欲減退、黄疸がある。検査上の異常所見には、高ビリルビン血症、高ビリルビン尿症、貧血がある。ほとんどの遅延性反応は緩やかであり、特別な治療は必要としない。明らかに最初の輸血による反応で引き起こされた貧血は、再発性である。

16. 免疫介在性（非溶血性）反応は、どのようにして起きるか？どのように診断、治療を行うか？

急性過敏症反応（アナフィラキシー）は、一般にほとんどの例で、輸血を開始してから45分以内に発現する。症状としては、蕁麻疹、掻痒、紅斑、嘔吐による呼吸困難、緊張低下、気管支収縮、そしてアナフィラキシーによって起きる重度なショックがある。普通、緩やかな反応においては、輸血を中止することで症状は軽減する。ジフェンヒドラミンやグルココルチコイドの使用で、それ以上の合併症を防げるだろう。

17. 輸血反応を防止することはできるのか？

危険性は、次に挙げる対策によって大きく減少させることができる。
1. 可能な限り、万能供血動物（universal donors）を使用する。
2. すべての供血者の血液はもちろん、万能供血動物の血液と受血者の血液ともクロスマッチを実施する。
3. 血液および血液製薬は、正しく保管、使用する。

ハイリスクの患者に対する予防処置として、輸血の15～20分前に、ジフェンヒドラミン（2～4 mg/kg SC/IM）またはグルココルチコイドの投与をアドバイスしている人もいる。この予防方法を支持する証拠はないが、危険性は最小限となる。

18. 犬における血液型とは？最も高い免疫原性は？

犬の血液型は、以下のとおりである。
- DEA 1.1
- DEA 5
- *DEA 1.2
- DEA 6
- *DEA 3
- *DEA 7
- DEA 4
- DEA 8

＊は、最も高い免疫原性を示す。

19. 万能供血犬はどの型か？

万能供血犬は、DEA 1.1 陰性であり、どちらかといえば DEA 1.2 陰性と DEA 7 陰性がこれに近い。DEA 1.1 陽性の血液は、DEA 1.1 陽性の受血犬のみに使用するべきである。

20. 猫における血液型とは？最も一般的な型は？

猫の血液型は、A型、B型、AB型である。A型が最も一般的である。

21. 失血している動物を管理するための新しい治療法は？

　まもなく獣医療での使用が可能となる最も新しい治療法は、ヘモグロビンを基とした酸素担体（人工血液）で、その大部分は、重合した牛のヘモグロビン溶液である。これらの溶液は、優れた酸素輸送能力を持ち、優れた膠質浸透圧を供給し、効率的な血漿増量薬として働く。長い半減期と低い粘稠度を持ち、抗原性はわずかである。

参考文献

1. Callan MB, Oakley DA, Shofer FS, Giger U: Canine red blood cell transfusion practice. JAm Animal Hosp Assoc 32: 303-311, 1996.
2. Consensus Conference: Perioperative red blood cell transfusion. JAMA 260: 2700, 1988.
3. Cotter SM: Practical transfusion medicine. Proceedings of the 20th Annual Waltham/OSU Symposium for the Treatment of Small Animal Diseases, 1996, pp 95-98.
4. Crowe DT, Devey JJ: Assessment and management of the hemorrhaging patient. Vet Clin North Am (Sm Anim prect) 24: 1095-1122, 1994.
5. Crystal MA, Cotter SM: Acute hemorrhage: A hematologic emergency in dog. Comp Cont Edue Pract Vet 14: 60-67, 1992.
6. Giger U, Bucheler J: Transfusion of type-A and type-B blood to cats. J Am Vet Med Assoc 198: 411-418, 1991.
7. Gould SA, Lakshman R, Sehgal R, et al: Hypovolemic shock. Crit Care Clin 9: 239-259, 1996.
8. Kerl ME, Hohenhaus AE: Packed red blood cell transfusion in dogs: 131 cases. J Am Vet Med Assoc 202: 1495-1499, 1993.
9. Kirby R: Transfusion therapy in emergency and critical care medicine. Vet Clin North Am (Sm Anim Pract) 25: 1365-1386, 1995.
10. Norsworthy GD: Clinical aspects of feline blood transfusions. Comp Cont Educ Pract Vet 14: 469-475, 1992.
11. Purvis D: Autotransfusion in the emergency patient. Vet Clin North Am (Sm Anim Pract) 25: 1291-1304, 1995.
12. Rudloff E, Kirby R: Hypovolemic shock and resuscitation. Vet Clin North Am (Sm Anim Pract) 24: 1015-1039, 1994.
13. Van Pelt DR, Miller E, Martin LG, Hackett TB: Hematologic emergencies. Vet Clin North Am (Sm Anim Pract) 24: 1139-1172, 1994
14. Wagner AE, Dunlop CI: Anesthetic and medical management of acute hemorrhage during surgery. J Am Vet Med Assoc 203: 40-45, 1993.

16. 脳損傷
BRAIN INJURIES
Wayne E. Wingfield, D.V.M., M.S.

1. 犬と猫における脳損傷の一般的な原因は？
   - 心肺停止
   - 外傷
   - 激しい緊張低下
   - 脳血管損傷（卒中）
   - てんかん状態
   - 血栓塞栓症

2. 頭蓋内成分とは？脳損傷を論じる際に、なぜそれらが重要となるのか？
   頭蓋内成分とは、脳組織（86%）、髄液（CSF、10%）、血液（4%）である。どれか1つの成分でも増加すれば、頭蓋容積の減少や頭蓋内圧の上昇、またはその両方を起こす結果となる。

3. 原発性 vs. 続発性頭部損傷の意味は？
   原発性損傷は、衝撃そのものによる脳組織の直接的崩壊である。原発性損傷は、挫傷、出血、そして／あるいは裂傷をもたらす可能性がある。ヒトにおける原発性損傷は、頭部損傷による死亡の50%を占めている。脳組織の突発的な機械的崩壊に対する治療方法はない。
   続発性損傷は、全身と頭蓋内の両方の遅延性傷害と関係している。遅延性頭蓋内血腫（硬膜下、硬膜外、そして実質）は、一般的な脳浮腫と同様に、頭蓋内圧の上昇によるものである。続発性全身性合併症は、一般に血中酸素減少、頭蓋内圧の増加、灌流減少によって引き起こされた緊張低下に伴う脳虚血や脳浮腫、そして多分ヘルニア形成の結果として起こる。

4. 脳灌流圧とは？
   脳血流は、神経刺激、$PaCO_2$、PaO_2、圧力の自己調節によって調節される。脳血流は自己調節機能によって50～150mm/Hgの平均動脈圧に維持されている。この範囲外においては、脳血流は血圧と直線的な関係となる。脳灌流圧（CPP）は、平均動脈圧（MAP）と頭蓋内圧（ICP）との差である。

$$CPP = MAP - ICP$$

   ICPの増加は、CPPに重要な変化をもたらすことがある。頸静脈の一時的な閉塞でさえ頭蓋内圧を上昇させる。そのため頸静脈カテーテルを、そのような状態の動物に挿入することは避けなければならない。

5. 脳損傷によって頭蓋内圧が上昇する機序は？
   - 浮腫、または血餅形成による血流の閉塞に続発するCSF量の増加
   - 散在、または局所の浮腫に続発する脳組織の増加
   - 頭蓋内血腫に続発する血塊の増加と増大

・自己調節機能の損失に続発する血液量の増加

6. 頭部損傷において、意識のレベルはどのように示されるか？
　　意識のレベルは、目覚めている状態から精神低下、うわごと、昏迷（意識消失だが有害な刺激に対しては反応する）、そして昏睡（意識なく無反応）と変化する。

7. 呼吸様式が脳病変の場所を見極める助けとなるのは？
　　チェーンストーク（Cheyne-Stokes）呼吸は、換気の深さ、および呼吸率をリズミカルに漸増および漸減させる。犬では、激しい散発性の大脳および間脳病変により、この呼吸様式を示す。過換気は、中脳あるいは橋の外傷でみられる。過換気は明らかに、動物が疼痛、興奮状態、代謝性アシドーシス、または呼吸性アルカローシスの場合にも起こることがある。無気門式（不整）呼吸（徐脈に伴うことが多い）は、間脳の損傷と関連している。

8. 除脳動物の運動反応について述べよ。
　　伸筋硬縮が、前後肢両方で現れる。頭部は、反弓緊張で反り返る。予後は、非常に不良である。

9. 小脳除去動物でみられる運動姿勢は？
　　前肢は伸展し、後肢は屈曲し、そして頭部は反弓緊張を起こし反り返る。

10. 反弓緊張、前肢の伸筋硬縮、そして後肢の無力性の麻痺を示す動物では、損傷はどこにあるのか？
　　これは、ひっかけ問題である。この動物は、おそらくT3とL3の間に脊髄病変がある。

11. 発作が外傷の直後に続いて起こる場合、何を意味しているか？
　　最初に、飼い主から詳細な病歴を聴取する必要がある。動物が、発作の病歴を持っている可能性があれば、発作に対する治療を行うことができるだろう。発作を頭部損傷と関連付ける前に、発作の病歴について確認するべきである。頭部損傷に関連するてんかん様発作は、一般には外傷を受けた後、数週から数カ月（さらに数年）して現れる。外傷直後に起こるてんかん様発作は、実質内に脳溢血が起きていることを示唆している。

12. 頭部外傷における瞳孔の大きさ、反応、予後について述べよ。

程度	瞳孔の大きさ	反応	予後
最も軽症	正常（中間）	正常	良好
	両側性縮瞳	乏しい〜無反応	警戒（変化しやすい、他の症状による）
	一側性散瞳	乏しい〜無反応（散瞳薬側）	警戒〜乏しい
	腹側内側への斜視を伴う	無反応	警戒〜乏しい

次ページへ続く

程度	瞳孔の大きさ	反応	予後	（続き）
	一側性散瞳 正常（中間）	無反応	乏しい〜不良	
最も重症	両側性散瞳	乏しい〜無反応	乏しい〜不良	

13. 頭部外傷者を評価するための、小動物の昏睡スコアは？

　小動物の昏睡スコアは、ヒトの頭部外傷者のモニターに使われるグラスゴー昏睡スケールを修正したものである。これは、損なわれた意識と昏睡の深度および持続時間の評価を標準化しようとするものである。

頭部外傷者を評価するための小動物昏睡スケール

カテゴリー	スコア
運動活動	
正常な歩様；正常な脊髄反射	6
片側麻痺、四肢不全麻痺、除脳性活動	5
横臥；断続的な伸筋硬縮	4
横臥；持続的な伸筋硬縮	3
横臥；反弓緊張を伴う持続的な伸筋硬縮	2
横臥；筋の緊張低下；脊髄反射の低下あるいは消失	1
脳幹反射	
正常な瞳孔対光反射と視覚的頭反射	6
遅い瞳孔対光反射；視覚的頭反射の正常〜減退	5
両側の無反応性縮瞳；視覚的頭反射の正常〜減退	4
ピンポイント瞳孔；視覚的頭反射の減退〜消失	3
一側の無反応性散瞳；視覚的頭反射の減退〜消失	2
両側の無反応性散瞳；視覚的頭反射の減退〜消失	1
意識のレベル	
環境に対して警戒し敏感な期間が時おりある	6
沈うつ、またはうわごと；環境に反応することはできる	5
半昏睡；視覚刺激に対して反応する	4
半昏睡；聴覚刺激に対して反応する	3
半昏睡；有害刺激に対して反応する	2
昏睡；有害刺激に対する反応もみられない	1

総スコア	予後
3〜8	不良
9〜14	乏しい
15〜18	良好

Shores A: Treatment and prognosis of head trauma. Proceedings of 13th Kal Kan Symp 29〜36, 1990. より許可を得て引用

14. 髄液の漏出をどのように検出するか？

脳脊髄液（CSF）は、硬膜の裂傷を通じて漏出する。CSF液の漏出は、濾紙を使うとダブルリングサインが現れることから、血液と区別することができる。血液以上に移動するCSFは、中心に血液、そしてその周囲ににじみ出たCSFという標的型を形成する。CSF鼻漏は、デキストロスティック（dextrostix）または簡易血糖測定器（glucometer）を用いて、液体に含まれるグルコースをチェックすることにより発見できる。CSFは、グルコースの血清レベルの約60%を含んでいる。グルコースは鼻粘液には含まれない。犬または猫では、これらのテストの感度、または特異性を評価するデータはない。

15. 脳神経のそれぞれのテスト方法と欠損する臨床症状、および異常な神経学的徴候を挙げよ。

脳外傷における脳神経反応の検査

脳神経	臨床テスト	正常反応	欠損する臨床症状	異常な神経学的徴候
Ⅰ．嗅神経	食品、または非刺激物、揮発性物質の臭いをかがせる	食品に興味を示す。揮発性物質に対しては、あとずさりしたり、鼻をなめたりする	においを嗅ぐ能力が減少、あるいは消失する	無反応
Ⅱ．視神経	障害物テスト	障害物を避ける	視覚損傷、および歩行における躊躇	物体に突き当たる
	視覚による位置認識	足下をみる		無反応
	脅迫反応	まばたき		無反応
	追跡運動テスト	眼で物体を追う		無反応
	各眼に光源をあてる	直接性、および共感性の瞳孔対光反射	瞳孔の散大（散瞳）	影響のある側においては、直接性瞳孔反射は欠損して共感性反射は存在している；正常側においては、直接性瞳孔反射は存在して、共感性反射は欠損している
Ⅲ．動眼神経	水平、および垂直面における眼運動	正常な眼可動	外腹側への斜視 上眼瞼の麻痺	影響のある眼運動の欠損

次ページへ続く

脳外傷における脳神経反応の検査（続き）

脳神経	臨床テスト	正常反応	欠損する臨床症状	異常な神経学的徴候
	それぞれの眼に光源をあてる	直接性、および共感性の瞳孔対光反射	散瞳	影響のある側においては、直接性瞳孔反射は欠損して共感性反射は存在している；正常側は、直接性瞳孔反射は存在して、共感性反射は欠損している
Ⅳ. 滑車神経			一般には、注目されない	
Ⅴ. 三叉神経（運動および感覚）	顎の調子 – 咀嚼筋の触診、および観察	顎を開くことに対して抵抗する；正常な筋は、頭蓋骨の輪郭にそっている	咀嚼筋の萎縮 把握傷害を伴う顎閉鎖不能	抵抗の欠如；筋萎縮
	眼瞼反射	まばたき		無反応
	角膜反射	眼球後退		無反応
	鼻粘膜探査	鼻探子からの回避		無反応
	顔触診	顔に触れることに対しては無反応		顔に触れることに対して激しい不快を示す
Ⅵ. 外転神経	水平面における眼運動	正常な眼可動	内側斜視	影響のある眼の側方運動の欠損
Ⅶ. 顔面神経	眼瞼反射	まばたき	非対称的表情	無反応
	角膜反射	まばたき	眼瞼閉鎖不能	無反応
	脅迫反応	まばたき		無反応
	耳をくすぐる	耳をパタパタと動かす	唇連合麻痺 耳介麻痺	無反応

次ページへ続く

脳外傷における脳神経反応の検査（続き）

脳神経	臨床テスト	正常反応	欠損する臨床症状	異常な神経学的徴候
Ⅷ. 内耳神経 　　前庭根	水平、および垂直面における眼運動	生理的な眼振の誘発（後-回転眼振）	眼振、頭部斜傾	無反応、自発的眼振、斜視（背側への頭部伸展を伴う腹側外側）
	温熱性、または回転性テスト	生理的な眼振の誘発（後-回転眼振）	回転	上記に同じ
	正向反応	正常な正向	正向反射	上記に同じ
蝸牛根	耳をつまむ	驚き反応；まばたき、耳収縮	耳が聞こえない	無反応
Ⅸ. 舌咽神経	咽頭反射	嚥下	嚥下困難	無反応
Ⅹ. 迷走神経	咽頭反射	嚥下	嚥下困難	無反応
	喉頭反射	発咳	異常な鳴き声	無反応
	眼心臓反射	徐脈	吸息困難	無反応
Ⅺ. 副神経	頸部筋組織の触診	正常な頸部輪郭と筋緊張	一般には注目しないが背側外側の頸部の筋萎縮；斜頸	筋萎縮または緊張低下
Ⅻ. 舌下神経	舌牽引 鼻摩擦	収縮 口唇反応	舌の偏位	無反応 無反応

16. 頭部外傷動物の評価と治療において、頭蓋X線検査は参考となるか？

残念ながら、X線検査では、頭蓋内部の軟部組織の評価はできないが、しかし頭蓋骨骨折の存在と程度はわかる。コンピューター断層撮影法（CT）は、頭蓋骨骨折を算定するのに最も良い手段と考えられ、そして磁気共振断層撮影法（MRI）は、脳実質損傷の詳細をみるのに最も良い方法である。

17. 頭部損傷動物の管理において必須な要項を述べよ。
- 気道の確保と保護
- 正常、または低い$PaCO_2$を維持するための人工呼吸（補助呼吸を含む）
- 脳血流の維持

- 高くなった頭蓋内圧の治療
- 続発性全身性合併症の評価と治療
    - 胃出血　　　　　　　神経性肺水腫
    - 播種性血管内凝固　　失血、または脊髄ショックに続発する緊張低下
    - 　　　　　　　　　　胸部外傷、または吸引に続発する血中酸素減少

18. 頭部外傷のある犬または猫において、最初に行う救急治療は？

　全身状態をみてその優先順位に従いなさい。動脈出血、呼吸器損傷、心臓血管機能そして出血に対する処置と輸液は、脳損傷のための本格的な治療を行う前にとりかかるべきである。すでに損傷を受けている脳にとっては、血中酸素減少と血液量減少はさらに悪影響を及ぼすため、酸素供給と心臓血管系の補助は、治療において必須事項である。

19. 脳損傷のある動物における救急輸液療法について知られていることは？

　輸液療法の目標は、水和を維持して血圧値（50～150mm/Hg）を自己調節するために必要な最少量を投与することである。晶質液、塩基性高張液、または合成膠質液の使用については、激しい論争の対象となっている。もし、大量の晶質液（例えば、犬において 90mL/kg/時）を使用すると、脳浮腫が悪化して頭蓋内圧の上昇という結果を招く。低血圧性症状を示す小動物における塩基性高張液の使用は、心筋収縮と心拍出量が増加するため末梢灌流が改善し、尿生成量が増加し、そして腸管膜と冠状動脈の血流が改善する。これらの効果時間は、短い（15～60分）。塩基性高張液は、脱水の動物や出血、または高ナトリウム血症を補正されていない動物、高浸透圧症の動物、あるいは低体温症、うっ血性心不全、乏尿性腎不全の動物には使用しない。進行性頭蓋内圧出血の徴候には、注意を払うべきである。合成膠質液の使用の際に重要なことは、おもに脳血管からの漏出を管理することである。塩基性高張液とヘタスターチは、脳浮腫と頭蓋内圧の上昇を軽減または消失させるが、これらは、損傷を受けた脳組織への酸素供給と灌流を増加させることはできない。

20. それでは、答えは何なのか？脳外傷において使用される液体は、どれでどのくらいの量なのか？

　最初に晶質液を 20mL/kg/時 を超えない量を静脈内投与する。その後、基本的な水分必要量を供給するために次の公式を使って投与する。

$$mL 晶質液 / 日 = (体重[kg] \times 30) + 70$$

　可能なら、血圧をモニターし、静脈内投与を行っている間、神経学的状態の陰性変化をモニターしなさい。

21. 頭部外傷の動物をどのようにして酸素飽和状態にするか？

　酸素供給には、酸素ケージ、鼻酸素注入カテーテル、そして気管挿管などの方法がある。いつも有効というわけではないが、酸素ケージは、酸素を一定に供給して、ストレスを最小限にし、供給時の侵襲を最小にする。鼻酸素カテーテルは、50mL/kg/分の流量率で約40%の酸素レベルを供給する。欠点としては、動物がしばしばカニューレに耐えられなくなる、患者の動きが制限される、そして鼻の乾燥と出血がよくみられることである。

22. 頭蓋内圧を低下させるための人工呼吸療法は、いつ行うか？
　難しい決断である。というのは獣医学文献では、ほとんど報告されていないからである。一般に、陽圧ベンチレーターは、動物が換気または酸素供給が行えない、または換気や酸素飽和を維持するための負荷が大きい場合は、いつでも使用される。信頼性できるガイドラインは、動脈血ガス分圧の値からのみ得られる。換気不足は、$PaCO_2 > 60mm/Hg$ と定義される。不適切な酸素飽和は、$PaCO_2 < 60mm/Hg$ で定義される。過換気は、脳血液量を 36% 程度に減少させ、換気不足は、脳血液量を 170% に増加させる。目標は、$PaCO_2$ を 25mm/Hg 付近に維持することであり、これは脳に適切な灌流を保持する間、脳血管の収縮を起こすための適切な $PaCO_2$ であると確立されている。この効果は、脳間質液 pH における急性変化を調整する。それゆえに一般に、48〜72 時間後には効果がうすれる。動物を換気する際には、酸素をすべて加湿すること。動物が換気されている間は、頭からの静脈還流を維持するために頭部を約 30 度に傾ける。

23. マンニトールは、どのようにして頭蓋内圧を低下させるか？
　脳組織は、血液よりも浸透圧濃度がわずかに高い。約 3 mOsm/L の差は、血液 - 脳関門によって維持されている。マンニトールは、この浸透圧差を反転させ、脳から血液に水分を移動させる浸透圧活性薬物である。10mOsm/L の浸透圧の上昇は、脳から 100〜150mL の水分を除去する。ヒトでは、上昇した頭蓋内圧の高浸透圧治療により、290mOsm/L という正常血清浸透圧が 300〜315 mOsm/L に上昇したと報告されている。浸透圧濃度 < 300 では効果はなく、浸透圧濃度 > 315 では腎臓、および神経の機能障害をもたらす。このようなデータは、犬または猫においては有効ではない。

24. 頭部損傷の犬と猫にマンニトールをどのように使用するべきか？
　マンニトールの使用は論争の的となっており、潜在的な危険性を提起することもある。論争のほとんどは、頭蓋内出血が発見されない場合のマンニトール使用の安全性に集中している。この筋書きには、いくつかの落とし穴がある。
- 血管外出血が増加することがある
- 血流の増加が出血を悪化させることがある
- 硬膜外うっ血、または硬膜下出血に有効な方法がまだある可能性がある

　興味深いことに、これらの理論的な禁忌は実験を通して確証されなかった。病巣の神経学的損傷は出血を示唆している可能性があるので、マンニトールは一般には使用しない。さらに、散在性損傷は浮腫を示唆するといわれている。したがって、マンニトール 0.25g/kg を静脈内にゆっくりと投与する。

25. 頭部外傷においてフロセミドを使用するべきか？
　頭部外傷のヒトにおいては、フロセミドは頭蓋内圧を減少させ、神経学的症状を改善させる結果となる。多分それは、利尿を起こして髄液産生を減少させ、大神経膠細胞の腫脹を抑制することによる効果によるものである。マンニトールとフロセミドは、頭蓋内圧を減少させることにおいて相乗効果があることを提唱している人々もいる。

26. 頭部外傷においてコルチコステロイドを使用するべきか？

　古い習慣を打破するのは難しい。コルチコステロイド使用の主な理由は、脳浮腫を減少させることである。不幸にも、グルココルチコイドは、頭部外傷のある動物に対して、一貫して特筆するべき有益な（臨床的、または実験的）効果を示してはいない。ヒトにおけるグルココルチコイド療法は、頭蓋内圧または脳浮腫を軽減したり、全身状態を改善しない。それは、有害なのであろうか。おそらくそうではない。もし、頭部外傷においてグルココルチコイドを使用するための弁明を必要とするならば、「動物は、コルチコステロイドの利益なしで死ぬべきではない」という古い格言を思い出すべきであろう。

27. 増加した頭蓋内圧の治療においてバルビツレートの果たす役割は？

　バルビツレートは、脳代謝率と脳血流量を減少させる。理論的には、これらは、頭蓋内圧を下げるはずである。今日まで、バルビツレートの使用については、論争の的である。

28. 頭部外傷の治療においてジメチルスルフォキシド（DMSO）は有用であるか？

　DMSOは、頭蓋内圧を減少させ、頭部損傷を改善するといった点で、臨床的にも実験的にも効果がある。聞くところによると、脳組織の酸素、およびブドウ糖の必要量を減少させることにより、神経保護効果を発揮し、酸素遊離基薬を排泄させ、ライソゾーム膜を安定させ、安定した毛細血管内皮細胞によって脳浮腫を直接的に軽減し、そして抗炎症および利尿特性を通して脳浮腫を間接的に軽減する。DMSOは、8〜12時間おきに0.5〜1.0g/kgの量をゆっくりと（30〜45分）静脈内投与する。DMSOによる有害な効果としては、血管内溶血と出血時間の延長がある。DMSOを使用するのなら、損傷の直後に使用して、不快な臭いに対する準備をしておく必要がある。

29. 脳損傷の動物の予後をみるのに役立つものは？

　意識のレベル、脳幹反射、運動能力、呼吸パターン、他の損傷の存在などの要因が、獣医師が予後を見極める手助けとなる。治療を実施したにもかかわらず48時間以上持続する昏睡や除脳性硬直、運動失調、あるいは昏睡状態での無気門式呼吸パターンといった症状を示すものは、一般的には永久的な機能障害、または死に至る。

参考文献

1. Braund KG : Idiopathic and exogenous causes of neuropathies in dogs and cats. Vet Med 91: 755-769, 1996.
2. Cottrell JE, Marlin AE: Furosemide and human injury. J Trauma 21: 805-806, 1981.
3. Dewey CW, Budsberg SC, Oliver JE Jr: Princioles of head trauma management in dogs and cats — Part Ⅰ. Comp Vet Cont Educ 14: 199-207, 1992.
4. Dewey CW, Budsberg SC, Oliver JE Jr: Principles of head trauma management in dogs and cats — Part Ⅱ. Comp Vet Cont Educ 15: 177-193, 1993.
5. Poole GV, Johnson JC, Prough DS, et al: Cerebral hemodynamics after hemorrhagic shock: Effects of the type of resuscitation fluid. Crit Care Med 14: 629-633, 1986.
6. Prough DS, Johnson JC, Poole GV, et al: Effects on intracranial pressure of resuscitation from

hemorrhagic shock with hypertonic saline versus lactated Ringer's solution. Crit Care Med 13: 407-411, 1985.

---

17. 急性脊髄損傷
ACUTE SPINAL CORD INJURIES

Wayne E. Wingfield, D.V.M., M.S.

---

1. 小動物における脊髄外傷の一般的な原因を挙げよ。
   - 原因（外因性）
     - 交通事故
     - 転落
     - 落下物
     - 砲弾創
   - 原因（内因性）
     - 椎間板突出
     - 線維軟骨梗塞

2. 脊髄外傷の機序を説明せよ。
   脊髄は、硬く弾力性のない骨性の「わく」(脊椎骨) に取り囲まれている。椎管径が脊椎骨の転移、出血、あるいは浮腫などによって狭くなると、脊髄は容易に圧迫され、脊内圧が上昇する。圧力の変化は、虚血、さらなる出血、または浮腫を引き起こし、こうしたことは、最初の機械的損傷が存在していた脊髄損傷の悪循環を招くこととなることが多い（二次的損傷理論）。

3. 脊髄外傷における二次的損傷理論の内因性メディエーターは？
   - 興奮性アミノ酸神経伝達物質
   - エンドルフィン
   - カラコールアミン
   - エイコサノイド
   - 不安定な遊離酸素基

4. 内因性メディエーターが重要なのはなぜか？
   現行の多くの治療法は、細胞損傷の内因性メディエーターを平衡、あるいは中和することに力を注いでいる。

5. Schiff-Sherrington（シッフ-シェリントン）症候群とは？
   Schiff-Sherrington 症候群は、胸腰部脊髄（T3～L3）の損傷によって起こる前肢の過伸展

と後肢の麻痺が特徴である。その機序は、頸部膨大部における伸筋α-運動性ニューロンの緊張抑制の原因となる腰部脊髄に位置するニューロンに基づいている。これらの抑制性ニューロンは縁細胞と呼ばれ、それら細胞体は、最大L2からL4を含めたL1からL7までの腹側灰柱の背側縁に位置している。それらは、側索の反対側の固有束に交差して、頸部膨大部に上昇していく。縁細胞ニューロンの頭側と頸部膨大部の尾側での急性脊髄損傷は、頸部膨大部ニューロンの緊張抑制を突然奪い、抑制を解放する。この解放は、前肢においてみられる伸筋緊張過剰をもたらす。C5より頭側には異常はみられない。この姿勢は一般に、激しい脊髄損傷においてみられる。

6. Schiff-Sherrington病変、あるいは頸椎の病変を扱う場合、どのように鑑別するか？

痛覚、および自発運動があるか否かを確認するために、前肢の肉球をピンで刺したり、鉗子で軽く摘んでみなさい。Schiff-Sherrington症候群では、痛覚、および自発運動は、前肢では存在しているが、後肢では欠如している。頸椎損傷では、痛覚と自発運動の程度と消失は、四肢すべてに均等に生じる。

7. 脊髄ショックとは？

脊髄ショックは、索仲介反射が欠落した一時的な震盪性状態である。これは、全身の遠心性運動ニューロンの樹枝状域と細胞体における突発性破壊によって起こる高中心、および機能障害からの分裂のため、上行性運動ニューロン（UMN）に影響する損傷のレベル以下で全脊髄部分反射の完全抑制をもたらす。動物の脊髄ショックは、脊髄反射は病変に対し尾側に存在するので、獣医師が診察するまで臨床症状はほとんどみられない。脊髄ショックは、約30〜60分間のみ持続する。動物が損傷を受けた直後に現われるという事実は重要である。損傷の場所と程度を確定するために、1〜2時間後に再度診察すること。

8. 身体検査において評価するべきパラメーターは？

鍵となるパラメーターは、脊髄自身と神経学的検査である。柔軟性、変形、そして筋肉痙攣を評価するために、脊柱を注意深く触診する。獣医師が椎骨の一側面だけを触診しているために、柔軟さあるいは転移が欠如していても骨折が存在する可能性がある。神経学的鑑定の間、動物は不安定な椎骨骨折を有しており、通常の治療手技が有害である可能性があることを酌量しなければならない。病院に動物が到着したら、その姿勢（一般には横臥位）のままで検査を始めなさい。最初に記録する運動反射は、除脳、除小脳、Schiff-Sherrington症候群の存在を示唆している可能性がある。脳神経は、通常正確に評価することができるが、頭部は、頸部損傷の可能性に注意しながら検査する必要がある。胸部、および骨盤上側の反射機能は、動物を横臥位にして評価する。層反応（体幹皮膚反射）と触覚過敏の存在を確認しなさい。最後に、浅在性、および深部痛覚を調べなさい。脊髄外傷がこの時点で疑われるならば、さらなる処置を行う前に、堅い平坦な場所（プラスチック製ガラスシート）でテープを用いて動物を安定させるべきである。椎骨の不安定、圧迫、その他の損傷を評価するために、可能な限り早期にX線撮影を行うべきである。

9. 各椎骨分節にそった完全脊髄圧迫を示唆する神経学的所見は?

完全脊髄圧迫を示唆する神経学的所見

脊髄分節	運動	知覚	自律性
C1～C4	UMN 四肢麻痺	無感覚	無呼吸、尿意なし
C5～C6	UMN 四肢麻痺、LMN 肩甲上神経	無感覚、中頸部知覚過敏	無呼吸－横隔神経、LMN、尿意なし
C7～T2	四肢麻痺、または UMN 対麻痺、LMN 上腕神経叢	無感覚、上腕神経叢知覚過敏	横隔膜呼吸のみ、尿意なし
T3～L3	UMN 対麻痺、Schiff-Sherrington 症候群	無感覚	横隔膜呼吸、若干の肋間および腹式呼吸（損傷のレベルに依存する）、尿意なし
L4～S1	LMN 腰仙骨神経叢を伴う対麻痺	無感覚、分節の知覚過敏	尿意なし、S1 の傷害を伴う場合は肛門括約筋は緊張性状態にある可能性が高い
S1～S3	後肢のナックリング、尾の完全麻痺	無感覚、分節の知覚過敏	尿意なし、括約筋緊張
Cy1～Cy5	尾の完全麻痺	無感覚、分節の知覚過敏	何もなし

C＝頸椎、T＝胸椎、L＝腰椎、S＝仙骨、Cy＝尾椎、UMN＝上行性運動ニューロン、LMN＝下行性運動ニューロン

10. 脊髄損傷を疑う場合、X 線検査はどのように行うべきか?

2 方向からの画像が必要となる。プラスチック製ガラスシートのような堅固な平面にテープで動物を固定することによって、鎮静させずに側方位の X 線検査を容易に行うことができる。可能ならば、背腹位の画像は、X 線撮影装置からの照射を水平方向にして行うべきである。

11. 脊柱の X 線検査は、予後判定の参考となるか?

いいえ。X 線検査は、研究時における損傷の静的記録である。X 線検査では、損傷時、または X 線検査を行う前の椎骨の転移の程度を評価できない。脊椎周囲筋肉系は非常に強固であり、しばしば X 線検査を行う前に、椎骨を正常に近い位置へ引き戻すことがある。

12. 椎骨の側方位 X 線写真を判断する ABCS とは?

A＝配列（Aligment）
B＝骨（Bones）
C＝軟骨（椎間関節スペースと関節表面：Cartilage）
S＝軟部組織（Soft tissue）

13. 脊髄損傷の動物に対して最初にとるべき処置は?

脊椎の固定は、損傷の悪化を防止するために重要である。気道確保は重要だが、ほとんどの獣医師は、一般にはそうした状態に直面することはない。横隔神経を麻痺させるのに十分な頸

椎骨折のある動物のほとんどは、病院に到達するまでもたない。確かに気道確保は、脊髄損傷のある動物にとり最も緊急的な脅威である。これは、血中酸素減少（換気不足）や吸引性肺炎に起因する。軽度の血中酸素減少を示している動物は、経鼻酸素供給に対して反応するだろう。病変がC5より上にあるならば、速やかに挿管して補助呼吸を行う必要がある。幸い、救急気道切開はめったに必要とされない。脈拍酸素測定は、動脈酸素飽和度の適正が評価されるまで続けて行うべきであり、動脈血中ガスは、酸素と二酸化炭素の血中分圧をモニターするために使用する。

14. 頸部脊髄損傷の結果、心臓血管系に起こるのは？
　頸椎損傷後の全身性交感性血管収縮調律の消失が、血管拡張、静脈血容量の増加、緊張低下として現われるだろう。関連して起こる徐脈は、出血性ショックからくる反応と区別しなければならない。晶質液の注意深い使用は、一般に相対的な血液量減少を修正するために妥当である。

15. 内科療法か外科療法かを、どのように決定すれば良いか？
　困難な質問である。第一に、それは、獣医師の外科的技能、または外科専門医の存在に依存している。第二に、この決断の助けとなる有効な文献などの客観的な手引きがほとんどみられない。獣医療のデータのほとんどは、昔ながらの経験から得られるか、または実験動物やヒトの医療から推定されている。下の表に 1996 年、Bagley によって考案されたガイドラインを要約する。

脊髄損傷の重症度のスコア

スコア	臨床症状	重症度	治療法
10	正常	軽症	
8	疼痛のみ		内科療法を
6	不全麻痺（歩行可能）		候補とする
5	不全麻痺（歩行不能）		内科療法と
4	麻痺（尿意あり、痛覚あり）		外科療法の
3	麻痺（尿意なし、深部痛覚あり）		組み合わせを
2	麻痺（深部痛覚なし＜48 時間）		候補とする
1	麻痺（深部痛覚なし＞48 時間）		非常に
0	脊髄軟化	重症	予後不良

16. 脊髄損傷において、コルチコステロイドは必要か？
　獣医療の患者に対して有効という臨床データはない。ヒトの医療では、第2回 National Acute Spinal Cord Injury Study で公表された結果に従い、メチルプレドニゾロンを 30mg / kg の大量投与を行い、その後 23 時間にわたって 5.4mg/kg/hr で持続投与すると神経学的結果が改善されることを示す、この方法が推奨されている。これにより、患者は治癒しなかったが、神経学的機能が保存されたことが証明された。獣医師は動物の医療において、このアプローチに修正を加え、2～6時間、15mg/kg Ⅳで一定に注入することを考えたが、これに代わりメチルプレドニゾロンの2倍量を投与している。しかしながら、この有効性について記述されたデータはない。

17. 外科手術の必要性の指標は？
    椎骨不安定性と脊髄圧迫。

18. 試みても良い他の療法とは？
    ジメチルスルフォキサイド（DMSO）、甲状腺刺激放出ホルモン（TRH）、ナロキソン、および他のコルチコステロイド などの多くの薬物が試されている。その結果、脊髄外傷の二次的損傷を改善するために有効であるか否かは判定できなかった。

参考文献

1. Anderson DK, Hall ED: Pathophysiology of spinal cord trauma. Ann Emerg Med 22: 987-992, 1993.
2. Bagley RS: Treatment of spinal cord trauma in companion animals. Proceedings of the Annual Conference of Veterinarians. Washington State University, 1996, pp 243-247.
3. Bracken MB, Shepard MJ, Collins WF Jr, et al: A randomized, controlled trial of methylprednisolone or naloxone in the treatment of acute spinal cord injury: Results of the second National Acute Spinal Cord Study. N Engl J Med 322: 1405-1411, 1990.
4. Bracken MB, Shepard MJ, Collins WF Jr, et al: Methylprednisolone or naloxone treatment after acute spinal cord injury: 1-year follow-up data: Results of second National Acute Spinal Cord Injury Study. J Neurosurg 76: 23-31, 1992.
5. Brown SA, Hall ED: Role of oxygen-derived free radicals in the pathogenesis of shock and trauma, with focus on central nervous system injuries. J Am Vet Med Assoc 200: 1849-1858, 1992.
6. De Lahunta A: Small animal spinal cord disease. In Veterinary Neuroanatomy and Clinical Neurology, 2nd ed. Philadelphia, W.B. Saunders, pp 175-214.
7. Hall ED: Lipid antioxidants in acute central nervous system injury. Ann Emerg Med 22: 1022-1027, 1993.
8. Shell LG: Differential diagnosis for acute-onset paraparesis. Vet Med 91: 230-239, 1996.

18. 末梢神経外傷
PERIPHERAL NERVE TRAUMA
Wayne E. Wingfield, D.V.M., M.S.

1. 動物の神経病の最も一般的な原因は？
    動物の末梢、頭蓋、脊髄の神経病の最も一般的な原因は、外傷である。

2. 神経損傷の原因は？
   - 弾丸
   - 骨折
   - 圧迫
   - 伸展（18-6.を参照）
   - 物理的打撲
   - 医原性
      外科手術
      包帯および副木固定
      注射

3. 多数の用語が神経の損傷と関連している。組織ダメージの観点から使用されるそれぞれの用語について定義を述べよ。
   - 神経活動不能
     組織ダメージを伴わない神経機能および伝導の中断
   - ウォラー変性
     軸索の壊死とミエリン断裂
   - 神経断裂
     末梢神経断端のウォラー変性を伴う全神経組織の完全な断裂
   - 軸索断裂
     神経繊維へのダメージは変性を起こすが、しかし神経線維内鞘とシュバン細胞鞘はそのままであり、軸索再生の骨組みに備える。

4. 小動物の神経病に関連する最も一般的な骨折は？
   - 上腕骨：橈骨神経
   - 寛骨臼：坐骨神経

5. 前肢の各神経、脊髄起部、神経刺激筋、損傷の臨床症状を確認せよ。

前肢の神経と関連する起部、神経刺激筋および損傷の臨床症状

神経	脊髄起部	神経刺激筋	損傷の臨床症状
肩甲上神経	C6〜C7	棘上筋 棘下筋	肩牽引の消失 肩甲棘の突起を伴う筋萎縮
腋神経	C7〜C8	三角筋 小円筋 大円筋	肩屈曲の減少 三角筋の萎縮 肩側方表面の感覚減少
筋皮神経	C6〜C8	上腕三頭筋 上腕筋 烏口腕筋	肘屈曲の減少 二頭筋反射の消失 前腕中央部表面の感覚減少
橈骨神経	C7〜T2	上腕三頭筋 橈骨手根伸筋 外側橈骨伸筋 総橈骨伸筋	肘、手根、指の牽引減少 伸筋の姿勢推力および肢の補助力の消失 三頭筋反射の消失

次ページへ続く

前肢の神経と関連する起部、神経刺激筋および損傷の臨床症状（続き）

神経	脊髄起部	神経刺激筋	損傷の臨床症状
正中神経	C8～T2	橈骨手根屈筋 浅在橈骨伸筋	肢背側および前肢頭外側表面の感覚減少 手根および指の屈曲減少 手掌表面の感覚減少
尺骨神経	C8～T2	尺骨手根屈筋 深在橈骨屈筋	手根および指の屈曲減少 前腕尾側表面の感覚減少

6. 前肢の上腕神経叢を構成するのは、どの神経か？

　上腕神経叢は、第6、第7、第8頸部、および第1、第2胸部の脊髄腹側枝から構成されている。

7. 上腕神経叢の剥離を起こす損傷のメカニズムは？

　前肢が体に対し激しく外転したり、あるいは肩の構造が正常位置から転移することが推測される。この力は、神経分枝に大きな張力をもたらし、そして神経管内の分枝の伸展や引き裂きにより損傷を引き起こす。神経分枝は、神経鞘を欠いているので、伸展性損傷による影響を受けやすい。断裂は一般に硬膜内で起こり、軸索壊死、ミエリン断裂、ミエリン線維の消失などの退行性変化が特徴である。多くの繊維は、軟膜へ侵入した箇所に損傷を受け、その結果、神経腫が形成される。

8. 上腕神経根剥離に関連する臨床症状は？

　上腕神経根剥離の臨床症状には、損傷の位置と範囲に依存するさまざまな歩行異常、そして頭側胸椎の椎管から出る箇所における交感神経の損傷を原因とするホルネル症候群がある。

9. 上腕神経根剥離と橈骨神経麻痺をどのように鑑別するのか？

	上腕神経根剥離	橈骨神経麻痺
損傷部位	第6、第7、第8頸部と第1、第2胸部の神経	第7、第8頸部と第1、第2胸部の神経
感覚消失	前肢におけるほとんどの皮膚感覚	前腕頭外側と肢背側
層反射	同側が欠如することもある	存在する
ホルネル症候群	存在することもある （部分的に起こることもある）	なし
筋萎縮の存在	ほとんどの前肢の筋肉	上腕三頭筋、手根骨伸筋

10. 上腕神経叢剥離のある前肢の機能回復の可能性は？

　予後は不良として警戒するべきである。ある研究によれば、28％（29頭の犬のうち8頭）が損傷後4カ月、あるいはそれ以上で、侵された四肢の機能を回復した。

11. 上腕神経根剥離に対する治療は？

　機能回復につながる臨床的な手段はない。感染、自己切断、あるいは肢の外傷が見当たらないのであれば、断脚を考慮する前に4〜6カ月待つことも意味がある。断脚の代わりに、二頭筋の腱転移や手根骨癒合術などを選択しても良いが、しかし長年の研究からは、期待するような結果は得られていない。

12. 後肢の各神経、起源となる脊髄、神経刺激を受ける筋肉、損傷の臨床症状を確認せよ。

後肢の神経と関連する起源となる脊髄、神経を刺激する筋肉、損傷の臨床症状

神経	起源となる脊髄	神経刺激を受ける筋肉	損傷の臨床症状
大腿神経	L4〜L6	腸腰筋	膝関節の伸展や体重負重の不能
		四頭筋	膝蓋反射の消失
		縫工筋	肢中間部、飛節、膝関節、大腿表面の感覚低下
閉鎖神経物	L5〜L6	外閉鎖筋	臀部や大腿の内転不能（動物は、平滑筋表面で分枝）
		恥骨筋	
		大腿薄筋	
坐骨神経	L4〜S1	大腿二頭筋	膝関節の屈曲不能
		半膜様筋	屈筋反射の消失
		半腱様筋	
脛骨神経	L6または7〜S1	腓腹筋	飛節伸展不能または趾屈曲不能
		膝窩筋	足の裏の感覚低下
		深趾屈筋	腓腹筋反射の消失
		浅趾屈筋	
総腓骨神経	L6〜7〜S1	長腓骨筋	飛節屈筋または趾伸展不能
		外側趾伸筋	肢端ナックリング
		頭側脛骨筋	肢頭側背側部、飛節、膝関節表面の感覚の低下
陰部神経	S1〜S3	外側肛門括約筋	肛門と球海綿体反射（雄）の消失
		横紋尿道筋	会陰部の感覚の低下
骨盤神経叢（副交感神経）	S1〜S3	直腸と膀胱の平滑筋	尿失禁

13. 神経の再生能力を決定するのは？それが起こるとしたら、神経が再生する割合はどれくらいか？

　神経の再生能力は、その結合組織構造の連続性に直接比例している。神経内結合組織とシュワン細胞が正常のままであれば、神経失調や軸索断裂などの損傷による軸索再生の可能性は高い。神経断裂では、軸索再生は、結合組織と瘢痕組織の欠如によって妨害される。軸索が一旦傷害部位を越えて成長し、末梢神経断端におけるシュワン管へ侵入すれば、ミエリン再生が起こる。軸索再生は、1〜4mm/日の割合で起こる。

14. 神経病の診断は、どのように行うのか？診断のための検査はいつ行うか？

　電気的診断法は、神経損傷の統合性および重大性を評価するのに最も良いものである。増加した着点活性、陽性鋭波、そして細動電位が損傷後、5〜7日で検出される。

15. 末梢神経損傷の治療は？

　現実的に、ほとんどの獣医師には対処法がない。切断した神経の縫合手術は非常に難しい手技であり、その技能を持っている獣医外科医はほとんどいない。末梢神経損傷を持つたいていの動物には、感染、自己切断、損傷合併症に対するモニターを行う。究極的には、しばしば断脚が考えられる治療となる。

16. 神経再生を促進させる可能性のある免疫抑制薬は？

　サイクロスポリンA。

参考文献

1. Braund KG: Idiopathic and exogenous causes of neuropathes in dogs and cats. Vet Med 91: 755-769, 1996.
2. Duncan ID: Peripheral neuropathy in dog and cat. Prog Vet Neurol 2: 111-128, 1991.
3. Gibson KL, Daniloff JK: Peripheral nerve repair. Comp Vet Cont Educ 11: 938-944, 1989.
4. Gilmore DR: Sciatic nerve injury in twenty-nine dogs. J Am Animal Hosp Assoc 20: 403-407, 1984.
5. Steinberg SH: Brachial plexus injuries and dysfunctions. Vet Clin North Am（Sm Animal Pract）18: 565-580, 1988.
6. Wheeler SJ, Clayton Jones DG, Wright JA: The diagnosis of brachisl plexus disorders in dogs: A review of 22 cats. J Small Animal Pract 27: 147, 1986.

19. 四肢の外傷
EXTREMITY TRAUMA
Wayne E. Wingfield, D.V.M., M.S.

1. 開放性骨折において、まず最初に行う治療は？

　開放性骨折は、緊急の整形外科であると考えられる。皮膚に開裂があるのなら、他の原因が証明されるまで、骨折があると考えるべきである。即断する処置は、次のとおりである。
- 必要ならば、出血を制御するために滅菌圧迫包帯を使用する。
- 神経血管の損傷を確認する。
- 疼痛に対する治療を行う。
- 開放性骨折の周囲の被毛を注意深く刈り取る。

- 骨折部位における無関係な破片や壊死組織を除去する。
- 大量の滅菌生理的食塩液で患部を徹底的に洗浄する。
- 創面組織の細菌培養を行う。
- 創を覆う（betadineガーゼ包帯を使用する）。
- もし可能なら、副木固定を行う。
- 抗生物質（セファロスポリン）の静脈内投与を行う。
- 外科専門医の診察を仰ぐ。

2. 骨折の副木固定において適応するべき法則は？
　骨折部の上方の関節と下方の関節を固定することである。

3. 犬、猫において、開放性骨折になる可能性が高い骨折は？
　橈骨／尺骨と脛骨／腓骨が、開放性骨折を最も起こしやすい長管骨である。これらは、皮膚に近いため、骨折部を覆う皮膚のあらゆる創に対して開放性骨折があるものとして治療を行うべきである。

4. 上腕骨骨折において最も可能性の高い神経学的欠損は？
　橈骨神経は、伸展（神経行動不能）または断裂していることがある。その場合、動物は手根および前肢を伸張させることができない。肢背側は、麻痺し、自己切断が起こることもある。表在橈骨神経を経由して皮膚の表在痛を調べる場合、尺骨神経と正中神経によって神経支配を受けている皮膚を避けることが必須である。

5. Monteggia骨折とは？
　橈骨頭、通常前方への転移を伴う尺骨の近位1／3の骨折が、Monteggia骨折である。

6. 骨盤骨折において主要な合併症は？
- 泌尿器系損傷
- 骨折が寛骨臼に影響を及ぼすことによる関節炎
- 出血
- 仙骨腸骨骨折を伴う尿失禁
- 骨盤腔狭窄

7. greenstick骨折とは？
　greenstick骨折は、皮質の片側の弓なりになっている長骨やその他の箇所に骨折のある長骨に力が加わることによって起こる。これらは、しばしば不完全骨折と呼ばれ、骨が柔軟な若齢の動物で起こりやすい。

8. 骨折のSalter-Harris分類とは？
　Salter-Harris（SH）分類は、骨端骨折を分類する方法である。どのような骨端骨折でも、成長障害を引き起こすことがあり、飼い主には、この可能性について伝えておくべきである。次ページにSH分類を示す。

骨端骨折の Salter-Harris（SH）分類

タイプ	詳細
I	骨折が骨端板に及んでいて、その結果、骨端が転移している
II	タイプIに加えて、骨幹端の三角分節骨折を起こしている
III	骨折線が関節表面から、骨端板および骨端に達している
IV	タイプIIIにみられるように、骨折線が隣接骨の骨幹端まで達している
V	骨端の粉砕損傷；X線検査で確定診断するのは困難だろう
	対側の肢と比較して、骨端空間の明らかな狭窄をみつけること

9. 中手骨／中足骨、または指骨の骨折に対する初期管理をどのように行うか？
　すべて開放骨折である可能性がある。鎮痛と副木固定が、腱損傷を確認するための注意深い検査に次ぐ重要な初期治療である。

10. 手根骨または足根骨の骨折に対する初期管理をどのように行うか？
　開放性骨折は、上記のように管理する。閉鎖骨折の場合は、副木固定を行い、整形外科専門医と相談するのが最も良い方法である。

11. 股関節脱臼では、大腿骨頭、および大腿骨頸は、通常どの方向に動くのか？
　頭側および背側方向。

12. 股関節脱臼の非観血的整復は、いつ行うべきか？
　非観血的整復で股関節脱臼を治癒させたいのであれば、外傷後、24時間以内に行うべきである。動物にはまた、全身麻酔に抵抗しないように十分に鎮静させる必要がある。

13. Velpeau 三角布とは？
　Velpeau 三角布は、股関節脱臼の整復を保持するために使用される。

14. 股関節または肘関節の脱臼において、整復後にX線検査を行うのはなぜか？
　整復が成功したという確認が必要である。整復された関節は再度脱臼する可能性がある。

15. 通常、股関節脱臼より先に肘関節脱臼を整復するのはなぜか？
　肘関節脱臼の方が疼痛がより強いと考えられる。肘関節脱臼を整復できないと、ショックの臨床症状を軽減することが困難となることもある。

16. 肩関節脱臼は普通にみられるものか？その管理は一般にどのように行うか？
　肩甲上腕骨関節の脱臼は、犬猫ではほとんどみられない。管理として、外科的整復に続いて、神経学的な診査を行う。

17. 骨盤骨折は、外科的整復を必要とするか？
　骨盤骨折における外科的整復は、次ページのような理由があれば適用となる。

- 寛骨臼の骨折が、寛骨臼の体重を保持する面に及んでいる。
- 仙腸関節が不安定になっている。
- 多数の骨盤骨折のため、骨盤腔が狭窄している。
- 坐骨骨折が、飛節筋の機能を損失させている。

18. 大腿骨頭または大腿骨頸を骨折した動物をどのように管理するか？

　論争の的となっている。理想的には、股関節の機能を復元するために外科的な骨折整復を行う。不幸にも、ほとんどの動物では、頭骨端への血液供給をも失い、その結果、虚血壊死が生じる。外科的整復が成功しなかった場合、一般には大腿骨頭切除術を行うが、稀に人工装具の装着を考慮することもある。

19. 関節銃創の治療はどのように行うか？

　あらゆる解放性関節損傷の一般的な治療として、可能な限り関節切開、外科的辺縁切除と洗浄、創の閉鎖を行う前、その間、そして後に広菌域の抗生物質を投与するべきである。滑液嚢内に残留する弾丸や破片は、すべて取り除く。それらは、単に機械的な機能障害を起こすだけでなく、鉛が滑液によって溶かされることにより、滑膜下組織に蓄積して二次性関節周囲線維症を起こす。関節軟骨における鉛の毒性作用は、軟骨融解、さらに激しい関節炎を起こすことがある。

20. 動揺胸の合併症は？どのように治療するか？

　外傷動物の25％に肋骨骨折が報告されている。肋骨骨折がみられた場合は、胸腔内部の障害を予測するべきである。単独の肋骨骨折の場合には、胸腔内部の障害を考慮する必要はほとんどない。動揺胸は、多数の隣接した肋骨がそれぞれ2カ所で骨折していて、胸壁の遊離浮動断片を形成する場合に起こる。激しい呼吸器症状が、不安定な断片の様々な動きや根本的な胸部外傷、そして疼痛による顕著な換気減少の結果として生じる。治療は、基礎となっている肺打撲傷を改善し、空気または液体を排出させることによる。肋骨断片の保存療法は、局所の肋間神経ブロックと疼痛の管理ができれば可能である。固定は、肋骨断片を安定させるためには、ほとんど行われることはない。

21. 鳥では、骨折に対する緊急な外科的整復は必要か？

　骨折をしている多くの鳥は、状態が悪く、しばらくの間は異化作用状態にある。術前状態を良好にすることが、外科的処置の成功率の上昇につながる。骨折の一時的副木固定は、骨折整復を行う前の24時間のケージレスト、輸液療法、そして可能な限りのチューブ給餌を行った後に実施する。術前治療の目標は、心臓血管と腎臓の拍出量を維持もしくは改善、疾病または障害を受けた器官の活性化、細菌感染の治療、全身への適切な酸素輸送の確保、そして外科手術の間のあらゆる危険を最小限にすることである。

参考文献

1. Aron DN: Management of open musculoskeletal injuries. Semin Vet Med Surg (Small Animal) 3: 290-301, 1988.

2. Cockshutt J: Management of fracture-associated thoracic trauma. Vet Clin North Am 25: 1031-1046, 1995.
3. Eisenberg MS, Copass MK: Trauma. In Emergency Medical Therapy. Philadelphia, W. B. Saunders, 1988, pp 403-503.
4. McCluggage DM: Surgical principles and common in avian patient. Proceedings of the 54th Annual Conference Veterinarians, Fort Collins, CO, 1993, pp 221-237.
5. Tillson D: Open fracture management. Vet Clin North Am 25: 1093-1110, 1995.
6. Wingfield WE, Henik RA: Treatment priorities in multiple trauma. Semin Vet Med Surg 3 (3): 193-201, 1988.

20. 腹部損傷
ABDOMINAL INJURIES
Wayne E. Wingfield, D.V.M., M.S.

1. 2つの主な外傷性腹部損傷は？
   - 鈍性外傷
   - 穿通性外傷

2. 鈍性腹部損傷の病態生理は？

　鈍性外傷は、圧迫、伸展、剪断の力が組み合わさって起こる。これらの力の大きさは、物体の大きさ、速度（減速対加速）の変化率、衝撃方向、組織の弾力性に比例する。鈍性外傷は、力の総計が腹部の組織および器官の耐久力と可動性を越えた結果生じる。高エネルギーが腹部に加わると、腹腔内圧の顕著な上昇が、中空器官の破裂や実質器官の破裂損傷を起こす結果となるだろう。さらに、器官は圧搾損傷を起こし、胸郭、または脊椎柱の間に入り込むこともある。いくつかの器官は、突発的な剪断力によって脈管茎から分離することもある。

3. 穿通性腹部損傷の病態生理を述べよ。

　腹部が突き刺されると、エネルギーは、物質の穿通した路に沿って消費される。小銃損傷は、その運動エネルギーが大きさ（m）と速度（v）に比例していることから、特にエネルギーを伝達しやすい：

$$KE = MV^2/2$$

弾丸の大きさが2倍になれば、運動エネルギーも2倍になるのに対して、速度が2倍になると、運動エネルギーは4倍となる。さらに、銃弾の物理的特性は、エネルギー消散の効率を決定する。軟らかい鉛や中空で尖った銃弾は、先端がつぶれて断片となり、粉々となるが、ジャケット銃弾は、らせん状にのみ動く傾向がある。低速弾丸は、直接圧搾し破裂するが、高速銃

弾は、様々な組織の空洞化も招く。空洞化の程度は、エネルギー消散率と組織の物理的特性によって左右される。肝臓、脾臓、腎臓のような堅固で非弾性の器官は、肺や骨格筋のような柔軟な組織より、空洞現象を起こす可能性が高い。ショットガン創は、様々な大きさと多数の小弾丸の集合からなる。小弾丸は、銃からの距離と銃の長さなどに従って分散する。小弾丸は球形なため、その速度は、距離よりも素速く分散する。ショットガンが至近距離から発射されなければ、ほとんどの小弾丸は、最小の損傷となる。

4．腹部と胸部の損傷は区別して考えるべきか？
　いいえ。横隔膜は、腹部と胸部の間の力の伝達に重要なものとなる。多くの器官のシステムが損傷する可能性は、鈍性腹部外傷において最も高い。

5．鈍性腹部損傷において最も一般的な身体所見は？
　腹部の柔軟さと保護、腹部挫傷、血液動態不安定性、腹囲増加は、腹部損傷の特徴である。成人では、腹囲が2.54cm（1インチ）増加するのは、血液500～1,000mLに相当する。ヒトにおける他の報告によれば、腹部膨満は、腹腔内出血を示唆するものではないと記述されている。動物の患者に応用可能な情報はない。興味深いことに、腹部損傷のヒトの患者の20～40％は、無症状であるといわれている。これは、動物の患者でも同様である。体の大きさに対する比率で損傷の力を考えると、腹部損傷の発生率は、さらに高いものとなるだろう。

6．鈍性腹部外傷において、最も一般的に損傷を受ける腹部器官は？
　動物の患者で、現在利用可能な情報はない。ヒトでは、脾臓が最も損傷を受けやすいと報告されている。しかしながら、ヒトではCTスキャンが一般的に使用されるようになったことから、肝臓がより頻繁に損傷を受けていることがわかるようになった。とはいえ手術を必要とすることはほとんどない。

7．鈍性外傷の初期の評価に最も役に立つ診断器具は？
　腹腔穿刺は、腹部損傷を確認するための1つの手段である。四象限打診を行い、得られた液体から赤血球容積値、総蛋白量、細胞診、血中尿素窒素（あるいはクレアチニン）、総ビリルビン量を求めることができる。
　診断的腹腔洗浄は、腹腔穿刺が効果がなく、鈍性腹部損傷の可能性が高いときに有効である。
　腹部X線検査が、鈍性腹部損傷に用いられることはめったにない。液体が存在しているのなら、診断には、なお腹腔穿刺を必要とする。さらに、X線検査は、常に腹腔穿刺や洗浄より先に行うべきである。これらの侵襲性の高い手技により、大気中の空気を侵入させ、破裂した中空器官の診断を複雑にする可能性がある。
　超音波検査は、鈍性外傷の初期評価において、より一般的になっている。ヒトでは超音波検査により、重要な腹腔内出血を約95％検出できる。この方法は安全で、非侵襲的、そして非電離性である。残念ながら、超音波検査は、実質器官の損傷程度や中空器官の穿孔を確定することはできない。超音波検査は、特定の症例で、おそらく診断的洗浄にとって代わるであろう。
　コンピューター断層撮影法（CT）は、ヒトの腹部損傷の早期評価として現在重要な診断器具となっている。CTは、器官損傷に適性がある。獣医療においてCTの使用が制限されてい

るのは、利用可能な機械がないことである。CT 機器が、特に大都市圏で広く利用可能となれば、CT は腹部外傷の診断において、大きな役割を果たすであろう。

8. 腹腔穿刺または灌注の間、血液検査で陽性を示すものは？
　穿刺で得た赤血球容積値（PCV）が、末梢血サンプルの赤血球容積値を超えたときは、損傷は通常、肝臓、脾臓、稀に腎臓に存在する。穿刺 PCV が末梢血サンプルより高くなるのは、脾臓組織における PCV が高く、また全血が腹腔内に漏れると腹膜は直ちに水と電解質を再吸収するが、赤血球は、吸収されるのに 2 週間かかるためである。
　洗浄で得た血液を観察するために、液体を含む経静脈（IV）チューブより情報を読みとる能力といった主観的な基準がある。一方、赤血球数 $100,000/mm^3$、または白血球数 $500/mm^3$ が明らかな腹腔内出血を示している。ヒトにおいては、アミラーゼとアルカリ・フォスファターゼの洗浄により、小さな腸穿孔を 95% の特異性で明らかにできると報告されている。

ヒトにおける腹腔洗浄陽性診断の基準

サンプル	陽性	不明
腹腔穿刺		
血液	> 10 mL	−
液体	腸内容	−
腹腔洗浄		
赤血球	> $100,000/mm^3$	> $20,000/mm^3$
白血球	−	> $500/mm^3$
酵素	アミラーゼ > 20 U、アルカリ・フォスファターゼ > 3 IU	アルカリ・フォスファターゼ < 3 IU
胆汁	生化学的確認	

9. 腹腔穿刺または洗浄によって泌尿器外傷をどのように診断するか？
　腹腔内の尿を確認するには、クレアチニン・レベルの上昇が用いられていた。尿素窒素は、急性泌尿器損傷の診断にクレアチニンと同様に正確である。

10. 泌尿器損傷において有用な他の診断テストは？
　泌尿器系の対照研究が、外科的検証の前に必要となる。完全な評価は、次に示す X 線検査の査定による。
- 排出性尿路造影は、腎臓と尿管を評価し、そして同様に膀胱内が空であることを対比する。
- 雄の犬または猫において、陽性コントラスト尿道造影は、尿道が破裂している疑いがある場合に役立つ。尿道粘膜への粘着を増すために、造影剤に K − Y ゼリーのような物質を混ぜることを考える必要がある。
- 陽性および / または陰性膀胱造影が、膀胱を評価するために使用されている。

11. 尿道カテーテルが通過したら、尿道破裂を除外できるか？
　いいえ。実際、破裂した尿道において尿道カテーテルが通過すると、破裂した尿道の完全分

離、または海綿体組織へのカテーテル侵入が起き、そして空気が注入されると空気塞栓症の可能性を導くこともある。

12. 尿道カテーテルが通過し、尿が回収されたら、膀胱破裂を除外できるか？
　いいえ。ほとんどの破裂は、膀胱の頭背側部位で起こる。カテーテルは、膀胱内のまだ尿の残っている位置に容易に到達することができる。尿の吸引は、膀胱が損傷を受けているかどうかということに関しては何の意味も持たない。

13. 積極性穿刺と穿通性腹部損傷の動物をどのように治療するか？
　外科的開腹による。

14. 腹腔穿刺と洗浄ができない場合の穿通創を持つ動物の管理について述べよ。
　穿刺前に行われた腹部X線検査で腹腔内に遊離空気がみられた場合、外科的開腹が必要となる。穿刺によって集められた腹部液体がほとんど白血球を含まないならば、約4時間後に腹腔穿刺を繰り返す。白血球がまだ高値、または上昇しているならば、外科的検証が必要となる。腹腔内への穿通創は、主要な器官損傷の可能性がある。このような動物は、全身状態を観察するために入院させるべきである。

15. 泌尿器損傷の管理はどのように行うか？
　最初の12～24時間で腹腔内へ尿が漏出しているなら、麻酔に対する感受性がより高まる可能性がある。究極的には、外科手術が選択するべき治療法である。

16. 傷害後、数週間も診断がつかない可能性のある腹部損傷は？
　我々は、おそらく多くの腹部損傷を見過している。見落とされることがあるものとして、総胆管、または大胆管の損傷である。このような場合、胆汁が腹腔内に滲出し続け、3～4週間して臨床的に黄疸がみられるようになるだろう。診断の見過しは、腹腔穿刺や洗浄から得た血液でビリルビンテストを行うことで避けられる。穿刺液の総ビリルビンが末梢血ビリルビンより高値ならば、胆管の損傷を疑うこと。外科手術を緊急に行うことはないが、診断されたらなるべく早期に実施するべきである。これは、技術的に難しく、このような動物は、外科専門医に依頼することを考えるべきである。

論　点

17. 外傷による続発性腹腔内出血の動物に対して、外科手術と保存療法のどちらを選択するべきか？
　腹腔内出血の動物に対しては外科手術を行うべきである。不幸にも、麻酔合併症のリスクが高い動物では、開腹しても、腹腔内出血を確認するだけの結果に終わる。損傷を受けた脾臓を摘出することもあるが、外傷を受けた脾臓の多くは、外科手術時までにすでに血液凝固が起こっている。肝臓の縫合は、確実な方法とはならず、挫折感を覚える結果となるだろう。再び言及すると、出血は一般的には外科手術の前にうまくコントロールできるはずである。腎臓が大

動脈から切離しているならば、疑いもなく外科手術が救命につながる。

　腹腔内出血の保存療法は、外科手術よりいっそう成功しているように考えられている。動物の血液動態を安定させるために晶質液、時折膠質液が、そして全血輸血が行われる。さらに、激しい胸部損傷あるいは横隔膜ヘルニアがみられない場合は、周囲圧迫包帯が腹部に用いられる。このアプローチには、腹部器官を圧迫し、出血を制御しようとする考えがある。現在、腹部圧迫包帯と輸液療法は、外傷に続発する腹腔内出血に使用できる唯一の技術である。

参考文献

1. Alyono D, Perry JF Jr: Value of quantitative cell count and amylase activity of peritoneal lavage fluid. J Trauma 21: 345-348, 1981.
2. Burrows CF, Bovee KC: Metabolic changes due to experimentally induced rupture of the canine urinary bladder. Am J Vet Res 35: 1083-1088, 1974.
3. Crowe DT, Crane SW: Diagnostic abdominal paracentesis and lavage in evaluation of abdominal injuryes in dogs and cats: Clinical amd experimental investigations. J Am Vet Med Assoc 168: 700-708, 1976.
4. McAnulty JF, Smith GK: Circumferential external counterpressure by abdominal wrapping and its effect on simulated intra-abdominal hemorrhage. Vet Surg 15: 270-274, 1986.
5. Powell DC, Bivens BA, Bell RM: Diagnostic peritoneal lavage. Surg Gynecol Obstet 155: 257-264, 1982.
6. Rubin MJ, Blahd WH, Stanisic TH, et al: Diagnosis of intraperitoneal extravasation of urine by peritoneal lavage. Ann Emerg Med 14: 433-437, 1985.
7. Shaw PM, Kim KH, Ramirez-Schon G, et al: Elevated blood urea nitrogen: An aid to the diagnosis of intraperioneal rupture of the bladder. J Urol 122: 741-743, 1979.
8. Wilson RF: Trauma. In Shoemaker WC, Thompson WL, Holbrook PR (eds): Textbook of Critical Care. Philadelphia, W.B.Saunders, 1984, pp 877-914.

21. 小動物救急救命医療における疼痛管理
PAIN MANAGEMANT IN EMERGENCIES

Peter W. Hellyer, D.V.M., M.S., and Ann E. Wagner, D.V.M., M.S.

1. 救急患者に対する効果的な疼痛管理により得られる利点は？

　外傷、あるいは外科手術の後に、患者がより快適に過せるようにすることは、大きな利点がある。持続的疼痛は、苦痛を引き起こす可能性がある。というのは、単に疼痛に対応するために、膨大なエネルギーが治療へと向かわず、苦痛へと転換するためである。効果的な疼痛管理は、不安を減らし、ホルモンおよび代謝の混乱に関連したストレス応答を減少させ、そして患

者がより早く回復するために必要な休息を得られるようにすることである。外傷、または外科手術後の回復に効果的な疼痛管理を行う利点は、ヒトの医療においてはきちんと文献にまとめられており、その逸話に富んだ観察は、獣医療分野においても同様の有効性があることを示している。集中治療室での滞在を短くし、正常機能への回復を早めることは、効果的な疼痛管理がヒトと同様、経済的であることを示す証拠である。文献にはなっていないが、動物においても同様の利点がもたらされるだろう。

2. 疼痛管理は、主要な救急医療問題の治療に次いで2番目に重要なものと考えるべきか？

　疼痛管理は、動物を管理する状況において考慮するべきものであることは間違いない。多くの救急医療の場において、十分な酸素輸送を保証し、器官衰弱、または循環虚脱を防ぐために心肺系を安定させることが最優先される。同様に、注意深い身体検査と最小のデータは、初期の鑑別診断を組み立てるのに欠くことのできないものである。それでも、鎮痛薬の適切な使用を、疼痛のある動物に対する最初の治療計画に取り入れるべきである。疼痛の緩和によって、かなりの恩恵を得られる可能性があるにもかかわらず、残念なことに長い間（数時間もしくは数日）疼痛軽減を考慮しないことがしばしばある。

3. 救急患者において鎮痛薬が禁忌となるのはどのような状況下か？

　鎮痛治療は、循環虚脱の動物の蘇生が初期段階にある間は、禁忌である。動物の全身状態が安定したら、適切な鎮痛治療が適用される。動物の基礎的な状態と健康状態によって、特定の薬物の使用が禁忌となるだろう。例えば、現在一般に使用されている非ステロイド性消炎鎮痛薬は、腎疾患、胃腸出血、または血液凝固異常を併発している動物では禁忌となる。同様に、オピオイドの使用は、二次的に頭蓋内圧の増加を引き起こす脳幹ヘルニアの危険がある動物に対しても禁忌となるだろう。

4. 疼痛のある動物を無痛覚にさせない理由は？

　多くの場合、特に緊急状態にあり全身状態の安定しない症例では、その動物の健康状態を知るために無痛覚にしないことが多い。鎮痛薬はすべて、弱った動物に投与する前に熟慮するべき潜在的な副作用を持つ。鎮痛薬の使用の経験が浅かったり、副作用の出る頻度が誇張されているものについて（特にオピオイド）は、かなり注意しなければならない。疼痛緩和は、動物に過度の活動性をもたらすという慣習的な考えもまた、無痛覚にしない理由として引用されている。不幸にも、疼痛の臨床症状を認識したり、患者にとっての疼痛の重要性を評価することが困難であることも、ヒトと動物の医療の双方において鎮痛治療を差し控えられる主な理由である。現実に薬物のコストが増加する、あるいはコスト増が認知されるというのも、もう1つの理由となっている。

5. 獣医師は、外傷を受け、苦しんでいる動物に対して日常的に積極的な鎮痛治療を行っているか？

　今日まで、開業獣医の臨床において普及している鎮痛薬を評価する包括的な研究はなされていない。過去10年で獣医師は、ますます疼痛緩和が重要な治療の目的であることを認識している。獣医師とスタッフの間で疼痛緩和の必要性についての見解の違いは、未だに残っている。

ヒトでは、鎮痛治療を差し控えるか、あるいは低用量を投薬するかについて、きちんと文書化され、臨床に広く行き渡っていることを考えると、獣医師が、疼痛管理の重要性について認識が統一されていないことは、驚くことではない。

6. 動物に対する救急療法の適用は、すでに金額のはるものである。鎮痛治療は、さらにコストを増加させるのか？

　特定の鎮痛薬、そして／または技術の選択は、鎮痛治療のコストに大きく影響する。例えば、オキシモルフィンは、モルフィンと同等の効果を持つが、モルフィンの28倍のコストがかかる。ある報告によれば、多くの飼い主が入院中にペットに適切な疼痛緩和を受けさせるためであれば、特別料金を支払うことを厭わないことを示している。

7. 犬における急性疼痛の臨床症状は？

　鳴くことが犬の疼痛の指標となるだろう。しかしながら、それは非鋭敏であり、非特異的なものである。疼痛は、しばしば異常な行動に結びつく。それは、活動の増加または減少という形で発現することがある。犬は落ち着かず、動揺し、あるいは錯乱しているようにみえるだろう。または昏睡、内向的、不活発、あるいは元気消失しているようにみえることもある。このような犬は、環境からの刺激に対して注意を払うことがない。正常な睡眠／覚醒サイクルが、混乱している可能性がある。そのため、通常よりも睡眠不足になっている。グルーミングや食事などの正常な活動は、減少、あるいは停止している場合もある。犬は、疼痛部位を咬んだり、舐めたり、かじったり、あるいは揺すったりする。

　犬は、局所の疼痛を緩和させ、対処しようとして異常な体位を取ることもある。例えば、腹痛のある犬は、腹部緊張と背を丸めた姿勢をとることもある。胸部疼痛のある犬は、極度に疲労しているにもかかわらず横たわるのをいやがるだろう。疼痛部位を使わない、または保護することは、信頼性の高い疼痛の指標である。犬の歩様が異常であったり、あるいは正常状態よりも強直していることもある。

　疼痛のある動物では、相対する行動がしばしば認められる。犬は、より攻撃的になり、命令を聞かなかったり、触わられることに抵抗するようになる。対照的に、内向的になり、世話をするヒトとの接触を求めようとすることもある。犬は、顔面筋をコントロールする機能を霊長類と同程度には持っていないが、疼痛を検知するために表情の変化を利用することは可能である。犬は、耳を後方、あるいは下方へ向けることもある。眼は、散瞳して見開く、あるいは活気のない様相を示し閉じていることもあるだろう。多くの犬は、空中をじっとみつめ、周囲の状況に気づかない。特徴のないしかめっ面をする犬もある。

　頻回呼吸、心臓頻拍、高血圧、散瞳、流涎は、疼痛を示す生理的な徴候である。頻回呼吸、頻拍、高血圧は、意識のある動物よりも不適切な全身麻酔下におかれた動物で観察される可能性が高い。

8. 犬が鳴いていないならば、それは疼痛がないことを意味するのか？

　いいえ。鳴くことが疼痛を示す特異的な、また感受性の高い指標とはならない。日常鳴くことのない自制的な犬では、声は出さないが激しい疼痛がある場合もある。鳴くことは、犬では手術後に鎮痛薬を適用する第一の臨床症状であると考えられている。そのため、鳴かない動物

には、疼痛の程度に関係なく、不適当な疼痛緩和、あるいは疼痛緩和は不用とみなされることが多いようだ。

9. 急性疼痛の臨床症状は、犬と猫では異なるのか？
　犬と猫では臨床症状は似ているが、猫の疼痛の程度を評価する方がいっそう困難である。犬に比べ、猫はほとんど鳴くことはない。猫における疼痛の臨床症状は、非常に捉えにくく、動きがなくなることが特徴といえるだろう。猫は、ケージの奥に座り込み、世話をする人に触れられることを避けようとする。正反対の行動としては、疼痛のある猫は、ケージ内を気が狂ったように暴れ回る。この疼痛に対する反応は、痛みを伴うこと（例えば、抜爪）を経験したことのある若い健康な猫で、よりいっそう起こりやすい。

10. 外見上識別可能な疼痛の臨床症状は、基礎疾患によって鈍化されるか？
　はい。外傷、大きな手術、代謝の乱れは、動物の疼痛に対する反応行動を鈍くすることがある。明らかな疼痛の徴候（例えば、鳴く、徘徊する）が欠如していることが動物に疼痛がないということの確認にはならない。それどころか、激しい疼痛を持ち、うつ状態の動物は、一旦効果的な鎮痛薬を投与すると機敏になる。

11. 日常的な鎮痛薬の使用は、動物の健康の悪化を示すような臨床症状を覆い隠してしまうのか？
　犬と猫では特に注意深くモニターしているならば、鎮痛療法が健康状態の悪化を隠す可能性は低いだろう。しかし、鎮痛薬が、現在の治療方針を変更する必要性を示す臨床症状を隠す可能性も十分にある。
　この最も一般的なものは、疝痛の馬への鎮痛薬の適用である。腹痛の程度と持続時間は、試験開腹を必要とするかどうかを判断する材料として用いられている。同様の状況が、腹痛のある小動物においても起こる可能性がある。鎮痛薬の適用後に眠ってしまう小動物の場合、忙しい看護スタッフでは見落としやすいだろう。実際、動物の健康状態が悪化しているにもかかわらず、看護者は動物が快適で安定していると思ってしまうことがある。

12. 鎮痛療法を必要とする最も痛みを伴う損傷、あるいは処置は？
　外傷（特に激しい骨格筋損傷）、膵炎、腹膜炎、椎間板疾患は、しばしば動物に苦痛をもたらすものである。多くの外科手術、特に切断術、近位四肢および骨盤の整形外科、開胸術、脊椎外科手術、耳介および肛門周囲の外科手術などもまた激しい疼痛をもたらす。

13. 救急患者における急性疼痛の治療に使われる薬物の種類は？
　オピオイド（モルフィン、オキシモルフィン、フェンタニール）、α-2作動薬（キシラジン、メデトミジン）、局所麻酔薬（リドカイン、ブピバカイン）、非ステロイド性抗炎症薬（バナミン、ケトプロフェン、カルプロフェン）などが犬と猫における急性疼痛の治療に使用される。

14. 救急患者の疼痛治療に使用されるα-2作動薬の潜在的な副作用について記述せよ。
　α-2作動薬は、特に静脈内投与した場合に、弱っている動物の心肺へ、明らかに影響を及

ぼすことがある。徐脈、房室ブロック、心筋収縮力減少が心拍出量の重大な減少をもたらす。α-2作動薬のIV適用は、動脈の狭窄を起こし、前進的な流れ（灌流）を犠牲にして一時的に動脈圧を上昇させることがある。動脈圧におけるこの初期の上昇は、低血圧状態が続く限り持続するだろう。小動物においては、特に血中酸素分圧の低下、酸-塩基平衡の不均衡、電解質異常のとき、α-2作動薬は心筋に働きかけ、心室性の調律異常を起こしやすくする。CNS呼吸中枢の機能低下が換気過少、高炭酸血症、血中酸素減少を引き起こすこともある。

15. 疼痛を伴う外傷、あるいは救急患者に対して、非ステロイド性抗炎症薬（NSAIDs）を日常的に使用するべきか？

現在利用可能なNSAIDsは、中〜軽度の疼痛の治療にのみ有効である。そのため、激しい外傷や疼痛を伴う動物への使用は限られている。胃腸の潰瘍、腎血流量の減少、凝固異常などの、よく認識されている副作用は、プロスタグランディン合成抑制によるものである。最も新しいNSAIDs（例えば、カルプロフェン）は、サイクロオキシゲナーゼ抑制が弱い。しかし、救急患者に対する有効性は、まだ確立されていない。腎血流量に影響するNSAIDsは、血液量減少症の救急患者に対しては、特に有害である可能性がある。したがって、NSAIDsは、動物が安定し、腎損傷、GI潰瘍、凝固異常の可能性が除外されたときのみ使用するべきである。

16. 動物病院でオピオイドの使用を考慮するべき必要があるのはなぜか？

オピオイドは、ヒトおよび小動物において、急性の激しい疼痛の管理に最も効果的で有用な鎮痛薬であることが示されている。

17. 麻薬取締り機関（DEA）によって義務化されたすべての記録保持という手間を考えると、動物病院内ではどのように取締り薬物を取り扱えば良いか？

使用予定の薬物（例えば、オピオイド）を管理するために、DEAによって義務化された記録保持は、疑うことなく、事務の仕事量を増加させる。獣医療に、これらの必要条件がひどくわずらわしいのでオピオイドの使用を妨げているといわれている。実際増えた仕事は、動物を快適にさせる薬物の利点に比べれば、ごくわずかなものである。

18. 取締り薬物ではない有効な鎮痛薬は何か？

ブトルファノールは、ほとんどの州で取締りをされていないオピオイド作動性遮断薬である。ブトルファノールは、オピオイド作動薬に比べ効果は低いが、中〜軽度の疼痛の治療には有効だろう。局所麻酔薬、α-2作動薬、NSAIDsは、取締り薬物ではなく、救急患者に対して慎重に使用するならば、疼痛をコントロールするために有用であろう。

19. 犬、猫の疼痛をコントロールするために臨床的に使用される特定のオピオイドは？

モルフィン、オキシモルフィン、フェンタニール、ブトルファノール、ブプレノルフィン。

20. どのようにしてオピオイド鎮痛薬を選択するべきか？

オピオイドの選択は、一般に有効性、コスト、効果、作用持続時間に基づく。オピオイド作動薬（例えば、モルフィン、オキシモルフィン、フェンタニール）は、作動性遮断薬（例えば、

ブプレノルフィン、ブトルファノール、ナルブフィン）より中〜重度の疼痛の治療に対してさらに有効である。作用持続時間はさまざまで、特定の薬物、投与経路、治療を受ける動物種、個々の可変性に依存する（量と頻度は、疼痛の強さに依存する）。

21. 激しい疼痛の治療のためには、効力の弱いオピオイドよりも強いオピオイドを選択する方が良いのか？

　効力の弱いオピオイドより強いオピオイドの方が必ずしも効果的とは限らない。オピオイドは、鎮痛効力について、モルフィンの効力を1として比較される。臨床的には、鎮痛効力とは、望むような効果が得るために投与しなければならない容量を決定するものである。例えば、モルフィンとオキシモルフィンはともにオピオイド作動薬であるが、オキシモルフィンは、モルフィンの10〜15倍の効力がある。これら異なる効力の結果、モルフィン（0.5〜1.0mg/kg）は、オキシモルフィン（0.05〜0.1mg/kg）の10倍量を鎮痛に必要とする。フェンタニールは、モルフィンの効力のおよそ100倍あるが、作用時間が短いため（およそ15〜30分）鎮痛維持のためには通常選択されない。しかしながら、フェンタニールは、定率IV投与、あるいは経皮貼薬の形で投与すると高い効果を発揮する。オピオイド作動薬に反し、ブトルファノールとブプレノルフィンは作動性遮断薬であり、それぞれモルフィンの効力のおよそ5倍と30倍である。これらの薬物は、モルフィンより効力があるが、いずれも疼痛コントロールに対して有効ではない（作動性遮断薬の鎮痛作用には上限がある）。

22. 一般に使用されているオピオイドの有効量とおよその作用持続時間はどれくらいか？

犬、猫の鎮痛に使用される薬物

薬物	鎮痛効力	用量 (mg/kg)	種類	投与経路	作用持続時間 (時)	適用 (疼痛タイプ)
オピオイド作動薬						
モルフィン	1	0.05〜1.0	犬	IV	1〜2	軽度から重度
		0.2〜2.0	犬	IM、SQ	2〜6	
		0.05〜0.2	猫	IV	1〜2	
		0.1〜0.5	猫	IM、SQ	2〜6	
オキシモルフィン	5〜10	0.02〜0.1	犬	IV	1〜2	軽度から重度
		0.05〜0.2	犬	IM、SQ	2〜4	
		0.02〜0.05	猫	IV	1〜2	
		0.05〜0.1	猫	IM、SQ	2〜4	
フェンタニール	75〜125	0.001〜0.004 (mg/kg/時 CRI)	犬	IV	定率投与 (CRI)	中程度から重度
		0.001〜0.002 (mg/kg/時 CRI)	猫	IV	CRI	
作動性遮断薬						
ブトルファノール	5	0.2〜0.5	犬	IV	1〜2	軽度から中程度
		0.2〜0.8	犬	IM、SQ	2〜4	
		0.1〜0.2	猫	IV	1〜2	

次ページへ続く

犬、猫の鎮痛に使用される薬物（続き）

薬物	鎮痛効力	用量 （mg/kg）	種類	投与経路	作用持続時間 （時）	適用 （疼痛タイプ）
ブプレノルフィン	30	0.1 ～ 0.4	猫	IM、SQ	2 ～ 4	
		0.005 ～ 0.02	犬	IV、IM	4 ～ 12	軽度
		0.005 ～ 0.01	猫	IV、IM	4 ～ 12	

IV= 静脈内投与、IM= 筋肉内投与、SQ= 皮下投与

23. オキシモルフィンほど効果的でないモルフィンは、時代遅れの薬物なのか？

　いいえ。モルフィンとオキシモルフィンはともに、適切な用量を使用するならば、同程度の鎮痛作用を示すオピオイド作動薬である。オキシモルフィンと比較したモルフィンの主な欠点は、犬におけるヒスタミン放出であり、おそらくこれは、猫においても同様のことが起こるだろう。ヒスタミン放出は、末梢血管拡張や低血圧を起こすことがあり、それは、麻酔あるいは危険な状態の動物において特に重要問題となる可能性がある。モルフィンを IM、SQ あるいは、ゆっくりと IV することによりヒスタミン放出の発現を最小に抑制することができる。嘔吐は、動物においてオキシモルフィンよりもモルフィンの投与を受けた歩行可能な状態にある動物の方が頻繁に起こるだろう。一方、モルフィンは、オキシモルフィンよりわずかだが作用持続時間が長く、廉価である。

24. 猫にはオピオイド鎮痛薬は禁忌なのか？

　いいえ。オピオイドは、猫に対して十分有効な鎮痛薬である。猫は、オピオイドの興奮効果に、より敏感であるが、低用量（犬の 1/4 ～ 1/2）で適用すれば、オピオイドによって誘発される興奮を防ぐことができることも多い。犬のように、アセプロマジンの低用量を併用することで、通常このような興奮を排除できる。

25. 呼吸抑制は、動物においてオピオイドの生命に関わる潜在的な副作用なのか？

　オピオイドは、確かに呼吸抑制を起こす。しかしながらオピオイドによって誘発された呼吸抑制の重要性は、獣医療ではしばしば誇張されている。オピオイドは、二酸化炭素に対する換気中枢の応答を中枢性に減少させ、脳橋と髄質の換気中枢による呼吸リズムの調整に干渉する。オピオイドによって誘発された呼吸抑制の臨床症状は、動物よりもヒトにおいてよりいっそう重要である。オピオイドをわずかに増量して投与すると、換気抑制の可能性を大いに減少させる。呼吸器疾患や頭蓋内圧の上昇（例えば、頭部外傷、頭蓋内腫脹）が潜在する動物にオピオイドを投与する場合は、油断なくモニターしながら十分に注意して行うべきである。

26. オピオイド鎮痛薬を使用した後、動物が長期間、眠り続けた場合に何をするべきか？

　オピオイドの効果的鎮痛用量は、しばしば動物を眠らせる。動物の脈拍（拍出数および強さ）、粘膜の色、毛細血管再充填時間、呼吸数に特に注意しながら、定期的にモニターする必要がある。生命徴候が安定している間は、動物は、おそらく休息の利を得ている。もし、睡眠量が極端なようにみえたり、生命徴候に問題があるようならば、オピオイドの用量と回数を減

少させる。代わりに、完全に鎮痛作用を取り除くことなく鎮静作用を減少させるために、オピオイド作動薬（モルフィン、オキシモルフィン、フェンタニール）と、作動性遮断薬（ブトルファノール、ナルブフィン）を併用して部分的に中和させることもある。

27. オピオイドを投与した後、動物が興奮したり、昏迷しているようなら何をするべきか？

アセプロマジン（0.01～0.05mg/kg SQ または IV）やベンゾジアゼピン（ジアゼパムまたは、ミダゾラム 0.1～0.2mg/kg IM または IV）の低用量投与は、興奮したり昏迷しているほとんどの動物を鎮静させる。代わりに、オピオイドは部分的にオピオイド作動性遮断薬に置き換えたり、ナロキシンに完全に置き換えることができる。ナロキシンは、疼痛の鋭い自覚と続発する自律性効果が、動物の心室性調律異常を誘発することがあるため、めったに使用されないだけである。

28. 適切な用量のオピオイドを与えても、動物の興奮状態が残存する場合は、どうするべきか？動物がまだ、疼痛、不安、あるいは不快に感じているのをどのように捉えられるか？

不安、そして／あるいはオピオイドによって誘発された不快と疼痛を区別することは難しく、その区別は臨床的に重大な挑戦であることを示している。犬の臨床症状の注意深い観察によって、根本的な問題に光明を投げかけることになるだろう。看護師への注意や呼びかけに対して犬が反応するかどうかは、不安が重要な役割を持っているか否かを知る助けとなることがある。意識レベルを算定することは、不快から来る疼痛を区別するうえで重要である。オピオイドを投与された犬は鳴き続けるが、一方で平静で快適であるようにみえることがある。鎮痛薬の試験用量を追加投与することで、犬にまだ痛みがあるかどうかを判断する参考となるだろう。代わりに、オピオイド作動性遮断薬やオピオイド遮断薬をオピオイドとそれぞれ部分的または完全置換することで、不快をとり除くことができる。不幸にも、犬が本当に痛がっているのなら、遮断薬の適用は、状況を悪化させるだけである。重要なことは、臨床家は動物の損傷の程度を考慮して、疼痛がどのくらい継続するかを判断する必要がある。多くの動物は、疼痛コントロールのため、初期に高用量のオピオイドを必要とする。低用量のオピオイドで治療を始め、間欠的に追加用量を投与することは、副作用を最小限に抑えながら疼痛をコントロールする安全で効果的な方法である。

29. 全身投与より硬膜外腔へ薬物を投与する方が良いか？

薬物の硬膜外投与の方が、全身投与よりより低用量で大きな反応（鎮痛）をもたらす。硬膜外へ使用した低用量は、副作用発現の減少にもつながる。薬物の硬膜外投与は、さらに鎮静の持続時間を延長することもある。例えば、硬膜外モルフィンは、全身投与で4時間であるのに対して、12時間以上の鎮痛効果をもたらす場合がある。オピオイドと局所麻酔薬は、犬猫の硬膜外腔へ最も一般的に投与されるものである。

30. オピオイド、α-2作動薬、あるいはNSAIDsを動物に過量投与した場合、どのようにして確認するのか？

オピオイドとα-2作動薬の過量投与は、徐脈、心拍の質低下、毛細血管再充填時間の延長、粘膜の蒼白、またはチアノーゼなどを症状とする激しい心肺機能の低下を起こす。NSAIDsの

過量投与は、明白な症状はなくとも、胃腸出血、高窒素血症、あるいは出血時間延長などが起こる可能性がある。

31. 鎮痛薬の全身投与のほかに、疼痛を消失させる方法は？
　適切な副木固定や包帯の使用により、動物を苦痛のない状態に保ち、動物が何を必要としているか（例えば、動物が排尿、排便ができること）を考慮し、さらにストレスと不安を減少させるために動物とコミュニケートすることは、快適さと痛みに対する耐性を増すことがある。

参考文献
1. Bridenbaugh PO: Preemptive analgesia - is it Clinically relevant? Anesth Analg 78: 203-204, 1994
2. Hansen BD: Analgesic therapy. Comp Cont Educ 16: 868-875, 1994.
3. Hansen B, Hardie E: Prescription and use of analgesics in dogs and cats in a veterinary teaching hospital: 258 cases (1983-1989). J Am Vet Assoc 202: 1485-1494, 1993.
4. Kehlet H: Surgical stress: The role of pain and analgesia. Br J Anaesth 63: 189-195, 1989.
5. Kehlet H, Dahl JB: The value of "multimodal" or "balanced analgesia" in postoperative pain treatment. Aneath Analg 77: 1048-1056, 1993.
6. Kyles AE, Papich M, Hardie EM: Disposition of transdermally administered fentanyl in dogs. Am J Vet Res 57: 715-719, 1996.
7. Lees P, May SA, McKellar QA: Pharmacology and therapeutics of non-steroidal anti-inflammatory drugs in dog and cat. I: General pharmacology. J Small Animal Pract 32: 183-193, 1991.
8. Lin HC, Benson GJ, Thurmon JC, et al: Influence of anesthetic regimens on the perioperative catecholamine response associated with onychectomy in cats. Am J Vet Res 54: 1721-1724, 1993.
9. McKellar QA, May SA, Lees P: Pharmacology and therapeutics of non-steroidal anti-inflammatory drugs in the dog and cat. 2: Individual agents. J Small Aminal Pract 32: 225-235, 1991.
10. Pascoe PJ, Dyson DH: Analgesia after lateral thoracotomy in dogs: Epidural morphine vs. intercostal bupivacaine. Vet Surg 22: 141-147, 1993.
11. Quandt JE, Rawlings CR: Reducing postoperative pain for dogs: Local anesthetic and analgesic techniques. Comp Cont Educ 18: 101-111, 1996.
12. Sackman JE: Pain. Part II: Control of pain in animals. Comp Cont Educ 13: 181-187, 190-192, 1991.
13. The DEA: Following its "10 commandments." J Am Vet Med Assoc 205: 1371, 1994.
14. Thurmon JC, Tranquilli WJ, Benson GJ: Perioperative pain and distress. In Thurmon JC, Tranquilli WJ, Benson GJ (eds): Lumb and Jones' Veterinary Anesthesia, 3rd ed. Baltimore, Williams & Wilkins, 1996, pp 40-60.

III

救急救命状態でよくみられる一次症状
Common Primary Complaints

Section Editor : Tim Hackett, D.V.M., M.S.

III

家庭教育状態でよくみられる一次愁訴
Common Primary Complaints

Section Editor: Tim Hoekstra, D.P.M., M.S.

22. 嘔 吐
VOMITING

Tim Hackett, D.V.M., M.S.

1. 嘔吐と吐出の違いは？

　嘔吐とは、胃内容物と、時折小腸上部の内容物が、口から強烈に排出されることである。腹筋の持続的な収縮や噴門の挙上と開放、そして幽門の収縮が胃の外へと胃内容物を移動させる。吐出は受動的で、摂取したものが逆流することであり、通常は胃に到達する前に起こる。吐出は、食物か水の摂取直後か、または何時間も後に起こることがある。

2. 嘔吐と吐出は、どのように鑑別されるか？

　そのタイミングと特徴について飼い主に注意深く稟告を聴取しなさい。消化されていない食物が、管状に楽々と出てきたら、吐出と思われる。嘔吐は、吐き気、流涎、および力強い収縮を伴って起こる。吐かれた材料のpHを測定することによって、嘔吐は逆流した内容物と区別できることがある。嘔吐には、通常塩酸が含まれ、pHは4以下である。

3. 嘔吐に関係する神経経路を述べよ。

　嘔吐の原因は、機能的、解剖学的の2つに分けられる。化学受容器トリガーゾーン（CTZ）は第4脳室の底面に、そして嘔吐中枢は延髄の網様体に存在する。すべての刺激は嘔吐中枢を通り、求心性の情報は統合され、吐き気や流涎、嘔吐といった定型化された反応を調整する。求心性の入力情報には他の神経中心（心因性の、内耳の前庭、CTZ）または胃腸管（GI）からの刺激がある。CTZは、血液中の化学物質に反応する。化学的刺激の例として、麻酔薬、強心配糖体、化学療法薬、アポモルフィンのような催吐剤などがある。

4. 吐出の主な原因は？

吐出の原因

口蓋裂	食道の疾患
咽頭の疾患	食道炎
異物	食道憩室
咽頭腫瘍	食道狭窄
咽頭後方のリンパの肥大症	異物
狂犬病	裂孔ヘルニア
ボツリヌス菌中毒	新生物：食道、縦隔
輪状咽頭のアカラジア	血管輪異常
偽麻痺性重症性筋無力症	食道周囲の腫瘍
	肉芽腫

次ページへ続く

吐出の原因（続き）

先天性および後天性巨大食道症
運動性減退症
---

5. 嘔吐とともにみられる電解質と酸-塩基異常は？

　嘔吐は、深刻な脱水症状を引き起こすことがある。ナトリウム、塩化物、カリウムの喪失は、原因によって変化する。血清ナトリウムはしばしば低下する。低カリウムは、しばしばカリウム摂取の欠乏、嘔吐による喪失により生じ、そしてアルカリ血症のために損失が増強される。血清中の塩化物レベルは、体液喪失の原因に依存する。幽門または十二指腸の障害を持つ患者では、胃の分泌物が喪失し、塩酸を消失し、深刻な低クロル血症および代謝性アルカローシスを生ずるだろう。全体の血漿重炭酸塩（TCO_2）は、失った液体のタイプや、全身性の基礎疾患により増加したり、正常になったり、減少したりする。体液喪失と血液量減少症が組織への酸素供給の減少を招くならば、代謝性アルカローシスは複雑な酸-塩基平衡異常へ進行することになるだろう。

6. 難治性嘔吐の初期治療とは？

　生命徴候を正確に評価するためには、気道の明確な評価、呼吸作用の適切さ、および心臓血管系の状態などの生体機能を注意深く判断しなさい。嘔吐と、特に吐出により、動物は吸引性肺炎に罹患しやすくなることがある。呼吸の不調、気管の感受性、またはザラザラした気道音は、厄介な呼吸異常を示している可能性がある。酸素の供給、胸部X線検査、および動脈血ガス分析により診断される場合がある。長引く嘔吐は、明らかな脱水や血液量減少性ショックの症状を招く可能性がある。臨床的に脱水し、嘔吐している動物には静脈輸液が必要となる。経腸輸液は、嘔吐が止まるまで控えるべきである。推定される体液の不足量は、体液維持量とその後の喪失分を加えて補うべきである。不足量の約80％は体液維持量とともに最初の24時間で戻しておく。進行中の体液量の損失を推定し、6～8時間で正常に戻す。

7. 嘔吐を呈する患者に対する診断の手がかりは？

　徹底的な病歴聴取と身体検査は、摂取された異物か、他の食事に原因があるかを識別するために有効である。明確な症状のない若い動物は、従来の方法では24時間の絶食・絶水により治療されることがある。嘔吐の持続する動物または明らかに疲労困憊を示す動物では、血液化学検査、CBC、腹部X線検査を実施すべきである。幼若の動物は、ウイルス性腸炎の鑑別を行う必要がある。電解質の変動は、副腎皮質機能不全を示していることがある。しかし、膵酵素は膵炎の場合には上昇する。血液検査により、代謝性疾患が二次的に嘔吐を誘発しているかどうか識別するべきである。単純X線撮影で診断ができない場合、X線造影写真が、胃腸の運動性と開通性の評価のために実施されることがある。内視鏡検査は、食道、胃、および近位の腸を観察するためにそして診断用サンプルを得るために、また胃内の異物を取り去るために行われる。

8. 犬、猫においてどのような胃腸の病気が嘔吐を引き起こすか？

　一般的な初期の胃腸の異常は、胃腸炎、膵炎、胃および腸の異物、そして犬のパルボウイル

スのようなウイルス性腸疾患である。

吐出の原因	
原発性胃腸疾患	二次的な原因
食物に対する副反応	**他の器官の原発性疾患**
適切でない食事の給餌	膵炎
食物過敏症もしくはアレルギー	腹膜炎
閉塞	子宮蓄膿症
胃の空腹の遅れ	腎不全
腸閉塞	肝不全
異物	うっ血性心不全
腸重積	**神経疾患**
腸捻転	中枢神経系の疾患（新生物、外傷、髄膜炎）
幽門肥厚	前房の中心あるいは周辺の疾患
新生物	自律神経異常
肉芽腫	**全身性の疾患**
制限	尿毒症
炎症性疾患	転移性新生物
初期の胃炎	酸-塩基平衡異常あるいは電解質異常
炎症性の腸疾患	**内分泌疾患**
新生物の拡散	副腎機能不全症
出血性胃腸炎	糖尿病性ケトアシドーシス
潰瘍性胃腸炎	胃癌
リンパ管拡張症	甲状腺機能亢進症
感染性腸炎	上皮小体機能亢進症
ウイルス	**薬物、化学薬品、毒物**
細菌	アポモルフィン；麻酔薬
真菌	化学療法薬
胃腸の寄生虫	麻酔薬
	ジギタリス剤
	Thiacetarsamide
	鉛中毒

9. どのようなX線所見が、小腸の閉塞を示すのか？
　いくつかの異物は、放射線不透性であるか、気体接触面で囲まれるので、直接的に推測できる。胃あるいは腸の閉塞では、ガスか液体の膨張や造影剤の通過遅延、腸ループの固定もしくは置換、管腔充填欠損像として観察される場合がある。

10. 一般的な嘔吐抑制薬の作用機序と使用禁忌について討論せよ。
　メトクロプラミドのような D_2-dopaminergic は中枢性に CTZ に作用する。メトクロプラミドは、5-HT_3 serotonergic の拮抗薬でもある。メトクロプラミドが、胃を空にし、腸の運動性を増強するので、腸の閉塞が疑われる場合は、投与するべきではない。クロールプロマジンとスコポラミンのような M_1-cholinergic 拮抗薬も、CTZ、嘔吐中枢、および前庭器官に作用

する。クロールプロマジンは強力な α-adrenergic 拮抗薬であるので、低血圧性の患者には投与してはならない。ondansetron と granisetron のような新しく、より強い効能が認められている制吐剤、5-HT$_3$ serotonergic 拮抗薬は、嘔吐中枢と CTZ、腸からの求心性神経に働きかける。

11. 嘔吐のある患者には、どのように栄養を摂取させるか？

　嘔吐のある患者には、空腸造瘻術を行い栄養チューブを介して経腸的に栄養を与えることができる。経鼻カテーテル、咽頭造瘻術、食道造瘻術および胃造瘻術による栄養チューブは、胃の分泌と運動性を刺激することによって、嘔吐を悪化させる。栄養チューブもまた、嘔吐により移動し、気管に吸引されることもある。X 線検査による栄養チューブ位置確認は、医原性の吸引性肺炎を防止するために、嘔吐の後に行う。非経口的栄養摂取は、胃腸管を介さないで、カロリーを供給する方法である。

12. 吐物の存在しない嘔吐の重要性は？

　吐物のない嘔吐は、胃拡張捻転（GDV）症候群の徴候である。GDV は、主に大型犬種で起こり、腹部の膨張と循環器系のショック状態を招く。

13. ある飼い主が、犬の嘔吐について電話をかけてきた。あなたが最初に尋ねることは？

　電話で飼い主と話をする場合に、吐いている犬に対する伝統的な処置を指示する前に、GDV の可能性を除外することが、絶対に必要である。胃軸捻転が起こると、胃壁と脾臓へ血液供給が遮断されることがある。ショックに対する治療と GDV に対する外科的処置が早ければ早いほど、予後は良くなる。

参考文献

1. Guilford WG: Strombeck's Small Animal Gastroenterology, 3rd ed. Philadelphia, W. B. Saunders, 1996, pp 58-62.
2. Kirby R, Jones B: Gastrointestinal emergencies: Acute vomiting. Semin Vet Med Surg 3: 256-264, 1988.
3. Washabau RJ: Anti-emetic strategies. Proceeding of the ACVIM Forum. 1995, pp 82-84.

23. 下　痢
DIARRHEA

Tim Hackett, D.V.M., M.S.

1. 下痢に関連して生命を脅かすような問題にはどのようなものがあるか？

　下痢は、体液の劇的な損失を招く場合がある。患者は、しばしば厳しい脱水症状を呈する。原発性の胃腸疾患が、電解質の喪失や栄養物、特に蛋白質の吸収不能を招くことがある。下痢の原因の多くは、腸粘膜に障害を与え、正常な腸内細菌を血流中へ侵入させる。下痢を起こしている動物では、血液損失、体液損失、および敗血症などから、ショック状態に陥ることがある。

2. 激しい下痢を呈する患者において、最も重要な治療は？

　下痢の患者は、水和を維持することができない場合が多い。下痢は、患者を弱らせ、食欲不振に陥らせる。たとえ動物が水を飲むとしても、腸の組織は、水を十分に吸収ができない可能性がある。脱水症状を防ぐため、また腸の機能が正常に戻るまで患者を管理するために、非経口輸液が必要である。静脈輸液を受けている入院患者は、胃腸からの体液の損失量が不明で、これを回復させなければ、脱水状態に陥る可能性がある。輸液量は、維持量に脱水量を加え、さらに進行する体液損失量を加えた量に基づくべきである。輸液療法が適切かどうかは、毎日体重を測定して決める。

3. 急性の下痢の一般的な原因は？

　急性の下痢は、食物の変更、不適切な飲食、またはある種の食物か薬物に対する不耐性の結果として生じることがある。不適切な飲食とは、食べ過ぎ、腐った生ゴミや変質し腐敗した肉の摂取、軽石やその他の消化できない異物の摂取などである。腸内寄生虫、ウイルス、細菌、およびリケッチアは、感染性の下痢の潜在的な原因である。新たなストレス源あるいは代謝性疾患もまた急性の下痢を引き起こす可能性がある。

4. 下痢を呈する動物を、どのように治療するべきか？

　すべての下痢は急性、慢性を問わず、他の原因が証明されるまでは伝染性であるとみなすべきである。幼若の動物、衰弱した動物、そして、シェルターやケンネルからきた動物は、伝染性の下痢を起こしていることが多い。病院のスタッフは、すぐにそのような動物の隔離を計画しなければならない。可能ならば、外来患者として扱う方が良い。全身状態が悪く、脱水している患者は、他の動物から離して入院させるべきである。糞便は、すぐに取り除き、他の動物に近付けないようにする。全職員は、他の患者を取り扱う前に、感染を防護するための衣類を身につけ、手を消毒し、聴診器、体温計も取り換えなければならない。

5. 急性の下痢の原因を鑑別するために、どのようなステップを踏む必要があるか？

下痢は、小腸性か大腸性かに分類される。飼い主には、徴候発現までの期間、他の動物への接触、旅行歴、予防接種の状況、生活上の新しいストレスについて質問する。総合的な身体検査の次に、寄生虫を捜すための糞便検査、および必要に応じて犬のパルボウイルス抗体の検査を行うべきである。全身性疾患の徴候のある動物は、原発性の疾患を調べるべきである。最小限のデータベースとして、CBC、電解質、および生化学検査がある。感染症が強く示唆される場合には *Salmonella* spp.、*Campylobacter jejuni*、*Yersinia enterocolitica*、および *Shigella* spp. に関する糞便の培養を行う。

6. 下痢の様々な病態生理機能を説明せよ。

腸疾患では、吸収力の低下、分泌過多、透過性の亢進や腸管異常運動性の結果、下痢が引き起こされる。吸収不良（浸透圧性下痢）症候群では、腸管内に、非吸収性溶質が蓄えられる。これらの溶質は、水を腸管腔内に引き入れ、大部分の症例で、水様性の下痢を呈する。腸粘膜の内膜が刺激されると、吸収性や透過性、浸透圧勾配において代償性変化を伴わずに電解質や分泌液が分泌されるために、分泌性下痢が起こる。透過性の亢進（滲出性下痢）は、通常、腸壁を越えた静水圧の上昇に伴って起こる。その結果、蛋白質を多く含む液体が腸管腔内へ喪失する。

7. 下痢は、どのように分類されるか？

下痢は、小腸性あるいは大腸性のどちらかに分類されることがある。小腸性下痢は、通常、緊急性や頻繁性のない大量の便によって、特徴づけられる。小腸性下痢は、初期の胃腸疾患や肝臓や膵臓のような他の消化器官の病気のいずれかによる小腸機能障害の結果として生ずる。大腸性下痢は、盲腸、結腸、または直腸の病態によって生じる。大腸性下痢の特徴は、量が少なく、血液や粘液が混在し、しぶりの症状がある。

8. 下痢においてよくみられる感染性の原因は？

下痢を起こしている幼若な動物に直面した場合、通常、ウイルス性腸炎が真先に考えられる。コロナウイルス、パルボウイルス、ロタウイルス、およびアストロウイルスは、犬と猫の下痢便より同定される。細菌性の下痢の病原には、腸管病原性 *Escherichia coli*、*Clostridium* spp.、*Salmonella* spp.、*Yersinia enterocolitica*、*Campylobacter jejuni*、および *Bacillus piliformis*（ティザ病）が含まれる。*Histoplasma capsulatum*、*Aspergillus* spp.、*Candida albicans* などによって起こる全身性真菌症は、胃腸の機能に影響を与え、下痢を引き起こすことがある。

9. 小動物の下痢の原因で潜在的で、人獣共通のものは？

下痢を起こしている小動物には、数種の人獣共通の重要な細菌群、および寄生虫感染症がみられる。人獣共通の重要な腸内細菌には、*Salmonella* spp.、*Campylobactor jejuni*、*Shigella* spp.、*Yersinia enterocolitica* がある。*Giardia* spp.、*Toxoplasma gondii*、*Cryptosporidium parvum*、*Toxocara canis*、*Toxascaris leoninia*（イヌ小回虫）、*Uncinaria stenocephala*、*Ancylostoma caninum*、*Strongyloides stercoralis*（糞線虫）、*Echinococcus multilocularis*（多胞条虫）、*Echinococcus granulose*（単胞条虫）は、小動物において最もよくみられる腸寄生虫性の人獣

共通感染症であり、臨床症状を示すことがある。

10. 医原性の下痢の一般的な原因は？

　食事の突然の変更は、下痢を引き起こす可能性がある。これを妨ぐためには、食物を徐々に変更することが推奨される。浸透圧性下痢としては、食道瘻造設術、胃瘻造設術、または空腸造瘻術を施してある患者の腸内への直接給餌が一般的に重要な原因と考えられている。多くの薬物は、下痢を招来し、急激な腸の不調を引き起こす可能性がある。

11. 糞便中の血液の存在は、医療管理にどのような影響を与えるか？

　腸粘膜の損傷に伴い、出血やメレナはよく認められる。血液の存在は、新鮮または消化した血液のどちらも、腸の内膜の損傷を意味する。正常な腸細菌が、粘膜の関門を通過し、循環血液中に侵入すると、病原性を示すようになることがある。抗生物質療法が必要となる。

12. 下痢症状に対する治療を検討せよ。

　急性の下痢の場合、胃腸が回復するまでの12～24時間、食物を与えないで管理することがある。その後、少量の、口当りが柔らかな低脂肪の食事を与え始める。体液と電解質の平衡は、しっかりモニターしなくてはならない。グルコース－電解質溶液の非経口的輸液および経口輸液によって、水和を維持することも多い。腸の運動性を変化させる薬物には、opiates（diphenoxylate、loperamide、paragoric）と anticholinergic-anti-spasmodics がある。腸管腔内吸収剤と粘膜保護剤として、カオリン－ペクチン、ビスマス、および、硫酸バリウムなどが挙げられる。次サリチル酸ビスマスは、粘膜保護剤であり、分泌抑制と抗内毒素効果もある。サリチル酸に敏感な患者への投与は注意を要する。抗生物質は、細菌性の下痢および腸粘膜の明かな損傷のある患者にのみ投与する。

13. 詳細な診断は、いつまとめるべきか？

　通常の対症療法に反応せず、状態が悪化していく動物は、より詳細に評価しなくてはならない。腸生検は、通常、慢性的で治療に反応しない下痢患者の診断のために行われる。長期にわたる対症療法の結果、臨床症状の悪化と飼い主の欲求不満が増強することがある。食事の変更や治療にもかかわらず下痢の状態が続く場合は、腸の浸潤性と炎症性疾患について追求するべきである。

参考文献

1. Guilford WG: Strombeck's Small Animal Gastroenterology, 3rd ed. Philadeelphia, W. B. Saunders, 1996, pp 62-70.
2. Murphy MJ: Toxin exposures in dogs and cats: Pesticides and biotoxins. J Am Vet Med Assoc 205: 414-421, 1994.
3. Tams TR: Gastrointestinal symptoms. In Tams TR (ed): Handbook of Small Animal Gastroenterology. Philadelphia, W. B. Saunders, 1996, pp 40-62.

24. 失神と発作
SYNCOPE vs. SEIZURES
Andrew J. Triolo, D.V.M., M.S.

1. 失神か発作か、それはどちらか？

　その違いを述べるのは難しいことが多々ある。体系的な診断手順は、この2つを鑑別する場合に、きわめて重要となる。

2. 失神とは？

　失神とは、脳へのグルコースや酸素の不適当な供給によって引き起こされる意識の喪失である。その原因は、神経系あるいは心臓血管系にある場合が多い。

失神の一般的な原因

脳	代謝異常
血栓塞栓症の原因となる疾患	低血糖の原因
新生物	インシュリン分泌性腫瘍
外傷	グリコーゲン貯蔵性疾患
心臓血管系の異常	飢餓（特に小型種で）
不整脈	医原性の原因
血栓塞栓症の原因となる疾患	インシュリン過量
血液損失	ジギタリス中毒
先天性または後天性心疾患	
低血圧	

3. 発作とは？

　発作とは、異常な脳機能の臨床症状の1つである。発作の原因は多くあるが、潜在性の発作発現プロセスは似ている。すなわち、神経機能伝達バランスが神経興奮へと向かっていくことによる。

4. どのようにして、失神もしくは発作のある患者にアプローチするか？

　根本的には、同一のアプローチを行うことになる。動脈血損失や発熱のように、緊急に生命を脅かす病気であるか否かを評価しなさい。最も緊急性の高い問題を評価し対処したら、原因の解明に取り組むことができる。

5. 失神と発作の様々な原因を鑑別するために、どの診断的検査が推奨されるか？

　常に、最小限のデータベース（CBC、生化学検査、尿検査）から始め、それが、両者の主

要な原因を除外したり、当てはめたりするのに役立つ。心電図、X線検査、CTやMRI、そして脳脊髄液の検査などの追加的な診断的検査が必要となる場合があるだろう。

6. 飼い主が治療を遂行する余裕がない場合には、どうするべきか？
　どの診断検査を行うか選択する必要がある。状態を素早く改善するために必要な検査から始めなさい。飼い主がフォローアップ治療（例えば、化学療法や放射線療法）を行う余裕がない患者にMRIを行うのは、賢明な方法ではないだろう。

7. どのように失神の患者を治療するか？
　潜在性の原因を治療することが、失神の原因を最も抑制することになるだろう。原因を発見することができない場合には、対症療法を実施する必要がある。多くの動物には、その他のエピソードが入り込むこと（特にあなたの病院に入院している間）はない。

8. 発作の患者をどのように治療するか？
　癲癇症状は、内科的救急疾患である。選択する薬物は、ジアゼパムの静脈内投与である。患者をジアゼパムで制御できない場合には、静脈内にフェノバルビタールかペントバルビタールを投与する必要があるだろう。

薬	用量
ジアゼパム	0.5〜1 mg/kg IV、必要に応じて3回まで繰り返す
フェノバルビタール	2〜4 mg/kg IM、IV、または持続点滴3〜16mg/時
ペントバルビタール	3〜15mg/kg IV、効果がみられるまで

9. 発作の患者に対し、その他に何をモニターするか？
　発作の患者は、高熱を発することがあるために、緊急に冷却する必要がある。発作が長引くと、中枢神経系の浮腫が悪化し、マンニトールやソルメドロールのような浸透圧性薬物や抗炎症薬が必要となるだろう。

10. 癲癇患者のためにどのような薬物が使用されるか？
　フェノバルビタールが、選択すべき薬物になるだろう。2mg/kgを1日2回の投与から開始する。発作をコントロールするために8mg/kgを必要とするのであれば、はじめに臭化カリウム30mg/kg/日を加え、フェノバルビタールの投与量を下げるよう試みる。プリミドンやフェニトインのような他の薬は、筆者の意見では、最後の手段でない限り、小動物で使用するべきではない。

11. フェノバルビタールの副作用は？
　最初の副作用は、鎮静作用か多食症であろう。これらは、正常動物では5〜7日で回復する。長期的な治療においては、肝臓毒性や肝臓病と類似した症状を示すことがある。

12. 臭化カリウムの副作用は？

中枢神経系の機能低下や行動の変化も、過量の投与でみられる場合がある。最初にみられる副作用は胃腸炎であり、臭化カリウムは、腎臓から排泄される。そのため、フェノバルビタールにより肝臓障害があると疑われる患者で、使用する場合がある。

参考文献

1. Dyer KR, Shell LG: Anticonvulsant therapy: A practical guide to medical management of epilepsy in pets. Vet Med July: 647-653, 1993.
2. Ettinger SJ, Barrett KA: Weakness and syncope. In Textbook of Veterinary Internal Medicine, 4th ed. Philadelphia, W. B. Saunders, 1995, pp 50-57.
3. Forrester SD, Boothe DM, Troy GS: Current concepts in the management of canaine epilepsy- Comp Cont Educ Small Animals 11: 811-820, 1989.
4. O'Brien D: New approaches to the management of epilepsy. Proceeding of the 13th Kal Kan Symposium, pp37-42.
5. Podell M, Fenner WR: Use of bromide as an antiepileptic drug in dogs. Comp Cont Educ Small Animals 15: 767-774, 1994.

---

25. 運動失調
ATAXIA
Tim Hackett, D.V.M., M.S.

---

1. 運動失調とは？

運動失調とは、神経系内の様々な解剖学的病変と関連づけられる筋肉の調整減退、または不規則な筋肉の活動である。運動失調は、不全麻痺、痙攣性麻痺、または不随意運動を伴わない協調不能である。小脳、前庭系、および脊髄の感覚神経路の疾患は、運動失調の最もよくみられる原因である。

2. どのような器官が運動失調に関与しているか？
   意識的および無意識的なプロプリオセプション
   小脳
   前庭系

3. 運動失調の特殊な原因を述べよ。

プロプリオセプションのある運動失調には、脊髄疾患によって引き起こされる。例えば、椎間板疾患、新生物、退行性脊椎疾患、および外傷がある。前庭の運動失調は、特発性あるいは

中耳炎、内耳炎、血管の損傷、肉芽腫性の髄膜性脳炎、耳毒性、新生物、外傷によるものであろう。小脳性運動失調は、小脳の器質的変性、球状白血球の発育異常、先天性形成不全症、犬ジステンパー、狂犬病、トキソプラズマ症、外傷、毒素、または新生物の結果として生ずることがある。

4. 運動失調のある患者に対する診断計画を述べよ。

徴候と詳しい経歴は、先天性、感染、外傷などの運動失調の原因を鑑別するのに役立つ。身体検査には、完全な神経学的検査と細心の注意を払った外耳道と鼓膜の検査を併せて実施するべきである。CBCと生化学検査に加えて、凝固因子の検査もまた行う必要がある。頭蓋骨のX線写真は鼓室胞を評価するために有効な場合がある。脳脊髄液の分析およびCTやMRIスキャン像を用いた画像が、頭蓋内疾患を識別するために必要なことがある。

5. 小動物に運動失調を引き起こす最も重要で一般的な毒素は？

エチレングリコール中毒は、酩酊状態を引き起こすことがある。緊急治療のために、原因不明の運動失調を呈する患者は、エチレングリコール摂取の可能性を調べるために注意深く評価するべきである。市販の血清テストキットが利用可能である。それが手に入らなくても、高い陰イオンギャップの代謝性アシドーシスとシュウ酸カルシウム結晶尿によって強く示唆される。治療は、4-メチルピラゾールか20%エタノールのどちらか一方の静脈内点滴により直ちに始めるべきである。

6. どの抗生物質と抗寄生虫薬に運動失調を引き起こす可能性があるか？

運動失調を起こす一般的な抗生物質はメトロニダゾールである。患者は、通常何週間か、あるいはそれ以上長くメトロニダゾールを内服している場合が多く、薬の投与を中止すると速やかに回復する。アミノグリコシド系抗生物質、ポリミキシンB、エリスロマイシン、およびバンコマイシンは、聴覚毒性と運動失調を引き起こす可能性がある。これらは不運にも、永久的な障害を与える場合もある。アイボメクチン毒性は、しばしば運動失調を含む重篤な神経障害を引き起こす。治療は、対症療法であり、回復には数週間を必要とすることがある。アミトラズもまた過量投与後に、運動失調に関係する。治療は、ヨヒンビンの投与と対症療法である。

7. 内耳炎と中耳炎の一般的な原因は？

内耳炎と中耳炎の最も一般的な原因は、細菌感染、異物、および寄生虫である。原因となる細菌は、*Staphylococcus* spp.、*Proteus* spp.、*Pseudomonas* spp.、*Escherichia coli*、*Streptococcus* spp.、*Enterococcus* spp.である。最も多い耳の寄生虫は、ミミヒゼンダニ属のダニである。動物の耳で最もよくみられる異物の1つは、草の芒（ノギ）である。

8. 内耳炎と中耳炎の診断と治療を述べよ。

外耳炎の臨床徴候には、頭の傾き、頭を振る、耳痛、炎症性の浸出、斜頸、旋回運動、運動失調、腹側への斜視、および眼球振盪がある。患者は、一側の顔面神経麻痺を示す可能性がある。中耳が侵されていれば、患者はホルネル症候群を起こすことがある。診断は、臨床徴候と耳鏡検査に基づく。鼓膜を観察することができなければ、温湯生理的食塩液を用いた丁寧な洗

浄により、組織片を耳道から取り除く必要がある。その組織片の細胞診と培養により、外耳炎の原因が明らかになる。内耳炎のX線所見は、鼓室胞の液体密度を示す。鼓膜切除術もしくは鼓室骨切開術により、排液と病因診断が可能となることがある。細菌感染に対しては、培養および感受性試験によって選択された抗生物質で、長期間にわたって治療を実施する。経験的治療としては、セファロスポリンかクロラムフェニコールから始める。

9. 運動失調の潜在的な原因が明らかにならなかったらどうするか？

犬、猫ともに、特発性の前庭疾患を起こすことがある。臨床的には通常、運動失調、旋回運動、斜頸、眼球振盪のような様々な前庭症状を示す。通常、初期には急性で片側性に生じる。高齢動物に多く認められるが、その他の一般状態には異常が認められない。自発的な回復は、通常72時間以内に始まり、大多数は数週間で回復する。症状を除去することが治療の目的となる。Meclizineとdramamineは制吐剤であり、特発性の前庭疾患の徴候の除去のための乗物酔治療薬である。

参考文献

1. Luttgen PJ: Diseases of the nervous system in older dogs. Part I : Central nervous systems. Comp Cont Educ Vet 12: 933-937. 1990.
2. Mansfield PD: Ototoxicity in dogs and cats. Comp Cont Educ Vet 12: 331-334, 1990.
3. Schunk KL: Disorders of the vestibular system. Vet Clin North Am Small Animals 18: 641-645, 1988.

---

26. 食欲不振
ANOREXIA
Tim Hackett, D.V.M., M.S.

---

1. 正常な動物は食物の摂取をどのように調整しているか？

食物の摂取は、神経、代謝、体液、栄養、そして消化管の機能によって調節されている。胃の膨張、インシュリンやコレシストキニンのような消化管ホルモン、肝臓の豊富なエネルギー代謝による酸化は、飢えから満腹までの変化に影響するよう連合している。神経系は、外側視床下部に位置する中核にある。これらの中核を刺激することにより、食物を捜し摂取するよう体を動かす。視床下部の腹側内側の中核には満腹中枢が含まれており、刺激されると摂食行動を抑制する。小脳扁桃のさらに高次の中核は嗅覚神経と結びつき、摂食を刺激したり抑制することができ、食物識別にも役に立っていると考えられている。

グルコースとアミノ酸の血中レベルが増加すると、摂食を抑制し、一方減少すると摂食を促す。体内の脂肪の蓄えは、フリーな脂肪酸の濃縮と血中の脂肪代謝により、逆に摂食に影響する。体の脂肪組織の量が減少すると、血中の脂肪代謝は上昇する。

栄養吸収の仕組みは、摂食行動を短期間コントロールする面において重要である。胃と腸壁の機械的受容体は、視床下部の腹側内側の中核を刺激し、摂食を抑制する。唾液分泌、咀嚼、味わうこと、飲み込むこと、などに関連した行動は、正しくは頭内調整と呼ばれ、食後に摂食中枢を抑制する。

2. 食欲不振とは？
　食欲不振は、空腹感の欠如である。通常病気と関連して、食物の摂取に興味を持たなくなることである。食欲不振はしばしば完全に、または部分的に病気の重篤度を反映する。食欲減退は、空腹中枢を抑制するか、満腹中枢を刺激することによって、食欲を直接抑制する可能性のある多くの病理学的プロセスと関連している。

3. 食欲不振はどのように分類されるか？
　食欲不振は、一次性、二次性、仮性食欲不振に分類される。一次性の食欲不振は、視床下部の食欲中枢に影響を与える疾患の結果、または摂食行動の神経調整に直接影響を与える他の神経障害性疾患の結果生ずる。二次性の食欲不振は、飢えに対する神経および内分泌制御に影響を与える脳以外の病気によって引き起こされる。二次性の食欲不振は、動物の食欲不振の原因として最もよくみられるものである。仮性の食欲不振には、動物の食物を掴む能力、噛む能力、食物を飲み込む能力に影響を与える病気が含まれている。そのような患者は、しばしば非常に空腹であるが、物理的に食事をすることができない。

4. 動物が十分に食べていなければ、原因を特定するためには、どのようなステップが必要となるか？
　仮性食欲不振は、食事を出されたときの動物を観察することによって、判断する必要がある。動物が、食物に興味を示すか？食物を掴んだり、噛みこなすことができるか？痛みがあるように見えないか？それから徹底的な口頭の検査が行われる。全身の身体検査、生化学検査、CBC、尿検査、および胸部と腹部のX線検査により、一次性、二次性の食欲不振の多くの原因を鑑別することができる。

5. 食欲不振の代謝への影響は？
　組織は、エネルギー源として、脂肪や蛋白質より炭水化物を必要とする。炭水化物は、グリコーゲンとして貯蔵され、制御され、体は最後の食事の1日以内に、脂肪と貯蔵性蛋白質を消費し始める。脂肪の減少は着実に起こるが、脳に必要なグルコースを供給することができない。蛋白質は、飢餓によって早期に急速に使い尽くされる。蛋白質は肝臓のブドウ糖産生経路を通って、グルコースに変換され、そのエネルギーの大部分を脳に供給する。急速に動員蛋白質が使い尽くされると、ブドウ糖産生経路の働きは遅くなる。グルコースの利用が低下すると、代替エネルギー源が利用される。脂肪酸の肝臓における転化により作られたケトン体は、エネルギーとして血液 – 脳関門を容易に通過する。すべての貯蔵脂肪が使い尽くされると、体はエネルギー供給のために残っている蛋白質を使う。これらの蛋白質は、細胞の機能維持のために不可欠であり、これらが枯渇するとまもなく死に至る。

6. 栄養補給の方法について述べよ。

　様々な栄養チューブ法により、動物に強制給餌することができる。ミートボールか流動食として強制給餌するのは、短期間には効力があるだろうが、長期間の管理は難しい。鼻カテーテル、咽頭切開術、食道瘻造設術、胃瘻造設術、および空腸造瘻術などのチューブ設置術が、動物の医療で用いられている。空腸造瘻術のチューブの配置には、腹部の外科手術を必要とし、また流動食を使用する。胃を経由しないので、嘔吐の患者にも、空腸瘻チューブを使用することができる。胃瘻造設術チューブは外科的に、内視鏡的に、または無目的に設置することができる。大きなサイズがあるので、様々な粥状の食事を、缶詰や水から作ることができる。包帯で巻き付ければ、飼い主は胃瘻造設術のチューブを何カ月も容易に維持することができる。食道瘻造設術と咽頭造瘻術のチューブはごくわずかな設備で設置することができ、短期間に大量の食物を提供することができる。鼻チューブは装着心地が悪く、流動食しか通せないが、短期間ならば栄養を補給する。

7. 栄養チューブに関連する危険は？

　栄養チューブの気管内への設置は、重篤な医原性の吸引性肺炎を招来する。喉頭の近くを通る栄養チューブは、給餌の前にX線で確認するべきである。鼻カテーテル、咽頭造瘻術、および食道瘻術のチューブは、移動し、吸入された状態になることがある。動物が嘔吐をした場合は、給餌前にチューブの位置をもう一度確認するべきだろう。気管内に設置されていることを示す音や咳に聞き耳を立て、給餌するたびに、ごく少量の水を注入するのも良い方法である。

8. TPNとPPNを定義せよ。

　総合非経口栄養摂取（TPN）は、血流の中へ直接必須栄養素を送る方法である。栄養物は、腸吸収と門脈系を迂回し、中間の代謝経路で利用可能となる。標準のTPNの調合には、ブドウ糖、アミノ酸原料、および脂質が含まれる。追加としてビタミンB群とカリウムも加えられる。TPNは高浸透圧のため、中心静脈カテーテルより与えなければならない。

　部分的非経口栄養摂取（PPN）は、蛋白質を控えた輸液療法とも呼ばれ、電解質を加えた3％アミノ酸溶液を用いる。アミノ酸溶液はTPNほど高浸透圧ではないので、PPNは末梢の血管より与えられる。理論的には、アミノ酸は、患者の貯蔵蛋白質の代わりにグルコース産生経路で使われる。

9. TPNに関連する危険性と合併症は？

　TPNの合併症は、敗血症、代謝性アシドーシス、高リン酸血症、高血糖症、および高アンモニア血症である。高脂血症か膵炎のある患者には、脂質を含有する溶液を投与してはならない。TPNは、無菌の中心静脈用カテーテルの設置および関連機器を取り扱う間には、注意深い無菌操作が必要となる。最近の臨床例や実験例では、TPNが患者の防御免疫能と腸のバリア機能を障害する可能性のあることが示されている。経腸的に給餌された動物と非経口的に給餌された動物とを比較する実験では、経口給餌された動物群において細菌感染に対する防御能や細菌感染試験における生存状況が、より良好であることが示された。ヒトのランダムな臨床試験では、TPNを行った患者では、感染性の合併症の頻度が増加すると報告されている。

10. 食欲減退は、特殊な疾病群の患者において予想されるか？

　はい。衰弱し、ストレスを受けている患者は食欲不振を悪化させるだろう。それは、痛みの伴う外科手術や腹部の外科手術の後、そして種々の治療を受けている場合によくみられる。入院期間の長い、全身状態の悪い外科疾患の患者には、外科手術の実施時に、経腸栄養チューブを設置するべきである。悪性腫瘍か腎疾患を有する動物は、通常食欲減退を悪化させる。原発性疾患の治療に加えて、カロリー吸収と食欲を改善するために、支持療法を行う必要がある。

11. どのような病気や全身状態が食欲不振を生じさせるか？

食欲不振の原因

一次性の食欲不振	二次性の食欲不振	仮性の食欲不振
神経疾患	**痛み**	**口腔内の疾患**
頭蓋内の圧亢進	腹部性	歯肉炎、口内炎
大脳の浮腫	胸部性	咽頭炎、扁桃腺炎
脳浮腫	筋骨格系	歯根膿瘍
頭蓋内部の痛み	泌尿生殖器系	歯の折損
視床下部の疾患	内臓性	異物
新生物	炎症性	**神経疾患**
感染	**有毒物質**	舌骨舌筋の麻痺
外傷	外因性	顎の麻痺
心理的な病気	薬物	破傷風
まずい食事	毒物	盲目
ストレス	内因性	**外傷**
環境の突然の変化	新陳代謝の老廃物	上顎もしくは下顎の骨折
	炎症性伝達物質	側頭下顎骨転位
	新生物	**延髄後部の膿瘍または新生物**
	伝染病	**食道炎**
	その他、様々な原因	
	心不全	
	ケトン症	
	運動器系疾患	
	高い気温	
	免疫介在性疾患	

12. 食欲不振患者のための診断計画は？

　食欲不振は、多くの様々な原発性疾患の一般的な症状である。仮性の食欲不振は、徹底的な身体検査と食物を与えたときの注意深い観察によって除外できる場合がある。顎を開くときに、苦痛を示す動物もいる。歯の疾患や口腔内の異物、または炎症性の病変をみる口腔内検査により、食欲の欠乏を説明できることもある。何も異常が発見されない場合には、二次的な食欲不振の原因を探るために、総合的、系統的な検査により評価するべきである。

13. 食欲不振患者の症候に対する治療はあるか？

　食欲低下に対する最も良い治療は、その裏側に潜んでいる問題を発見し、正すことである。環境の変化による刺激は、食欲に影響を与えるだろう。臆病な動物は、騒々しい部屋で、または、見知らぬ人の周りでは食事をしないだろう。食物の嗜好性は、新しい食事、口当たり、臭いによる実験により増加することがある。嗅覚を刺激するために、食物を熱することもできるだろう。同じく動物性脂肪、ニンニク、チーズ、ブイヨン、ハマグリジュース、バターなどの味付けによっても、嗜好性が増すだろう。蛋白同化ステロイド、コルチコステロイド、ベンゾジアゼピン系薬物、および塩酸シプロヘプタジンのような薬理学的物質が食欲を刺激することが報告されている。

参考文献

1. Barrett RE: Indications for TPN vs. gastrostomy tube feeding. Proceedings of the 13th ACVIM Forum, 1995, pp 169-171.
2. Crowe DT: Nutritional support tor the hospitalized patient: An introduction to tube feeding. Comp Cont Educ Vet 12: 1711-1720, 1990.
3. Jeejeebhoy KN: Nutrition in critical illness. In Shoemaker WC (ed): Textbook of Critical Care. Philadelphia, W. B Saunders, 1995, pp 1106-1115.
4. Osborne CA, Lulich JP, Sanderson SL, et al: Treatment of uremic anorexia. In Bonagura JD (ed): Current Veterinary Therapy, vol. XII. Philadelphia, W. B. Saunders, 1995, pp 966-971.

27. 発　熱
FEVER
Derek P. Burney, D.V.M.

1. 発熱とは？

　発熱は、高い体温に対する視床下部の温度調節中枢のリセットによる体の芯部体温の上昇である。

2. 発熱は、コンパニオン動物においてどのように定義されるか？

　犬、猫では、芯部体温が102.50 F（39.1℃）より上昇する。体温の上昇は、発熱か高体温症によるものと思われる。

3. 発熱の生理学的原因は？

　白血球、特に好中球と単核細胞が活性化されると発熱する。活性化した白血球は、インターロイキン1、腫瘍壊死因子、ある種のインターフェロンのような内因性発熱物質を放出し、そ

れは視床下部の体温調節中枢に作用し、より高い体温にリセットさせる。白血球は、抗原への暴露後に活性化され、これは外因性発熱物質と呼ばれている。内因性発熱物質は、前部の視床下部の直接的な刺激かプロスタグランディンか、cyclic adenosine monophosphate 産生による刺激によって、体温調節中枢のセットポイントを高める。そのポイントも外傷か腫瘍のような頭蓋内疾患や、テトラサイクリンのような薬物によって変化する場合がある。

　抗原は、細菌、ウイルス、真菌の感染、寄生虫、新生物、組織壊死、免疫介在性疾患などと関連しており、これらは外因性発熱物質と考えられる。外因性発熱物質の分子量は大きく、血液-脳関門を通過できないので、視床下部を直接刺激することはない。

4. 体の熱の大部分は、どこで産生されるか？
　体の内部で産生される熱の大部分は、肝臓における酸化反応により産生される。当然、筋肉活動は非常に大きな熱量を急速に生成することになる。

5. 高体温症と発熱の違いは？
　高体温症では、視床下部の体温調節のセットポイントは変化しない。高体温症は、高い外気温や代謝率の増加、もしくは筋肉活動の結果として起こり得る。高体温症は、熱放出の機能が圧倒的すぎるか貧弱なために起こる。高体温症は、発熱物質によるものではない。発熱は、内因性発熱物質によって、視床下部の体温調節のセットポイントがリセットされることにより起こる。

6. 発熱と高体温症の違いをどのように鑑別することができるか？
　詳細な病歴と身体検査は、発熱と高体温症とを鑑別する最も重要なテクニックである。筋肉活動の増強による高体温症の原因として、運動、発作、または神経質な性格などの例が挙げられる。発熱発作は、暑い日に動物が車内に閉じこめられたりすると、たとえそれが数分間だけであっても生ずる場合がある。また真夏日に直射日光の下に、あるいは飲み水のない場所に閉じ込められると、発現することがある。飼い主はしばしば、犬が飲み水や日影のない砂浜で1日過ごした後に、発熱発作を起こし驚くことになる。麻酔から回復中で保温シートの上に乗せられている動物は、高体温症になる可能性がある。

7. 患者の高い体温を評価する場合に、どのような種類の病気が考えられるか？
　最初に、発熱と高体温症と区別しなければならない。発熱は、薬物による誘発、免疫介在性疾患、新生物、感染、または炎症性の疾患によって引き起こされる。

8. 治療が必要になるのは体温が何℃になったときか？
　106°F（41.1℃）より高い熱は、細胞代謝に有害であり、治療が必要である。106°F（41.1℃）より高い熱は、内科的緊急状態とみなされる。106.5°F（41.4℃）より高い体温は脳障害か発熱発作を招来することがある。

9. 発熱をどのようにして治療するか？
　議論の余地はあるが、106°F（41.1℃）の熱は、治療しなければならない。抗プロスタグラ

ンディン性解熱剤は治療の第一選択薬であり、アスピリン（アセチルサリチル酸）の投与から始める。フェノチアジンもまた、体温を低下させる芯部および末梢の血管拡張作用があるために有効である。全身を冷やすこと（例えば、氷水入浴や浣腸剤、扇風機）は、行ってはならない。体から熱を取り去ると、体は視床下部によってセットされた体温に調節しようとするために代謝性ストレスが増強する。

41.1℃より高熱の治療のための、非ステロイド性抗炎症薬

薬物	犬への投与量	猫への投与量
アセチルサリチル酸（アスピリン）	25〜35 mg/kg 経口、8時間おき	12.5〜25mg/kg 経口、24時間おき*
サリチル酸ナトリウム	10 mg/kg IV、8時間おき	10 mg/kg IV、24時間おき
ジピロン†	25mg/kg SQ、IM、IV、または経口で8時間おき	25mg/kg SQ、IM、IV、または経口で8時間おき

*この投与用量を超えてはいけない。
†潜在的な顆粒球減少症および白血球減少症のために、短期間の使用に限られる。

10. 高体温症は、どのように治療するか？

　高体温症は、積極的に熱ストレスの原因を取り除くことによって治療する。体は、氷水入浴や浣腸剤、アルコール入浴、扇風機によって冷却する必要がある。低体温を避けるために、体温が39.4℃に低下したら、冷却を中止するべきである。高体温症の動物は、大脳浮腫や播種性血管内凝固の徴候がないか、正確な経過観察をする。

11. 発熱には有益な効果があるか？

　発熱が有益であるという確証はない。発熱が細菌やウイルスの増殖を抑制する可能性があることが示唆されている。蛋白質加水分解酵素が、発熱の間に、ライソゾームから容易に放出され、ウイルスを破壊する。発熱は、鉄を閉じ込めキレート化する細菌の能力を減少させ、外因性発熱物質はおそらく、細菌の鉄貯蔵能力を弱めて、宿主は鉄を隔離させるように働く。発熱は、ウイルスの成長を抑制するインターフェロン産生を増加させる場合がある。発熱によって、白血球の運動性、食細胞の活動性、および殺菌効果が増強されることがある。また発熱は、リンパ球活性を増強することも示唆されている。

12. 発熱の有害な効果とは？

　41.4℃より高い熱は、細胞反応を変化させるため、高熱が長期間にわたって続くと脳障害や発熱発作を招来する。発熱はまた、食欲不振を引き起こし、疾患のある動物の代謝に対し有害となる。

13. FUOとは？

　FUOは、古くから使われている原因不明の発熱の略語である。FUOは、CBC、血液生化学的プロフィール、尿検査、および胸部・腹部のX線検査などの積極的な診断検査にもかかわらず原因が不明であり、10〜14日間継続する発熱である。

14. 発熱の際、代謝には何が起こっているのか？

ヒトとネズミからのデータでは、体温が、通常より1℃上昇すると、代謝は13.6%を増加すると計算されている。これらのデータに基づくと、発熱している動物では、体温が通常より1℃高くなると摂取カロリーを7 kcal/kg 増加させる必要があることになる。

参考文献

1. Greene CE: Fever: In Infectious Diseases of the Dog and Cat, 2nd ed. Philadelphia, W. B. Saunders, 1990, pp 64-71.
2. Haupt KH: Fever of unknown origin. In Quick Reference to Veterinary Medicine, 2nd ed. Philadelphia, J. B. Lippincott, 1991, pp 23-24.
3. Lappin MR: Fever, sepsis and principles of antimicrobial therapy. In Practical Small Animal Internal Medicine. Philadelphia, W. B. Saunders, 1997, pp 829-836.
4. Lorenz MD: Pyrexia (fever). In Small Animal Medical Diagnosis, 2nd ed. Philadelphia, J. B. Lippincott, 1993, pp 15-22.

28. 排尿困難
STRANGURIA
Stephanie J. Lifton, D.V.M.

1. 原発性の排尿困難のある動物に対して最初に行うことは？

　最初に行うことは、動物の尿道が閉塞しているかどうかを判定することである。硬く、膨張した膀胱を確認するために腹部を触診し、そして、迅速に、かつ徹底的に身体検査を行う。動物が数時間もの間、尿道閉塞を起こしていれば、高カリウム血症が生命を脅かす合併症となり、さらに診断を進める前に、閉塞の軽減と同時に緊急の対症療法を必要とする。犬、猫の雄の尿道は、直径が細く、そして長いために、雌と比較して閉塞しやすい傾向にある。

2. 排尿困難を有する動物の一次的鑑別診断は？

　一般に、排尿困難は下部尿路系疾患と関連している。可能な診断は、以下のとおりである。
- 尿道感染症（UTI）
- 膀胱または尿道の結石
- 新生物
- 特発性の無菌性出血性膀胱炎（特発性の猫の下部尿路系疾患［FLUTD］）
- 前立腺疾患
- 肉芽腫性の尿道炎
- 神経疾患

- 尿道狭窄
- 先天的異常

3. 飼い主に、他にどのような経歴に関する質問をするべきか?

　飼い主に尿の色調、尿意頻回、多尿、および多飲多渇の有無について、また動物の排尿時に少しでも気が付いた異常があるかどうかを尋ねなさい。

4. どのようにして尿道閉塞を解放するか?

　閉塞を解放するために多くの技術がある。FLUTD のある雄の猫では、閉塞はしばしば陰茎の先端のごく近くにあり、陰茎の端を単にマッサージをするだけで閉塞から開放される。さらに症例の多い尿道内の細かい砂粒や結石は、カテーテルを挿入する前に膀胱内へ優しくフラッシュバックする必要がある。この処置を行う際には、尿道の痙攣を予防するために、少量のリドカインを用いると容易になる。さらに、生理的食塩液だけでは失敗したとしても生理的食塩液で薄めた K-Y ゼリーをシリンジを介して用いることで閉塞を開放することも可能である。これらの方法で効果がないならば、膀胱穿刺を行う。膀胱穿刺は、閉塞の悪影響を一時的に軽減し、尿検査と細菌培養用の尿サンプルを採取できる。その上、過度に膨らんだ膀胱の減圧は尿道の括約筋を弛緩させ、結石を膀胱内へ逆流させることになる。尿道閉塞の解放を試みている間、静脈輸液と高カリウム血症に対する治療の重要性を忘れないことが肝心である。

5. 尿道閉塞が解放された後にモニタリングすべき重要な指標は?

　閉塞解放後の利尿効果により、予想しているより、多い輸液量が必要となるだろう。さらに、カリウムやその他の電解質レベルは、利尿の結果、急激に低下することがある。腎機能の評価のため、尿素窒素(BUN)や血清クレアチニン値のモニターも重要となるだろう。

6. どのような診断的検査を行うべきか?

　最も重要な情報の1つは、尿の培養検査をすることである。犬の身体検査の1つとして直腸検査を実施することを忘れてはいけない。直腸検査により、前立腺、そして尿道か膀胱頸の腫瘤塊を評価することができる。その他の検査としては、すべての検査項目を考慮する。血液検査パネル(血球数測定と血液生化学検査)、腹部 X 線検査、腹部超音波検査、そして/または犬では前立腺の洗浄と同時に X 線造影撮影を行うことなどである。

7. 尿酸アンモニウム結晶か結石をみつけた場合は、その他の検査として何を考えるか?

　ダルメシアン以外の動物では、尿酸アンモニウム結晶は、肝臓病、特に門脈体循環シャントが関連すると考えられる。それゆえ、可能性がある肝臓病のそれ以上の検査(例えば、血清胆汁酸やアンモニア濃度)が適当となる。

8. どのタイプの結石が X 線透過性か、または X 線不透過性か?一般的な尿石のタイプは?

　尿石はリン酸アンモニウムマグネシウム、シュウ酸カルシウム、リン酸カルシウム、シリカ、およびシスチンなどで構成されており、しばしば X 線不透過性である。尿酸塩で構成されている場合は、しばしば X 線透過性である。リン酸アンモニウムマグネシウム結石は、犬で最

も一般的にみられる尿路結石である。これらの結石は、二次性の慢性の細菌性膀胱炎を引き起こすことがある。猫では、シュウ酸カルシウム結石の発生が増加しており、ストルバイト結石の発生数は低下している。ストルバイト結晶の生成を防ぐ処方食が、シュウ酸カルシウム結石の増加に関連するリスクファクターの1つである。

9. 犬の尿から培養される最も一般的な細菌は？

グラム陰性の大腸菌群は、犬、猫の尿中に、最も一般的にみられる病原体である。非常に多くの症例で *Escherichia coli*、*Proteus mirabilis*、および *Klebsiella pneumoniae* などが、検出される。その他の一般細菌には、*Pseudomonas*、*Enterobaccter* spp.、*Staphylococcus intermedius*、*Streptococcus*、および *Enterococcus* spp.、*Pasteurella* spp. などがある。症例のほぼ15〜20%で多様な細菌感染が起こっている。下部尿路疾患の症状を有する猫の3%未満は、細菌感染していない。

10. 細菌培養の結果の出る前に投与する抗生物質としては、何が最も適しているか？

多くの抗生物質は、尿中に集中し、病原体に対する有効濃度に到達する、そうでなければ治療することができないだろう。*E. coli* の80%はトリメトプリム・スルフォンアミドに反応する。プロテウス感染の80%は、アンピシリンに反応する。シュードモナス感染の80%は、トリメトプリムに反応する。クレブシエラ感染の90%は、セファレキシンに反応する。ほとんど100%の *Staphylococcus* と *Streptococcus* の感染がペニシリンに反応する。多くの尿の病原菌、特に大腸菌は、アモキシシリンとクラブラン酸の組合せに最も敏感である。フルオロキノロンもまた尿中に集中し、広い抗菌活性を示し、特にグラム陰性菌に対して有効である。フルオロキノロンも前立腺に適切な濃度で到達するが、耐性菌の出現を防ぐために、使わないでおくべきである。単純なUTIは、10〜14日間にわたって治療するべきである。しかし、再発したり、慢性の感染の場合は、抗生物質療法を4〜6週間にわたって必要とするだろう。

11. 犬の下部尿路系で最もよくみられる新生物は、どのようなタイプか？猫ではどうか？どのような治療が可能か？

犬の膀胱腫瘍は、すべての悪性腫瘍中わずか1%であり、猫では一般的ではない。猫では、間葉性腫瘍は上皮性腫瘍と同程度に一般的である。一方、犬では、上皮性腫瘍の方がより一般的である。犬、猫の両者を含めて最も一般的な腫瘍は、移行上皮癌である（犬の膀胱腫瘍の87%、猫の30%）。その他の腫瘍には、腺癌、扁平上皮癌、横紋筋芽細胞腫、良性の間葉性腫瘍（猫）、平滑筋肉腫／平滑筋腫、およびリンパ肉腫などがある。

最も有効な治療は、外科的切除である。不運にも、多くの膀胱腫瘍は外科的切除が不可能になるまで発見されない。シスプラチンやカルボプラチンなどの化学療法剤に対する移行上皮癌の反応は、落胆するものである。最近、非ステロイド性抗炎症薬のピロキシカムによる治療が効果を示した。ピロキシカムの抗腫瘍効果の作用機序は、現在の段階では不明である。しかし、多くの犬で排便困難や排尿障害、血尿などの臨床症状を軽減し、さらに寛解状態になる動物もいる。ピロキシカムによる最も強い副作用は、胃炎と胃潰瘍の形成である。膀胱に新生物を持つ動物は、同時にUTIに罹患している場合がある。

12. どのようなタイプの前立腺疾患が、排尿困難を引き起こす可能性があるか？またどのように鑑別するか？

　排尿困難と関係する前立腺疾患には、大きな膿瘍、嚢胞、または新生物などがある。その他には、急性または慢性の前立腺炎か、良性の前立腺の過形成が考えられる。前立腺を触診して左右対称、サイズ、および、痛みの有無をチェックする。他の診断材料は、X線検査（前立腺の大きさに加えて、転移像の有無を確認するため、腰下リンパ節と尾の脊柱の評価を行う）、超音波検査、そして前立腺液（前立腺マッサージによって採取するか射精によって得る）である。結局、生検が慢性前立腺炎、良性の前立腺の過形成、新生物などの鑑別のために必要だろう。急性の細菌性前立腺炎と前立腺膿瘍では、経皮的生検は禁忌である。

13. 様々な前立腺疾患に対する治療は？

　良性の前立腺の過形成に対する最も良い治療は、去勢である。薬物療法（合成エストロゲン、ジヒドロテストステロン・レセプター・ブロッカー、合成プロゲステロン）も使われる。大きな副前立腺炎嚢胞は、切除と造袋術を必要とすることがある。細菌性前立腺炎では、尿か前立腺液の培養と、感受性試験に基づいた抗生物質療法を必要とする。急性の前立腺炎の動物では、血液−前立腺関門が崩壊してしまうことがあるために、多くの殺菌剤が感染部位に到達する。治療は、3〜4週間続けなければならない。慢性の前立腺炎の場合には、血液−前立腺関門は損なわれないので、高い脂質溶解性を持つ抗生物質の使用を必要とする。さらに高い pKa を有する殺菌剤は前立腺の上皮を通過して、より酸性化された環境の中でイオン化する。そして、前立腺内で捕獲され、適切な抗菌剤濃度を保つ。慢性の患者では、治療は少なくとも4〜6週間続けなければならない。前立腺膿瘍は、外科的な造袋術かドレーンの設置を必要とするだろう。犬で最も一般的な前立腺の新生物は、腺癌と移行上皮癌である。一般的に、新生物の治療は意味がない。治療が選択できるのは、前立腺切除術、手術中の放射線治療、化学療法、およびピロキシカムである。

14. 猫の下部尿路疾患とは？

　FLUTD とは、多くの原因による下部尿路疾患の症候群を指す包括的な用語である。感染、尿路結石症、結晶尿、腫瘍が除外されれば、特発性 FLUTD と診断される。FLUTD がヒトの間質性膀胱炎に類似している可能性を示唆する報告がある。間質性膀胱炎には、明確な病因を欠いている、理解しにくい、痛みを伴う、頻繁な排尿などの特徴がある。膀胱鏡検査で、特発性 FLUTD を有する猫の病変は、間質性膀胱炎のヒトでみられるものと同一であった。現在のところ、ヒトの間質性膀胱炎に対する有効な治療法はない。

15. 閉塞のない猫の特発性 FLUTD に対し、どのような治療方法が用いられるか？

　猫の特発性 FLUTD と関係する症状は、自己限定的であり、間欠的に再発する場合がある。そのために多くの人々が治療に対し信頼を抱くことができない。ストルバイト結晶が pH のアルカリ化とともに尿中にみられれば、ストルバイト結石を分解し、生成を抑制するような食事が推奨される。ある猫では食事のコントロールが FLUTD の徴候の予防に有効であるが、そうした食事はシュウ酸カルシウム尿石症にかかりやすくする可能性があることを示唆する報告もある。フェノキシベンザミンとジアゼパムは、特発性 FLUTD と関連すると考えられてい

る尿道の痙攣を低下させるために使用される。それらの効力は十分には確立されたものではない。研究的には、グルココルチコイド、ジメチル・スルファイドによるプラセボと比較して治療効果は明確ではなかった。グルココルチコイドは、UTIか尿道の閉塞を有する猫で、特に尿道カテーテルを必要とする場合には禁忌である。さらなる研究が、この症候群の原因をより明確にし、より成功率の高い治療法を導くこととなるだろう。そのときが来るまで、FLUTDは、獣医師と飼い主にとり、挫折感を抱かせる疾患であり続けるのであろう。

参考文献

1. Bamberg-Thalen B, Linde-Forsberg C: Treatment of canine benign prostatic hyperplasia with medroxyprogesterone acetate. J Am Animal Hosp Assoc 29: 221-226, 1993.
2. Barsanti JA, Finco DP: Medical management of canine prostatic hyperplasia. In Bonagura JD (ed): Current Veterinary Therapy XII. Philadelphia, W. B. Saunders, 1995, pp 1033-1034.
3. Barsanti JA, Finco DP, Brown SA: Feline urethral obstruction: Medical management. In Kirk RW, Bonagura JD (eds): Current Veterinary Therapy XI. Philadelphia, W. B. Saunders, 1992, pp 883-885.
4. Barsanti JA, Finco DP, Brown SA: The role of dimethyl sulfoxide and glucocorticoids in lower urinary tract diseases. In Bonagura JD (ed): Current Veterinary Therapy XII. Philadelphia, W. B. Saunders, 1995, pp 1011-1013.
5. Buffington CAT, Chew DJ: Does interstitial cystitis occur in cats? In Bonagura JD (ed): Current Veterinary Therapy XII. Philadelphia, W. B. Saunders, 1995, pp 1009-1011.
6. Buffington CAT, et al: Clinical evalulation of cats with nonobstructive urinary tract diseases. J Am Vets Med Assoc 210: 46-50, 1997.
7. Chun R, et al: Cisplatin treatment of transitional cell carcinoma of the urinary bladder in dogs: 18 cases (1983-1993). J Am Vet Med Assoc 209: 1588-1591, 1996.
8. Dorfman M, Barsanti JA: CVT Update: Treatment of canine bacterial prostatitis. In Bonagura JD (ed): Current Veterinary Therapy XII. Philadelphia, W. B. Saunders, 1995, pp 1029-1032.
9. Dorfman M, Barsanti J: Diseases of the canine prostate gland. Comp Vet Cont Educ Small Animals 17: 791-810, 1995.
10. Dorfman M, Barsanti J, Budsberg SC: Enrofloxacin concentrations in dogs with normal prostate and dogs with chronic bacterial prostatitis. Am J Vet Res 56: 386-390, 1995.
11. Hammer AS, LaRue S: Tumors of the urinary tract. In Ettinger SJ, Feldman ED (eds): Textbook of Veterinary Internal Medicine, 4th ed. Philadelphia, W. B. Saunders, 1995, pp 1788-1796.
12. Kirk CA, et al: Evaluation of factors associated with development of calcium oxalate urolithiasis in cats. J Am Vet Med Assoc 207: 1429-1434, 1995.
13. Knapp DW: Medical therapy of canine transitional cell carcinoma of the urinary bladder. JD (ed): Current Veterinary Therapy XII. Philadelphia, W. B. Saunders, 1995, pp 1016-1018.
14. Knapp DW, et al: Piroxicam therapy in 34 dogs with transitional cell carcinoma of urinary bladder. J Vet Intern Med 8: 273-278, 1994.
15. Krawiec DR: Canine prostatic diseases. J Am Vet Med Assoc 204: 1561-1564, 1994.
16. Lees GE: Forrester SD: Update: Bacterial urinary tract infections. In Kirk RW, Bonagura JD (eds): Current Veterinary Therapy XI. Philadelphia, W. B. Saunders, 1992, pp 909-914.

17. Lulich JP, Osborne CA: Bacterial infections of the urinary tract. In Ettinger SJ, Feldman EC(eds): Textbook of Veterinary Internal Medicine, 4th ed. Philadelphia, W. B. Saunders, 1995, pp 1775-1788.
18. Lulich JP, et al: Canine lower urinary tract disease. In Ettinger SJ, Feldman EC (eds): Textbook of Veterinary Internal Medicine, 4th ed. Philadelphia, W. B. Saunders, 1995, pp 1833-1861.
19. Osborne CA, et al: Feline lower urinary tract disease. In Ettinger SJ, Feldman EC (eds): Textbook of Veterinary Internal Medicine, 4th ed. Philadelphia, W. B. Saunders, 1995, pp 1805-1832.
20. Thumchai R, et al: Epizootiologic evalution of urolithiasis in cats: 3,948 cases (1982-1992). J Am Vet Med Assoc 208: 547-551, 1996.

29. 腸閉塞と便秘
OBSTIPATION AND CONSTIPATION
Andrew J. Triolo, D.V.M., M.S.

1. 便秘と腸閉塞は、小動物ではよくみられる問題か？
   明らかにそうである。犬では時折みられるだけだが、猫では一般的である。

2. 便秘と腸閉塞を定義せよ。
   便秘とは、便の通過が困難なことである。腸閉塞は、糞塊による、より重篤な便秘である。腸閉塞の動物は、通常、糞便を自分自身で取り除くことができない。

3. 便秘と腸閉塞は、どのように診断するか？
   病歴の聴取と身体検査で、大多数の症例を診断することができる。極端に大きいか、肥満の動物では、X線検査もまた有用であろう。

4. 便秘と腸閉塞を引き起こす原因は？
   多くの原因があるが、糞便の停滞を助長したり、結腸における水分の吸収を促進するような疾患では、便秘や腸閉塞を生じることがある。

便秘と腸閉塞の一般的な原因

食事	環境
骨	運動不足
草	不潔な寝床
石	神経疾患

次ページへ続く

便秘と腸閉塞の一般的な原因（続き）

繊維不足	特発生性巨大結腸症
薬物	L4〜S3の脊椎の疾患
抗コリン作動薬	閉塞
抗ヒスタミン剤	異物
抗痙攣薬	新生物と狭窄
硫酸バリウム	骨盤骨折
内分泌疾患または代謝性疾患	会陰ヘルニア
甲状腺機能低下症	直腸周囲の病気
上皮小体機能亢進症	肛門腺疾患
腎不全	肛門周囲瘻孔
	肛門狭窄

5. 便秘と腸閉塞は、どのような場合に重篤化するか？

極端な症例では、腸/結腸穿孔を起こし、その結果、化膿性腹膜炎を起こす場合がある。そのような患者には、緊急の試験開腹手術が必要となる。

6. 便秘と腸閉塞の典型的な臨床症状は？

便のしぶりと排便困難症は、便秘と腸閉塞でよくみられる臨床症状である。食欲不振および嘔吐は、特に猫の慢性症例でみられることが多い。尿道閉塞の動物と、臨床症状が類似している場合がある。

7. 便秘と腸閉塞のための一般的な検査は？

最小限のデータベースは、CBC、血清生化学検査、尿検査、腹部X線検査などであり、腎臓病などを含めた便秘の主要な医学的原因を除外し、診断を正しく導くための手助けとなる。さらに診断用検査として、腹部の超音波検査、結腸内空気造影、バリウム造影などを実施する場合もある。

8. 便秘や腸閉塞が繰り返された結果どうなるか？

猫で比較的多くみられる、慢性の巨大結腸症は、重篤な合併症である。慢性の巨大結腸症は、薬理学的な治療に対して難治性を示す症例に至る可能性がある。

9. 便秘と腸閉塞をどのように治療するか？

単純な便秘は、しばしば加温した石鹸液、鉱物油の浣腸で治療される。特に猫では、リン酸塩の浣腸剤は避けるべきである。同様にヘキサクロロフェン製品もまた避ける必要がある。腸閉塞の動物は、鎮静化させ、浣腸剤を投与して糞便を指で取り除く必要がある場合もある。小さなスポンジ鉗子は、糞便を掻き出して取り除くために有益であり、結腸に重大な外傷を起こさない。腸閉塞で、外科的治療を要する例は稀である。

10. 腸閉塞および便秘の慢性症例をどのように管理するか？

最もよく使用される薬物は、ラクツロース、プロプルシド、塩酸ベサネコールである。ふす

165

ま、オオバコ、カボチャの缶詰などの食物繊維も慢性の症例を管理するのに有効だろう。プロプルシドの出現以来、ベタネコールはめったに使われなくなった。

慢性の便秘あるいは腸閉塞の治療に使用される薬物

薬物		投与量	一般的な副作用
ラクツロース	犬	5～30 mL 1日3回 経口	下痢、嘔吐、痙攣
	猫	1～10 mL 1日3回 経口	
プロプルシド	犬	0.5mg/kg 1日3回 経口	下痢、腹痛
	猫	2.5～5 mg 1日2～3回 経口	
ベタネコール	犬	5～20mg 1日3回 経口	胃腸の痙攣、嘔吐、食欲不振、下痢
	猫	1.25～5 mg 1日3回 経口	
ファイバー製品			
カボチャの缶詰		1日 1～5 tbsp 食事と一緒に	鼓腸
オオバコ		1日 1～5 tsp 食事と一緒に	鼓腸

11. ラクツロースの作用は？

ラクツロースは、水を結腸内に保持する手助けをする浸透圧下剤である。最終的には、より柔らかい糞便になる。

12. プロプルシドの作用機序は？

プロプルシドは、後神経節終末から、アセチルコリンの生理学的放出を増加させる。これは食道、胃、小腸、大腸の運動を亢進させると思われている。

13. 食物繊維は、下痢の患者に使用される。それが、腸閉塞や便秘の患者に、推奨されるのは何故か？

食物繊維は、繊維の種類によるが、下痢か便秘の患者のために使われることがある。不溶性の高い繊維は、便を柔らかくし、通過時間を減少させ、便の重さを増加させ、そして排便の回数を増やす。

14. 適切に管理された症例でさえ治りにくいのか？

はい。筆者の経験では、症例の10～20%は適切な医療管理を行っても手に負えない。熟練した外科医によって実施される部分的結腸切除が、最後の手段として推薦される。それでさえ、術後の裂開と腹膜炎、敗血症などの合併症の危険がある。さらに飼い主には、医学的管理をその後も必要とすることを知らせなければならない。

参考文献

1. Holt D, Johonston D: Idiopathic megacolon in cats. Comp Cont Educ 13: 1411-1416, 1991.
2. Hoskins J: Management of fecal impaction. Comp Cont Educ 12: 1579-1584, 1990.
3. Sherding RG: Disease of colon, rectum, and anus. In Tams T (ed): Handbook of Small Animal Gastroenterology. Philadelphia, W. B. Saunders, 1996, pp 353-369.

30. 歯の破折
FRACTURED TOOTH

Tim Hackett, D.V.M., M.S.

1. 歯の病変は、どのように分類されるか？
   Aタイプ　セメント質エナメル質接合部（CEJ）への影響を伴わず歯冠に限局し、歯髄の露出はない。
   Bタイプ　歯髄が露出しており、歯冠に限局している。
   Cタイプ　CEJ、エナメル質、セメント質、象牙質に集中するか、あるいは影響しているか、歯髄露出はない。
   Dタイプ　CEJ、エナメル質、セメント質、象牙質に集中するか、もしくは影響しているか、歯髄の露出もある。
   Eタイプ　CEJの下部の歯根部に限局している。
   Fタイプ　歯根全体に破壊が及び、退行性の病変を示す。

2. 破砕した歯を発見した場合、どのような治療が必須となるか？
   歯髄腔の露出は、徹底的な治療を必要とする。再形成があろうとなかろうと、抜髄と歯髄治療が必要となる。開放した歯髄腔は、歯神経と歯根を外界と接触させ、汚染にさらすこととなる。歯髄治療なしでは、歯の痛みは消せず、感染を起こすことにもなる。露出歯髄は、破壊するよりも水酸化カルシウム混合物で置き換えることによって、一時的に治療される場合がある。

3. 粉砕した乳歯の歯根は取り除く必要があるか、あるいは、それらは単に吸収されるのか？
   残存した乳歯は、吸収されることが多い。しかしながら、歯根は長期間残存する可能性がある。完全抜歯の最も重要な理由は、不正咬合を予防することである。矯正歯科治療を要する不正咬合は、歯肉線の下部に起こる。したがって、乳歯の歯根を取り除くことは、最も良い方法である。

4. 通常、どの歯が最も破砕されるか？
   小型の食肉動物では、犬歯、第四小臼歯（上の裂肉歯）および門歯が、最も破砕しやすい。

5. 歯髄治療を定義せよ。
   歯髄治療とは、歯の中の歯髄の病気に言及される。歯髄は、神経、脈管、および結合組織からなり、歯の中心である。歯髄腔が暴露された状態はいかなるものでも、歯髄治療の対象となる。

6. 歯髄治療の目標は？

歯髄腔の内容物はすべて、特殊な歯髄用やすりと洗浄により取り除く。やすりで磨き、歯髄腔を拡大させる。歯の先端へ向かってややじょうろ形にしていく。特別な素材で歯髄を詰めた後、歯の先端は封鎖する。

7. 断髄法とは？断髄法を用いてはならない場合は？

断髄法は、歯髄の露出した若い永久歯の、急性の外傷による損傷に対する、標準的な歯髄治療法の変法の1つである。断髄法は、健康な状態で機能させるよう、生きている歯髄を歯根に残す一方で、歯冠の歯髄腔から歯髄を除去することも意味している。

断髄法の禁忌は、25時間以上経過した歯折、衝撃に対する歯の感受性が確かめられた、化膿している歯髄、X線による歯根膿瘍に一致する歯根尖周囲の変化などである。損傷から25時間以内の露出した歯髄は赤く、針で突っつくと出血する。頻繁にX線検査を行うことにより、歯が生育可能であるか否かを評価できる。

8. 転位や剥離した歯へはどのようにアプローチするか？

飼い主から「歯が剥離した」と連絡があった場合は、動物病院へ渡すために、歯をコップに入れた牛乳の中か、または可能ならば市販の調整溶液に保存するよう指示すること。歯根部上の歯周靭帯は、歯根に吸収されることなく再付着するように保存しなければならない。歯は、歯根ではなく歯冠部分を取り扱うこと。人の歯は、30分間、乾燥状態で保存されていると、再植された場合に、歯根が吸収されてしまう。しかし、牛乳で6時間、ハンクス液で96時間まで保存可能である。麻酔下で、X線撮影を行うことは、歯槽骨周囲への損傷の広がりを評価するために有用である。歯の変位は周囲の歯槽骨の骨折を伴うこともある。この場合、ほとんどの症例で歯の脱臼が認められる。これらの領域は、滅菌した生理的食塩液または0.12％クロルヘキシジンで洗浄する必要がある。歯髄腔を洗浄し、凝固した血液を取り除く。創縁から骨片を取り除き、そして、歯を元の位置に戻して設置する。破砕した歯槽骨を、元の位置に押し込むことができる。軟部組織を縫合する2、3分間で歯を正しい位置にしっかりと保持する。歯には、合成素材を混和して作成したフレーム副木またはアクリルのフレーム副木を添えるべきである。アクリルは、合成素材ほど強度が強く、回復時に、口腔組織に熱による損傷を与えることがある。犬歯間にはfigure-8ワイヤーを、副木のためのフレームワークとして使用するべきである。

参考文献

1. Bellows J: Radiographic signs and diagnosis of dental disease. Semin Vet Med Surg 8 (3): 138-145, 1993.
2. Harvey CE, Emily PP: Small Animal Dentistry. St. Louis, Mosby, 1993, pp 213-265.

31. 膿瘍と蜂窩織炎
ABSCESSES AND CELLULITIS
Tim Hackett, D.V.M., M.S.

1. 膿瘍と蜂窩織炎を鑑別せよ。

膿瘍は、強固な肉芽組織によって囲まれた創腔内の膿、および落屑が局所に集まったものである。蜂窩織炎は、皮膚と皮下組織の筋膜面を通って感染が拡大したことに特徴づけられる軟部組織のび漫性炎症である。

2. なぜ猫は、犬よりも皮下膿瘍を起こしやすいのか？

猫の細い鋭い歯と闘争行動によって、口腔内の常在細菌叢が侵入しやすいことが考えられる。猫の皮膚は、強固で、弾力があり、汚染された刺創を覆い隠す。皮下間隙の滲出物は、通常、猫の脚、顔、背中、尾根部周辺で、膿の充満した瘻管を形成する。

3. 局所感染の全身への一般的な影響は？

感染の全身性症状を示す動物は、発熱することも、昏睡状態となることも、また敗血症やショックに進行することもある。重篤な炎症反応は、炎症局所に白血球を集め、相対的に好中球減少症を引き起こす。成熟した隔壁に囲まれた膿瘍の症例では、成熟好中球の増加がよくみられる。拡散性蜂窩織炎は、白血球減少症と発熱の原因となることが多い。細菌は血行性に広がり、局所感染のある動物は、肺炎や他の重篤な感染に進行する可能性がある。血管拡張、低血圧、および循環機能の停止を招来するメディエーターが系統的に活性化され、敗血症性ショックに陥る。

4. 再発を繰り返す細菌感染の患者では、どのような疾患を除外するべきか？

外猫、特に他の猫とケンカをする成猫の雄は、FIV・FeLV に感染する危険性が高い。そのような猫は、貧血を伴う、または伴わない激しい白血球減少症を起こしていることがある。病変が治癒しない場合には、骨髄炎、異物、新生物、L 型細菌の感染、ノカルジア類とマイコバクテリウム類、および真菌なども考慮する必要がある。

5. 蜂窩織炎の管理は、膿瘍の管理とどのように異なるか？

ドレナージは、膿瘍の治療の選択肢の1つである。健康な動物では適切なドレナージのみで、抗生物質が必要ではないことがある。拡散性蜂窩織炎のためには、固定化、温湿布、抗生物質の投与が推奨される治療法である。蜂窩織炎の動物は、全身状態が悪いことが多く、静脈輸液、抗生物質、および鎮痛薬により改善することもある。

6. 緊急治療を必要とすることがある膿瘍と蜂窩織炎の直接的な合併症とは？

　腫瘍の部位によっては、生命を担う構造を侵すような著しい影響を与える可能性がある。咽頭の腫張は、気道を閉塞させることがある。胃腸や腹部の膿瘍は、腸を閉塞する場合がある。局所感染は、敗血症や発熱などの全身的な合併症を招来することもある。敗血症性ショックは、全身への直接的な影響、または炎症性伝達物質の活性化の結果生ずるだろう。そして、血液循環不全と多臓器不全となる。

7. 局所感染を治療する際に最も重要なポイントは？

　抗生物質は、周囲を隔壁で取り囲まれている感染病巣に入り込むことができない。ドレナージと辺縁切除が、局所感染を治療する際に必要となる。細菌培養と細菌の抗生物質感受性試験によって選択された抗生物質療法は、全身への合併症を防ぐために重要であるが、ドレナージは治療の改善に必要である。

8. どのような人獣共通感染症が、犬と猫に膿瘍を引き起こすか？

　Yersinia pestis（ペスト）は、小動物、特に猫で致命的な細菌感染症である。*Y. pestis* の感染は、リンパ節の腫脹、肺炎、または、敗血症の形態をとることがあるが、エルシニアに感染した多くの猫は、下顎、頸、咽頭後部のリンパ腺症になる。エルシニア感染は、昏睡、発熱、および腫大したリンパ節からの流出による創傷を伴う顔面の膿瘍を呈することもある。リンパ節からの流出がなければ、猫は、敗血症性ペストか肺ペストを進行させるだろう。ヒトは、肺ペストを持つ動物から呼吸器感染したり、感染した組織や液体を取り扱う際に、皮膚の損傷部位から感染したり、ペストに感染しているノミに咬まれて感染する。吸引液のギムザ染色が、二極性に染色される球桿菌を検出する目的で使用される。診断は、リンパ節吸引物質あるいは膿瘍から吸引した膿の蛍光抗体染色によって確定される。

　Sporothrix schenckii は、有機物に富んだ培地を好む2形性真菌である。動物は、組織内への接種により感染する。ヒトは、感染した猫に接触することによって感染する。*Sportichosis* の皮膚と皮下リンパ節型は、多様な小結節を作る。小結節は硬化し、潰瘍を生じ、排膿する。猫では、通常四肢末端、頭部、尾根部に生じる。動物では、昏睡と発熱がみられることが多い。病巣は、化膿したケンカ傷に似ている。滲出物か生検材料から、病原体を鑑別することができる。この際、PAS染色かゴモリのメテナミン—銀（GMS）染色を行う。一般的に、病原体を猫で発見するのは容易であるが、犬では難しい。

9. 膿瘍でよくみられる病原体は？第一選択薬としてどの抗生物質を考慮するべきか？

　膿瘍が猫の咬み傷由来ならば、一般的な病原菌はパスツレラ属、*Streptococcus* spp.、大腸菌、アクチノマイセス属、ノカルジア属などが挙げられる。*Bacteroides*、*Fusobacterium*、*Peptostreptococcus*、および、*Clostridium* spp. のような嫌気性菌も病原菌として考えられるだろう。アクチノマイセスとノカルジア類の感染は、犬、特に改良されていない大型の雄の猟犬の、膿瘍の一般的な原因である。有効な抗生物質は嫌気性菌に対し感受性を持つペニシリン製剤と、広範囲の抗菌域を持ち、組織に浸透するクロラムフェニコールである。大部分の抗生物質は、膿瘍の中心部へは浸透しない。ドレナージとデブリードメントは、感染を軽減させ、周囲組織中への抗生物質の浸透を可能にする。

参考文献

1. Eidson M, Thilsted JP, Rollag OJ: Clinical, clinicopathologic, and pathologic features of plague in cats: 119 cases. J Am Vet Med Assoc 199: 1191-1197, 1989.
2. Kirpensteijn J, Fingland RB: Cutaneous actinomycosis and nocardiosis in dogs: 48 cases (1980-1990). A Am Vet Med Assoc 201: 917-920, 1991.
3. Rosser EJ, Dunstan RW: Sporotichosis. In Greene CE (ed): Infectious Diseases of the Dog and Cat.

32. ガラガラヘビ毒中毒
RATTLESNAKE ENVENOMATION

Tim Hackett, D.V.M., M.S., and Wayne E. Winqfield, D.V.M., M.S.

1. どのような種類の毒蛇が、アメリカ合衆国の家畜に対して、最も多く事故を引き起こすか？

アメリカ合衆国には、3種類の毒蛇がいる：

ピット・バイパース（Pit vipers）は、最も大きな種類のグループであり、ガラガラヘビ、アメリカアカマムシ、およびヌママムシが含まれる。ピット・バイパースは、眼と鼻孔の間に温度受容器官「Pits」を持ち、三角形の尖った頭、そして引っ込めることができる牙を保有する。
エラプス属：エラプス属には、サンゴヘビが含まれる。明るい色彩で、牙は固定されている。サンゴヘビはその色彩によって、類似しているが毒のないキング・スネーク（king snake）と区別できる。

　　黄色に赤　Kill a fellow（サンゴヘビ）
　　赤色に黒　毒のないキング・スネーク（king snake）

山棟蛇科：山棟蛇科は、Sonoran lyre snake、vine snake、night snake を含む。牙は固定されていて、マイナーな品種であるが重要である。

2. 野外でガラガラヘビに咬まれたら、どのような応急手当を施すか？

処置をする者も咬まれないように気を付けるべきである。ガラガラヘビ中毒の最も良い治療は、できるだけ早く動物病院へ動物を連れていくことである。止血帯や吸引器、電流の局所的な処置が、ガラガラヘビ中毒の早期管理として報告されている。これらの処置により輸送が遅れることがあるため、その有効性については明らかにはなっていない。

3. ピット・バイパー（Pit viper）の攻撃に関連する一般的な臨床症状は？

「蛇咬傷」は診断が難しい。一般に、ピット・バイパー中毒は局所反応を起こす。牙の痕、急速におこる膨張、浮腫、および咬傷部位の疼痛などにより捜すこと。他の徴候としては、紅

斑、点状出血、斑状出血、および組織壊死がある。全身的な臨床症状は、嘔吐、呼吸困難、心拍数増加、または不整脈、低血圧、止血障害、眼球振盪、および発熱などである。

4. 動物が病院に到着したら、動物の体にガラガラヘビの毒が入っているかどうかをどのようにして診断するか？

飼い主は、動物が咬まれたかどうかわからなくても、ガラガラヘビとごく間近に接触した場合には、その動物をつれて来院するだろう。毒物が入っているようであれば、患部は通常、咬まれた1時間以内に著しい浮腫と紅斑を呈する。顔、頸、および前肢に牙の痕、腫脹、出血があるかを注意深く調べなくてはならない。動物は強い痛みを示す場合が多い。膨れている部分を繰り返し検査するべきである。急速な隆起がある場合は、蛇咬傷が予測されるからである。中毒の診断のために有益な検査は、有棘赤血球を確認するために、末梢血を染色して観察することである。

5. 有棘赤血球をどのようにして観察するか？それらはどのように見えるか？

患者の血液1滴と、生理的食塩液1滴を一緒にスライドグラス上に滴下する。そして、有棘赤血球増加症を確認するために顕微鏡下で観察する。小さい、細かな鈍鋸歯状になった有棘赤血球が存在して多くの赤血球に影響を与えている（写真参照）。しばしば、この変化は局所が腫脹する前に観察され、全身症状が現われる。末梢血の塗抹を観察し、3〜5日間有棘赤血球数の日々の減少をモニターしても、異常細胞を発見することはほとんど不可能である。蛇毒中毒における有棘赤血球の病理は明らかではないが、酸素の離脱を阻害するのであろう。さらに、もし有棘赤血球が脾臓で破壊されれば、ガラガラヘビに咬まれた犬のビリルビンレベルが増加することはない。ある理由、多分、毒物注入による大きな組織損傷のために、犬の尿中へのカリウムの排泄がわずかに増加することもある。

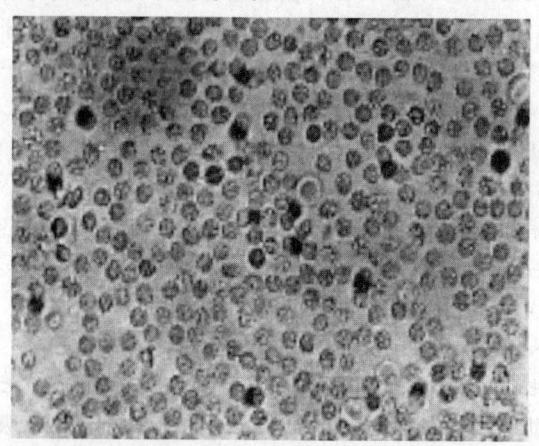

ガラガラヘビ毒注入の後、すべての赤血球が有棘赤血球増加症に侵される

6. 蛇咬傷の重傷度を決定するのは？

注入された毒の量やタイプ、そして宿主の反応は、多くの要因に影響を受ける。宿主の大きさと健康状況は重要な要因であり、それはヘビの住む地域や種類によって異なるが、アメリカアカマムシや prarie rattlesnake に咬まれても、症状は通常最小限度である。逆に、南西の砂

漠地域における Mojave rattleasnake は、呼吸麻痺と即死を招くことがある。ヘビの年齢と大きさ、1日のどの時間か、ヘビが最後に食事をしてからどれ位時間が経っているか、そして季節が、咬まれた際の毒の量に影響を与える。多くの咬傷は、乾いていて、非有毒性である。痛む場合があるが、通常は腫脹することはない。傷は汚染されていると考えるべきであり、適切な洗浄と抗生物質療法が必要となる。

7. 乾燥性の蛇咬傷とは？
　乾燥性の蛇咬傷とは、咬まれたときに毒が放出されなかったことである。痛みも腫脹も、毒物注入の1時間以内に起こらなければ、臨床的に、乾燥性の蛇咬傷と思われる。

8. どんな有毒成分が、ピット・バイパー（pit viper）毒から発見されるか？
　ガラガラヘビの毒には、様々な蛋白質加水分解酵素が含まれている。咬傷直後に、キニノゲナーゼという酵素の直接的な影響でブラディキニンを活性化する。ブラディキニンは、これのみで効能がある神経性血管拡張物質であるが、さらに内因性ホスフォリパーゼAを刺激し、それはアラキドン酸経路を刺激し、プロスダグランディン I_2、E_2、$F_2α$、トロンボキサン A_2 など様々な炎症性エイコサノサイドを産生する。その結果、全身の炎症、血管拡張、および激しい低血圧を引き起こすことになる。ガラガラヘビ毒はまた、毛細血管の基底膜とコラーゲンを破壊し、周囲組織の中へ血球、および血漿の漏出を容易にする。症状は、浮腫や点状出血である。毒は、血管内皮への損傷から、血小板凝集や辺縁趨向などを引き起こす結果になるだろう。その際に活性化された血小板は、それにより一層多くの血小板と白血球を引きつけることとなる。トロンボキサンとプロスタグランディンを産生し、血小板と凝固系の活性化は、凝固因子の消費に至ることになるだろう。ヘビ毒には、フィブリンを隔離し、播種性血管内凝固（DIC）機構に加えるようなトロンボキサン類似の酵素もある。

9. ヘビ毒中毒の治療の第一ステップは？
　動物がガラガラヘビ毒注入の後に状態が悪化したら、臨床医は、ABCの蘇生をまず試みるべきである：
　A. 気道が確保されているかどうか、評価をすること。腫脹と浮腫が顔か喉に影響を与えていれば、気道は塞れた状態になるだろう。必要ならば、患者に気管チューブを挿管するか、気管瘻形成術を実施する。
　B. 呼吸は、粘膜の色調と聴診によって評価すること。
　C. 循環は、心拍の触診、心臓の聴診、粘膜の色調、CRTを調べて評価すること。できるならば、血圧も同時に測定するべきである。
　ガラガラヘビ咬傷の最も重大で早期に起こる合併症は低血圧なため、大径の静脈内カテーテルを設置し、調整された晶質液の点滴を始める。量や流量は臨床症状に基づいて決定する。一般的に、最初の1時間で全血量（犬で90mL/kg）を与える準備をしておく。点滴による患者の反応によって、その先の治療を進めるべきである。毛細血管の透過性の亢進に関連する体液喪失の危険性に気を付けること。患者は、通常咬傷を受けた後2、3時間以内に腫脹がみられ、それは病院内でみられたよりもひどくなっている。生命機能の継続的な再評価は必須である。血液と尿を、基本的検査データ、凝固系の検査、早期のミオグロビン尿症の確認のために、収

集するべきである。

10. 抗蛇毒血清は、いつ投与するべきか？

　ガラガラヘビ抗蛇毒血清は、主なピット・バイパー（pit viper）毒（ガラガラヘビ科）で免疫された馬からとった血清グロブリンよりなる多価化合物である。抗蛇毒血清は、既知の過敏症を有する患者に対してのみ、禁忌となる。残念なことに、皮膚皮内反応と陽性早期抗蛇毒素反応との間に明確な相互関係はない。通常は、馬血清に含まれる抗体が、ヘビ毒と結合して中和する。抗血清は重篤な動物の生命を救う可能性があり、相対的にわずかな毒物注入状態に抑えることとなる。抗蛇毒素血清の使い方には議論の余地がある。

　なぜなら、多くの動物が抗蛇毒素血清の投与をしなくとも回復しているし、しかも抗蛇毒素血清は高価であり、アナフィラキシーの危険もあるためである。抗蛇毒素血清の用量は一定ではない。人間では、中等度の毒による中毒（激しい腫脹がみられ、検査により異常と診断された）において2～4バイアルの投与が推奨され、激しい中毒（全身症状）の場合には、15バイアルまで増やされる。動物では、バイアルの数は、臨床症状の厳しさ、患者の大きさ、咬まれた部位により決まる。体の小さな動物や指を咬まれた場合は、体格の大きな動物や指以外の部位を咬まれた場合よりも、一般的に抗蛇毒素の量は50%以上多くなる。抗蛇毒素血清による日常的治療は費用がかかりすぎるだろう。軽度な中毒には対症療法のみで、首尾よく治療できる場合が多い。飼い主には、抗蛇毒素血清の投与によって期待できる効能とその可能性、また大量投与の可能性と必要性を十分に説明しておかなければならない。抗蛇毒素血清の投与は、確実にモニターを行う必要がある。患者が明確なアナフィラキシー症状を呈した場合には、抗蛇毒素血清の投与を中止し、コルチコステロイドとエピネフリンを投与する。

11. 血清病は、抗蛇毒素治療でよくみられる合併症か？

　抗蛇毒素血清を投与されたヒトでは約50～75%が血清病を起こし、それは投与後30日までに起こるタイプⅡの過敏症反応である。ヒトの臨床症状として、リンパ腺症、皮疹、発熱、および関節痛などが挙げられる。全身的にグルココルチコイドを投与された患者では、血清病の危険性が明らかに低下することが実証されている。動物では、数本の抗蛇毒素血清を使用した場合の費用上の問題から考えて、血清病が、よくみられる合併症になることはないだろう。

12. 蛇咬傷の患者に禁忌な治療は？

　駆血帯（器）は、すぐに適用できた場合のみ有益であるが、頭や頸の咬傷の場合に使ってはならない。冷湿布は、毒の拡散を遅らせる可能性があるが、同時に組織損傷を増大させることもある。電撃刺激療法は、毒の蛋白質成分を変性させるために用いられてきた。現在では、この治療は単に局所の組織損傷に有効であり、使うべきではないと信じられている。横紋筋溶解と代謝性アシドーシスのある患者には、乳酸化リンゲル液を投与してはいけない。乳酸の含まれていない晶質液を使用するべきである。ヘタスターチは、血管透過性の亢進を調節する有益なコロイド溶液であるが、凝固異常のある患者に使用してはならない。

13. どのような合併症を予測しておくべきか？

　ガラガラヘビ毒と関連する蛋白分解酵素により、横紋筋溶解とミオグロビン尿症を起こす可

能性がある。ミオグロビンは腎毒性があるので、腎不全は重要な合併症となる。静脈輸液療法と尿の性状と排泄量への細心の注意により、早期に問題を識別するべきである。DIC は、一般的な合併症である。1日に1度か2度、患者の血液の凝固時間を調べるべきである。血液塗抹標本により分裂赤血球を認識し、検査室におけるフィブリン分解産物とアンチトロンビンIII評価によって DIC を鑑別できる。

14. 蛇咬傷による DIC をどのように治療するべきか？

DIC は、予測しておかなければならない。静脈輸液などの積極的な対症療法は、原発性疾患を治療し、毒素を希釈し、腎機能を高める。抗蛇毒素は、DIC の発生を低下させる可能性があるが、重篤な合併症に陥る前の方がさらに有効である。凝固因子と抗トロンビンIIIを供給するための新鮮血漿または新鮮冷凍血漿の使用は、投薬前にヘパリン加血漿を保温することによって、その作用を増強させることができる。貧血が重篤になってしまった場合にも、新鮮全血は必要とされる凝固因子を供給し、ヘパリンを加えて保温することができる。

論 点

15. ガラガラヘビ毒中毒の治療にコルチコステロイドは必要か？

コルチコステロイドは、ガラガラヘビ毒中毒と関連して起こるショックの治療として多くの人々により支持されている。コルチコステロイドは、ホスフォリパーゼ A、アラキドン酸経路、補体活性化、白血球集積と活性化を抑制する。それらは、カテコールアミンへの応答を増強し、その結果、気管支拡張を引き起こす。ステロイドもまた白血球集積を低下させることによって、亢進した毛細血管の透過性を低下させる手助けとなる可能性がある。ステロイドの使用に関する議論は、敗血症性ショックにおける他の型における作用から生まれたものであり、罹患率の増加や死亡率の増加が示されている。コルチコステロイドに関する主な懸念は、宿主の免疫応答を低下することにより、宿主を病原体にさらすことになることである。蛇咬傷を受けた患者の実験的、経験的研究では、ステロイドの利点が示され、現在に至るまで、それらの使い方の問題点を明確にはされていない。

16. 抗ヒスタミン剤と筋膜切開術の役割は？

抗ヒスタミン剤はそれらの持つ鎮静効果を目的として使用される場合があるが、それらがヘビ毒や患者の反応などに対し、少しでも効果があるという確証はない。犬における四肢に対する圧迫を解除する目的で行われる筋膜切開術は、ほとんど意味がない。

参考文献

1. Brown DE, Meyer DJ, Wingfield WE, et al: Echinocytosis associated with rattlesnake envenomation in dogs. Vet Pathol 31: 654-657, 1996.
2. Hudelson S, Hudelson P: Pathopysiology of snake envenomation and evaluation of Treatment. Part I. Comp Cont Educ Pract Vet 17: 889-896, 1995.
3. Hudelson S, Hudelson P: Pathopysiology of snake envenomation and evaluation of treatment. Part

II. Comp Cont Educ Pract Vet 17: 1035-1040, 1995.
4. Hudelson S, Hudelson P: Pathopysiology of snake envenomation and evaluation of treatment. Part III. Comp Cont Educ Pract Vet 17: 1385-1394, 1995.

33. 跛　行
LAMENESS
Maura G. O'Brien, D.V.M.

1. 跛行の位置と原因を決定するために使用される4つの原則とは？
   1. 跛行の原因を決定する場合に、既知の外傷、跛行の期間、治療に対する反応などの「経歴」についての情報が重要となる。
   2. 四肢が侵されていることを示す。犬が立ち、歩き、速歩で駆ける様子を「観察」する。
   3. 筋肉と関節の触診などの「身体検査」は、骨折や関節液の流出、関節の不安定性や腫脹のような筋肉群の非対称性を明らかにする。
   4. X線検査、核シンチグラム、MRI、CTなど「画像診断法」は、体の特定領域に集中させて用いると、跛行の原因を明確にできる。

2. 跛行か骨折を呈する動物では、初期の評価をどのように行うべきか？
    ある型の外傷は、たいていの跛行の原因となる。飼い主は、明らかな骨折か跛行の場合には気付くこともあるが、内部損傷の微妙な症状は見逃すことがある。外傷が疑われる動物についてはすべて、心肺の合併症と腹部や神経の損傷の徴候を注意深く評価するべきである。肺および心筋の挫傷、頭部外傷、横隔膜ヘルニア、腹部尿症、および内出血は、鈍性外傷の一般的な後遺症である。跛行の原因を訂正する前に、詳細な身体検査、神経検査、胸部や腹部のX線検査、および心電図を考慮するべきである。

3. 跛行を呈する患者について最も重要な情報を導き出す質問は？
    全身の臨床徴候が跛行の原因についての重要な手がかりを提供することがある。若く、急速に成長する動物では、骨軟骨症か股関節形成不全のように、跛行の先天的もしくは進行性の原因が見受けられることがある。老齢の動物は、関節炎や新生物のような退行性の変化のために、跛行が進行することが多い。跛行の開始は、既知の外傷と関連している場合がある。臨床家は、どの肢が影響を受けたのか、1肢以上が影響を受けたのか、跛行がどれだけ激しいか、発現が急だったか緩やかだったかを尋ねるべきである。加えて有用な情報として、跛行の期間、患肢に体重をかけられるかどうか、運動時や安静時での反応、抗炎症性の薬物投与に対する反応などが挙げられる。

4. 跛行を示す患者の身体検査では、どのようなポイントが重要となるか？
   - 動物は、自己の体重を支えたり、立ったりすることができるか？動物が負重しないならば、その理由は筋骨格の異常、神経の異常、新陳代謝や心臓血管の異常を暗示する全身性の病気によるものか？
   - 患者が固有感覚の欠如を示すと、それは神経に原因があるのか？
   - 検査は、主な筋肉群、もしくは四肢の並びが非対称性であることを明らかにするか？
   - 関節液の流出があるか？
   - 触診による頸や背中の痛みは、跛行の原因となる神経根損傷を暗示する。
   - 通常歩行あるいは速歩で、動物を評価しなさい。体重が患肢である前肢にかかると、動物の頭は、不意に上がるか？お尻は同時に動かしているか、それとも、明らかにバランスを崩しているか、後肢に疼痛はないか？歩幅は短くないか？
   - 患者を側面から診察しなさい。すべての関節を、フルに動かして運動しているか？
   - 歩行診断で跛行が明確にならない場合は、痛みが引き出されるか、あるいは跛行を誇張するか否かを調べるために、四肢と関節の触診を行う必要がある。

5. オルトラニサインとは？
   オルトラニサインは、股関節形成不全の患者を診察する場合に重要な意味がある。患者を仰臥位に寝かせ、後肢を互いに平行になるよう保持して、体の長軸と垂直になるまで後肢関節を曲げていく。圧力は、大腿骨の股関節に近い部分にかかる。各々の後肢をゆっくりと外転させる。股関節形成異常の患者では初期には不全脱臼を起こしている。後肢が外転されるので、大腿骨頭は寛骨臼の中に落ちこむ。この突然の還納は大転子上の親指で感じることができ、オルトラニサイン陽性である。患者を横臥に寝かせても同様に肢を動かして実施することができるが、その場合股関節のサインが、曖昧な場合がある。

6. 後肢と後肢膝関節の疼痛を伴う急激な負重不能の跛行がみられる犬で疑うべきものは？
   - 前十字靱帯断裂
   - 半月あるいは側副靱帯の損傷
   - 膝蓋骨の脱臼
   - 骨折

7. 次にどのような検査を実施していくべきか？
   膝関節は、他側と比較しながらていねいに触診し、関節浸出液を評価する。関節のX線検査により、骨折があるか関節浸出液が存在するかを鑑別していく。前方の引き出し徴候を調べながら、側副靱帯の状態と膝蓋骨脱臼を評価するために膝関節を触診する。

8. 前方引き出し徴候とは？
   前方引き出し徴候は、前十字靱帯（CCL）の状態を確認するための検査である。屈曲または伸長した状態の膝関節では、大腿骨が正しい位置に保たれている間、脛骨は前方に押し出される。健康な膝関節では、脛骨は固定され、大腿骨の前方へ移動することはない。CCLの完全断裂では、脛骨は屈曲および伸長状態で大腿骨よりも前方へ動く。CCLの部分断裂では、膝

関節が屈曲状態のときに前方へ移動することがある。なぜなら、通常、前十字靱帯はより太い後十字靱帯より断裂しやすいためである。後十字靱帯は伸長状態で緊張しているが、屈曲状態では緩んでいる。しかし、前十字靱帯は一連の運動中、常に緊張状態にある。

9. 股関節脱臼を呈している動物は、どのような状態を示すか？

大多数の股関節脱臼は、前背方脱臼である。犬は負重ができず跛行を呈し、後肢末端は外転している。触診で、大転子と坐骨の位置の非対称性が明らかになる。横側方向と腹背方向の両方からのX線検査により診断を確定し、骨折を評価し、そして閉鎖性の変形が臨床上認められるかどうかを確認して股関節形成不全または関節炎があるか否か、股関節の状態を評価する。

10. 股関節脱臼を整復し、治療する方法を述べよ。

全身麻酔下で、筋肉を弛緩させる。患者を横臥位に保定し、後肢大腿部遠位をしっかりと把握し、近位に向かって圧力をかける。後肢を、腸骨幹から大腿骨骨頭を外転させていく。ポンという音がして大腿骨骨頭が寛骨臼に入るまで圧力を大転子にかけて、外転させる。いったん大腿骨骨頭が正しい位置に入ったら、後肢は体重を負重させないようにし、また大腿骨を寛骨臼にとどめるために、Ehmer三角布を当てる。

非観血的整復が成功しなければ、股関節の観血的整復手術を実施する。関節包縫合術、人工関節、トグルピンやDevitaピンによる固定により、関節を固定させることができる。最後の手段として、大腿骨骨頭と骨頸の骨切除術により、比較的正常に近い機能をもたらすことができる。

11. 軽度の外傷症例、あるいは外傷の経歴のない動物において、どのような骨折の原因を考慮するべきか？

病的骨折は、老齢動物において一般的であるが、あらゆる年齢の動物に起こる可能性がある。骨折の前に微妙な跛行がみられる場合も、みられない場合もある。病的骨折は、新生物や栄養失調によることもある。跛行を引き起こすような栄養失調は、若い動物では、先天性疾患や肉だけの食事を与えている結果としてみられる。多発性骨髄腫、転移癌のような原発性骨腫瘍や、乳腺癌や前立腺癌のような転移性の癌によって、跛行や骨折を呈する場合もある。以前悪性腫瘍の診断を受けたことがあるかを飼い主に、質問する必要がある。注意深い身体検査によって、腫瘍の可能性のあるマスが発見される。原発病巣あるいは転移病巣を確認するために、胸腹部のX線検査が必要となる。皮質骨の破壊、骨髄腔の斑点形成そして新生骨折部分の骨膜成分に焦点を合わせ、骨折部の慎重な評価を行わなければならない。骨折の原因に疑問があれば、病理組織学的検査に出すべきである。

12. 若い動物で最もよくみられる骨折のタイプは？

骨端軟骨の骨折は、骨格形成の未熟な若い動物で起こる。骨端軟骨は成長する骨の中で最も弱い部分である。骨端軟骨の骨折は、Salter-Harrisのシステムによって分類されている：

タイプ1　骨端軟骨が支柱から、骨端線離開を起こしている。
タイプ2　骨折が骨端軟骨を横切り、骨幹端の中にまで達している。
タイプ3　骨折が骨端軟骨と骨端を通って、関節に達している。

タイプ4　骨折が骨端軟骨を横切り、骨端と骨幹端の両方に達している。
　　タイプ5　骨端軟骨まで押し潰された骨折は、通常、成長する細胞の永久的な障害、短肢、および潜在的に角張った異常な形態の肢の原因となる。

13. 開放性骨折とは？開放性骨折は、どのように分類されるか？
　　開放性骨折では、骨は創面より露出している。グレードⅠの開放性骨折では、骨片によって小創孔が作られている。グレードⅡの開放性骨折は、グレードⅢより大きい傷と露出した骨が特徴である。グレードⅢの開放性骨折は、骨折部周囲の皮膚と結合組織が広く喪失し、剪断された創傷による場合が多い。グレードⅢの創傷は銃弾によっても引き起こされることがある。

14. 開放性骨折の初期管理について述べよ。
　　生命の危険のある合併症を評価し、治療をしている間、創傷部を滅菌包帯か清潔な布で覆う。患者の全身状態が安定しているならば、創傷部を覆っていた布をはずし、骨折と創傷部の脈管と神経機能の評価を行う。できるならば、患者を鎮静化し、または、局所麻酔を用い、創傷部周囲の毛を刈り、滅菌生理的食塩液で洗浄する。一次性の挫滅壊死組織の除去と骨折部の固定を待つ間、滅菌布を用いて保護する。広域スペクトラムの抗生物質を非経口的に投与し、患者に対し外科手術の準備を整える。解放性骨折はできるだけ早期に整復することが望ましいが、患者の呼吸器系および心血管系の状態を修復作業よりも優先する。骨折を整復したら、壊死組織や汚染された組織を除去し、傷を閉鎖する。汚染と組織欠損の程度が非常に大きければ、傷を開放状態にしておき、毎日包帯を変える。縫合を遅らせた創傷は、皮膚縫合に適する状態まで、または創傷が二次的に閉鎖するまで、壊死組織の除去を断続的に続ける。

15. 未成熟の大型犬や超大型犬種の長骨骨幹端部分の腫脹や疼痛は、何によるものか？
　　基礎疾患は過栄養性骨疾患であり、これは通常、橈骨遠位に影響を与えるが、その他の骨へ波及する場合もある。骨幹端領域への脈管の供給が中断され、肥大化した部分の骨化が遅れる。その結果が、炎症、出血、壊死、骨折、そして骨幹端の変型である。X線検査によって、骨幹端に隣接する骨膜反応が明らかになるだろう。しかし、この所見は確定診断にはならない。本症の影響を受けた子犬は、2～8カ月齢の間に症状を示す。跛行だけを示すか、発熱と体重の減少などを伴う全身的な症状を示す場合がある。侵襲された骨の骨幹端部分は触診で、疼痛、発熱、および腫大などがみられる。原因は不明であるが、ビタミンC欠乏、呼吸器系のウイルス感染、および先天性素因などが要因として考えられている。症状の軽い患者には、アスピリンのような鎮痛剤を用い、対症療法を実施する。全身状態の悪化のみられる動物では鎮痛剤に加えて、静脈輸液療法と栄養補給を必要とするだろう。尿やけと褥創を妨ぐために、衛生に注意した看護が大切である。

16. 外傷後、犬が前肢に負重しない跛行を呈し、触診上では骨折はみられない。その肢は、触診上疼痛がなく無感覚を呈し、跛行を示している。身体検査によって、犬はホルネル症候群に罹患していることがわかった。最も一般的な診断は？ホルネル症候群を引き起こす原因は？
　　おそらく患者の腕神経叢が断裂していると思われる。前肢を体から無理に外転させると、腕

神経叢の神経は、脊髄や神経叢から伸展したり、断裂してしまう。ホルネル症候群の存在は、障害が神経叢ではなく神経根のレベルにあることを意味する。脊髄区分のC6からT1までの神経根の損傷は、同側の眼へ分布する交感神経支配の喪失をもたらし、縮瞳、眼球陥没、眼瞼下垂および第3眼瞼突出を伴う。神経叢の断裂後、肢への神経分布が復活するかどうかの予後は極端に悪い。そして、神経支配のない肢への自己損傷を防ぐため、または治療のために断脚されることもある。

17. 過栄養性骨疾患（Hypertrophic osteopathy: HO）は、ヒトと犬で最もよくみられる跛行の原因として報告されている。この条件は？診断を確定するために、どのような検査を実施するべきか？

　過栄養性骨疾患（HO）は、成熟動物における股末端の対称的な増大によって特徴づけられる状態である。これらの部位を触診すると疼痛を示し、骨格のX線検査では散在性の骨膜反応が明確である。HOは、元々の肺の状態と関連している。病因はよくわかっていないが、理論上肺血流の増加の結果として生じることが推定されている。血流の増加は、神経学的なプロセスに起因していると考えられ、骨膜のような結合組織のうっ血を招く。骨膜は、新しい骨を作ることに反応する。肺への転移でHOが最もよくみられるが、原発の肺腫瘍、膿瘍、および気管支肺炎でも認められる場合がある。肝臓の腺癌、膀胱の横紋筋肉腫のような腹部の異常を有する患者でも同様に、この二次的な反応が進行する。原発性の肺疾患が発見されなければ、さらに腹部X線検査あるいは超音波検査を実施する。原発疾患を治療することができれば（例えば、原発性腫瘍のための肺葉切除術）、HOは通常回復する。

参考文献

1. Brinker WO, Piermattei DL, Flo GL: Handbook of Small Animal Orthopedics and Fracture Management, 2nd ed. Philadelphia, W. B. Saunders, 1990.
2. Slatter D, Vasseur PB: The musculoskeletal system. In Slatter D (ed): Textbook of Small Animal Surgery, 2nd ed. Philadelphia, W. B. Saunders, 1993, pp 1577-2026.
3. Wingfield WE, Henik RA: Treatment priorities in multiple trauma. Semin Vet Med Surg 3 (3): 193-210, 1998.

34. 伝染病
INFECTIOUS DISEASE
Derek P. Burney, D.V.M.

1. 伝染性疾患の鑑別は、緊急治療（Clitical care）の実施に際してなぜ重要なのか？

　伝染病は、動物やヒトに伝染性病原体が拡散するのを防止する効果的な方法を実施するため

に、正確に認識する必要がある。緊急治療の場合には、免疫力が変化する可能性の高い重篤な患者の多くが、きわめて接近している場合がある。そのため、伝染病の広がりを最小限にすることが重要である。

2. 病院スタッフは、どのようにして人獣共通感染症病原体の感染を回避することができるのか？

　数種の伝染性病原体は、人獣共通である。そのため病院内全職員への危険性についても注意深く検討しなければならない。汚染された器材の適切な処分と、病原体と疑われるものに対する適切な消毒を実施するなどの対策に従うべきである。スタッフは手術帽、マスク、使い捨てのガウンやシューカバーなどの衣類を着用することで、伝染性と考えられる病原体の最も一般的な感染ルートから守られる。

3. 犬、猫のほとんどの伝染性病原体はどのようにして感染するか？

　ほとんどの伝染性病原体は、糞便、呼吸によって排出される分泌物、性器からの分泌物、または尿、咬み傷、引っ掻き傷、病原体保有生物、ベクターなどへの接触によって伝染する。動物によっては感染しても、臨床的にはまったく影響がないものがある。

4. 最も一般的な院内感染方法とその予防法は？

　病院スタッフが、最も一般的な院内感染が広がる原因となる。病気の伝染を防ぐため、病院スタッフは患者から患者へ移動する間に、消毒用石鹸で手を洗浄する必要がある。スタッフに使い捨ての手袋を着用させ、各々の患者用に清潔な手袋を使用するように奨励する。汚染した手袋は廃棄し、汚れた手はすぐに洗浄する。スタッフは皆、仕事着か洗浄可能な服を着用するべきである。そして、服は糞便、分泌物、浸出液と接触した後には着替える必要がある。聴診器、ペンライト、はさみ、バリカンの刃、打診槌などの備品はよい媒介物となるので、患者に使用する前に清浄し、0.5％クロルヘキシジン溶液で消毒する。使い捨ての体温計カバーを使用するべきである。

5. 病院内スタッフに対して、どのような臨床症状が潜在性の伝染性疾患の可能性があるとして、警告しておくべきか？

　胃腸や呼吸器系の病気の動物は、最も伝染性疾患の可能性が高い。急性や慢性の下痢の症例はすべて、他の疾患であることが証明されるまでは、伝染性であるとみなすべきである。くしゃみや咳のみられる動物、特に鼻汁の流出や湿性の咳がみられる場合は、すべて伝染性の呼吸器疾患を疑う必要がある。急性の高熱を呈する猫で、特に繁殖施設、保護施設、一時預り所出身である場合は、伝染性疾患の疑いが強い。

6. 受付スタッフは、どのようにして伝染病の拡散する可能性を減らすことができるか？

　飼い主はペットが示している臨床症状を電話によって伝えてくることがある。胃腸系や、呼吸器系の疾患が疑われる動物は、検査室か隔離室に直送する。彼らは、病院設備の汚染を最小限にするために、ガーニー（車輪付き寝台）によって輸送する必要がある。そのガーニーは、使用後直ちに消毒するべきである。できるならば、臨床医は感染の疑われる動物を直ちに検査

し、感染した患者が院内にいる時間を最小限にすることによって、院内の汚染を減少させる。

7. どのような患者を、隔離施設内に入院させるべきか？
　サルモネラ症、カンピロバクター病、パルボウイルス感染症、コロナウイルス感染症、ケンネルコフ症候群、猫の上部気道感染症、狂犬病、ペストなどの伝染性疾患が疑われる動物は、隔離するべきである。

8. 猫白血病ウイルス（FeLV）または猫免疫不全ウイルス（FIV）感染症の猫は、どこに収容するべきか？
　FeLVとFIVの両方、あるいはそのいずれかを有する猫は、伝染病隔離設備に収容するべきである。彼らの免疫不全状態はそれ以外の伝染病に感染する危険性にさらされる危険が高いためである。血清陽性猫は、血清陰性猫の隣または上のケージに入れてはいけない。

9. 感染対策は、隔離設備で行われるべきか？
　使い捨てのシューカバー、または消毒槽（消毒薬を64倍希釈したもの）を、隔離施設へ出入りする際に使用する必要がある。スタッフは、上着を脱ぎ、使い捨てのガウンとラテックス製手袋を着用する。ペストに感染した猫を診療する場合には、マスクを着用する。注射針はすべて、医療用廃棄物コンテナに廃棄する。隔離施設内の備品と用具は別々にし、備品もしくは用具は隔離施設の中や外へ移動させてはいけない。検査センターへ提出するすべての生物学的サンプルには、感染症が疑われることについて、明確なラベルを貼るべきである。分析のための糞便は、舌圧子か木の棒で集め、ねじぶた付きのプラスチックボトルに入れ、さらにプラスチックの袋に入れる。その糞便のサンプルバッグには、感染症が疑われることを示したラベルをしっかりと貼る。使い捨て器材はすべて、耐久性のあるプラスチック製バッグに入れて密封する。バッグは、隔離施設から移動させる前に消毒薬を噴霧する。設備はすべて清掃、消毒し、スタッフは隔離施設内での手順を終了した後に手を洗浄する。

10. ケージは、伝染病の拡散を最小限にするために、どのように清掃し、維持するべきか？
　動物は、入院中同じケージ内に入れ、ケージからケージへ移動してはいけない。汚染された物は、できるだけすぐにケージから取り除く。汚染されたケージ表面は洗浄し、消毒する。ケージ表面はすべて、可能な限り10～15分間にわたって消毒薬に漬ける。ケージの天井部を清掃することを忘れてはいけない、しばしば見落とされるものである。

11. 院内環境において寄生虫感染を、どのようにして最少させるか？
　清掃は、寄生虫問題を解決するためにきわめて重要である。洗浄や蒸気による清掃は、たいていの寄生虫卵を不活化する。戸外の運動エリアからの糞便を直ちに取り除くことも、きわめて重要である。

12. どんな患者が、病院内で病気にかかる危険性が最も高いか？
　免疫学的に無防備状態の患者、子犬、子猫、老齢動物、衰弱した動物、免疫抑性疾患の動物（例えば、副腎皮質機能亢進症、糖尿病）、併発感染症を有する動物、グルココルチコイドか細

胞毒性薬物で治療した動物は、伝染病にかかる危険性がある。

13. どのような環境に、伝染病の感染する危険が最も高いか？

　動物病院、ペットショー、ペットショップ、動物保護施設、公園は、伝染病、特に寄生虫とパルボウイルスの大きな感染源である。多くの異なった環境から、たくさんの動物が集まる場所では、伝染病を互いに感染し合うこととなる。

14. 伝染性疾患の患者を治療する際、病院は、どのように病気の感染を防ぐか？

　可能ならば、伝染病の動物は、外来患者として治療する。入院が必要ならば、できる限りX線検査や外科などの処置をすべてその日の最後にずらして実施する。すべての入院動物に対しケージ毎に認識し、伝染性の病気の疑いがある動物のケージは、疑われる感染病原をきちんと確認するべきである。最新の診断を行うために、ケージ内の材料も最新のものを入手する。病院感染症対策組織委員会が、伝染病のためにガイドラインを計画し、すべてのスタッフにそのガイドラインを熟知させるために、組織されることもある。感染症対策委員会は、伝染病プロトコールに従うよう、また必要に応じて、そのプロトコールを変更するために定期的な再調査も行う。

参考文献

1. Greene CE: Environmental survival of certain microorganisms and some effective biocidal agents. In Infectious Diseases of the Dog and Cat, 2nd ed. Philadelphia, W. B. Saunderes, 1990, pp 905-907.
2. Hartmann FA, Callan RJ, McGuirk SM, West SE: Control of an outbreak of salmonellosis caused by drugresistant Salmonella anatum in horses at a veterinary hospital and and measures to prevent future infections. J Am Vet Med Assoc 209: 629-631, 1996.
3. Lappin MR: Prevention of infectious diseases. In Essentials of Small Animal Internal Medicine, 2nd ed. St. Louis, Mosby, 1997 [in press].

IV

眼科疾患における救急救命療法
Ophthalmic Emergencies

Section Editors: Cynthia C. Powell, D.V.M., M.S.,
and Steven M. Roberts, D.V.M., M.S.

IV

眼科疾患における救急処置

Ophthalmic Emergencies

Michael Thomas Christian, Powell D./V./M.,
and Steven M. Roberts, D.V.M., M.S.

… 眼科疾患における救急救命療法

35. 眼の急性外傷
ACUTE OCULAR TRAUMA

Cynthia C. Powell, D.V.M., M.S., and Steven M. Roberts, D.V.M., M.S.

1. 眼の急性外傷を評価する際、主に考えることは？

　急性外傷が発現した場合には、初めに患者の総合的な全身状態を評価する。その後、患者の状態が落ち着いたら、眼に焦点を絞って注意深く、外傷の原因と持続期間、そして眼の構造を包括した上で診断を確定する。他の外傷があるために損傷を受けている眼についての直接的な評価や注意が妨げられてしまう場合は、さらなるダメージから守るために、涙液製剤と、必要ならば保護カラーを装着する必要がある。化学性の外傷の場合には、眼球の外傷を確認して、直ちに眼球洗浄を開始しなければならない。

2. その外傷が視覚や眼球の保全に、さらに危害を及ぼすものであるか？

　眼球突出や眼球破裂、眼球穿孔のような損傷は、結果として視力の減退を引き起こすか、また眼球摘出を必要とする。そのような場合、予後は残念な結果となるだろう。一般的に鈍性の外傷は、鋭性に刺入するような傷よりも予後が悪い。その理由は網膜剥離の発生率が高く、ブドウ膜へのダメージがより広範囲であるためである。アンモニア、苛性ソーダ、ライム、水酸化マグネシウムが原因となるようなアルカリ薬物による化学物質性火傷は、眼球や視覚を脅かす外傷の原因となりやすい。

3. 酸よりもアルカリ薬物による損傷の方が重篤なのはなぜか？

　多くの酸は、角膜上皮や間質の蛋白質を凝固してバリアを形成し、角膜への浸透を制限する。しかし、アルカリ薬物は変性コラーゲンを鹸化し、容易に角膜を浸透して、前眼房部に障害を与える可能性が高い。

4. 化学物質性火傷をどのように治療するか？

　化学物質性火傷と疑われたり、その発生状況が確実ならば、物質との接触時間と濃度を減弱するために、直ちに大量の洗浄を開始しなければならない。無菌のラクトリンゲル液や5％デキストロース液もしくは5％デキストロース入り生理的食塩液で、一般的な点滴セットを用いて持続的な洗浄を実施する。洗浄の間、結膜と角膜の表面を検査し、化学薬品を残さずきれいに除去しなければならない。洗浄は30分間、または眼球表面のpHが正常範囲（7.3〜7.7）に戻るまで続けなければならない。角膜潰瘍、ブドウ膜炎、緑内障が発現している場合は、洗浄後にこれらに対する治療を行う必要がある。

5. アルカリ薬物による火傷に用いられる特殊療法は治療を助け、予後を改善させるか？

　アルカリ薬物による角膜の火傷は、滑沢性と角膜のアスコルビン酸レベルを低下させ、結果

的に傷ついた角膜でのコラーゲン合成が障害される。その証拠に、1時間ごとの局所への10%アスコルビン酸ナトリウムの塗布や、高濃度のアスコルビン酸塩を1日4回経口投与することは、アルカリ薬物による損傷後の間質の無菌性潰瘍化頻度（進行性ではない）を下げることができる。局所の薬物治療が1日4回以下に減らせたら、処置は1週間このレベルで続ける。角膜が再び上皮に覆われるまで薬物治療を続ける。

6. 化学物質性火傷で長期にわたり続発症としてみられるのは？

化学物質性火傷の長期間にわたる併発症には、角膜の瘢痕化、緑内障、乾性角結膜炎、瞼球癒着、眼瞼内反がある。ブドウ膜炎が重篤ならば、虹彩癒着や白内障も起こりうる。

7. 眼球突出の原因は？

交通事故や犬同士のケンカによる頭部損傷は、眼窩からの眼球脱出を伴う最も一般的な外傷である。しかし非常に眼球の突出した犬種では、首筋を強く握ったり、過剰な保定によって顔面の皮膚に張力がかかることで突出する。眼球へのダメージは突出の原因となった力の大きさに関係する。猫や長頭種の犬では、短頭種よりも眼球突出の状態では重度の眼の傷害を被りやすい。

8. 視覚や眼球復位の予後をどのように評価するか？

視神経、血液供給、筋組織へのダメージの大きさが復位を難しくしているが、これらが予後を決定する。眼、視神経、外眼筋が明らかに破綻しない限り、視覚の予後は判定しにくく、一般に慎重に考慮するべきである。眼球突出のほとんどの症例で、視神経のダメージは盲目という結果をもたらす。予後の指標を下にまとめた。

予後良好	予後不良
威嚇反射陽性	相対的対光反射陰性（求心路障害陽性）
縮瞳	重度点状瞳孔または散瞳で、光に反応しない瞳孔
直接的もしくは相対的対光反射陽性	前房出血
眼底部－正常	外眼筋挫滅
正常眼内圧	低眼圧
適度な外眼筋緊張	網膜剥離
外傷から処置までが短時間（30分以内）	外傷から処置まで長時間

9. 眼球突出には、どのような緊急処置が適切か？

患者を病院に連れてくるまでに、飼い主には角膜を保護し、湿潤し続けるように指示しなければならない。無菌の眼潤滑剤、人工涙液もしくは洗眼剤が理想的ではあるが、黄色ワセリンでも使用可能である。ほとんどの急性突出の場合、できるだけ早く外科的に眼を整復するべきである。眼が破裂している、もしくは外眼筋が重度に挫滅しているのであれば、眼球摘出を実施しなければならない。眼の状態について疑問の余地があるならば、とりあえず眼球を整復するべきである。すなわち、必要ならば摘出は後にしても良い。眼球を復位した後、一時的に瞼板縫合術を行うことで再脱出を防ぎ、さらに角膜を保護することに役立つ。ブドウ膜炎の治療

もしくは予防、視神経炎あるいは角膜潰瘍のための内科療法が必要となる場合もある。

10. 眼球をどのように整復するか？
　眼球が脱出すると、眼瞼縁は眼球後部に変位してしまう。眼球整復には変位を少なくする必要があり、普通は全身麻酔の適用となる。眼瞼縁を前方へ引き出さなければならないのと同時に、眼球を眼窩に整復するためには眼球をわずかに圧迫する。眼瞼縁を露出させ、眼瞼縁に近い巻き込んだ皮膚を止血鉗子でしっかりと把握し、外方へ器具を回転させる。アリス鉗子で縁を把握し、優しく前方へ牽引する一方、眼球を眼窩にしっかりと押し下げて数分間圧力をかけておく。眼球の整復を容易にするために、外眼角切開術が必要となる場合もある。

11. 一時的な瞼板縫合をどのように行うか？どのくらいの期間、そのままにしておくべきか？
　2-0から4-0の非吸収糸を用い、眼瞼縁を貫いて眼裂を4-6針水平方向にマットレス縫合する。突出に伴い腫脹が考えられるならば、伸展性材料（ゴムバンドもしくは点滴チューブ）を減弱のために適用し、眼瞼縁を完全に閉鎖する。残しておいた内眼角の小さなスペースが局所薬物療法の投与場所となる。瞼板縫合は完全に眼瞼を閉鎖し、眼球後部の腫脹が十分にひくまでそのままにしておくべきである。完全に腫れがひくまでには3週間かかると考えられる。また、再チェックの際には状況に応じて処置を行うと良い。その理由は腫れがひくと縫合が緩み、角膜と縫合糸が接触する可能性があるからである。縫合がきつすぎると眼瞼縁が壊死してしまう。

12. フォローアップ治療として何をしたら良いか？
　眼球突出は角膜潰瘍、外傷性ブドウ膜炎あるいは外傷性視神経炎などの併発症を起こす可能性がある。角膜潰瘍では局所的に広域スペクトラムの抗生物質を1日3回、縮瞳があれば1%の硫酸アトロピンを局所投与する。アトロピンは涙液生成が減少するため消極的な投与が勧められている。ほとんどの症例で1回投与、もしくは数日間の1日1回の滴下で十分である。ブドウ膜炎および視神経炎では全身的にコルチコステロイド（例えば、0.125～0.5mg/kgのデキサメサゾンを1日1回）を7日間投与し、その後2週間かけて漸減させる。視神経炎と、より重症のブドウ膜炎を扱う場合にはさらに高用量を投与する。局所へのコルチコステロイドの投与は、角膜潰瘍の発生頻度が高くなるために推奨できない。冷罨法は腫脹をひかせるためには有効だろう。

13. 眼球突出において長期にわたる続発症とは？
　視神経がダメージを受けた場合は、ほとんどの症例で、結果的に失明する。しかし、外見上は正常な場合も多い。瞳孔は副交感神経の支配がなくなると散瞳し、副交感神経と交感神経の両方の支配がなくなると、散瞳、縮瞳の中位を示す。ほとんどのケースで眼が永久に側方向あるいは腹側方向への斜視になるが、数週間かけて改善することもある。兎眼や角膜炎の発現は一般的であり、特に短頭犬種では起こりやすく、眼瞼裂を縮小するような永久的な眼瞼形成手術が必要となる場合もある。その他の続発症には、乾性角結膜炎、神経栄養性角膜炎、眼球癆がある。

14. どのような臨床徴候が眼の外傷の程度を示すか？
　眼の物理的外傷は鈍性あるいは鋭性、また、穿通しているかしていないかである。外傷の程度は外傷にかかった力、穿孔した深さ、そして眼の内部構造の侵襲度に依存する。眼球を強く握られることが原因のような鈍性の外傷では、ほとんど常に予後不良である。というのは、重症のブドウ膜ヘルニア、ブドウ膜出血、網膜剥離を併発することが多いためである。鋭利なものによる穿孔傷と穿孔しない鈍性の外傷とでは、ダメージの程度は大きく異なる。予後を慎重に考えなければならない例や予後不良を示す臨床症状には、角膜裂傷の大きいものや深いもの、前眼房陥凹、重症の前眼房出血（前眼房に１／３以上の血液）、角膜浮腫や前眼房の不透明度による虹彩の不可視、ブドウ膜脱出、レンズ脱臼、硝子体出血、網膜剥離がある。

15. 眼球に穿孔が起こったことをどのようにして判断するか？
　大きく穿孔した強膜の外傷は重症の低眼圧症を招き、結膜下および眼内出血を特徴とする例も多い。小さく穿孔した強膜外傷は検出困難である。というのは結膜浮腫が穿孔の後を覆い隠し、眼内圧には僅かな影響しか与えないからである。大きく角膜の全層を貫くような裂傷では、前房が虚脱し、傷の中に虹彩が嵌頓してしまう。角膜全層に至る裂傷でも小さいものは、房水や涙が角膜に入ると基質が腫脹し、結果として自然に塞がることもある。サイデル試験は、角膜の小裂孔を検出するために有益である。

16. サイデル試験の手順は？
　滅菌済みの蛍光色素の付いたテープを滅菌生理的食塩液あるいは洗眼剤で潤して、１滴、傷口に点眼する。房水が蛍光色素と混ざると、蛍光緑色の液体になる。動物を全身麻酔下におき、眼球を優しく指で圧迫すると傷口から房水が漏れ出るので、これにより角膜の裂孔の有無をチェックできる。

17. 既に閉じていた場合の穿孔した傷の意味は？
　全層にわたる裂傷もしくは穿孔を持つ眼球は、内眼球炎を起こす危険性があり、広域スペクトラムの抗生物質の全身投与を積極的に行うべきである。加えて、穿孔による傷は眼内へのダメージ、例えば水晶体の破裂、網膜剥離のような容易に検出できない異常を起こす可能性がある。外傷の原因がわからなくても金属異物（鉛や金属片）をみつけるために、X線または超音波検査を用いることにより診断は確実となる。

18. 救急治療を担当する臨床医はどのような処置を行うべきか？
　救急治療の初期目標は、感染予防もしくは感染症治療、患部の保護や保持そして眼内の炎症を抑えて続発症を予防することである。眼の穿孔が疑われるなら広域スペクトラムの抗生物質の全身投与、例えば、第一世代のセファロスポリンのようなものをできるだけ早くから投与し始めるべきである。眼球損傷の症例ではほとんどの場合で、多少なりとも前房のブドウ膜炎を併発し、局所および／または全身に非ステロイド系抗炎症薬（NSAIDs）と局所に毛様筋麻痺薬（ブドウ膜炎の章参照）を投与するべきである。コルチコステロイドの局所投与は、潰瘍性角結膜炎がある場合は避け、眼球穿孔時には眼炎用軟膏を使用してはいけない。
①感染の治療と予防

- 穿孔がない場合…抗生物質の軟膏もしくは点眼液の投与。
- 穿孔がある場合…抗生物質（例：セファゾリン）の全身投与。抗生物質点眼液の局所投与の併用も可。

②外傷の保護と支持
- 縫合…全層の1/2の厚さ以上の裂傷の場合。
- 角膜を縫合し、結膜移植を行う場合もある。

③眼内炎症の治療
- コルチコステロイド…全身投与（例：プレドニゾロン、デキサメサゾン）
- NSAIDs…局所投与（例：ボルタレン、プロフェナール、オキュフェン）
- 毛様体筋麻痺薬…局所投与（例：アトロピン、トロピカマイド）

19. どのような保護と支持をするべきか？

　一時的な瞼板縫合は眼瞼裂を小さくし、角膜の保護を補助し、十分量の涙液の膜を維持する。これは特に眼球突出、もしくは兎眼の動物にとって重要である。瞼板縫合は角膜への局所の内科療法と損傷の観察を妨げるため、注意深く適用しなければならない。動物が自分で傷をつけてしまいそうならば、保護カラーを使うこと。保護のための他の方法には、結膜移植または結膜フラップ、組織癒合剤、そしてコラーゲン・シールドがある。

20. 角膜裂傷はいつ縫合するべきか？

　半層に満たない角膜裂傷は、角膜潰瘍と同様に局所の抗生物質投与と物理的な保護によって処置をしても良い（角膜潰瘍の章を参照）。より深い裂傷は、7-0から9-0の縫合糸で閉鎖する必要がある。虹彩が傷の中に嵌頓しているのであれば、それは切断するか、または閉鎖する前に前房の中に整復しなければならない。縫合した損傷部の上に、必要ならばさらに結膜移植を保護手段として用いた方が良いだろう。

21. どのようなときに結膜移植や結膜フラップを用いるべきか？

　結膜フラップは角膜の物理的支持や表面を保護するだけでなく、血液の供給も行う。治癒と損傷修復のための白血球、抗体、抗コラゲナーゼ、抗プロテアーゼ、栄養分がこれによって直接、損傷部に運ばれる。深部支持組織が損なわれると初期の十分な閉鎖が妨げられるが、この損失を伴う裂傷や、縫合した組織の生存能力が問題となる裂傷では、結膜フラップで支持するべきである。

22. 陥没した前房はどのように整復したら良いか？

　健康な眼における房水は、犬で 2.5 μL/分、猫で 15 μL/分 で整復する。眼のダメージが重度ではないのなら、前眼部を塞いで数分の内に前房の整復に十分な房水を生成する。しかし通常、前眼房はラクトリンゲル液もしくは等張生理的食塩液で整復できる。25もしくは27ゲージの針で虹彩面と平行に辺縁に刺入する。そして眼内圧（IOP）が高くならないように通常のレベルにまで前房を復位させるために、十分な液量を注入する。IOPは正常もしくはやや低い範囲に保つべきである（10〜15mm/Hg）。

23. 脱出した虹彩をどのような方法で、またいつ切断または復位するか？

　突出した虹彩を整復するというよりもむしろ、切除すべき時期はいつなのか、ということがテーマの中心となる。整復するならば、露出した虹彩が感染の原因となるような汚染を受けた時間を基準とし、1～24時間の間に切除を行うと良いだろう。小さな突出では感染の危険性が発現するまでに時間がかかると考えて差し支えない。切除する組織は細い鉗子で優しくつかみ、角膜と同じレベルで切断する必要がある。エピネフリン希釈液（ラクトリンゲル液もしくは等張生理的食塩液で10,000倍希釈）は止血を助ける。虹彩を整復する場合には、虹彩スパーテルや洗浄カニューレで角膜付着部から注意深く遊離させる。角膜内皮、虹彩、レンズを傷付けないよう注意を払うべきである。

24. 角膜の縫合パターンはどのようにしたら良いか？

　単純結紮縫合は、正確に創面を合わせるのに最も簡単な方法である。張力が過度にかかってしまうなら、まず水平マットレス縫合を行ってから結紮縫合を行う。内部で傷口が裂けてしまったり（浅すぎる）、傷口が重なったり（傷口のそれぞれの側で縫合の深さと長さが均一でない）、眼内の感染が起きたり（深すぎる）しないように正しい縫合面にすることが重要である。縫合は、角膜の約90％の深さで、結紮の長さは1.5～2mm、傷口の両側で同じ幅に、間隔は1～1.5mmにする必要がある。

25. 異物に関連する外傷で一般的なタイプは？

　植物、砂は、角膜や結膜の異物としてみられることが多く、犬、特に狩猟や野原の散歩の際に発生する。患者は急性に眼が赤くなったり、痛がったりする例が多い。上眼瞼結膜の中に突き刺さった異物を調べるために、眼瞼を外反したときにみられるのは、角膜における線状創である。角膜表面の異物は可変的な不快感が存在する可能性があり、通常、低倍率（例えば、ルーペもしくは診断的耳鏡の先）で検知可能である。角膜深部の異物では、外観は穿刺傷にみえることがあり、スリットランプを用いないと検知するのは困難である。眼の構造の、より深部に刺入した異物は、散弾、ガラス片であることが多い。眼窩構造、虹彩、レンズ、網膜、硝子体基質のすべて、またはそれぞれを包括して、予後を診断する。

26. 眼球表面に刺さった異物をどう処置するか？

　表面の異物は多くの場合、局所麻酔下で除去することができる、しかし鎮静や全身麻酔が必要な動物もいる。眼球表面から異物を摘み上げるには、スパーテル、角膜鉗子、皮下注射針（25もしくは27ゲージ）を用いる。遊離した異物がまだ眼球上にあるなら、綿球部を湿らせた綿棒で取り去ることができる。皮下針は穿通を避けて、角膜に浅い角度で保たなければならない。除去後5～7日間、1日3回広域スペクトラムの抗生物質液もしくは軟膏を局所に処置し、縮瞳があれば1％アトロピンを1回だけ投与する。

27. 眼球内部の異物を処理するためには、何をしたら良いか？

　眼球内部の異物の処理は、異物が眼球内に存在した期間とその位置、また、異物の素材によって異なる。除去することによるダメージの可能性と異物が眼に残った場合に起こるダメージの可能性とを比較するべきである。有機物は穿通してからすぐに除去しないと、化膿を引き起

こす。一方、一部の金属やガラスは残っていてもほとんど反応を示さず、最終的にはフィブリンもしくは傷跡によって固定されるようになる。異物が新しく、なおかつ前房に存在するのであれば、前房縁を切開して除去しなければならない。後房からの異物除去術はしばしば失明を引き起こし、予後不良である。広域スペクトラムの抗生物質を局所と全身に投与することで感染を抑制する。局所的にコルチコステロイドや毛様体筋麻痺薬を投与したり、経口的にコルチコステロイド（抗炎症作用量）もしくはNSAIDsを投与して、ブドウ膜炎の治療をしても良い。コルチコステロイドは敗血症の可能性があるため、注意して投与しなければならない。

有機物性の異物	非鉄金属、ガラス、プラスチック製の異物	鉄製の異物
・反応性	・低反応	・高反応
・敗血症の可能性	・フィブリンや線維組織で壁ができる	・眼球内組織に毒性
・早期に除去した方が良い		・早期に除去すべき

参考文献

McCalla TL, Moore CP: Exophthalmos in dogs and cats. Part II: Causes and treatment. In the Compendium Collection: Ophthalmology in Small Animal Practice. 1996, pp 129-141.

Morgan RV: Ocular emergencies. Comp Cont Educ Vet 4 (1): 37-45, 1982.

Roberts SR: Assessment and management of the ophthalmic emergency in cats and dogs. In The Comendium Collection: Ophthalmology in Small Animal Practice. Trenton, NJ, Veterinary Learning Systems, 1996, pp 252-267.

36. 眼球内出血
OCULAR HEMORRHAGE
Steven M. Roberts, D.V.M., M.S., and Cynthia C. Powell, D.V.M., M.S.

1. 眼球内出血の一般的な原因は？
   - 外傷〜眼瞼、結膜、ブドウ膜からの出血
   - 凝固異常や血小板減少症 − 結膜下組織ブドウ膜、網膜の出血
   - 感染症や免疫介在性疾患による脈管炎 − ブドウ膜、網膜の出血

2. 眼球内の出血で緊急を要するのはどのような場合か？
   原因にもよるが、眼球出血のほとんどの場合が緊急事態を意味する。眼組織の血管は軽度あるいは重篤な眼球の異常から組織の出血に至る。単純な眼瞼や結膜下の裂傷はおびただしい出血によって飼い主が気付く。このような損傷は、実際の患者の状態からみて危険ではないとし

ても、緊急事態と考えるべきである。緊急事態を示す眼球の出血には、以下のような場合が含まれる。

- 結膜下の溢血点や眼球内の出血は、生命を脅かす全身性の疾患あるいは単純な鈍性または鋭利な損傷による出血を示すことがある。
- 広範囲な結膜下の点状出血や前眼房出血は、血小板数と凝固時間のチェックを必要とすることを示す。
- 外傷、血小板減少症、緑内障の結果、起こりうる凝固障害による前眼房出血。この場合、即座に医療処置を行うことが重要である。
- 網膜の出血は外傷、脈管炎、高血圧による可能性が大きい。

3. 鈍性の外傷は眼球内組織に損傷を与えうる可能性が高いのはなぜか?

広範囲な組織の損傷は眼への鈍性損傷により起こる。鈍性損傷の以下に示す4つの因子が組織のダメージを引き起こす。

- 圧迫 ・減圧 ・打撃 ・振動

はじめに角膜が前後方向に圧迫されると、赤道直径の拡大および角膜の虹彩やレンズへの接触のため、眼軸が短縮する。一時的にその圧迫が取り除かれれば、前後方向の直径は直ちに正常以上、赤道直径は正常以下になるため、組織は虚脱する。眼球はその後、短時間に振幅を減少することで、上限と下限の間を振動する。眼の組織の極度の緊張により、脈絡膜、レンズ、視神経、網膜、硝子体は損傷する。

4. 前眼房出血と関連するのは?

前眼房出血とは前眼房内に血液が存在することである。眼球の鈍性あるいは鋭利な損傷が最も一般的な原因となる。しかしながら、前眼房出血は、血小板減少症、凝固障害、虹彩炎、眼球内腫瘍形成、先天性の眼異常、慢性緑内障などによっても起こる。初期の検査で、眼球に損傷を受けたかどうかを判定する。前眼房出血は眼球表面にほとんどダメージを与えないが、緑内障、前部ブドウ膜炎、血餅の萎縮による虹彩癒着、水晶嚢下白内障の原因となりやすい。前眼房内の出血は、虹彩がフィブリン溶解酵素を産生するために完全に凝固しない。したがって、完全に凝固するのに最大4～7日を要する。前眼房出血は眼球以外の疾病の臨床徴候として処置するべきであり、原因をできるだけ早く特定する必要がある。

5. 前眼房出血時に考慮するべき臨床上のパラメーターは?

眼球の検査をきちんと行うだけでなく、外傷や疾患に付随するものかどうかを評価するために全身を検査する必要がある。眼球破裂は特別に除外される。瞬間的に光を眼に当てると、眼球に受けた障害の程度を判定することができ、また試験的に眼球後部へ光を浸透させると、瞳孔反射により網膜あるいは眼神経が機能的であるかどうかを確認することができる。眼球破裂がなければ、眼球内の圧迫からと診断することができる。最終的に、前眼房出血は前眼房内の出血量によって分類することができる。この分類は出血の程度や外傷時の眼球内ダメージの程度を表すことができるため、予後の判定に役立つ。前眼房出血グレード1の重篤度は、一般的に1週間以内にはっきりする。グレード2、3は治癒するまでに数週間か、それ以上かかる。前眼房出血グレード4はしばしば眼球の萎縮を伴う。

- グレード1 - 前眼房の1/3以下
- グレード2 - 前眼房の1/3～1/2
- グレード3 - 1/2～ほぼすべて
- グレード4 - 全部

6. 前眼房出血はどのように処置するべきか？

　元々の原因が外傷ではないと考えられるならば、前眼房出血よりもむしろ主となる原因に重点をおいて処置を施すべきである。外傷性の前眼房出血と診断された動物はできるだけ安静にし、鎮静剤を用いて痛みを緩和させる必要がある。広範囲にわたる医療処置を挙げることができるが、有効性が認められた研究はない。いくつかの処置法が興味を持って行われているが、それ以外は論争段階に留まっている。元来、処置については以下のような分類をしている。

- 毛様体筋麻痺薬
- 縮瞳薬
- アドレナリン作動薬
- コルチコステロイド
- 抗フィブリン作動薬
- フィブリン作動薬
- 外科的処置

7. 有効な毛様体筋麻痺薬は？それはなぜか？

　毛様体筋麻痺薬は、毛様体や虹彩括約筋の平滑筋の麻痺を引き起こす副交感神経系作動薬である。そして、毛様体などによる瞳孔の調節が妨げられ、瞳孔は散大する。平滑筋の痙攣を抑制するには患者を安静にし、眼底隅角の検査を行うと良い。1%アトロピン溶液を局所に毎日1回または2回の投与が最適である。すぐに散瞳が起こる。頻繁に行うと効果は減少するが、この薬物の使用は効果的である。

8. 効果的な縮瞳薬は？それはなぜか？

　副交感系神経系作動薬は、毛様体と虹彩括約筋を収縮させて縮瞳を導く。理論的には、1%ピロカルピンのような縮瞳薬によって隅角が広がる。しかし、縮瞳薬は眼球内の炎症を増悪させる傾向にある。縮瞳薬が前眼房からの血液クリアランスを高めるという科学的根拠はない。縮瞳薬は一般的に避けるべきである。

9. どのようなアドレナリン作動薬が推奨されるか？それはなぜか？

　局所用1%エピネフリンや2.5%フェニレフリンのような交感神経作動薬は、血管収縮による前眼房出血を減少させる方法といわれている。そのような治療は出血が続いている場合には有効であるが、ほとんど効果がない。ヒトの医学においては、前眼房出血を治療する際の選択肢としてはあまり評価されていない。

10. どのコルチコステロイドを用いると良いか？

　外傷性前眼房出血には、常に軽度から重篤な範囲にわたる前部ブドウ膜炎を伴う。このような場合、酢酸プレドニゾロンやリン酸プレドニゾロン、デキサメサゾンなどの局所性ステロイド剤を1日に4回投与する。実際の前眼房出血が改善される効果は証明されていないので、ステロイド剤の使用は議論の余地があるが、それにもかかわらず、通常の治療手段として用いら

れている。確かに前部ブドウ膜炎を減少させ、理論的にはステロイド剤が血液凝固の安定化を亢進することが示されているが、対照となる研究は行われていない。

11. 抗フィブリン作用薬はいつ必要となるか？

　アミノカプロン酸のような薬物は、外傷性前眼房出血の再出血を抑制する手段として用いられている。それは線溶系が介在する初期の凝固溶解によって起こる再出血を抑制することによる。ダメージを受けた血管が癒合するのに時間がかかるため、血餅の溶解割合が低下するという理論である。ヒトで勧められている投与量は、4時間ごとに50mg/kgを5日間にわたって経口投与する。抗フィブリン作用薬は、血管内の血液凝固疾患や妊娠、心臓や肝臓および腎臓の疾患に対しては、禁忌である。

12. フィブリン処置を行う目的は？

　前眼房出血は一般的に、出血してから血餅ができるまでに外傷後1～7日を要する。フィブリンの線維化が起こるとすぐに、血餅の溶解が組織プラスミノーゲン作動体（tPA: tissue plasminogen activator）のようなフィブリン作用薬によって誘発される。臨床上使用される組織プラスミノーゲン作動体は前眼房内に$25\mu g/100\mu L$の容量で注射する。血餅の溶解は通常投与後30～60分以内に起こる。血餅の溶解が起これば、赤血球クリアランスが促進される。組織プラスミノーゲン作動体の局所適用もまた効果がある。

13. 前眼房出血に対してどのような外科的処置が行われるか？

　前眼房出血が5～10日間以上持続するか、眼球内圧迫がさらに増加するようであれば、外科的除去が必要となる。前眼房内洗浄は、前眼房からの出血を取り除くのに最も簡単で安全な方法である。凝固した血液を取り除く必要はないが、血球やその破片の排出は必要である。30ゲージの注射針、あるいはカニューレを用いて前眼房内を調整済みの食塩液で洗浄し、次に2mm切開して出口とする。全血餅を取り除くことは可能だが、結果的にレンズ、虹彩や角膜内皮の外傷の原因となる可能性がある。他の外科的処置も有効ではあるが、眼球内の外科を十分に経験している術者によって行われる必要がある。

14. 前眼房出血時に禁忌な薬物は？

　サイクロオキシゲナーゼ・インヒビターやアスピリン、フルニキシンメグルミンのような非ステロイド性抗炎症薬は血小板作用を抑制するが、局所の非ステロイド性抗炎症薬の使用は避けるべきである。アトロピンのような毛様体筋麻痺薬は前眼房出血の治療法として勧められるが、患者の数パーセントはアトロピンを使用することによって緑内障に移行してしまう。

15. 硝子体出血はどのようにして認識されるか？

　眼球後部（レンズより後側の組織）を検査し、判定するのは困難である。それは、直接的な検査を行うためには、瞳孔を通さなければならないからであり、超音波などを用いた画像が必要となるからである。また眼球前部に何か疾病がある場合は、眼球後部の直接検査は実施不可能である。瞳孔を散大させることができれば、眼球後部を調べることは非常に容易となる。硝子体の出血がレンズに近いところで起こっている場合は、ペンライトなどの透視器具を用いる

と肉眼で見ることができる。別の方法として、間接的にではあるが、出血が撚り糸状やシート状または拡散していないかを検眼鏡を用いて硝子体腔の検査を行うことができる。硝子体の出血は血液が撚り糸状やシート状または拡散している。出血が硝子体下（硝子体と網膜の間）であれば、赤血球の沈殿のために船底のような様相を呈する。

16. 硝子体出血には特別な意味があるか？

硝子体出血の最も一般的な原因は、外傷誘発性のブドウ膜や網膜血管の破裂である。動物は角膜や強膜の破裂によって眼が塞がっているようにみえる。硝子体の出血は以下のように分類される。
- 先天的あるいは後天的に血管が破れることによる網膜剥離
- 硝子体動脈遺存症
- 広範囲な眼の疾患（硝子体および網膜の炎症、視神経炎、慢性緑内障、眼球内腫瘍形成）
- 全身性の疾患（高血圧、凝固障害、血小板減少症）

17. 硝子体の出血に対しどのような処置を行うか？

硝子体の出血に関連した元来の眼の疾患、あるいは構造的異常による疾患を扱う場合には、もはや単純な処置は役に立たない。出血が硝子体内に起これば、細胞間質が血小板付着のためにフィブリンを供給することから、急速に血液凝固が起こる。好中球やマクロファージの浸透は血餅除去を促進するが、さらに硝子体を崩壊させ、炎症を引き起こす。硝子体下部の出血では血液凝固傾向は著しく弱い。コルチコステロイドの局所および全身投与が同時に行われれば炎症反応は改善される。前部ブドウ膜炎があれば、毛様体筋麻痺薬のような局所アトロピンの使用が適切である。出血部位や深さによるが、消失するには何カ月間もかかるだろう。

18. 網膜出血とはどのようなものか？

網膜出血の様相は、侵襲を受けた網膜層による。網膜と硝子体、および網膜色素上皮の間は比較的密着しているため、大きな出血はいずれかの部位で発生する。網膜前部（網膜と硝子体の間）での出血は赤血球の沈殿のため、船底の形を呈する場合が多い。初期の網膜内出血は垂直方向に現れるが、後には円状にみられ、さらに血痕は小さくなる。神経線維層の出血は一般的に羽状もしくは線状で、平面的である。これは出血が神経線維の方向に沿っているからである。網膜の出血部位が不明瞭ならば網膜の下層からの出血であり、出血が明瞭ならば網膜の上層からの出血であると判断される。

19. 網膜出血の重要性は？

網膜出血は脈管構造の破裂、あるいは炎症を引き起こす。はっきりした病歴や外傷の物理的根拠がない場合、解剖学的構造上の疾患が考えられる。血管炎や網膜炎の原因となりうる感染症も考慮しなければならない。直ちに生命を脅かすような疾患は凝固障害や深刻な貧血、悪液質である。高血圧や多血症による高粘稠性症候群、新生物のような慢性疾患は網膜出血を引き起こす。すぐに生命を脅かしはしないとしても、そのような状態は、より急性の過程を伴うものと混同しがちな症状を引き起こす。臨床家は、網膜出血がみられたら、CBCや血液凝固検査を考慮しなければならない。コルチコステロイドを処置する前に、血清学的検査のために血

清を採取し、保存しておくべきである。

20. 網膜出血に対する特別な処置は？

　緊急時においては特別な処置はない。解剖学的構造上の異常が認められるか、疑われる場合は、適切な処置を行う。深刻な網膜前または網膜下の出血は外科的に除去するか、内視鏡で組織プラスミノーゲン作動薬を注射することによって溶解させることができる。しかし、これらの処置は、眼球内および眼球後部の外科手術に熟練した臨床医によって行われなければならない。

参考文献

Aguirre GL, Gross SL: Ocular manifestations of selected systemic diseases. In The Compendium Collection: Ophthalmology in Small Animal Practice. Trenton, NJ, Veterinary Learning Systems, 1996, pp 89-98.

Lane IF, Roberts SM, Lapp in MR: Ocular manifestations of vascular disease: Hypertension, hyperviscosity, and hyperlipidemia. J Am Animal Hosp Assoc 29: 28-36, 1993.

Roberts SM: Assessment and management of the ophthalmic emergency in cats and dogs. In The Compendium Collection: Ophthalmology in Small Animal Practice. Trenton, NJ, Veterinary Learning Systems, 1996, pp 252-267.

37. 急性失明
SUDDEN BLINDNESS
Cynthia C. Powell, D.V.M., M.S., and Steven M. Roberts, D.V.M., M.S.

1. 急性失明を起こす病気の一般的な原因は？

　通常、透明な部分の混濁や視覚システムと関連する神経学的異常が、失明をもたらす。動物の場合、緩徐に進行する失明や不完全な失明はしばしば検出されにくく、飼い主は動物が急性に失明した場合に、獣医師に診察を求めて来る。上手な病歴の聴取とは、環境の変化、夜間の視覚、行動上の変化を正確にみることであり、これが発病診断の一助となる。急性失明の一般的原因は、両側性網膜剥離を含む網膜変性、両側性視神経炎である。失明には様々な原因があり、それらは初期にはしばしばゆっくりと進行したり（例えば、進行性網膜萎縮、白内障）他のもととなる疾患に罹っている（例えば、中毒、中枢神経系の異常、外傷）。

2. 突然失明した患者に対する適切な診断検査とは？

　両側性の眼疾患では、全身的な異常による原因を疑うべきである。視神経炎や網膜剥離は高用量のコルチコステロイドで処置されることがあるため、CBC、血小板数、尿検査、血清生

化学検査が、感染症や他のコルチコステロイド禁忌の疾患をスクリーニングするために必要である。加えて、網膜剥離は特に老齢の猫においては高血圧に関連する。網膜機能、甲状腺ホルモンレベルおよび血圧は確定診断のために重要である。

3. どのような異常が瞳孔反射の異常を招来する急性失明を引き起こすか？

両側性の視神経炎や突然の網膜変性では常に異常な瞳孔反射を示す。瞳孔はたいてい部屋の照明で拡大しており、光刺激に対して全く反応しないか、あるいは少ししか反応しない。視神経炎が対称性でなければ、それぞれの眼の光に対する反応は様々である。両側性の網膜剥離に関係する瞳孔の異常は捉えにくく、瞳孔のサイズはほとんどの例で大きくなり、瞳孔反射は正常よりも鈍くなる。眼の放射線障害や視覚皮質障害など中枢神経の障害では、瞳孔は正常の大きさで、正常の瞳孔反射を示す。しかしながら、神経系の機能不全による他の症状がなければ、完全な失明は稀である。

4. SARDSとは？

突発性網膜変性症候群（SARDS）は、犬の変性性網膜疾患である。老齢の動物に起こりやすく、雌は雄よりも罹患率が高い。SARDSにかかった犬は、肥満で、多尿・多渇あるいは多食の既往歴がある場合が多い。検査上の異常は副腎皮質機能亢進症の検査所見に類似している場合が多く、副腎皮質機能亢進症のための特異的な検査（低容量デキサメサゾン抑制試験、副腎皮質刺激ホルモン［ACTH］刺激試験）ではおおむね正常の所見を示す。ただしSARDSの原因は不明である。毒物、自己免疫性要因、アポトーシス（細胞死）などが原因として示唆されている。

5. SARDSはどのようにして確定診断されるか？

SARDSが疑われる症例とは、眼底検査では正常な眼底所見を示し、かつ急性あるいは亜急性の失明を症状とする場合である。網膜電位検査により電位が記録されない場合は、診断がより確実となる。両側性の眼球後部の視神経炎はSARDSと同じ臨床症状を示すが、網膜電位は正常である。

6. SARDSの治療や進行の制御は可能か？

残念ながらSARDSの治療法はない。失明は一生治癒しない。急性の失明動物を扱う最良の方法は、患者に失明の状態に適応する時間を与え、安心な環境を維持することしかない。

7. 網膜剥離と比較して視神経炎はどのような臨床症状を示すか？

失明の原因として、重症の網膜剥離は、ほとんどの場合、間接検眼鏡や直像鏡を用いて確実に、あるいはほぼ確実に診断できる。辺縁部網膜剥離（毛様体縁で剥離している場合）でなければ、硝子体ゲル内で網膜が浮遊しており、しばしば水晶体の背後に直接観察することができる。それは灰色から白色の血管のあるベールのように見える。また網膜出血の可能性もあり、視神経乳頭は、浮遊網膜によって部分的に覆われるために、直感的に見ることが困難になるだろう。辺縁部網膜剥離は硝子体中にぶら下がり、視神経乳頭を完全に覆い隠してしまう。前述したように、急性の網膜剥離では、瞳孔の光反応はわずかな異常を示すのみで、簡易な検査で

は正常とみなされることもある。視神経炎の場合は、瞳孔が散大するために、光にほとんど反応を示さなくなる。眼底鏡でみられる変化は、視神経乳頭に炎症がある場合にのみみつけられる。視神経表面の充血、腫脹、出血、および隣接（乳頭周囲の）する網膜の浮腫、出血などは、検眼鏡で明確になる。眼球後視神経炎（視神経表面までは広がっていない視神経の炎症）では、正常に似た眼底であり、臨床的には SARDS と類似している。片眼だけが罹患している視神経炎や網膜剥離は発見されにくいことが多い。これは、行動の変化や瞳孔の光に対する反応の異常がほとんどの場合わずかしかみられないためである。

8. 視神経炎の一般的な原因は？

　視神経炎の原因はわかりにくい場合が多く、特発性に分類されている。最も頻繁にみられる原因として、全身性の感染（イヌジステンパー、クリプトコッカス症、トキソプラズマ症）、眼球後の膿瘍、あるいは蜂巣織炎、肉芽腫性髄膜脳炎、腫瘍、損傷が挙げられる。脳脊髄液の検査や細胞診、CT スキャンは、診断に有効だろう。

9. 視神経炎はどれくらい早く、またどのような方法で治療すべきか？

　視神経炎の治療は、視神経の永久的な組織障害を最小にするためにできるだけ早期に開始しなければならない。主要な原因がわかったときは、特異的治療法が必要となる。特発性の視神経炎や肉芽腫性髄膜脳炎（GME）の治療の目標は、急速な炎症の抑制であるが、これは全身のコルチコステロイドの高用量投与によって行われる。標準的な方法は、最初にプレドニゾロンを 2〜4 mg/kg/日 を経口投与し、3〜4 週間で漸減していくというものである。炎症が激しい場合は、コルチコステロイドのパルス療法を考えなくてはならない。パルス療法では、メチルプレドニゾロン・ナトリウム・コハク酸塩を超生理的な用量（15〜30mg/kg IV）で使用し、続いてプレドニゾロン（1〜2 mg/kg/日）を維持し、これを 3〜4 週間以上の時間をかけて漸減していく。GME の疑いがある場合は、さらにゆっくりとステロイドの量を減らしていく必要がある。

10. 治療に対する良好な反応はいつみられるか？また予後はどうか？

　視神経炎の診断がされた時期によっては、不可逆的な障害がすでに生じていることがあるため、視力の回復の予想には慎重を要す。治療に対する反応はたとえ少しであっても、ほとんどの例で 1〜10 日以内に発現する。

11. 網膜剥離の一般的な原因は？

　網膜剥離の原因は、先天的、後天的な原因がある。網膜形成異常および視神経欠損は、通常、網膜剥離に関連する先天的異常であり、片眼の罹患も両眼の罹患もあり得る。後天的な原因としては、感染および免疫介在性の脈絡網膜炎、浮腫や出血を起こす血管障害、腫瘍、高血圧、炎症後の瘢痕性萎縮および損傷などがある。高血圧は、老齢の猫でみられる網膜剥離の一般的な原因である。

12. 網膜剥離は最初にどのように治療するか？

　緊急事態とされる網膜剥離の症例は、通常重篤で、少しでも視力を残したいならば積極的な

治療が必要となる。全身性の疾患の場合は、根本的な原因となっている病態に対する治療を施す。進行性の炎症や浮腫性の剥離を伴う特発性の症例は、おそらく免疫介在性であり、コルチコステロイドと利尿薬を組み合わせた治療法で、劇的に反応する例が多い。経口的なプレドニゾロン投与（1～2mg/kg/日）による通常の治療や、メチルプレドニゾロン・ナトリウム・コハク酸塩投与（15mg/kg IV）に続いてプレドニゾロン投与（0.5～1mg/kg/日）を行うパルス療法は、フロセミドやメタゾラミド（1mg/kg 2回/日）あるいはジクロルフェナミド（0.5 mg/kg 2回/日）などの炭酸脱水酵素阻害薬を、標準的な投与量で併用することが推奨されている。治療は網膜が再付着するまで続ける必要があり、その後徐々に投与量を減らし光反応が復帰したら投薬を中止する。

13. 再付着後に視力は回復するか？
　細胞の変性と細胞死が剥離後数時間から数日以内に始まる。細胞死は剥離した時間とともに増加し、再付着後も続く可能性がある。視力の回復の予想は常に慎重に行う。たとえ視力がある程度回復したとしても、正常な視力までは期待できない。

視神経炎	網膜剥離
・散瞳 PLR 欠損 ・視神経乳頭の変化 　充血 　腫大 　出血 ・網膜の乳頭周囲の変化 　浮腫 　出血 ・眼球後視神経炎の場合は正常な眼底 ・片側性の場合は通常わからない	・盲目の場合は、たいてい大部分あるいは完全に剥離 ・硝子体に浮かぶ血管を持ったベール ・網膜の出血 ・視神経乳頭は覆い隠される可能性 ・瞳孔反射は正常、あるいはわずかに減少 ・片側性の場合は通常わからない

参考文献

Hendrix DV, Nasisse MP, Cowen P, Davidson MG: Clinical signs, concurrent disease and risk factors associated with retinal detachment in dogs. Prog Vet Comp Ophthal 3 (3) 87-89, 1993.

Krohne SD: Vestre WA: Ocular use of antiinflammatory drugs in companion animals. In The Compendium Collection: Ophthalmology of Small Animal Practice. Trenton, NJ, Veterinary Learning Systems, 1996, pp 239-251.

Mattson A, Roberts SM, Isherwood JME: Clitical features suggesting hyperadrenocorticism associated with sudden acquired retinal degeneration syndrome in a dog. J Am Animal Hosp Assoc 28 (3): 199-202, 1992.

Roberts SM: Assessment and management of the ophthalmic emergency in cats and dogs. In the Compendium Collection: Ophthalmology in Small Animal Practice. Trenton, NJ, Veterinary Learning Systems, 1996, pp 252-278.

38. ブドウ膜炎
UVEITIS

Steven M. Roberts, D.V.M., M.S., and Cynthia C. Powell, D.V.M., M.S.

1. ブドウ膜、またはブドウ膜系とは？
　眼球の構造は、外壁（角膜および強膜）、内側の網膜層、および強膜と網膜にはさまれ、血管・色素に富んだ組織層からなる。この血管・色素に富んだ眼内組織をブドウ膜と呼ぶ。ブドウ膜は、虹彩、毛様体、脈絡膜からなる。虹彩と毛様体はまとめて前部ブドウ膜という。後部ブドウ膜は脈絡膜である。解剖学の領域ではこれらは異なる名を持つが、基本的に互いに連絡し合っている。

2. uvea（ブドウ膜）とuvula（垂）はどこが違うのか？
　眼のブドウ膜（uvea）に対して、uvulaという言葉は"小さなブドウ"を意味するラテン語に由来する。口蓋のuvulaは、人間の後軟口蓋端の舌根上部にぶら下がっている小さな肉塊である。uvulaに関係した他の構造として、膀胱（uvula vasicae＝膀胱頸部にある丸い隆起）、小脳（uvula vermis＝錘体と小節の間の小脳虫体の一部）にもみられる。

3. ブドウ膜炎とは？
　ブドウ膜炎とはブドウ膜組織の一部あるいはそれ以上の炎症である。単一組織の炎症は、それが虹彩、毛様体、脈絡膜の場合、それぞれ虹彩炎、毛様体炎、脈絡膜炎と呼ばれる。

4. 前部ブドウ膜炎とは？
　前部ブドウ膜炎とは、虹彩、毛様体両方の炎症を示す。

5. 後部ブドウ膜炎とは？
　後部ブドウ膜炎とは、脈絡膜の炎症を示す。

6. 前部ブドウ膜炎と後部ブドウ膜炎は同時に起こり得るか？
　ブドウ膜を前部と後部に分けているが、それぞれの領域間に実質的な境界があることを意味しているわけではない。炎症はしばしば前部、後部両方に起こる。ブドウ膜炎、眼内炎、汎眼球炎という言葉は、ブドウ膜の炎症が広汎にわたっているときに使われる。

7. 眼内炎とは？
　ブドウ膜系全体でいうならば、眼内炎という言葉は、血管に富んだ眼内組織の炎症を示すために用いられる。このような炎症はブドウ膜組織だけではなく、網膜にも影響を及ぼす。眼内炎が進行した場合、視力の維持は困難である。

8. 汎眼球炎とは？

　強膜および角膜の炎症性変化を伴うブドウ膜系の炎症が、汎眼球炎と呼ばれる。このような炎症は眼球全体（内容物および外壁）に及ぶ。炎症の波及と激しさのため、外観上正常にみえる眼球を維持するのは困難である。視力の維持は期待できない。

9. ブドウ膜炎の主要な臨床症状は？

　前部ブドウ膜炎は通常、結膜および強膜上の血管充血、縮瞳、眼房水フレア、細胞集積、広汎な角膜浮腫、虹彩の腫大と充血、眼内圧の減少を伴う眼球の疼痛を引き起こす。視力は低下するが、単純な前部ブドウ膜炎で失明することは珍しい。視力の喪失は、より広範な眼組織に障害のある場合に起こる。後部ブドウ膜炎の臨床症状は、前部ブドウ膜と無関係に認められることはほとんどない。後部ブドウ膜炎を調べるには検眼鏡が必要である。検眼鏡で確認できる所見としては、正常なタペタム色の消失、網膜剥離、網膜下の液体の漏出と滲出、また網膜色素上皮細胞の消失と脈絡膜の色素沈着などである。後部ブドウ膜炎は、視力喪失の原因となる可能性がある。

10. 慢性、劇症の判断、また予後判定に、臨床症状はどのように役立つか？

　症状の範囲と規模は、障害の重症度に依存する。下の表は臨床症状に基づいて前部ブドウ膜炎を急性・慢性に分類している。外傷、血管炎、あるいは出血性の障害がブドウ膜炎の根本的な原因であれば、前房出血および前眼房のフィブリン塊の形成が一般的に観察される。敗血症性あるいは腫瘍性の前部ブドウ膜の障害は、上記変化を起こし、しばしば両側性に様々な程度の前房蓄膿（眼房水内の白血球）、あるいは角質沈殿（角膜上皮表面に付着した白血球やフィブリン）がみられる。後部ブドウ膜炎では、視力について慎重な予後判断が必要である。急性症状は網膜浮腫、網膜出血、正常なタペタム色の喪失、網膜下の液貯留、および視力の低下がみられる。慢性症状の場合、タペタムの反射亢進部位（網膜萎縮および菲薄化による）、突然のタペタム色の変化、および色素亢進あるいは喪失がみられる。

臨床症状

急性前部ブドウ膜炎	慢性前部ブドウ膜炎
軽い結膜充血	角膜の極度の血管新生
虹彩腫大	虹彩の色素沈着亢進
眼房水フレア反応	虹彩の新生血管形成
軽い上強膜充血	虹彩癒着形成
縮瞳	白内障
羞明	続発性緑内障

11. 眼房水フレアおよび細胞集積の意味は？

　前眼房-血管防壁は総蛋白質量を低く維持し（20〜30mg/dL）、眼房水に細胞が存在しない状態を維持している。ブドウ膜の炎症はこの防壁を崩壊させ、蛋白質量の増加、眼房水への細胞の流入を引き起こす。蛋白量の増加は、眼に入る光線を反射し散乱させるため、眼房水が混濁するといった特徴を持つ。この現象は『flea（フレア）』と呼ばれ、主観的に0〜4＋の範囲に等級づけられている（0＝正常、4＋＝フィブリン凝塊形成）。細胞の集積は『cell』と

呼ばれ、白血球、赤血球、色素、あるいは色素顆粒に加えて腫瘍細胞からなっていると思われる。増加した水溶性蛋白質の存在は、炎症を示す（フレア反応の程度で見当をつけられる重篤度の）。同様に細胞集積も炎症を示すが、単純なフレアよりもより激しい炎症反応と、より厳しい予後を示唆する。フレアと cell は無菌的な炎症であるか、または敗血症の結果、起こると考えられる。

12. 前部ブドウ膜炎と後部ブドウ膜炎は一般的にどちらがよりみられるか？

前部ブドウ膜炎は、特に眼球が外傷を受けやすいことを考えると、より一般的である。眼の損傷では、前部分（角膜、虹彩、毛様体、水晶体）は後部分（硝子体、網膜、眼神経、脈絡膜）より頻繁に損傷する。眼窩の防御および脈絡膜の後部という位置は、重要な防御効果があるが、対側衝撃により脈絡膜の挫傷を引き起こすことがある。敗血症、中毒、あるいは腫瘍が進行している場合は、しばしば前部および後部ブドウ膜組織両方の炎症が起こる。

13. ブドウ膜炎の一般的な原因は？

ブドウ膜炎は、ほとんどの眼内疾患の進行性症状であり、眼球への緩除性の障害によって起こることが多い。緊急事態では、通常、損傷あるいは激しい敗血症、毒血症がブドウ膜炎を疑わせる。ブドウ膜炎は臨床的に容易に認識されるにもかかわらず、ほとんどの症例は特発性として分類されている。内因性ブドウ膜炎の多くの原因が確認されている（表参照）。緊急処置を要する犬、猫におけるブドウ膜炎の一般的原因には、鈍性損傷、角膜の潰瘍化、角膜あるいは眼球の穿孔がある。

犬と猫における内因性ブドウ膜炎の原因

犬のブドウ膜炎	猫のブドウ膜炎
感染症	感染症
藻類	真菌
Prototheca spp.	*Blastomyces dermatitidis*（稀）
細菌	*Candida albicans*（稀）
Brucella canis	*Coccidioides immitis*（非常に稀）
Borrelia burgdorferi	*Cryptococcus neoformans*
真菌	*Histoplasma capsulatum*
Blastomyces dermatitidis	（最も一般的）
Coccidioides immitis	寄生虫
Cryptococcus neoformans	*Cuterebra* 幼虫
Histoplasma capsulatum	犬糸状虫
寄生虫	メタストロンギルス類線虫
犬糸状虫	原虫
Diptera spp.（ハエの幼虫）	*Toxoplasma gondii*
眼の幼虫移行症	ウイルス
（*Toxocara*、*Balisascaris* spp.）	ネコ免疫不全ウイルス（FIV）
原虫	ネコ伝染性腹膜炎ウイルス（FIPV）
Leshmania donovani	ネコ白血病ウイルス（腫瘍形成）(FeLV)
Toxoplasma gondii	種々の原因

次ページへ続く

犬のブドウ膜炎	猫のブドウ膜炎
犬と猫における内因性ブドウ膜炎の原因（続き）	
リケッチア	特発性原因
Ehrlichia canis あるいは *platys*	損傷
Rickettsia rickettsii	腫瘍による障害
ウイルス	線維肉腫
アデノウイルス	原発性腫瘍（黒色腫）
ジステンパーウイルス	続発性腫瘍（リンパ肉腫）
ヘルペスウイルス	
特発性原因	
外傷	
毒血症（子宮蓄膿症、膵炎など）	
潰瘍性角膜炎	
腫瘍および腫瘍随伴性障害	
粘性亢進	
肉芽腫性の髄膜脳炎	
原発性腫瘍（眼黒色腫、腺癌）	
続発性腫瘍（リンパ肉腫が最も一般的）	
ブドウ膜皮膚症候群（ベーチェット病など）	
代謝障害	
糖尿病性白内障（水晶体誘発ブドウ膜炎）	
種々の原因	
凝固障害	
免疫介在性血管炎	
水晶体損傷（水晶体破砕性ブドウ膜炎）	
白内障（水晶体誘発ブドウ膜炎）	
免疫介在性障害	

14. 前部ブドウ膜炎に合併して起こる重要な事象は？

原因にもよるが、ブドウ膜炎は、外傷によるブドウ膜組織の損傷と壊死、または全身性疾患の病態の指標となることがある。両側性のブドウ膜炎は全身性疾患から起こることが多い。だがブドウ膜炎が起きていることが必ずしも敗血症の指標となるわけではない。ブドウ膜組織を破壊するような病態生理学的なメカニズムが、炎症性反応を引き起こすことになる。多くの眼内組織抗原は宿主により認識されないために、炎症の結果放出された抗原物質に対する非特異的免疫反応は、炎症の進行に関与する。

15. 重症のブドウ膜炎の場合、予後はどのようにして判定するか？

予後は現在の状態と損傷の程度によって判明するが、軽度から中程度の場合、視力の回復は期待できる。重症の場合は、当然ながら予後には慎重になるべきである。治療を始めて24～48時間以内に予後について再判定する必要がある。眼内炎や汎眼球炎の場合、視力の回復は芳しくないし、眼球を温存しての治療結果もあまり良くないと考えられ、ブドウ膜炎によって引き起こされる合併症（前眼房出血、緑内障、疼痛が強くなるなど）が発現した場合は、さら

に予後は不良あるいは非常に慎重な判断を要する結果となる。

16. 重症の前部ブドウ膜炎はどのように治療するべきか？

　特別な要因がないならば、コルチコステロイドやサイクロオキシゲナーゼ阻害薬による非特異的抗炎症治療が最適である。サイクロオキシゲナーゼ阻害薬は、凝固障害や眼内出血がみられる場合には使用するべきではない。局所薬は、眼球に穿孔のみられる場合には薬物や希釈剤、防腐剤などによって眼内組織を損傷する恐れがあるため、慎重に使用する必要がある。感染の疑いがある場合は、局所または全身性の抗生物質を使用する。局所には抗炎症、抗細菌、抗真菌の複合剤の点眼薬、全身性抗生物質にはセフェム系第一世代抗生物質が最適である。以下に治療目的と炎症の程度による初期治療のガイドラインを示した。

軽度（縮瞳、わずかなフレア、羞明）
コルチコステロイド点眼、1日3回
サイクロキシゲナーゼ阻害点眼薬、1日3回
毛様体筋麻痺点眼薬（例：アトロピン）、24時間おきに

中度（房水フレア、細胞、虹彩腫脹、眼瞼痙攣、角膜浮腫）
全身性コルチコステロイド投与（例：プレドニゾロン、1 mg/kg/day）
コルチコステロイド点眼（例：1％プレドニゾロン点眼または0.1％デキサメサゾン点眼、1日4回から24時間毎）
サイクロキシゲナーゼ阻害点眼薬、1日4回
サイクロスポリンA点眼薬、1日2回
毛様体筋麻痺点眼薬、散瞳が現われるまで1日2回

重度（前眼房出血、前眼房蓄膿、房内フィブリン沈着、瞳孔や虹彩の不整）
全身性コルチコステロイド投与初期のパルス治療（例：メチルプレドニゾロンナトリウム・サクシネート、30mg/kg IV を20～30分かけてゆっくりと）
全身性コルチコステロイド投与（パルス治療後プレドニゾロン2 mg/kg/日 を6～12時間毎）
コルチコステロイド点眼（例：1％プレドニゾロン点眼または0.1％デキサメサゾン点眼、1～2時間毎症状が改善されるまで、その後は1日4回）
サイクロオキシゲナーゼ阻害点眼薬、1日4回
サイクロスポリンA点眼薬、1日4回

参考文献

Aguirre GL, Gross SL: Ocular manifestations of selected systemic diseases. In The Compendium Collection: Ophthalmology in Small Animal Practice. Trenton, NJ, Veterinary Learning System, 1996, pp 89-98.

Bristner S, Shaw D, Riis RC: Diseases of the uveal tract (Part I, Part II, and Part III). In The Compendium Collection: Ophthalmology in Small Animal Practice. 1996, pp 161-185.

Bristner SI: Recent developments in comparative ophthalmology. Comp Cont Educ 14: 1304-1323,

1992.

Davidson MG, Nassisse MD, Jamieson VE, et al: Traumatic anterior lens capsule disruption. J Am Animal Hosp Assoc 27: 410-414, 1991.

Hakanson N, Forrester SD: Uveitis in the dog and cat. Vet Clin North Am Small Animal Pract 20: 715-735, 1990.

Kural E, Lindley D, Krohne S: Canine glaucoma: Medical and surgical therapy. In The Compendium Collection: Ophthalmology in Small Animal Practice. Trenton, NJ, Veterinary Learning Systems, 1996, pp 226-233.

Rathbone-Gionfriddo J: The casuses, diagnosis, and treatment of uveitis. Vet Med 90: 278-284, 1995.

Roberts SM: Assessment and management of the ophthalmic emergency in cats and dogs. In The Compendium Collection: Ophthalmology in Small Animal Practice. Trenton, NJ, Veterinary Learning Systems, 1996, pp 252-267.

Schmeitzel LP: Recognizing the cutaneous signs of immune-mediated diseases. Vet Med 86: 138-163, 1991.

39. 緑内障
GLAUCOMA

Steven M. Roberts, D.V.M., M.S., and Cynthia C. Powell, D.V.M., M.S.

1．急性緑内障とは？

　緑内障は眼圧が病的に上昇し、視覚に変調を来たした状態をいう。犬、猫の正常眼圧は15〜20mm/Hgである。急性緑内障は数時間の内に急激に眼圧が上昇することにより起こる。数日にわたって症状が存在する場合は亜急性、数週間に及ぶものは慢性である。犬における緑内障はほとんど解明されていないので、慢性に移行してしまうことが多い。獣医師の診療を受ける時点では、多くの場合すでに慢性となっている。

2．原発性と続発性緑内障はどのように分類されるか？

　原発性の場合、通常の検査では隅角を通る房水排出路が障害されるために起こる。眼圧上昇の明らかな眼球の異常は認められない。続発性緑内障は、隅角の機能不全や水晶体の亜脱臼、虹彩や毛様体の腫瘍、眼内出血あるいは眼の炎症（前部ブドウ膜炎、眼内炎、汎眼球炎など）の結果起こる。

3．獣医学領域において開放性緑内障、閉鎖性緑内障という分類は適切か？

　この問題の論争の的は、動物とは解剖学的にも生理学的にもまったく異なった隅角を持つ人間の分類を獣医学の分野にも当てはめることができるか⁉という点である。コンパニオン・

アニマルに関する文献では、毛様体陥凹が開放性、狭窄性あるいは閉鎖性かということが問題となっている。毛様体陥凹は虹彩の後部に位置し、超音波や組織学的研究が進められている。

4. コンパニオン・アニマルにおける緑内障の一般的な原因は？

緑内障は房水の排出が障害されることによって起こる。原発性緑内障は、隅角の構造的、機能的異常により引き起こされ、犬ではよくみられる。40種以上の犬種が原発性緑内障に罹りやすいといわれている。続発性緑内障は、前部ブドウ膜炎、水晶体亜脱臼や脱臼、あるいは眼内腫瘍などに合併して起こる。続発性緑内障は猫でよくみられる（慢性ブドウ膜炎の続発症として）。緑内障が急性に発現した場合、まず第一に先天性隅角異常が原因であることが疑われる。続発性緑内障はしばしば慢性的な眼疾患に合併して起こり、獣医師の診察を受ける段階では、すでに亜急性または慢性の経過をたどっている場合が多い。

原発性緑内障	続発性緑内障
・種特有の隅角異常 ・開放性毛様体陥凹が進行性に狭窄あるいは毛様体陥凹が閉鎖 ・隅角閉鎖	・毛様体陥凹の虚脱や閉鎖による慢性眼疾患に合併して起こる（猫に多い） ・疾患の進行に伴う隅角の閉鎖

5. 原発性緑内障の原因は？

原発性緑内障の原因は完全に解明されていないが、房水排出路の狭窄、あるいは閉塞によると考えられる。眼圧の上昇が起こると毛様体とその辺縁に位置する虹彩が強膜の方へ押し出され、それによって毛様体陥凹と隅角の狭窄や虚脱が起こる。虹彩と毛様体が強膜に接触すると隅角を通過する房水排出路はさらに損われる。このようにさらなる眼圧の上昇が起こるので、眼球全体に及ぶ病的変性が生じることになる。

6. 緑内障に罹患しやすい犬種は？

原発性緑内障に罹患しやすい犬種として、アメリカン・コッカースパニエル、バセット・ハウンド、チャウチャウ、サモエド、シャーペイ、シベリアン・ハスキーなどが挙げられる。

7. 急性緑内障をどのように診断するか？

緑内障は眼圧を測定することにより診断されるが、明らかな臨床症状により、かなり確実な仮診断を下すことができる。急性の場合、び漫性角膜混濁、結膜、強膜の充血、疼痛、視力の喪失（片側性の場合、視力の障害に飼い主が気付かないことが多い）などの症状が初期発現する例が多い。検査では瞳孔反射の異常が認められる。縮瞳は、求心性伝達障害が起き、直接統合性瞳孔反射の喪失のみられる急性の症例に認められる。散瞳は最も一般的で、罹患した側の眼の視力は喪失する。眼圧の上昇の程度は、臨床症状の程度に反映する。

8. 眼圧を測定する最適な方法は？
間接的に眼圧を測定する方法には以下の2つの方法がある。
1. 安価なシェッツ式眼圧計を用いる圧入式眼圧測定法：プランジャーによって引き起こされる角膜の陥凹を測ることにより眼圧を測定する。
2. 圧平式眼圧測定法：角膜を扁平にするために要求される力を、電子や気体を用いて測定することにより眼圧を測る。

両方とも正常眼圧を測定するのに良い方法であり、異常値を客観的に評価するための情報を得られる。測定時には点眼麻酔が必要である。患者を静かに保定し、眼球に直接あるいは間接的にも外力が加わらないようにする必要がある。

9. シェッツ式眼圧計は眼圧をどのように測定するのか？
シェッツ式眼圧計は間接的に眼圧を測定する方法であり、角膜の陥凹を測定する。1単位は0.05mm刻みで示されており、目盛りは逆に出る。つまり、眼圧が高いと、目盛りは低く出てくる。シェッツ式眼圧計では、正常眼圧はプランジャーの重りの重量と近似の値となるのが一般的とされている。5.5gの重りを使用した場合、正常眼圧は4～7の目盛りをさす。目盛りが4以下であれば、眼圧は上昇している。逆に7以上であれば、眼圧は正常以下である。7.5gや10gの重りを用いた場合も同様である。次の換算表はヒト用の換算表を犬猫用に適用させたものである。

シェッツ式眼圧測定法の換算

シェッツ式眼圧測定目盛	眼圧 (mm/Hg)(5.5gの重り使用時)	眼圧 (mm/Hg)(7.5gの重り使用時)	眼圧 (mm/Hg)(10.0gの重り使用時)
0	42	59	82
1	34	50	69
2	29	43	59
3	24	36	51
4	21	30	43
5	17	26	37
6	15	22	32
7	12	18	27
8	10	16	23
9	8	13	20
10	7	11	16
11	6	9	14
12	5	8	12
13	4	6	10
14		5	8
15		4	6
16			5
17			4

Friendenwald JS：眼圧計の目盛り換算：1954年考案されたシェッツ式眼圧計の換算目盛りの差異補正の試み、Trans Am Acad Optholmol Otol 61: 108～123、1957. より改編して記載

10. 慢性緑内障の症状は？

　症状がすでに数週間に及ぶ場合や、反復して発現した場合は、慢性緑内障を疑うべきである。慢性を現わす所見としては、眼球腫大、ハーブ線（デスメ膜に及ぶ）、角膜炎（血管性、色素性）、水晶体亜脱臼、視神経萎縮や乳頭陥凹、乳頭周辺の網膜萎縮（反射性亢進を伴う）などが挙げられる。

11. ハーブ（Haab's）線とは？

　持続的に眼圧が上昇することにより角膜と強膜の伸展が起こり、このために眼球が腫大する。デスメ膜は角膜後部に沿ってある上皮細胞基底膜角膜内皮である。眼圧上昇によりデスメ膜も引っ張られ、1本から数本の曲線の裂け目が形成される。基底膜は修復されるが、隆起が残存し、その部位が白色から灰色の角膜深部の混濁としてみられる。検査時にはすでに症状の進行は治まっている可能性があるが、ハーブ線は緑内障の特徴的所見である。

12. 緑内障の緊急処置はどのように実施するべきか？

　まず眼圧上昇の原因となる根本的な問題に焦点を合わせるべきである。原発性緑内障が疑われる場合、あるいは原因が絞り込めるならば、治療の主眼を眼圧の急激な上昇に合わせる。不可逆的な網膜上の神経線維や視神経の障害は、眼圧上昇後数時間から数日間のうちに現われるので、俊敏な対応が必要となる。緊急薬としては高浸透圧性利尿薬（マンニトール、2 g/kgを30分かけてゆっくりと静脈内注射あるいはグリセリン2 mL/kgの経口投与）と炭酸脱水素酵素阻害薬（ジクロルフェナミド2 mg/kg、1日2回から3回の経口投与あるいはメタゾールアミド4 mg/kg、1日2〜3回の経口投与）を投与する。

13. 急性緑内障の局所用点眼薬としては何を使うべきか？

　様々な種類の点眼薬が使用可能である。獣医眼科専門医が診療すれば適切な点眼薬を決定できるので、早急に相談するべきである。点眼薬は高価であるので無条件には汎用せず、効果が期待できる可能性のある場合にのみ使用するべきである。コリン作動薬のピロカルピンは一般的に使用されているが、犬固有の隅角の問題のため、効果がない場合も多く、効果がある場合でも一時的な例が多い。アドレナリン作動薬や拮抗薬は最も多く使用される。ラタノプロストはかなり効果の期待できるプロスタグランディン$F_{2\alpha}$の類似化合物である。その作用機序は、別のルート（ブドウ膜−強膜ルート）を通る房水の排出が増加することによる。

アドレナリン作動薬	アドレナリン拮抗薬	プロスタグランジンアナログ
・β-作動薬 　エピネフリン 1% 　ディピベフリン 0.1% ・α-作動薬 　アプラクロニジン 0.5%	・β1、β2庶断薬 　カルテオロール 1% 　レボブタノール 0.5% 　メチプラノロール 0.3% 　チモロール 0.5% ・β1庶断薬 　ベタキソロール 0.5%	・ラタノプロスト 0.005%

14. すぐに眼科専門医に紹介することが不可能な場合、どの薬物を使用するのが最も適切か？

最適な治療プログラムは、炭酸脱水素酵素阻害薬（ジクロルフェナマイドかメタゾールアミド）を1日2回、ジピベフリン点眼薬を1日2回、βブロッカー1日2回、ラタノプロストの24時間毎の投与である。数週間にわたって眼圧のコントロールができれば、徐々に投薬量を減量していくことができる。この場合1度にではなく逐次行うべきである。長期間にわたる投薬による維持は難しく、慎重なモニタリング、投薬量の調整や薬物の変更などが必要である。

15. 緑内障の予後は？

視力についての予後は慎重になるべきである。治療の初期に、飼い主と治療の最終目的を話し合っておくべきである。視力を失わないように最大の治療機会を与えるのか、盲目のまま義眼にするのか、快適な生活、または医学的に完全に病気でない状態に持っていくのか。それにより希望にかなう治療プランを立てる。最初の検査の段階で、ある程度の視力がある場合、また治療を始めて24～48時間で視力が回復した場合は予後に期待が持てる。

16. なぜ緑内障に合併して視力の喪失は起こるのか？

視力の喪失は急激な眼圧の上昇に伴い、最深部の網膜、網膜上の神経線維、神経節が障害を受けることによって起こる。網膜神経線維層は、眼球から視神経として出ている神経節の軸索から構成される。この中枢神経系ニューロンは再生されないので、数時間で神経節細胞や軸索の不可逆性の喪失が起こる。眼圧の上昇が続くと、さらに傷害され、数時間から数日のうちにニューロンはその機能のほとんどを失うことになる。眼圧を迅速に低下させ、正常範囲内に回復させなければ、視力喪失は当然の結果生じる。

17. 緑内障の外科的治療を行う時期は？

長期間の緑内障のコントロールには外科的治療が必要不可欠であり、内科的治療と合わせて行われることが多い。飼い主が外科的処置に同意するようならば、内科的治療で状態が安定した後、できるだけ早期に実施するべきである。視力のある眼に対しては、前眼房シャントの設置、経強膜毛様体レーザー焼灼術、経強膜毛様体冷凍凝固法がある。視力を失った眼球に対しての外的治療としては、経強膜毛様体レーザー焼灼術、経強膜毛様体冷凍凝固法、ゲンタマイシンの硝子体注入による毛様体剥離術、眼球内容除去術、眼球摘出術などがある。

参考文献

Brooks DE: Glaucoma in the dog and cat. Vet Clin North Am Small Animal Pract 20: 775-797, 1990.

Kural E, Lindley D, Krohne S: Canine glaucoma: Clinical signs and diagnosis. In The Compendium Collection: Ophthalmology in Small Animal Practice. Trenton, NJ, Veterinary Learning Systems, 1996, pp 38-44.

Kural E, Lindley D, Krohne S: Canine glaucoma: Medical and surgical therapy. In The Compendium Collection: Ophthalmology in Small Animal Prctice. Trenton, NJ, Veterinary Learning Systems, 1996, pp 226-233.

Miller PE, Pickett JP: Comparison of the human and canine Schiotz tonometry conversion tables in clinically normal cats. J Am Vet Med Assoc 201: 1017-1020, 1992.

Miller PE, Pickett JP: Comparison of the human and canine Schiotz tonometry conversion tables in clinically normal dogs. J Am Vet Med Assoc 201: 1021-1025, 1992.

Renwick P: Diagnosis and management of glaucoma. Practice17: 10-20, 1995.

Roberts SM: Glaucoma in companion animals: Current management and new trends. Calif Vet 48: 9-16, 1994.

Roberts SM: Assessment and management of the ophthalmic emergency in cats and dogs. In The Compendium Collection: Ophthalmology in Small Animal Practice. Trenton, NJ, Veterinary Learning Systems, 1996, pp 252-267.

Wilcock BP, Peiffer RL Jr, Davidson MG: The causes of glaucoma in cats. Vet Pathol 27: 35-40, 1990.

40. 視力に関する危険性 – 角膜潰瘍
VISION-THREATENING CORNEAL ULCERS
Steven M. Roberts, D.V.M., M.S., and Cynthia C. Powell, D.V.M., M.S.

1. 角膜潰瘍はどのような場合に視力を脅かすか？

　定義によれば、角膜潰瘍は角膜上皮が傷付いたり、剥離したときに起きるものとされている。角膜上皮のみに潰瘍が起こった場合は、角膜の透明度は急速に失われ、通常迅速な治療が必要となる。その上皮が欠損すれば、炎症を起こしたり感染症を引き起こし、深部の角膜実質が侵される。もちろん、潰瘍を深刻なものにしてしまう最初の原因は、角膜実質の損傷の程度による。いったん実質が損傷を受けると、角膜の透明度の低下や視力を失う可能性のある、角膜の繊維質やコラーゲン破壊の程度により治療方法が選択される。角膜の厚さは1mmに満たないので、角膜潰瘍から引き起こされる危険性は眼球全体に及ぶと考えるべきである。角膜潰瘍の眼科的治療には、迅速に、かつ視力が損なわれる事態を最小限にするために必要な、効果のある手段を選ぶこととなる。

2. 角膜潰瘍を評価する際に初期診断として何をするべきか？

　まず初めに、角膜に及ぼす範囲や、障害の深さを決定することである。潰瘍の縁が容易にはっきりと区別できない場合には、フルオレセイン染色が適用となり、それには、殺菌した生理的食塩液や人工涙液で湿めらせた細長いテープを使用する。その湿らせた細長いテープを、眼結膜の上部か瞬膜表面の前面に数秒間接触させる。患者は瞬きができる。染色液が多すぎた場合、滅菌した生理的食塩液で洗い流す。角膜が剥離した箇所は、緑色の液体で染まる。斜めの角度から見ると、角膜を通して剥離した角膜の深さを判断することができる。正常な角膜の厚さは約0.75mmである。角膜潰瘍は、角膜浮腫と関連しており、角膜の疾患があるとその厚さが1.5〜2.5mmに増大する。潰瘍の深さは、その程度によりクラス別に分類される。

・上皮侵食

- 実質表面（1/4以下の厚さ）
- 実質前面（1/4の厚さ）
- 実質中間（1/2の厚さ）
- 実質深部（3/4の厚さ）
- 穿孔する寸前（デスメ膜）
- 虹彩脱を伴わない穿孔
- 虹彩脱を伴う穿孔

3. 救急時、臨床医が重症の角膜潰瘍を評価する第2の診断手段は？

　第2の方法は、角膜潰瘍の原因を判定することである。原因が病歴や身体検査で明白でなければ、さらに診断検査を実施しその原因を明確にする。潰瘍の縁や中心部から培養や細胞診断のために標本を採取する。流涙がなければ、シルマー涙試験を行うべきである。ヘッドルーペや診断用耳鏡などの拡大鏡による角膜の検査により、脈管や色素沈着をみつけることができ、両者とも慢性疾患の指標となる。ライトギムザ染色による細胞診により、潰瘍の特性が、化膿炎か敗血性かそれとも非炎症性かが判定できる。これらの検査以外にも他の細胞染色が必要であれば利用する。潰瘍が深ければ軽度の圧力により、破裂やブドウ膜の脱出を起こすことを忘れてはいけない。

4. 深部角膜潰瘍の一般的な原因は？

　角膜疾患の少なくとも30%が角膜潰瘍によるものであり、外傷や慢性の基礎的な疾患や角膜への直接的な細菌、真菌、ウイルスの感染によるものである。敗血症性の潰瘍は、特に危険である。なぜなら、進行すると急速に実質の炎症、壊死、融解を起こすためである。深部角膜潰瘍を起こす特別な原因は、外傷（鈍性、異物、鋭性）、眼瞼異形成（睫毛重生、睫毛乱生、眼瞼内反）、乾性角膜炎、兎眼（牛眼、眼球突出、顔面神経麻痺）、熱傷、化学性火傷（酸、アルカリ、洗剤）や感染である。コンパニオン・アニマルの通常の伝染媒介は、*Staphylococcus intermedius* や *S.aureus*、*Pseudomonas aeruginosa* や *Aspergillus* spp.、*Fusarium* spp. やネコヘルペスウイルスなどである。細菌感染は角膜潰瘍の深部への急速な進行を招くことである。

5. 角膜潰瘍のある動物を病院に連れていく前に自宅でできる応急手当は？

　傷の深さがわからないので、飼い主には眼の周囲には慎重に触れるよう伝える必要がある。少なくともその動物が、自分の足や他のものにこすって傷つけないように監視し、それをやめさせなければならない。また、他のペットがいる場合、潰瘍のあるペットの顔を舐めないようにしなければならない。ペットの眼に穿孔がないとわかっていれば、飼い主は、殺菌した洗眼液で眼を洗浄しても良いだろう（しかし、これは飼い主が通常簡単にできることではない）。状況によっては、飼い主が抗生物質点眼薬を点眼することが推奨されている。問題となるのは、①間違った薬物を使用すること、②抗生物質の投与により、投与培養結果へ影響すること、③治療により多くの外傷を誘発することがあること、④飼い主がペットに傷つけられること、などである。一般的に、飼い主にはすぐに獣医師にその動物を診せることを勧める。

6. 角膜潰瘍に対する治療をどのように行えば良いか？

当然ながら、角膜表層の潰瘍に対する治療効果は、程度が重い潰瘍よりも良好である。第一の関心事は、眼の表面が無菌ではない可能性があることである。潰瘍が汚染されたり、感染していなければ治療に対する反応は良好であろう。したがって、感染の疑いがある場合には、抗生物質の点眼を1日に4回行う。さらに実質侵襲があれば頻回に1～2時間おきの抗生物質の点眼を行う。前部ブドウ膜炎の症状がある場合には、第一段階として、アトロピン点眼液を、眼の表面の麻痺と散瞳を目的として数回、点眼する。それにより、治療中に散瞳が持続する。次に、全身的な非ステロイド系抗炎症薬が前部ブドウ膜炎の潰瘍に使用される。また、猫でヘルペスウイルス感染が疑われるときには、trifluorthymidine液やイドクスウリジン軟膏や経口アシクロビルを添加する。角膜潰瘍はすべて、初期の局所療法開始後、数日から1週間程度で再評価する必要がある。

7. 角膜潰瘍の治療に最適の抗生物質は？

理想的な広域抗菌薬や、それを組み合わせたものが使用される。コンパニオン・アニマルからはグラム陽性菌が最も頻繁に分離される。動物病院で常時使用されている抗菌薬の組み合わせには、ポリミキシンB、ネオマイシン、バシトラシン、あるいはポリミキシンB、ネオマイシン、グラミシジンの点眼液などがある。ゲンタマイシンは単独で使用される点眼薬で、広範囲に治療に使用され、グラム陰性菌や多くのストレプトコッカス属の細菌にも感受性がある。必要であれば、眼科用のシプロフロキサシン、オフロキサシン、トブラマイシン点眼液も使用できる。様々な抗生物質注射液を単独もしくは複合して眼の表面の涙液として使用できる。しかし、多くの種類のペニシリン系やセファロスポリン系は、アミノグリコシド系抗生物質と併用できない。処方する抗生物質やその複合薬を使用する前に、薬物の専門家と検討するべきである。

8. 外科手術が予想される場合、術前の患者管理をどのようにするか？

動物にとって眼という器官は、生活上絶対的に必要なものではない。動物をまず安定した状態や、全身麻酔や眼科手術が可能である生理学的に恒常性のある状態に回復させなければならない。眼の組織が汚染されたり、細菌感染が起こった場合は、外科手術の前に、局所的に、あるいは必要に応じて全身的な抗生物質の投与を行うべきである。別な方法がないかぎり、通常眼の外科手術の際には術前の全身への抗生物質投与が必要となる。前部ブドウ膜炎が認められれば、非経口的な非ステロイド剤やコルチコステロイドを投与する（動物の状態によっては与えないこともあるが）。オキシモルフォンやブトルファノールのような鎮痛薬は、患者の快適さや、自己を傷つける機会を少なくするために有効である。

9. 緊急時に臨床獣医師が行う外科的な修復法とは？

瞬膜縫合や一時的な眼瞼縫合術のような眼瞼による保護は、傷の治癒を促進する。しかし、眼瞼縫合術は、治癒経過の評価を妨げるので、これは眼の保護方法としては理想的であるとはいえない。角膜移植を実行することは容易ではなく、専用の器具を必要とする。緊急医療に従事する獣医師は、破裂した角膜を正確な縫合で閉鎖するべきであるが、緊急時にはこれを実行するのは不可能であろう。眼瞼の縫合は4-0から5-0の縫合糸を使用し、角膜には7-0か

8-0の縫合糸を使用する。

参考文献

Hakenson N, Lorimer D, Merideth RE: Further comments on conjunctival pedicle grafting in the treatment of corneal ulcers in the dog and cats. J Am Animal Hosp Assoc 24: 602-605, 1988.

Nasisse MP: Canine ulcerative keratitis. In The Compendium Collection: Ophthalmology in Small Animal Practice. Trenton, NJ, Veterinary Learning Systems, 1996, pp 45-59.

Nasisse MP: Manifestations, diagnosis, and treatment of ocular herpesvirus infection in cats. In The Compendium Collection: Ophthalmology in Small Animal Practice. Trenton, NJ, Veterinary Learning Systems, 1996. pp 210-218.

Roberts SM: Assessment and management of the ophthalmic emergency in cats and dogs. In The Compendium Collection: Ophthalmology in Small Animal Practice. Trenton, NJ, Veterinary Learning Systems, 1996, pp 252-267.

Wiliams D: The treatment of corneal ulcers. Vet Prac27 (13): 3-4, 1994.

V

呼吸器系疾患における救急救命療法
Respiratory Emergencies

Section Editor: Deborah R. Van Pelt, D.V.M., M.S.

V

呼吸器系疾患における救急救命処置
Respiratory Emergencies

Section Editor: Deborah R. Van Dyke, DVM, MS

41. 猫の喘息
ASTHMA IN CATS
Kelly J. Diehl, D.V.M., M.S.

1. 喘息とは？その診断基準は？

喘息とは、可逆性の気管支痙攣により気道閉塞を引き起こした状態をいう。猫における喘息（猫の気管支疾患）の診断基準は次のとおりである。
- 気道閉塞の治療に反応する治療経過と臨床所見がある。
- 喘息ではX線所見の変化が一貫して観察される（高度の気管支拡張を伴った気管支肥厚）。
- 気道の炎症が臨床病理学的に観察される。

2. 猫の喘息の徴候、臨床所見、経過、身体検査所見を挙げよ。

喘息はすべての猫の品種でみられ、シャムとヒマラヤンで多い傾向にある。性差は認められず、あらゆる年齢で発症している。最も一般的な経過所見は咳嗽で、喘息の最初の症状が現れた時点から急性呼吸不全を起こす例もある。発作を起こしていないときの身体検査では異常所見が全く認められないこともある。呼吸不全、喘鳴音、気管支音の増大が聴取されることもある。

3. 鑑別診断時に考慮すべき他の疾患は？
- 心疾患
- 新生物（腫瘍）
- 感染性肺疾患
- 肺内異物
- 肺血栓塞栓症
- フィラリア症
- 上部気道疾患
- 胸膜疾患

4. 喘息の診断時に最も有効な検査は？

多くの検査所見で正常な場合が多いが、胸部X線検査は他の疾患との鑑別と、喘息の確定診断に役立つであろう。

5. 喘息で観察されるX線所見は？

X線上での異常所見は、気管支壁の肥厚、横隔膜の平坦化（過度に膨張した肺）、肺野の透過性亢進（空気貯留の示唆）、そして時として肺の右側中葉に無気肺が認められる（猫で11%）。

6. 喘息の症例で推奨される補助的な検査は？最も一般的な所見は？

CBCで末梢血の好酸球増加症が認められることもあるが、好酸球増加症の存在の有無のみを、喘息の鑑別ガイドラインにしてはいけない。生化学検査と尿検査は確定診断には使用でき

ないが、他の疾患を消去するのに有益である。

　寄生虫性疾患の鑑別のための糞便検査を、すべての症例で行う必要がある。気道からの細胞の採取（気管支洗浄、気管支肺胞洗浄、気管ブラッシング）により好酸球が認められても、喘息特有の症候ではない。気管あるいは気管支分泌物の細菌・真菌についての培養については、議論が分かれている。つまり、ある研究者は微生物が気道反応性に直接関与していると主張しているし、それらは二次的な事象とする意見もある。また、それらは無関係であるという者もいる。気管支疾患を有する猫の24％で細菌培養陽性という研究がいくつかあり、*Mycoplasma sp.* が気道疾患の猫から培養されたという報告もある。これらを考察すると、喘息の猫では細菌培養を実施した方が良いだろう。

7. 猫の喘息の伝達物質として何が考えられているか？

　研究によると、セロトニンが猫の肥満細胞の一次伝達物質である。インターロイキン5は好酸球の化学誘発物質であり、伝達物質の役割も果たしている。好酸球は猫の肺病変に関係する一次作動因子細胞である。好酸球は気道の炎症や細胞の破壊によって顆粒からある物質を放出する。これらの物質は気道平滑筋細胞を刺激し、過反応の状態にする。

8. 猫の喘息における病理組織学的所見は？

　炎症性細胞浸潤（多くが好酸球）が粘膜下でみられ、粘膜固有層の中にまで浸潤が広がっている。慢性炎症の徴候（上皮、腺、筋の肥厚、線維化、気腫）が病理組織学的評価によって確認されることもある。

9. 猫の喘息による急性呼吸不全の治療法は？

　重度の呼吸不全の猫には、可能なら、即効性活性型コルチコステロイドを静脈内投与する。酸素療法は有効で、併せてケージレストも行う。重症の猫でもこの治療法によく反応する。アミノフィリンあるいはテルブタリンが猫の急性呼吸不全の気管支拡張薬として用いられる。時には、緊急状態でエピネフリンを用いることもある。エピネフリンは期外収縮を引き起こす可能性があるので（時として致死的）、慎重に投与しなくてはならない。

猫の喘息の治療に使用される薬物

薬物	薬用量	使用
コルチコステロイド		
コハク酸プレドニゾロンナトリウム	50～100mg/頭	緊急治療
デキサメサゾン	1mg/kg IV、IM	緊急治療
プレドニゾロン	1～2mg/kg 経口 2～4回/日	維持療法
酢酸メチルプレドニゾロン	10～20mg/頭 IM 2～4週間隔 その後2～8週間隔	維持療法
気管支拡張剤		
メチルキサンチン類	50～100mg/頭 24時間間隔（夜間）	維持療法
－徐放性錠剤（Theo-DurまたはSlo-Bid）		
β遮断剤		
エピネフリン	20μg/kg IV、IM、IT、SC	緊急治療

次ページへ続く

猫の喘息の治療に使用される薬物（続き）

テルブタリン	0.01mg/kg SC	緊急治療
	0.1mg/kg または 0.625mg/頭 経口 12 時間間隔	維持療法
その他		
シプロヘプタジン	1～2mg/頭 経口 12 時間間隔	維持療法
サイクロスポリン A	10mg/kg 経口 12 時間間隔（血中濃度を測定すること）	維持療法

10. 喘息の長期治療時に考慮するべき環境は？

　喘息はコントロールできるが、完治は困難で、咳嗽が常時残ることもあることを飼い主に伝える必要がある。環境誘発因子はわかっていないが、ヒトの喘息では、タバコの煙、大気汚染、汚れたセントラルヒーティング・システムが状態を悪化させる（排除は非常に困難である）。子猫達の敷き物を新聞紙あるいは埃の少ない素材に変えることは有効である。ほとんどの症例で、誘発物質を明らかにできず、治療を行う必要がある。

11. 喘息の長期間にわたる薬物療法について述べよ。

　コルチコステロイド投与が、猫の長期療法の主な治療法となっている（41-9.の表を参照）。当初、高用量で使用し、臨床的な反応が認められたなら、急性喘息発作がみられずに咳嗽が減少した状態を維持するのに必要最低量まで徐々に減量する。コルチコステロイドを経口的に投与できない場合は、徐放性注射製剤も使用されている。気管支拡張薬が喘息の症状を改善するために使用されることがあるが、長期療法に使われるコルチコステロイドの量を少なくできることもある。毎晩1回投与のテオフィリン（メチルキサンチン）あるいはテルブタリン（β2作動薬）が通常使用される気管支拡張薬である。さらに、急性発作が起こったときのために家庭でテルブタリン注射を行う方法を飼い主は習得しておく必要がある。β2作動薬の長期投与は、ヒトでは罹患率と致死率の上昇に関係している。さらにβ作動薬は心疾患のある猫では使用すべきではない。セロトニンが猫の気管収縮の重要なメディエーターであるので、シプロヘプタジンも難治性喘息の猫に使用される。サイクロスポリンAはT細胞の活性化を抑制する（その代わりにインターロイキンを産生する）ため、喘息の治療にヒトでうまく使用され効果を上げており、そして臨床的に、猫でも使用されてきている。重度で難治性な喘息には勧められる。感染が認められたなら、培養・感受性試験の結果に基づく適切な治療を開始する（喘息の感染原因をそれだけ培養できるのは稀ではあるが）。

12. どのように長期にわたり患者をモニタリングするべきか？

　疾患の重症度により推奨されるモニタリングは様々である。重度感染患者には症状がコントロールされるまで、必要なら3～6カ月ごとに評価する必要があるであろう。気道疾患の悪化あるいは急性呼吸不全の徴候がみられた場合は、飼い主は獣医師に連絡するべきである。

論 点

13. 猫の喘息はどのように分類されるか？

　数人の研究者が猫の下部呼吸器疾患に関して、より正確な分類を提案しており、それによるとヒトの下部呼吸器疾患の指標に従ったもので、気管支喘息、急性気管支炎、慢性気管支炎、慢性喘息性気管支炎、気腫を伴った慢性気管支炎としている。このような分類をまったく用いていない研究者もいる。

14. 猫の喘息におけるヒスタミンの役割は？

　ヒスタミンはヒトの喘息では疑いもなく重要な伝達物質であるが、猫の喘息に対する病因学的な役割に関しては、研究上疑問視されている。事実、ある抗ヒスタミン薬の投与は猫の喘息症状を悪化させる。

参考文献

1. Johonson L: Bronchial disease. In Consultations in Feline Internal Medicine, vol. 3. Philadelphia, W. B. Saunders, 1997, pp 303-309.
2. Moise SN, Wiedenkeller D, Yeager AE, et al: Clinical, radiographic and bronchial cytologic features of cats with bronchial disease: 65 cases (1980-1986). J Am Vet Med Assoc 194: 1467-1473, 1989.
3. Padrid PA: Asthma, bronchitis—Cats. In Five Minute Veterinary Consult. Baltimore, Williams & Wilkins, 1997, pp 370-371.
4. Padrid PA: Chronic lower airway disease in the dog and cat. In Problems in Veterinary Medicine. Philadelphia, J. B. Lippincott, 1992, pp 320-345.
5. Padrid PA: New strategies to treat feline asthma. Vet Forum 46-50, 1996.

---

42. 吸引(誤嚥)性肺炎
ASPIRATION PNEUMONITIS

Deborah R. Van Pelt, D.V.M., M.S.

---

1. 吸引性肺炎の発症にはどのような潜在状態が素因として存在するか？

- 意識状態の変化（沈うつ、中枢神経系疾患、麻酔下）
- 中咽頭部の状態（軟口蓋裂傷、強制給餌）
- 食道疾患（血管輪奇形、固有運動性疾患、巨大食道症）
- 正常な防御能の機能的破壊（咽頭チューブ、気管チューブ、気管瘻孔チューブ）
- 胃食道逆流

- 他の原因による持続的な嘔吐

2．吸引性肺炎の患者で通常、分離される細菌は？
　一般的に、吸引性肺炎の細菌は中咽頭部から分離され、好気性および通性嫌気性菌の両者が広く認められ、*Escherichia coli*、*Klebsiella* sp.、*Pasteurella* sp.、*Bordetella* sp.、*Streptococcus* sp. などがある。

3．吸引性肺炎の4つのタイプを挙げよ。
 1. 化学物質性肺炎（下部呼吸器に曝露された液性毒物による肺の炎症反応）
 2. 化学作用のない液体の吸引による反射性気道閉塞
 3. 化学作用のない液体あるいは微小物質の吸引による機能的閉塞
 4. 中咽頭部への細菌叢の吸い込みによる感染

4．化学物質性吸引性肺炎における肺の反応の重症度は何で決まるか？
- pH
- 胃酸の量
- 微小物質の存在

　pH2.5以下の物質を吸引した場合、数分以内に病理組織学的変化が起こる。以前は、pH2.5以上の物質は病原性がないと考えられていた。しかし、pH5.9の胃内容物の吸引が原因で、重度の低酸素症と肺内シャント（血液還流はあるが換気がない領域で静脈血が十分に動脈血化されないまま動脈血と混ざり合う現象）を起こした例が報告されている。微小物質が存在するなら、pHが2.5以下であろうがそれ以上であろうが、問題となる肺炎が発生する。しかし、pHが低いものほど、より深刻な反応を引き起こす。

5．化学物質性肺炎患者の胸部X線所見の変化を述べよ。
　多量の酸を吸引していなければ、吸引直後のX線学的変化はごく僅かである。さらに12～36時間経つと、拡散性あるいは限局性の肺胞浸出がみられ、結果的に肺炎に進行する。

6．生理的食塩液、水、バリウムのような不活性物質の吸引により、どのような病理学的および臨床的症状が起こるか？
　典型的な不活性物質の吸引は肺の一過性のダメージのみで、通常は一過性呼吸不全と自己限定性（一定の期間で終わる傾向を持つ疾病）低酸素症を引き起こす。しかし、多量に吸引した場合は、気道の物理的閉塞が起こるので、呼吸不全と窒息状態となる可能性がある。

7．酸を吸引し、化学物質性肺炎を起こした場合、吸引物質の中性化を図るべきか？
　酸性物質の吸引により、典型的には、数秒から数分以内に広範囲にわたる肺の障害が起こる。吸引した酸は通常数分以内に気管-気管支分泌により中性化される。希釈により気道の物理的閉塞をさらに悪化させることもある。洗浄を行う場合は、吸引直後に生理的食塩液のみで行うべきこと。

8. 吸引性肺炎患者にみられる補助的酸素療法に対する限定的な反応は、どのような病態生理学的理由によるか？

重症の吸引性肺炎の患者では、部分的肺胞虚脱による肺還流の変化により肺換気／肺血流（V/Q）不均衡が起こる。微小気道閉塞の結果として完全肺胞虚脱が生じ、肺内シャントが起こる。無換気肺胞は肺動脈血ガスのPaO_2の増加に関与しないため、一般的に肺内シャントによる低酸素症は、補助的酸素療法にほとんど反応を示さない。酸素にほとんど反応しない低酸素症患者では、陽圧換気が低酸素症の改善に必要だろう。

9. 吸引性肺炎の治療には抗生物質が必要か？

抗生物質は限局性化学性肺炎と不活性物質の吸引の症例のほとんどで必要ない。そのような状況は感染時にも稀にみられる。上部気道の正常細菌叢の吸引による二次性肺症の場合には、抗生物質を使用するべきである。

10. 吸引の既往を有する患者で、臨床家が肺感染を疑うべき臨床症状を挙げよ。
    - 発熱
    - 白血球増加症
    - 粘性膿性鼻汁あるいは口腔咽頭分泌物
    - エアー・ブロンコグラムを伴った肺葉硬化のX線所見

11. 喀痰あるいは気管支洗浄物の培養結果が出ていない場合、吸引性肺炎の治療にはどのような抗生物質を使用するべきか？

すべての病原性細菌に対して有効と考えれられる抗菌域の広い殺菌性抗菌薬の投与を開始する。例えば、アミノグリコシド系あるいはエンロフロキサシンとセファロスポリン系とのコンビネーションが挙げられる。あまり重篤ではない場合には、トリメトプリム－サルファ剤の合剤あるいはクロラムフェニコールも使用される。

12. 吸引性肺炎患者において、古くから患部となりやすいと考えられている肺葉を記述せよ。

どの肺葉（左および右前葉を含む）にもみられるが、右側中葉が最も頻繁に侵される。

13. 吸引性肺炎の治療に気管支拡張薬は有効か？

吸引の続発症として気管支痙攣が認められることがあるので、緊急的な気管支拡張薬の使用は、重症の呼吸不全の症例に対して効果があるだろう。アミノフィリンあるいはイソプロテレノールが使用される。

論点

14. 吸引性肺炎の治療における、コルチコステロイドの単発的、持続的投与について考察せよ。

単発的投与：コルチコステロイドは血小板と多形核白血球の凝集を減少させ、ライソゾーム膜の安定化、そして抗炎症作用を有する。

持続的投与：コルチコステロイドは、異物を包囲し限局化させる正常防御機構を妨げる

（コルチコステロイドを使用して治療した患者は、使用していない患者よりも、炎症反応が長く持続したという報告がある）。動脈血酸素濃度、心拍出量、肺動脈圧あるいは生存率の改善がコルチコステロイドの治療で全く認められなかったと報告されている。

参考文献

1. Boothe DM, McKiernan BC: Respiratory therapeutics. Vet Clin North Am（Small Animal Pract）22: 1231-1258, 1992.
2. Hawkins EC: Aspiration pneumonia. In Bonagura JD（ed）: Current Veterinary Therapy VII. Philadelphia, W. B. Saunderes, 1995, pp 915-919.
3. Khawaja IT, Buffra SD, Brandstetter RD: Aspiration pneumonia. Postgrad Med 92: 165, 1992.
4. Orton EC, Wheeler SL: Continuous positive airway pressure therapy for aspiration pneumonia in a dog. J Am Vet Med Assoc 188: 1437, 1986.
5. Schwartz DJ, Wynne JW, Gibbs CP, et al: The pulmonary consequence of aspiration of gastric contents at pH values of greater than 2.5. Am Rev Respir Dis 121: 119-126, 1980.
6. Tams TR: Aspiration pneumonia and complications of inhalation of smoke and toxic gases. Vet Clin North Am（Small Animal Pract）15: 971-989, 1985.
7. Tams TR: Pneumonia. In Kirk RW（ed）: Current Veterinary Therapy X. Philadelphia, W. B. Saunders, 1989, pp 376-384.

---

43. 犬フィラリア症
DIROFILARIASIS
Kelly J. Diehl, D.V.M, M.S.

---

1. 犬フィラリア症の原因は？

犬フィラリア症はフィラリア属の *Dirofilaria immitis* が原因となる。

2. *D.immitis* のライフサイクルを述べよ。

犬フィラリア症は感染した蚊により媒介される。蚊は、感染した宿主の血液を吸引したときにミクロフィラリアを一緒に吸引する。ミクロフィラリアは蚊の体内で2回脱皮し、その後、蚊が次の吸血をする際に犬に感染させる。子虫（L3）が皮膚から侵入し、およそ3.5カ月間、宿主の体の中を移動する。移動の間に若いフィラリア（L5）に成長し、血管系に入り、肺動脈へと血流に乗って移動する。成虫はミクロフィラリア（L1）を産出し、それは血流に乗り、他の蚊が吸血するときに吸引される。

3. *D.immitis* の病原性は？

犬フィラリア成虫に対する固有宿主の免疫反応により、犬フィラリア感染における病変が形成される。犬フィラリア成虫は血管内膜を傷つけ、損傷を受けた血管内膜は白血球を誘引し、様々な栄養因子を放出する。そして選択的透過性を緩和させる。特徴的な病理組織学的変化は、肺動脈の内膜表面にある動脈内膜筋の増殖である。これらの変化は、肺高血圧と間質液貯留を伴った局所性炎症を起こす。肺血管内の高血圧は右心室の仕事量を増加させ、その結果、増加した仕事量に反応して右心室は肥大・拡張し、最終的には心不全となる。

4. 成虫駆除治療を実施する前にどのような検査をするべきか？合併症を予測できるのはどの検査か？

血液理学検査、生化学検査、尿検査、X線検査、心電図検査を成虫駆除治療実施前に行うことが推奨されている。血液検査は続発性疾患（特に肝疾患や腎疾患）を除外するのに有益であるが、肺疾患の程度を決定したり、肺血栓塞栓症の危険性が増加しているときに、患者がどのような状態であるかを調べるには、X線検査だけが有効である。心電図検査は後大静脈症候群の診断に有益である。

5. 犬フィラリア症の診断にはどのような特殊スクリーニング検査が用いられるか？

いまだにミクロフィラリア集虫法と全血直接塗抹法が犬のフィラリア症のスクリーニングに時々使用される場合が多い。しかし、新しい免疫診断検査は、より感度と特異性が高く、ミクロフィラリア陰性の感染犬でも検出可能である。その上多くの臨床家に簡便に利用できるので、他の方法は使われなくなっていくだろう。循環血中のミクロフィラリアを検出する検査は、ジエチルカルバマジン（DEC）の投与を毎日受けている犬のみで重要である。DECをミクロフィラリア陽性犬に投与すると、生命を脅かす副作用が発現する可能性がある。

6. 推奨される成虫駆除治療法は？治療にかかるおおよその時間は？

2つの推奨される方法がある。すなわち有機砒素剤であるサイアセタルザマイドと、さらに新しいメラルゾマイン・ジヒドロクロライドである。サイアセタルザマイドは1日2回投与し、48時間以上かけて投与する。基本的には12時間間隔で投与するが、新しいデータによると8時間隔で2回投与し、各々の朝に始めて、第1日目の2回目の投与と第2日目の1回目投与の間を16時間以上あける必要はない。メラルゾマインは24時間ごとに2回投与し、4カ月後に再投与する。

犬と猫のフィラリア症に関係する薬物と投与量

薬　　物	容　　量
成虫駆除薬	
サイアセタルザマイド	2.2mg/kg IV 1日2回　4回投与（犬、猫；猫ではケタミンの前処置が勧奨される）
メラルゾマイン	2.5mg/kg IM 24時間間隔　2回投与（犬）
ミクロフィラリア駆除	
アイバメクチン	

次ページへ続く

犬と猫のフィラリア症に関係する薬物と投与量（続き）

薬　　物	容　　量
成虫駆除	6〜12μg/kg 経口　ミクロフィラリア駆除前に1回（犬、猫）
ミクロフィラリア駆除	50μg/kg 経口　成虫駆除後1回（犬、猫）
予防薬	
ミルベマイシン	500μg/kg 30日間隔（犬、猫）
アイバメクチン	24μg/kg 30日間隔（犬、猫）
クエン酸ジエチルカルバマジン	2.5〜3.0mg/kg 24時間間隔（犬）
その他	
プレドニゾン	1mg/kg 経口　24時間間隔
アスピリン	5〜10mg/kg 経口　24時間間隔
ヘパリン	75U/kg SC 8時間間隔
酸素療法	必要に応じて

7. 成虫駆除治療の合併症として考えられることは？

　サイアセタルザマイドには肝毒性があり、また血管外にもれた場合にはきわめて腐食性が強い。メラルゾマインは筋肉内注射が可能という利点があるが、通常注射部位の疼痛と腫脹が認められる。メラルゾマインは肝毒性を持たない。駆虫による二次的な肺血栓塞栓症が、成虫駆除後10〜21日に生じる重大な合併症である。厳重な休養が血栓塞栓症の唯一かつ最も重要な治療である。それは治療が、予防よりも非常に難しい問題だからである。肺血栓塞栓症の治療には酸素療法、ケージレスト、コルチコステロイド療法、抗血栓薬がある。

8. 成虫駆除を確認するために実施される検査は？

　まず最初に、治療した犬の臨床症状の改善が、少なくともフィラリアの一部が死滅したことを示唆する。すべて、あるいはほとんどの成虫が駆除された場合、治療後3カ月で抗原は消失する。およそ3カ月間隔での定期的な抗原検出検査が推奨されている。陽性（弱陽性も含めて）結果は、成虫の頑固な生存を示すが、通常雌であることが多い。

9. どのようなミクロフィラリア駆除薬が応用できるか？治療の時期および合併症について考察せよ。

　どのミクロフィラリア駆除薬も食品薬品監督局（FDA）に認可されていない。

　アイバメクチンあるいはミルベマイシンオキシムの指示外使用が安全なミクロフィラリア駆除薬として広く受けいれられている。すなわち両薬物とも、一般的に成虫駆除完了後、3〜4週間投与する。ミルベマイシンオキシムは予防量で十分なミクロフィラリア駆除効果がある。そして、成虫駆除の前処置として、ミクロフィラリアを駆除するためには、通常1回投与で十分である。アイバメクチンの50μg/kgの1回経口投与もミクロフィラリア駆除の効果がある。両薬物の副作用はミクロフィラリアの急速な死滅に関係しており、元気消失、可視粘膜蒼白、頻回呼吸を起こす。症状は緩慢で、一般的には対症療法によって消退していく。ほとんどの研究者が治療後数時間の入院を勧めている。

10. 犬のフィラリア予防薬にはどのような薬物があるか？それらの副作用は？

アイバメクチンとミルベマイシンオキシムはともに効果的な予防薬である。これらは毎月投与するもので、副作用の報告はされておらず、非常に安全性が高い。ジエチルカルバマジン（DEC）は、稀に連日投与のフィラリア予防薬として使用されている。ミクロフィラリア陽性犬ではDECに激しい反応を示すことがある。

11. アイバメクチンとミルベマイシンは、予防量で殺ミクロフィラリア効果があるか？あるならば、このことがフィラリアの感染を検出する診断検査にどのような変化をもたらすか？

6～8カ月間にわたる投与で、両者とも殺ミクロフィラリア効果を有している。そのため抗原検査をフィラリア感染のスクリーニングに使用すると良い。

12. 犬では、フィラリア感染の検査をどのぐらいの頻度で行うべきか？

検査の頻度は議論のあるところだが、ほとんどの臨床家が、地方の犬には毎年、感染率の低い地域では1～2年ごとに検査することを推奨している。

13. 犬フィラリア症の補助療法として、稀に用いられる他の治療法には何があるか？

他の薬物の必要性や、それらの評価には議論の余地があり、コルチコステロイドが論議の中心である。アレルギー性肺疾患（好酸球性肺炎）がX線検査で証明された猫および犬におけるそれらの使用を多くの獣医師が推奨している。成虫駆除療法前の1週間にコルチコステロイドを使う必要がある。これを行わないと犬フィラリア成虫の死滅割合が減少するだろう。肺血管の変化（肺炎を伴わず）が存在する場合は、アスピリン療法を成虫駆除療法の前に始めることがある。さらに、アスピリン療法は肺血栓塞栓症の発生を減少させる。

14. 犬の成虫駆除療法の前にアイバメクチンで前処置を行うことに関する議論は？

ある臨床家は、成虫駆除療法を始める前にアイバメクチンの使用を提唱している。アイバメクチンがL4幼虫を死滅させる。それは成虫駆除療法後、ミクロフィラリア駆除薬が投与されるまでの間に、成虫に発育する可能性があるからである。

15. アイバメクチンにより駆除できるのは幼虫のどのステージか？その時期はいつか？

アイバメクチン治療5～6カ月後にL5ステージが死滅することが証明されている。さらにある研究では、アイバメクチンの継続使用の18～20カ月後にフィラリアの成虫でさえ死滅することが示唆されている。

16. 後大静脈症候群とは？それはどのように治療されるか？

後大静脈症候群はフィラリア濃厚感染の患者に発生する。循環不全とショックが特徴で、赤血球の破壊による黄疸と、ヘモグロビン尿症あるいはヘモグロビン血症を伴う。多数の成虫により三尖弁と右心房が閉塞され、ときには前大静脈にも広がることがある。心電図が診断の確定の参考に使用される。そのような患者は、閉塞を伴わない重症のフィラリア症と鑑別しなければならない。選択すべき（そして不可欠な）治療法は、虫体の頸静脈からの外科的摘出である。

17. 猫の犬フィラリア症について報告されている発生率は？

アメリカ南西部での研究では、2.5～14％の感染率と報告されている。ノースカロライナ州立大学の Dr.Atkins は、感染率を 25％ と報告した。猫での発生率はその地域の犬のおよそ 10％ である。

18. 猫の犬フィラリア症の最も一般的な症状は？猫で最も診断に有効な検査は？

猫の慢性フィラリア症で最も多く認められる症状は嘔吐と呼吸器症状（咳嗽）である。可能ならばフィラリアの抗原検査が、猫のフィラリア症の診断に有効である。

19. 猫の犬フィラリア症の治療に関する議論は？

Dr.Atkins は、発生率の高い地域では猫のフィラリア予防を勧めている。猫の治療は安全ではなく、死亡する可能性が非常に高いからである。サイアセタルザマイドでの成虫駆除療法は危険を伴う。正常な猫が、致死的な肺の反応を起こすことが多い。多くの猫は成虫駆除療法後、肺血栓塞栓症を起こす。臨床症状が、そのリスクを上回るレベルでなければ、多くの研究者が猫での成虫駆除療法を勧めていない。ある研究者はケタミンを、その抗セロトニン作用（セロトニンは猫で強力な気管支痙攣作用を持つといわれている）のために、前処置に勧奨する臨床家もいる。新しい成虫駆除薬であるメラルゾマインは猫では使用されていない。ほとんどの猫がミクロフィラリア陰性であるため、ミクロフィラリア駆除薬は不必要である。

参考文献

1. Atkins CE: Feline cardiovascular disease: Therapeutic considerations. Proceeding of the 14th ACVIM Forum, San Antonio, TX, 1996, pp 175-177.
2. Blagburn BL: Microfilaricidal therapy: Review and update. Vet Med July: 630-638, 1994.
3. Calvert CA, Rawlings CA: Canine heartworm disease. In Canine and Feline Cardiology. New York, Churhill Livingstone, 1988, pp 519-549.
4. Calvert CA: Heartworm disease. In Mannual of Canine and Feline Cardiology. Philadelphia, W. B. Saunders, 1995, pp 225-229.
5. Coleman MW: Legal and medical considerations in dispensing heartworm preventives. Vet Med June: 552-558, 1994.
6. Dillon R: Feline heartworms: More than just a curiosity. Vet Forum Dec: 18-26, 1995.
7. Dzimianski MT: Developing a heartworm prevention program. Vet Med June: 545-550, 1994.
8. Knauer KW: State of the art heartworm therapy. Proceedings of the 14th ACVIM Forum, San Antonio, TX, 1996, pp 189-191.
9. Knight DH (ed): Proceedings of the Heartworm Symposium 95. Batavia, IL, American Heartworm Society, 1996.
10. Knight DH: Should every heartworm-infected dog be treated with an adulticide? Vet Med July: 620-628, 1994.
11. Knight DH: Guidelines for diagnosis and management of heartworm (Dirofilaria immitis) Infection. In Current Veterinary Therapy XII. Philadelphia, W. B. Saunders, 1995, pp 879-887.
12. McCall JW, Calvert CA, Rawlings CA: Heartworm infection in cats: A life-threatening disease. Vet Med Jully: 639-647, 1994.

13. MacTier TL: A guide to selecting adult heartworm antigen test kits. Vet Med June: 528-544, 1994.
14. Miller MW: Therapeutic strategies for dogs with severe heartworm disease. Vet Prev 1: 5-7, 15, 1994.
15. Rawlings CA, Calvert CA: Heartworm disease. In Textbook of Veterinary Internal Medicine. Philadelphia, W. B. Saunders, 1995, pp 1046-1068.
16. Rawlings CA, Calvert CA: Heartworm disease—Dogs. In Five Minute Veterinary Consult. Baltimore, Williams & Wilkins, 1997, pp 189-191.

---

44. 肺血栓塞栓症
PULMONARY THROMBOEMBOLISM
Deborah R. Van Pelt, D.V.M., M.S.

---

1. 肺血栓塞栓症（PTE）への進行に関与している基礎疾患は？
   - 免疫介在性溶血性貧血
   - 副腎皮質機能亢進症
   - DIC
   - フィラリア症
   - 甲状腺機能低下症
   - 膵炎
   - 蛋白漏出性糸球体腎症
   - 心疾患
   - 腫瘍
   - 敗血症

2. 肺血栓塞栓症の犬での典型的なX線所見を述べよ。
   犬の肺血栓塞栓症の2つの一般的なX線所見は、部分的な肺浸出を伴った巣状無気肺と部分的血流量減少である。しかし、かなりの割合のPTE患者で、胸部X線検査は正常である。PTEが疑われる患者に胸部X線を行う一番の理由は、気胸のようなPTEの症状に似ている他の疾患の除外にある。

3. PTE患者の典型的な動脈血ガス分圧について述べよ。
   PTE患者の動脈血ガス分圧の最も一般的な所見は、低酸素症（PaO_2の減少）、中等度の呼吸性アルカローシス（$PaCO_2$の減少）、上昇した肺胞-動脈（A-a）勾配（PAO_2-PaO_2）である。

4. PTE診断の最も良い方法は？
   PTE診断の最も良い方法は肺血管造影である。しかし、肺換気／肺血流（V/Q）走査は簡単に応用でき、PTEの診断に用いられる。正常なV/QはPTEの除外診断に有益である。ところが、異常スキャン（血流量減少領域でみられた）で、低酸素症の臨床症状が伴っていれば

PTEの診断が支持される。

5. PTE患者はなぜ補助的酸素療法に劇的に反応するのか？
　PTE患者は高度のV/Q異常がある低酸素症である。換気は正常であるが、拍出量は著しく減少する。肺動脈血は血栓のために、肺の他の領域に流出する。補助的酸素療法を施したときに、肺野の全血流量は肺胞酸素レベルの上昇により上がり、PaO_2は上昇する。

6. 血栓溶解薬をPTEの治療に使用すべきか？
　PTE患者の治療の1つの目標は血栓の融解を促進することで、理論的には血栓溶解薬の投与が助けとなる。ヒトのPTE患者で、ヘパリンのみと血栓溶解療法を比較する臨床的試みが数多く行われたが、病状や死亡率に差異はみられなかった。血栓溶解療法は続発症の発生率が高く、ヘパリンのみの方が優れている。筆者の経験では、血栓溶解薬の使用は、動物のPTE患者の死亡率減少に役立っていない。

7. 基礎疾患治療以外のPTEの薬物治療を3つ挙げよ。
　・補助的酸素療法
　・晶質による微細血管循環の血液動態学的補助
　・抗凝固剤

8. PTE治療における抗凝固剤の役割は？
　抗凝固剤、通常その多くがヘパリンであるが、新たなる血栓形成を減少させることはもちろんのこと、既にある血栓が大きくなるのを防ぐ。抗凝固剤としてワルファリンも使われる。抗凝固剤の目的は、プロトロンビン時間（PT）を正常レベルの1.5～2倍に延ばすことである。

9. 基礎疾患治療と抗凝固剤治療とともに、血栓形成の再発、あるいは進行を防ぐのに効果的な他の治療は？
　低分子デキストランは、血小板機能に影響することにより持続的な血栓形成を防ぐのに効果的である。デキストランは、末梢循環における血小板をコーティングすることにより、血小板の粘着力と凝集力を減少させ、それにより血栓形成を減少させる。

10. PTEが疑われる患者に、最初に実施するべき診断的検査法は？
　・動脈血液ガス分圧検査
　・血液理学的検査
　・血液活性凝固時間、PT、部分トロンボプラスチン時間
　・超音波検査
　・胸部X線検査
　これらの検査はPTEの特殊検査ではないが、患者の臨床症状の裏付けとなるであろう。

11. Virchowの3徴候とは？
　Virchowの3徴候とは、血栓の発達に関与する3つの病態生理学的状態をいう。すなわち、

凝固活性状態、静脈の拡張、内膜の損傷である。

12. PTE の患者はなぜ、肺胞－動脈（A-a）勾配が上昇するのか？

A-a 勾配は肺胞酸素分圧（PAO$_2$）から動脈酸素分圧（PaO$_2$）を引いたもので、正常な動物では、10mmHg 以下であるべきものである。しかし、PTE の患者では、PaO$_2$ が一般的に著しく減少するのに反して、PAO$_2$ が正常である。その結果、A-a 勾配が増加する。

13. A-a 勾配をどのように計算するか？

PaO$_2$ は動脈血ガスから得られる。PAO$_2$ はつぎのように計算する。

$$PAO_2 = （気圧 － 水蒸気圧）\times F_IO_2 - 1.2 \times PaCO_2$$

水蒸気圧は一般には 47mmHg である。F_IO_2 は吸入した酸素の分数で、室内で 0.21 である。PaCO$_2$ は動脈血から得られる。

$$A\text{-}a 係数 = PAO_2 - PaO_2$$

14. PTE の犬に最も認められる臨床症状は？
- 呼吸困難
- 沈うつ
- 頻回呼吸
- 頻脈

参考文献

1. Cuitanic O, Marino PL: Improved use of arterial blood gas analysis in suspected pulmonary embolism. Chest 95: 48-51, 1989.
2. D'Alonzo GE, Dantzker DR: Gas exchange alterations following pulmonary thromboembolism. Clin Chest Med 5: 411-419, 1984.
3. Dennis JS: Clinical features of canine pulmonary thromboembolism. Comp Cont Educ Pract Vet 15: 1595-1603, 1993.
4. Fisher WT, Reilly K, Salluzzo RF, et al: Atypical presentation of pulmonary embolism. Ann Emerg Med 19: 1429-1435, 1990.
5. Kelley MA, Carson JL, Palevsky HI, Schwartz JS: Diagnosing pulmonary embolism: New facts and strategies. Ann Intern Med 114: 300-306, 1991.
6. Klein JK, Dow SW, Rosychuk RAW: Pulmonary thromboembolism associated with immue-mediated hemolytic anemia in dogs: Ten cases (1982-1987). J Am Vet Assoc 195: 246-250, 1989.
7. LaRue MJ, Murtaugh RJ: Pulmonary thromboembolism in dogs: 47 cases (1986-1987). J Am Vet Med Assoc 197: 1368-1372, 1990.
8. Marder WJ, Sherry S: Thrombolytic therapy: Current status. N Engl J Med 318: 1585-1595, 1988.
9. Parsons PE: Deep venous thrombosis and pulmonary embolism. In Markovchick VJ, Pons PT, Wolfe RE (eds): Emergency Medicine Secrets. Philadelphia, Hanley & Belfus, 1993, pp 89-92.
10. Rosenow ED, Osmundson PJ, Brown JL: Pumonary embolism. Mayo Clin Proc 56: 161-178, 1981.
11. Van Pelt DR, Wingfield WE, Wheeler SL, et al: Oxygen-tension based indices as predictors of survival in critically ill dogs. J Vet Crit Care Emerg Med 1: 19, 1991.
12. White RA: Pulmonary embolism.In Shoemaker WC, Ayres S, Grenvik A, et al: Textbook of Critical Care. Philadelphia, W. B. Saunders, 1989, pp 666-668.

45. 喉頭麻痺
LARYNGEAL PARALYSIS
Deborah R. Van Pelt, D.V.M., M.S.

1. 喉頭麻痺の発達に関与する基礎疾患は？

先天性喉頭麻痺はシベリアン・ハスキー、ブービエ・デ・フランダース、イングリッシュ・ブルドッグ、ブルテリアで報告されている。その他の原因として、全身性神経筋疾患あるいは代謝性疾患（重症筋無力症や甲状腺機能低下症のような）、外傷（首への咬傷あるいは鈍傷）、そして頻度は少ないが、炎症あるいは腫瘍がある。

2. 喉頭麻痺による急性呼吸不全の犬で、呼吸不全を緩和するための救急処置は？
   - 喉頭部異物の存在の確認
   - 補助的酸素療法
   - 抗炎症量のリン酸デキサメサゾン・ナトリウムの投与
   - 不安を取り除くための患者の鎮静
   - 必要ならば、気管チューブあるいは気管瘻孔チューブの設置により気道を確保する。

3. 喉頭麻痺患者の一般的な呼吸様式について述べよ。

吸気困難を伴った喉頭喘鳴。

4. 喉頭麻痺の患者に通常みられる主訴は？
   - 運動不耐性
   - 吸気時の雑音を伴った努力性呼吸
   - 鳴き声の変化
   - 食事あるいは水を飲み込む時の嘔吐、むかつき、咳込み

5. 多神経症の犬では、最初の症状として喉頭麻痺がみられるのはなぜか？

喉頭麻痺は喉頭固有筋の神経支配の消失から起こる。それは反回喉頭神経による運動神経支配を受けている。反回喉頭神経は最も長い神経の1つであり、脳幹から出て、迷走神経を伴い胸腔口に入る。喉頭に入る前に、大動脈弓と右側動脈周りを回っている。その長さのため、反回喉頭神経は、しばしば末梢神経症に真っ先に侵される。

6. 喉頭麻痺が疑われる患者に、喉頭鏡検査を行うためのプロトコールについて述べよ。

喉頭鏡検査は患者に鎮静をかけて実施するべきである。超短時間作用型チオバルビタールあるいはプロポフォールが静脈内注射で投与される。投与量は喉頭検査を行うのに十分な量にするべきであるが、自発呼吸を抑制してはいけない。患者が自発呼吸をしており、喉頭機能を適

切に評価できる状態でなければならない。吸気時の披裂軟骨の外転を喉頭鏡で観察する必要がある。

7. 喉頭麻痺治療の3つの術式を挙げよ。
   - 部分的喉頭切除術
   - キャッスレイテッド（城型）喉頭切開術
   - 披裂軟骨偏倚術

8. 片側性披裂軟骨偏倚は喉頭麻痺の治療に効果があるか？
   ある。片側性披裂軟骨偏倚術は喉頭麻痺の治療患者の90％ほどに用いられており、満足のいく機能の回復がみられている。両側性偏倚術でも同様に改善するが、若干、吸引性肺炎の発生がある。

参考文献

1. Bjorling DE: Laryngeal paralysis. In Bonagura JD (ed): Current Veterinary Therapy XII. Philadelphia, W. B. Saunders, 1995, pp 901-905.
2. Braund KG, Steinberg S, Shores A, et al: Laryngeal paralysis in immature and mature dogs as one sign of a more diffuse polyneuropathy. J Am Vet Med Assoc 194: 1753, 1989.
3. Gaber CE, Amis TC, LeCouteur RA: Laryngeal paralysis in dogs: A review of 23 cases. J Am Vet Med Assoc 186: 377-380, 1985.
4. Greenfield CL: Canine laryngeal paralysis. Comp Cont Educ Pract Vet 9: 1011-1017, 1987.
5. LaHue TR: Treatment of laryngeal paralysis in dogs by unilateral cricoarytenoid laryngoplasty. J Am Animal Hosp Assoc 25: 317, 1989.
6. Venker-Van Haagen AJ: Diseases of the larynx. Vet Clin North Am (Small Animal Pract) 22: 1155-1172, 1992.

46. 溺れによる衰弱
NEAR DROWNING
Linda G. Martin, D.V.M., M.S.

1. 溺れかけの定義は？
   溺死（Drowing）とは、水面下に沈むことにより死亡してしまうことである。溺れかけ（Near drowing）は、沈んでから少なくとも24時間は生きていることをいう。

2. 溺れた場合に非常に多くのものが死亡してしまうのはなぜか？
　ほとんどの患者が最終的に死亡するのは、肺に水が入ることによる低酸素症になるためではなく、むしろ酸素欠乏性脳障害による。中枢神経系の障害の程度が、助かるか否かの重要な要因になるようだ。広範囲の酸素欠乏性脳障害は、細胞内融解と脳圧上昇をもたらす。

3. 真水に溺れた時の病態のメカニズムは？
　真水の吸引は表面活性物質（サーファクタント）の不活性化を引き起こし、無気肺および換気循環不均衡をもたらす。さらに、肺胞内の水は、拡散障害によりガス交換を妨害する。真水はいったん肺胞内に入ると、血管内腔に急速に移動する傾向にある。吸引された水の最初の量に合わせて液体交換が起こり、血管内液量は著しく増加する。ほとんどの場合で、自由水の増加にかかわらず重篤な電解質の不均衡は起こらない。

4. 海水で溺れた時の病態のメカニズムは？
　海水での溺れた場合に伴う主な病態生理学的変化は、肺胞への水分の流失である。肺胞が水分で満たされるため、酸素交換が不能となり、まず最初に低酸素症が起こる。塩水はおそらく真水よりも長く肺胞内に残る。塩水の高い浸透圧は、血管内から肺胞内に水分を移動させ、全身の血液量の減少と低血圧を引き起こす。真水とは異なり、塩水では第Ⅱ型肺胞細胞＊あるいは不活性表面活性物質における表面活性物質産生妨害は起こらない。そのため、塩水での溺れでは、肺胞虚脱はあまりみられない。
＊訳者注　肺胞の上皮細胞には2つのタイプがあり、表面活性物質を分泌する。

5. 相当量の水を吸引しなくても、溺れることがあるか？
　ある。口から入ったごく少量の水でも重大で重篤な喉頭痙攣を起こすことがある。低酸素症は持続性喉頭痙攣を引き起こす。さらに呼吸しようとすると、喉頭痙攣と声門閉鎖により陰圧となり、肺水腫を起こす。

6. 溺れによるその他の二次的な問題は？
　低酸素症は不整脈、心筋虚血、心停止、急性腎不全、急性肝不全、酸素欠乏性中枢神経系障害を誘発する。

7. 溺れた患者で最初にすべき治療は？
　蘇生治療として、気道の確保、人工呼吸（できれば100％純酸素）、心停止がある場合には心臓マッサージの開始、血管確保を開始しなくてはならない。

8. 持続的陽圧呼吸（CPAP）あるいは呼気終末陽圧呼吸（PEEP）の使用が必要となるのはいつか？
　溺れたときの真水による表面活性物質不活性化と無気肺のために、CPAPあるいはPEEPの使用は肺の広がりを維持しガス交換の改善を助ける。塩水での溺れかけは、一般に真水での溺れかけより、人工呼吸の程度あるいは期間が少なくてすむ。

9. 溺れたときの治療でグルココルチコイド療法を行う必要性はあるか？

　いいえ。ステロイド療法はその有効性が証明されていないし、溺れた後の肺の回復も証明されていない。

10. 溺れた場合の治療時の抗生物質の役割は？

　予防的な抗生物質の使用は有効性が証明されていない。しかし、抗生物質療法は、水を飲み込んでいる場合には適切であろう。さらに意識の消失があるなら、胃内容物の吸引が起こることがあるため抗生物質療法が必要となるだろう。

11. 中枢神経系の反応消失が認められる患者へのアプローチは？

　低酸素症は脳浮腫と頭蓋内圧の二次的な上昇を引き起こす。脳の回復は、頭蓋内圧を減少させることと有効な酸素供給を確保することにある。重度なCNSの障害があるように見える患者の救急治療には、浸透圧利尿薬、発作があるならその治療、興奮を押さえるための鎮静薬、適切な輸液療法、そして必要ならば、気管チューブを挿管しての調節呼吸と機能的人工呼吸がある。

12. 回復中に炭酸水素ナトリウムを使用する必要はあるか？

　いいえ。呼吸性と代謝性アシドーシスは適切な換気と輸液療法により治療するべきである。

13. 入水時の低体温症は体を保護する効果があるか？

　はい。冷水はかなり有益な効果を持つ。理論的には、冷水中への入水は、血液が末梢から体の中心部に向かう哺乳類ダイビング反射を引き起こす。低体温症はまた代謝要求量を減少させるため、長時間の窒息において起こりうる低酸素症障害を減らす。

参考文献

1. Bohn DJ, Biggart WD, Smith CR, et al: Influence of hypothermia, barbiturate therapy, and intracranial pressure monitoring on morbidity and mortality after near-drowning. Crit Care Med 14: 529-534, 1986.
2. Edwards ND, Timmins AC, Randalls B, et al: Survival in adults after cardiac arrest due to drowning. Intens Care Med 16: 336-337, 1990.
3. Gallagher TJ: Drowning. In Parrillo JE, Bone RC (eds): Critical Care Medicine: Principles of Diagnosis and Management. St. Louis, Mosby, 1995, pp 1415-1418.
4. Goodwin SR, Boysen PG, Modell JH: Near-drowning: Adults and children. In shoemaker WC, Ayres SM, Grenvik A, Holbrook PR (eds): Textbook of Critical Care. Philadelphia, W. B. Saunders, 1995, pp 65-74.
5. Lavelle JM, Shaw KN: Near drowning: Is emergency department cardiopulmonary resuscitation or intensive care unit cerebral resuscitation indicated? Crit Care Med 21: 368-373, 1993.
6. Modell JH: Drowning. N Engl Med 328: 254-256, 1993.
7. Orlwoski JP: The hemodynamic and cardiovascular effects of near-drowning in hypotonic, isotonic, and hypertonic solutions. Ann Emerg Med 18: 1044-1049, 1989.

47. 肺水腫
PULMONARY EDEMA
Deborah R. Van Pelt, D.V.M., M.S.

1. 血管壁液体輸送の割合に影響を及ぼす生理学的変数を6つ挙げよ。
   - 血管内静水圧
   - 間質液静水圧
   - 血管内コロイド浸透圧
   - 間質液コロイド浸透圧
   - 液体輸送可能な血管表面領域
   - 溶質、特に蛋白質の血管透過性度

2. 肺水腫の進行のメカニズムを説明するのに使われる4つの大きな区分は？
   1. 血管内静水圧の上昇（圧あるいは心原性水腫）
   2. 液体と蛋白質の血管透過性の上昇（透過性あるいは低圧水腫）
   3. 圧による水腫と透過性亢進による水腫のコンビネーション
   4. その他の原因（毛細血管浸透圧の減少、間質液流圧の減少、肺胞表面張力の変化、リンパ液排出の減少）

3. 肺水腫の進行に関与する変数は量的にどのように測定するか？
   血管内静水圧は、肺毛細血管楔圧を測定することで求められる（肺静脈の閉塞性疾患がない状態での左房圧に近い）。
   血管内コロイド浸透圧の変化は、血清アルブミン濃度の測定で求められる。
   血管透過性は非侵襲性二重ラジオアイソトープマーカー法により測定するか、あるいは肺胞内水腫／血清蛋白濃度率により計算できる。

4. 獣医領域での最も一般的な肺水腫の原因は？
   肺血管内圧の上昇が最も一般的であり、左心不全が最多の原発疾患である。

5. 左心不全による肺水腫の進行の指標となる圧は？
   指標圧は肺水腫を形成しているときの肺静脈・毛細血管圧である。この数値は若干バラツキがあるが、犬ではおよそ 20〜25mm/Hg である。肺血管圧のわずかな上昇にはよく耐え、わずかに水腫形成がみられるかまったくみられない。それはおそらく、肺リンパ管排液の増加のためである。

6. 心疾患以外で、高血圧性水腫を引き起こす疾患は？
   - 晶質による血管内容量増加（晶質は静水圧を上昇させ、血管内コロイド浸透圧を減少させる）。
   - 腎疾患は外因性容量拡張に対する感受性が増加し、患者の肺水腫を進行させる。
   - 神経性肺水腫は、頭部外傷、頭蓋内圧上昇、感電死、発作により二次的に生じ、最初、肺静脈高血圧を起こすが、その後、内皮間結合の緩みと肺胞上皮の破壊をもたらす。

7. 透過性水腫とは？

   透過性水腫は、肺血管内皮と肺胞上皮の水と蛋白質の漏出増加が特徴である。漏出の増加は、細孔サイズの増加、細孔数の増加、正常な選択的バリアの破壊による内皮あるいは上皮細胞の損傷による。

8. 透過性水腫の発症論に関する細胞内メカニズムについて述べよ。

   膵炎、敗血症、外傷のような基礎疾患は補体系を刺激し、補体は好中球隔離と凝集を起こす。活性化された白血球は様々な量の細胞毒性物質を遊離する。細胞毒性物質には、酸素基、ロイコトルエン*、過酸化水素、血小板活性化因子、ライソゾーム酵素があり、それらのすべてが、内皮と上皮の損傷を引き起こす。

   ＊訳者注　炎症やアレルギー反応の伝達物質として生理活性を発揮するエイコサノイドの代謝物質。

9. 肺水腫の生理学的続発症は？
   - 肺コンプライアンス（伸展性）の減少
   - 肺容量の減少
   - 患部の部分的肺換気の減少
   - 肺胞水腫領域における部分的肺血流の減少
   - 肺呼吸／肺血流不適合
   - シャンティング（短絡）

10. 肺水腫の診断・治療に動脈血ガス分圧の検査は必要か？

    いいえ。動脈低酸素症の存在と程度は、犬における肺水腫の重症度とほとんど相関しない。しかし、動脈・静脈血ガス分圧は酸素・換気療法の必要性と効果を測定するのに有効である。

11. 透過性の変化が水腫形成にどのように関与するかを調べる簡単な診断検査は？

    水腫液の蛋白質濃度は、間質蛋白質濃度の推定値として使用でき、肺内皮関門の統合性に関する何らかの情報を提供する。水腫液／血清蛋白濃度率の計算は有用である。一般に、純粋な高血圧性水腫液は希釈されているため、正常な蛋白濃度より低いが、透過性水腫液の蛋白濃度は正常か、あるいは上昇している。血清蛋白濃度＜0.5の水腫は高血圧性水腫を示唆するが、数値が＞0.5なら、透過性の上昇を示唆する。

12. 肺水腫患者の治療目標は？
    - 過剰な血管外肺水分の減少
    - 肺水腫の生理学的続発症の正常化
    - 全身酸素要求量の最少化
    - 全身性動脈酸素容量と組織酸素運搬の正常化
    - 原因の除去

13. 肺水腫患者の治療にモルフィンはどのように有効か？
    モルフィンは患者を安静または鎮静にする。またそれにより全身酸素要求量を減少させる。さらに静脈容量を増加させ、その結果、静脈リターンが減少する。モルフィンは中枢性にも作用し、呼吸数の減少と還流量の増加を起こし、それによりリンパ管排液を改善し、肺水腫液を除去するように働く。

14. 肺水腫の治療時、換気療法はいつ必要となるか？
    補助的酸素療法にもかかわらず、自発呼吸と還流量が不十分で適切な PaO_2 を維持できないなら、換気療法が必要である（例えば、40％酸素をかがせても PaO_2 が＜70mm/Hg なら）。

15. 酸素補助療法に反応しない肺水腫患者の低酸素症を改善するために、換気療法はどのように役立つか？
    呼気終末陽圧呼吸（PEEP）あるいは持続的陽圧呼吸（CPAP）のような換気療法は、肺コンプライアンスを上昇させ、肺水腫領域の換気変化を改善する。PEEP は機能的残存容量を増加させ、呼気終末時の肺胞虚脱を防ぐ。そして拡張不全を起こしている肺領域の呼吸換気仕事量を減らす。

16. 高血圧性水腫の治療の際、静脈リターンを減少させるために使用される薬物を4つ挙げよ。それらの作用メカニズムを説明せよ。
    1. フロセミド：ループ利尿薬であり、高用量で使用すると全身性静脈拡張薬としても作用する。
    2. ニトログリセリン：静脈拡張薬であり、全身性静脈容量の増加と静脈リターンを減少させる。
    3. カプトプリル：アンギオテンシン変換酵素（ACE）阻害薬。
    4. ニトロプルシド：バランス血管拡張薬で、全身性静脈と動脈の両方を拡張し、静脈リターンの減少により心臓の前負荷とともに後負荷も減少させる。

17. 透過性水腫患者の治療について考察せよ。
    1. 原疾患のコントロールが最大の目標である。
    2. 酸素・換気療法は有益な非特異的治療法である。
    3. 目標は、適切な心拍出量に一致した最小限の肺血管内圧を維持することである。肺血管透過液の動きは、血管透過性が増加した際の肺血管内圧の変化に敏感となるため、水腫形成を減少させるためにはどちらかというと肺血管内圧を低めに維持する。

18. 再拡張性肺水腫とは？

拡張性肺水腫は、蛋白含量が多い液体が肺胞あるいは再拡張した肺に漏出して生じ、ヒトでは気胸、胸水症、気管支閉塞に関連して報告されている。また、猫では横隔膜ヘルニアの再建手術後の発生が報告されている。再拡張性肺水腫における毛細血管透過性の増加は、肺表面活性物質濃度の減少、間質の陰圧化、慢性低酸素症に伴う酸素由来遊離基の形成によるものである。

19. 上部気道閉塞はどのように肺水腫を進行させるか？

上部気道閉塞による肺水腫は、根本的には神経性であると考えられている。急性気道閉塞時にみられる重度の努力性吸気は胸腔内圧を著しく陰圧とし、その結果、間質液静水圧を減少させる。間質内の液体の流れはリンパ管排出能力を超越している。

20. どのような呼吸器疾患が上部気道閉塞による肺水腫の進行に関与しているか？
   - 喉頭麻痺
   - 咽頭線維肉腫
   - 喉頭浮腫
   - 窒息（チョークチェイン障害あるいは咽頭異物による）
   - 喉頭ポリープ

21. 左心不全、透過性変化、過水和のそれぞれによる肺水腫に関連したＸ線上の変化について記述せよ。

左心不全による心原性水腫では、間質性水腫が肺胞性水腫に進行し、それはエアー・ブロンコグラムとして認められる。その分布は最初、肺門周辺にみられ、肺周囲は正常である。水腫の分布は通常、左右対称性である。肺静脈拡張がみられる。心肥大、特に左房、そして気管挙上のような、左心不全に一貫した変化も認められる。透過性水腫も間質性または肺胞性であるが、その分布はかなり不規則であり、斑点状にみられる。

過水和による肺水腫は通常、肺門周辺の間質性変化として認められ、重度の過水和により肺胞性パターンへと進行する。肺血管系が一般的に顕著となる。

参考文献

1. Boysen PG, Modell JH: Pulmonary edema. In Shoemaker WC, Ayres S, Grenvik A, et al (eds): Textbook of Critical Care. Philadelphia, W. B. Saunders, 1989, pp 515-518.
2. Cope D, Grimbert F, Downey J, et al: Pulmonary capillary pressure: A review. Crit Care Med 20: 1043-1056, 1992.
3. Demling RH, LaLonde C, Ikegami K: Pulmonary edema: Pathopysiology, methods of measurement and clinical importance in acute respiratory failure. New Horizons1: 371-380, 1993.
4. Ilne E, Pistoleau M, Miniati M, et al: The radiologic distribution of cardiogenic and noncardiogenic edema. AJR144: 1-6, 1985.
5. Jackson RM: Veal CF, Alexander CB, et al: Re-expansion pulmonary edema. Am Rev Resp Dis137: 1165-1171, 1988.
6. Kerr LY: Pulmonary edema secondary to upper airway obstruction in the dog: A review of nine cases. J Am Animal Hosp Assoc 25: 207-212, 1989.

7. Milne R, Pistolesi M, Miniati M: The radiologic distinction of cardiogenic and noncardiogenic edema. AJR 144: 879-894, 1985.
8. Oliver NB: Primary edema. Vet Clin North Am (Small Animal Pract) 15: 1011-1103, 1985.
9. Stampley AR, Waldron DR: Re-expansion pulmonary edema after surgery to repair a diaphragmatic hernia in a cat. J Am Vet Med Assoc 203: 1699-1701, 1993.
10. Staub NC: Pulmonary edema. Physiol Rev 54: 678-811, 1979.
11. Suter PF: Thoracic Radiograpy. Davis, CA, Stonegete Press, 1984.
12. Van Pelt DR, Wingfield WE, Martin LG, Hackett TB: Application of airway pressure therapy to veterinary critical care. Part Ⅰ: Respiratory mechanics and hypoxemia. J Vet Emerg Crit Care3 (2): 63-70, 1993.
13. Van Pelt DR, Wingfield WE, Martin LG, Hackett TB: Application of airway pressure therapy to veterinary critical care. Part Ⅱ: Airway pressure therapy. J Vet Emerg Crit Care3 (2): 71-81, 1993.

48. 喀血
HEMOPTYSIS
Kelly J. Diehl, D.V.M., M.S.

1. 喀血とは？
喀血とは、下部気道からの血液の喀出である。

2. 小動物における喀血の特徴は？
喀血は小動物ではあまりみられず、それは下部気道出血あるいは凝血異常症を示唆する。真の喀血は動物では重要な所見と考え、積極的に追求するべきである。

3. 喀血の鑑別診断は？
- 殺鼠剤の摂取
- フィラリア症
- 肺水腫（重症の場合）
- 肺血栓塞栓症
- 肺挫傷あるいは外傷
- 凝固不全症
- 肺腫瘍（通常原発性）
- 診断手技による医原性
- 空洞状肺病変
- 感染性あるいは肺炎
- 寄生虫
- 異物

4. どの病気が喀血と類似しているか？
真の喀血は下部呼吸器系に原因がある。喀血と口腔または上部気道出血とを鑑別しなければ

ならない。完璧な病歴聴取と身体検査が、真の喀血と他の状態を鑑別するのに有益である。

5. 喀血患者にはどのような診断手技を実施するべきか？

もし喀血の原因に医原性が疑われないなら、血液理学検査（CBC）や血小板数の最小限のデータベース、生化学検査、フィラリア検査、寄生虫のための検便、尿検査、胸部Ｘ線検査を実施するべきである。病歴や身体検査所見で血液凝固不全症が強く疑われたなら、血小板数、プロトロンビン時間、部分トロンボプラスチン時間、粘膜出血時間を測定する必要がある。ルーチン検査で特に異常がみつからない場合、さらに心超音波検査、気管洗浄、胸腔穿針吸引、気管支鏡のような診断検査が必要となる。

6. 喀血と呼吸困難を呈している患者の治療は？

どのような急性呼吸困難患者でも同様に扱う。最初の安定化は酸素療法とケージレストで達成される。挿管、吸引、換気補助は最も危険が迫った患者に使用される。可能ならば、胸部Ｘ線検査と血液凝固能測定を試みる。薬物療法は基礎疾患に対して使用するべきである。

参考文献

1. Hanley ME: Hemoptysis. In Critical Care Secrets. Philadelphia, Hanley&Belfus, 1992, pp 107-112.
2. Mahony OM, Cotter SM: Bleeding disorders: Epistaxis and hemoptysis. In Textbook of Veterinary Internal Medicine. Philadelphia, W. B. Saunders, 1995, pp 203-204.

---

49. 煙吸引と熱(火)傷
SMOKE INHALATION AND BURN INJURIES
Linda G. Martin, D.V.M., M.S.

---

1. 火事での死の原因は？

煙の吸引であり、熱(火)傷ではない。

2. 煙の吸引がなぜ致死的となるか？

二酸化炭素と一酸化炭素が煙の主な成分で、周辺酸素濃度が21％から5～10％まで下降することが原因である。一酸化炭素は酸素の代わりにヘモグロビンとよく結合し、酸素運搬を減少させる。一酸化炭素と稀にシアン化水素が酸素消費と酸素利用を妨害する。そして重度の組織細胞低酸素症を導く。

3. 煙吸引が原因による呼吸器への直接的な組織損傷のメカニズムは？
   温熱損傷と化学的刺激である。

4. 熱いガスや煙を吸引した場合、呼吸器のどの部分が最初に侵されるか？
   温熱損傷は通常、上部気道（声帯より上部）や気管に限定される。

5. 煙吸引により呼吸器のどのレベルまで障害される可能性があるか？
   上部気道、下部気道、肺胞。

6. 煙吸引で解剖学的に呼吸器系のどの部位に障害が起こるかは、どのような要因により異なってくるか？
   - 症状としての呼吸様式
   - 煙成分（特に濃度、微粒子サイズ、化学的成分）
   - 解剖学的な微粒子沈着分布

7. どのようなメカニズムによって下部気道の温熱損傷は起こらないようになっているか？
   鼻咽頭と口咽頭の両方が比較的大きな表面積を持っているため様々な空気撹乱を起こす。そして粘膜を流れる水が熱貯留の働きをするため、吸入した空気を冷却するのに非常に効果的な役目を果たしている。突然の熱気被曝は声帯の反射的閉鎖も引き起こすが、これもまた下部気道損傷をかなり減少させている。

8. 通常の気道への温熱損傷とはどのような病態か？
   通常の温熱損傷には、上部気道構造の粘膜・粘膜下織浮腫、紅斑、出血、潰瘍があり、声帯より上部でみられるのが一般的であるが、気管に損傷を受けることもある。

9. 煙吸引は、どのように直接的な化学的刺激による肺損傷を起こすか？
   煙微粒子は正常な生理的メカニズムを妨害し、粘膜絨毛の除去作用の抑制や肺表面活性物質の不活化を起こす。さらに、白血球循環の活性化と補充、肺胞内マクロファージの刺激、化学走性因子、酸素基、組織蛋白酵素の放出により血管透過性の変化を引き起こす。その結果、肺損傷と肺水腫が生じる。

10. 煙吸引後の肺胞損傷の頻度は？
    肺胞損傷の症例数は少なく、通常、臨床症状は煙吸引後数時間から数日で現れる。その損傷は透過性が亢進した肺水腫、あるいは急性呼吸不全症候群（ARDS）と似ている。肺胞損傷は、プラスチックから発生したガスや、難水溶性ガスの吸引後、吸引と熱（火）傷の両方がみられる場合、そして敗血症あるいは全身性炎症反応症候群（SIRS）の発症後に、より認められるようだ。

11. 多くの煙吸引による温熱損傷とは異なる、高熱蒸気吸引はどのようなものか？
    高熱蒸気吸引は蒸気が水に変わるときに呼吸器内でエネルギーを放出するため、下部気道と

肺胞に重篤な損傷を起こす。

12. 煙吸引により大小の気道閉塞を引き起こすメカニズムは？
    - 気道浮腫
    - 壊死上皮粘膜の脱落
    - 分泌物による粘膜絨毛の排泄障害
    - トロンボキサン A_2 のような炎症メディエーターの放出による気管支痙攣

13. 煙吸引の患者は通常、低酸素症を示している。低酸素症が起こるメカニズムについて述べよ。
    - F_IO_2 の減少（二酸化炭素と一酸化炭素の産生による周辺酸素濃度の減少）
    - 低換気（痛み、胸部熱（火）傷に伴う弾性コンプライアンスの減少、一酸化炭素またはシアン化中毒による中枢神経性沈うつ）
    - シャント（肺表面活性物質不活化による無気肺、水腫や粘膜脱落による気道閉塞、分泌による排泄機構の障害）
    - 肺呼吸／肺血流不適合（肺血流を変化させる炎症性メディエーターやサイトカインの放出）
    - 拡散障害（透過性肺水腫の増加）

14. 一酸化炭素は、どのように酸化ヘモグロビン解離曲線に影響を及ぼすか？
    一酸化炭素は曲線を左方に移動する。そのため、組織での酸素放出障害が起こる。

15. 煙吸引と熱（火）傷後の一般的な合併症は？
    肺炎、ARDS、敗血症または SIRS。

16. 火事について問診を行う際には、どんな情報が重要か？
    病歴を聴取する際、煙曝露に特異的なデータに重点を置いて実施するべきである。ビルのような閉鎖空間内での曝露では、煙が周辺空気によって希釈されにくいことがわかっている。その結果、開放空間での曝露よりも一酸化炭素などの煙成分によって肺が重度に曝露されることとなる。肺損傷の重症度を推測するのに曝露時間も貴重なデータである。その場を燃やしたと考えられる燃料の種類に関する情報は、実質性肺損傷と全身性副作用の可能性を呈示する。

17. 煙吸引の病歴のあるすべての患者に、胸部X線検査を実施するべきか？
    いいえ。胸部X線検査で、煙曝露直後の重度の肺損傷を検出することはほとんど不可能である。92％ という高率で誤った否定的な結果がでることが、ヒトでの研究で報告されている。X線学的異常は遅れて発現し、吸引損傷よりむしろ肺炎、肺水腫あるいは ARDS と間違える可能性がある。そのため、胸部X線検査は一般的に無症状患者では必要なく、症状を呈している患者において、基礎データとしてのみ使用する。

18. パルスオキシメトリーで正常な場合、動脈血ガス分圧分析は、さらに発展的な情報を提供するか？
    はい。パルスオキシメトリーは酸素化したヘモグロビン（酸化ヘモグロビン）と一酸化炭素

ヘモグロビンの区別ができない。そのため、真の酸化ヘモグロビン飽和度より確実に高く評価してしまう。さらに、パルスオキシメトリーは換気状態、あるいは酸‐塩基平衡に関しては、なんの情報も得られない。

19. 血中シアン濃度が測定できない場合、診断検査として代わりに何の検査を行うか？
　血漿乳酸濃度は、嫌気性代謝と乳酸アシドーシスのため、シアン濃度とよく相関する。

20. 積極的な気道治療時の注意事項は？
　進行性気道閉塞の存在下では、迅速な行動が要求される。直ちに治療を実施しなければ、水腫が急激に上部気道内に発生し、12〜24時間以内に気道閉塞を起こす。コントロールされた状況下での早期の気道治療は、時間が経ってから起こる危険な状態下（場所の特定ができない気道閉塞や進行性浮腫によりますます挿管困難となること）で治療するよりはるかに好ましい。

21. 挿管はどの経路が適切であるか？
　口腔気管挿管は口腔咽頭と喉頭を直視しながら気管チューブを非外傷性に設置できる。浮腫が重度で気管チューブが通らない場合は、緊急気管切開が必要となる。

22. 煙吸引患者の治療はどのように実施するべきか？
　すべての患者にできるだけ早く100％酸素を吸入させるべきである。たとえ無症状であっても一酸化炭素の排出を早めるために必要である。100％酸素を吸入させると、一酸化炭素ヘモグロビン濃度は30分ごとにおよそ50％減少する。呼吸不全患者には気管内挿管を実施する。

23. 補助的酸素補給に加えて機械的人工呼吸の必要性の有無はどのようにして決めるか？
　繰り返し動脈血ガス分圧分析を行うことによる。補助的酸素補給を行っても無反応な低酸素症とpH7.25以下の呼吸性アシドーシスを起こしている換気減退の患者には、危機的な実質性肺損傷と換気不全が存在しており、高濃度吸入酸素あるいは呼気終末陽圧呼吸（PEEP）のための挿管と人工呼吸が必要となる。

24. 煙吸引患者に、特にPEEPが有効なのはなぜか？
　煙曝露後には無気肺がよくみられるので、気道を少しでも確保するためにPEEPが必要となることが多い。

25. 煙吸引患者の輸液療法はどのようにすれば良いか？
　等張性晶質液とコロイド溶液のコンビネーションを、標準的なモニタリング・パラメーターに基づき、適切な血流を取り戻し、かつ維持するために必要な割合で、蘇生期に使用する。低蛋白血症が存在する場合は、生物学的あるいは合成コロイドを使用するべきである。煙吸引と皮膚熱（火）傷のある患者は、通常皮膚表面からの液体と蛋白が過度に消失するため、液体要求量が高い。肺を「ドライ」に保とうとして起こる脱水症は、心肺不安定性と心肺疾患罹患率を増加させることが知られている。

26. 煙吸引患者における予防的抗生物質投与の役割は？

　予防的抗生物質投与は吸引損傷の急性治療には必要ない。それらの使用により肺感染の進行が防御されるとは示されていない。しかし、時間が経つとみられる細菌性肺炎の治療には、特定の抗生物質が必要である。抗生物質の選択は、理想的には培養同定および抗菌薬感受性検査の結果に基づいて行う。

27. 煙吸引でコルチコステロイドは必要か？

　煙吸引後の急速コルチコステロイド投与は、水腫による気道閉塞を防御する目的のためには推奨されない。それらの抗炎症作用により水腫反応のピークが下がるが、コルチコステロイドは効果発現までに数時間を要し、同剤による気道の確保は保障できない。ヒトで、吸引損傷後のコルチコステロイドは効果がないことが証明されていて、吸引損傷と熱（火）傷の両方がある場合には、それらの使用は致死率と感染率の増加につながる。コルチコステロイドは、元々ある内科疾患により外因性ステロイドに依存している患者や、気管支拡張薬に無反応な重度気管支痙攣の患者に対しては、使用されることもある。

参考文献

1. Baxter CR: Burns. In Parrillo JE, Bone RC (eds): Critical Care Medicine: Principles of Diagnosis and Management. St. Louis, Mosby, 1995, pp 849-865.
2. Baxter C, Waeckerle J: Emergency treatment of burn injury. Ann Emerg Med 17: 1305-1315, 1989.
3. Blinn DL, Slater H, Goldfarb W: Inhalation injury with burns: A lethal combination. J Emerg Med 6: 471-473, 1988.
4. Brazeal BA, Honeycutt D, Traber LD, et al: Pentafraction for superior resuscitation of the ovine thermal burn. Crit Care Med 23: 332-339, 1995.
5. Demling RH: Management of the burn patient. In Shoemaker WC, Ayres SM, Grenvick A, Holbrook PR (eds): Textbook of Critical Care. Philadelphia, W. B. Saunders, 1995, pp 1498-1506.
6. Demling RH: Smoke inhalation injury. In Shoemaker WC, Aryres SM, Grenvick A, Holbrook PR (eds): Textbook of Critical Care. Philadelphia, W. B. Saunders, 1995, pp 1506-1516.
7. Demling R, Picard L, Campbell C, et al: Relationship of burn-induced lung lipid peroxidation and the degree of injury after smoke inhalation and a body burn. Crit Care Med21: 1935-1943, 1993.
8. Gunn ML, Hansbrough JF, Davis JW: Prospective randomized trial of hypertonic sodium lactate versus lactated Ringer's solution for burn shock resuscitation. J Trauma 29: 1261-1267, 1989.
9. Lalonde C, Knox J, Youn YK, et al: Burn edema is accentuated by a moderate smoke inhabalation injury in sheep. Surgery 112: 908-917, 1992.
10. Lalonde C, Knox J, Youn YK, et al: Relationship between hepatic blood flow and tissue lipid peroxidation in the early postburn period. Crit Care Med 20: 789-796, 1992.
11. Nieman GF, Clark WR, Paskanik A, et al: Segmental pulmonary vascular resistance following wood smoke inhalation. Crit Care Med 23: 1264-1271, 1995.
12. Sharar SR, Hudson LD: Toxic gas, fume and smoke inhalation. In Parrillo JE, Bone RC (eds): Critical Care Medicine: Principles of Diagnosis and Management. St. Louis, Mosby, 1995, pp 849-865.

VI

心臓血管系疾患における救急救命療法
Cardiovascular Emergencies

Section Editor: Steven L. Marks, B.V.Sc., M.S., M.R.C.V.S.

VI

50. 心内膜疾患に起因する僧帽弁閉鎖不全
MITRAL VALVULAR INSUFFICIENCY DUE TO ENDOCARDIOSIS

Steven L. Marks, B.V.Sc., M.S., M.R.C.V.S

1. 僧帽弁疾患および左心系のうっ血性心不全の基本的な病態生理は？

　僧帽弁疾患の基本的な病態生理は、複合的要素により、複雑である。弁膜周囲の心内膜の疾患または粘液変性などの変化は、不適切な弁葉配列を引き起こすので、血液を左心房へ逆流させるようになる。この結果、左心室の前方への拍出量の減少および左心房圧の上昇を起こす。減弱した心臓の機能補助と組織灌流に対する反応として、レニン・アンジオテンシン・アルドステロン系と交感神経系が活性化される。これらのメカニズムは、初期には代償的であるが、結果的に非代償的となる。心肥大や心拡大のような形態学的な変化が発現する。左心房圧がピークになると、肺水腫を発現し、うっ血性心不全を呈する。

2. 僧帽弁疾患に起因する心雑音の音の種類と発生部位について述べよ。

　僧帽弁疾患に起因する典型的な心雑音は、本疾患の初期には収縮中期の逆流性雑音である。強度が増強するとともに全収縮期にわたる雑音に進行する可能性がある。聴診における雑音の聴取部位や最大強度の部位は左第3〜5肋間の肋軟骨接合部から心尖部にかけてみつかる。心雑音は右胸壁へ伝わることもある。

3. 心雑音の評価方法は？

　心雑音はI〜VI段階に分けられる。
　グレードI：心雑音がかろうじて聴取できる。
　グレードII：心雑音は第I音より小さい音である。
　グレードIII：心雑音は第I音と同等の大きさである。
　グレードIV：心雑音は第I音よりも大きい。
　グレードV：心雑音は触知可能なスリル（振せん）を伴う。
　グレードVI：触知可能なスリル（振せん）を伴う心雑音は、胸壁から離した聴診器で聴取できる。

4. 僧帽弁疾患の発生率は？

　僧帽弁の機能不全は、犬の心血管系の疾患の中で最も多くみられるものである。その発生率は年齢とともに増加し、16歳齢以上の犬では75％と報告されている。すべての種類の犬に発生する可能性があるが、小型およびトイ種ではより一般的である。雌よりも雄での発生が多い。キャバリア・キングチャールズ・スパニエルは僧帽弁疾患を発症する確率が高い。

5. 僧帽弁疾患の臨床的な意義は？

　僧帽弁疾患は、老齢の小型犬種において一般的にみられる。僧帽弁の心雑音は、健康診断のときに偶然検出されることが多い。僧帽弁疾患は進行的な疾患で、うっ血性心不全を引き起こしうるため、十分にモニターする必要がある。原発性の心筋疾患なしに猫の僧帽弁閉鎖不全の発症率は低く、臨床的な意義は知られていない。

6. 僧帽弁疾患の臨床的徴候は？

　僧帽弁疾患の臨床的徴候は障害の程度と関連する。初期の僧帽弁病変を有する多くの患者は無症候性である。沈うつ、運動不耐性または失神は、左心室からの体循環への血流が低下したときに観察される。発咳は、左心房の拡大が気管を圧迫すると観察され、無呼吸または過呼吸はうっ血性心不全や肺水腫を引き起こす左心房圧の上昇に伴ってみられる。犬における最も共通した臨床徴候は、よく夜間や運動時に悪化する非産生性の発咳である。末期の動物では激しいうっ血性心不全が観察され、チアノーゼはもちろん上記のすべての臨床徴候がみられる。

7. 僧帽弁疾患に対してどのような診断的検査を実施するべきか？

　僧帽弁疾患の診断的な評価は、他の心肺疾患と同様に行う。完全な身体検査と聴診は、胸部X線検査および心電図検査と同様に行う必要がある。心エコー検査はさらに情報が必要な際に考慮するべきである。治療法の選択が可能なので、最小限のデータベースとして血漿中尿素窒素、クレアチニン、電解質そして尿検査をも含める必要がある。

8. どのような心電図の変化が僧帽弁疾患でよく観察されるか？

　僧帽弁疾患を有する犬で最もよくみられる心電図の異常は、幅の拡大したP波または僧帽性P波で、左心房の拡大を示唆する。かなりの心房拡大がある動物では、上室性早期収縮も、上室性頻拍と心房細動と同様に観察される。洞性頻脈は代償性および非代償性の左心系のうっ血性心不全で観察される。心筋の低酸素症や心筋疾患が存在する場合、心室性早期収縮が観察され、心室性頻拍に進行することがある。左心室の変化として、QRS群が高くなること、そして幅広くなることが観察される。

9. 僧帽弁疾患でどのようなX線学的な変化が観察されるか？

　胸部X線写真は、臨床家にとって有益な情報をしばしば提供する。胸部X線撮影の主要な目的は肺血管、左心房、左心室および主気管の解剖学的な変化を確認することである。肺水腫の存在についての評価にも有効である。僧帽弁逆流に伴って最も早期に、またよく観察されるX線所見である左心房の拡大は、ラテラル胸部像で、心陰影の尾側のくびれの消失と、気管の挙上を引き起こす。DV像では、拡大した左心房が心陰影に重なって、また気管分岐部より尾部に観察される。肺静脈は肺水腫の発生前に拡大する。初期の肺水腫は、肺胞パターンに進行する前に、気管支周囲パターンとして現われる可能性がある。犬では初期の肺水腫は肺門周囲に発生する。猫では肺水腫は肺の末梢部から発生し、斑状に分布する。

10. 発咳は呼吸器疾患によるか、または心疾患によるものか？

　この鑑別は臨床家の技術を向上させるために、最も興味をそそる仕事の1つとなりうる。

11. 発咳があり、収縮期性雑音が聴取される小型犬が診療に来ている。呼吸器疾患は心疾患とどうやって鑑別できるか？

身体検査でわかる臨床徴候がヒントとなることが多く、幾つかの徴候が共通してみられる。心原性の発咳はほとんどの場合に非産生性であるが、呼吸器原性の発咳は産生性または非産生性である。おおよその一般論として、呼吸器疾患を持つ犬は、心拍数が正常よりも多くなることはない。心疾患を持つ犬は心拍数が正常時と同じか増数している。胸部X線撮影は、心疾患から肺および気道疾患を鑑別する手助けとなる。肺のパターンがはっきりしない場合は、試験的治療として利尿が、気道疾患と肺水腫の初期とを鑑別するための補助になることがある。心電図と心エコーで調べるのも有益であろう。洞性不整脈、遊走性ペースメーカーおよび徐脈などの迷走神経緊張度の増強の徴候は、すべて呼吸器疾患を示唆するものである。僧帽性P波、幅が広がったり増高するQRS群および不整脈のような心電図所見は、心疾患を示唆する。

12. 僧帽弁疾患にはどのような治療が行われるか？

僧帽弁疾患の治療は、疾患の病期に基づく。僧帽弁疾患の初期で無症状の患者には、治療の必要はないだろう。少しでも心不全の徴候がある場合は、利尿薬、アンギオテンシン変換酵素（ACE）阻害薬、および低塩食での治療が提案される。この病期でジゴキシンを使うかは、臨床医の考え次第である。ステージが進んでいる進行性の心疾患が存在する場合、上記の治療にジゴキシンが加えられる。患者が改善しない場合には、ヒドララジンのような血管拡張薬を考慮するべきである。

13. 生命を脅かす心疾患にはどのような治療が勧められるか？
    - 酸素療法
    - ドブタミンの投与
    - フロセミドの静脈内投与
    - モルフィン
    - ニトログリセリンの局所療法
    - テオフィリン
    - ヒドララジンやニトロプルシッド
    - 抗不整脈薬療法

議論の余地ある項目

14. 無症状の動物は治療するべきか？

心不全の実験的モデルでは、血管拡張薬療法が、後天的な僧帽弁疾患の動物で疾患の進行を遅らせることを示唆するものがあるが、これらの治療所見が無症状の症例に対して適応され得るといった明白な確証はない。心臓病学者の中には、顕著な心拡大が存在するなら、ACE阻害薬を使用するべきであると信じる人もいる。無症状の患者にこの治療を行うか否かについては、治療費が制限因子となるだろう。

15. 利尿薬だけの治療は行っても良い選択か？

　歴史的に多くの臨床家にとって、利尿薬はうっ血性心不全の治療に好んで使われてきた治療薬である。特に、フロセミドは単体の薬物としては最も多用されてきている。うっ血性心不全の病態生理学を考えると、利尿薬を単体治療として使用することに反論がある。利尿薬の必要以上の使用は、静脈還流の減少、心拍出量の減少、代償性メカニズムの開始を導く可能性があり、これらは心機能を非代償性に導く可能性がある。単体の利尿薬による治療を受けたうっ血性心不全の患者は、ジゴキシンや ACE 阻害薬を用いたコンビネーション治療を行った患者よりも急速に悪化している。

参考文献

1. Braunwald E: Pathopysiology of heart failure. In Braunwald E (ed): Heart Disease: A Textbook of Cardiovascular Medicine, 4th ed. Philadelphia, W. B. Saunders, 1992, pp 1007-1077.
2. Ettinger SJ, Brintz AM, Ericsson GF: Relationships of enalapril with other CHF treatment modalities. Proceedings of the Twelfth ACVIM Forum, San Francisco, 1994.
3. Ettinger SJ, Lusk R, Brayley K, et al: Evaluation of enalapril in dogs with heart failure in a large multicenter Cooperative Veterinary Enalapril (COVE) study group. Proceedings of the Tenth Annual ACVIM Forum, San Diego, 1992.
4. Keene BW: Chronic valvular disease in the dog. In Fox PR (ed): Canine and Feline Cardiology. New York, Churchill Livingstone, 1988, pp 409-418.
5. Keene BW, Bonagura JD: Therapy of heart failure. In Bonagura JD (ed): Kirk's Current Veterinary Therapy XII (Small Animal Practice). Philadelphia, W. B. Saunders, 1995, pp 780-786.
6. Kittleson MD: Left ventricular failure. Part Ⅰ. Comp Cont Educ Pract Vet 16: 287-306, 1994.
7. Kittleson MD: Left ventricular failure. Part Ⅱ. Comp Cont Educ Pract Vet 16: 1001-1017, 1994.
8. Sisson DD: The Invasive Malticenter Prospective Randomized Veterinary Enalapril (IMPROVE) Study Group: Hemodynamic, echocardiographic, radiographic, and clinical effects of enalapril in dogs with chronic heart failure. Proceedings of the Tenth ACVIM Forum, San Diego, 1992.

51. 拡張型心筋症
DILATED CARDIOMYOPATHY

Jonathan A. Abbott, D.V.M.

1. 拡張型心筋症とは？

　心筋症は冠状血管疾患、心膜疾患、弁膜症、または心臓構造上の先天的な奇形に関連のない心筋疾患である。特に拡張型心筋症（DCM）は、体循環や心臓にかかる機械的な負荷に関連しない収縮期心筋機能が障害される疾患である。拡張型心筋症は形態病理学的および機能的な

名称であり、収縮期の心筋機能不全の結果による心室および心房の拡張を特徴とする。左心室または両心室の拡張がほとんどの症例でみられる。症例によっては右心室が主として侵されるものもある。

2．拡張型心筋症の病態生理は？
　心筋の収縮期の機能不全（収縮性の減少）の結果、1回拍出量が低下した際は、収縮末期の心室容量が増加する。この残容量は肺静脈還流量を増やし、心室の拡大や拡張末期の心室壁へのストレスが増加する。加えて、レニン・アンジオテンシン・アルドステロン系（RAAS）は心拍出量の減少によって活性化される。RAAS活性化による影響の1つは、血管内容量を増やすことに関連する塩分と水分の保持である。血管内容量の膨張はさらに前負荷を増大させ、心室拡大の進行に関与する。弁輪の拡大による房室弁機能不全に加え、心室充満圧の上昇は、心房拡大を起こす。
　収縮期の心筋機能の損失は、心室の運動機能の低下を引き起こし、一連の心室拡大の進行を招来する現象が始まる。収縮期の心筋機能不全は、心筋の壊死による心筋細胞の損失または収縮機能器官に影響する機能的障害の結果と考えられる。しかし、障害された収縮期心筋機能の血行動態は、原因にかかわらず変化しない。

3．拡張型心筋症の原因は？
　拡張型心筋症は、特異的な疾患というより症候群である。すなわち、ある意味では、病的最終段階の心臓であり、心筋に対する事実上様々な病理学的な障害を意味しているようである。この障害とはウイルス感染、毒素、代謝障害、または栄養素の欠乏のようなものである。例えば、タウリン欠乏は、猫の拡張型心筋症と関連しているが、タウリンを含んだ市販フードの供給は急速に猫の拡張型心筋症の罹患率を減少させている。何例かの犬においては、心筋のカルニチン欠乏が拡張型心筋症の病因となっているらしい。加えて、ドキソルビシンのような抗癌剤は、不可逆的な心筋の機能不全を起こす恐れがある。自然発生的な犬の拡張型心筋症は一般的に特発性である。

4．拡張型心筋症の動物の典型的な特徴は？
　ドーベルマン・ピンシャー、ラブラドール・レトリーバー、グレートデーンおよびボクサーを含む大型および超大型犬種が最も罹患しやすい。雄は雌よりも罹患しやすく、また拡張型心筋症の犬は中年齢かそれ以上であることが多い。4歳頃の雄のドーベルマン・ピンシャーは、拡張型心筋症を呈する典型的な例である。

5．好発犬種の臨床症状に差違はあるか？
　一般的に、拡張型心筋症の経過はすべての犬で同様である。しかし、2種類の犬種では非常に異なる臨床症状の心筋疾患を発症する。ボクサーの拡張型心筋症は、心室性頻拍と突然死の高い発生率で特徴付けられる。拡張型心筋症のボクサーのHarpster分類を以下に示す：
　カテゴリー1：臨床徴候を伴わない心室性の不整脈
　カテゴリー2：心室性頻拍に起因すると考えられる失神
　カテゴリー3：収縮性の心筋機能不全に起因するうっ血性心不全（CHF）

ボクサーとドーベルマン・ピンシャーの拡張型心筋症には共通性がある。罹患したドーベルマンでは、突発的な心臓死と同様に、心室性頻拍の発生率は高い。拡張型心筋症のドーベルマン・ピンシャーの CHF は、しばしば短期間に急速な進行性の経過を辿る。拡張型心筋症の超大型犬種は、両室性のうっ血性心不全の徴候を示す傾向にあり、この疾患は心房細動によって悪化する。著者の経験では、拡張型心筋症のドーベルマン・ピンシャーは通例、心室性頻拍に加えて心房細動を発現する。さらに、拡張型心筋症を示すすべての動物に、突発的な心臓死の危険のあることを考慮しておくべきである。

6. 拡張型心筋症の犬の飼い主は、どのような症状から獣医師の元へ連れて行くのか？
　通常、拡張型心筋症の動物は、うっ血性心不全に起因する臨床徴候を評価してもらうために訪れる。緊急の場合、呼吸困難、発咳、腹水に起因する腹部膨満、および失神の病歴があったことがわかるだろう。加えて、飼い主は運動不耐性、体重減少、沈うつ、そして食欲不振を観察することがあると考えられる。

7. 拡張型心筋症では、身体検査所見により診断がつくことが多い。心臓の聴診ではどのようになっていると思うか？
　拡張型心筋症の動物は、うっ血性心不全を伴うことが多いので、頻脈は共通の症状であり、不整脈が聴診によって確認される可能性がある。房室弁機能不全の心雑音は、房室弁の弁輪の拡張の結果であることが常ではないが多い。この心雑音は僧帽弁逆流に起因し、左心室心尖部で最もよく聴取される。この心雑音はプラトー型で、収縮期に発生し、たいていソフトな音が聴取される。
　罹患動物の一部では、第Ⅲ音が聴取されるので、ギャロップリズムとなる。僧帽弁を通る血流の拡張初期の急速な減速が、Ⅲ音ギャロップと関連する血行動態である。よって、ギャロップリズムは生理的な出来事が強調された結果として発生する。拡張初期の血流の急速な減速は、大量の収縮末期の左室容量の存在と、心室コンプライアンスの減少に関連していると思われる。第Ⅲ心音が聴取できる場での肺の呼吸音は肺水腫の存在を示唆している。

8. 身体検査所見における最も特異的な異常は？
　小動物では、第Ⅲ音の聴取はたいてい心筋の機能不全の特異的な指標となる。犬猫におけるギャロップリズムの存在は、臨床徴候の存在しない場合でも、詳細な心血管の評価を行うための指標となる。ギャロップと、第Ⅰ音または第Ⅱ音の分裂やクリック音（たいてい収縮中期に発生する）のような一過性の音とまた不整脈とを区別するよう注意する必要がある。

9. 心電図検査ではどのような異常がわかるか？
　心電図は心拍数、心調律、そして心臓の大きさについての情報を提供する。心臓の調律障害の解明が、心電図の基本的な使用目的である。拡張型心筋症においては、早期の心室性棘波群、心室性頻拍、早期の心房棘波、心房性または結節性頻拍、または心房細動を検出するだろう。症例によっては、心室肥大、左脚ブロックのような心室内伝導障害、または左心房拡大が存在する。40msec 以上の P 波の幅の拡大は、左心房拡大を示唆している。P 波のノッチの併発では、左心房拡大の指標としての P 波拡幅の特異性が増している可能性がある。

10. 拡張型心筋症においてX線写真から予想されることとは？

　左心房拡大のX線写真における証拠として、心陰影は、ほとんどの場合で大きくなっている。左心房が拡大しているときの肺の浸潤像は、肺水腫そしてうっ血性心不全の存在を示唆している。初期には、肺水腫は間質性の肺浸潤となる。肺に大量の水分が蓄積すると、小気管が水分で満たされ、肺胞の肺浸潤が観察される。心因性の肺水腫では、左右の肺に対称性で中心よりの分布を示すことが多い。しかしながら、急性の肺水腫では斑状または全体的な分布を示すであろう。心房・心室の特異的な状況を診断するためには、胸部X線単純撮影での診断能力には限界があり、拡張型心筋症のX線上での所見は様々である。ドーベルマン・ピンシャーの症例の一部では、X線上で心拡大の証拠はほとんどなく、左心房拡大を示す後方の心臓のくびれの消失と水腫の肺胞性肺浸潤だけが観察される。

11. 心エコー検査はいつ行うか？

　心エコー検査はそれぞれの心腔の大きさと心筋の機能を非侵襲的に評価する。これは拡張型心筋症の非侵襲的な確定診断を得る方法であり、心筋疾患が疑われるすべての動物に行うことを考えるべきである。心エコー検査は、呼吸困難の原因がX線検査によって明らかにならない場合に行う必要がある。心エコー検査は一部の症例では動物を立たせたままや、横臥位で最少限の保定で実施することができるので、動物に対して負担が少ない。拡張型心筋症を示唆する身体検査所見を有する呼吸困難の動物では、可能ならば、エコー検査をX線検査の前に考慮するべきである。心エコー検査によりうっ血性心不全の診断はできないが、うっ血性心不全の発症徴候を合理的に示す心臓の構造的異常の有無を診断するために有用であろう。

12. 拡張型心筋症で典型的なエコー所見は？

　拡張型心筋症の心エコー検査では、運動低下を伴う心房および心室の拡大を示す。ほとんどの例で、左心室または両心室に拡大が存在するが、たまには右心室がもっぱら影響を受けることもある。収縮期の心機能を測る収縮率（SF）は低く、しばしば5〜15％である。敗血症のような心臓以外の疾患でも心筋機能が傷害され、収縮率が減少する。急性の臨床経過をたどる可能性があるにもかかわらず、拡張型心筋症はほとんどの例で進行は緩徐である。したがって、心室や心房の拡大のみられないSFの低下は、心臓以外の疾患や、計測技術に関連する可能性がある。そのためSFはうっ血性心不全の徴候を説明するためにはふさわしくない。拡張型心筋症においては、弁は構造的に正常であるが、ドップラー検査では、僧帽弁および三尖弁に逆流がみられることが多い。

13. 急性のうっ血性心不全の治療管理の目標は？

　うっ血性心不全では、血管内容量の増加と、心室充満圧の増加がみられるが、これは、静脈のうっ血とその結果関連する毛細血管床への組織液の蓄積として現われるものである。左心室不全の結果生じた肺水腫は直ちに生命を脅かす。右心室不全は、腹水や、ときには胸水の貯留を生じることがあるが、一般的に肺水腫よりも耐えられる。急性のうっ血性心不全の治療管理の目標は、肺における正常なガス交換の早急な改善と組織還流の保護と増強である。これらの目標は心拍出量の三大決定因子である前負荷、後負荷および心収縮力の薬理学的な操作によって達成される。

14. うっ血性心不全の際にどのようにして前負荷を操作するか？

　劇症の肺水腫では、利尿薬が静脈内投与される。ループ系利尿薬は強力で迅速に働き、腎機能不全を伴う動物に効果的であろう。フロセミドが最もよく使用され、重度の肺水腫では1〜6mg/kgが投与されるが、投与量は動物の臨床的反応によって調整するべきである。フロセミドはネフロンの壁を通る電解質輸送に影響し、希釈された尿の大量産生をもたらす。利尿の結果は血管内容量を減少させ、心室充満圧を減少する。心室充満圧が減少すると、リンパ管は蓄積された組織液を排除することができる。

　ニトログリセリン（NG）は経皮的に投与される。用量調節のできるパッチやクリームが市販されている。ニトロ系化合物は細胞内のサイクリックGMPを増やす経路を介して血管拡張を引き起こす。ニトログリセリンの効果は、静脈循環および心外膜の冠状血管のような特異的な細動脈床において最も強力である。肺静脈の拡張は心室充満圧を低下させ、静脈のうっ血を減退される。ニトログリセリン・パッチやクリームは皮膚の被毛のない部分ならどこにでも適用できる。鼠蹊部や体幹部への適用は、耳の耳介部への適用に比較して、より適切に吸収される可能性がある。重い劇症浮腫に対する静脈切開術が、心室充満圧を急速に低下させるために実施されることがある。

　前負荷を軽減させる調整は必要で、急速に肺水腫を解決する可能性がある。しかしながら、特別な状況を除いては、心拍出量に対して好ましい影響を与えない。心室が拡大した時、前負荷の軽減は好ましい臨床的効果をもたらすが、1回拍出量にはほとんど影響を及ぼさない。しかし、過度な利尿は心拍出量と組織還流量を減少させるだろう。

15. 急性のうっ血性心不全時には後負荷をどのようにして調整するか？

　収縮期の心筋機能不全に由来するうっ血性心不全は、後負荷と収縮力の不均衡に関連している。還流圧、血管抵抗および心拍出量の間の関係を考えると理解しやすい。オームの法則を適用すると、BP=SVR×Qである（Q=心拍出量、BP=血圧、SVR=全身血管抵抗）。末梢血管抵抗は後負荷の重要な決定因子であり、細動脈の薬理学的な拡張は、うっ血性心不全の動物に有効であろう。拡張型心筋症に起因するうっ血性心不全では、うまく血管拡張すると、後負荷は軽減し、還流圧にはほとんど影響を与えずに最小の効果で1回拍出量が増加する。

　ニトロプルシッドは、全身的細動脈系に強力な効果を持つバランスの取れた血管拡張薬である。ニトロプルシッドの代謝は急速で、シアン化合物および一酸化窒素を放出させる。ニトロ化合物の代謝は血管拡張性の特性を持っている。ニトロプルシッドは1〜10μg/kg/分で静脈内投与される。これは強力な血管拡張薬で、慎重な管理下でのみ用いなくてはならない。体血圧の計測が推奨され、投与量は、継続的な血圧の計測と末梢血液還流の指標に基づいて決定される。シアン化合物の中毒は、強力な副作用となるので、ニトロプルシッドの使用は48時間以内に限られる。

16. 強心補助は必要か？

　拡張型心筋症では障害された収縮期心筋機能が、うっ血性心不全の主とした病態生理的根拠である。低心拍出量およびうっ血の徴候を示す動物には、薬理学的な強心補助が必要である。

17. 利用できる強心薬（陽性変力作用薬）を比較、対照せよ。

　すべての陽性変力作用薬は、本質的に筋節内のカルシウム利用能を増やすことによって機能する。利用できる陽性変力性作用薬は3つの薬理学的なカテゴリーに分類される：①ジギタリス配糖体（ジゴキシン、ジギトキシン）、②フォスフォジエステラーゼ阻害薬（bipyridine 誘導体、アムリノンおよびミルリノン）、および③カテコールアミンまたは合成同族体（ドーパミン、ドブタミン、エピネフリン）。

　ジゴキシンは静脈内投与または経口的に投薬することができる。心臓の配糖体は心筋細胞のナトリウム−カリウムポンプに結合し、阻害する。細胞の張力にもたらされた変化は、細胞内カルシウム濃度の増加を招き、次には筋収縮力が増加する。ジギタリス配糖体は、抗不整脈的な特性と同様に、うっ血性心不全の動物に対し、おそらく良い方向で働く自律的な効果も持つ。しかしながら配糖体は、相対的に変力作用が弱く、その治療指標は低い。この薬はうっ血性心不全の慢性的な治療で必要とされるが、重症動物においては比較的役割が限定されている。

　アムリノンおよびミルリノンは血管拡張性の効果も合わせ持つ比較的強力な陽性変力作用を有している。これらの作用は、cAMP の破壊を触媒する酵素であるフォスフォジエステラーゼの阻害を経て成立する。フォスフォジエステラーゼの阻害は、cAMP を増加させることになる。cAMP は細胞内カルシウム濃度を増加させることなどの、多くの効果を持つ細胞内セカンドメッセンジャーである。ヒトでの臨床試験では、ジギタリスやおそらくベスナリノン以外の変力作用薬は、慢性的に投薬には有益であることが示されなかった。その結果、フォスフォジエステラーゼ阻害薬は経口投薬としては入手できず、静脈内投与のみが行われる。細胞内カルシウム濃度の増加は不整脈を誘発する可能性があり、投薬中は心電図のモニタリングが推奨される。

　ドブタミンおよびその他のカテコールアミン誘導体または類似体は、アドレナリン作動性受容体を刺激する。アドレナリン作動性受容体は cAMP の放出を触媒する酵素であるアデニールサイクラーゼに G プロテインによって結合する。cAMP 濃度の上昇は細胞内カルシウム濃度を上昇させる。カテコールアミンは静脈内に投与するべきである。ドブタミンは β アドレナリン作動性受容体の比較的選択的なアゴニストである。それに比較して、ドーパミンは自由度のある分子で、β アドレナリン作動性受容体、ドーパミン作動性受容体および α アドレナリン作動性受容体を刺激することができる。すべてのカテコールアミンの類似体は、高用量では受容体特異性を失う。その結果、これらの使用は、動物に有害な末梢血管抵抗を増加させる可能性がある。ドブタミンの投与は心拍数の増加の割には1回拍出量を大きく増加させる。これらの理由で、ドブタミンはドーパミンよりも優れている。アドレナリン作動薬の投与中は心電図のモニタリングが推奨される。

18. 補助的な酸素供給は必要か？必要であればどのような経路で投与するべきか？

　酸素は、うっ血性心不全による呼吸困難の患者に投与するべきである。酸素ケージは最も利用しやすい方法だと思われるが、鼻腔カニューレの使用は患者が嫌がらなければ適切な方法である。終末呼気陽圧呼吸を用いた人工換気は、急速に進行する重症の肺水腫の症例では考慮することもある。しかし、拡張型心筋症で初めてうっ血性心不全の症状を示した患者が診療に来たときには、基本的な方法でも呼吸困難と肺水腫の解消は意外に急速であることが多い。そのため、人工換気の必要性はなくなる。

19. 拡張型心筋症の慢性的な管理にはどの薬物が適切か？

　ジゴキシン、ACE 阻害薬およびフロセミドを含んだ治療法は、拡張型心筋症に起因するうっ血性心不全の管理にとり入れられるようになってきている。カプトプリル、エナラプリルおよびベナゼプリルを含む ACE 阻害薬は、アンギオテンシン I からアンギオテンシン II への変換を触媒する酵素を阻害する。アンギオテンシン II は血管収縮性ペプチドであり、アドレナリン作動性神経の調節、抗利尿ホルモンとアルドステロン放出刺激、および心筋への栄養学的効果などの多くの作用を有する。拡張型心筋症に起因するうっ血性心不全の犬へのエナラプリルの投与は、QOL を改善し、死亡率を下げる効果を持つ。

20. 拡張型心筋症におけるジギタリスの役割は？

　ジギタリス製剤は陽性変力作用を有し、アドレナリン作動性神経の機能を調節する。これらの薬は陽性変力作用を発揮するが、心拍数を少なくし、心房細動での心室の反応頻度を調節する点といった特性がある。

21. 拡張型心筋症の場合、心房細動はどのように管理するか？

　実験的には、心房細動の不整脈を引き起こすには、心房の心筋層に重篤な腫瘤塊の存在が必要である。心疾患の存在なしに心房細動を発現する可能性があるのは、2、3種類の犬だけである。通常犬では、心房細動は顕著でかつ不可逆的な心房拡大が存在することを意味している。拡張型心筋症患者では一般に、心房細動が発症しやすい素因を正すことができないため、洞調律への変換という試みは滅多に成功しない。さらに、ヒトにおいてしばしば心房細動を複雑化する血栓塞栓症のリスクは、犬では低いようである。そのため、洞調律への変換は一般的に試みられていない。拡張型心筋症の場合の心房細動に対する治療は、心室の反応率を遅らせることによって、1回拍出量と心筋酸素要求量をできる限り能率的に利用するように導くことである。

22. 拡張型心筋症に起因する心房細動において、どのような薬物が心室の反応率を遅くするのに利用できるか？

　ジゴキシンは心房細動における心拍数の調節、または拡張型心筋症を複雑にするその他の上室性頻拍を調節するために最初に投与される。ジゴキシンは比較的長い半減期を示し、治療に用いられる範囲は限定されている。そのため、最初からの大量投与は一般的に推奨されない。維持用量が投与されてから治療的に有効な血漿濃度に到達するのに4〜7日かかるだろう。その他の薬物は、緊急に心拍数のコントロールが必要な場合に考慮される。

　クリティカル・ケアの状況で陰性変時作用薬を使用する前に、幾つかの因子を検討することが重要である。一般的に、心拍数を低下させるために利用できるジギタリス製剤以外の薬物はすべて、陰性の変力作用を有する。拡張型心筋症で観察される、心房細動への急速な心室の反応は代償性のメカニズムである。重症のうっ血性心不全の動物では、心拍出量を維持するために、上昇した心拍数と減弱した収縮反応により危険な状態に陥っているものもある。さらに、病理学的な頻拍と異なって、心房細動における心拍数は、少なくとも部分的には生理学的な影響を受けやすい。うっ血徴候に対する治療は不安材料を少なくする場合が多いし、また心房細動時の心拍数の減少は肺水腫の消散を伴うことが多い。したがって、心房細動時に高い心拍数

を急激に低下させるには注意が必要である。

　これらのことに留意して、240拍/分以上の心拍数の不規則な心室性のリズムは、1回拍出量の減少と高い心筋酸素要求量と関連するので、身体に悪影響を及ぼすことが多い。カルシウム拮抗薬またはβアドレナリン受容体遮断薬の注意深い使用が考えられるだろう。著者はジルチアゼムの注射または経口製剤を、この状態における第一選択薬としている。ジルチアゼムは房室結節に対して抑制効果を有するが、比較的弱い陰性変力作用を有している。エスモロールのようなβアドレナリン受容体阻害薬も考慮されるが、β阻害薬の強力な陰性変力作用を認識している必要がある。明確なうっ血性心不全に伴う心房細動での至適心拍数は知られていないが、180～200拍/分への減少が合理的であろう。うっ血の徴候改善後の心室の適切な心拍反応数はおそらく低いだろう。

23. 拡張型心筋症に起因する心房細動において、カルシウムチャネル阻害薬、β阻害薬およびジギタリスの役割は？

　ジゴキシンは拡張型心筋症に関連した心房細動において、心室の反応数を調節するために使用される。数例の拡張型心筋症の動物ではうっ血の徴候をコントロールしたにもかかわらず、心拍数の低下が起こらなかった。カルシウム阻害薬であるジルチアゼムやアテノロール、プロプラノロールのようなβアドレナリン受容体阻害薬の注意深い投与は、付加的な治療として考慮されることがある。最新の知見によると、収縮期の心機能障害に起因するうっ血性心不全においてβアドレナリン受容体阻害薬の長期間の使用は血行動態と生存率に有益な影響を持つ可能性が提言されている。以上のような理由から、ジゴキシンに加えて、これらの薬物は拡張型心筋症に関連する心房細動において、心拍数を低下させるために選択されることがある。

24. 拡張型心筋症に起因するうっ血性心不全の動物に対して、どのようなモニタリングをするのが適切か？

　うっ血性心不全の動物は体調を崩しやすい。診断中のリスクと利益については熟慮するべきである。スワンガンゼ・カテーテルの設置や、体循環圧の間欠的測定のためのカニューレの設置などの侵襲的なモニタリングにより、治療を適切に行うために用いることのできるほぼ完全な血行動態の情報が得られる。しかしながら、そのような機器の使用は集中的な管理と看護を必要とし、さらに維持することが難しく費用も安くない。

　その制限が許容できるなら、間接的に血圧を測定する装置が、有用な情報を供給してくれる。糸球体濾過量と生命に関わる末梢血管床を維持するためには、約60mmHgの還流圧が必要なので、体循環圧の測定が重要である。しかしながら、うっ血性心不全を伴うほとんどの動物は、通常は正常な血圧を示す。さらに、血圧が血流量ではなく、心拍出量を犠牲にして維持されていることも考えられる。中心静脈圧（CVP）の測定は有益な情報をもたらし、そのテクニックも比較的容易である。CVPは右室充満圧の測定であり、左心室機能不全の状態における肺静脈圧についての情報をもたらすものではない。

　血液ガスが測定できる場合には、換気と組織酸素化の情報が得られる。肺胞－動脈酸素分圧較差を計算することで、肺水腫に起因する換気血流比の程度が評価できる。パルスオキシメーターを用いたヘモグロビンの酸素飽和度の評価は非侵襲的で、動物が動脈穿刺のストレスに耐えることができない場合に血液ガスの測定を十分に代償することができる。

拡張型心筋症に起因するうっ血性心不全の動物の多くは、多くの比較的正確なモニタリングテクニックを応用するよりも、バイタルサインに注意することで管理することができる。心拍数と呼吸数とその性状のモニタリング、大腿動脈圧の評価および粘膜の観察は、治療に対する反応と短期間の予後について有用な情報をもたらす。

25. 拡張型心筋症に起因するうっ血性心不全の予後は？
　拡張型心筋症に起因するうっ血性心不全の予後は一般的に良くない。動物が最初の評価以上に生存した場合は、6～12カ月以上、場合によってはそれ以上の生存は、注意深い薬物管理によって可能である。患者によってはカルニチンやタウリンのような栄養素を付加することで良い反応を得られることがある。しかしながら、犬の拡張型心筋症は、ほとんどの場合、末期的である。

論点

26. βアドレナリン受容体遮断薬は拡張型心筋症に起因するうっ血性心不全の治療に必要か？
　βアドレナリン受容体遮断薬は陰性の変力作用、変伝導作用および変時作用を持っている。直感的に、陰性変力作用薬の使用は、一次的な病態生理学的なメカニズムが収縮期の心筋機能不全である拡張型心筋症には禁忌と感じられる。しかし、実験的に心疾患を起こした犬の研究、およびヒトの心筋疾患の臨床的研究から最近明白になったことは、βアドレナリン受容体遮断薬は、収縮期機能不全に起因するうっ血性心不全の治療に役立つことが示唆されている。ヒトの心筋疾患におけるβアドレナリン受容体遮断薬の長期間使用は、血行動態、運動耐性および延命効果を改善した。βアドレナリン受容体遮断薬は、うっ血性心不全を誘発された犬の心筋機能を温存すると考えられている。これらの所見は、うっ血性心不全が、アドレナリン作動性神経とレニン・アンジオテンシン・アルドステロン系の活性化と関連した、神経ホルモン性の症候群であるという最近の見解と一致する。これらの代償性のメカニズムは、初期あるいは短期間ならば好ましい効果を持つと思われる。しかし、慢性の場合には、これらは心機能に有害な影響を及ぼし、心不全など、心機能の不可逆的な低下を招く。βアドレナリン受容体遮断薬がうっ血性心不全で有効な理由は不明であるが、おそらくアドレナリン作動性神経の活性化を妨害しないといった相対する結果で、心臓を保護するのであろう。心拍数に影響を及ぼすことによる心筋酸素消費量の効果もまた重要であろう。心疾患において機能低下が起こることが知られているβ受容体の感度の上昇もまた良い影響を与えるだろうが、このメカニズムの重要度は低いようである。

参考文献

1. Calvert CA, Chapman WL, Toal RL: Congestive cardiomyopathy in Doberman pinscher dogs. J Am Vet Med Assoc 191: 598-602, 1982.
2. Cleland JGF, Bristow MR, Erdmann E, at al: Beta-blocking agents in heart failure: Should they be used and how? Eur Heart J 17: 1629-1639, 1996.
3. Cobb MA: Idiopathic dilated cardiomyopathy: Advances in aetiology, pathogenesis and management. J Small Animal Pract 33: 113-118, 1992.

4. COVE Study Group: Controlled clinical evaluation of enalapril in dogs with heart failure: Results of the Cooperative Veterinary Enalapril Study Group. J Vet Intern Med 9: 243-252, 1995.
5. Harpster NK: Boxer cardiomyopathy. In Kirk RW (ed): Current Veterinary Therapy VII — Small Animal Practice. Philadelphia, W. B. Saunders, 1983, pp 329-337.
6. Keene BW: Canine caardiomyopathy. In Kirk RW (ed): Current Veterinary Therapy X — Small Animal Practice. Philadelphia, W. B. Saunders, 1989, pp 240-251.
7. Keene BW, Panciera DP, Atkins CE, et al: Myocardial L-carnitine deficiency in a family of dogs with dilated cardiomyopathy. J Am Vet Med Assoc 198: 647-650, 1991.
8. Knight DH: Efficacy of inotropic support of the failing heart. Vet Clin North Am Small Animal Pract 21: 879-904, 1991.
9. Sabbah HN, Shimoyama H, Kono T, et al: Effects of long-term monotherapy with enalapril, metoprolol, and digoxin on the progression of left ventricular dysfunction in patients with heart failure. Circulation 89: 2852-2859, 1994.

52. 不整脈
CARDIAC ARRHYTHMIAS
Andrew Beardow, B.V.M. & S., M.R.C.V.S

1. 不整脈発生の基本的なメカニズムは？

不整脈の誘導については、通常、以下の3つのメカニズムが考えられている：①リエントリー、②増強された自動能、③triggerd activity。

リエントリー：正常とは異なる伝導度を持つ細胞や組織の刺激伝導ループが形成され、ループの中の本質的な伝導度の違いが、正常では消失するはずのインパルスを永続化させている。このようなインパルスは、時相があえば非不応期の組織で、異所性の脱分極を起こす引き金になる。ループは顕微鏡下、つまり細胞レベルでまたは肉眼で確認できるレベルでも発生する。顕微鏡下でループはプルキンエ細胞と筋細胞、およびループの片側において一方向性の伝導を妨げる病的な組織領域から構成されている。インパルスは伝導経路を通っていくが、病的な経路内では前方への伝導がブロックされる。このインパルスは、ループ他の部位でこの領域を通り続け、病的な部位における後方伝導を行う。これはループのこの突出部が脱分極しなかったため無反応ではいられないからである。時相が合って、ブロックの先の組織が他のインパルスを伝導できる準備が整っている場合、リエントリーが成立する。

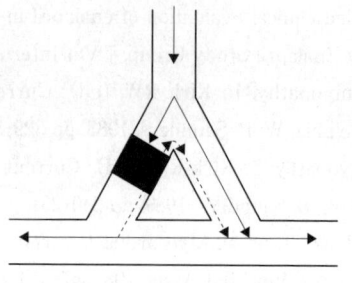

一方向性の伝導障害の領域

　マクロのリエントリーループとは、元々存在する伝導路を構成している経路の中の大きな経路部分である。例えば、房室結節内のリエントリーループやWPW症候群（Wolff Parkinson-White Syndrome）の副経路を指す。ヒトの上室性頻拍（SVTs）の患者の85％以上は房室結節を通る早い経路と遅い経路の伝導速度の本質的な違いを持ったマクロ的なリエントリーに帰する可能性がある。これらの経路は犬の房室結節にも存在しているが、犬の上室性頻拍のどのくらいがこのメカニズムによって産生されているかは不明である。

　自動能の増強：不整脈を産生するメカニズムとは、正常なペースメーカー組織が異常な活動を示すか、通常は自動能を示さない細胞が異常な活動を示すかのいずれかである。自動能の状態は活動電位の第4相の特質である。自動能を有する細胞では、イオンの漏出が静止膜電位を変化させ、閾値の方向へと移動させる。閾値に到達すると脱分極が引き起こされる。この電位の変化する頻度が閾値に到達する頻度を決め、結果的にペースメーカーが発火する頻度を決める。膜の変化または優勢な自律神経の緊張度の変化はこのメカニズムに影響することがあり、結果的に自動能を増強する。正常では自動能を示さない病的な細胞もまた、自動能が増強される可能性がある。例えば、病的な心筋の細胞膜は、カルシウムイオンに対し異常な透過性を発現する可能性がある。このイオンの流出は細胞膜を自発的に脱分極させ、閾値に達し、期外収縮を引き起こす。

　Triggered Activity；この名称が示すように、Triggered Activityは自然には発生しないが、1つの脱分極から他の波を引き起こさせる。活動電位に続く膜電位の振動は、このTriggered Activityの原因となると考えられている。疾患の状態または症例によっては、薬物が細胞膜の不安定化、およびそのような振動を招きやすくする。後脱分極として知られているこのような振動は、早期または遅延のどちらかの活動電位との関係に依存して、さらに分類されている。遅い後脱分極は、ジギタリス中毒に誘導される不整脈としてよく知られる。

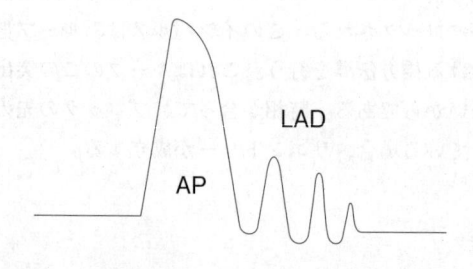

AP：活動電位　LAD：遅い後脱分極

2. 不整脈を確定診断するための手法は？
  1. 正常な PQRST を同定せよ。すなわち洞房結節由来の複合波は房室結節を通って伝導され、正常なタイミングと伝導パターンで心室を脱分極させる。正常な PQRST 波は、以下のような疾患の存在下で、異常を示すことがある。房室結節の伝導度の異常、心室伝導度の異常、または心房の変化に起因する P 波の異常。不整脈の疑いがある場合は、幾つかの複合波を同定してみると良い。みな同じ異常を示すだろうが、それぞれの P 波は QRS 群と T 波によって適切な間隔の後に発生する。
  2. 同じ心電図上の正常な波形と比較せよ。異常な複合波が QRS 群と T 波だけを持っている場合は、正常な QRS-T 群のように見えるものか？もしそうであるなら、その不整脈は房室結節部かその上部に由来することが多く、したがって上室由来である。そうでない場合、不整脈はおそらく心室を起源としている。
  3. 心電図上の P 波を同定せよ。それらが異常な QRS 群と時間的な関係があるか？この答えは上室性由来の不整脈が、心房性か接合部由来かを判断する手助けとなる可能性がある。

3. 不整脈は救急疾患の動物で共通して観察される。臨床症状は不整脈に一致して、虚脱または衰弱を示す。不整脈と臨床症状との関連性の診断を補助するのはどのような手法によるか？
  1. 患者が病院内で監視下におかれているときの臨床症状の観察：運が良ければ、臨床症状が発現している際に心電図をモニタリングできることもある。
  2. イベント・レコーディング：小さな記録装置を患者にとりつけ、心電図を 5 分間電気的に（ループ形式で）記録する。飼い主は患者に何か異常が起きたときにこの装置を起動させる。本装置は症状発現時の心電図を記録できる。本装置は記録形式が調節可能なので、飼い主が記録装置のスイッチを入れれば、その前後の記録時間も調節することができる。バッテリーは標準的なもので 7 日間まで継続使用でき、機種によっては 5 回分の記録ができる。このような装置は、心電図上の異常が 1 週間以内にたびたび発生する場合に使用すると良い。
  3. ホルター心電図：ホルターによるモニタリングを行えば、24 時間または 48 時間の心電図をモニターできる。この記録はカセットテープまたはこれに加えてソリッド・ステート・テクノロジーが使用される。そのデータは記録されるが、24 時間分の心電図はコンピュータによって解析され、不整脈が起こった頻度の証拠を示すこととなる。ホルター心電図のモニターには、飼い主によって記録できるイベント・ボタンが付いているものがあり、出来事と心電図の相互関係を記録しておく。この装置により、不整脈を記録して、臨床徴候を発症するほど十分に深刻と判断できるので飼い主は必ずしもそばにいる必要はない。ホルター心電計の大きな問題は、体重が 10kg 以上の患者に対しての使用が制限されがちな大きさの装置であり、記録時間が 24 時間だけということは、臨床徴候が稀にしか発生しない場合に、その使用が大きく制限されてしまうことである。
  4. 治療に対する反応：しばしばその方法が選択されるが、不整脈と臨床症状の間の因果関係を確立するために、最小限なすべきことは、治療に対する反応を観察することである。臨床症状や不整脈は、治療に依存せず、自然に治癒する可能性がある。逆に言えば、治

療に対する反応を計測するために、単独の心電図を用いると誤った所見を提供してしまう可能性もある。例えば、心電図は不整脈が一時的に発現していなかった2分間に記録されている可能性もある。いずれにしても、この場合、患者は不適切な治療に長期間にわたってさらされることになる。

4. 頻脈を示す患者の心電図検査において、最も重要な最初のステップは？

不整脈が上室性かまたは心室性かを診断することである。一般的に、この鑑別は最も適切な治療を選択するために有益な第一ステップである。最終的に不整脈を分類できなかったとしても、最も良い推測に基づいていれば最初の治療はより成功する可能性がある。不適切な治療に対する反応や根底となる不整脈の変化のために、頻発する不整脈の管理全体を通して診断を再評価しなければならないことは珍しいことではない。

5. 抗不整脈薬を分類せよ。リドカイン、プロカインアミド、ジルチアゼムおよびプロプラノロールはどのクラスに属するか？

Vaughan-Williams の抗不整脈薬の分類は、心筋細胞の活動電位への影響をもとにしている。クラスⅠの薬物は細胞膜の安定化、急速なナトリウムチャネルの遮断とよく記載される。クラスⅠの薬物は自動能、伝導度、収縮力、房室伝導および細動の閾値の条件である活動電位における効果によって細分化されている。

クラス IA	自動能の減弱	プロカインアミド	SVT
	伝導度の減弱	キニジン	VT
	収縮力の減弱		WPW
クラス IB	自動能の減弱	リドカイン	VT
	収縮力の減弱	トカイニド	
	房室伝導度の増加	メキシレチン	
	細動の閾値の増加		
クラス IC	自動能の減弱	フレカイニド	VT
	伝導度の減弱		
	収縮力の減弱	エンカイニド	WPW
	房室伝導度の減弱		

クラスⅡの薬物はβ遮断薬であり、自動能と収縮力を減弱させる。これらの薬物は、用量に依存して収縮力と房室伝導度の双方を様々な程度で減弱させる。β遮断薬は上室性頻拍（SVT）心室性頻拍（VT）およびWPW症候群（Wolff-Parkinson-White Syndrome）の治療管理に使用される。

クラスⅢの薬物はアドレナリン作動性神経抑制薬で、クラスⅠの薬物に対して抵抗性の不整脈の管理について、最近多くの関心が持たれているものである。クラスⅢの薬物は自動能と伝導度を減少させることによって、細動発現の閾値を上げる薬物であり、考慮しなくてはならないレベルの明らかな副作用がある。最も一般的に使用されるクラスⅢの薬物はブレチリウム、アミオダロンおよびソトロールである。

クラスⅣの薬物は緩徐にカルシウムチャネルを阻害し、房室結節の伝導度における最も意味

深い効果を示す。これらの薬物はまた、自動能、伝導度および収縮力を減少させるが、こうした効果の大小はグループを越えて多岐にわたっている。最も一般的に使用されるクラスIVの薬物はベラパミルとジルチアゼムである。

6. 抗不整脈薬の選択をするために Vaughan-Williams の分類をどう役立てるか？

活動電位をもたらすイオンは筋細胞の位置によって異なる。例えば、洞房結節と房室結節のペースメーカーの細胞での活動電位は、主にカルシウムイオンによってもたらされる。これらの組織から発生する不整脈（SCTs）の治療に対しては、ジルチアゼムのようなクラスIVの薬物（カルシウムチャネル遮断薬）が適切である。クラスIの薬物は主にナトリウムチャネルに作用し、ナトリウムチャネルは心室細胞の活動電位の脱分極期をもたらすので、心室性の頻拍に対しては最も有効である。

7. proarrhythmia とは？

proarrhythmia とは、抗不整脈薬で治療している期間に起こる不整脈の変化または発現を示す。この現象は、無症候性の不整脈患者が抗不整脈薬による治療の結果、死亡した症例がみられ始めた時期に医師に注目され始めた。proarrhythmia は抗不整脈薬を使用する場合には常に考慮しなければならない。すべての抗不整脈薬は心筋の活動電位に影響する。この効果はしばしば有効であるが、特に疾患を持つ組織に、予測不能の現象を引き起こす可能性がある。そのため伝導速度を減弱させる薬物は、ループを微調整し、不整脈を悪化させるような方法で、リエントリーのループを通しての伝導のタイミングに影響することがある。臨床家はこれらの薬物を使用する前に、効果とリスクを熟慮しなければならない。無症候性の心室性の早期拍動を有する患者には、必ずしも抗不整脈療法が必要なわけではない。

8. 犬の急性の上室性頻拍の管理に対してどの薬物を選択するか？

短時間作用型のβ遮断薬であるエスモロール、分類に入れられていない薬物であるアデノシン、静脈内投与可能なカルシウムチャネル遮断薬（ジルチアゼムおよびベラパミル）またはジゴキシンの静脈内投与が選択される。

ジゴキシンの静脈内投与は管理が最も難しく、頻繁には使用されない傾向にある。例外は、心房細動を起こす可能性がある場合と拡張型心筋症が疑われる動物である。β遮断薬とカルシウムチャネル遮断薬は陰性変力作用を有しているので、そのような患者には細心の注意を払って使用しなければならない。またジゴキシンは、心房細動の発現が予測される拡張型心筋症の動物の迅速な治療管理にドブタミンが必要とされる際に適切である。ドブタミンは房室結節の伝導速度を上げ、それにより心室の拍動数を増加させ、さらに頻脈を悪化させる。

カルシウムチャネル遮断薬であるジルチアゼムは、ベラパミルに比較して心筋の減弱作用が弱いので、より良い選択だと思われる。

アデノシンは、体内のどの細胞でも検出されるプリンヌクレオチドである。体外からアデノシンが投与されると、細胞外のプリン受容体と結合すると考えられている。これはアデニールサイクラーゼの遮断によってセカンドメッセンジャーであるアデノシン三リン酸（cAMP）の細胞内レベルを減少させる。アデノシンは房室結節の伝導度を強く遮断する効果を有しており、洞房結節と心室の自動能を抑制する。cAMP は多くのカテコールアミンの効果を仲介する。

したがって、アデノシンはカテコールアミンの不整脈原性の特性を改善する。

9. 心室性の不整脈はどの時点で治療を行うべきか？

心室性不整脈を治療するかどうかを決断するために、以下の2つの因子を熟慮する必要がある。

1. 基礎疾患の経緯：緊急疾患は心室性不整脈の発症によってしばしば複雑化する（すなわち胃拡張や腸捻転）。心室の拍動数が洞房結節の基礎的なリズムと同じである場合は、患者は血行動態学的に安定していることが多い。動物の状態が安定していて、根底にある水分の不足、酸-塩基平衡異常、または疼痛を是正することができれば、抗不整脈療法の必要性が否定されることもある。

2. 不整脈の頻度と拍動数：不整脈の管理の際に、治療を導入する必要性について厳格な取り決めはない。通常は、治療は動物が不整脈と関連した臨床徴候を示したり、不整脈の種類や徴候が突然死に関連しているときに必要とされる。例えば、心筋炎や心筋症を持つボクサーでは、致命的な不整脈のため、しばしば突然死することがある。したがって、心室性早期拍動を伴う発作性心室性頻拍が記録されることの多い無症候性のボクサーの方が、18回/分の単発で一様な心室性早期拍動を示すが、その他の点では健康なラブラドール・レトリーバーよりも治療する気持になるだろう。

10. 心室由来の不整脈はどう治療するべきか？

日常生活を脅かす不整脈の直接的な治療管理については、リドカインが選択薬となる。典型的な初回投与用量は2 mg/kgの静脈内ボーラス投与である。リドカインはエピネフリンと併用するべきではない。ジアゼパムは発作をコントロールするために投与されることがある。猫はリドカイン2 mg/kgを投与されたときに必ず発作を起こす。したがって、猫での投与用量は0.2mg/kgに減量する。リドカインは急速に代謝される。効果の持続のためには、50〜100 μg/kg/分 で持続投与する。ボーラス投与から持続静脈内投与の開始までの間に時間的な開きがあるならば、再度のボーラス投与が必要となることもあるだろう。

一般的に使用されている経口薬はプロカインアミド、メキシレチンおよびキニジンを含んでいる。

11. リドカインの要求量に影響を及ぼす併発症にはどのような疾患があり、どのような問題があるか？

肝臓における循環血液量の減少は、リドカインの要求量を減少させ、意識の沈うつなどの副作用を増加させる。低心拍出量およびβ受容体の遮断は肝血流量を減少させる。また肝疾患とシメチジンの投与は、肝臓のリドカイン・クリアランスを減少させる。

12. リドカインのボーラス投与が患者の心室性不整脈を改善できなかったらどうするか？
   - 数種類の抗不整脈薬の併用は、単独の薬物による治療に抵抗を示す患者を変える手助けとなる可能性がある。リドカインは非経口のプロカインアミドと結合することがある。心筋の減弱が明白でない患者には、β遮断薬（すなわちプロプラノロール、アテノロール、エスモロール）が使用されることがある。

- クラスⅢの抗不整脈薬（アミオダロン、ソトロール、ブレチリウム）はまた、より定型的な治療に抵抗を示す動物に使用されるが、これらの薬物を用いた経験は限られている。
- 患者を再評価すること、水和状態、酸−塩基平衡異常、低酸素を改善すること、または基礎疾患を確認すること。

参考文献

1. Lunney J, Ettinger SJ: Cardiac arrhythmias. In Ettinger SJ, Feldman EC (eds): Textbook of Veterinary Internal Medicine, 4th ed. Philadelphia, W. B. Saunders, 1995.
2. Miller MS, Tilley LP: Treatment of cardiac arrhythmias and conduction disturbances. In Miller MS, Tilley LP: Manual of Canine and Feline Cardiology, 2nd ed. Philadelphia, W. B. Saunders, 1995.
3. Tilley LP: Essentials of canine and Feline Electrocardiography, 3rd. Philadelphia, Lea & Febiger, 1992.
4. Wall RE, Rush JE: Cardiac emergencies. In Murtaugh RJ, Kaplan PM (eds): Veterinary Emergency and Critical Care Medicine. St. Louis, Mosby, 1992.

53. 心臓のペースメーカー
CARDIAC PACEMAKERS
Eric Monnet, D.V.M., M.S.

1. 小動物におけるペースメーカー移植の最も一般的な適用は？
    - 重度の第2度房室ブロック
    - 第3度房室ブロック
    - シックサイナスシンドローム（洞機能不全症候群）
    - ゆっくりとした心室性固有調律を伴う心房静止

2. ペースメーカーを必要とする臨床的な症状は？
　ペースメーカーの移植は、運動不耐性、虚脱またはうっ血性心不全が徐脈に関連した場合に必要とされる。

3. 永続的なペースメーカーの移植前に、臨床的に明らかな徐脈を呈する患者をどのようにして安定させるか？
　一時的な体外型のペースメーカーまたは薬理学的な治療法のどちらかで心拍数を増加させることが不可欠である。一時的に体外型のペースメーカーが利用可能ならば、血流に乗るバルーン・チップ型の二極性の電極を、局所麻酔および軽度の鎮静下で頸静脈から挿入し、右心室の筋束に押し込む。電極が正しく筋束に楔入されると心電図は心室をとらえて表示する。蛍光透

視法もまた、電極の設置の補助と設置部位の確認に使用されることがある。一時的な体外型のペースメーカーが使用できない場合には、麻酔中に心室性の固有調律を増加させるために、β刺激薬（イソプロテレノール、0.01μg/kg/分）を持続的静脈内に注入することがあるが、この方法は信頼性が低い。

4. 永続的なペースメーカーの移植にはどのような技術が利用されるか？
   - 頸静脈からの経静脈的移植。パルスジェネレーターは頸部または胸部の皮下ポケットに移植する。
   - 開腹術後の経横隔膜的な移植。パルスジェネレーターは腹横筋と内腹斜筋の間の腹壁に移植される。

5. ペースメーカーにおける3文字コード（three-letter code）とは？
   ペースメーカーは異なるモードで可動する。3文字のコードは異なるモードを同一化するために開発された。

第1文字：ペーシング部位	第2文字：感知部位	第3文字：反応様式
A（心房）	A	I（阻害）
V（心室）	V	T（triggerd）
D（心房・心室の両方）	D	D（IとT）
	O（センシングなし）	O（反応なし）

VVIモードのペースメーカーは、心室でペーシングと感知を行い、心拍が阻害されてもインパルスを出さない（269ページの図を参照）。VVIモードは獣医学領域で最もよく使用されるモードである。

6. センシングとは？
   センシングとは、固有の心筋の動きを認知するためのペースメーカーの発電機としての能力である。センシングはP波またはR波を認知するための感知増幅能力の機能である。センシングの感受性はたいてい1.0mVに設定される。P波またはR波がペースメーカーの発電機を阻害するためには1.0mVを上回らなければならない。

7. 心臓をペーシングするために、どのようなタイプの電極が使用されるか？
   電極は単極性か双極性であることが多い。単極性の電極では、電流は電極のチップ（陰極）からジェネレーターの金属製の箱（陽極）へと流れる。双極性の電極では、陰極と陽極が電極のチップと一緒になっている。これらの導線はさらに、心内膜または心外膜にまで分配されることがある。心内膜の電極はたいてい双極性で、これに対して心外膜の電極はたいてい単極性である。

8. 捕捉のための閾値とは？
   捕捉のための閾値とは、心電図上で心筋の脱分極を誘導するために必要な、最小量のエネル

Ⅵ　心臓血管系疾患における救急救命療法

ギーである。捕捉のための閾値は、QRS 群が心電図上でみられなくなるまでジェネレーターの出力を徐々に弱めることで決定される。出力は次に心臓が捕捉されるまで増やされる。安全のために我々は、ジェネレーターの出力を 2 倍の閾値でセットする。閾値はミリアンペア（mA）で計測される。

9. 術後の主要な問題は？
   - ペースメーカーの適切な機能を確認するための 24 時間の持続的な心電図のモニタリング
   - 心拍数はペースメーカーにセットした心拍数よりも落ちてはいけない
   - 導線の移植による心筋の障害で、術後に心室性早期拍動（PVCs）がみられることがある
   - リドカインは PVCs を抑制するために使用されることがあるが、ほとんどの場合で必要がない
   - 一時的な経静脈導線は、永続的なペースメーカーが問題を起こした場合のバックアップとして 24 時間はそのままにしておく

10. ペースメーカーの不全症の最も一般的な原因は？
    - インパルスの捕捉不全
    - センシングの不全（過剰なセンシングやセンシング不足）
    - パルスジェネレーターの故障

11. インパルスの捕捉に対する不全とは？

   捕捉に対する不全は、パルスジェネレーターが適切な時間にインパルスを発火したのにもかかわらず、心筋の脱分極がインパルスに関連して起こらなかったときに発生する（270 ページの図を参照）

12. 捕捉不全を引き起こす原因は？

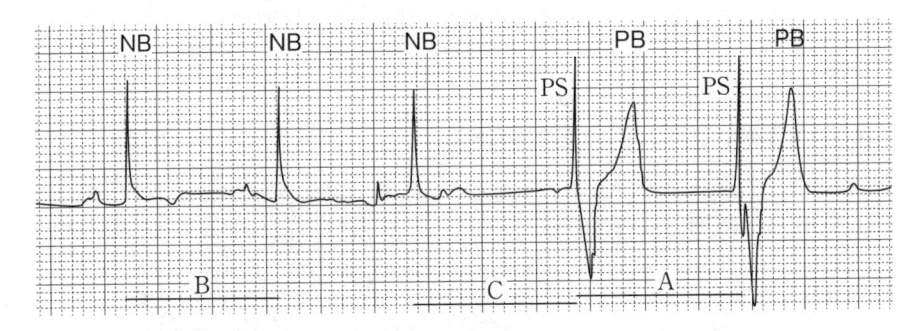

永続的なペースメーカーを設置してあるシックサイナスシンドロームの犬の心電図。このペースメーカーはセンシングと捕捉が適切である。ペースメーカーのそれぞれのスパイクは脱分極波と関連している。A は、正常な拍動がないときの 2 つのペーシングされた拍動の正常な間隔を示している。間隔が B<A で C=A であることに注意せよ。NB= 正常な拍動、PB= ペーシングされた拍動、PS= ペースメーカーのスパイク

   - 最初の外科手術から 4〜5 週間後の線維組織に起因する導線のインピーダンスの増加
   - 導線の切断
   - 導線のはずれ

13. センシング不全とは？

　センシング不全は、ペースメーカーが適切な心筋の電気的活動を認めなかった際に発生する。センシング不全は、正常な時間にペーシングされた拍動の間、ペーシングされていない心拍が存在することによってまたは適切な時間にペーシングされた拍動が存在しないことによって、心電図上に認められる。センシング不全は動物では競合的な頻脈および心室細動に対するリスクとなる。センシング不全は、オーバーセンシングとアンダーセンシングの両方によって引き起こされる。

14. オーバーセンシングとアンダーセンシングとは？

　オーバーセンシングはパルスジェネレーターのセンシングアンプが不適切な電気的活性を検出したときに発生し、ペースメーカーを阻害する。高いセンシング感受性の結果である。電気的な活性は心臓外のシグナル（筋電図、電気的な干渉）または心臓内のシグナル（導線の問題、T波のセンシング、かけ離れたセンシング）に起因する可能性がある。

　アンダーセンシングは、パルスジェネレーターのセンシングアンプが電気的な活性を検出できなかった場合に発生し、ペースメーカーを阻害しない。低いセンシング感受性の結果であり、一般的には導線の断線やはずれに起因する。

15. ジェネレーターの不全とは？

　ジェネレーターの不全はバッテリーが消耗しているときに発生する。電気回路の問題もまたジェネレーターの不全を引き起こす。ジェネレーターの不全は不規則な作動をする。これは捕捉不全やセンシング不全または器械自身でペーシングの拍動数をリセットしてしまうこともある。

16. ペースメーカーを設置した犬が突然失神した際にはどうするべきか？
- 初期設定したペーシング数よりも早くないかを数える
- センシング不全またはジェネレーター不全から捕捉不全を区別するために心電図検査を行う
- 心エコー検査で心機能を評価する
- X線写真で導線が完全であることを評価する

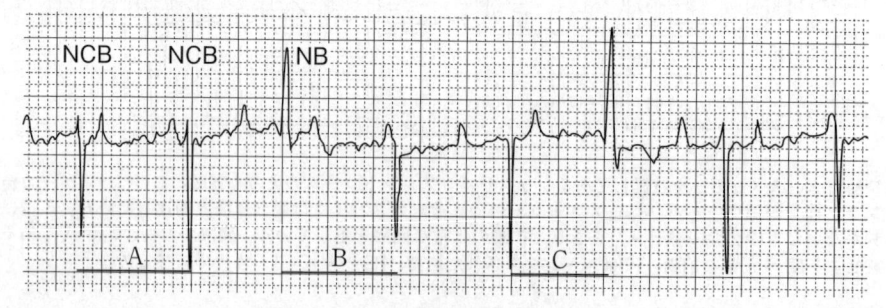

　永続的なペースメーカーが捕捉不全を示している4週間前から治療していた第三度房室ブロックの犬の心電図。脱分極波を伴わない6つのペースメーカーのスパイク（NCB）と2つの心室固有の拍動（NB）が存在する。A＝BおよびC＜Aなので、ペースメーカーは適切なセンシングをしている。正確なセンシングは導線が断線していないことも示している

- パルスジェネレーターと導線のジェネレーターへのさし込みの評価、および導線のインピーダンスとR波かP波の増幅を計測するために診査用に外科手術を実施する

参考文献
1. Fox PR, Matthiesen DT, Purse D, Brown NO: Ventral abdominal, transdiaphragmatic approach for implantation of cardiac pacemakers in the dog. J Am Vet Med Assoc 189: 1303-1308, 1986.
2. Fox PR, Moise NS, Woodfield JA, Darke PGG: Techniques and complications of pacemaker implantation in four cats. J Am Vet Med Assoc 199: 1742-1753, 1991.
3. Orton EC: Pacemaker therapy. In Orton ED (ed): Small Animal Thoracic Surgery. Baltimore, Williams&Wilkins, 1995, pp 239-247.
4. Tilley LP: Special methods for treating arrhythmias: Cardiopulmonary arrest and resuscitation, pacemaker therapy. In Tilley LP (ed): Essentials of Canine and Feline Electrocardiography. Philadelphia, Lea & Febiger, 1992, pp 365-382.

54. 心膜滲出
PERICARDIAL EFFUSION
Dianne Dunning, D.V.M.

1. 心膜とは？

　心膜とは心臓を覆う二層の嚢である。外層（線維質の心膜）は心基部において大血管につながっている。心尖では線維質の心膜は、心嚢を腹側横隔膜筋部に付着させている胸骨心膜靭帯を形成する。内層は中皮細胞一層の膜から形成され、この膜は内臓あるいは心臓表面の心外膜に付着し、反転して線維性心膜に付着している心膜層を形成する。心嚢の中は血清の限外濾過された0.5～1.5mlの漿液である。この液体は浸透、拡散および漿膜表面を横切るリンパ管ドレナージによって維持されている。

2. 心膜の機能は？
   - 心臓の過剰な肥大の予防
   - 心筋の摩擦の減少
   - 感染や癒着からの心臓の保護
   - 胸腔内での心臓の位置の固定
   - 2つの心室間の1回拍出量の調節
   - 心室の拡張期圧が増加した際の右心室の逆流の予防

　通常の心臓の機能は、心膜がなくても維持できるだろう。犬では先天的な心膜欠損や心膜切除された個体がみられる。

3. 心膜滲出の原因は？
   新生物（58％）および良性腫瘍（19％）である。その他の原因を以下に列挙する。
   - 感染
   - 先天性心疾患
   - 尿毒症
   - 外傷
   - 異物
   - 凝固障害
   - 先天性もしくは後天性の腹膜心膜ヘルニア
   - 心外膜炎
   - 左心房破裂

4. 心膜滲出に関連する最も一般的な腫瘍は？
   - 右心房の血管肉腫（33％）
   - 化学受容体腫瘍（12％）
   - 転移性腺癌（5％）
   - リンパ腫（3％）
   - 胸腺腫（3％）
   - その他の癌腫（3％）

5. 良性特発性心膜滲出とは？
   良性特発性心膜滲出の診断には、原疾患が不明か細菌が感染している動物は除かれる。この症候群は、8～9歳齢の大型犬の雄に特に多くみられる。診断は、手術時に腫瘍が発見されないことで確認される。心膜組織の病理組織学的所見は慢性、非特異性で炎症性、出血性の心膜炎を示す。この「良性」という表現は適切ではなく、心膜滲出は致命的な問題となり得るために支持できない。

6. 感染性心膜滲出に関わる一般的な細菌は？その感染経路は？
   アクチノマイセスおよびノカルジア属は、最も一般的に動物の感染性心膜炎から分離される細菌である。これらの細菌は、腫瘍と鑑別するのが大変困難な肉芽腫形成を伴う慢性化膿性組織反応を引き起こす。組織や滲出物中の顆粒は特徴的だが、すべての症例でみられるわけではない。顆粒は細菌のコロニーには現われる。培養用のサンプルを採取する前に抗菌療法を行うと、細菌を培養するのは困難となる。アクチノマイセス属は一般的にペニシリンに最も感受性が高く、一方のノカルジア属は効力を増強したサルファ剤に感受性がある。感染経路の特定は困難であるが、通常、気管や食道経由で入った異物による心膜の貫通である。アクチノマイセス症（放線菌症）やノカルジア症は、植物のノギの侵入に関係しており、アメリカ西部ではよく問題となっている。

7. 心タンポナーデの病態生理学は？
   心膜滲出は心囊への液体の過剰な貯留で、心タンポナーデを誘発する。液体の貯留速度、液

体の量、心嚢の特性が心膜滲出と関連する臨床徴候を決定することになる。急速な液体の貯留、大量の液体の貯留、疾患のために伸展性のなくなった心嚢が、心タンポナーデと関連する症状の一因である。心タンポナーデは、心嚢内圧が心室拡張期圧を超えた場合に発症する。結果的に静脈のうっ血と心拍出量の減少を起こす。これらは早期発見、治療しなければならない致命的な問題である。

8. 最も一般的にみられる心膜滲出の病歴は？
   - 昏睡（19.0％）
   - 呼吸困難（16.7％）
   - 食欲不振（14.3％）
   - 虚脱（14.3〜32.6％）

9. 最も一般的な心膜滲出の臨床徴候は？
   臨床徴候は急性または慢性で、液体の貯留量と心嚢の特性に左右される。特徴的徴候が観察されない心膜滲出も存在する。以下に記載する最もよく観察される疾患に関連している。
   - 減弱した鈍い心音（50％）
   - 虚弱（40.5％）
   - 腹部膨満（35.7〜58.7％）
   - 悪液質（28.6％）
   - 頻脈（心拍数＞150bpm）（28.6〜41.3％）
   - 脈圧の低下（26.2％）

   頸静脈の怒張はヒトの心タンポナーデの主要な徴候であるが、動物では稀（2.4％）であり、病気の指標とはならない。そのため検出が難しいともいえる。

10. 心膜滲出を診断するために選択される診断的検査は？
    心エコー検査により犬の心膜滲出の90％以上を検出できる。これは正確で、非侵襲的なので診断的検査と考えられている。心膜滲出の原因となる腫瘍の43％までが心エコー検査（二次元モード）で検出される。陽性の結果は77％の信頼度を持って信頼できるが、視覚的に確認できる腫瘍が存在しないだけでは腫瘍の存在を除外できない。二次元モードの心エコー検査は右心房の血管肉腫の検出について高い感度と特異性（それぞれ66％と100％）を持っている。右心房の血管肉腫はその他の心臓の腫瘍よりも予後が悪い。犬の心膜滲出に対する診断、予後、治療法の選択は、一般的に心エコー検査の結果に基づいて行われる。

11. 中心静脈圧（CVP）は心膜滲出の検出に有効か？
    有効である。12cm/H_2Oを超える中心静脈圧は、心膜滲出と合致した所見である。

12. 心膜滲出の診断における心電図の役割に関して述べよ。
    心膜滲出時の心電図は、一般的に正常な洞房結節のリズムまたは洞性の頻脈を示す。電気的交代脈は1つの心拍から次の心拍へQRS群の振幅の位相性の変化として定義され、心膜滲出の症例の6.1〜34.8％に観察される。これらの位相性の変化は心嚢内で心臓が動揺することに

よって起こっていると考えられている。かつては、小さい振幅は液体を通る電気のインパルスの低い伝導度のためと考えられていたが、これらは心室充満が激減した結果であると考え直されている。

13. 心膜滲出の診断における胸部X線の役割は？

胸部X線は転移性疾患や併発する胸部疾患を除外するための最小のデータベースの１つである。最も一般的な心膜滲出の犬の胸部X線撮影における異常所見は、心肥大（87.9％）、胸水（56％）および転移像（68.8％）である。

14. 心膜滲出の明らかな患者に対する緊急処置は？

心膜穿刺である。

15. 心膜（腔）穿刺をどのように行うか？

右第４から第６肋骨間の肋軟骨接合部分付近の毛を刈り、そして外科的な準備を行う。心電図を設置する。穿刺部位から胸腔表面の方向に２％塩酸リドカインを 0.25ml 注入する。8 フレンチ、9 cm の静脈穿刺用カテーテル（Safety Thoracocentesis System、Sherwood Medical、St. Louis）をゆっくり穿刺し、心膜腔内に入れる。心膜腔内から液体を吸引する。

16. 血液が心膜由来か、心室由来かをどのようにして鑑別するか？

心膜腔内の血液は脱線維化されていて凝固しない。最初のサンプルは red-top collection tube に入れ、凝集のモニターを行う。凝集が形成されたらカテーテルを抜去し、再度実施する。

17. 心膜（腔）穿刺を実施している間の心電図モニターの目的は？

カテーテルを心膜腔に挿入するので、その先が心外膜に接触する可能性がある。そのような場合、心電図が接触を検出する。つまり異様な QRS、もしくは心室性の不整脈がみられるだろう。液体を吸引しながらカテーテルをわずかに引くべきである。

18. 徴候を緩和するために心膜腔の液体をすべて抜去しなければいけないか？

そうではない。少量の液体を抜去すると、心膜腔内圧を劇的に低下させる。

液体が心膜腔に貯留したとき（実線）に、S字状カーブの圧-容量曲線が描かれる。心膜腔から液体が除去されたとき（点線）は、曲線は蓄積量のカーブに沿って変化する。このように、少量の液体を除去すれば、心膜内圧は劇的に低下する。

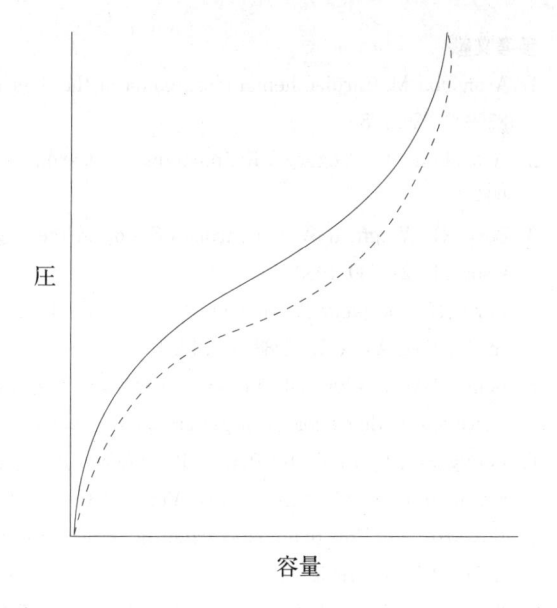

19. 心膜滲出の原因となる疾患を診断する手助けとなる検査室データは？

　検査室のデータは変化しやすく非特異的である。最近、心嚢水のpHが良性（炎症性）あるいは腫瘍性（非炎症性）心膜滲出液かを鑑別するための試験として研究されている。炎症性の心嚢水は明らかに酸性（pH6.5）を示し、非炎症性の心嚢水のpHは、通常の体液に近いpH7.5を示す。心嚢水のpHの測定は、費用が安く簡単であるが、現在のところデータが少ないために解釈には注意を要する。

20. 心嚢水の細胞診の診断的価値は？

　心嚢水の細胞診は、感染性の疾患に起因する液体に対して診断的である。しかし、良性特発性と新生物による液体の鑑別にはやや難がある。

21. 心膜滲出にはどのような治療法を選択をするか？

　歴史的に、心膜滲出の犬に対しては、種々の治療法がとられてきた。おそらく、特発性良性心膜滲出の場合には、最初は頻回の心膜穿刺で治療管理を行う。手術は滲出が継続する場合にのみ行われる。50%の良性特発性心膜滲出は、複数回の心膜穿刺で解決する。腫瘍性の心膜滲出の可能性が高い動物は、難治性の心タンポナーデの予防と診断の確認のための外科手術を行う。全心膜切除は、部分的な心膜切除と比較して利点が見出せず、時間もかかる。心膜切除は心臓の切除できない腫瘍を一時的に軽減すると考えられている。心膜切除に起因する術後の合併症は特に知られていない。

22. 心膜滲出の犬の予後は？

　犬の心膜滲出の予後は病因に依存する。腫瘍による二次的な心膜滲出はあまり良くないと報告されている、一方、良性特発性心膜滲出の予後は良好であると考えられている。しかしながら、生存率と犬の生存の予後因子に関する特異的なデータはあまり多くない。

参考文献

1. Aronshon M: Cardiac hemangiosarcoma in the dog: A review of 38 cases. J Am Vet Med Assoc 187: 922-926, 1985.
2. Aronshon LR, Gregory CR: Infectious pericardial effusions in five dogs. Vet Surg 24: 402-407, 1995.
3. Berg RJ, Wingfield W: Pericardial effusion in the dog: A review of 42 cases. J Am Animal Hosp Assoc 20: 721-730, 1983.
4. Berg RJ, Wingfield W, Hoopes PJ: Idiopathic hemorrhagic pericardial effusion in eight dogs. J AmVet Med Assoc 185: 988-992, 1984.
5. Bouvy BM, Bjorlind DE: Pericardial effusion in dogs and cats. Part I : Normal pericardium and causes and pathopysiology of pericardial effusion. Comp Cont Educ Pract Vet 13: 417-421, 1991.
6. Bouvy BM, Bjorlind DE: Pericardial effusion in dogs and cats. Part II: Diagnostic approach and treatment. Comp Cont Educ Pract Vet 13: 633-641, 1991.
7. Edwards NJ: The diagnostic value of pericardial fluid pH determination. J Am Animal Hosp Assoc 32: 63-67, 1996.
8. Hosgood G: Canine hemangiosarcoma. Comp Cont Educ Pract Vet 13: 1065-1075, 1991.
9. Lorell BH, Braunwald E: Pericardial disease. In Braunwald (ed): Heart Disease. Philadelphia, W. B. Saunders, 1992, pp 1485-1516.
10. Lorenzana R, Richter K, Ettinger SJ, et al: Infectious pericardial effusion in a dog. J Am Animal Hosp Assoc 21: 725-728, 1985.
11. Mathiesen DT, Lammerding J: Partial pericardiectomy for idiopathic hemorrhagic pericardial effusion in the dog. J Am Animal Hosp Assoc 21: 41-47, 1985.
12. Orton EC: Pericardium. In Orton EC (ed): Small Animal Thoracic Surgery. Baltimore, Williams&Wilkins, 1995, pp 177-184.
13. Reed JR: Pericardial diseases. In Fox PR (ed): Canine and Feline Cardiology. Philadelphia, W. B. Saunders, 1990, pp 495-518.
14. Richter KP, Jackson J, Hart JR: Thoracoscopic pericardiectomy in 12 dogs. Proceedings of the 14th Veterinary Medicine Forum, 1996, p 746.
15. Sisson D, Thomas WP, Ruehl WW, et al: Diagnostic value of pericardial fluid analysis in the dog. J Am Vet Med Assoc 184: 51-55, 1984.

55. 猫の心筋疾患
FELINE MYOCARDIAL DISEASE
Jonathan A. Abbott, D.V.M.

1. 心筋症とは？

　心筋症は弁膜疾患、心膜疾患、冠状血管の疾患または心臓の構造的な異常と関連しない心筋の疾患である。心筋症は、病因がわかっている場合は病因によって、または機能的あるいは形態的な特性によって分類される。種々の修飾する因子を除いて、一般的に心筋症は、原発性疾患である。そして心筋疾患は、心臓以外の病因によるものではない。二次的な心筋症、または特異的な心筋疾患という単語は病因が知られているか、または心筋症が環境、代謝あるいは感染性の因子と関連して成立するときによく使用される。例えば、肥大型心筋症はたいてい求心性の左心肥大によって定義される原発的な心筋疾患に用いられる。甲状腺中毒性の心疾患または甲状腺誘導性の心筋症は、甲状腺機能亢進症の状態の心筋疾患の発生した際に適切な用語である。

2. 猫ではどのような形態の心筋疾患が生じるのか？

　原発性心筋疾患については、一般的に3つの機能的な名称が使われている：
- 肥大型心筋症
- 拡張型心筋症
- 拘束型心筋症

　肥大型心筋症は、一般的に最も多くみられるだろう。加えて、高血圧性の心疾患と甲状腺中毒性の心疾患を含む二次的な心筋疾患も認められる。

3. 猫の心筋症（FMD）の形態には、それぞれどのような特徴があるか？

　拡張型心筋症：拡張型心筋症（DCM）は、心室の拡大と運動能力の低下によって特徴づけられる。心房の拡大は心房筋の疾患、二次的な房室弁機能不全および心室充満圧の増加の結果である。栄養性のタウリン欠乏症と、拡張型心筋症との関係が認識されることによって、アミノ酸を含む市販のキャットフードが供給されるようになった。こうしたフードの普及で猫の拡張型心筋症の蔓延は劇的に減少している。原発性の猫の拡張型心筋症は、稀ではあるが現在も発生がみられる。

　肥大型心筋症：肥大型心筋症（HCM）は、体循環の高血圧症、解剖学的な心室流出路障害、または代謝障害のみられない非拡張性の心室の肥大によって特徴づけられる。肥大型心筋症の収縮期の心機能は正常または過運動性である。僧帽弁の変性は、高血圧、収縮期の僧帽弁前尖の動き、または乳頭筋の機能不全に関連しているので、僧帽弁の逆流が、肥大型心筋症を複雑にする可能性がある。僧帽弁の逆流は、拡張期の機能不全と関連して心室充満圧の上昇を伴い、左心房の拡大を助長する。

拘束型心筋症：拘束型心筋症は、心房の拡大および正常かそれに近い心室容積、そして収縮期の心機能は正常かわずかに減弱していることによって特徴づけられる。

猫の心筋疾患の症状は様々である。猫によっては上記カテゴリーに容易に合致する心筋症を示すが、他のケースでは区別がはっきりせず、心筋疾患の性質が一般的に受け入れられている分類方法にあてはまらない。例えば、猫の心筋症の一部は、その形態学的または機能的な名称を上回る特徴を持っている。これらの症例の一部は、現在行われている分類に容易に合致すると考えられている最終結果へ移行する過程にあるとも考えられる。中間型心筋症という名称の使用がこの状態では最も適切であろう。この代わりとして、心エコー検査に基づく機能的および形態的な説明が適切であり、かつ特異的な症例においては、不正確または特異性に乏しいこととなる単一の名称の使用よりも優れている。

甲状腺中毒による心疾患：甲状腺中毒による心血管系の症状は様々である。一部の甲状腺機能亢進症の猫では、先天的な肥大型心筋症によく似ている二次性心筋症を発症するが、この他の症例は見かけ上の収縮機能は保持されている心室拡大を示す。それでもなお、甲状腺機能亢進症の症例の一部は、収縮期の心筋機能不全によって特徴づけられる。拡張型心筋症は、甲状腺機能亢進症の結果として認められる。

高血圧性の心疾患：体循環の高血圧症は、猫の求心性の左心室肥大を誘発することがある。

4. 猫の心筋疾患の様々な形態は、病態生理学的な用語と異なる。結果的に心機能不全とうっ血性心不全に陥る肥大型心筋症と、拡張型心筋症のメカニズムの違いを比較せよ。

拡張型心筋症は、原発性の収縮期の心筋機能不全である。心筋の収縮性が障害された場合、1回拍出量は減少し、心室の収縮末期用量は増加する。この残容量は、肺静脈還流によって増加され、心室の拡大を招く。心室充満圧が十分に上昇すれば、この圧力は末梢血管床まで波及し、組織水腫または液体貯留を引き起こす。ほとんどの場合、左心室が拡張型心筋症の影響を受け、肺水腫となることが予測される結果であるが、胸水貯留は稀である。猫の心原性の胸水はめったに腹水と関連せず、心エコー学的には原発的に左心室に影響する疾患によるものと思われる。

拡張型心筋症に比較して、肥大型心筋症の原発性病態生理学的メカニズムは拡張期機能不全である。拡張期機能は定量化するのが困難で、簡易に直感的に把握できるという重要性を持つ収縮期機能に比較して有形化しにくいだろう。拡張期機能はコンプライアンスとして知られる心室の機械的な特性と同様、動的な心筋の弛緩の energy-requiring process によって決定される。コンプライアンスは容量の変化とそれに関連した圧の変化の関係である。原発的な拡張機能不全が存在する場合は、心室充満圧は拡張期容量が正常または減少しているときに増加する。うっ血性の徴候は、上昇した充満圧が肺静脈循環に反映された結果であろう。拡張期機能不全はまた、障害された心室充満が1回拍出量を減らすので、低心拍出量性の疾患の徴候の解釈となるだろう。

5. 猫の心筋心内膜炎とは？

最近、心筋心内膜炎の組織学的な所見を伴う猫の一連の臨床的な特徴が報告された。不妊や断爪を行うための麻酔などのストレスのかかる行為が、これらの猫の多くの診察歴に記録されていた。臨床症状は突然の重篤な呼吸不全、X線所見における肺の浸潤および軽度の心房拡大

にといった心エコー所見によって特徴づけられる。異常な高エコー性の心内膜の所見は、特徴的であると考えられている。呼吸困難は間質性肺炎と明らかに関連していた。この症候群の原因は知られていない。この呼吸困難は心原性の肺水腫に起因するものとは異なるので、鑑別が重要になるのであろう。過度に積極的な利尿は、この疾患が疑われる場合は避けるべきであろう。

6. どのような病歴が典型的な猫の心筋疾患と関連するのか？

猫の心筋疾患の臨床徴候は、一般的にうっ血性心不全、または体循環の血栓塞栓症と関連している。肺水腫または胸水に起因する呼吸困難は、猫の獣医学的な評価のために飼い主が訴える最も共通した症状である。心筋疾患を有する猫の呼吸困難の始まりは驚くほど突然であることがある。飼い主は呼吸困難を発症する前の猫の挙動に何も気づかない場合がある。おそらくこれはほとんどの猫が普段から動きの少ない生活を送っている事実と関連しているのだろう。猫たちが、ごくわずかなストレスや努力によって心血管系に起因する症状が発現するまで、臨床徴候を隠しておくことができる。

7. 心筋疾患のある猫ではどのような身体検査所見が予期されるか？

バイタルサイン：心筋疾患のある猫では、しばしば呼吸困難は緊急的な評価になるものとして示される。典型的な例は、呼吸数の増加および努力性呼吸の増加である。患者は元気がなくなり不安な状態になる。心筋疾患および顕著に心拍出量が減少した一部猫の症例では、低体温になる場合もある。上昇したアドレナリン作動性神経の興奮は、うっ血性心不全の症候群の1つである。したがって、その結果心拍出量の上昇が予想される。確かに、猫の心筋疾患者の中には、身体所見として頻脈が明白な例もある。しかし、健康な猫でさえ、病院の中では、おそらく不安と関連して、アドレナリン作動神経の興奮度の亢進によって比較的高い心拍数を示す。その結果、うっ血性心不全の猫の心拍数は、病院の中で記録される健康な猫の心拍数としばしば比較される。心室性頻拍のような病理学的な頻脈が存在する場合を除いて、うっ血性心不全の猫の心拍数は入院している猫の上限を超えることは滅多にない。確かに、うっ血性心不全の猫の身体検査で徐脈が記録されることがある。この徐脈は刺激伝導系の疾患、または心臓外の因子によるものの可能性がある。うっ血性心不全の猫の徐脈は、低心拍出量と低体温とに関連する可能性もある。

聴診：聴診では肺水腫が存在する際に稔髪音が現われることがある。静かな胸腔は胸水を示唆する。収縮期性雑音が聴取されることがあるが、必ず存在するわけではない。心筋疾患の猫の一部では、心筋疾患の結果として僧帽弁装置の機能的または構造的変化が起こり、これによって、二次的に僧帽弁逆流が発生する。

肥大型心筋症の猫の一部は、ダイナミックな流出路障害による心雑音を引き起こす可能性のある僧帽弁葉の、収縮期における前尖運動（systolic anterior motion）を発症する。さらに、1つ以上のメカニズムが、猫の心筋疾患における心雑音の存在を説明する。その結果、猫の心筋疾患に関連する収縮期性雑音は、その強度と性質が様々である。呼吸困難を伴う猫の鑑別診断において、心雑音が存在しないからといって、心筋疾患を除外してはいけない。第Ⅲ音または第Ⅳ音、あるいはギャロップリズムの聴取は、心筋疾患を示す多くの猫で、心筋の機能不全を示唆している。第Ⅲ音（S_3）は心拡張時の早期に急速に心室が充満し終えた頃と関連がある。

僧帽弁流量が増加する場合、心室の受動的なコンプライアンスが減少する場合、または収縮末期容量が多い場合に、S_3は聴取できるようになる。小動物では、第Ⅲ音の聴取は拡張型心筋症と最も関連している。第Ⅳ音（S_4）は拡張期の心房収縮と関連している。つまり、第Ⅳ音は心室の弛緩が障害されたときに強調され、聴取されることがある。鑑別は一般的に、心拍数が150bpmを超える場合には第Ⅲ音とⅣ音を区別するのが不可能である。聴取された第Ⅲ音のリズムは、第Ⅲ音および第Ⅳ音の融合の結果としてギャロップを示す可能性もある。小動物でギャロップリズムがある場合は一般的に心疾患の徴候である。したがって、ギャロップ音を認識することが第Ⅲ音と第Ⅳ音のギャロップリズムを鑑別するよりも、臨床的にはるかに重要である。

8. 猫の心筋疾患の診断と管理において、心電図はどのような役割を果たしているのか？

　心電図は心拍数、リズムおよび心臓の大きさに関する情報を与えている。心筋疾患の猫では心電図において心室肥大が存在することがある。しかし、猫の心筋疾患を評価する際に心電図所見からまず最初に行うことは拍動数とリズムの疾患の解明である。早すぎる心室波形と、場合によっては心室性頻拍が検出される。猫では、心室性不整脈が滅多に心臓外の疾患を複雑にすることはないので、この心電図の異常は、心臓血管系疾患の徴候を示す猫の診断に有用な情報を提供していることになる。また早すぎる心房波形、心室・心房部の早すぎる波形および上室性頻脈を含む上室性不整脈も、猫の心筋疾患を引き起こすことがある。洞性の徐脈および房室ブロックに関連する房室解離、さまざまなタイプを含む徐脈性不整脈は、猫の心筋疾患の存在を発見しにくくすることがある。房室ブロックは、時には一時的であり、低心拍出量や低体温に関連することもあるが、本来は刺激伝導系の構造的な疾患により発現する。房室の伝導障害がある場合は、心房・心室性固有の、または心室性固有の拍動数が、しばしば100bpmを超えるが、通常は150bpm未満である。

9. 猫の心筋疾患の診断において胸部X線検査の役割は？

　単純撮影の胸部X線写真は、肺血管系と肺実質に関連する心臓のサイズを評価できるので、非常に重要である。通常、ある程度の心拡大は、うっ血性心不全の発症に先立って起こる。したがって、胸部X線検査により全体的な心機能を間接的に評価できる。しかし残念なことに、胸部X線検査で心室拡大を検出することは比較的難しい。さらに、特異的に心室をイメージする能力には限界がある。これらの欠点は、猫の胸部X線検査において特に重要なことである。加えて、明らかにうっ血性心不全を有する猫では保定によるストレスに対しあまり耐性がない。診断のために保定することのリスクと利益については、X線検査を行う前に十分に評価しなければならない。

10. 猫の心筋疾患の診断における心エコー検査の役割は？

　心エコー検査は、心腔の容積や心筋機能を評価するために有用な非侵襲的な検査である。心隔壁が映像化され、心腔の比較的正確な評価ができる。胸部X線を含め、その他の診断法では心エコー検査では得られない情報が得られる。しかし心エコー検査は、猫の心筋疾患の非侵襲的な生前の診断のために有用である。前述したが、猫の心筋疾患の表現型は多彩であり、猫の心筋疾患のさまざまな型に最適な治療はそれぞれに異なるだろう。したがって、心エコー検査

は最終的な診断を得るために行われ、治療を支援する情報を供給する。それは治療法を順次、導く情報を提供するものである。

11. 心筋疾患が疑われる猫にいつ心エコー検査を実施するべきか？

　心エコー検査は猫の心筋疾患が疑われる場合には、いつでも推奨される。緊急の状態では、心エコー検査のために保定を行うリスクと利益について十分に考慮するべきである。身体検査により、うっ血性心不全が示唆される場合は、診断のための検査を行う前に治療を開始することが勧められることもある。しかし、胸部を横臥にし、最小の保定で行える場合は心エコー検査を実施できる場合がある。場合によっては、迅速な心エコー検査は、X線検査の保定よりも許容できる。迅速な心エコー検査により、理論的にうっ血性心不全を発症する可能性のある、構造的な心異常を持つ患者を特定できることがある。心エコー検査で心房拡大が確認されない呼吸器症状を呈する場合も、確実に心疾患以外の疾患によるものであろう。どの診断的な検査でもそうであるように、心エコー検査にも限界がある。しかし、限界があることを理解していれば、心エコー検査は、うっ血性心不全を示唆する病歴や身体検査所見を示す猫には、初期の適切な診断的検査である。

12. 心筋疾患の猫におけるうっ血性徴候を、どのように治療するか？

　利尿薬は、心原性の肺水腫の治療に、最初に用いられるものである。強力なループ性の利尿薬であるフロセミドを静脈内投与する。うっ血性心不全の猫の虚弱状態を過小評価してはいけない。静脈を確保することが困難であれば、筋肉内投与が勧められる。利尿薬は、尿量を増加させるためにネフロンレベルで働く。血管内容量が減少することにより、心室充満圧が下がり、肺水腫の解消へと向かう。X線、心音図または身体検査によって、呼吸困難が胸水によって引き起こされていることが示唆された場合には、治療的な胸腔穿刺が推奨される。胸腔穿刺は、身体検査で胸水の存在が示され、呼吸困難を伴う動物に対し、さらなる診断的な評価の前に実施する。利尿薬は体腔に貯留している水分をほとんど移動させない傾向があるため、胸水が原発的な呼吸困難の主要原因である場合、利尿薬の使用で胸腔穿刺を行う必要性がなくなることはない。胸腔穿刺をしないで積極的に利尿薬で治療することは、胸水の量を臨床的に明らかに減少をさせる前に、脱水と低心拍出量症候群を引き起こす可能性がある。

13. 猫の心筋疾患ではどのように収縮力を調整するか？

　収縮期の心筋機能不全は、猫のうっ血性心不全の主要な原因になることは滅多にない。したがって、変力性のサポートはあまり必要とされない。しかしながら、ドブタミンを含むカテコールアミンは、心エコーで収縮期心筋機能不全と確認された猫に投与されることがある。カテコールアミン投与後に、副作用として、神経学的および消化器系の徴候がみられる猫がいるので、注意深いモニターが必要である。

14. どのように酸素補給を行うか？

　酸素補給は、心筋疾患の猫が明確にうっ血性心不全を示し、速い呼吸をしている際に必要である。うっ血性心不全の猫は、虚弱で処置に対し不耐性が高い。酸素ケージへの収容は、ほとんどの例で有益である。酸素マスクは一般的にかなり状態の悪い動物にだけ使用される。

15. 心筋疾患の猫はどのようにモニターするか？

　体温の注意深いモニターが勧められるのは、心筋疾患および低心拍出量性の疾患を持つ猫は低体温を起こすことがあるからである。猫の血圧を非侵襲的に計測することは困難であるが、ドップラーやオシロメトリー法は、動物が必要な保定に対し耐えられるようであれば考慮しても良い。猫は、おそらく犬よりも低心拍出量症候群を発症しやすいだろう。利尿薬は心拍出量に有益に働くことはほとんどない。実際、前負荷の減少は一般的に1回拍出量の減少を引き起こす。収縮期機能不全および心室の拡張した患者では、前負荷の減少に耐性があるが、これは前負荷と1回拍出量の関係がこの状態では直線的ではないからである。拡張末期容量の減少は、1回拍出量にはわずかな影響をもたらし、うっ血の徴候を緩和することがある。しかし最近では、猫の拡張機能不全が最も多くみられている。この状態では、拡張末期容量は正常か減少しており、心室充満圧の比較的軽度の減少が臨床的に重要な1回拍出量の減少を引き起こすことになるだろう。利尿はうっ血性の徴候がある場合には必ず行うべきである。しかし、拡張機能不全で特徴づけられる疾患があると過度な利尿による副作用が、特に急速に起こる可能性がある。心室の充満が障害されると、過度な利尿による前負荷の減少は、心拍出量にかなり大きな悪影響をもたらすことがあり、臨床症状が悪化する結果となる。ヘマトクリット値と総血漿蛋白量のモニターは、利尿薬投与による血液濃縮の程度を計測する際に有益なことがある。同様に、心筋疾患の猫では血中尿素窒素、またはなるべくならクレアチニンのレベルをモニターすると良い。

16. 心筋疾患の猫に静脈内輸液は実施するべきか？必要ならどのような輸液を行うか？

　静脈内輸液の投与は、静脈内容量を、そしてその結果心室充満圧を増加させることになる。これは血液量減少状態の患者には明らかに有益であろう。うっ血性心不全では、心室充満圧（前負荷）はすでに過剰である。うっ血性心不全は心室充満圧の上昇により、臨床的に診断できる。明白なうっ血性心不全の状態では、輸液は1回拍出量を増やさないが、浮腫の液体の貯留を亢進させてしまうこともある。呼吸困難は解決したが、回復は緩徐で、口から水分や食物を摂取できない場合には結晶質の維持量の注意深い輸液が考慮される。5％デキストロース水溶液、または2.5％デキストロース入り0.45％ナトリウム水溶液のような、低ナトリウムの輸液剤の使用が推奨される。

17. 猫の心筋疾患におけるカルシウムチャネル遮断薬の役割は？

　カルシウムチャネル遮断薬は、心筋および血管平滑筋細胞のL型カルシウムチャネルに結合する。一般的に、カルシウムチャネル遮断薬は陰性の変力作用薬、陰性の変時作用薬および血管拡張薬として作用する。心筋の弛緩率を増加させることも示唆されており、つまり陽性のlusotoropic効果を持っているといえる。陽性のlusotoropic効果は、肥大型心筋症に役立つという仮説に強く基づいており、カルシウムチャネル遮断薬は猫の肥大型心筋症の治療に向いていることが発見された。

　ジルチアゼムは、猫の肥大型心筋症に最近広く用いられているカルシウムチャネル遮断薬である。慢性的な治療には経口投与で用いられることが多く、肥大型心筋症およびうっ血性心不全の症状のある動物には、利尿薬療法の補助として使用されている。肥大型心筋症であるが臨床症状のない猫では、ジルチアゼムはうっ血徴候の始まりを遅らせる、または防ぐために試験

的に使用されることがある。この目的での有用性はまだ知られていない。著者は、左心房拡大があり、左心室肥大が心エコー検査で明らかにされている場合で、臨床徴候のない肥大型心筋症の猫に対してジルチアゼムの使用を考えている。ジルチアゼムはまた、猫の心筋疾患が上室性の不整脈によって複雑になっている際に、抗不整脈薬としての役割を持っている。上室性の頻脈を止めるために試みることができるために注射製剤で販売されている。加えて、注射用のジルチアゼムは、明確なうっ血性心不全のある猫、そして心拍数は正常または上昇していて、経口的な薬物摂取ができない猫に対し役立つ可能性がある。

18. 猫の心筋疾患においてβアドレナリン受容体遮断薬はどのような役割を持つか？

βアドレナリン遮断薬にはプロプラノール、アテノロール、カルベジロールなどがある。これらはβアドレナリン受容体に競合的に結合し、陰性の変力作用、陰性の変時作用および陰性の変伝導作用を持つ。拡張期機能に対するこれらの作用は、ほとんどの部位において間接的であり、心室充満時間の延長の結果であるが、βアドレナリン遮断薬が心室を膨張させる可能性があるという証拠もいくつか示唆されている。陰性変力作用は肥大型心筋症の猫と僧帽弁の収縮期の前尖運動（SAM）に有益な可能性がある。臨床試験の結果は、ジルチアゼムは猫の肥大型心筋症に起因するうっ血性心不全の治療に対して、プロプラノロールよりも優れていることを示している。しかし、この状態でβアドレナリン遮断薬の使用を完全に止めることは適切ではないだろう。心拍数に対するβアドレナリン遮断薬の作用は、一般的にジルチアゼムよりも強い。したがって、βアドレナリン遮断薬は、収縮期の前尖運動が存在するか、肥大型心筋症が心室性頻拍によって複雑化している場合で、心拍数のコントロールが重要な目標である症例については、ジルチアゼムを超える利点があるだろう。

論 点

19. 肥大型心筋症に血管拡張薬は必要か？

血管拡張薬が拡張型心筋症と原発性の弁膜症の動物の治療に効力を発揮している。これらの疾患では血管拡張薬の使用に対する合理性は、末梢血管抵抗が不適切に増加しているという前提に基づいている。血管拡張薬に由来する末梢血管抵抗の減少は一回拍出量を増加させ、適切な血管拡張作用は明らかに有益である。

ほとんどの肥大型心筋症の猫の症例では収縮期の心室の動きは正常か、あるいは過剰である。収縮機能と大動脈インピーダンスの不一致はないようである。血管拡張薬による治療は、収縮期の低血圧を招来する可能性が考えられる。重要な血行動態学的変化は、肥大型心筋症の猫の一部で検出される、弁膜の異常な動きである収縮期の前尖運動の存在と関与すると考えられる。血管拡張は収縮期の前尖の運動と関連して圧較差を増加させる可能性があり、血管拡張薬は肥大型心筋症のヒトの症例では禁忌と考えられている。

20. 猫の肥大型心筋症におけるアンギオテンシン変換酵素（ACE）阻害薬の役割は？

血管拡張薬であるエナラプリルの安全性は肥大型心筋症の猫で調査されており、薬物の血行動態への影響に関連する副作用は認められていない。僧帽弁の逆流が肥大型心筋症の猫によく発生する。僧帽弁の逆流によって複雑化された肥大型心筋症では、末梢血管抵抗の減少は良い

影響があると思われる。さらに、ACE 阻害の結果、血管拡張の機械的な作用を制限することはない。例えば、実験的には、ACE 阻害薬は陽性の拡張機能の作用があることが示唆されている。加えて、ACE 阻害薬はアルドステロンのレベルを減少させる。この作用はうっ血性心不全では良い効果を示すであろう。また、アンギオテンシンⅡは心筋の変力作用を有する。猫では自然発生性の肥大型心筋症におけるこれらの観察との関連性は不明確であるが、ACE 阻害薬の神経内分泌的な作用の一部は有益であることはいえる。

参考文献

1. Atkins CE, Gallo AM, Kurzman ID, Cowen P: Risk factors, clinical signs, and survival in cats with a clinical diagnosis of idiopathic hypertrophic cardiomyopathy: 74 cases (1985-1989). J Am Vet Med Assoc 201: 613-618, 1992.
2. Bonagura JD, Fox PR: Restrictive cardiomyopathy. In Bonagura JD (ed): Current Veterinary Therapy XII — Small Animal Practice. Philadelphia, W. B. Saunders, 1995, pp 863-872.
3. Bossbaly MJ, Stalis I, Knight DH, Van Winkle T: Feline endomyocarditis: A clinical/pathological study of 44 cases [abstract]. J Vet Intern Med 8: 144, 1994.
4. Bright JM, Golden AL, Gompf RE, et al: Evaluation of the calcium channel-blocking agents diltiazem and verapamil for treatment of feline hypertrophic cardiomyopathy. J Vet Intern Med 5: 172-282, 1991.
5. Bright JM, Golden AL, Daniel GB: Feline hypertrophic cardiomyopathy: Variations on a theme. J Small Animal Pract 33: 266-274, 1992.
6. Golden AL, Bright JM: Use of relaxation half-time as an index of ventricular relaxation in clinically normal cats and cats with hypertrophic cardiomyopathy. Am J Vet Res 51: 1352-1356, 1990.
7. Hamlin RL: Heart rate of the cat. J Am Animal Hosp Assoc 25: 284-286, 1989.
8. Kittleson MD: CVT update: Feline hypertrophic cardiomyopathy. In Bonagura JD (ed): Current Veterinary Therapy XII — Small Animal Practice. Philadelphia, W. B. Saunders, 1995, pp 854-863.
9. Opie LH, Poole-Wilson PA, Sonnenblick EH, Chatterjee K: Angiotensin-converting enzyme inhibitors and conventional vasodilators.In Opie LH (eds): Drugs for the Heart. Philadelphia, W.B.Saunders, 1995, pp 105-144.
10. Pion PD, Kittleson MD, Rogers QR, Morris JG: Myocardial failure in cats with low plasma taurine: A reversible cardiomyopathy. Science 237: 764-768, 1987.
11. Rush JE, Freeman LM, Brown DJ, Smith FWK: The use of enalapril in the treatment of feline hypertrophic cardiomyopathy (HCM)[abstract]. J Vet Intern Med 9: 202, 1995.

56. 全身性の動脈血栓塞栓症
SYSTEMIC ARTERIAL THROMBOEMBOLISM
Steven L. Marks, B.V.Sc., M.S., M.R.C.V.S

1. 血栓塞栓症を定義せよ。
　血栓は血管内のフィブリンの堆積物で血液の構成要素で形成される。血栓塞栓症は、1カ所に形成された血栓のすべて、または一部が血管を介して移動し、離れた部位で留まったときに発生する。

2. 血栓塞栓症の基本的な病態生理は？
   - 血管内皮および心内膜の局所の障害
   - 血流の変化および停滞
   - 凝固能の変調

3. 血栓塞栓症の臨床的重要性を決める要因を挙げよ。
   - 元々の血栓の形成された部位
   - 閉塞の程度
   - 側副循環

4. 猫の血栓塞栓症の原因は？
　猫の血栓塞栓症の最も一般的な原因は心筋症であり、拡張型心筋症、肥大型心筋症、拘束型心筋症とともにみられる可能性がある。あまり一般的ではないが猫の血栓塞栓症の原因には以下のものがある。
   - 細菌性心内膜炎
   - 新生物
   - 敗血症
   - フィラリア症
   - 特発性疾患

5. 猫の血栓塞栓症がみられる最も一般的な部位はどこか？
　大動脈と腸骨分岐点が猫の血栓塞栓症のみられる最も一般的な部位である。その他として以下のものがある。
   - 前肢
   - 腎臓
   - 脳
   - 胃腸管

6. 犬の血栓塞栓症の原因は？
   - フィラリア症
   - 副腎皮質機能亢進症
   - ネフローゼ症候群
   - 播種性血管内凝固
   - 免疫介在性溶血性貧血
   - 敗血症
   - 新生物
   - 骨折
   - 膵炎
   - 心筋の疾患
   - 異物

7. 犬の血栓塞栓症がみられる最も一般的な部位はどこか？
   - 大動脈
   - 肺動脈
   - 肺
   - 腎臓
   - 前肢
   - 胃腸管系
   - 脳

8. 血栓塞栓症の臨床症状を述べよ。
   　血栓塞栓症に関連した臨床症状は、一般的に特定部位や特定組織の低還流に関連している。特異的な臨床症状は基礎疾患や侵襲を受けている組織と関連している。例えば、肺血栓症の臨床症状には低酸素症と呼吸困難が含まれている。

9. 肢の血栓塞栓症でみられる特異的な臨床症状を挙げよ。
   - 検出可能な脈拍の欠如
   - 健常な肢と比較しての体温の低下
   - 爪の可視粘膜部やパッドのチアノーゼ
   - 神経系の麻痺
   - 疼痛

10. 血栓塞栓症の存在を評価するための診断手順を述べよ。
    　診断的な検査は、血栓塞栓症を引き起こしている基礎疾患を確定するために行うべきである。
    - 血液理学検査
    - 血液生化学検査
    - 尿検査
    - 抗トロンビンIIIレベル

- 副腎皮質ホルモン刺激試験
- フィラリア抗原試験
- 心エコー検査
- ドップラー検査
- 甲状腺の検査
- 胸部X線検査
- 血液ガス検査
- 換気血流比の検査
- 凝固系の検査
- クームス試験

11. 血栓塞栓症にはどのような検査が特異的で高感度か？
    - 選択的あるいは非選択的血管造影法
    - 超音波による血栓の視覚化
    - ドップラー法による血流の評価

12. 血栓塞栓症にはどのような付加的な治療が必要か？
    　動脈の血栓塞栓症のほとんどの治療法は、基礎疾患を治癒させることである。その他の治療は、補助的、予防的または血栓融解による方法に分類されることがある。

13. 血栓塞栓症にはどのような補助的治療が必要とされるか？
    　補助的治療は侵襲を受けている組織による。例えば、肺の塞栓症では酸素治療が有効である。腎臓の血栓塞栓症に対しては、外科処置や輸液が勧められる。動脈の血栓塞栓症の猫では鎮痛処置が必要となることがある。

14. 血栓塞栓症の進行を予防する可能性のある治療法を挙げよ。
    - ヘパリンの投与
    - ワルファリンの投与
    - アスピリンの投与

15. どんな薬物が側副循環を改善するか？
    - ヒドララジン
    - アセプロマジン

16. 現在使用されている血栓融解薬は？
    - ストレプトキナーゼ
    - ウロキナーゼ
    - 組織プラスミノーゲン・アクチベーター

17. ヘパリンはすべての血栓塞栓症の症例に抗凝固薬として使用できるか？

できない。蛋白喪失性の腎障害のある動物は、大量の抗トロンビンIIIを失っていることがある。ヘパリンは抗トロンビンIIIを補助因子として必要とする。このような場合、新鮮な凍結血漿を抗トロンビンIIIの源として使用するか、その他のワルファリンのような抗凝集薬の使用が考えられる。

18. 血栓塞栓症に対する緊急療法は？

緊急治療もまた根底となる基礎疾患の治療に向けられるべきである。輸液療法と鎮痛療法を含む補助的な治療が一般的に必要とされる。

肺血栓塞栓症
- 酸素供給
- 気管支拡張薬の投与
- 血管拡張薬の投与
- カルシウムチャネル遮断薬の投与
- コルチコステロイドの投与
- 血栓融解薬の投与

末梢の血栓塞栓症
- 血管拡張薬の投与
- アスピリンの投与
- ヘパリンの投与
- 血栓融解薬の投与

19. 血栓塞栓症の予後は？治療はいつまで続ければ良いのか？

血栓塞栓症の患者の予後は根底にある基礎疾患と、どの程度簡易に維持することができるかに基づいている。すべての症例、特に再発率の高い猫の心筋症の予後は注意深く監視する。医療的な管理に限度はない。治療の期間は、通常、患者の臨床状態と経済的事情に基づく。飼い主は家庭内で適切な看護を行えるだろう。

論　点

20. 血栓塞栓症に外科的治療は必要なのか？

ほとんどの症例では、根底となる疾患が不安定なので、外科的処置は必要とされない。しかし、積極的な内科療法によって改善に導けなければ、血栓摘出手術が考慮されることもある。残念なことに、血栓塞栓症の再発率はほぼ100％である。

参考文献

1. Baty CJ, Hardie EM: Pulmonary thromboembolism: Diagnosis and treatment. In Bonagura JD(ed): Current Veterinary Therapy XI. Philadelphia, W. B. Saunders, 1992, pp 137-142.
2. Dennis JS: Clinical features of canine pulmonary thrombus. Comp Cont Educ Pract Vet 15: 1595-1603, 1993.

3. Feldman BF: Thrombosis: Diagnosis and treatment. In Kirk RW, Bonagura JD (eds): Curret Veterinary Therapy IX. Philadelphia, W. B. Saunders, 1986, pp 505-508.
4. Harpster NK, Baty CJ: Warfarin therapy of the cat at risk of thromboembolism. In Bonagura JD (ed): Current Veterinary Therapy XII. Philadelphia, W. B. Saunders, 1995, pp 868-872.
5. Laste NJ. Harpster NK: A retrospective study of 100 cases of feline distal thromboembolism, 1977-1993. J Am Animal Hosp Assoc 31: 492-500, 1995.
6. Klein MK, Dow SW, Rosychuk RAW: Pulmonary thromboembolism associated with immune-mediated hemolytic anemia in dogs: Ten cases (1982-1987). J AmVet Med Assoc 195: 246-250, 1989.
7. LaRue MJ, Murtaugh RJ: Pulmonary thromboembolism in dogs: 47cases (1986-1987). J Am Vet Med Assoc 197: 10, 1368, 1990.
8. MacDonald MJ, Kirby R: Feline cardiac emergencies. Semin Vet Med Surg 3: 237-244, 1988.

VII

腫瘍および血液疾患における救急救命療法
Oncologic and Hematologic Emergencies

Section Editor : Gregory K. Ogilvie, D.V.M.

> # 57. 腫瘍患者における好中球減少症、敗血症、血小板減少症
> NEUTROPENIA, SEPSIS, AND THROMBOCYTOPENIA IN PATIENTS WITH CANCER
>
> Gregory K. Ogilvie, D.V.M.

1. 好中球減少症と敗血症にはどのような共通点があるか？

　敗血症は、ヒトの腫瘍患者の最も一般的な死亡原因であり、それは他のすべての死亡原因の総数よりも多い。悪性腫瘍、または骨髄抑制性の化学療法による好中球減少症は、一般的に犬・猫の敗血症を進行させる要因となる。飼い主は腫瘍を有するペットに対し、より高度な治療を要求するために、犬・猫の様々な悪性腫瘍の治療として化学療法の組み合わせが増加している。そのため、好中球減少症と敗血症は、罹患率と重要性の高い救急救命状態である。好中球減少症と血小板減少症は、他の多くの疾患の動物にも生じることがある。この場合の治療法は腫瘍患者と同様であることが多い。

2. 好中球減少症と敗血症の病態発生およびその重要性を述べよ。

　好中球減少症と敗血症は、動物の白血球数が正常に回復した場合、または一時的な発熱か敗血症性ショックの進行した場合に決定的な問題となるだろう。敗血症性ショックは、重篤な敗血症および/または細菌内毒素血症に続発する循環不全状態である。この症候群は致命的なことがあり、ヒトでは40〜90%の死亡率を示し、敗血症性ショックに陥った愛玩動物の実際の死亡率のデータはないが、少なくともヒトで報告された死亡率と同程度と思われる。敗血症性ショックの重大な全身への影響として、多臓器機能不全を招来する血管収縮のような心臓血管系作用、すなわち乳酸アシドーシスが部分的な原因である心不全や、血液の高粘稠性と多血症を招来する血管透過性の亢進が認められる。その他の全身作用は、膵臓の血管での血液貯蔵と組織虚血による肝機能不全、急性腎不全、好中球減少症、血小板減少症、血液凝固障害、重篤な胃腸管損傷、インシュリン放出量の減少、および低血糖の結果生じた、高血糖の初期などのような代謝異常を誘発する。

3. 好中球減少症に引き続いて起こる敗血症に関係する、最も一般的な細菌は？

　幸いにも、獣医学領域における腫瘍患者で、罹患率と死亡率に影響する最も一般的な細菌は、動物自身の腸内細菌叢に由来する細菌である。長期入院と抗生物質の使用により、耐性菌が生じる。真菌感染のリスクの増加が、ヒトの腫瘍学上の問題となってきているが、恐らく獣医学領域でも近い将来に認められるようになるだろう。そのため、真菌培養は重要な問題となるだろう。

4. 腫瘍患者を好中球減少症と敗血症に陥りやすくする要因は？

　患者に感染症を起こしやすくする最も一般的な要因は、顆粒球減少症、細胞性免疫不全、液性免疫不全、脾臓摘出、血管カテーテルの設置、長期入院、低栄養、神経系機能不全、腫瘍自

体の作用である。

5. 顆粒球減少症の最も一般的な原因は？

　顆粒球減少症は、白血球減少症、または骨髄破壊によるリンパ腫、または骨髄抑制作用のある化学療法によるものだろう。化学療法剤の骨髄抑制作用は、高度、中等度、軽度に分類される。これらの薬は、投与後異なった時間帯にどん底（白血球数の最も低い部分）になる。顆粒球減少症の初期の感染は、比較的非抵抗性の内因性細菌によるものである。血液サンプルの頻繁な採取は、腫瘍のある動物では、感染のリスクが非常に高くなる。病原体が侵入するその他の部位は、皮膚、口腔、結腸、肛門周囲である。

獣医学領域で使用される骨髄抑制作用のある化学療法薬

重度の骨髄抑制	中等度の骨髄抑制	軽度の骨髄抑制
ドキソルビシン	メルファラン	L-アスパラギナーゼ*
ビンブラスチン	クロラムブシル	ビンクリスチン*
サイクロファミド	5-フルオロウラシル	ブレオマイシン
カルボプラチン	メソトレキセイト	コルチコステロイド

*ビンクリスチンとL-アスパラギナーゼを同時投与した際には中等度の骨髄抑制を示す。
Ogilvie GK, Moore AS: Managing the Veterinary Cancer Patient: A Practice Manual. Veterinary Learning Systems, NJ, 1995 より引用

様々な化学療法薬の骨髄抑制を起こす時期

遅延した骨髄抑制 （3〜4週間）	中間期の骨髄抑制 （7〜10日）	初期の骨髄抑制 （＜5日）
Carmustine	サイクロフォスファミド	Paclitaxel
Mitomycin C	ドキソルビシン	
	Mitoxantrone	

Ogilvie GK, Moore AS: Managing the Veterinary Cancer Patient: A Practice Manual. Veterinary Learning Systems, NJ, 1995 より引用

6. 腫瘍患者において、一般的に敗血症に関連する細菌の種類は？

　顆粒球減少症患者の感染に関連する最も一般的なグラム陰性細菌は、*Escherichia coli*、*Klebsiella pneumoniae*、*Pseudomonas* sp. そして *Enterobacteriaceae* sp. である。最も一般的なグラム陽性細菌は、多くの場合 *Staphylococcus epidermatidis* と *S.aureus* である。グラム陽性細菌には、静脈カテーテルの長期使用により感染することが多い。

7. 腫瘍患者において敗血症に陥る一般的な原因、またはその状態は？

　細胞性免疫の欠如もまた、動物の腫瘍患者において敗血症の原因である。細胞性免疫不全は、基礎的な原因、または抗腫瘍剤とコルチコステロイドによるものである。そして様々な細菌、マイコバクテリア、真菌、ウイルスの感染を引き起こす。

　液性免疫不全も、ヒトの腫瘍患者において敗血症の罹患率の増加に関連しており、動物の腫瘍患者で同様の問題を引き起こすと考えられる。ガンマグロブリン欠乏血症、または高ガンマグロブリン血症の動物は、感染に対し感受性が高い。多発性骨髄腫と慢性リンパ球性白血病は、

液性免疫不全に関連する一般的な腫瘍である。

　脾臓を摘出した動物は、抗体を産生しない芽包性の細菌株に感染した場合、重篤な敗血症にかかりやすい。型どおりの脾臓摘出手術を受けた犬は、完全な免疫能がないため、長期生存は望めない。

　血管カテーテルの設置により、敗血症の罹患率は増加する。より長いカテーテルは、特に好中球減少症の患者で、感染の確率が高くなる。カテーテル誘発性の敗血症のリスクは、無菌手技の使用と、2〜3日毎に新しい部位に新しいカテーテルを留置することによって最小限にすることができる。特に骨髄抑制のある動物では、厳密な無菌手技を用いるべきである。腫瘍患者において、半永久的にカテーテルを使用する際は、飼い主と看護師によって厳密な無菌手技がとられているならば安全と考えられるだろう。

　その他の因子には、長期入院、栄養不良、神経系機能不全、またはその他の原因による歩行不可能な患者等がある。

8. 敗血症患者を確認するための最も良い方法は？
　身体検査により、過剰な心血管収縮を伴った敗血症性ショックの状態がみられるだろう。特徴としては赤煉瓦色の粘膜、頻脈、毛細血管再充満時間の短縮である。これらの徴候は、胃腸管における徴候、知的活動性の変化、血圧の低下に引き続いて起こるだろう。最終段階の症状（低体温、粘膜蒼白、著しい意識の低下、血便、多臓器不全の徴候）は、心室の収縮力の低下状態を反映する。血小板減少症と好中球減少症は、敗血症ショックの過程で発現することが多い。高血糖は早期に観察され、多くの場合低血糖の結果として起こる。細菌培養は、陰性の結果が出ても一般的には陽性である。代謝性アシドーシスも一般的である。

9. 敗血症を伴う好中球減少症の患者の診断検査でみられる異常は？
　循環血液中の好中球の不足は、尿検査において膿尿が認められず、好中球浸潤の欠乏のために胸部X線所見は正常となる。好中球は、肺炎に関連する初期のX線像の変化の原因となる。そのためこれらの状態では、通常の診断試験では確定できないことが多い。

10. 好中球減少症、敗血症患者では細菌培養を行うべきか？
　まったく単純に考えて、すべての例で実施するべきである。2つの血液培養セット、できることなら4つの血液培養のセット（好気性2つと嫌気性2つ）が必要である。採取間隔の時期については意見が分かれている。しかしながら抗生物質治療の前に20〜30分毎が適当であろう。少なくとも血液5mLを適切な培養培地に入れる必要がある。中心静脈カテーテルが留置してある場合は、血液の培養用のサンプルはカテーテルを介して採取する。理想的には、抗菌性の樹脂、あるいは他の抗菌性の物質を付着させた培養ボトルに、それぞれの抗生物質に対する患者の培養サンプルを入れる。患者の血小板数が少なくとも 60,000/μL あることが確実に評価できた後、尿培養のためのそれぞれの場合に膀胱穿刺検体と尿分析が必要となる。神経系の徴候があるときは、脳脊髄液（CSF）を採取して、適切に培養するべきである。CSFは、グラム染色、細菌培養、細胞数や鑑別に必要な検査に用い、そして含有蛋白量とグルコース量の測定を行う。クリプトコッカス抗原、抗体価またIndia ink法をクリプトコッカス症が疑われる患者では行うべきである。抗酸性染色と細菌培養は通常行わない。下痢をしている動物にと

って適切な細菌培養は、クロストリジウム属に対するものであり、菌体内毒素の分析も行うべきである。加えて、感染部位が明らかでない場合は胸部X線撮影を行う。

11. その他の検査を考慮するべきか？

その他、考慮するべき画像診断は、弁膜性心内膜炎の存在を確定するための超音波検査、特に超音波による心臓動態診断である。感染部位を特定するために行うべき検査は、肺の疾患が疑われる場合には気管支鏡検査、皮膚の深部の感染が疑われた場合の皮膚生検、骨髄生検、経皮的な肝生検、一部の症例では、試験開腹も含まれる。くわえて鑑別のための全血球算定、生化学検査、尿検査をそれぞれの患者について行う必要がある。

12. 敗血症、好中球減少症の動物の治療の最終目標は？

敗血症、好中球減少症の動物の治療は、十分な組織灌流の回復、代謝の改善、そして全身性の感染症の管理を目指す。

13. どの種類の、そしてどのくらいの液体が組織灌流の回復のため費やされるか？

通常の治療には、晶質液と抗生物質が使われる。最近の研究ではショックの治療に高張輸液が挙げられているが、多くの獣医学書では、乳酸加リンゲル液のような晶質液がまず最初に用いるものとして示されており、その場合、臨床症状のみられる動物に対し、最初の1時間に70〜90mL/kg の静脈内投与、その後10〜12mL/kg/時 の輸液速度で点滴することになる。しかし輸液速度は体重、心拍数と呼吸数、中心静脈圧、嘔吐や下痢のような進行性の喪失、尿の排泄などをモニターして、個々の患者に合わせて調節する必要がある。乳酸を含んだ輸液は、敗血症の動物はすでに高乳酸血症であり、敗血症性ショックの過程で無益なサイクルになるので禁忌になるだろう。腫瘍を伴った敗血症の動物は、乳酸を含んだ輸液はさらに有害に作用すると考えられる。敗血症で代謝が亢進した動物に対し、乳酸を含む輸液の投与は、エネルギー代謝系にさらに重い負担をかけ、そしてより衰弱させることとなる。そのため0.9%食塩水、またはバランスの良い電解質晶質液（例えばNormosol R）を使用するべきである。常に全身的な低血糖症がみられる場合は、輸液にブドウ糖（2.5〜5%）を加える。深刻な心血管性のショック状態では最初の1時間は70〜90mL/kg/時、その後続いて10mL/kg/時 にすることが推奨される。この速度で輸液を行う場合、患者を厳重にモニターし、動物の要求に合わせて速度を変化させなければならない。

14. 敗血症を伴った、または伴っていない好中球減少症の患者に使用する抗生物質の種類は？

好中球数が1,000〜1,500/μL より少ない無症状の動物は、予防的に抗生物質の投与を始めるべきである。トリメトプリムとサルファ剤の合剤（7.5mg/kg 1日2回経口投与）は、好中球減少症の動物に対する予防的な治療として推奨される。敗血症性ショック状態の好中球減少症の動物では、細菌培養のためのサンプルが得られたらすぐに、抗生物質療法と静脈内輸液療法を開始するべきである（下記のリストおよび次ページの表を参照のこと）。使用した抗生物質療法の再評価は、細菌の感受性試験と培養同定が利用できる場合には必ず行う。グラム陰性細菌の感染が存在する場合は、分離された細菌に対して最も効果のある2つの抗生物質の使用が、しばしば推奨される。通常グラム陽性細菌の感染は、適切な抗生物質の単独投与で治療を

行う。カテーテル感染が予想される場合は、感染物を取り去り、長期の抗生物質治療を開始する。ヒトの患者で約 70 ～ 80% が回復する。骨髄抑制のある化学療法剤は、患者が回復するまで差し控えておくべきである。腫瘍のある敗血症の患者を治療するために、使用される抗生物質には次のものがある。

グラム陰性菌	グラム陽性菌
ゲンタマイシン（1 ～ 3 mg/kg、IV 1 日 3 回）	ナトリウムまたはカリウムペニシリン（25,000U/kg IV、1 日 4 回）
セファロチン（20 ～ 30mg/kg IV、1 日 4 回）	セファロチン（20 ～ 30mg/kg IV、1 日 4 回）
セフォキシチン（22mg/kg IV、1 日 3 回）	セフォキシチン（22mg/kg IV、1 日 3 回）

嫌気性細菌
メトロニダゾール（15mg/kg IV or IM、1 日 3 回）
セフォキシチン（22mg/kg IV、1 日 3 回）

15. 現在または近い将来に用いられることが予想される治療法は？

　より進歩した治療として、顆粒球輸血がある。しかしながら試験では、関連するような有益な反応はみられていない。さらに、輸血の反応と顆粒球の特異的抗体に対する同種感作が現われることもあり、深刻な肺疾患の罹患の増加にも気が付くことがある。犬の組換え型顆粒球コロニー刺激因子（rcG-CSF、5μg/kg/日の皮下投与）と、犬組換え型顆粒球-マクロファージコロニー刺激因子（rcGM-CSF、10μg/kg/day の皮下投与）は、好中球減少症の犬と猫で、骨髄の回復の増加に関連してきた。これらの造血刺激因子は、細胞数を増加させ、好中球の機能を高めるが、市場にはまだ出てない。ヒトの組換え型 G-CSF と GM-CSF は利用できる。しかし長期の使用は、蛋白に対する抗体の形成を誘発する。この 2 種類のヒト用の組換え型蛋白のうち、rhG-CSF は抗体産生の活性化に気付く前に、犬猫の好中球数の明らかな増加を誘発する。腫瘍壊死因子抗血清、腫瘍壊死因子に対する抗体、インターロイキンとインターフェロン療法、予備的な免疫グロブリン調製剤、中性化した細菌の菌体内毒素に対するモノクローナル抗体は、将来治療の選択肢となるだろう。

発熱性の好中球減少症患者へのアプローチ

1. 感染部位の特定
   ・完全な病歴の聴取と身体検査
   ・全血球と血小板数、生化学検査、尿検査
   ・2 ～ 4 セットの血液培養、細菌培養と感受性試験のための膀胱穿刺、胸部 X 線撮影、気管洗浄と細菌培養と感受性試験
   ・徴候があれば、脳脊髄液、カテーテル、関節液、糞便の細菌培養と感受性試験
2. 初期の補助療法
   ・無菌的に静脈内カテーテルの留置と初期の輸液療法
   　ショックに対して：最初の 1 時間は 70 ～ 90mg/kg、引き続き 10 ～ 12mL/kg/時。その後は必要に応じて
   ・化学療法剤は差し控える
3. 培養後の初期の抗生物質の静脈内注射療法
   ・アミノ配糖体が禁忌である場合（例えば、腎疾患、脱水）- セフォキシチン（22mg/kg、1 日 3 回）

次ページへ続く

発熱性の好中球減少症患者へのアプローチ（続き）

- アミノ配糖体が禁忌でない場合 – セフォキシチン（22mg/kg、1日3回）、ゲンタマイシン（2～3mg/kg、1日3回、30分以上かけて）腎毒性のためのモニターを行う
- 可能なら、顆粒球コロニー刺激因子（5μg/kg/日、SQ、ヒトの組換え型製剤なら14日以内）

4. 細菌培養と感受性試験の結果に基づき、抗生物質治療を再評価する
   - 発熱と好中球数のモニター；ショックと支持に必要な輸液療法を行う。
5. ホームケアのため退院（好中球＞1500μL、無熱性）
   - 適切な抗生物質治療（例えば、トリメトプリム – サルファサラジン、15mg/kg、1日2回経口投与）
6. 次の過程の化学療法で、用量の減量を考慮（例えば、25%ずつの減量）する

Ogilvie GK, Moore AS: Managing the Veterinary Cancer Patient: A Practice Manual. Veterinary Learning Systems, NJ, 1995 より許可を得て引用

16. 好中球減少症患者において敗血症を防ぐためにできることは？

敗血症は、環境を変化させることと、培養をモニタリングすることによって防ぐことができる。環境への配慮としては、個々の患者の処置間で手袋を交換することと手を洗うことである。このアプローチにより、患者から患者へ、そして獣医師から動物への感染を予防できるだろう。食事、医療用品、特定の器具・器械（例えば、直腸体温計）もまた細菌の隠れ場所となる。これらの細菌に対して予防的な抗生物質治療が必要となる。しかし、特に大学病院のような高頻度に抗生物質を使用する施設では、細菌の抗生物質に対する抵抗性を増強させる結果となるだろう。ヒトで、最も一般的な予防的な抗生物質治療には、非溶解性の薬物、キノロン、トリメトプリム・スルファメトキサゾール、抗真菌薬、抗ウイルス薬、駆虫薬などが挙げられる。ウイルスに対し適切なワクチンを用いた免疫療法は、意味がある場合もある。しかしながらワクチンは、化学治療薬の使用前に投与する必要がある。

17. 血小板減少症の最も一般的な原因は？

血小板数の減少は、一般的に化学療法薬の細胞毒性作用、悪性腫瘍の経過によって起こる骨髄浸潤、または血小板消費性の凝血異常によって引き起こされる。化学療法薬が血球減少を招く骨髄抑制を誘発するなら、血小板減少症は常に好中球減少が起こった後、数日の経過で、赤血球の減少より早期に発現する。

18. 血小板減少症に陥りやすくする因子は？

血小板減少症は、骨髄抑制作用のある化学療法薬の投与を受けた、すべての腫瘍患者で発現する可能性がある。ビンクリスチン、ブレオマイシン、プレドニゾンのような薬物は、ドキソルビシンなどの骨髄抑制のある薬物と同じ程度の有意な血小板減少症は起こさない。他の骨髄抑制性の薬物と比較してサイクロフォスファミドは、血小板数の抑制を誘発する。悪性腫瘍のために骨髄浸潤のある犬猫は、血小板減少症を引き起こすような化学療法薬の細胞毒性作用に対しより高い感受性を持っている。骨髄が影響を受けるその他の状態（例えば、エールリッヒア症、外因性の投与か増殖性精巣腫瘍からのエストロゲン中毒）は、細胞毒性のある薬物に対し、骨髄の感受性を高めると考えられている。凝血異常に関連している腫瘍（例えば、血管

肉腫、甲状腺腫瘍）は、血小板消費性の血小板減少症を引き起こすこともある。加えて、脾臓機能亢進症とその他の原因の慢性出血は、血小板数の減少を引き起こすこともある。

19. 血小板減少症はどのようにして診断するか？

　臨床徴候は、単に出血性素因、メレナ、衰弱に限らない。血液の喪失は、どの臓器にも現われるし、損傷を受けた組織に関連した臨床徴候を引き起こす。急性の血小板数の減少により、臨床徴候は、血小板数の減少が緩徐に起こっている場合よりも血小板数の多い時点で進行していく。診断は、血小板数の測定と骨髄の吸引か骨髄生検によって確認する。骨髄検査は絶対に必要であり、臨床家にとって、減少した骨髄細胞生成系が問題かどうかを決定する手助けとなる。血液凝固系の検査（例えば、活性化部分トロンボプラスチン時間、1ステップ プロトロンビン時間、フィブリン分解産物）は、播種性血管内凝固のような、凝固異常による血小板減少症であるか否かの判断材料となるだろう。

20. 血小板減少症患者に対する治療法は？

　血小板減少症によって引き起こされた臨床症状は、明確な血小板減少症、あるいはもう少しで血小板減少症を起こしそうな状態のときに血小板の機能に影響を与える薬物を投与すると悪化することが多い。そのためアスピリンあるいはアスピリン系薬物は、回避しなければならない。血小板減少症に陥っている動物は、安静が必要なことは明らかである。一部の患者ではトランキライザーが必要なこともある。研究機関または大きな個人病院で、制御できない出血があったり、その可能性があると考えられる特定の例に血小板輸血が実施される。無作為なドナーからの血小板輸血の量は、通常体表面積当たり約 $3\,U/m^2$、または $0.1U/kg$ である。それぞれの1単位は血小板1単位当たり血漿 $30 \sim 60mL$ 中に含まれているものが推奨される。その他の治療や処置に反応しない急性の出血では、ε-アミノカプロン酸（Amicar）の静脈内投与または経口投与（$250mg/m^2$、1日4回）が使用される。巨核球からの血小板の放出を促進させるために、ビンクリスチン（体表面積当たり $0.5mg/m^2$）が静脈内投与される。ビンクリスチンが投与された後、ほぼ4日で血小板数が増加する。

参考文献

1. Couto CG: Management of complications of cancer chemotherapy. Vet Clin North Am 4: 1037-1053, 1990.
2. Hardie EM, Rawlings CA: Septic shock. Compend Cont Educ Pract Vet 5: 369-373, 1983.
3. Haskins SC: Shock. In Kirk RW (ed): Current Veterinary Therapy VIII. Philadelphia, W. B. Saunders, 1983, pp 2-27.
4. Hughes WT, et al: Infectious Diseases Society of America: Guidelines for the use of antimicrobial agents in neutropenic patients with unexplained fever. J Infect Dis 161: 381-390, 1990.
5. Kirk RW, Bistner SL: Shock. In Handbook of Veterinary Procedures Emergency Treatment, 4th ed. 1985, pp 59-68.
6. Lazarus HM, Creger RJ, Gerson SI: Infectious emergencies in oncology patients. Semin Oncol 6: 543-560, 1989.
7. Ogilvia GK, Moore AS: Neutropenia, sepsis and and thrombocytopenia. In Managing the

Veterinary Cancer Patient: A Practice Manual. Trenton, NJ, Veterinary Learning Systems, 1995, pp 149-156.
8. Parker MM, Parrillo JE: Septic shock, hemodynamics and pathogenesis. JAMA 250: 3324-2230, 1983.
9. Wolfsheimer KJ: Fluid therapy in the critically ill patient. Vet Clin North Am 19: 361-378, 1989.
10. Woodlock TJ: Oncologic emergencies. In Rosenthal S, Carignan JR, Smith BD (eds): Medical Care of the Cancer Patient, 2nd ed. Philadelphia, W. B. Saunders, 1993, pp 236-246.

58. 急性腫瘍融解症候群
ACUTE TUMOR LYSIS SYNDROME
Gregory K. Oglivie, D.V.M.

1. 急性腫瘍融解症候群とは？

急性腫瘍融解症候群（ATLS）は、化学療法剤反応性の腫瘍を持つ動物に対し、化学療法剤を投与した後すぐに死に至らせる可能性のある急性の虚脱状態である。つまり化学療法剤が、腫瘍細胞の急性の大量死と激しい毒性のある細胞内含有物の放出を引き起こすのである。この緊急状態は、獣医療領域ではあまり認識されていないが、化学療法剤の使用の普及に伴って、より一般的になるだろう。

ATLSは、ヒトのリンパ腫、白血病、肺の小細胞腫瘍で報告されてきた。犬ではリンパ腫と白血病に関連している。ATLSは、動物で急速に発育した、大きな化学療法反応性の腫瘍に、効果的な化学療法剤を使用した後に現れる可能性がある。患者はしばしば短時間に急性の代償不全を起こすことがあり、時には今にも死にそうになる。早急な診断と治療が死亡率を減少させるためにきわめて重要となる。

2. 動物をATLSに陥らせる因子とは？

ヒトと動物において、急速な腫瘍溶解は、細胞内のリン酸とカリウムの急性放出を引き起こすことがある。この電解質の放出は、低カルシウム血症、高カリウム血症、高リン酸血症を引き起こす。ヒトのATLSでは高尿酸血症もみられるが、動物では関連性がない。ヒトのリンパ腫と白血病細胞では、リンの細胞内濃度が正常細胞より4～6倍は多いので、前述したように、ATLSはリンパ腫と白血病の患者で最もよくみられる。

ATLSは、細胞溶解の治療に急速に反応し、ある程度縮小した大きな腫瘍塊を持つ動物でみられる。加えて、敗血症の動物または軟部組織に浸潤した広範囲な新生物のある動物は、ATLSに陥りやすい。獣医療領域で最も危険なのは化学療法剤で治療を受け、急速に症状が軽減したステージⅣかⅤのリンパ腫を持ち、容積が縮小した犬である。ATLSは、最初の治療後48時間以内に確認されるだろう。

3. ATLSはどのように診断するのか？

ATLSが疑われるときには、心血管系の虚脱、嘔吐、下痢、続発するショックの証拠となる徴候を確認するために、早急に理学的診断を行う必要がある。高カリウム血症は、心電図上で徐脈、P波の振幅の減少、PR-QRS間隔の増加、稀にスパイク状T波を引き起こすことがある。血液生化学分析では、低カルシウム血症、高カリウム血症、高リン酸血症の存在が確認されるだろう。血清リン値の上昇があると、カルシウムとリンの沈降反応の結果、低カルシウム血症が発現する。効果的な治療を施さなければ腎疾患が発現することがある。このため血中尿素窒素とクレアチニン濃度を厳重にモニターするべきである。

4. ATLSの治療法は？

理想的な治療は予防である。深刻な腫瘍による影響、化学療法剤反応性腫瘍、容積の縮小に陥り易い傾向のある患者を認識せよ。腎臓は電解質排泄の主要な器官なので、腎不全があると、代謝異常が悪化するだろう。リスクの高い患者の確認と、脱水または窒素血症の補正は、ATLSのリスクを効果的に減少させるだろう。窒素血症のような代謝の乱れが補正されるまで、化学療法は延期するべきである。ATLSが確認された動物は、晶質輸液療法で積極的に治療する必要がある。さらに化学療法は、臨床症状が落着き、生化学検査所見が正常範囲内になるまで控えるべきである。

急性腫瘍融解症候群患者に対する臨床的アプローチ

問題	アプローチ
1. 化学療法実施直後の急性代謝不全	患者の評価を行うこと。腫瘍が急速に反応しているならばこれを定量する。全身性疾患、脱水および心拍出量を評価するために、全身の検査を行う。血液理学検査および生化学検査、尿検査と血液培養で、好中球減少症、敗血症、凝固異常、臓器疾患を除外、または診断する
2. 初期の特別な補助療法	ショックの治療を行う。1日水分必要量を供給する。脱水と電解質異常の補正を行う。外部への体液喪失量を補給する。乳酸を含まない輸液を考慮する。ATLSでは、高カリウム血症と高リン酸血症が補正されるまで0.9％食塩水の投与が最も望ましいだろう。1日水分必要量が約66mL/kg、その他の必要量がほぼ [30 (kg) +70] と概算する方法が提唱されている。輸液は、急性のショック、またはショック様状態において、最初の1時間は60〜90mL/kgの速度で、その後引き続き10mL/kg/hrの速度で投与するが、必要に応じた適正な輸液速度を保つよう厳密にモニタリングする。高リン酸血症に続発して生じた低カルシウム血症が臨床的に重要な徴候を引き起こしたなら（稀である）、非経口的な外因性カルシウムの補給が必要である
3. 患者のモニタリング	脱水、電解質、腎臓と心血管機能をモニタリングする。輸液投与速度は、脱水、心血管、腎臓、電解質の状態に基づいて細かく調節するべきである
4. 化学療法の延期	付加的な化学療法は、患者の全身状態が回復するまで差し控える

Ogilvie GK, Moore AS: Managing the Veterinary Cancer Patient: A Practice Manual. Veterinary Learning Systems, NJ, 1995より許可を得て引用

参考文献

1. Marcus SL, Einzig AI: Acute tumor lysis syndrome: Prevention and management. In Dutcher JP, Wiernik PH: Handbook of Hematologic and Oncologic Emergencies. New York, Plenum Press, 1987, pp 9-15.
2. Ogilvie GK, Moore AS: Acute tumor lysis syndrome. In Managing the Veterinary Cancer Patients: A Practice Manual. Trenton, NJ, Veterinary Learning Systems, 1995, pp 157-159.
3. Woodlock TJ: Oncologic emergencies. In Rosenthal S, Carignan JR, Smith BD (eds): Medical Care of the Cancer Patient. Philadelphia, W. B. Saunders, 1993, pp 236-246.

---

59. 血液凝固系の疾患
COAGULATION DISORDERS
Gregory K. Ogilvie, D.V.M.

---

1. 腫瘍患者ではどのような血液凝固障害が現われるか？

　腫瘍患者では、止血障害がヒトと動物の死亡率と罹患率を高める一般的な原因であり、以下のように大きく分類されている。
- 播種性血管内凝固（DIC）
- 悪性腫瘍に関連したフィブリン溶解
- 血小板異常
- 悪性腫瘍（例えば、血管肉腫）による凝固性亢進状態の臨床徴候
- 化学療法（例えば、L-アスパラギナーゼ、プレドニゾン）に関連した血栓栓塞症

2. 播種性血管内凝固とは？

　DICは、生命が脅かされることの多い消耗性の凝固異常である。DICは、緊急救急状態とみなすべきであり、できるだけ迅速に診断し、治療する必要がある。DICは、上記したいくつかのパラメーターに関連して、また多くの悪性腫瘍で発現する。凝固因子が腫瘍誘発性の凝固促進により活性化されたり、または腫瘍が直接的もしくは間接的に血小板凝集を刺激する際に、悪性腫瘍はDICを誘発する。循環血液中における血餅形成の結果、凝固因子と血小板が消費され、引き続いて広範な出血を引き起こす。加えて、身体の隅々までに及ぶフィブリンの沈着は、同時に発生する微小血管の溶血性貧血を引き起こすことになる。罹患率と死亡率を減らすために、DICは診断と治療を早期に行わなければならない。危険性のある患者を認識し、輸液を行って、凝固障害のモニターを行えば、最も良い結果がみられる。

3. 凝固異常に陥りやすくなる因子は？

　DICは、血管肉腫、リンパ腫、甲状腺腫瘍、腫瘍性炎症を含む、様々な悪性腫瘍の病態に

おいて発現する。化学療法剤や外科手術、併発する感染の治療は、DICを誘発、あるいは悪化させることになろう。腎疾患と、糸球体を通り抜ける低分子の凝固因子の損失も、凝固異常の危険性を高める。DICを伴うまたは伴わない血栓症は、副腎皮質機能亢進症の犬および高用量の糖質コルチコイド治療を施されている犬で確認されてきた。この症候群は、猫より犬で多く確認されている。

4. DICの診断として最も良い方法は？

　DICの診断の補助となる臨床徴候は、静脈穿刺部位からの漏出、鼻出血、口腔内出血、メレナ、斑状出血、身体の至る所の点状出血、血尿等に限らない。広範囲の血栓症は、急性腎不全や急性呼吸困難の初期のような、様々な臨床徴候を引き起こす多臓器疾患を引き起こすこともある。緊急救急状態の早期のうちに異常を確定すること、臨床的な症状がないか、臨床徴候が深刻になる前に治療を開始することが重要である。

5. DICに関連する検査所見の異常は？

　DICに関連する検査所見の異常は、影響を受けた臓器とDICが急性か慢性かということにより異なる。慢性のDICの形態は、臨床徴候に関連することは稀である。加えて、赤血球の破裂は、DICでみられる微小血管の変化が原因になるだろう。診断は、臨床的な所見と、プロトロンビン時間（PT）、活性化部分トロンボプラスチン時間（APTT）の延長、血小板減少症、活性化凝固時間（ACT）の延長、抗トロンビンIII濃度の減少、低フィブリノーゲン血症、そしてフィブリン分解産物の増加の評価に基づく。多くの救急施設がACTsなどの検査を実施することによってDICの患者を救うことができるだろう。

播種性血管内凝固を診断するために使用される臨床的な指標と検査の指標

検査／観察項目	急性DIC	慢性DIC
臨床徴候	臨床的に明らかな凝固異常	あまり明らかではない
発現と期間	急激な発現、急速に進行	潜伏、延長
プロトロンビン時間、活性化部分トロンボプラスチン時間、活性化凝固時間	延長	正常かわずかに短縮
血小板	減少	正常値を示すことが多い
フィブリン分解産物	非常に高値	高値
フィブリノーゲン	正常範囲内の減少	正常
抗トロンビンIII	減少	正常
予後	不良	良好

Ogilvie GK, Moore AS: Managing the Veterinary Cancer Patient: A Practice Manual. Veterinary Learning Systems, Trenton, NJ, 1995 より許可を得て引用

6. DICに関連する凝固異常の原因は？

　DICに関連する凝固異常には多くの原因がある。それぞれの患者で基礎となる原因の同定と治療は、特に治療を成功させるために重要である。血小板数の減少は、骨髄疾患、血小板消費量の増加、血小板の脾臓での貯蔵によって引き起こされることがある。PTの延長は、次に

挙げる凝固因子の1つまたは複数の欠乏によるだろう：X、Ⅶ、V、Ⅱ（プロトロンビン）、Ⅰ（フィブリノーゲン）。ATPPの増加は次に挙げる凝固因子の1つまたは複数の欠乏によるだろう：Ⅻ、Ⅺ、Ⅸ、X、Ⅷ、V、Ⅱ、Ⅰ。ヘパリンと経口的な抗凝固剤治療は、ATPPを延長させる。低いフィブリノーゲンレベルは、この蛋白の産生の減少または消費の増加に関連している。

7. DICに対する最も良い治療法は？

　DICに対する特別な治療については意見が分かれているが、その効果を裏付けるデータがほとんどないという事実にもかかわらず、一定の治療手技が一様に信じられている。上述したように、DICに対する最も重要な治療法は、基礎的な原因に対する治療である。輸液療法は、脱水を調節するために、そして腎疾患と酸-塩基平衡異常が発現する可能性を減らすために、きわめて重要である。体重および心拍数と呼吸数、中心静脈圧の増加は、容量負荷を示唆するだろう。患者が急性の腎機能停止に続いて無尿になったときには、特に容量負荷が心配される。

　深刻な出血性素因のある動物で、新鮮血、または凝固因子を含んだ血漿と血小板は、消費された血液の構成成分の置換に有用なことがある。臨床的に最も明らかな問題として血栓症が存在するならば、ヘパリン治療が血栓の形成を減少させるだろう。使用されるヘパリンの量については、議論の余地がある。1つの方法として、静脈内または皮下に断続的にヘパリンを投与するか、ATPPが1.5～2倍延長するまで一定の割合で注入する。最少用量のヘパリン治療（5～10 IU/kg/時 持続投与または75 IU/kg 8時間毎の皮下投与）が有用なケースもある。10 IU/kg SQ連日投与も症例によっては有効である。

　プレドニゾンを含むような化学療法剤は、DICのすべての症状が消失し、患者が完全に回復するまで避けるべきである。糖質コルチコイド治療を受けた犬または場合によって猫は、DICを招くか永続させるような血栓栓塞症の発現の大きな危険を伴う。

　急性DICの動物の予後は不良であるので、高い危険性のある患者の同定と予防的治療は、非常に価値がある。ACTsと血小板数の日常的なモニターが、DICの早期発見に寄与する。

参考文献

1. Ogilvie GK, Moore AS: Disseminated intravascular coagulation. In Managing the Veterinary Cancer Patient: A Practice Manual. Trenton, NJ, Veterinary Learning Systems, 1995, pp 160-162.
2. Parry BW: Laboratory evaluation of hemorrhagic coagulopathies in small animal practice. Vet Clin North Am 4: 729-742, 1989.
3. Smith MR: Disorders of hemostasis and transfusion therapy. In Skeel RT (ed): Handbook of Cancer Chemotherapy, 3rd ed. Boston, Little, Brown, 1991, pp 449-459.
4. Woodlock TJ: Oncologic emergencies. In Rosenthal S, Carignan JR, Smith BD (eds): Medical Care of the Cancer Patient. Philadelphia, W. B. Saunders, 1993, pp 236-246.

60. 腫瘍患者における代謝性の救急救命療法
METABOLIC EMERGENCIES IN PATIENTS WITH CANCER
Gregory K. Ogilvie, D.V.M.

1. 腫瘍患者において最も一般的な代謝性の緊急状態とは？
   - 高カルシウム血症（最も一般的）。
   - 低血糖症（非特異的な臨床徴候であるので診断が遅れる）。
   - 低ナトリウム血症（緊急状態としてよく理解されていない）。

高カルシウム血症

2. 悪性腫瘍による高カルシウム血症に関連する最も一般的な腫瘍は？

　リンパ腫は、犬における高カルシウム血症の原因の第一位であるので、高カルシウム血症の原因が特定されていない場合でも、診断上考慮するべき疾患である。その他の原因として、アポクリン腺/肛門周囲腺腫、乳腺腫瘍、原発性上皮小体機能亢進症が挙げられる。上皮小体腫瘍とアデノーマは珍しい悪性腫瘍であるが、パラソルモンレベルの上昇によって治療不可能な高カルシウム血症が引き起こされることが考えられる。

3. 非上皮小体性の悪性腫瘍による高カルシウム血症に関連するメカニズムとして最も一般的な論拠は？

　パラソルモン関連ペプチド（PTH-rp）が、犬の悪性腫瘍による高カルシウム血症に最も関連している。骨への転移が高カルシウム血症に関連しているとの報告があるが、獣医学領域ではこのメカニズムはあまりみられない。

4. 悪性腫瘍による高カルシウム血症のある動物の最も一般的な臨床徴候は？

　悪性腫瘍による高カルシウム血症に続発する腫瘍性エマージェンシーは、遠位尿細管と集合管の抗利尿ホルモン（ADH）に対する感受性の減少、およびカルシウムの血管収縮特性に関連する臨床徴候を中心とし、腎血流量と糸球体濾過量の減少を伴うものである。上皮は、変性性の変化、壊死、カルシウム沈着を受ける。進行性の腎疾患は、臨床的嘔吐に続く多飲多尿、低張尿、脱水を示す。カルシウムもまた、胃腸管、心血管、神経機能に直接的に影響し、食欲不振、嘔吐、便秘、徐脈、高血圧、骨格筋脱力、抑うつ、昏迷、昏睡、てんかん発作を引き起こす。

5. 高カルシウム血症の犬でその他に考慮するべき鑑別診断は？

　動物が実際の高カルシウム血症（$Ca^{++} > 12mg/dL$）と評価された場合、考慮すべき他の診断には、検査室の誤差、評価の間違い（例えば、発育期の若い犬）、脱水による高蛋白血症、

急性腎疾患、ビタミンDとカルシウム中毒、肉芽腫性疾患、骨の非腫瘍性の疾患、副腎皮質機能低下症、原発性上皮小体機能亢進症、慢性廃用性骨粗鬆症などがある。

6. 血清蛋白あるいはアルブミンは血清カルシウム値に影響するか?

どちらも影響する。血清アルブミンと血液 pH に関連するカルシウムを評価することは重要である。犬用の次の補正式にアルブミンを加えて計算する。

補正するカルシウム量（mg/dL）＝ ［カルシウム（mg/dL）－アルブミン（g/dL）］＋ 3.5

アシドーシスは、フリーのイオン化カルシウム分画の増加を引き起こし、低カルシウム血症に関連して観察される臨床徴候を明らかにする可能性がある。生物学的に活性型のカルシウムを評価することは可能なので、できる限りいつでも、イオン化カルシウム濃度を測定するべきである。血清サンプルはヘパリン化した採血管で嫌気的に採取する。ヘパリン化した採血管の血液は、後の分析のため、氷の上に置いておく。イオン化カルシウム値は、アルブミンまたは蛋白で補正してはいけない。

7. 高カルシウム血症の動物の理想的な診断法は?

すべての高カルシウム血症の動物は、血清カルシウム測定を連続して行い、電解質、血中尿素窒素、クレアチニンレベルを評価するべきである。高リン酸血症に関連した免疫反応性パラソルモンレベルの上昇は、異所性ホルモンの産生を示唆することがある。多発性骨髄腫の患者では、イオン化カルシウムの上昇を伴わずにパラプロテインに結合した異常カルシウムに続き、カルシウムレベルが上昇するだろう。低アルブミン血症の低栄養患者は、正常の血清カルシウムレベルであっても、高カルシウム血症の徴候を示すことがある。

8. 高カルシウム血症の動物の治療にはどのような静脈輸液を行うか?

高カルシウム血症に続発した緊急状態、臨床徴候の重症度と腎疾患の有無によって治療を決める。治療は、1日維持必要量を上回る用量で 0.9% 生理的食塩液の静脈内投与を必要とする。この輸液量が、$132mL/kg^{0.75}$/日（おおよそ >66mL/kg/日＋嘔吐や下痢からの外因性喪失）＋脱水の輸液補正と同等かそれより多くする方法が提唱されている。より最近のデータでは、輸液の補正量は、より控えめな［30（kg）＋ 70］であると提唱している。カリウムの枯渇は、血清カリウムレベルに対応して、輸液に塩化カリウムの添加をすることによって防ぐことができる。

9. どうやってカリウム枯渇を治療するか?

低カリウム血症を補正するためのカリウムの静脈内補給量

血清カリウム (mEq/L)	輸液1L中への塩化カリウム添加量 (mEq)	最大投与速度 (mL/kg/hr)
＜2	80	6
2.1〜2.5	60	8
2.6〜3.0	40	12
3.1〜3.5	28	16

カリウムを静脈内に投与する場合、その速度は 0.5mEq/kg/時 を越えてはならない。加えて患者の水分過剰とうっ血性心疾患の徴候を注意深く観察し、抗腫瘍療法はできる限り速く始めるべきである。

10. 高カルシウム血症の患者を治療するには薬物をどのように使うべきか？

フロセミド（1〜4mg/kg、1日2回、IV または経口）と静脈内の biphosphonates（例えば、etidronate、disodium palmidroate）を塩類利尿薬に加えて使用することも可能である。静脈内 biphosphonates は、急速な低カルシウム作用を持ち、破骨細胞の活性を阻害する。

ガリウム硝酸塩は、パラソルモンと高カルシウム血症を引き起こす、一定の型のリンフォカインに対する骨溶解反応を用量依存性に減少させる。ガリウム硝酸塩をおよそ $100mg/m^2$ の用量で、5日間連続投与することにより、ヒトで高カルシウムレベルを 86% 減少させるのに成功している。

ミトラマイシンは破骨細胞の数と活性を減少させることによって骨の再吸収を減少させる化学療法薬であるが、これもヒトでの効果がみられている。ミトラマイシンは硬化性因子であるので、新たに静脈ラインを確保してボーラス投与（25μg/kg IV、1週間に1〜2回）するべきである。血管外に漏出があった場合、潰瘍化と線維性の肉芽の形成が発生するだろう。ミトラマイシンは、犬猫では広く使用されてはいない。治癒し難い患者で、1週間に2回の割合で必要とされることがある。

Salmon calcitonin（4〜8 MRC U/kg SQ）も治癒し難い患者で使用されることがある。カルシトニンは、骨の再吸収を阻害し、投与数時間で血清カルシウムレベルの減少を引き起こす。Salmon calcitonin を約 40U/kg 投与した場合、数日間にわたって低カルシウム血症を引き起こすことがある。

コルチコステロイドは、高カルシウム血症の治療に効果的である。コルチコステロイドは、破骨細胞活性化因子による骨吸収を阻害し、尿へのカルシウム排出を増加させ、ビタミンD代謝を阻害し、長期間使用後にカルシウム吸収の増加を惹起させる。効果的に使用するには、通常高用量で数日間にわたる投与を必要とする。リンパ腫が悪性腫瘍関連性高カルシウム血症の主要な原因であるので、ステロイドは組織診断を行う前に使用してはならない。

多くの患者は、水和、動員、抗腫瘍療法を効果的に管理でき、ミトラマイシン、カルシトニン、コルチコステロイドのような低カルシウム血症誘発性薬物で治療する。血清カルシウムは最低でも1週間に2回はモニターするべきである。

11. 高カルシウム血症の動物ではどのような薬物またはビタミンが禁忌となるか？

サイアザイド系利尿薬またはビタミンＡとＤ（どちらもカルシウムレベルを上昇させる可能性がある）は、高カルシウム血症の動物には使用してはならない。

低血糖症

12. 低血糖に関連のある最も一般的な腫瘍は？

高インスリン血症による空腹時低血糖は、インスリノーマがある場合に最も一般的に発現する。しかしながら、肝臓のその他の腫瘍（例えば、肝細胞腫、癌）も低血糖症に関連している。

13. 低血糖に関連のあるその他の疾患は？

　肝疾患（グリコーゲン貯蔵病、敗血症等）は、悪性腫瘍による低血糖に類似する。加えて、赤血球はグルコースを急速に代謝するので、血清からの赤血球の分離が遅れると、似たような結果を引き起こすだろう。

14. 悪性腫瘍誘発性の低血糖症に関連する最も一般的な臨床徴候は？

　てんかん発作、昏睡、瀕死の状態の前に、多くの患者が、血中グルコースレベルの特発性の低下に関連した錯乱、めまい、脱力感、疲労の病歴を持つ。神経症状のある低血糖の犬は、脳腫瘍、脳外傷、髄膜炎、代謝性脳障害のような中枢神経系異常のある患者の症状に似ている。

15. 悪性腫瘍関連性の低血糖症の確認と、基礎的原因を同定するための最も良い診断プランは？

　インスリン産生性の腫瘍は、低い血中グルコース濃度をもたらすインスリンレベルの上昇を同定することによって診断できる。悪性腫瘍関連性の低血糖の同定には、72時間の絶食期間中に断続的なサンプリングが必要なケースもある。血中グルコースが劇的に減少し、インスリンレベルが上昇する際に診断ができる。議論の余地があるが、修正されたインスリン：グルコースの割合が、動物のインスリン産生性腫瘍の診断を助ける方法として提唱されてきた。

$$\frac{血清インスリン（\mu U/mL \times 100）}{血清グルコース（mg/dL）- 30} = 修正されたインスリン：グルコースの割合$$

　30より上の数値は、インスリノーマまたはインスリン産生性の腫瘍を示唆する。

16. 悪性腫瘍のある低血糖症を伴った動物の治療プランは？

　エマージェンシー状態で、特に転移率の高いインスリノーマの場合に、決定的な治療の前、中、後に慎重な全身状態の医療管理が必要となる。グルコースを含む輸液（0.9％生理的食塩液中または等張の電解質溶液に2.5〜5％ブドウ糖）は、適正範囲内に血中グルコース濃度を維持するため、そして生体の消費に合わせて投与するべきである。しかしながらグルコースの投与は腫瘍からのインスリンの放出をより激しくする可能性があるので、正常な血清グルコース濃度を維持するためのグルコースの投与には、断続的で高用量のボーラス投与が望ましい。

　プレドニゾン（0.5〜2mg/kg、1日2回に分けて経口投与）は、肝臓の糖新生を増加させ、全身のグルコースの利用を減少させることで血中のグルコースレベルを上昇させるのにしばしば役立つ。

　Diazoxide（10〜40mg/kg、1日2回に分けて経口投与）は、直接的に膵臓のインスリン分泌と組織のグルコースの取り込み阻害、エピネフリン誘発性グリコーゲン分解を高め、脂肪酸の動員率を増加させることで、血中グルコースレベルを上昇させるのに役立つだろう。Diazoxideの高血糖作用は、ハイドロクロロサイアザイド（2〜4mg/kg/日、経口投与）の同時投与によってより強力になる。

　プロプラノロール（10〜40mg/kg、1日3回経口投与）はβアドレナリン受容体遮断薬であり、これも膵臓のβ細胞レベルでβアドレナリン受容体を遮断し、インスリン放出の阻害、

膜の安定によるインスリン放出の阻害、全身のインスリン受容体親和性の変化により、血中グルコースレベルの増加に有益だろう。

　膵臓腫瘍の薬物による管理と外科手術の併用は、1年またはそれ以上の寛解期間をもたらす。一旦症状が安定したら、手術による摘出が、低血糖症を引き起こす腫瘍に対する選択的な治療となる。腫瘍に随伴する症候群として、低血糖症が引き起こす数種の腫瘍（インスリノーマを含む）は悪性であり、手術単独では治療にならない場合が多い。インスリノーマの場合、部分的な膵臓摘出も考えられるが、医原性膵炎と糖尿病の合併症が認められている。

低ナトリウム血症

17. 救急救命状態に至る低ナトリウム血症の最も一般的な原因は？
　不適当な抗利尿ホルモン分泌（SIADH）症候群に関連したエマージェンシー状態は稀であるが、腫瘍のある動物における低ナトリウム血症の確かな原因は十分に解明されていない。

18. SIADHとは？
　SIADHは、悪性腫瘍に続発する抗利尿ホルモンの過剰状態である。影響を受けた動物は、不適切な尿濃度（高ナトリウム）であるにもかかわらず血清濃度は低い。この状態は腎疾患、甲状腺機能低下症、アドレナリンの分泌量不足でも発現するので、これらの疾患はSIADHの診断を確認するために除外するべきである。

19. 動物をSIADHによる低ナトリウム血症に陥りやすくする因子は？
　SIADHの状態は、腎活性化を引き起こすか、あるいは抗利尿ホルモンの放出を高める薬物、または腫瘍により引き起こされるだろう。SIADHは、リンパ腫の犬で確認されている。SIADHを引き起こすであろう動物用医薬品は、chlorpropamide、ビンクリスチン、ビンブラスチン、サイクロフォスファマイド、オピアト、サイアザイド系利尿薬、バルビツレート、イソプロテノール等だけではない。

20. 低ナトリウム血症とSIADHの動物で最も共通してみられる臨床徴候は？
　低ナトリウム血症が急速に、または115mg/dLより低くナトリウム減少が進行した場合には、患者の精神面での異常、錯乱、昏睡が進行するだろう。潜在性の低ナトリウム血症で、てんかん発作も発現することがある。これらが予想される場合には、血清と尿の電解質、オスモル濃度、クレアチニン濃度を測定する必要がある。

21. SIADHを確認するための最も良い診断プランは？
　SIADHの診断は、最初に生化学検査上の低ナトリウム血症と臨床症状を組み合わせて考慮して行う。SIADHは誤診されることが多い。SIADHは、血清の低ナトリウム血症に対し、尿中の不適切なナトリウム濃度（高ナトリウム）に関連している。尿比重はあまり希釈されないが、尿のオスモル濃度は血漿のオスモル濃度より高い。SIADHに伴って血清中の尿素窒素の値は、容量の拡大のため常に低い。低リン酸血症も知られている。副腎と甲状腺の機能は正常である。

22. SIADHの動物に対する最も適切な治療法は？

初期の治療は、救急救命状態における低ナトリウム血症の軽減にあてられるべきである。輸液は、正常の水和状態を保ち、患者の血清ナトリウム濃度を正常範囲内に保つように投与するために、確実に制限するべきである。救急救命状態において、demeclocyclineは集合管での自由水の再吸収を促すADHを減量させることで低ナトリウム血症を補正する。demeclocyclineの最も一般的な副作用は、吐気と嘔吐である。炭酸リチウムとフェニチオンも、SIADHの治療に使用されることがある。高張食塩水（3～5％）も、エマージェンシー状態の治療に使用されるだろう。しかしながら、慎重に使用しないと、輸液と循環の過負荷を引き起こす。フロセミドは、容量の過負荷を減少させるために高張食塩水と同時に使用する。低ナトリウム血症の急速な補正は、神経系に損傷をもたらす可能性がある。以下に挙げる式は、低ナトリウム血症を補正するために投与するナトリウムの大まかな量を決定するのに役立つだろう。

ナトリウム投与量（mEq）＝［望まれる血清ナトリウム（mEq/L）－測定した血清ナトリウム（mEq/L）］×測定した血清ナトリウム（mEq/L）×体重（kg）×0.6

参考文献

1. Besarb A, Caro JF: Mechanisms of hypercalcemia in malignancy. Cancer 41: 2276-2285, 1978.
2. Felds ALA, Jese RG, Bergaagel DE: Metabolic emergencies. In DeVita VT, Hellman S, Rosenberg SA (eds): Cancer Principles and Practice of Oncology. Philadelphia, J. B. Lippincott, 1985, pp 1874-1876.
3. Franco-Saenz R: Endocrine syndromes. In Skeel RT (ed): Handbook of Cancer Chemotherapy. Boston, Little, Brown, 1991, pp 379-404.
4. Giger U, Gorman NT: Acute complications of cancer and cancer therapy. In Gorman NT (ed): Oncology. New York, Churchill Livingstone, 1986, pp 147-168.
5. Glover DJ, Glick JH: Oncologic emergencies and special complications. In Calabrese P, Schein PJ, Rosenberg SA (eds): Medical Oncology: Basic Principles and Clinical Management of Cancer. New York, MacMillan, 1985, pp 1261-1326.
6. Kruger JM, Osborne CA, Polzin DJ: Treatment of hypercalcemia. In Kirk RW (ed): Current Veterinary Therapy IX. Philadelphia, W. B. Saunders, 1986, pp 75-90.
7. Leifer CE, Peterson ME, Matus RE, Patnaik AK: Hypoglycemia associated with nonislet cell tumors in 13 dogs. J Am Vet Med Assoc 186: 53-62, 1985.
8. Meuten DJ: Hypercalcemia. Vet Clin North Am 14: 891-899, 1984.
9. Ogilvie GK, Moore AS: Metabolic emergencies: Hypercalcemia, hyponatremia, and hypoglycemia. In Managing the Veterinary Cancer Patient: A Practice Manual. Trenton, NJ, Veterinary Learning Systems, 1995, pp 169-174.
10. Weir EC, Burtis WJ, Morris CA, et al: Isolation of a 16,000-dalton parathyroid hormone-like protein from two animal tumors causing humoral hypercalcemia of malignancy. Endocrinology 123: 2744-2755, 1988.
11. Weir EC, Nordin RW, Matus RE, et al: Humoral hypercalcemia of malignancy in canine lymphosarcoma. Endocrinology 122: 602-610, 1988.

61. 腫瘍の治療によって誘発されるうっ血性心不全
CANCER TREATMENT-INDUCED CONGESTIVE HEART FAILURE

Gregory K. Ogilvie, D.V.M.

1. 心疾患の病勢の進行に最も関与する化学療法薬は？

　アンスロサイクリンとアンスロサイクリン系薬剤に続発する心疾患は、犬では比較的よくみられる生命を脅かす疾患である。ドキソルビシンは、心疾患の病勢進行に関与するアンスロサイクリンである。心筋症は、通常量のドキソルビシンを8回以上投与された動物でよくみられる。ドキソルビシン誘発性の心筋症は猫では珍しい。

2. ドキソルビシン誘発性心疾患に関連する最も一般的な心臓の異常は？

　ドキソルビシンは、頻拍性不整脈と拡張型心筋症の病勢進行に関連している。心筋症は、ドキソルビシンのどの投与量にも反応して現れる可能性があるが、犬で全累積投与量が$240mg/m^2$より過剰に投与された犬で危険性が有意に増加する。猫での危険性は少ない。しかしながら猫では、全累積投与量が$130 \sim 320mg/m^2$になると組織学的な異常がみられる。

3. 放射線は心疾患を誘発するか？

　誘発する。心臓が放射線治療領域にあり、高線量が使用された場合、放射線も心筋症を誘発する結果となる。組織学的、そして臨床的に有意な心膜滲出液が、3週間の放射線治療計画の終了後、およそ3カ月で発生する。放射線は、治療後1年で心筋の有意な線維化と菲薄化を起こすことがある。

4. ドキソルビシン誘発性心疾患の病勢進行に関連する因子は？

　ドキソルビシン誘発性心疾患は、ドキソルビシンを投与する以前から心疾患を有している動物と、投与後、薬物を十分に代謝または排泄できない動物で、より頻繁に発現するだろう。同様に、血清濃度の高いことが確認された動物へのドキソルビシンの急速な注入は、心疾患の罹患率を増加させることがある。したがってドキソルビシンの注入時間を長くすることにより、急性・慢性心疾患の罹患率を減少させる可能性がある。

5. ドキソルビシン誘発性心筋症の最も一般的な臨床徴候は？

　心筋症と劇症の慢性心疾患を伴う動物の臨床徴候は、衰弱、昏眠、食欲不振から、心拍出量の低下と続いて起こるうっ血性心不全に特に関連するより一般的な症状へと変化する。飼い主は、動物の運動不耐性、夜遅くの咳、これは後に1日中のしつこい咳へと進行する腹部膨満、努力性呼吸と呼吸数増加、日常的な倦怠について訴えるだろう。

　身体検査は有用で、頸静脈拍動、早い心拍数と呼吸数、腹水、冷たい四肢、粘膜のチアノーゼ、毛細血管再充満時間の延長、下肢の陥没浮腫、肝臓と脾臓の腫大、弱く早い脈圧を確認す

る。胸部聴診で、肺音は胸膜滲出液のため弱い音か、肺水腫のための握雪音であろう。心雑音、または、異常調律が聴取される。心房細動のある犬の心音は、聴診でジャングルドラム様（つまり不規則に不整）のこともある。心電図は、心房室の拡大または不整脈の発現を示すことがあり、その原因は、心室上部または心室にあるだろう。

6. ドキソルビシン誘発性心疾患の診断のための最も有用なテストは？

　最近の研究で、ドキソルビシンで治療された犬の175頭のうち32頭が臨床的に明らかな心疾患を発現した。31頭は心電図異常を示し、それは不整脈（心房性早期拍動、心房細動、発作性心房性・洞性頻脈、心室性不整脈、ヒス束枝ブロック、房室解離）と、R波、ST部分、もしくはQRS間隔の非特異的変化などである。7頭は明白なうっ血性心不全であり、支持療法を行ったにもかかわらず、90日以内に死亡した。治療時または治療を終了後、不特定期間内に不整脈が発現することがある。ドキソルビシン誘発性心疾患のヒトでは、その他の身体的または病歴の異常なしに、明らかな調律障害がみられることがある。

　胸部と腹部のX線検査は、心膜または胸膜からの滲出液、心陰影・肝臓・脾臓・肺静脈の拡大、通常は肺門部周囲に確認される肺水腫などから、心疾患の存在を確認するのに有用である。心臓の超音波検査は、心裏滲出液の確認、心房・心室サイズ、心筋壁の菲薄化、駆出分画や心拍出量や収縮率のような様々なパラメーターの確認にきわめて有用である。血圧測定は、高血圧または低血圧の裏付けとなるだろう。上昇した中心静脈圧は心不全の診断となる。最終的に、より特異的な検査が薬物または放射線誘発性の心疾患の診断をさらに明確にする。検査としては胸腔または腹腔の滲出液（たいていは反応性の中皮細胞とマクロファージを伴う漏出液）の分析と対比X線が挙げられる。残念なことにアンスロサイクリンの投与または放射線治療を受けた犬で、心毒性が現われるかどうかを予測することは獣医療では日常的には行われていない。これは心不全の明らかな徴候が発現する前に、治療を止めることを不可能にしてしまう。ヒトでは、核医学によって、ドキソルビシンの心筋症の病勢進行が、臨床的に明らかになる前に予測することができる。

7. ドキソルビシン誘発性の心筋症が確定診断されたら、ドキソルビシン治療は将来再開できるか？

　単純な答えは「できない」である。コロラド州立大学における実験では、心筋症の病勢進行は、実質的なQOL（Quality of life）を変化させることなしに心収縮力の減少に関与する可能性があることを示唆している。一旦心臓血管系の形態の変化が観察されたら、ドキソルビシンの投与は無期限に中止するべきである。これらのデータからの重要な教訓は、診断試験の結果よりむしろ、動物のQOLに基づいて治療を開始するかどうかを決定するべきである、ということである。

8. ドキソルビシン誘発性心疾患（薬を与えない以外に）をどのように防ぐのか？

　ドキソルビシン誘発性心疾患の特徴は、拡張型心筋症の進行である。その進行を抑えるためにたくさんの方法が研究されている。ビタミンE、チロキシン、セレニウムによる治療は、心筋症の予防には効果的ではない。ヒトで低用量のドキソルビシンの投与が、心筋症の罹患率を減少させた。合成薬のICRF-187は、より効果的である。その薬物は、ドキソルビシンを同時

投与した犬の心筋症の発生を十分に抑制させる。

9. アンスロサイクリン誘発性の心筋症の犬に対する適切な治療は？

心筋症の治療は、心筋症を誘発した原因（例えば、放射線かドキソルビシン）中止からとりあえず始める。ドキソルビシン誘発性の心筋症のヒトの中には、臨床症状が徐々に緩和され、心機能が改善されたことが報告されている。これが動物においても事実かどうかを見極めるための実験が必要である。利尿薬、低塩食、休息、酸素療法、陽性変力作用薬、血管拡張薬は、患者の臨床状態に合わせて使用するべきである。例えば、フロセミドは、深刻な劇症の肺水腫による呼吸困難の患者で、必要ならば数時間毎に使用するが、それ以外の患者には、1日に2～3回用いることになる。ジゴキシン、陽性変力作用薬は、前負荷または後負荷の減少薬と組み合わせて、経口的にまたは非経口的に投与する。ジゴキシンは、経口投与された場合、通常数日は治療レベルに達成しないが、比較的安定した状態の動物では十分である。脱水と電解質異常のような因子は、ジゴキシン毒性の進行を助長するだろう。ジゴキシン中毒はしばしば発現する重要な問題であるので、静脈内投与は本当に必要でなければ使用するべきではない。ジギタリスの投与方法にかかわらず、血清ジゴキシン濃度の定期的な測定は、治療レベルを維持するための投与量の調節に絶対に必要である。

心筋症で瀕死の犬の急性代償不全においては、フロセミドの静脈内投与と、前負荷または後負荷の減少薬の静脈内（例えば、ニトロプルシド）あるいは皮下（例えば、2％ニトログセリン、エナラプリル）投与と併用するドブタミンの持続投与は、経口投与治療よりも合理的である。ドブタミンは、ジゴキシンの経口治療による心拍出量の改善には数日かかることと比較し、数分から数時間以内に心拍出量を増加させることがある。心筋症の治療の詳細については、下の表に概略を述べる。

薬物誘発性または放射線誘発性の拡張型心筋症の犬、猫の治療指針

一般的な指針	特異的治療の詳細、薬用量と毒性
1. 心毒性のある薬物の投与中止	すべての心毒性のある薬物を無期限に投与を中止する。加えて、心臓への放射線治療を避ける
2. 完全に安静に保つ	興奮を避けることは絶対に必要である。ケージレストまたは酸素テントによるケージレストを考慮する
3. 酸素を供給する	気道を確保し、必要ならば酸素を供給する。50％酸素は肺毒性を避けるめ24時間以上使用しない 胸膜からの滲出液を減らすため胸腔穿刺を行う 肺水腫に対する利尿薬治療を開始する（下の項目を参照のこと）
4. 肺水腫の軽減	フロセミド（第一選択薬；脱水と低カリウム血症をモニターする） 　犬：2～4 mg/kg IV or IM 2～12時 毎、肺水腫の重症度に応じて、維持療法のための経口投与は1～4 mg/kg、1日1～3回に減量する 　猫：1～2 mg/kg IV or IM 4～12時 毎、肺水腫の重症度に応じて、維持療法のための経口投与は1～2 mg/kg、1日1～3回に減量する ハイドロクロロサイアザイド／スピロノラクトンの併用（第一選択のフロセミドまたは維持療法と一緒に使用；脱水、電解質異常をモニターする） 　犬：2～4 mg/kg、1日2回経口投与 　猫：1～2 mg/kg、1日2回経口投与
5. 心収縮力の増加	心膜滲出液が収縮力を減少させるほど存在するなら、心嚢穿刺を行う

次ページへ続く

薬物誘発性または放射線誘発性の拡張型心筋症の犬、猫の治療指針（続き）

一般的な指針	特異的治療の詳細、薬用量と毒性
	ジゴキシン（治療血中レベル［1～2 ng/mL］の獲得と維持のため血中レベルをモニターする。ジゴキシン 中毒を示唆する食欲不振、嘔吐、下痢、ECG の異常を観察する） 　犬：<22kg、0.011mg/kg、1日2回経口投与；>22kg、0.22mg/m^2、1日2回経口投与 　猫：<3kg、0.125mg 錠の 1/4 を1日おき；3～6kg、0.125mg 錠の 1/4 を1日1回
	ドブタミン（頻脈と不整脈をモニターする）： 　犬と猫：1～10μg/kg/min の持続投与、深刻で劇症の慢性心疾患では通常前負荷または後負荷減少薬とフロセミドと組み合わせる。
	ミルリノン（GI 毒性、低血圧をモニターする）： 　犬と猫：0.5～1mg/kg、1日2回経口投与
6. 循環血液量の再分布	血管拡張薬 　2％ニトログリセリン軟膏；低血圧を観察する 　　犬：0.64～1.9cm（1/4～3/4インチ）皮膚か耳に塗布、1日4回 　　猫：0.32～0.64cm（1/8～1/4インチ）皮膚か耳に塗布、1日4回
	ニトロプルシド・ナトリウム（5～20μg/kg/分 持続投与）：低血圧を観察する；長期にわたる使用は青酸中毒を引き起こす様々な薬物の使用：犬でのみ、モルヒネ（0.05～0.5mg/kg IV、IMorSQ）を使用する。不安を減少させ、血液を再分布する
7. 後負荷の減少	エナラプリル：犬と猫：0.25～0.5mg/kg、1日1回または2回経口投与（ニトロプルシドと同時に使用してはならない；低血圧をモニターする）
	ヒドララジン：犬：0.5～2mg/kg、1日2回経口投与（ニトロプルシドと同時に使用してはならない：低血圧をモニターする）
8. 不整脈の管理	次表を見よ
9. 治療に対する反応をモニターする	脈圧、呼吸数、ECG、体重、中心静脈圧、尿排泄量、脱水、電解質、血中尿素窒素、クレアチニン、血液ガス、QOL。徴候に合わせて治療を行う

Ogilvie GK, Moore AS: Managing the Veterinary Cancer Patient: A Practice Manual. Veterinary Learning Systems, Trenton, NJ, 1995 より許可を得て転載

　不整脈は、化学療法薬の投与中に現われるだろう。いつまでも続いて、動物の QOL を阻害するか、生存に対して重大な脅威になるならば、治療を開始し、その根本的原因を同定し、排除するべきである。それぞれのケースで、治療を開始する前に、抗不整脈薬の重大な副作用を評価し、考慮する必要がある。

アンスロサイクリン系抗生物質または放射線により誘発された上部心室性
または心室性不整脈の治療に使用される薬物

薬物	特異的治療の詳細、薬用量と毒性
徐脈性不整脈	
アトロピン（洞性徐脈、洞停止、房室［AV］ブロックの治療）	犬と猫：0.01～0.02mg/kg IV；0.02～0.04mg/kg SQ；短時間作用（洞性頻脈、迷走神経興奮抑制作用をモニターする）
グリコピロレート脈、（洞性	犬と猫：0.005～0.01mg/kg IV；0.01～0.02mg/kg SQ（洞性頻

次ページへ続く

314

アンスロサイクリン系抗生物質または放射線により誘発された上部心室性または心室性不整脈の治療に使用される薬物（続き）

薬物	特異的治療の詳細、薬用量と毒性
徐脈、洞停止の治療）	迷走神経興奮抑制作用をモニターする）
イソプロテレノール（洞性徐脈、洞停止、完全AVブロックの治療）	犬：5％デキストロース250mLに1mg；0.01μg/kg/minの速度でIV投与する
	猫：5％デキストロース250mlに0.5mg；効果がでるまでIV投与する（CNS刺激、不整脈、嘔吐をモニターする）

頻脈性不整脈

薬物	特異的治療の詳細、薬用量と毒性
ジゴキシン（心房性早期拍動、心房性頻脈、心房細動の治療）	犬：<22kg、0.011mg/kg、1日2回経口投与；>22kg、0.22mg/m^2 1日2回経口投与
	猫：<3kg、0.125mg錠の1/4を1日おき；3〜6kg、0.125mg錠の1/4を1日1回（治療血中レベル［1〜2ng/ml］の獲得と維持のため、血中レベルをモニターする；ジゴキシン中毒を示唆する食欲不振、嘔吐、下痢、ECGの異常を観察する）
リドカイン（心室性早期拍動、心室性頻脈の治療）	犬：25〜75mg/kg/分の持続投与に続いて2〜4mg/kg IV、ボーラスでゆっくり投与（最大8mg/kg）
	猫：0.25〜1mg/kg IV、4〜5分以上かけて（CNS興奮、発作、嘔吐、吐き気、昏眠、不整脈をモニターする）
Tocainide（心室性早期拍動、心室性頻脈の治療）	犬：5〜20mg/kg、1日3〜4回経口投与（CNS徴候またはGI毒性をモニターする）
プロカインアミド（心室性早期拍動、心室性頻脈の治療）	犬：20〜40mg/kg、1日4回経口投与、IM；8〜20mg/kg IV；25〜50μg/kg/分の持続投与
プロプラノロール（心房性日2回早期拍動、頻脈性不整脈、心房細動、心室性早期拍動の治療）	犬と猫：0.04〜0.06mg/kgゆっくりとIVまたは0.2〜1.0mg/kg、1または3回経口投与、上室性不整脈にはジゴキシンと組み合わせる（減少した収縮力と気管支収縮をモニターする）
ジルチアゼム（上室性早期拍動と頻脈性不整脈、心房細動の治療）	犬：0.5〜1.5mg/kg、1日3回経口投与
	猫：1.75〜2.4mg/kg、1日2〜3回経口投与（徐脈性不整脈と低血圧をモニターする）

Ogilvie GK, Moore AS: Managing the Veterinary Cancer Patient: A Practice Manual. Veterinary Learning Systems, Trenton, NJ, 1995 より許可を得て転載

参考文献

1. Cotter SM, Kanki PJ, Simon M: Renal disease in five tumor-bearing cats treated with Adriamycin. J Am Animal Hosp Assoc 21: 405-411, 1985.
2. Couto CG: Management of complications of cancer chemotherapy. Vet Clin North Am 4: 1037-1053, 1990.
3. Jakacki RI, Larsen RL, Barber G, et al: Comparison of cardiac function tests after anthracycline therapy in childhood. Cancer 72: 2739-2745, 1993.
4. Maulin GE, Fox PR, Patnaik AK, et al: Doxorubicin-induced cardiotoxicosis: Clinical features of 32 dogs. J Vet Intern Med 6: 82-88, 1992.
5. McChesney SL, Gillette EL, Powers BE: Radiation-induced cardiomyopathy in the dog. Radiat Res 113: 120-132, 1988.

6. Ogilvie GK, Moore AS: Chemotherapy or radiation-induced congestive heart failure. In Managing the Veterinary Cancer Patient: A Practice Manual. Trenton, NJ, Veterinary Learning Systems, 1995, pp 175-181.

62. 化学療法薬誘発性アナフィラキシー
CHEMOTHERAPY-INDUCED ANAPHYLAXIS
Gregory K. Ogilvie, D.V.M.

1. アナフィラキシーの発現に最も関与する化学療法薬は？

　アナフィラキシーまたはアナフィラキシー様反応は、どの薬物を投与した後でも現われる可能性があるが、L-アスパラギナーゼは、アナフィラキシーの発現に最も強く関与している。アナフィラキシーは、誘発する薬物の投与後数分から数時間以内に発現することが最も多い。過敏症反応は、どのような薬物でも発現する可能性があるが、ドキソルビシン、paclitaxel、etoposideで最もよく現われる。

2. L-アスパラギナーゼを投与された犬か猫で発現するアナフィラキシーは、通常どのようなものか？

　L-アスパラギナーゼは、ヒトと犬でアナフィラキシー、出血性膵炎、糖尿病、凝固異常を誘発することがよく知られている。ある実験で、L-アスパラギナーゼを腹腔内に投与された犬の48%が副作用を発現した。これらの犬の30%は、L-アスパラギナーゼを静脈内に投与された子供での報告と同様のアナフィラキシーの症状を現した。同じ研究で、筋肉内投与はアナフィラキシーに関連した症状を完全に取り除いたが、排泄速度は減少させないことが報告された。L-アスパラギナーゼを皮下投与された犬は、筋肉内投与された犬と比較して、排泄するのに時間がかかった。詳細が明らかになるまで、L-アスパラギナーゼは効果を最大にし、副作用を最小限にするために筋肉内投与を行うべきである。

3. L-アスパラギナーゼ誘発性のアナフィラキシーのメカニズムは？

　L-アスパラギナーゼ誘発性のアナフィラキシーと過敏症は、一般的には免疫原性酵素のために起こる。アナフィラキシーは通常IgE媒介性の肥満細胞の脱顆粒によるものである。しかし、一定の物質（例えば、細菌と真菌の細胞壁）は、交互の補体経路の活性化によってアナフィラキシーを引き起こすことがある。この交互の経路が活性化されている間に、C3aとC5aが形成される。両方とも肥満細胞と好塩基球の脱顆粒を起こす強力なアナフィラトキシンである。犬のL-アスパラギナーゼ誘発性アナフィラキシーについての精密なメカニズムの大部分がわかっていないが、急性リンパ芽球性白血病の子供のアナフィラキシーは、L-アスパラギナーゼと特異的抗体の免疫複合体の形成による補体の活性化により誘発されていると考えられ

ている。アナフィラキシーは、通常 L- アスパラギナーゼの投与後数秒から数分で現われる。

4. その他の化学療法薬によるアナフィラキシーに関連する作用のメカニズムは？

　ドキソルビシンの投与に続発する過敏症反応は、肥満細胞の脱顆粒に関連していると考えられる。Cremophor El と polysorbate80 キャリアは、それぞれ paclitaxel と etoposide により誘発される過敏症反応を引き起こす。

5. 化学療法薬誘発性のアナフィラキシー関連疾患に陥りやすくする因子は？

　L- アスパラギナーゼまたはその他の薬物治療に続発するアナフィラキシーに関連するのは、以前に暴露された経歴である。L- アスパラギナーゼは哺乳類系に遍在している細菌性の生産物であるので、以前に曝露されているとコントロールできない危険因子となるだろう。加えてアナフィラキシーと過敏症反応は、薬物治療の前に肥満細胞と好酸球の蓄積を引き起こすアトピー様状態の動物で悪化する。前述したように、投与方法もアナフィラキシーまたは過敏症反応の発現に関係する因子となる。

6. 化学療法薬誘発性のアナフィラキシーの同定のために最もよい診断方法は？

　薬物誘発性のアナフィラキシーの最も一般的な臨床徴候は、急性虚脱、心血管機能不全であり、それらはショックと死の転帰をたどる。あるアナフィラキシー反応は薬物治療後数時間から数日の経過で報告されているが、通常は薬物の非経口的投与後数分以内に現われる。患者は一般的に徐脈、または頻脈であり、このために蒼白で衰弱している。粘膜は通常チアノーゼ色を呈している。四肢の末梢は、しばしば冷たい感触で、血圧は低い。

　過敏症反応は、薬物の投与中または投与後に、深在性の掻痒症を引き起こすことがある。掻痒症は、頭部振盪と耳・口吻・足・静脈周囲・治療された領域の腫脹を招くことがある。紅斑性の反応は、通常、治療期間中続く。浮腫と紅斑性反応は、治療が終了した数時間後まで続くことがある。

7. 化学療法薬誘発性のアナフィラキシーは予防できるか？

　できる。L- アスパラギナーゼ（10,000U/m^2）の 232 ドースの筋肉内投与に関連するアナフィラキシーの罹患率をみるために組織学的に診断された 81 頭の悪性腫瘍の犬が、実験に用いられた。アナフィラキシーに関連した臨床兆候を示した犬はいなかった。それゆえアナフィラキシーの可能性を減らすため、L- アスパラギナーゼは静脈内投与または腹腔内投与より、むしろ筋肉内に投与するべきである。加えて、L- アスパラギナーゼは強力なアナフィラキシー誘発物質なので、試験的用量での投薬を勧める。

　ドキソルビシンの投与に続く過敏症反応は、0.9% NaCl 250 〜 500mL で希釈し、20 〜 40 分以上かけて投与することで、ほとんど完全に排除できる。コロラド州立大学の比較腫瘍学研究室で 100 頭の犬にドキソルビシンを投与したところ、1 〜 3 頭のみが過敏症反応を示した。過敏症反応の罹患率を減少させるため、ジフェンヒドラミンと糖質コルチコイドを治療前に投与することを提唱する人もいる。

　paclitaxel と etoposide のキャリアによる続発反応は、注入速度をゆっくりにし、化学療法薬の投与 1 時間前にデキサメサゾン（1 〜 2 mg/kg IV）、ジフェンヒドラミン（2 〜 4 mg/kg

IM)、シメチジン（2〜4 mg/kg　ゆっくりと IV）で前処置することにより減らすことができる。反応がみられたら、投与は動物がより安定するまで一時的に中断する。

8. 化学療法薬誘発性のアナフィラキシーの治療は？

アナフィラキシーは、かなり致命的な状態であり、補助的な看護、輸液、糖質コルチコイド、H_1 受容体拮抗薬、エピネフリンで直ちに治療するべきである。治療については下表に詳述する。

薬物誘発性アナフィラキシーに陥った動物に対する治療の一般的なアプローチ

一般的な指針	特異的治療の詳細
1. 患者の評価	身体検査を行う；薬物治療の時間的関係を確かめる；アナフィラキシーを誘発した薬物の注入または投与を無期限に中断する
2. 気道と心拍出量の確保	必要であれば心肺蘇生を開始する；気道を確保する；気管チューブ挿管後、呼吸管理を行う。心臓マッサージを開始する；心肺蘇生用薬物による治療を開始する
3. 血管確保；輸液と薬物治療を開始する	IV カテーテルを滅菌的に設置；輸液治療を開始する： ショック時：最初の1時間は＜70〜90mL/kg、引き続き10〜12mL/kg/時；その後は必要に応じて調節する 同時にアナフィラキシー・ショックに対する薬物治療を開始する： 　デキサメサゾン $NaPO_4$（2 mg/kg IV） 　ジフェンヒドラミン（2〜4 mg/kg IM；猫では、特に毒性を観察する） 　エピネフリン（1：1,000 の溶液を 0.1〜0.3mL IV または IM。深刻な反応の時に）

Ogilvie GK, Moore AS: Managing the Veterinary Cancer Patient: A Practice Manual. Veterinary Learning Systems, Trenton, NJ, 1995 より許可を得て転載

過敏症反応は、薬物治療を中止することが治療となる。反応は、通常数分以内に収まる。その後、非常に緩徐な投与速度での治療を再開する前に、H_1 受容体拮抗薬（表を参照のこと）で治療する。

参考文献

1. Degen MA: Acute hypersensitivity reactions In Kirk RW (ed): Current Veterinary Therapy X. Philadelphia, W. B. Saunders, 1989, pp 537-542.
2. Fabry U, Korholz D, Jurgens H, et al: Anaphylaxis to L-asparaginase during treatment for acute lymphoblastic leukemia in children. Evidence of a complement-mediated mechanism. Pediatr Res 19: 400-408, 1985.
3. Nesbit M, Chard R, Evans A, et al: Evaluation of intramuscular versus intravenous administration of L-asparaginase in childhood leukemia. Am J Pediatr Hematol Oncol 1: 9-13, 1979.
4. Ogilvie GK, Atwater SW, Ciekot PA, et al: Prevalence of anaphylaxis associated with the intramuscular administration of L-asparaginase to 81 dogs with cancer: 1989-1991. J Am Animal Hosp Assoc 1994.
5. Ogilvie GK, Cockburn CA, Tranquilli WJ, Reschke RW: Hypotension and cutaneous reactions associated with etoposide administration in the dog. Am J Vet Res 49: 1367-1370, 1998.
6. Ogilvie GK, Curtis C, Richardson RC, et al: Acute short term toxicity associated with the

administration of doxorubicin to dogs with malignant tumors. J Am Vet Med Assoc 195: 1584-1587, 1989.
7. Ogilvie GK, Moore AS: Chemotherapy-induced anaphylaxis and hypersensitivity. In Managing the Veterinary Cancer Patient: A Practice Manual. Trenton, NJ, Veterinary Learning Systems, 1995, pp 182-185.
8. Ogilvie GK, Walters LM, Powers BE, et al: Organ toxicity of NBT Taxol in the rat and dog: A preclinical study. Proceedings of the 13th Annual Veterinary Cancer Society Conference, 1993, pp 90-91.
9. Teske E, Rutteman GR, van Heerde P, Misdorp W: Polyethylene glycol-L-asparaginase versus native L-asparaginase in canine non-Hodgkin's lymphoma. Eur J Cancer 26: 891-895, 1990.

63. 化学療法薬の漏出
EXTRAVASATION OF CHEMOTHERAPEUTIC DRUGS
Gregory K. Ogilvie, D.V.M.

1. 漏出によって、血管周囲反応または組織脱落を引き起こす化学療法薬は？

多くの化学療法薬が、漏出後有意に組織損傷を引き起こすことが知られている。そのうちのいくつかは深刻であり、不可逆性である。その他は刺激性である。獣医学領域で一般的に使用される薬物は、以下のものである：

アクチノマイシン D	ミトラマイシン
Daunorubicin	ビンブラスチン
ドキソルビシン	ビンクリスチン
Epirubicin	Mitoxantrone
Etoposide	シスプラチン

人医学および獣医学領域における漏出の処置については、逸話に富んでおり、非常に議論の余地がある。この議論にもかかわらず、ガイドラインが臨床的応用のため確立されてきた (63-4. を参照のこと)。

2. どのようにして血管周囲の反応または組織脱落を防ぐのか？

血管周囲に漏出した場合に組織損傷を引き起こす薬物を投与する際には、正確かつ確実なカテーテルの設置が、絶対に必要となる。通常、1 mL を超える容量で治療する際には、細くても 22～23 ゲージの静脈内カテーテルを使用するべきである。ビンクリスチンのような容量の少ない薬物を投与するためには、23～25 ゲージの翼状針が使用される。患者の看護に携わる者は、いつ、どこから静脈採血をしたか、そして以前、どこにカテーテルを設置したかを注意する必要がある。こうしたことで、以前、処置しているために、漏出する可能性がある静脈へ

の化学療法薬の投与を避けることができる。最近設置したカテーテルは、化学療法薬の投与のためだけに使用するべきである。静脈が脆弱な動物（例えば、糖尿病患者や老齢動物）への薬物の投与にはかなり慎重になる必要がある。カテーテルは、薬物の投与前と投与後に生理的食塩液を多めに注入して（例えば、12～15mL）漏れていないかどうかを調べる。さらに、投与中カテーテルが詰まっていないかどうかを必ず調べ、治療中には、投与部位を必ず調べるべきである。

3. 化学療法薬に誘発される漏出を診断する最も良い方法は？

　漏出が起こるかどうかについては通常は疑う余地がない。漏出があった場合、いくつかの薬物には高い腐蝕性がある。動物は、注射部位の痛みのために、生理的に反応するか鳴き声を発するだろう。漏出の治療は直ちに始めなければならない。組織壊死の形跡は、通常投与後1～10日は現れず、そして、3～4週間で進行する。病変は、軽い紅斑として始まり、自壊と膿排出へ進行し、すべての損傷が明らかになり、血管周囲の組織が脱落し始めた後、数週間から数カ月で広範囲な壊死組織除去と形成外科手術を行わないと治癒しない。病変は、vincaアルカロイドでは早期に、ドキソルビシンのようなアンスロサイクリン系抗生物質では遅れて現われる。

4. 化学療法薬の血管周囲への注入に対する選択的な治療は？

　化学療法薬の投与に関わるすべての者は、血管外漏出の治療の手技を知っていなければならない。手技は共通した部位に施すべきであり、血管外漏出の治療に要するすべての薬物は、すぐに使用できるようにしておかなければならない。獣医臨床においては広範囲に使用されるため、ドキソルビシンとvinca alkaloidsは血管周囲の壊死脱落の最も一般的な原因である。不幸にも、組織壊死を効果的に除去する方法はない。例えば、重炭酸ナトリウム、コルチコステロイド、ジメチルスルフォキシド（DMSO）、αトコフェロール、N-アセチルシステイン、グルタチオン、リドカイン、ジフェンヒドラミン、シメチジン、プロプラノロール、イソプロテレノールは、ドキソルビシンの漏出の治療には効果的ではない。

獣医学領域で一般的に使用される薬物の漏出に適用される応急処置の一般的概要

一般的な処置／特殊な薬物	特異的治療の詳細
漏出部位の薬物の量を最少限にする	・カテーテルまたは注射針を抜いてはいけない
	・シリンジで、チューブ、カテーテルを介し組織から可能な限り薬物を吸引する
	・薬物を中性化はまた希釈するため解毒剤（下記を参照）、または滅菌生理的食塩液を投与する
ドキソルビシン、daunorubicin、epirubicin、idarubicin、アクチノマイシン-D	・毒性の発現を阻止するため、6～10時間局所の冷却のため、氷または冷却圧迫をする。温めてはいけない
	・ドキソルビシン：可能ならばbi(3,5-dimethyl)-5-hydromethyl-2-oxomorpholin-3-yl（DHM3としても知られている）を漏出部位に浸潤させることによって不活性化させる

次ページへ続く

獣医学領域で一般的に使用される薬物の漏出に適用される応急処置の一般的概要（続き）

一般的な処置／特殊な薬物	特異的治療の詳細
	• 議論： 　DMSO 局所投与 　ハイドロコーチゾン 1 mg/kg を局所に浸潤させること • 稀なケースで外科的に壊死片除去または形成外科が必要とされる
ビンクリスチン、ビンブラスチン etoposide	• 薬物を分散させるため、そして吸収を早めるために血管外漏出した 1 mL 毎にヒアルロニダーゼ（150U/mL）1 mL を浸潤させる • 末梢の吸収を早めるため数時間局所を加温圧迫する • 議論： 　DMSO の局所投与 　ハイドロコーチゾン 1 mg/kg を局所に浸潤させる
シスプラチン	• 薬物を不活性化させるため血管外に漏出したシスプラチン 1 mL 毎に 1/6 モル濃度の等張チオ硫酸ナトリウム 1 mL を注入。多量のシスプラチンの漏出は特に治療が推奨されている

Ogilvie GK, Moore AS: Managing the Veterinary Cancer Patient: A Practice Manual. Veterinary Learning Systems, Trenton, NJ, 1995 より許可を得て転載

　組織損傷が確認された場合、自己損傷なしに治癒させるために、エリザベスカラーと特殊加工したパッドのあるバンデージの局所へ適応がまず必要である。バンデージは、感染の可能性がある場合、または排出がある部位では、少なくとも毎日交換するべきである。細菌感染があるときは、培養と感受性試験と適切な抗生物質の使用が必須である。頻繁な清浄化と壊死片除去が必要であろう。いくつかのケースでは、形成外科手術による修復が非常に重要となることもある。

参考文献

1. Hubbard S, Duffy P, Seipp C: Administration of cancer treatments: Practical guide for physicians and nurses. In De Vita VT Jr, Hellman S, Rosenberg S (eds): Cancer: Principles and Practice of Oncology, 3rd ed. Philadelphia, J. B. Lippincott, 1989, pp 2369-2402.
2. Hubbard S, Jenkins JF: Chemotherapy administration: Practical guidelines. In Chabner BA, Collins JM (eds): Cancer Chemotherapy: Principles and Practice. Philadelphia, J. B. Lippincott, 1990, pp 449-464.
3. Ogilvie GK, Moore AS: Extravasation of chemotherapeutic agents. In Managing the Veterinary Cancer Patient: A Practice Manual. Trenton, NJ, Veterinary Learning Systems, 1995, pp 137-141.
4. Wittes RE, Hubbard SM: Chemotherapy: The properties and uses of single agents. In Wittes RE (ed): Manual of Oncologic Therapeutics, 1991/1992. Philadelphia, J. B. Lippincott, 1991, pp 116-121.

64. 化学療法薬誘発性急性腎不全
CHEMOTHERAPY-INDUCED ACUTE RENAL FAILURE
Gregory K. Ogilvie, D.V.M.

1. 腎不全の発現に、最も一般的に関連する薬物は？

　シスプラスチン、ピロキシカム、methotrexate は、獣医療における腎不全に関連する一般的なものである。ドキソルビシンは、犬と猫の数例で腎疾患を誘発することが証明されている。さらに腎疾患は、移行上皮細胞癌を含む広く様々な悪性腫瘍状態によって引き起こされる。

2. シスプラチンはどのようなメカニズムによって腎臓の障害を引き起こすか？

　腎毒性のある化学療法薬の多くは、cis-diamminedichloroplatinum II（シスプラチン）であり、犬における様々な悪性腫瘍に対して抗腫瘍活性を持つ重金属化合物である。犬では薬物の80〜90％は、48時間以内に尿へ排泄される。糸球体濾過率の減少と尿細管の損傷を特徴とする腎毒性物質は、主に用量依存性の毒性である。腎毒性は、血清中尿素窒素とクレアチニン濃度のわずかな増加から、不可逆性の腎障害まで多岐にわたることがある。しかしながら適度な水和が維持されるならば、腎障害は通常は臨床的には問題にならない。犬におけるシスプラチン腎毒性物質の制限または排泄に対する様々な投与プロトコールが提唱されてきた。それぞれのプロトコールには、1〜24時間の利尿期間中に生理的食塩液の静脈内投与の使用することが提示されている（64-8. を参照）。

3. その他の化学療法薬は腎疾患を引き起こすか？

　犬と猫においてドキソルビシンもまた、急性または慢性の腎疾患を引き起こす。猫では腎障害が用量依存性であることが、ある研究で示唆されている。しかしながらこの実験は再現されていない。犬の腎疾患は、ドキソルビシンの様々な累積投与量でも引き起こされる。その他の関連性のない薬物であるメトレキセイトは、主に腎臓から排泄され、腎毒性の発現に関与してきている。非ステロイド性抗炎症薬であるピロキシカムは、頭部と頸部の扁平上皮癌と膀胱の移行上皮癌の犬の治療に効果的であることが証明されている。

4. 腫瘍の存在が物理的に腎障害を引き起こすことがあるか？

　膀胱、尿道、または前立腺の移行上皮癌の犬は、一般的に水尿管症と水腎症を引き起こす可能性のある尿道閉塞を発現する。膀胱腫瘍の多くの患者でみられる同時発生する敗血症性膀胱炎は、二次的に腎盂腎炎を引き起こすことがある。最終的な結果としては、急性または慢性の腎疾患となる。

5. 化学療法薬誘発性腎障害に陥りやすくする因子は？

　獣医学領域において急性腎疾患の発現に関連する2つの因子は、腫瘍および化学療法薬など

の腎毒性のある薬物である。そのため、化学療法薬を使用する際は、アミノグリコシドのような他の腎毒性のある薬物は避けるべきである。犬猫で急性および慢性腎疾患の発現に関連するその他の危険因子は、心拍出量の減少、尿道感染、敗血症、既存の腎疾患、高齢、脱水、発熱、肝疾患、低カリウム血症、高カルシウム血症である。既存の腎疾患は、シスプラチン誘発性急性腎疾患を発現させやすくする最も重要な因子の1つであることが、いくつかの研究で証明されてきている。

6. 化学療法薬による腎損傷を診断する最も良い方法は？

急性または慢性腎疾患は、尿細管の障害を伴うか、または伴わずに糸球体濾過率を減少させる。そのため診断に使用されるパラメーターは、これらの障害に関連する。腎疾患の進行の確証が現われる前に少なくとも腎機能の2/3に異常が認められているので、生化学、血液学的、臨床的異常が確認される前に、腎疾患は様々な期間にわたって有意に観察されるだろう。

急性腎疾患では、非乏尿、乏尿、または無尿を示す。尿の量にかかわらず、通常、高いナトリウム含有量（>40mEq/L）で等張または低張である。グルコース、蛋白、腎上皮細胞も、血清尿素窒素、クレアチニン、リン酸濃度の急性の上昇とともに尿で検出される。乏尿性、または無尿性腎疾患で、排尿が再確認される前に輸液を行うと、体重、心拍数、中心静脈圧は上昇するだろう。

7. 化学療法薬誘発性の腎疾患の犬に対する最も良い治療は？

急性または慢性腎疾患の最も良い治療は、予防である。シスプラチンの腎毒性は、適度な水和で、減少およびほとんど排除できることがしっかりとしたデータで示されている。ドキソルビシンとメソトレキセイト誘発性腎疾患の発生率は、既存の腎疾患を伴った犬を除外することと投薬時間を延ばすことによって減少する。シスプラチンは腎毒性が高いので、腎障害を減少させるための水和計画についての論議は急性腎疾患の治療の観察により明らかになる。

8. どのようなシスプラチンの投与方法が腎疾患の誘発に影響するか？

生理的食塩液による利尿の期間は、犬における腎疾患の誘発に影響するだろう。例えば24時間、6時間、そして4時間の利尿プロトコールは、シスプラチンを投与することによる腎疾患誘発の可能性を低くする効果があるといわれている。より短期間の利尿プロトコールは、有害であることが証明されている。例えば1時間の利尿プロトコールが、安全性と有効性を評価された。0.9%NaCl（生理的食塩液）を1時間に132mL（kg）0.75を静脈内投与した後、シスプラチンの4回の投与（体表面積当たり70mg/m^2、3週間毎）が、20分以上かけて6頭の健康な犬に静脈内投与された。投与後、8時間以内に少なくとも1回はそれぞれの犬で嘔吐がみられた。臨床状態、体重、食事消費量は、6頭の犬のうち5頭で12週間の実験を通して正常であった。シスプラチンの4回投与後、3日以内に6頭の犬は、急性腎不全を発症し、急性に視力、そして聴力を失なった。電解質、クレアチニン、血中尿素窒素値は、個々の治療前に、すべての犬で直ちに正常値範囲内に戻り、6頭のうち5頭で最終治療の後、3週間にわたって評価された。4回の治療後、2週間で安楽死されたビーグルから得た血清クレアチニン値（3.3mg/dL）は、正常値より高かった。クレアチニン値以外はすべて正常であったにもかかわらず、シスプラチンの最終治療の後3週間で得た血清クレアチニン濃度は、治療前の値よりも

高かった。外因性、内因性クレアチニンクリアランス試験によって決定された糸球体濾過率は、その他のすべての評価期間で得られたデータと比較してシスプラチンの4回投与の後3週間で有意に減少した。好中球数は、第3、第4、第5評価期間で処置前の値より減少した。以上の理由により、このプロトコールは推奨できない。

9. 化学療法薬誘発性の腎疾患に対する最も良い治療は？

　犬猫において薬物や腫瘍に関連した急性腎疾患の治療初期の最終目的は、腎毒性のあるすべての薬物の投与を中断し、腎前性・腎後性の異常を裏付け、輸液療法を開始することである。輸液療法の第一目標は、脱水などによる水分欠乏と、乏尿性腎疾患でみられるような容量過負荷の過剰量を補正すること、維持、必要量を投与すること、嘔吐や下痢のような進行性の喪失量を補給することである。それぞれの患者は注意深く評価する必要があり、治療プランは、脱水状態、心血管動態、生化学データに基づいて行わなければならない。維持必要量は、44〜110mL/kgと異なる。小さな動物は、より大量を必要とする。単純化した式として、66mL/kg/dayを使用する。1日の維持に必要な輸液量は、嘔吐と下痢による外因性の喪失に等しい量である。腎疾患の患者で、利尿を達成するためには1.5〜3倍の輸液量を毎日投与する。利尿の成功は、適度な尿排泄（＞2mL/kg/時）を裏付けることによってモニターできる。輸液療法は、毎日の必要量、過剰な喪失の補給、脱水の補正に合わせるべきである。脱水のパーセンテージを決定する。脱水を補正するために必要な輸液の約75％は、最初の24時間に投与するべきである。輸液療法は、電解質と酸塩基異常を補正するように対応しなければならない。急性腎疾患では、全身性の高カリウム血症が存在することがあるので、カリウム含有輸液は、通常は理想的とはいえない。敗血症と腫瘍は高乳酸血症に関連し、高乳酸血症は乳酸含有の輸液の投与によって一層悪化するために、敗血症の全身への影響についてより確実なデータが得られるまで乳酸を含有する輸液は避けるべきである。

5％の脱水と下痢を伴った10kgの犬の輸液療法

課題	計算
1. 脱水の補正	5％（0.05）×10kg（体重）＝脱水の補正に必要な水分0.5kg 1000mL/kgの水分×0.5kg＝脱水の補正に必要な水分500mL 75％（0.75）×500mL＝375mLの輸液量を脱水の75％を補充するために投与する
2. 毎日の必要量に合わせた輸液	66mL/kg（1日必要量）×10kg（体重）＝1日の基礎に基づき660mL必要。その他1日必要量を［30（kg）＋70］として概算するのが最も良いと信じられている。 腎疾患の患者で低度から中程度の利尿を誘発するため1.5〜3倍の量に増やす。尿排泄の確認＞2mL/kg/時
3. 進行性喪失の補充	下痢を通して喪失を概算＝200mL
4. 最初の24時間の輸液必要量	375mL＋660mL＋200mL＝1235mL；低度から中等度の利尿が起こり尿排泄量を増加することを考慮して輸液量を増やす

Ogilvie GK, Moore AS: Managing the Veterinary Cancer Patient: A Practice Manual. Veterinary Learning Systems, Trenton, NJ, 1995 より許可を得て転載

腎疾患の犬への一般的なアプローチ

一般的な治療方針	特異的な詳細
1. 腎毒性薬物の投与中止	シスプラチン、ミソトレキセイト、ドキソルビシン、アミノグリコシドの投与中止；麻酔を避ける
2. 患者の全身状態を評価する	血液理学的検査、血液生化学検査 具体的な決定： 　脱水％ 　進行性喪失の量（例えば、嘔吐、下痢、血液損失） 　輸液必要量の維持 　電解質と生化学検査所見の異常 　心血管動態 　尿排泄
3. 特定の輸液の選択と投与	それぞれの患者の必要量に合わせた輸液： 　最初に等張の多イオン輸液、カリウムフリーが好ましい（例えば、NaCl） 　さらに腎臓の虚血を防ぐために最初に 6～8 時間以上をかけて脱水を補正する。一方、病的な乏尿とそれに続く容量の過負荷を注意深く観察する 　維持必要量に合わせる（約 66 mL/kg/日） 　進行性喪失に合わせる（嘔吐、下痢） 　低度から中程度の利尿を誘発する
4. 尿排泄量をモニターする：適度な排泄を確認	代謝観察用ケージまたは導尿カテーテル 不適当な排泄（＜ 0.5～2 mL/kg/時）： 　マンニトールまたはブドウ糖、0.5～1.0 g/kg ゆっくりと IV ボーラス投与。フロセミド、2～4 mg/kg 必要に応じて 1～3 時間毎に IV。ドーパミン、1～3 μg/kg/分 IV（5％ブドウ糖の 500 mL にドーパミン 50 mg＝100 μg/mL 溶液）
5. 酸－塩基平衡および電解質異常の補正	悪性腫瘍による高カルシウム血症を排除する；もし同定されたら特にこれに対する治療をする
6. 低度から中程度の利尿を起こす	尿排泄：2～5 mL/kg/時；過剰水和徴候を示す体重、心拍数と呼吸数、中心静脈圧をモニターする。
7. 反応しないなら腹膜透析を考慮する	特別な透析液での一時的または慢性的な一時的な腹膜透析が助けとなるだろう。
8. 長期治療の開始	血清尿素窒素とクレアチニンが正常化するまで、または積極的な治療にもかかわらず検査値の改善傾向がみられなくなるまで、そして患者の全身状態が安定するまで利尿を続ける；そして徐々に輸液を減らす。高リン酸血症が確認されたら治療を行う（例えば、アルミニウム水酸化物、それぞれの投与の毎に 500 mg）。胃酸過多が確認されたら治療を行う（シメチジン、5～10 mg/kg 6 時間毎 IV または経口）

Ogilvie GK, Moore AS: Managing the Veterinary Cancer Patient:A Practice Manual. Veterinary Learning Systems, Trenton, NJ, 1995 より許可を得て転載

　乏尿性の腎疾患が存在する場合は、念入りに、かつ積極的に治療的アプローチを行い、糸球体濾過率と腎血流量を増加することによって、まず尿排泄を増加させる。さらに、浸透圧利尿は、腎臓の血流量を増加させるので適用できる。積極的な輸液治療にもかかわらず、尿排泄量が 0.5～2 mL/kg/時 より少ないなら、フロセミドを 1～3 時間毎に投与するべきである。フロセミドは多くの患者で糸球体濾過率を増加させ、利尿を促進する。フロセミドで効果がない

場合、浸透圧利尿としてマンニトールまたは50%ブドウ糖が尿生成を増加させるために適用できるだろう。マンニトールに比べてブドウ糖の利点は、ブドウ糖は尿グルコース検査用スティック試験で確認できることである。フロセミドと浸透圧利尿の効果がない場合、ドパミンを持続注入で投与する。ドーパミンは、腎血流量を増加させ、二次的に尿排泄量を増加させる。

　急性腎疾患の治療は、患者が実質的に改善するまで、そして生化学パラメーターの異常が補正されるか、または少なくとも安定するまで続けるべきである。治療はその後数日以上かけて徐々に少なくし、腎毒性のある薬物の回避、高品質少量の蛋白食、ストレスの少ない環境の維持、新鮮できれいな水の自由飲水など、家庭内での治療プランに移行させる。

参考文献

1. Chiuten D, Vogel S, Kaplan B, et al: Is there cumulative or delayed toxicity for cis-platinum? Cancer 52: 211-214, 1983.
2. Cotter SM, Kanki PJ, Simon M: Renal disease in five tumor-bearing cats treated with Adriamycin. J Am Animal Hosp Assoc 21: 405-412, 1985.
3. Cvitkovic E, Spaulding J, Bethune V, et al: Improvement of cis-dichlorodiammineplatinum (NSC119875): Therapeutic index in an animal model. Cancer 39: 1357-1361, 1977.
4. Himsel CA, Richardson RC, Craig JA: Cisplatin chemotherapy for metastatic squamous cell carcinoma in two dogs. J Am Vet Med Assoc 89: 1575-1578, 1986.
5. Kirby R: Acute renal failure as a complication of the critically ill animal. Vet Clin North Am 19: 1189-1208, 1989.
6. LaRue SM, Withrow SJ, Powers BE, et al: Limb-sparing treatment for osteosarcoma in dogs. J Am Vet Med Assoc 195: 1734-1744, 1989.
7. Mehlhaff CJ, Leifer CE, Patniak AK, et al: Surgical treatment of pulmonary neoplasia in 15 dogs. J Am Vet Med Assoc 20: 799-803, 1984.
8. Ogilvie GK, Fettman MJ, Jameson VJ, et al: Evaluation of a one hour saline diuresis protocol for the administration of cisplatin to dogs. Am J Vet Res 53: 1666-1669, 1992.
9. Ogilvie GK, Krawiec DR, Gelberg HB, et al: Evaluation of a short-term saline diuresis for the administration of cisplatin. Am J Vet Res 49: 1076-1078, 1988.
10. Ogilvie GK, Moore AS: Chemotherapy induced acute renal failure. In Managing the Veterinary Cancer Patient: A Practice Manual. Trenton, NJ, Veterinary Learning Systems, 1995, pp 189-196.
11. Ogilvie GK, Straw RC, Jameson VJ, et al: Prevalence of nephrotoxicosis associated with a four hour saline solution diuresis protocol for the administration of cisplatin to dogs with sarcomas: 64 cases (1989-1991). J Am Vet Med Assoc 202: 1845-1848, 1993.
12. Page R, Matus RE, Liefer CE, et al: Cisplatin, a new antineoplastic drug in veterinary medicine. Am Vet Med Assoc 186: 288-290, 1985.
13. Shapiro W, Fossum TW, Kitchell BE, et al: Use of cisplatin for treatment of appendicular osteosarcoma in dogs. Am Vet Med Assoc 192: 507-511, 1988.

65. 貧血、血小板減少症、低蛋白血症
ANEMIA, THEROMBOCYTOPENIA, AND HYPOPROTEINEMIA

Gregory K. Oglivie, D.V.M.

1. いつ輸血が必要とされるか？

　獣医療における輸血は、血液損失、播種性血管内凝固（DIC）、悪性腫瘍や他の疾患による凝固低下状態に関連する臨床徴候、そしてその他の血液学的異常を含む様々な問題による結果、しばしば必要となる。通常、輸血と特定の血液成分輸血は、明確に必要とされた場合にのみ、実施するべきである。輸液治療のようなその他の緊急の補助的な治療を同時に行う必要がある。最近、血液成分が入手可能となり、一般の開業獣医師も臨床治療の１つとして輸血を利用できるようになった。

2. 成分輸血はいつ実施するべきか？血液成分はどのくらいの期間貯蔵できるか？

　血液成分は、犬猫のどちらにおいても特に緊急状態で臨床的に必要な時にのみ投与されるべきである。成分輸血は、準備と投与に時間がかかるので、本来前もって考慮しておくべきものである。血液成分による治療は、必要とされるときのみでなく危篤の患者の管理として早期に開始すべきである。全血あるいは充填赤血球は、直ちにまたは少なくとも21日以内の貯蔵で投与するべきである。新鮮凍結血漿は、1年後でも適度なレベルの凝固因子を含んでいる。1年以上保存された凍結血漿は、凝固因子のV、Ⅶ、von Willebrand's因子の量が減少することがある。約450mLの血液と50mLの抗凝固因子を含むヒト用の採血バッグに犬の血液を採血する。血漿は、細胞成分をとるため静かに他の容器に移す。しばしば猫での1単位は、50mLとして定義される。それは、平均的な成猫から安全に採血できる最大限の量である。

3. 急性の血液損失の犬または猫に輸血するために使用するのはどのようなタイプの血液か？

　新鮮な全血を輸血するのが理論的には有利であるが、充填赤血球の投与でも上々の結果となる。2週間以上保存された赤血球は、2,3DPG（diphosphoglycerate）の枯渇を起こし、赤血球酸素運搬能が減少する可能性がある。輸血は、可能ならばヘマトクリットを犬で15％以上、猫で10％以上に保つために行われる。それぞれのケースで、輸血に対する患者の反応は、ヘマトクリット同様または輸血の量と同じく、重要な決定因子である。急性に血液を損失した犬猫は、低いヘマトクリット値にあまり耐えられないが、赤血球数の緩徐の減少には、極度に少ない赤血球数にも順応することができる。これは特に猫でみられる。

4. 免疫介在性溶血性貧血の犬に輸血をする指標は？

　免疫介在性溶血性貧血は、たとえ輸血した血液の溶血によるものであったとしても赤血球の投与を必要とするだろう。免疫介在性溶血性貧血では、急激に、または徐々に低いヘマトクリット値に到達することがある。それゆえ、患者は急性または慢性の血液損失のどちらにも似た

症状が出現するだろう。糖質コルチコイド、アザチオプリン、サイクロスポリンによる補助的治療は、基礎疾患の治療にしばしば必要である。溶血性貧血の犬猫では、抗体の存在により、クロスマッチ試験を適切に行うことができない。充填赤血球を頻繁に測定する必要がある。

5. 非再生性貧血の犬に輸血する指標は？

通常非再生性貧血は比較的軽症で、輸血を必要としないことが多い。しかしながら非再生性貧血のいくつかのケースでは、非常に深刻であり、新鮮全血または充填赤血球を必要とする。非再生性貧血の犬猫では、何らかの理由でストレスを受けるまで臨床的なまったく正常なものもある。ストレスには、予想外の拘束または入院といったものに限らず、あらゆる種類の疾患、もしくは日常的な評価のための獣医師の診察等も含まれる。さらに、エリスロポエチンの投与は、意味のある可能性がある。しかしながら、エリスロポエチンに対する抗体が産生されることもある。

6. 血小板減少症の患者の治療のための指標は？

30,000〜40,000以上の血小板数は、めったに出血性の疾患に関連することはない。実際に血小板数の緩徐な減少では、わずか2,000〜3,000の血小板数の患者でも健康そうにみえるだろう。新しく放出された血小板は、古い血小板よりもより多くの機能を持っている。血小板輸血は、臨床症状を示している犬または猫に対してのみに行うべきである。血小板に富んだ血漿は、そうした患者で考慮される。しかしながら血小板の半減期は、特に免疫介在性の状態下では、わずか数日もしくは数週間、またはそれより短期間である。体重20kg当たり1単位の血小板に富んだ血漿または全血を投与し、これを適切な血小板数に到達するまで1時間毎に繰り返す。

7. 十分に巨核球が存在するとして、血小板数を増加させるために使用できる薬物は？

ビンクリスチン（0.5mg/m^2 IV、1〜3週間毎）は、この期間、他の部位で骨髄からの未成熟血小板の放出を誘発するために投与されることがある。血小板数は通常、ビンクリスチン投与後3〜5日で増加する。

8. 播種性血管内凝固とは？

播種性血管内凝固（DIC）は、深刻な出血と凝固因子と血小板の消費を伴う症候群である。

9. DICの治療は？

約1単位の新鮮凍結血漿を使用し、正常な出血時間の1〜1.5倍の部分トロンボプラスチン時間とプロトロンビンに保つために必要に応じて繰り返し投与する。ヘパリンの使用については議論の余地がある。しかしながら、血小板による凝集といった状態で使用されれば、有益な結果をもたらすだろう。すべての細胞系統（赤血球と血小板）が減少した場合、新鮮全血の投与も使用することができる。

10. 低蛋白血症の犬の治療で血漿輸血はいつ使用するか？

血漿輸血は、アルブミンレベルの減少した患者で有用であるだろう。蛋白の投与は、身体の

アルブミンの 40% しか血管内領域にないのに対し 60% は間質領域内にあるので、血漿蛋白のゆっくりとした増加を引き起こす。そのため新鮮凍結血漿の投与には、循環血中のみだけでなく、間質領域内におけるアルブミンも増加させる必要がある。そしてそれは蛋白の繰り返しの投与を必要とするだろう。様々なドナーからの新鮮凍結血漿の投与により、抗体の産生を引き起こされることは明らかである。デキストランまたはヘタスターチのようなコロイド溶液もそれらの半減期はとても短いにもかかわらず、有益なことがある。

11. 血液または血液成分の投与量をどのように決定するか？

　有意な急性の血液損失を伴った動物は、まず初めに晶質液でショックの治療を行うべきである。高張食塩水も、特定の患者では適切な選択となる。充填赤血球は、晶質溶液または全血とともに投与されることがある。一般的なルールとして、ヘマトクリットを 15% 以上に保つために調節しながら、体重 20kg 当たり充填赤血球 1 単位が投与される。急性または慢性の貧血のために、全血を必要とする犬は、下記の一般的なガイドラインに沿って投与するべきである。

　　一般的なルール：輸血量
　　　ドナー血液量 mL＝［(2.2 × 体重 kg) × (犬：40、猫：30) × 理想 PCV − レシピエント PCV］ドナー PCV
　　　　PCV＝充填赤血球量；PCV40% の血液を輸血した時、血液 2.2mL/kg は PCV を 1% 上昇させる。

　　一般的なルール：輸血投与速度
　　　犬：0.25mL/kg/30 分 または患者をモニターしながら 22mL/kg/日 まで早められる。
　　　猫：患者をモニターしながら 40mL/30 分

　血漿輸血が考慮される場合はいつでも、血液量の 60% が血漿であることを覚えておく必要がある。加えて動物のアルブミンのわずか 40% が血漿中に存在する。そのため 30kg（66 ポンド）の犬のアルブミンを 1.8g/dL から 3g/dL に上昇させるために血漿 6 単位を使う。

12. 輸血後に起こりうる合併症は？

　最も深刻な副作用は溶血だろう。しかしながら比較的稀にしか発現しない。急性の溶血性反応は、体温、心拍数、呼吸数の上昇、振せん、嘔吐、虚脱を引き起こす。これらが発現したら、血液成分輸血は中止し、患者の血漿がヘモグロビン血症かどうかを調べるべきである。晶質輸液を開始し、尿排泄をモニターする。遅延型の溶血を起こす患者もいる。

　輸血中に進行する発熱は、細菌による血液汚染、あるいは内因性発熱物質の上昇を引き起こす白血球抗体に関連しているだろう。体温の上昇は、犬よりも猫で一般的である。

　アレルギー性反応は、蕁麻疹と血管神経性浮腫として現われる。そのような徴候に気付いたら、輸血は中断し、糖質コルチコイドを投与するべきである。

　大量の血液を投与した場合は、容量過負荷をモニターし、適切な治療を行う必要がある。

　貯蔵血液の輸血により起こりうる合併症であるクエン酸中毒は、血清のイオン化カルシウムの急性の減少を引き起こすだろう。クエン酸中毒は、低カルシウム血症の結果として筋肉の振

戦、顔面痙攣、てんかん発作を引き起こす可能性がある。グルコン酸カルシウムの静脈内投与と輸血の中止が、治療としての選択肢である。

　稀であるが、血中アンモニアレベルが上昇し、精神的沈うつや癲癇発作のような臨床徴候を示すことがある。これは長期間保存した血液を使用した場合にみられ、通常充填赤血球量に関連している。治療は、肝性脳症に対するものと同様に行う。

参考文献

1. Giger U: The feline AB blood group system and incompatibility reactions. In Kirk RW, Bonagura JD (eds): Current Veterinary Therapy XI — Small Animal Practice. Philadelphia, W. B. Saunders, 1992, pp 470-474.
2. Ogilvie GK, Moore AS: Transfusion support. In Managing the Veterinary Cancer Patient: A Practice Manual. Trenton, NJ, Veterinary Learning Systems, 1995, pp 137-141.
3. Stone MS, Cotter SM: Practical guidelines for transfusion therapy. In Kirk RW, Bonagura JD (eds): Current Veterinary Therapy XI — Small Animal Practice. Philadelphia, W. B. Saunders, 1992, pp 479, 645.

VIII

神経疾患における救急救命療法
Neurologic Emergencies

Section Editor: Wayne. E. Wingfield, D.V.M., M.S.

VIII

神経救急による生命救急法
Neurologic Emergencies

Section Editor: Wayne E. Wingfield, D.V.M., M.S.

66. 椎間板疾患
INTERVERTEBRAL DISK DISEASE
Wayne E. Wingfield, D.V.M., M.S.

1. 椎間板の解剖構造について述べよ。
   椎間板は円形のゼラチン状のクッションで、第1頸椎、第2頸椎を除く各々の椎体間に位置する。各々の椎間板は2つの部分により形成される。
   - 髄核:中心のゼラチン域
   - 線維輪:外側の繊維状のリングで、背側は腹側よりも薄く、約1/2の厚さである。

   第1から第10胸椎にかけては、いわゆる胸骨頭間靱帯と呼ばれる靱帯組織によって覆われている。

2. 椎間板の解剖構造がどのように円板脱出と関連しているか?
   ほとんどの円板脱出は背側方向(線維輪のより細い部分)に起こり、頸椎、後胸椎、腰椎以外の部位では、肋骨頭間靱帯の存在により、背側円板ヘルニアはあまり起こらない。

3. 椎間板移動の脱出と突出の違いは?
   脱出:線維輪が破れ、すべての、あるいは一部の髄核が脊柱管へ移動すること。
   突出:線維輪はそのままであるが、髄核が脊柱方向へ背側移動すること。

4. ハンセンによる椎間板疾患を分類せよ。
   ハンセンⅠ型:変性性の変化(ミネラル化、壊死、解剖に関連した若齢性軟骨様異型性)が薄くなった線維輪を通して急速に脱出を起こす。
   ハンセンⅡ型:円板物質が緩やかに突出し、構造はそのままであるが退化輪(線維様異形成)を形成する。

5. 椎間板疾患の2つの分類と犬種はどのように関係しているか?
   ハンセンⅠ型:軟骨異栄養型犬種(ダックスフンド、ラサアプソ、シー・ズー、ウェルシュ・コーギー、ビーグル、コッカー・スパニエル、ペキニーズ)の円板脱出。
   ハンセンⅡ型:軟骨異栄養型犬種以外(ジャーマン・シェパード、ラブラドール・レトリーバー)の円板突出。

6. 椎間板障害のⅢ型とは?
   Ⅲ型椎間円板損傷は、「ガンショット」(円板損傷)とも呼ばれている。髄核の小さい破片が脊柱管へ急速に排出される。しばしば、脊髄へ直接浸透し、その結果、過急性あるいは急性の麻痺へ急速に進行し、しばしば痛覚を消失することがある。

7. 好発犬種における椎間板疾患の原因は？
   ほとんどの場合、遺伝的素因である。

8. 脊髄障害によって起こる椎間板脱出、あるいは突出の病因について述べよ。
   脊髄障害は、血管と機械的効果のコンビネーションによって発現する。これらの関連性については様々な意見が交わされている。
   　機械的影響：脊髄の圧迫は、円板の破片や静脈洞の破損によって起こる硬膜外出血によって起こる（急性円板脱出）。血管閉塞と物理的なゆがみの両方の結果である。
   　血管の影響：急性の円板脱出は、中心性出血性壊死や脊髄軟化へと進行するような数々の血管の変化に関連している。血管の変化とは血管痙攣、内皮細胞の腫大、血管破損などである。関連する内因性物質は、ノルエピネフリン、ドーパミン、エンドルフィン、プロスタグランジン、酸素フリーラジカル、カルシウムなどである。中心性出血性壊死の結果は、脊髄の灰白質で最も特徴的である。なぜなら、灰白質の血液供給は白質の5倍にもなるからである。

9. 各脊柱管の椎間板障害に関連する神経学的徴候を同定せよ。
   　C1～C5　　四肢の上位運動ニューロン（UMN）
   　C6～T2　　胸肢の下位運動ニューロン（LMN）と骨盤肢のUMN
   　T3～L3　　胸肢は正常、骨盤肢のUMN
   　L4～S2　　胸肢は正常、骨盤肢のLMN
   　S1～S3　　骨盤肢一部LMN、会陰反射の消失、アトニー性膀胱
   　尾神経　　尾のアトニー

10. 椎間板の脱出や突出と関連しているX線所見は？
    • 椎間板スペースの狭小化や背側部の楔状化
    • 椎間孔の大きさの減少、不透明化
    • 脊椎関節突起スペースの減少

11. 円板の石灰化は障害部位側にあると考えて良いか？
    いいえ。石灰化した円板により、不全麻痺、完全麻痺になることは稀である。

12. 椎間板疾患での脊髄造影法の意味は？
    外科的手術が行われる場合、脊髄造影は適切な外科手術法を選択するために有益である。脊髄のコントラストは一般に円板損傷部位の逸脱を示している。脊髄の浮腫が存在する場合、いくつかの脊髄分節にわたって圧迫が広がっていることがあるが、ほとんどの場合、脊髄造影では病変は障害している脊髄の中央部に位置している。

13. 椎間板疾患の治療について述べよ。
    内科的治療と外科的治療の有益性を評価する研究はほとんどみられない。さらに、造窓術、片側椎弓切除術、背側椎弓切除術、そしてこれらの外科的方法のコンビネーションについても

疑問がある。通常、以下の要因に基づいて決定する。
- 動物の神経学的状態
- 獣医師の経験
- 外科的専門知識
- 経済的考慮と飼い主への配慮

論　点

14. 椎間板疾患の治療管理の指針は？
    - 初期の運動失調、痛覚、軽度の不全麻痺
    - 深部痛覚がなく、完全麻痺が24時間以上経過した場合
    - 飼い主による外科的治療の拒否

15. 椎間板疾患の動物にコルチコステロイドは投与するべきか？
    椎間板疾患の動物へのコルチコステロイドの投与は、最初の12～24時間において最も有効である。その効果はその後、減少する。

16. 椎間板疾患動物へのコルチコステロイドの投与には、どのような効果があるか？
    - 抗炎症作用
    - 酸素フリーラジカルによる過酸化脂質の抑制
    - 血流の増加
    - 神経興奮の増大
    - 神経フィラメント蛋白の保存

17. 椎間板疾患の治療に使用するコルチコステロイドの種類は？
    現在、2種類のコルチコステロイドが使用されている；
    - メチルプレドニゾロン：ヒトと猫の研究において、脊髄損傷後の効果が証明されている。15mg/kgの用量では効果がなく、それに対して60mg/kgでは脊髄血流量の減少を引き起こし有害である。現在、犬でこの薬の効果に関する研究は行われていない。四肢麻痺の動物において歩行を回復させるような確証はない。また、慢性時の効果は期待できないだろう。
    - デキサメサゾン：廉価ではあるが、デキサメサゾンは明らかに胃腸障害を併発させる。

18. 椎間板疾患の動物に対し、いつ外科的治療を実施するか？
    - 疼痛、運動失調、あるいは軽度の麻痺などのうちの1つ以上の症状がある場合
    - 深部痛覚があり、重度の不全麻痺、あるいは対麻痺がある場合
    - 薬物療法で神経学的症状の悪化がみられる場合
    - 深部痛覚がなく、麻痺が起こって24時間以内の場合

参考文献

1. Bracken MB, Shephard MJ, Collins WF Jr, et al: A randomized, controlled trial of methylprednisolone or naloxone in the treatment of acute spinal cord injury: Result of the Second National Acute Spinal Cord Injury Study. N Engl J Med 322: 1405-1411, 1990.
2. Bracken MB, Shephard MJ, Collins WF Jr, et al: Methylprednisolone or naloxone treatment after acute spinal cord injury: 1-year follow-up data. Results of the Second National Acute Spinal Cord Injury Study. J Neurosurg 76: 23-31, 1992.
3. Brown SA, Hall ED: Role of oxygen-derived free radicals in the pathogenesis of shock and trauma, with focus on central nervous system injuries. J Am Vet Med Assoc 200: 1849-1858, 1992.
4. Fingeroth JM: Treatment of canine intervertebral disk disease: Recommendations and controversies. In Bonagura JD (ed): Current Veterinary Therapy XII. Philadelphia, W. B. Saunders, 1995, pp 1146-1153.
5. Kornegay JN: Intervertebral disk disease-Diagnosis and surgical management. Proceedings of the IVECCS V, San Antonio, TX, 1996, pp 274-278.
6. Shell LG: Differential diagnosis for acute-onset paraparesis. Vet Med 91: 230-239, 1996.

67. 発 作
SEIZURES
Wayne E. Wingfield, D.V.M., M.S., and J. Michael McFarland, D.V.M.

1. 発作とは？

発作とは、突然起こり自然に消失する脳機能の痙攣性の一時的な障害であり、くり返されることが多い。ほとんどの臨床獣医師が、結果的に起こった症状（痙攣動作）を発作と呼んでいるが、発作とは神経自体の現象である。その表に現われる症状を「発作性活動」と呼ぶ。

2. 発作はなぜ重大な緊急事態なのか？

何らかの原因が神経グループの正常な機能を妨害する。神経活動の亢進が代謝副産物を増加させ、それが神経に悪影響を及ぼす。神経機能は酸素代謝に依存している。酸素の需要が供給を越えてしまうと、神経に障害が起こる。この状態が長く続くと細胞は死滅する結果となる。

3. 発作の一般的な病態生理について述べよ。

発作とは、脳の正常な電気的活動が傷害された結果、発生する。神経機能を変化させる何かの原因が、興奮の低閾値や自発的な脱分極を起こすことがある。脱分極波が脳、あるいは神経系の他の領域に広がれば、発作が発生する。発作を起こす基本的な病態生理学的過程は、極端な細胞の興奮と細胞の電気的興奮の抑制の低下である。

4. 発作はどのように分類するか？
　獣医学領域においては、以下に示すヒトにおける分類のような具体的な証拠は欠けているものの、この分類が用いられている。
　1. 部分発作
　　・単純部分発作（意識はある）
　　・複合部分発作（意識はない）
　　・二次的に全身性発作を移行する部分発作
　2. 全身性発作
　　・特発性てんかん発作
　　・精神運動性発作（側頭葉てんかん）

5. 焦点性発作と全身性発作の違いは？
　焦点性発作とは、体の一部に焦点的に発生する。これらは全身性に広がることもあり、多くは脳の構造異常と関連している。全身性発作とは、同時に全身に起こるものである。

6. 動物に最も多く認められる発作は？
　全身性、強直性間代性発作。

7. てんかん状態の定義
　てんかん状態とは、2つ以上の複合した発作が、それらの間に回復傾向がない場合、また1つの発作が30分以上続く場合と定義されている。ほとんどの発作は2分以内に消失する。それゆえ、10分以上続く発作はてんかん状態と考えるべきである。

8. 動物の発作性疾患の徴候となる異常行動の例を挙げよ。
　　・跳びはねる、咬む
　　・脇腹を舐める
　　・尾を咬む

9. 発作の原因は？
　1. 特発性疾患
　2. 代謝性疾患
　　・低血糖　　　　　　　・低酸素
　　・低カルシウム血症　　・腎臓疾患、または肝臓疾患
　　・高カリウム血症
　3. 感染症
　　・猫伝染性腹膜炎　　　・狂犬病
　　・犬ジステンパー　　　・その他、真菌あるいは細菌性疾患
　　・トキソプラズマ症
　4. 炎症性（非感染性）
　　・外傷

- 肉芽腫性髄膜脳炎
5. 腫瘍性
6. 奇形性
    - 水頭症
    - 脳回欠損
    - ライソゾーム貯蔵疾患
7. 中毒性

10. 発作の初期の鑑別診断はどのような徴候によるか？
    1. 年齢
        - 1歳齢未満
        先天性；水頭症、脳回欠損
        炎症性；髄膜炎
        代謝性；門脈体循環シャント
        中毒性；鉛、エチレングリコール、有機リン
        - 1〜5歳齢；特発性発作
        - 5歳齢以上：新生物（腫瘍等）
        代謝性；肝不全、腎不全、副腎機能亢進症、副腎機能低下症
    2. 種類
        - ビーグル、ジャーマン・シェパード、キースホンド、ベルジアン・タービュレン：遺伝的特発性発作
        - ミニチュア犬種／トイ犬種：低血糖
        - ヨークシャー・テリア、シュナウザー：門脈体循環シャント
    3. 性別：発作は雌よりも雄に多い。

11. 発作を示す動物に対する有益な神経学的検査はあるか？
    確かに存在する。左右を比較し、かつ四肢の運動機能と反応を評価しながら、注意深く頭蓋神経を検査する必要がある。特発性発作が、発作間の神経学的欠損と関連することは通常はない。発作が起こった後に数日間続く発作後期間に神経学的欠損がみられることのある犬もいることには注意するべきである。発作を引き起こす代謝上の原因は、持続的な神経学的欠損と関連することがあり、それは対称性に認められることが最も多い。

12. 局在性の病変の鑑別診断にはどのような検査を行うか？
    - 理化学検査：全血球算定、CBC、尿検査、犬糸状虫あるいはFeLV/FIV検査
    - 心電図
    - 特殊検査：血液電気泳動、エチレングリコール量
    - X線検査：胸部、腹部
    - コンピューター断層撮影、MRI

13. てんかん発作状態には最初にどのような処置を行うか？

てんかん発作は緊急であり、迅速な治療管理を行わなければならない。直ちにABCs（気道確保、呼吸、循環）に注意する。酸素供給も行うべきである。気道や呼吸が低迷しているようであれば、気管チューブを挿管し、ベンチレーションを行う。静脈を確保し、結晶輸液を行う。発作が激しかったり、動物が大きかったりして、すばやく静脈確保ができない場合、ジアゼパムの坐薬を0.5～2mg/kgを投与する。ジアゼパムの静脈内投与は効果が出るまで行う（2mg/kgまで）。ジアゼパムの効果がなかった場合は、フェノバルビタールの静脈内投与を16mg/kgまで行う。あらかじめその動物に薬物が投与されていない場合は、20分間はフェノバルビタールの効果が現われないだろう。フェノバルビタールの持続投与は2～4mg/kg/時で行う。すべて効果がなければ、ペントバルビタール3～5mg/kgの静脈内投与で麻酔を施す。10分以上の発作が続いた場合、体温が上昇することがある。発作の抑制と輸液は高体温を防ぐために適切な処置である。水浴が必要な場合（10分後の体温＞105°F（40.5℃）のとき）は注意を要する。長時間の鎮静が必要な患者では、低体温が問題となることもある。

14. 発作に対しどのような薬理学的治療を施すか？

薬物	薬物動態	代謝	用量	相互作用、副作用、中毒
ジアゼパム	半減期＝3.2時	肝臓	0.5～2mg/kg IV、経直腸	CNS抑制
フェノバルビタール	半減期 47～74時（犬） 34～43時（猫）	腎排泄	16mg/kgまでIV 2～4mg/kg経口 1日2回	CNS抑制／興奮性； PU、PD、PP
プリミドン	半減期＝ 10～14時	肝臓	15～30mg/kg/日 3回に分けて	鎮静、PU、PD 眼振、食欲不振、 肝毒性、皮膚炎
フェニチオン	半減期＝4時	肝臓	35～50mg/kg 1日3回	鎮静、PU、PD 食欲不振、頻脈 肝障害、凝固不全 猫で中毒
クロナゼパム	半減期＝1.4時	肝臓	0.5mg/kg 経口 2～3回／日	鎮静、長期投与により禁断症状がでることがある
クロアゼペイト	半減期＝41時 （ヒト）	—	2mg/kg経口 1日2回	不明

次ページへ続く

（続き）

薬物	薬物動態	代謝	用量	相互作用、副作用、中毒
臭化カリウム	半減期＝25日	腎排泄	負荷用量＝400～600mg/kg 経口30～60分以上；20～60mg/kg/日 経口あるいは2回に分けて	嘔吐、鎮静、下痢、便秘

CNS＝中枢神経系、PU＝多尿、PD＝多飲、PP＝多食

15. フェノバルビタールの血中中毒量は？

　40μg/mL。

参考文献

1. Cunningham JC: Inheritance and idiopathic canine epilepsy. J Am Animal Hosp Assoc 24: 421-424, 1988.
2. Farnbach GC: Seizures in the dog. Part I : Basis, classification, and predilection. Comp Cont Educ Pract Vet 6: 569-574, 1984.
3. Oliver JE: Seizure disorders in companion animals. Comp Cont Educ Pract Vet 2: 77-85, 1980.
4. Podell M, Fenner WR, Powers JD: Seizure classifications in dogs from a nonreferral-based population. J Am Vet Med Assoc 206: 1721-1728, 1995.
5. Scheuer ML, Pedley TA: The evaluation and treatment of seizures. N Engl J Med 323: 1468-1474, 1990.
6. Service JF: Hypoglycemic disorders. N Engl J Med 332: 1144-1152, 1995.
7. Shell LG: Canine distemper. Comp Cont Educ Pract Vet 12: 173-179, 1990.

68. 髄膜炎と脳炎
MENINGITIS AND ENCEPHALITIS
Michael S. Lagutchik, D.V.M.

1. 髄膜炎と脳炎の定義を述べよ。

　髄膜炎とは髄膜、脳炎は脳実質の炎症状態をいう。髄膜炎は、くも膜下腔を含む髄膜の炎症と特徴づけられ、正確な定義によると、神経以外の組織の炎症である。頭蓋内において両者は密接に関連しているため、しばしば髄膜炎と脳炎は同時に起こり、その状態は髄膜脳炎と言われている。

2. 髄膜炎と脳炎の原因は？
　中枢神経系（CNS）の炎症性疾患は通常、感染性と非感染性とに分類される。感染性の原因としては、細菌、真菌、原虫、寄生虫、リケッチア、ウイルスが挙げられる。非感染性の原因としては、ステロイド反応性髄膜炎、肉芽腫性髄膜脳炎 / 細網症（GME）、猫の灰白脳脊髄炎、種特異性疾患である。

3. 感染性髄膜炎にはどのような共通性があるか？
　一般に感染性髄膜炎は、遺伝因子や体質とは無関係に発生し、犬と猫の間にもまったく共通性がない。

4. 感染性髄膜炎に共通性がみられないと、迅速な診断・治療が難しくなるのはなぜか？
　感染性髄膜炎症例を素早く認識し、鑑別診断を行い、そして治療方針をたてるといったことに失敗すると、致死率を高めることがある。実際、ヒトで急性の髄膜炎が疑われる場合には、脳脊髄液（CSF）の培養や、感受性試験を行う前であっても静脈内投与による抗生物質治療が指示されている。

5. 脳膿瘍とは？
　脳膿瘍はCSFにおける膿の局所への蓄積である。臨床症状は、徐々に進行する腫瘍の病巣によって進行し、ほとんどの例で亜急性である。脳膿瘍の症状は共通していない。ほとんどの場合、脳膿瘍は局所的で、侵されているCSF側の徴候がある。ほとんどの患者において、耳、呼吸器、もしくは口腔内の最近の感染病歴があり、それらのほとんどがCSFへの感染の原因となる。多くの膿瘍は、耳の感染から小脳橋に起こり、それゆえ、たいていは片側性である。膿瘍は着々と進行し、即座に治療が開始されなければ（たとえできたとしても）、多くの場合が致命的である。新生物やGMEの区別などの鑑別診断は、CSF分析や画像診断（CT/MRI）によって行われる。治療は適切な抗生物質療法、外科的ドレナージ（理想的な治療ではあるが、ほとんどの例で実施されていない）、そして補助療法である。

6. 髄膜炎の原因となる主要因子とそのリストを挙げよ。
- 細菌：*Staphylcoccus* spp.、*Pasteurella multocida*、*Actinomyces* spp.、*Nocardia* spp.、*Listeria monocytogens*
- 真菌：*Cryptococcus neoformans*、*Aspergillus* spp.
- 寄生虫：*Dirofilaria immitis*、*Cutereba* spp.、*Toxascaris* spp.、*Ancylostoma* spp.、*Taenia* spp.、*Angiostrongylus* spp.
- ウイルス：狂犬病ウイルス、猫伝染性腹膜炎（FIP）ウイルス、犬ジステンパーウイルス、オーエスキー病ウイルス、パルボウイルス、子犬のヘルペスウイルス
- リケッチア：*Ehrlichia* spp.、*Rickettsia rickettsii*（RMSF）、*Neorickettsia helminthoeca*（サケ中毒性肝蛭）、*Borrelia burgdorfer*（ライム病）
- 原虫：*Toxoplasma gondii*.、*Neospora caninum*、*Babesia* spp.

　ウイルス、原虫、寄生虫の感染の場合、一般に脳実質にその徴候が認められる（脳炎）。それに対して、細菌感染では一般に髄膜に徴候が認められる（髄膜炎）。真菌、リケッチアは髄

膜あるいは実質、またはその両者の症状を引き起こす。

7. 非感染性髄膜炎の主要な原因について述べよ。

　非感染性髄膜炎の主要な原因は、ステロイド反応性髄膜炎であり、これは種特異性（68-9.を参照のこと）と、種に関係なく起こる多発性動脈炎、髄膜を侵す壊死性血管炎などである。好発犬種は、ワイマラナー、ジャーマン・ショートヘアードポインター、ボクサー、バーニーズ・マウンテン・ドッグ、ビーグル、そして秋田犬である。また、稀に猫でも報告がある。典型的な症状は発熱、痛み、そして激しい強直である。ほとんどの犬が若齢である。多くの犬はグルココルチコイドの免疫抑制量の投与にある程度反応するため、免疫介在性の原因が示唆されるCSFの分析では、好中球の増加と蛋白の上昇がみられる。

8. 一般的な非感染性脳炎の主要な原因を述べよ。

　肉芽腫性髄膜脳炎（GME）は、限局性あるいは散在性にCNS障害を伴う非化膿性炎症性疾患である。3つの型が知られている。(1) 限局性GMEは一般に脳幹に起こり、(2) 播種性GMEは広がり、大脳、下部脳幹、小脳、そして頸椎にまで及ぶ。そして(3) 眼型GMEは眼や口腔の神経を侵す。GMEの原因は知られていないが、免疫学的基盤が疑われる。症状は特徴的ではないが、一般に脳炎の典型的な症状に類似している。この疾患には急性および慢性経過がある。CSF分析は一般に軽～中等度の蛋白の増加（40～110mg/dL）がみられ、中等度～著明な細胞数の増加、特に単球の増加（50～660WBC/cm^3）がみられる。治療は免疫抑制量のステロイドの投与を行う。特に長期にわたる場合は効果は様々である。

9. 髄膜炎と脳炎は特定の犬種と関連しているか？

　はい。3つの犬種について報告されている。
1. いわゆるビーグルペイン症候群は、多発性動脈炎による激しい痛みを伴う重度のステロイド反応性髄膜炎である。遺伝子配列によるものと推察され、免疫学的要因が疑われている。プレドニゾロンによる治療により完全寛解を導く。
2. バーニーズ・マウンテン・ドッグは、激しい血管壊死や多発性動脈炎（バーニーズ・マウンテン・ドッグ無菌性髄膜炎）を起こしやすいという報告がある。原因は不明だが、多くの犬において、臨床症状はステロイド剤の投与により消失する。
3. パグの髄膜脳炎はよく知られている。そしてほとんどの例が突然の発作、および髄膜炎と脳の侵襲を反映した症状を示す。上記の2つの疾病と異なり、ステロイド剤や抗痙攣薬は一般にあまり効果がない。

10. 髄膜炎や脳炎は一般にどのように発現するか？

　ほとんどのCNS炎症性疾患は急性に発現するが、慢性かつ潜行性（GME、真菌、細菌）に発現することもある。髄膜炎や脳炎は、短期間に進行し、CNS機能不全が広がることを常に考慮するべきである。侵襲部位や程度により臨床症状は非常に多様で、徴候は限局性、多発限局性、あるいは散在性であり、すばやく限局性から散在性へと拡大していく。

11. 脳炎の臨床徴候について述べよ。
　脳炎の症状は、一般に実質に散在性に起こり、非対称的なことも多い。おもな所見は意識の変化（例えば、抑うつ、意識混濁、昏睡）、行動の変化、正常な瞳孔の対光反射がある視覚消失、共調不能、随意運動不全、CNS機能不全、そして発作などである。脳炎が存在するならば、感覚器失調、体位損失、運動不全、そして頭側神経不全がみられるであろう。

12. 髄膜炎の臨床症状について述べよ。
　髄膜炎の典型的な所見は、痛み（通常頸部の）そして発熱である。動物は頸のあたりを触られるのを嫌がり、頸部の知覚過敏や筋硬直を示す。重症例では、後弓反張、四肢の過伸展が起こる。動物は体全体の知覚過敏や脳炎症状も示すことがある。

13. 髄膜炎あるいは脳炎が考えられる場合、どのような鑑別診断検査を行うべきか？
　最も重要な鑑別診断検査は脳脊髄液の分析であり、開口圧力、肉眼的検査、細胞学および生化学検査、微生物培養、感受性試験、血清学検査を行う。検査は血液や尿の培養、頭部X線検査、画像診断（CT/MRI）が必要なこともある。

14. 髄膜炎や脳炎の患者におけるCSF採取のリスクは？
　髄膜炎や脳炎の患者では、3つの要因がCSF採取を困難にする。
  1. 麻酔：常に潜在的な危険状態であるが、意識レベルの変化の程度や中脳、特に呼吸中枢に及ぼす影響により、リスクは増加する。
  2. 脳炎の患者にはある程度の脳浮腫が存在する。CSFを除去すれば、さらに実質は膨張し、中脳や延髄の脳幹部の圧迫（小脳テントのヘルニア）を起こす危険がある。
  3. CSF流量動態の変化は、感染を拡大させる危険性を高める。

15. どのようなCSF分析の結果が、髄膜炎あるいは脳炎の診断を支持するか？
　髄腔CSFの最初の測定時の脳脊髄圧（オープニングプレッシャー）は二次的にCSFの吸収を阻害する炎症性疾患では軽度から重度に上昇する。脳腫瘍ではCSF圧が増加するためにすぐに鑑別でき、一般に顕著な圧増加を示す。CSFの肉眼的評価で、濁ったり、灰白色から灰色のものが認められたら、髄膜炎による細胞や蛋白質量の増加を示している。

16. 髄膜炎や脳炎では、どのような細胞学的所見がみられるか？
　髄膜炎や脳炎における特徴的な細胞学的所見は総細胞数の増加である。細胞の分類は、原因の究明に役に立つ。化膿性髄膜炎では多形核好中球（PMN）数の増加（＞5好中球/hpf）を示し、特に細菌感染においてみられる。混合細胞型（マクロファージ、リンパ球、PMN、プラズマ細胞）は真菌、原虫、特発性の髄膜炎や脳炎に特徴づけられる混合型の炎症を示している。単核細胞、特にリンパ球が主体の場合は、ウイルスやリケッチアの感染、および新生物を示している。好酸球の増加は寄生虫感染を示す。

17. 髄膜炎や脳炎ではどのような生化学的所見がみられるか？
　髄膜炎や脳炎での特徴的な生化学的所見は、総蛋白質量の増加である。蛋白電気泳動では一

般に蛋白量の増加を示すが、これはグロブリンの増加によるものである。多くのCSF疾患では、アルブミンの増加を示すが、炎症性疾患の場合にのみ特徴的にグロブリンが増加する。

18. 細菌性髄膜炎の適切な治療は？

　明らかに理想的な治療は、CSF培養や感受性試験に基づいた抗生物質の投与である。しかし、細菌性髄膜炎が疑われる場合、即座に経験的治療を行うべきである。CSFバリアをよく通過する抗生物質—かつ適した第一選択薬—は、クロラムフェニコール、イソニアザイド、メトロニダゾール、トリメトプリム—サルファメトキサゾール、リファムピンである。炎症に対して効果があるやや浸透性薬物として好ましい選択薬は、アモキシシリン、アンピシリン、ペニシリンGである。セファロスポリンやアミノグリコシドなどの浸透性の低い薬物は除外される。

参考文献

1. Fenner WR: Diseases of the brain. In Ettinger SJ, Feldman EC (eds): Textbook of Veterinary Internal Medicine, 4th ed. Philadelphia, W. B. Saunders, 1995, pp 604-629.
2. Kolson DL, Gonzalez-Scarano F: Viral encephalitis. In Carlson RW, Geheb MA (eds): Principles and Practice of Medical Intensive Care. Philadelphia, W. B. Saunders, 1993, pp 687-698.
3. Luttgen PJ: Inflammatory disease of the central nervous system. Vet Clin North Am Small Animal Pract18: 623-640, 1988.
4. Meric SM: Breed-specific meningitis in dogs. In Kirk RW, Bonagura JD (eds): Current Veterinary Therapy XI. Philadelphia, W. B. Saunders, 1992, pp 1007-1009.
5. Reves R: Meningitis. In Parsons PE, Wiener-Kronish JP (eds): Critical Care Secrets. Philadelphia, Hanley&Belfus, 1992, pp 174-178.
6. Sarfaty D, Carrillo JS, Greenlee PG: Differential diagnosis of granulomatous meningoencephalomyelitis, distemper, and suppurative meningoencephalitis in the dog. J Am Vet Med Assoc 188: 387-392, 1986.
7. Tipold A, Jaggy A: Steroid responsive meningitis-arteritis in dogs: Long-term study of 32 cases. J Small Animal Pract35: 311-316, 1994.
8. Trenholme GM, Goodman LJ: Specific infections with critical care implications. In Parrillo JE, Bone RC (eds): Critical Care Medicine: Principles of Diagnosis and Management. St. Louis, Mosby, 1995, pp 1011-1027.
9. Tunkel AR, Scheld WM: Bacterial meningitis. In Carlson RW, Geheb MA (eds): Principles and Practice of Medical Intensive Care. Philadelphia, W. B. Saunders, 1993, pp 454-466.
10. Ziller A: Meningitis. In Markovchick VJ, Pons PT, Wolfe RE (eds): Emergency Medicine Secrets. Philadelphia, Hanley & Belfus, 1993, pp 75-78.

69. 昏　睡
COMA
Tim Hackett, D.V.M., M.S.

1. 昏睡を定義せよ。意識混濁と錯乱はどう違うか？
   昏睡は意識の消失として定義される意識疾患である。昏睡状態の動物は眠っているように見えるが、外部からの刺激によって無意識状態に戻ることがあっても、反射活動以外、外部の刺激や生理学的要求に反応することはない。意識混濁とは、ある刺激に対して反応する意識の抑制状態を意味する。動物が機敏でなく、環境に対し無関心であったり、外部の刺激に対して反応が通常より低下している場合は、錯乱とみなされる。

2. 昏睡を引き起こすのは脳のどの部位が障害されているからか？
   意識は、脳幹吻側部の上行性毛様体賦活系（ARAS）を通じて大脳皮質へと感覚刺激活動によって維持される。意識の抑制は両半球にわたる広い損傷、あるいはARASを侵す病変によって起こる。

3. 昏睡はどのようにして緊急救急管理状態へと変化するか？
   どのような救急状況においても、患者の気道の確保、ベンチレーション、循環血液量の維持は、不可逆的な器官の損傷を防ぐために必要である。頭蓋内圧の上昇によって昏睡に陥った動物では、脳血流量を増加させる治療や薬物は、不可逆性の脳幹ヘルニアを引き起こす危険性がある。輸液や鎮痛薬の投与時や、このような患者を扱う場合は、医原性の頭蓋内圧の上昇を防ぐように十分に注意するべきである。

4. 昏睡患者の最初の治療について述べよ。
   1. 気道の状態やベンチレーションが適切であるかを確認する。$PaCO_2$ を35mmHg前後に維持することにより、脳血流量を減少させ、脳の浮腫を最小限にする。
   2. 適切な循環、心・血管機能を確認する。正常な血流量や血圧は頭蓋内圧の上昇に依存しているため、輸液療法は個々に適したものを行う。
   3. 頭を少し上げ、カテーテル、バンデージ、体位による頸静脈の圧迫を避ける。
   4. 以下の用量に従ってコルチコステロイドを投与する：コハク酸メチルプレドニゾロン30mg/kg IV あるいはデキサメサゾン0.25mg/kg IV。
   5. 体温を37.2℃〜38.9℃に維持する。
   6. ジアゼパムにより発作のコントロールをし、必要ならばフェノバルビタールを用いる。
   7. 血糖値を100〜200mg/dLに維持するようにグルコースを投与する。
   8. $PaCO_2$ を60mmHg以上になるように酸素供給をすることが重要である。動物の頭に触れないようにし、酸素ケージはフェイスマスクや鼻腔カテーテルより好ましい。補足的

酸素はベンチレーションにとって代わることはなく、炭酸過剰を防ぐことはできない。動物が炭酸過剰の状態の場合は、頭蓋内圧の上昇を防ぐためにベンチレーションが必要である。

5. 外傷のヒストリーは、昏睡患者の緊急救急管理にどのように影響するか？

挫傷、裂傷、出血などの外傷により、脳は構造的ダメージを受ける。積極的な輸液や、マンニトールのような高浸透圧物質は頭蓋内出血をさらに悪化させるため、頭蓋冠内に出血が認められる場合の治療は非常に困難となる。頭部外傷のある動物は、限局性神経学的不全徴候を注意深く評価する必要があるが、さらにそれは、出血部位を示唆することになる。頭部外傷患者における治療目標は、できる限り少量の結晶輸液で血圧を正常化し、PCO_2を35〜40mmHgに保ち、頻繁に神経学的検査をくり返すことである。進行性の神経学的不全がみられる患者には積極的な治療を施し、頭蓋内圧が上昇している場合は外科的処置も必要となる。

6. 頭蓋内圧が上昇している患者には、いつマンニトールを使用するべきか？どんな場合に使用してはならないか？

マンニトールは浸透圧利尿薬であり、組織を脱水させ、脳組織の水分量を減少させる。散在性の脳浮腫が存在する場合、頭蓋内高血圧の減少には最も効果的な物質である。この効果は脳血流関門に依存している。マンニトールは、効果が現われ組織水分量の減少を及ぼす前に、頭蓋内圧の劇的な上昇を引き起こすことがある。この反応を減少させるために、まず最初にフロセミドの投与を行う。低循環血液量性ショック、出血時、心肺系の疾患がある場合には、マンニトールを使用してはならない。マンニトールが組織内に漏れた場合は、過剰に体液を引き込んでしまうことになる。この現象は主として、頭蓋内出血と関連する。マンニトールが血腫の中へ漏出すると、さらに体液を引き込み、脳をより圧迫することになる。

7. 昏睡の一般的な病態生理のカテゴリーとは？
   - 両側性、散在性脳疾患
   - 脳幹吻側部（中脳、橋）の圧迫
   - 脳幹吻側部の破壊的損傷
   - 代謝性、もしくは中毒性脳疾患

8. 昏睡患者の診断アプローチについて述べよ。

脳障害の可能性がある場合は、まず最初に損傷部位や今までの臨床経過に従って疾病の分類をするべきである。病歴、身体検査、そして一連の神経学的検査は最も有効な方法となる。意識変化が認められる動物では、頭蓋内圧（ICP）の上昇を想定する必要があり、ICPを上昇させるようなことは避けるよう注意するべきである。昏睡患者における神経学的検査により、損傷が限局性、多限局性あるいは散在性かを判定する。この検査は、動物の状態が改善されたか、変化しないか、あるいはさらに悪化しているかを判断するために、頻繁にくり返す必要がある。外側性徴候や、頭蓋神経欠損が確認される場合は、昏睡や意識混濁を引き起こす原発性CNS疾患を考慮する。皮質、小脳、あるいは脳幹の一般的な疾患は、中枢神経系と無関係の原発性の結果を示す。中毒性、あるいは代謝性疾患、あるいは臓器不全があるか否かについての鑑別

診断検査は、その他の原因と原発性の CNS 疾患を鑑別するのに役立つ。

9. 昏睡状態の患者には最初にどのような検査により評価するべきか?
　外傷の病歴のない急性昏睡は、中毒性あるいは代謝性疾患を示唆する。飼い主に対し、今までに、抗うつ薬、トランキライザー、アルコール、エチレングリコールなどの薬物や毒物を摂取したことがあるか否かを質問する。直ちに採血を行い、血清生化学検査により、臓器不全がないかどうかを確認する。飼い主が認めれば血糖値についても簡単に測定できる。低血糖がみられた場合は、原因を究明している間に、迅速に治療を行う。CBC により、全身性疾患あるいは血小板減少症の徴候が明らかになることがある。尿検査において、エチレングリコール中毒の場合ではシュウ酸塩カルシウム結晶が確認され、急性腎不全では円柱や等張尿が確認される。血液凝固時間(ACT)は、内因性や一般的凝固過程をすばやく評価する検査であり、凝固不全のある動物では ACT は著明に延長する。スクリーニング検査により、臓器不全や代謝性疾患が除外されたら、脳脊髄液および CT、もしくは MRI 検査を実施するべきである。

10. 昏睡の主な原因は?

昏睡の原因

物理的損傷	代謝性疾患
頭蓋内腫瘍による損傷	糖尿病
膿瘍	低血圧
肉芽腫	肝性脳症
新生物	粘液水腫性昏睡
出血	尿毒性脳炎
血管病変	薬物
血液凝固不全	バルビツール
高血圧	アヘン剤
塞栓症	アルコール
炎症性疾患	トランキライザー
犬ジステンパー	臭化化合物
肉芽腫性髄膜炎	毒物
細菌性および真菌性髄膜炎	エチレン・グリコール
原虫感染症	鉛
	一酸化炭素
	砒素

11. 病変の部位と重症度を決定づける瞳孔のサイズ、位置、対光反射の変化について述べよ。
　対称性瞳孔の直接対光反射や共感性の正常な対光反射は、脳幹腹側吻側部、視束交叉、視神経、網膜の機能による。頭蓋内圧の上昇や小脳テントによる小脳ヘルニアは動眼神経(第三脳神経)核を刺激し、両瞳孔をしばらくの間縮瞳させる。内圧の上昇や核が不可逆的な損傷を起こすと、瞳孔は拡大し、変化しなくなる。
　瞳孔不同は原発性 CNS 疾患を示す。瞳孔が不均等に静止し、しかも光や暗さの両方に反応する場合は、拡大した瞳孔の反射側に、一側性の大脳皮質損傷の可能性がある。拡大した瞳孔

が、光や暗さに反応しない場合は、第三脳神経である動眼神経の一側性の損傷が存在する。

代謝性疾患は対称性縮瞳を引き起こし、一方、交感神経が増強されている場合は、対称性散瞳を引き起こす。しかしながら、両者は光や暗さに対して通常の反応を示す。光や暗さに対する反応が欠損している対称性縮瞳は、脳橋や虹彩の障害、あるいは片側性交感神経除去（ホーナー症候群）を示唆している。

12. 昏睡患者ではどのような異常な呼吸様式がみられるか？

延髄の病変は、呼気と吸気の律動的調節を損なう。脳幹頭側部から延髄を切断しても呼吸は持続するが、スムーズな呼気や吸気というよりは、むしろ息切れ状態となる。持続性吸息域である中橋部の障害により持続性吸息呼吸が起きるが、それは吸気の延長と呼気の短縮として特徴づけられる。チェーンストーク呼吸は、無呼吸や浅い呼吸に続いて起こる深い呼吸を特徴とし、それは、正常なフィードバック機構がもはや機能していないことを示している。正常な換気調節が損なわれると、深い呼吸によって動脈血のCO_2は減少する。この減少は脳幹の呼吸中枢に伝えられ、呼吸を抑制する。脳幹の圧迫や急速な病変部の悪化は、急速に死へと結びつく可能性のあるゆっくりとした呼吸を引き起こすことがある。

13. 眼前庭反射とは？昏睡患者においてどのように評価するか？

耳道に冷たい水を注入すると、通常、注入した耳とは反対の方向に水平の眼振が起こる。温水を注入すると、注入した耳の方向に向かって水平に眼振を起こす。この眼前庭反射の検査により脳幹、内側縦束、第Ⅲ、Ⅳ、Ⅵ、Ⅷ神経が損傷を受けていないことがわかる。

14. 肝性脳症とは？

肝性脳症は、肝疾患や門脈体循環シャントのある患者における、異常な知的活動、意識変化、神経学的機能の障害により特徴づけられる臨床的症候群である。肝性脳症は、肝臓が腸代謝により産生された毒素を門脈から除去ができなくなった場合に生じる。アンモニア、メルカプタン、短鎖脂肪酸、γアミノ酪酸（GABA）作動薬が、肝性脳症の病因として示唆されている。

15. 肝性脳症の鑑別診断はどのように行うか？

食後の奇妙な行動、知的活動の変化や肝酵素の上昇がある患者で、肝性脳症が疑われる。肝細胞が傷害をうけると、アラニンアミノトランスフェラーゼ（ALT）やアスパラギン酸トランスフェラーゼ（AST）の両者が上昇する。先天性門脈体循環シャントや肝不全の末期では、ALTやASTは正常値を示すことが多い。生化学検査所見において、血中尿素窒素の低下、低血糖、低アルブミン、低血清コレステロール、血清ビリルビンの上昇は、肝機能の低下を示す。朝、夕食後の血清胆汁酸の異常値が顕著にあらわれる。血中のアンモニア濃度は、正常かあるいは上昇していることもある。核シンチグラフィーが門脈体循環シャントのある肝臓の血流量の測定に用いられることもある。

16. 肝性脳症にはどのような治療が有効か？

食事の蛋白質制限が、腸でのアンモニア産生を抑制するために必要である。10%ポビヨンヨード浣腸液は結腸内細菌をすばやく抑制し、アンモニアの産生を妨げる。ラクツロース

（1-4βガラクトシドフルクターゼ；Cephulac Merrell-Dow）は腸内の乳酸菌、アセトン、蟻酸によって加水分解される。腸内の低いpHにより、アンモニア（NH_3）は、アンモニウムイオン（NH_4）が拡散しにくくなるよう、H+原基をとりこみ、糞中にアンモニウムが効果的に排出される。ラクツロースは吸収されず、浸透圧性の下痢を引き起こし、腸内の通過時間を短縮させ、吸収を低下させる。ラクツロースは経口的に投与するが、意識変化のある患者には経腸的に投与する。

参考文献

1. Chrisman CL: Coma and disorders of conciousness. In Proceedings of the Fourth International Veterinary Emergency and Critical Care Symposium, San Antonio, TX, 1994, pp 110-114.
2. Dayrell-Hart B, Kilde A: Intracranial dysfunctions: Stupor and coma. Vet Clin North Am Small Animal Pract 19: 1209-1222, 1989.
3. De Lahunta A: Veterinary Neuroanatomy and Clinical Neurology. Philadelphia, W. B. Saunders, 1983, pp 349-352.
4. Kirby R: Apporoach to medical management of head trauma. Proceedings of the Fifth International Veterinary Emergency and Critical Care Symposium, San Antonio, TX, 1996, pp 263-267.
5. Oliver JE, Lorenz MD: Handbook of Veterinary Neurology. Philadelphia, W. B. Saunders, 1993, pp 272-295.

---

70. 急性進行性下位運動ニューロン疾患
ACUTE PROGRESSIVE LOWER MOTOR NEURON DISEASE

Ronald S. Walton, D.V.M.

---

1. 犬の急性進行性下位運動ニューロン疾患における4つの重要な鑑別診断は？
   - ダニ麻痺症
   - ボツリヌス中毒
   - 急性特発性多発性神経根炎（クーンハウンド麻痺）
   - アミノグリコシド中毒

2. クーンハウンド麻痺（CHP）はヒトにおけるどの急性多発性神経炎と類似しているか？
   ランドリーグリアン・バレー症候群。

3. CHPの病態生理について述べよ。
   CHPは主に腹部神経根と脊髄神経を侵襲する。主な特徴は、免疫介在性の脱髄や軸索変性

である。神経学的徴候は脊髄から筋線維へ伝わる運動インパルスの不全によるものである。背側根の組織には軽度にしか影響しないため、痛覚は一般に正常である。

4. CHP の臨床症状について述べよ。

　神経学的徴候は突然に進行していく。臨床症状がみられるのは、その 7 〜 14 日前にアライグマに接触したことと関連している。CHP はアライグマに接触していない犬にもみられる。神経学的徴候は典型的に骨盤肢の不全麻痺や反射低下に始まり、そしてそれは、最初に神経学的徴候が現れた 24 〜 48 時間以内に早くも四肢不全麻痺へと進行していく。

5. CHP の治療と予後は？

　CHP に有効な特異的治療法はない。この疾患の病態生理は、免疫介在性反応を示唆する。しかしながら現在の段階では、糖質コルチコイド療法を支持する証拠はない。唯一の治療は良質な一般看護処置である。通常予後は良好である。

6. アメリカにおいてダニ麻痺を起こす主要な 2 つのダニの種は？

　アンダーソンカタマダニ (*Dermacentor andersoni*) と、アメリカイヌカクマダニ (*D.virabilis*) である。

7. ダニ麻痺の病態生理について述べよ。

　十分血液を吸った雌ダニの分泌する唾液の神経毒が神経筋接合部に作用する。この毒素はアセチルコリンの放出を阻害し、または運動神経終末部の脱分極を抑制する。この毒素は運動神経、感覚神経の両者の活動を伝達するイオン流量を変化させることもある。

8. ダニ麻痺の典型的な臨床症状について述べよ。

　神経学的徴候はダニ咬傷後、7 〜 10 日で現われる。最初の症状は明らかな運動失調であり、それは、すばやく不全麻痺へと進行する。すぐに完全麻痺が現われ、特徴的な症状として反射消失や緊張低下を伴う。アメリカにおける症例報告では、脳神経が侵されることは珍しい。ダニを除去しないと、呼吸不全を引き起こす。オーストラリアでは、さらに激しいダニ麻痺の報告があり、主な症状としては、自律神経系や呼吸機能不全、もしくは顔面神経麻痺がみられる。

9. ダニ麻痺に罹患している犬と猫では同様の症状を示すか？

　いいえ。アメリカでの報告では、猫はダニ麻痺に抵抗性があるらしい。しかし、オーストラリアではダニ麻痺の症状はさらに重篤で、犬も猫も同様の症状がみられるようである。オーストラリアでは、ニューサウスウェルダニ (*Ixodes holocyclus*) による完全麻痺を伴う、呼吸不全や自律神経機能不全がより頻繁に認められている。さらに、ダニが除去されてもしばしば症状は残る。

10. ダニ麻痺はどのように治療するか？

　アメリカでは、ダニを除去することによって臨床症状は早期に改善される。典型的な患者は 72 時間以内に完全に回復する。ダニは注意深く除去する必要がある。頭部全体を除去できな

い場合は、臨床症状がさらに悪化することもある。動物の全身を注意深くチェックし、趾間や耳道には特に注意を払う。局所性殺虫剤を動物の体表全体に適用するべきである。オーストラリアでは、より重篤な症例がみられる。*Ixodes* ダニが除去されたとしても臨床症状はさらに悪化する恐れがある。重度の呼吸不全がみられる例には、人工呼吸や高度免疫血清を適用する。

11. どの北アメリカ蛇の毒素が急性進行性、散在性下位運動ニューロン徴候を引き起こすか？
    サンゴヘビ。

12. 犬あるいは猫での急性の四肢不全麻痺において、病因の鑑別を決定づけるためには、どの器官のモニターを最も厳密に行うべきか？
    呼吸器系を厳密にモニターするべきである。急性下位運動ニューロン疾患では、呼吸筋組織や呼吸不全を起こすことがある。重症例では、機械的な人工呼吸が必要になることがある。呼吸機能は、動脈血液ガス測定により評価する。

13. どのような抗生物質群が急性散在性下位運動ニューロン疾患を引き起こすか？そのメカニズムは？
    アミノグリコシド系抗生物質は神経筋麻痺を引き起こし、二次的にそれらの神経筋接合部を遮断する作用がある。これらの作用はクラーレの作用と類似している。アミノグリコシドは特に体腔（例、胸郭）内に投与された場合、劇的な作用を示す。ゲンタマイシンの胸腔内投与は横隔膜の麻痺と関連し、二次的に横隔膜神経を遮断する。これらの作用は薬物の投与を中止すると、通常すぐに回復する。

14. ボツリヌス毒素の病態生理について述べよ。
    ボツリヌス中毒の臨床症状は、ボツリヌス菌（*Clostridium botulinum*）の毒素を経口摂取することにより現われる。この毒素は、コリン作動性線維終末からアセチルコリンの放出を抑制する神経筋を遮断する。数例の動物では、神経伝達速度が低下することがあり、神経刺激伝達を妨害する。臨床症状は 6 日もしくは 5 日以内の潜伏後に発現する。

15. ボツリヌス中毒の典型的な臨床症状について述べよ。
    この症状は急性進行性下位運動ニューロン疾患を示す。これらは摂取した毒素の量によって異なり、一般的にやや弱った程度の状態から四肢麻痺や呼吸不全まで引き起こす。ボツリヌス中毒の患者は、脊髄や脳神経の両者を侵されることがある。脳神経障害は、一般的にダニ麻痺や CHP においてはみられない。

16. 筋電図（EMG）検査は急性下位運動ニューロン疾患においてどのように役立つか？
    多発性神経根炎の EMG 所見は、侵された筋肉の散在性の脱分極である。細動電位や明確な尖鋭波形が顕著な徴候である。引き出された電位は緩やかな振幅の減少を示し、多相性のこともある。しかし、ボツリヌス中毒やダニ麻痺の症例では、明らかに影響することはない。
    ダニ麻痺では脱神経症状はみられない。しかし、これは引き出された運動電位の振幅に明確な減少が観察される。神経伝達速度は正常よりも軽度に緩やかになり、終末部伝達時間も延長

する。

ボツリヌス中毒は自発的な活動症状を示し、運動波形や明確な尖鋭波形がみられる。典型的な症例においても、最大の単刺激に対する反応として小さな筋活動電位を示す。神経伝達速度は正常よりもやや遅延する。

17. 多発性神経根炎、ダニ麻痺、ボツリヌス中毒の3つのうち、どれが臨床徴候として典型的に脳神経を傷害するか？
ボツリヌス中毒。

参考文献

1. Barsanti JA: Botulism. In Greene CE (ed): Infectious Diseases in the Dog and Cat. Philadelphia, W. B. Saunders, 1990, p 518.
2. Braund KG: Peripheral nerve disorders. In Ettinger, Feldman (eds): Textbook of Veterinary Internal Medicine. Philadelphia, W. B. Saunders, 1995, pp 701-726.
3. Cuddon PA: Electoropysiological and immunological evaluation in coon hound paralysis. In Proceedings of the Eighth Annual Veterinary Internal Medicine Forum, Washington, DC, 1990, pp 1009-1912.
4. Duncan ID: Canine and feline peripheral polyneuropathies. In Wheeler SJ (ed): Manual of Small Animal Neurology, 2nd ed. Gloucestershire, UK, 1995, pp 208-218.
5. Herratage ME, McKerrell: Episodic weakness and collapse. In Wheeler SJ (ed): Manual of Small Animal Neurology, 2nd ed. Gloucestershire, UK, 1995, pp 189-207.
6. Marks SL, Mannella C, Scher M: Coral snake envenomation in the dog. J Am Animal Hosp Assoc26: 629-634, 1990.
7. Oliver JE, Lorenz MD: In Handbook of Veterinary Neurology, 2nd ed. Philadelphia, W. B. Saunders, 1993, pp 185-189.
8. Oliver JE: Generalized Weakness. In Proceedings of the Twelfth Annual Veterinary Internal Medicine Forum, San Francisco, 1994, pp 935-941.

71. 脳　死
BRAIN DEATH
Wayne E. Wingfield, M.S., D.V.M.

1. 脳死を定義せよ。
脳死とは、脳幹を含む脳のすべての機能の不可逆的な停止である。

2. 脳死は、救急救命医療やクリティカル・ケアにおいて重要なのはなぜか？
　数世紀もの間、動物は呼吸や心臓の拍動が停止したときに、死亡したと考えられていた。救急処置の時代になって、脳機能の停止が、死の診断の主要な理由として考えられるようになった。医学は、補助呼吸を施している動物における、安全で、適切な脳死診断を行うために詳細な基準を必要としている。

3. どのような要因の組合せが生存を不可能にするのか？
   - 無呼吸を伴う不可逆性昏睡
   - 脳幹反射の欠損
   - 大後頭孔より上部における血流の消失
   - 昏睡や無呼吸が起こった後、6時間の脳波の等電位

4. 脳死の類似語は？
   - 大脳死
   - 持続性植物状態
   - 不可逆性昏睡
   - 死

5. 脳死を構成するのは？
   - 原因の排除
   - 大脳機能の欠損
   - 不可逆性
   - 脳幹反射の消失

6. 脳死を引き起こす要因は？
   - 低体温（中心部体温＜32.2℃［90℉］）
   - 電解質異常（高カリウム血症、低ナトリウム血症）
   - 代謝性、酸塩基平衡障害（低血糖、代謝性アシドーシス）
   - 神経筋遮断薬の投与後の持続的な神経筋遮断
   - 中枢神経抑制薬（バルビツール、麻薬、ベンゾジアゼピン）

7. 大脳機能欠損はどのように調べるか？
   - 自発的な動き、発作、運動姿勢（体位）がないこと（覚えておくこと；脊髄反射は死後も残存することがある）
   - あらゆる脳神経障害において痛覚刺激に対して反応がない
   - 脳波の等電位

8. 脳幹反射の欠損はどのようにして調べるか？
   1. 固定し、拡大した瞳孔で、直接性、共感性の対光反射がない。
   2. 瞳孔は中程度から拡大（アトロピンやカテコラミンなしで瞳孔対光反射の遮断を確認）
   3. 角膜反射の消失。
   4. 冷水刺激による前庭−眼反射の消失。
   5. 開口反射の消失。
   6. 気管チューブや気管に設置したカテーテルからの吸引に対して反応がない。

7. "doll's eye" 現象がない。

9. 無呼吸検査とは？
    1. 動脈ラインの確保、パルスオキシメーターを接続し、血液ガスの測定を行う。
    2. ベンチレーターのFIO_2を1.0（100％酸素）に調節する。
    3. 必要ならば、ベンチレーターを$PaCO_2$を40〜50mmHgに達するように調節する。
    4. 動脈血液ガスのサンプルを採血する。
    5. ストップウォッチをスタートさせ、ベンチレーターをはずす。そして低酸素を抑制するために、気管チューブを通して2〜6L/分で酸素を通気させる。呼吸動作を示すかどうかあらゆる動きを観察する。
    6. 10分間ベンチレーターを止めた後、二度目の動脈血液ガスを採取し、ベンチレーターを再び接続する。
    7. 無呼吸時の$PaCO_2$の上昇を算出する。無呼吸検査において、CO_2が10mmHg以上上昇したり、呼吸動作がみられなければ自発的な呼吸運動は存在しないことを示す。

10. 無呼吸が確認されたら塩酸ドキサプラムはどのように使用するか？
    ドキサプラムは呼吸中枢を刺激する。我々は、心肺停止後の無呼吸を確認した動物に使用する。動物がこの投与に反応しなければ、脳波は等電位を示し続けるだろう。

11. 意識を決定づける2つの要因は何か？
    覚醒と意識。

12. 死の定義とは？
    意識は動物の存在を特徴づける。そして、意識の不可逆的な消失は死を意味する。意識は、身体上、最も統合的な機能であり、動物の身体全体に機能をもたらす。

参考文献

1. Kinney HC, Samuels MA: Neuropathology of the persistent vegetative state. N Engl J Med 330: 1499-1508, 1994.
2. Pallis C: ABC of brain stem death: From brain death to brain stem death. BMJ 28: 1487-1490, 1982.
3. Truoog RD, Flacker JC: Rethinking brain death. Crit Care Med 20: 1705-1713, 1992.

IX

代謝性疾患における救急救命療法
Metabolic Emergencies

Section Editor: Michael R. Lappin, D.V.M., Ph. D.

IX

72. 真性糖尿病
DIABETES MELLITUS
Lynda D. Melendez, D.V.M.

1. 真性糖尿病の緊急医療で最もよくみられる例は？

　真性糖尿病の緊急医療で最もよくみられるのは、真性ケトーシス（DKA）、高浸透性の真性糖尿病（HDM）および、極度の低血糖を引き起こすインシュリンの過剰投与である。これら3つの症候群は非常に類似しているか、初期の血液検査で鑑別する。これらは腎盂腎炎、膵炎、子宮蓄膿症、前立腺炎、副腎皮質機能亢進症、腎不全、心不全といった基礎疾患が進行することにより突発的に発症することが多々ある。

2. 特徴的なDKAの主な代謝異常を挙げよ。
   - 高血糖
   - 脱水
   - 代謝性アシドーシス
   - 電解質の欠乏
   - ケトン血症

3. DKAのケトアシドを挙げよ。
   - アセトアセテート
   - β-ヒドロキシ酪酸
   - アセトン

4. DKAの発生原因は？

　DKAはインシュリン濃度やグルカゴン、カテコールアミン、コルチゾール、成長ホルモンなどの副次ホルモンのアンバランスから生じる。インシュリンの絶対的あるいは相対的な不足は、特にグルカゴンのような調整ホルモンの相対的な過剰に伴って起こる。インシュリン依存組織により、血清中のグルコースが減少すると同時に肝臓における糖原分解と糖新生が増加するため、グルカゴンとインシュリンの比率は結局、高血糖へと移行することとなる。いったん血清中のグルコース濃度が、腎閾値である180mg/dL（犬）あるいは230mg/dL（猫）を超えると糖尿となり、その結果、浸透圧性尿糖、カロリーの明らかな喪失、および代償性の多飲多渇を伴う多尿症を引き起こす。

　カロリー不足やインシュリン依存組織へのグルコース活性の欠乏は、エネルギー源のために脂肪の動員を刺激する。脂肪の動員は、ホルモン感応性リパーゼにより調整され、グルカゴンとインシュリン比率の増加によって活性化される。脂肪は長鎖遊離脂肪酸（FFAs）の形で運搬される。つまり、肝臓内のケトン形成は、増加したグルカゴンによりトリグリセライドへのエステル化に拍車をかけている。ケトン体はβ-ヒドロキシ酪酸を含むFFAsの酸化により生じ、脱炭酸反応を経た幾つかはアセトンやアセト酢酸塩になる。正常な動物ではケトンは末

梢組織で代謝され、二酸化炭素と水を作る。これらは順番に重炭酸の生成に用いられ、糖尿病では、ケトンが利用分以上に生成される。ケトンは通常細胞外の重炭酸により緩衝された酸である。重炭酸の生成の減少やケトンの過度の産生は、ケトン血症や代謝性アシドーシスを進行させる。

5. DKAで脱水や電解質の欠乏を引き起こす原因は？

浸透圧性利尿は二次的に骨髄を浸食し、水や電解質、主にナトリウムやカリウムの明らかな喪失を引き起こす。補給したナトリウムやカリウムイオンは、電気的に中性を維持するために充電されているのでケトン体と結合せず、尿に排泄される。さらにナトリウムは、主としてインシュリンの欠乏により腎臓から失われる。DKAの患者では嘔吐や下痢がみられることがあり、水や電解質の欠乏を引き起こす。高血糖により引き起こされた血清浸透圧の増加に対する反応として、水分が細胞内から細胞外腔に移動するために、体内中の水分が明らかに減少し、その後腎臓や胃腸からも喪失することとなる。

明らかな脱水により、腎臓の灌流の減少や腎前性高窒素血症が引き起こされる。体内のカリウムは、たとえ動物が正常であったり血清カリウム濃度が上昇したとしても、しばしば減少することがある。代謝性アシドーシスは、水素イオンと細胞内カリウム（381ページを参照）を交換させる。インシュリンはカリウムを細胞内腔に運搬するため、最終的には細胞内から細胞外腔へのカリウムの流出が起こる。血清生化学検査では、細胞外カリウムだけを測定するために、通常は体内濃度は低く見積もられている。

6. DKA動物でよくみられる臨床症状と身体的な特徴は？

臨床症状はしばしば非特異的で、嗜眠、衰弱、食欲不振、嘔吐、下痢などがみられる。多尿、多飲多渇、食欲があるのに体重が減少するなどの所見は、しばしば前述の症状が起こる前に現れる。脱水、肝腫大、白内障、過呼吸、息の果物臭は身体検査で発見される。

7. DKAのある動物を評価するために通常どのような検査が有用か？

血清生化学検査、CBC、尿分析は、DKA確認のための最低限の診断方法であり、他の可能性のある検査の評価をすることとなる。これらの結果が出る間に、血糖検査薬やグルコメーターを使って血糖を定量すれば、低血糖症と高血糖による糖尿病を区別するのに有益である。尿分析検査薬は糖尿症とケトン尿症を判別する。しかし、脱水患者の大部分を占めるβ-ヒドロキシ酪酸は検査試薬にあまり反応せず、弱陽性か陰性を示す。尿に数滴過酸化水素をたらすとβ-ヒドロキシ酪酸からのアセトンの形成を促進させ、それは尿分析検査試薬で確認できる。赤血球容積値と総蛋白により水和状態が迅速に判断できる。可能であれば、静脈か動脈の血液ガスにより迅速に酸-塩基平衡異常を調べ、血清浸透圧でHDMであるかないかを判断する。

8. 酸-塩基平衡と血清浸透圧は血液ガス分析や氷点浸透圧計が利用できない場合にどのようにして評価するか？

酸-塩基平衡はアニオンギャップの計算により評価することができる。

アニオンギャップ＝（Na＋K）－（Cl＋TCO$_2$）

Na＝ナトリウム、K＝カリウム、Cl＝クロール、TCO$_2$＝総二酸化炭素、

正常値は 15 〜 25mEq/L、アニオンギャップの増加は代謝性アシドーシスと一致している。血清浸透圧は以下に示すように計算する。

　　血清浸透圧 = 2（Na + K）+ 血糖値 /18 + BUN/2.8
Na = ナトリウム、K = カリウム、BUN = 血清尿素窒素
正常値は 285 〜 310mOsm である。

9. DKA の治療の目的は？
- 基礎疾患の確認と管理
- 体液の置換
- 電解質と酸 - 塩基平衡の回復
- 血糖値の減少

10. 基礎疾患をどのように判断するか？
　DKA の発症を最も促進する疾患には、腎盂腎炎、膵炎、子宮蓄膿症、副腎皮質機能亢進症、腎不全、心不全がある。身体検査と最低限の基本データから情報を得るために、臨床医は、尿培養、感受性試験、胸部および腹部もしくはどちらか一方の X 線検査、血清アミラーゼとリパーゼの濃度、ACTH 刺激試験などを行う。状態が確認できたら、まず糖尿病を効果的に治療することが先決である。

11. DKA の治療のために選択される輸液剤は？
　選択すべき開始液は 0.9％生理的食塩液で、それは市販の等張晶質液の中で最もナトリウムの高いものである。つまりこれは DKA の患者の低ナトリウム血症を改善するための理想的なものである。血清浸透圧が急激に減少しているようならば、脳水腫が助長されるため、高等張液の初期の使用は避けるべきである。また乳酸加リンゲル液は避ける必要がある。なぜなら、乳酸から重炭酸塩を生じるために使用される肝臓の代謝経路が、ケトンの代謝に必要な経路と同じためである。そのため、乳酸を代謝する肝臓の能力はしばしば衰える。少ない灌流は乳酸の貯留や乳酸アシドーシスを生じることがある。さらに乳酸は蓄えておくことができないために、電気的に中性を維持するよう、より多くのナトリウムやカリウムが腎臓から排泄される。

12. 体液の損失を素早く補うにはどうするべきか？
　水分要求量は 10 〜 12 時間で脱水を回復させるように計算する必要がある。つまり体液保持と喪失の進行を改善することである。容量の高負荷を防ぐために、体重、赤血球沈層容積、総蛋白をチェックすると共に中心静脈圧（CPV）を管理する。血清電解質は、輸液剤の選択や投与する割合を適切に調節するために、12 〜 24 時間毎に再評価しなければならない。

13. カリウムを輸液剤に加えるべきか？
　正常あるいは増加した血清カリウムレベルは、体内カリウム量が正常かもしくは増えていることを示すものではない。インシュリンの減少やアシドーシスはカリウムの細胞外液への移動を招く。インシュリン療法を行い代謝性アシドーシスを補正し始めたら、細胞外カリウムは細胞内腔へ素早く移動し、極度の低カリウム血症を起こす可能性がある。乏尿や無尿が除外され

れば、輸液剤1L当たり20～40mEqのカリウムを補給するべきである。カリウム濃度は、最初は2～4時間ごとに監視するほうが良い。この方法は通常あまり行われていないため、低カリウム血症の臨床症状について注意深く監視することが非常に重要となる。症状には筋肉の衰弱、前腹部の屈曲、イレウス、不整脈がある。心電図で、低カリウム血症に関連する異常である徐脈、PR間隔の延長、P波の消失、QRSとQTの延長などを連続的に評価することができる。

14. 重炭酸塩による治療は、代謝性アシドーシスを補正するために必要か？

インシュリン療法が始められれば、ケトアシドは重炭酸塩に代謝され、pHを素早く正常化させる。この新たな状態にさらに外因性重炭酸塩を投与すると、医原性の代謝性アルカローシスを導くことがある。重炭酸塩により、ヘモグロビンへの酸素の親和力が増すと組織への酸素の供給が減少し、高浸透圧状態となるために、DKAによる高浸透圧状態の一因となる。こうしたことと医原性中枢神経系アシドーシスの危険性により、重炭酸塩療法は、血清重炭酸塩が＜5mEq/L、pHが＜7.1でなければ勧められない。

15. インシュリンのタイプとインシュリンの投与方法をどのように考えるべきか？

結晶性レギュラーインシュリンは、DKAで危篤状態の患者において選択されるインシュリンである。皮下投与は脱水の患者には避けるべきである。なぜなら灌流が不十分なためにどのくらい吸収するか予測できないからである。いったん動物が再水和状態になったら、細胞内に入ったインシュリンの大部分は素早く吸収され、極度の低血糖を引き起こすことがある。

インシュリンは最初、筋肉内に反復して0.2U/kgを投与し、その後血糖値が≦250mg/dLになるまで1時間毎に0.1U/kgを投与する。この時点で、投与回数を減らし4～6時間ごとの筋肉内投与とするか、もしくは動物が再水和された場合は、6～8時間毎に皮下投与しても良い。インシュリンの用量はこの時点で調整するが、それは血糖値の変化に従う。推奨できる範囲は0.1～0.4U/kgである。

インシュリンの一定した静脈内注入（CRI）はヒトでは普通に用いられており、小動物においてもDKAの治療に対して一般的になってきている。この方法は1時間ごとの注射を行う必要性を軽減し、血糖値が下がるにつれインシュリンの用量を容易に調整することができる。2.2U/kg（犬）あるいは1.1U/kg（猫）の24時間の投与量は、個々の患者に応じて計算し、0.9％生理的食塩液に加える。インシュリンはプラスチック製静脈用チューブに付着するので、輸液剤の最初の50mLはチューブを通して流し、捨てる。点滴は輸液ポンプを用いるべきである。輸液ポンプが体液の維持のために使用されているならば、他の方法としてインシュリンを背中に皮下注射することができる。その他、別のカテーテルをインシュリン注入のために設置する。設置の必要性は定期的な調整のためであり、インシュリンは脱水や体液の維持に用いられるものではない。

脳浮腫は血糖値の迅速な低下に伴い、特に血糖の低下が喪失したカリウムの改善よりも勝るときに生じるために、脳浮腫の進行の予防には、最初の4～6時間は血糖値を250mg/dLに維持するべきである。血糖がこのレベル以下になったときは、インシュリン投与量を調整しなければならない。

インシュリンによる管理方法に関係なく、治療の最初のうちは1時間毎に血糖のモニタリン

グを行う。250mg/dL以下に下がったら、2.5％か5％デキストロースを輸液剤に加える。動物が自分自身で摂取できる場合は、NPHやレンテのような持続作用型インシュリンを皮下に投与することもある。

16. インシュリン治療にもかかわらずケトン値が上昇するのはなぜか？

　おそらく検出できるケトンの上昇は、検出されないβ-ヒドロキシ酪酸がアセト酢酸とアセトンへ代謝されるためである。これはケトーシスを明らかに悪化させる。

17. DKAのある患者における低リン血症の病態を説明せよ。

　低リン血症はDKAにおいて共通する合併症ではないが、生命を脅かすことがある。リンはカリウムに類似した方法により体内で調節されている。血清リンはインシュリンの欠乏とアシドーシスにより増加する。嘔吐、食欲不振、浸透圧性利尿はリンの喪失を引き起こすことがあり、体内に貯えられているリンは、症状が出た時点では使い果たされていることがある。しかし、血清レベルは正常なこともある。治療によりリンは細胞内腔へ移動し、低リン血症が明らかになる。リンはエネルギーに関わる生理的過程と細胞膜の維持に必要である。低カリウム血症に関連する臨床症状や検査の異常は、溶血、筋肉脆弱、発作、精神鈍麻、昏睡などの神経症状である。

　低リン血症が確認されたら、0.03～0.12mmol/kg/時 の用量のリン酸カリウムを用いて治療を始めるべきである。リンは血清レベルが2.5mg/dLを超えるまで12時間毎に管理しなくてはならない。輸液剤中のカリウムは、全カリウムの補正を計算して慎重に用いる。

18. 高浸透圧性真性糖尿病の病因は？

　HDMは極度の高血糖症（＞600mg/dL）、高浸透圧（血清浸透圧＞350mOsm）、神経の異常が特徴である。ヒトでは、一般にケトンを伴わない真性糖尿病と関連が深いが、猫でケトンを伴うものとケトンを伴わないものの両方が報告されることは稀である。高血糖症は浸透圧性利尿を生じ、DKAのような水と電解質の異常を起こす。しかし、腎機能障害によって血糖の腎排泄量が減少することとなり、DKAのある動物では、より重度の高血糖症を呈する。重度の高血糖症は血清浸透圧を増加させ、細胞外と細胞内の浸透圧勾配により細胞外腔へ水分が移動し、組織の脱水が起こる。神経組織の重度の脱水は、動揺、運動失調、眼振、見当識障害、精神鈍麻、半昏睡、昏睡により明らかである。

　脳細胞の過度の収縮を防止するために、浸透圧活性物質であるidiogenic osmolesが蓄積する。血糖値の急速な減少に伴って血清の重量オスモル濃度の急速な減少が起これば、idiogenic osmolesは徐々に消費される。その結果みられる浸透圧勾配により、細胞内への水分の移動が起こり、脳浮腫の発生へとつながる。

19. HDMの治療の目的は？
- 脳浮腫を起こさずに体液の喪失を回復させること。
- ゆっくりと血糖値を下げること。
- 電解質の不均衡を補正すること。

20. 体液の回復をどのように行うべきか？
　　バランスのとれた電解質液あるいは0.9％生理的食塩液を最初の輸液剤として選択する。動物が衰弱し、脈拍微弱、可視粘膜の蒼白、毛細血管再充満時間の延長、極度の体温低下がある場合は、最初の輸液剤を投与するべきである。20～30分で20～30mL/kgより多く投与してはいけない。最初の輸液剤を投与した後、体液を維持するのに加えて、これから12～24時間で体液喪失量の80％を回復させることが望まれる。体液回復のために行う次の方法は、血糖とカリウムの濃度から欠乏した全体液を計算し、そして維持液と喪失量を次の24～48時間で回復させることである。電解質のアンバランスは、DKAと同じ方法で調整することが可能である。

21. 迅速に血糖値を下げるにはどうするか？
　　血糖値の急速な低下は脳浮腫の進行を引き起こす。そのためインシュリン療法は、輸液剤による治療後2～4時間かけて行われ、少ない投与量で使用するべきである（1.1U/kg/24時CRI、犬）。十分なモニタリングにより血糖値を24～48時間かけて正常に戻す。輸液剤へのデキストロースの添加やインシュリンの投薬量の調整は、DKAと同様に行うことができる。

22. インシュリンの高用量投与によって引き起こされる臨床症状を述べよ。
　　嗜眠、抑うつ症、運動失調、衰弱、昏睡、発作は高用量のインシュリンの投与が原因の極度の低血糖によって起こることがある。高用量投与は自宅で非常に多く起こるため、どのようにして症状をみつけ、どのように治療するかを飼い主に示すことが重要となる。とうもろこしシロップを動物の口腔内へ投与し、直ちに動物を動物病院に連れて行く必要がある。

23. 高用量のインシュリンをどのように診断するか？
　　病歴や臨床症状で疑わしい点をみつけていく。飼い主に詳しく問診することが重要である。
- インシュリンの種類を変更しなかったかどうか？
- 現在使用している薬の期限は？
- 使用しているインシュリンのシリンジの種類を変更したか？
- 新しい人がインシュリンを投与していないか？
- 食欲は良好か？
- 最近運動量が増えていないか（運動の増加によるインシュリン要求量の減少）？
- 副腎皮質機能亢進症の治療を受けていないか？
- 最近発情を終えたかばかりか？

猫の中には一時的に糖尿病になる例があり、まったくインシュリンを必要としないこともある。糖試験紙や簡易血糖測定器を用いて正確に容易に確定診断を行うことができる。

24. 高用量のインシュリンをどのように治療するか？
　　50％デキストロース（0.5mg/kg　生理的食塩液で1：4に希釈）の静脈内投与はゆっくり行わなくてはならない。動物を5％デキストロースの点滴で維持し、食べられるのならば、すぐに食べさせる必要がある。また血糖は1時間ごとにモニタリングするべきである。動物が高血糖症になるまでインシュリン療法を再開してはいけない。低血糖の重篤度と期間にもよるが、

それには数日かかるだろう。インシュリン投与量は25～50%まで減少するべきである。

参考文献

1. Chastain CB, Nichols LS: Low dose intramuscular insulin therapy for diabetic ketoacidosis in dogs. J Am Vet Med Assoc 178: 561-564, 1981.
2. Forrester SD, Moreland KJ: Hypophosphatemia: Causes and clinical consequences. J Vet Intern Med3: 149-159, 1989.
3. Macintire DK: Emergency therapy of diabetic crises: Insulin overdose, diabetic ketoacidosis, and hyperosmolar coma. Vet Clin North Am Small Animal Pract 25: 639-649, 1995.
4. Macintire DK: Treatment of diabetic ketoacidosis in dogs by continuous low dose intravenous infusion of insulin. J Am Vet Med Assoc 202: 1266-1272, 1993.
5. Wheeler SL: Emergency management of the diabetic patient. Semin Vet Med Surg (Small Animal) 3: 265-273, 1988.
6. Willard MD, Zerbe CA, Schall WD, et al: Severe hypophosphatemia associated with diabetes mellitus in six dogs and one cat. J Am Vet Med Assoc 190: 1007-1010, 1987.

73. 低血糖症
HYPOGLYCEMIA
Chris McReynolds, B.A, D.V.M.

1. 絶食している動物のグルコースを正常の範囲内に維持するには？

　たいていの絶食中の犬・猫の血糖は60mg/dL程度に維持されている。絶食状態で、反調節ホルモン（グルカゴン、コルチゾール、エピネフィリン、成長ホルモン）は増加する。これらのホルモンは、糖原分解と糖新生によりグルコースの肝臓での生産を刺激する。さらに糖代謝から、多くの組織で利用される脂肪酸とケトン体に変換させて、末梢のグルコースの利用を減少させている。しかし、中枢神経系、赤血球、腎髄質のようないくつかの細胞は、主要なエネルギーをグルコースに依存している。

2. 低血糖症で臨床的に明らかに認められるのは？

　グルコースはCNSで利用される主要なエネルギーである。哺乳動物の急性の低血糖において、最初に影響を受ける部位は、脊髄や脳幹よりも非常に代謝が活動的な大脳皮質である。神経性の低血糖症の動物において共通する臨床症状は、嗜眠、鈍麻、運動失調、発作、奇妙な行動である。低血糖症は、血糖値を増加させる働きのある反調節ホルモンの放出を効果的に刺激する。副腎交感神経の刺激による筋肉痙攣、神経過敏、不安、空腹は、血液中に高濃度で循環しているカテコールアミンとコルチゾールにより、神経症状が起こる前に現れるだろう。

3. 低血糖症の最も一般的な原因は？
　　血清が、エネルギーとしてグルコースを利用する赤血球と長期間にわたって接触する場合に、血糖が 10mg/dL/時 に低下することがある。

4. 病理学的な低血糖症（＜ 65mg/dL）の主要なメカニズムは？
　　医原性：糖尿病の治療のための不適切なインシュリン投与量
　　グルコース産生量の減少
　　　肝不全
　　　　肝硬変
　　　　門脈体循環シャント
　　　　壊死
　　　新生子の絶食とトイ種の子犬
　　　低下垂体機能症
　　　副腎皮質機能不全
　　　グリコーゲン枯渇病
　　　敗血症
　　グルコース利用の亢進
　　　インスリノーマ
　　　膵臓以外の大きな腫瘍
　　　肝癌や肝細胞癌
　　　平滑筋腫や平滑筋肉腫
　　　多血症
　　　敗血症
　　摂取量の減少
　　　慢性飢餓
　　　吸収不良

5. グルコースの産生を減少させる低血糖症は、どのような疾患で起こるか？
　　90％以上のグルコースは、肝臓で内因性に生産される。そのため低血糖症は、肝実質が 80％以上損傷するような肝疾患でみられることがある。低血糖症は、副腎皮質機能低下症や下垂体機能低下症のような、グルコースの肝代謝を刺激する反調節ホルモンの欠乏から生じることもある。ほとんどの小動物は 24 〜 48 時間の絶食では低血糖を起こさないが、新生子やトイ種の子犬は、貯蔵グリコーゲンの減少や筋肉の腫瘍により低血糖を起こす危険がある。

6. 過度に末梢グルコースを利用することによる低血糖症はどのような疾患から起こるか？
　　インシュリン分泌性腫瘍—特に膵β細胞腫瘍—は絶食や運動をしている動物においてインシュリンの不適切な放出のために、極度の低血糖症を起こす。似たようなものとして、糖尿病の動物の治療における不適当なインシュリン投与が、低血糖症の一般的な原因である。他の多くの新生物が、腫瘍による過度のグルコースの利用や肝臓におけるグルコースの低い生産性のために、低血糖症を引き起こすと報告されている。低血糖症を生じるよくみられる非インシュリ

ン分泌性腫瘍には、肝細胞癌、肝癌、平滑筋肉腫、平滑筋腫がある。多血球血症（赤血球沈層容積＞65％）は、グルコース依存性の多くの赤血球が細胞代謝されることによってグルコースの利用が増えるために、低血糖症を起こすことがある。

7. 動物が、よく低血糖性の敗血症を起こすのはなぜか？

　敗血症による低血糖症は、脾臓のようにマクロファージが多数存在する組織によってグルコースの利用が増えるために生じる。敗血症はインシュリンの産生を増強させ、肝臓での生産を低下させる。

8. 低血糖症の救急管理について述べよ。

　精神障害や神経鈍麻の症状を示す動物に対しては、通常は少しの食事で低血糖症の臨床症状を軽減できる。低血糖性の発作のある動物は10分以上かけてゆっくり静脈内に50％デキストロースを1〜5mL投与する。動物の全身状態が安定し、関心を示した場合、少量の食事を与える。デキストロースに反応しない発作は、別の方法として2.5〜5％のデキストロースの点滴を始める必要がある。発作が続けば、デキサメサゾン0.5〜1.0mg/dLを加え、6時間以上かけて静脈内に輸液を行う。最終的に、グルコースの点滴やグルココルチコイドに反応しなければ、上記の治療を続ける4〜6時間、患者に麻酔をかける。手に負えない発作がある場合には、脳浮腫に対する治療を行わなくてはならない。

9. インスリノーマの動物における低血糖症のリバウンドが起こるのはなぜか？

　低血糖症の臨床症状を示す多くの動物は、50％デキストロースを静脈内に10分以上かけてゆっくりと投与することにより反応する。不運なことに、デキストロースの静脈内投与の後、β細胞腫瘍は過度に刺激された結果、インシュリンが放出され低血糖症のリバウンドを起こす。高血糖症と低血糖症のサイクルは、少ない量をゆっくりと投与することで回避できる。つまり最終的な結論として、低血糖症の補正よりも臨床症状のコントロールが大切である。

参考文献

1. Bagley RS, Levy JK, Malarkey DE: Hypoglycemia associated with intra-abdominal leiomyoma and leiomyosarcoma in six dogs. J Am Vet Med Assoc 208: 69-71, 1996.
2. Dyer KR: Hypoglycemia: A common manifestation of cancer. Vet Med 87: 42-47, 1992.
3. Feldman EC, Nelson RW: Beta-cell neoplasia: Insulinoma. In Canine and Feline Endocrinology and Reproduction, 2nd ed. Philadelphia, W. B. Saunders, 1996, pp 423-441.
4. Walters PC, Drobatz KL: Hypoglycemia. Comp Cont Educ Pract Vet 14: 1150-1158, 1992.

74. 急性膵炎
ACUTE PANCREATITIS
Chris McReynolds, B.A., D.V.M.

1. 膵炎の病態生理学について述べよ。

 膵臓の外分泌は、蛋白質、脂肪、多糖類の分解に必要な多くの消化酵素を産生する。これらの酵素は、小腸への分泌後にのみ活性化される非活性前酵素型として合成されている。膵炎では、消化酵素は膵腺の障害や膵臓の自己消化を起こす幾つかの刺激信号のために、小腸よりも膵臓で活発化される。全身性の合併症は、活性化した膵酵素が血流に入り込むことによって起こる。

2. トリニダート島出身の人々にみられる急性膵炎の原因としてよく認められるのは？

 地元のサソリによる刺傷が最もよくみられる原因である。

3. 犬での急性膵炎の原因として脂肪の多い食事がみられるのはなぜか？

 膵酵素リパーゼは、摂取されたトリグリセライドを膵毛細管で遊離脂肪酸に代謝する。これらの脂肪酸は膵臓を直接障害する。ミニチュア・シュナウザーにおける膵炎の高い発生率は、家族性の高リポ蛋白血症に高率に罹患していることと関係しているとも考えられる。

4. 薬物による膵炎は起こり得るか？

 はい。膵炎を起こす薬物にはアザチオプリン、サルファサラジン、テトラサイクリン、フロセミド、コリンエステラーゼ阻害殺虫剤、コルチコステロイドがある。

5. 犬の膵炎は他のどのような状態で起こることがあるか？

 膵炎の原因として他に認められるものは、高カルシウム血症、腹部腫瘤、術中の処置、膵管閉鎖症、低血圧がある。

6. 猫と犬でみられる膵炎には同じ原因とメカニズムが関連しているか？

 低血圧や手術中の処置などの猫の膵臓への障害は、膵炎を引き起こすことがある。また、猫の膵炎は併発する肝リピドーシス、*Toxoplasma gondii* の感染、胆管の感染が関係している。

7. 膵炎の犬が示す初期徴候と臨床所見は？

 よくみられる臨床上の異常は、嘔吐、腹部圧痛、脱水、発熱である。犬での嘔吐の期間は数日であり、急性出血性膵炎の場合は、ほんの数時間であることもある。全身性の合併症としてあまり認められないのは、黄疸、呼吸困難、出血性疾患である。

8. 猫も犬と同じような症状を示すか？

興味深いことに、犬では嘔吐が共通してみられるが、ほとんどの猫では食欲不振と嗜眠を示す。

9. 膵炎のX線所見は？

よくみられるX線所見は、右上腹部における内臓細部の消失（スリ硝子様陰影）である。他のX線所見として、下行性十二指腸の右への移動や胃の左方移動、下行性十二指腸中間でのマスの存在、ガスの充満した十二指腸がある。

10. 血清中のアミラーゼやリパーゼ活性の上昇は、膵炎の診断に決定的なものか？

いいえ。酵素は膵臓に特異的なものではない。両方とも、胃と腸粘膜の細胞でも産生される。さらに両方の酵素は尿を通して排泄されるため、腎灌流が減少することによって両酵素は増加する。そのうえ、犬へのデキサメサゾンの投与により、膵炎の組織学的な証拠もなく、リパーゼが明らかに上昇する。

11. リパーゼやアミラーゼが正常値であれば、膵炎の可能性は除外できるか？

多くの犬や、さらに多くの猫においてさえ、両酵素が正常レベルの膵炎が確認されている。膵炎のある動物で正常な酵素値がみられるのは、不適切な膵排泄、貯蓄された酵素の消耗、そして／あるいは新しい酵素の合成阻害によるものであろう。

12. 膵炎の診断はどのように確定するか？

病歴のほかに、たった1つの試験結果をもとに膵炎を診断することはできない。検査センターでよくみられるのは白血球増加、高血糖症、低カルシウム血症、アミラーゼとリパーゼの上昇である。トリプシン様免疫活性物質（TLI）の上昇は、犬猫の両方で膵炎と深く関連している。しかしこれは腎臓の灌流にも影響され、回復には通常数日を必要とする。腹水の分析—特に血清リパーゼ値よりも高いリパーゼ値—は膵炎診断の手助けとなる。超音波は、膵臓の腫大と炎症の波及を見分けるのに有用である。検査と身体所見が一致し、また腺部における散発性もしくは局所性高エコー像がみられたら、膵炎の疑いが高いと判断する。

13. 急性膵炎の重篤度をどのように確認するか？

急性膵炎の重篤度や原因を予測するのは容易ではないだろう。臨床医は、全身性の合併症に一致する検査異常、あるいは臨床症状を認識するべきである。血小板減少症や凝固異常があるケースでは、播種性血管内凝固（DIC）を起こしていることがある。乏尿は急性腎不全、低血圧や頻脈は全身炎症反応性症候群、低血圧は敗血症を起こしている可能性がある。

14. 膵炎の治療でキーとなるものは？

治療で最も重要となるのは十分な輸液による蘇生である。血液量の不足による膵臓の灌流の減少は、嘔吐やサードスペースの喪失から生じることがあり、輸液療法が不十分であれば病気を進行させるだろう。最近の研究によると、コロイド回復液（血漿、ヘタスターチ、デキストラン70）は膵炎の治療に重要なものである。特に、新鮮凍結血漿（10～20mL/kg）は中等度

から重度のものまでの治療において重要な役割を果たす。コロイドのような血漿は、膠質浸透性だけではなく、DIC の管理のための凝固因子や、全身において膵酵素を非活性化するプロテアーゼ阻害薬を供給することになる。予防のための抗生物質、鎮痛薬、制吐剤、制酸剤もまた治療に重要なものである。実験的に急性出血性膵炎を引き起こした猫で、低用量のドーパミン（5μg/kg/分）は、微細血管の透過性を減少させるために膵炎を軽減させることが報告されている。補助的な治療としてのドーパミンについては、臨床的な評価が待たれている。

15. 急性膵炎の外科的な位置付けは？

膵炎では、多くの例が内科的に治療される。外科的な処置は推奨されない。しかし、敗血症性の腹膜炎や膵膿瘍を起こしている患者では、壊死組織の除去や腹腔の洗浄のために手術も治療の選択肢と考えるべきである。積極的な内科的管理でも機能低下が続く患者に対しても、外科治療を検討するべきである。

16. 食べるたびに患者が嘔吐するときは、どのような処置を行うか？

中程度の膵炎がある患者の多くは 2 日間、経口的な摂取を避けることにより回復する。最初は水を徐々に与え、その後数日間にわたり炭水化物含有量の高い食事を少量与える。食物を摂取すると嘔吐が続いている患者では、最初に連続的な嘔吐が膵炎以外の病気によるものではないことを確認する必要がある。くすぶり続ける膵炎がある場合、膵炎をほとんど刺激せずに栄養を供給する空腸瘻チューブを設置することを、積極的に考えるべきである。

17. 膵炎の長期にわたる合併症とは？

最近の報告によると膵炎は、膵組織の進行性の消失と最終的に真性糖尿病そして／もしくは膵外分泌不全を起こすことがある。

参考文献

1. Akol KG, Washabau RJ, Saunders HM, et al: Acute pancreatitis in cats with hepatic lipidosis. J Vet Intern Med 7: 205-209, 1993.
2. Cook AK, Breitschwerdt EB, Levine JF, et al: Risk factors associated with acute pancreatitis in dogs: 101cases（1985-1990）. J Am Vet Med Assoc 203: 673-679, 1993.
3. Hill RC, Van Winkle TJ: Acute necrotizing pancreatitis and acute suppurative pancreatitis in the cat. J Vet Intern Med 7: 25-33, 1993.
4. Karanjia ND, Widdison AL, Lutrin FJ, et al: The antiinflammatory effect of dopamine in alocoholic hemorrhagic pancreatitis in cats. Gastroenterology 101: 1635-1641, 1991.
5. Simpson KW: Current concepts of the pathogenesis and pathophysiology of acute pancreatitis in the dog and cat. Comp Cont Educ Pract Vet 15: 247-253, 1993.
6. Williams DA: The pancreas. In Strombeck's Veterinary Gastroenterology, 2nd ed. Philadelphia, W. B. Saunders, 1996, pp 381-410.

75. 副腎皮質機能低下症
HYPOADRENOCORTICISM

Lynda D. Melendez, D.V.M.

1. 副腎皮質機能低下症を定義せよ。

　副腎皮質機能低下症やアジソン病は、副腎からのグルココルチコイドとミネラルコルチコイドの産生の欠如である。それは、副腎を直接に侵すか（原発性副腎機能低下症）、もしくは視床下部からのACTH放出ホルモン（CRH）や下垂体からの副腎皮質刺激ホルモン（ACTH）の産生と放出（二次性副腎皮質機能低下症）に影響を与える病理学的プロセスによる可能性がある。典型的な副腎皮質機能低下症は、ミネラルコルチコイドとグルココルチコイドの両者の欠乏によって起こる。そして、低ナトリウム血症と高カリウム血症が特徴である。

　グルココルチコイドだけが欠乏していれば、この病気は非定型の副腎皮質機能低下症である。電解質の不均衡がないため、診断は典型的な副腎皮質機能低下症よりも難しい。二次性副腎皮質機能低下症の症例すべてで、グルココルチコイドだけの欠乏（非定型アジソン）がみられる。なぜならACTHは主としてグルココルチコイドの産生と放出を刺激するため、副腎線維束帯に作用し、ミネラルコルチコイドの産生への影響はほとんどないからである。そのため、影響を受けた動物は非定型アジソンが考えられる。原発性副腎皮質機能低下症のある犬の10％程度は非定型を呈し、そのほとんどがミネラルコルチコイドの欠乏に進行する。

2. 副腎皮質機能低下症の犬でよくみられる徴候は？

　副腎皮質機能低下症は中年期の雌に最もよく発生する。平均年齢は4〜5歳である。避妊していない雌は疾患が進行する危険性が高く、去勢していない雄は危険性が少ない。正確ではないが、副腎皮質機能低下症の約1/3の犬は雑種であるが、あらゆる大きさと容姿のプードル、ポルトガル・ウォーター・ドッグ、レオンベルガー、ラブラドール・レトリーバーには家族性を示す傾向がある。他に素因のある品種としてグレートデーン、ロットワイラー、ウエストハイランド・ホワイト・テリア、ジャーマン・シェパードがある。

3. 副腎皮質機能低下症のある犬の飼い主が最もよく気付く徴候は？

　嗜眠、食欲不振、嘔吐、体重減少は共通する所見である。よくみられるものではないが、下痢、振盪、多尿症、多飲多尿症、虚弱などもある。副腎皮質機能低下症の重要な特徴は、臨床症状の漸増と漸減である。通常、飼い主は輸液療法と注射によってペットが目覚しく回復すると述べている。

4. 身体検査で最もよくみられるのはどのような異常か？

　身体検査の異常には嗜眠、虚弱、削痩、脱水、血便、低体温がある。動物の約35％は、心拍微弱、可視粘膜蒼白、毛細血管再充満時間（CRT）の延長、四肢の冷感といった身体所見

を示す。しかしながら、罹患動物は、頻脈ではなく徐脈になる傾向があり、高カリウム血症を暗示している。

5. 副腎皮質機能低下症患者の血液の異常について記述せよ。

　リンパ球増加症や好酸球増加症（病気の動物での侵襲性白血球像の欠乏など）は、それぞれアジソン病と診断された約10〜20％の犬で確認される。これらの変化は非定型アジソン病を調べる検査の唯一の糸口となるだろう。軽度の正色素性、正赤血球性再生不良性貧血は共通してみられるが、脱水が回復するまでは明らかになることは少ない。メレナの患者では貧血がひどくなることがあるが、最終的には回復する。

6. 副腎皮質機能低下症に関連してみられる血清生化学および電解質の異常を挙げよ。
   - 中度〜重度の高窒素血症（患者の約80％）
   - 高カリウム血症（約90〜95％）
   - 低ナトリウム血症（約80％）
   - 高リン酸血症（約70％）
   - 総 CO_2 の低下（約40％）
   - 高カルシウム血症（約30％）
   - 肝酵素の活動性の亢進（約30％）
   - 低血糖症（約17％）

7. 副腎皮質機能低下症に伴う高窒素血症が、一般的に腎前性であると考えられるのはなぜか？

　多くのアジソン病では診断時に高窒素血症がみられ、尿比重は1.030より低い。この所見は、高窒素血症が腎前性によるものであるという推測に反して、初期の腎疾患を示している。しかし、ほとんどの患者において、通常クレアチニンレベルは血中尿素窒素（BUN）より上昇率が低い。さらに、多くの患者で、高窒素血症は静脈内（IV）輸液管理で回復する。低比重は、低ナトリウム血症により髄腔が洗い流されたためであり、アルドステロンの欠乏より起こったナトリウムの腎排泄の増加によるものである。その結果、溶質利尿を引き起こす。

8. 低いナトリウム：カリウム比は、なぜ副腎皮質機能低下症の診断において支持されるのか？

　正常な犬のナトリウム：カリウム（Na：K）比は27：1〜40：1であり、平均で30：1である。225例のアジソン病の犬の調査では、約95％はナトリウム：カリウム比が低く、平均は19.3：1であった。しかし、20例の犬は1〜4週間前の検査でNa：K比は正常であった。副腎皮質機能低下症では、低ナトリウム血症、高カリウム血症、Na：K比が27：1より低い動物をリストから除外するが、副腎皮質機能低下症だけがNa：K比を低くする病気ではない。

9. 高カリウム血症と低ナトリウム血症の鑑別診断を列挙せよ。

高カリウム血症	低ナトリウム血症
無尿や乏尿性腎疾患	胃腸障害
膀胱内の多量の尿貯留	ネフローゼ症候群
尿路通過障害	うっ血性心不全
重症の胃腸疾患	甲状腺機能低下症
代謝性アシドーシス	真性糖尿病
薬物（カリウム保持性利尿薬、非ステロイド系消炎剤、アンギオテンシン変換酵素阻害薬）	心因性多飲症
	抗利尿ホルモンの不適切な分泌
	サードスペース
胸膜滲出液	抗利尿薬の投与失宜
秋田犬の偽高カリウム血症	
血小板増加症	
白血球増加症	

10. 低血糖症の確定診断に使われている試験は？

　正常犬の安静時のコルチゾール・レベルは低下している可能性がある。そのため、これだけで副腎皮質機能低下症の診断をするべきではない。ACTH刺激試験は、副腎皮質機能低下症の診断の基本である。副腎皮質機能低下症の犬は、安静時の血清コルチゾールが低いか正常値下限であり、ACTHの刺激に少しか、もしくはまったく反応しない。

　ACTH刺激試験では、非定型的な集団における一次性と二次性副腎皮質機能低下症の両者間に相違はない。二次性副腎機能低下症の犬ではグルココルチコイドのみの欠乏があり、電解質の不均衡には進行しない。ところが、非定型一次性副腎皮質機能低下症の犬は最終的にミネラルコルチコイドの欠乏に進行する。非定型一次性の患者では、電解質を定期的に管理する必要がある。

11. アジソン・クリーゼとは？

　アジソン・クリーゼとは、急性副腎皮質機能低下症に伴う臨床症状や生化学異常の進行によるものであり、血管虚脱やショック状態のような特徴がある。多くの患者は高カリウム血症に伴うECGの異常もみられる。獣医師は副腎皮質機能低下症を有する犬の約35％で、鈍麻、毛細血管再充満時間、可視粘膜の蒼白、低体温、虚弱、心拍微弱のようなショックの典型的な症状を確認する。重要な臨床上の特徴は、血管虚脱にもかかわらず徐脈がみられることであり、これは高カリウム血症を示している。一般的にECGにおいて、心房停止、P波の消失、QRS間隔の延長、R波の低下、T波の上昇が明らかである。少数の犬では、ある程度の房室（AV）ブロックを示している。

12. 急性副腎クリーゼにおける治療の最終目標は？

　副腎皮質機能低下症による死亡率は、通常、高カリウム血症よりもむしろ二次的なショックや低血圧、血液量不足によるものである。そのため、治療上の最重要事項は体液灌流の回復で

ある。カテーテルによる静脈確保とCBC、生化学検査、コルチゾール・レベル定量のためのサンプル収集、そして静脈内輸液を始める前の尿分析が必要である。動物の血液量が回復したら、グルココルチコイド欠乏の回復と電解質バランスの調整、高血糖、アシドーシスの治療を開始する。

13. 副腎皮質機能低下症に選択する輸液剤は？どのように投与するべきか？

通常、生理的食塩液（0.9% NaCl）は、生理学的に静脈内輸液剤におけるナトリウムと塩化物の最適な濃度を維持するものである。さらにカリウムが入っていないという便宜がある。循環血液量の回復、低血圧や血液量不足の改善、組織灌流の改善のために、最初の1時間は生理的食塩液を約40〜80mL/kg静脈内に投与するべきであり、臨床症状によって調節する。輸液管理は血管径の回復だけではなく、細胞外液のカリウム濃度の希釈や心不整脈の危険性を減少させる。組織灌流が回復することによる脱水の改善は、アシドーシスの管理上適切であろう。心拍数、血圧、CRTなど患者の状態がいったん回復したら、輸液の割合は個々の必要量により決定されていく（脱水の程度、著しい喪失あるいはごくわずかな喪失、必要量の維持など）。通常の生理的食塩液が適用できなければ、乳酸加リンゲル液、Normosol、Plasmalyteのような電解質バランス溶液が用いられることもある。これらの薬剤にはカリウムが含まれているが、その濃度は低く、血清中におけるカリウム濃度はさらに希釈される。

14. 高カリウム血症を静脈内輸液以外の方法でいつ治療するべきか？

この点については見解の相違がある。しかしながら、心不整脈がある場合は、高カリウム血症を最初に治療するべきである。他の見解として、カリウム濃度が7〜8mEq/Lより高ければ、血清カリウム濃度を減少させるか、高カリウム血症による心臓への影響を中和するような物質で治療するべきであるとしている。高カリウム血症の治療については「77」に記載している（381ページを参照）。

15. ACTH刺激試験は発症過程のいつ行うべきか？

ACTH刺激試験は注意深い手順を踏み、迅速に実行する。基準となる血液サンプルを採取して安静時のコルチゾール・レベルを評価し、水溶性合成ACTHを静脈内に投与し、刺激後のコルチゾール・レベルは、犬では1時間後、猫では30分と60分後に採取する。体液の回復は治療に最も重要であるため、グルココルチコイド療法を開始する前に、1時間待つことは一般的に不利益にはならない。しかしながら、獣医師が患者にグルココルチコイドを直ちに投与するべきであると確信しているならば、デキサメサゾンを使用するべきである。これはコルチゾール分析で検出できない唯一用いられるグルココルチコイドである。

16. 治療の過程において、いつグルココルチコイドを投与するべきか？

体液灌流の回復は、治療において最も重要なことであるため、基本となる血液サンプルが採取されるまでグルココルチコイド・レベルの回復を延ばすことは悪いことではなく、ACTH刺激試験を終了し、そして最初の体液のショック量を調節する。循環量が回復したら、グルココルチコイド・レベルを回復させるべきである。グルココルチコイドは灌流が回復するまで投与するべきではない。もしアジソン・クリーゼの初期にACTH刺激試験を行うことができな

ければ、7-15. で説明したように、デキサメサゾンがグルココルチコイドの回復のために選択される薬物である。

17. 治療による回復のためには、どちらのグルココルチコイドが推薦されるか？
    1. 半コハク酸ハイドロコルチゾンやリン酸ヒドロコルチゾンは、グルココルチコイドと、さらにミネラルコルチコイド活性を保持している。そのため、急性発症の場合に勧められる。ショックが改善されるまで6〜8時間毎に静脈内に2〜4mg/kgを投与し、その後6〜8時間毎に0.5〜1.0mg/kgを投与する。
    2. コハク酸プレドニゾロン・ナトリウムも、グルココルチコイド活性と共に緩やかなミネラルコルチコイド活性を持ち、患者の反応をみながら2〜6時間毎に静脈内に4〜20mg/kgを投与する。
    3. コハク酸デキサメタゾン・ナトリウムはグルココルチコイド活性しか持たず、最初0.5〜2.0mg/kgを投与する。患者がショック状態から回復したら、この用量は0.04〜0.1mg/kg、1日2回に減量する。
    4. 患者が安定して自発的に食べる場合、グルココルチコイド・レベルの維持が始められる。プレドニゾンやプレドニゾロンは、12時間毎に0.5〜1.0mg/kgを最初に経口投与する。この用量は1週間毎に50％ずつ減少させ、最終的には投薬を止めることもある。非定型性副腎皮質機能低下症の動物に対するグルココルチコイド療法は一生涯にわたって継続する。ミネラルコルチコイド療法を必要とし、ある程度のグルココルチコイド活動性を持つフルドロコルチコイド・アセテートを投与されている患者は、プレドニゾンを毎日必要としないだろう。嗜眠、食欲不振、抑うつ症再発の症状があれば、プレドニゾンの生理的用量0.22mg/kgを毎日もしくは12時間毎に2分割して再び始めるべきである。

    副腎皮質機能低下症の動物では、ストレスのたびにグルココルチコイドの追加投与を必要とする。そのため、飼い主はプレドニゾンかプレドニゾロンを手元に置いておくことになる。

18. ミネラルコルチコイド治療はいつ始めるべきか？
    発症した患者では、生理的食塩液の投与により低ナトリウム血症や低塩素血症が調整され、血液循環量を増加させながら、高カリウム血症を改善する。生命を脅かす高カリウム血症はすでに改善しつつある。通常、脱水が改善され、自発的に食べるようになるまで必要なことは何もない。しかし生理的食塩液の治療に対して反応が緩やかな場合には、ミネラルコルチコイドを維持できるようになるまで、半コハク酸ハイドロコルチゾンもしくはリン酸ハイドロコルチゾンにより電解質バランスの回復に必要なミネラルコルチコイド活性を供給する。

19. ミネラルコルチコイドの維持管理はどのように評価するか？
    ミネラルコルチコイドの維持管理には2つの方法のうち1つが用いられる。
    1. フルドロコルチコイド・アセラート、0.1mg/10ポンド（約4.53kg）/日を12時間毎に2分割し経口投与する（この薬物はグルココルチコイド活性を持ち、プレドニゾンを加える必要はない）。
    2. デスオキシコルチコステロン・ピバレイト（DOCP）1mg/ポンド（0.453kg）を25〜30日毎に筋肉内投与する。電解質は患者の全身状態が安定するまで5〜7日毎にモニター

するべきである。治療が落ち着いたら、フルドロコルチゾンを投与した患者は4～6カ月毎にモニターする必要がある。最初の治療から1～2週間後にDOCPが投与された動物については、治療開始から25日目にモニターを行う。その時に電解質が正常であれば、動物は28日か30日間隔で注射を受ける必要があるだろう。DOCPによる反応は様々であり、1回分の投薬量や投与間隔は、それぞれの患者に応じて調整するべきである。

20. 副腎クリーゼのある犬について、他にどのような問題があるか？
    1. 約17%の患者は発病時に低血糖があり、何例かは発作を起こしている。低血糖症は、生理的食塩液にデキストロースを加えることにより治療できるだろう。
    2. 代謝性アシドーシスは一般的には軽症で、循環血液量の増加と組織の灌流の回復により回復できるだろう。しかしアシドーシスが重症ならば、炭酸水素ナトリウム療法が必要となるだろう。
    3. 腎機能は尿量を測り、厳密に管理するべきである。尿の産生がない、あるいは2～4 mL/kg/時 を超えていれば、ドーパミン2～4μg/kg/分 の持続点滴による利尿や、フロセミド2～4 mg/kg IV が必要になるだろう。
    4. 副腎機能低下症の犬の約15%にメレナがみられる。数例の症例では、消化管出血が生命を脅かす程重度になることがあり、輸血が必要になる。このような動物ではスクラルフェイト、H_2ブロッカー、プロトン・ポンプ抑制薬、合成プロスタグランディンのような胃粘膜保護薬を用いる必要がある。また赤血球沈降層容積値、血小板数、血液凝固時間を注意深くモニタリングするべきである。妙に思うかも知れないが、グルココルチコイド療法を躊躇してはいけない。生理的なグルココルチコイドの欠乏が、胃粘膜完全性の喪失の原因であり、治療に必要であることが謳われている。

21. 猫と犬の副腎皮質機能低下症の主な相違点は？
    - 副腎皮質機能低下症の猫では性別は無関係である。
    - 副腎皮質機能低下症の猫では下痢の報告はない。
    - 高カリウム血症の猫では心電図上の異常は通常みられないが、犬では80%で認められる。
    - 犬は1～2日の治療で反応するが、猫は3～5日で治療に反応する。
    - 猫では、水溶性ACTHの投与後の血清コルチゾール濃度を30分後と60分後に測定しなければならない。ACTHゲルの筋肉内投与後は、60分後および120分後に測定する。

参考文献

1. Hardy RM: Hypoadrenal gland disease. In Ettinger SJ, Feldman EC (eds): Textbook of Veterinary Internal Medicine. Philadelphia, W. B. Saunders, 1995, pp 1579-1592.
2. Lynn RC, Feldman EC, Nelson RW, et al: Efficacy of microcrystalline desoxycorticosterone pivalate for treatment of hypoadrenocorticism in dogs. J Am Vet Med Assoc 202: 392-396, 1993.
3. Medinger TL, Williams DA, Bruyette DS: Severe gastrointestinal tract hemorrhage in three dogs with hypoadrenocorticism. J Am Vet Med Assoc 202: 1869-1872, 1993.
4. Peterson ME, Greco DS, Orth DN: Primary hypoadrenocorticism in ten cats. J Vet Intern Med 3: 55-58, 1989.

5. Peterson ME, Kemppainen RJ: Comparison of intravenous and intramuscular routes of administering cosyntropin for corticotropin stimulation testing in cats. Am J Vet Res 53: 1392-1395, 1992.
6. Peterson ME, Kintzer PP, Kass PH: Pretreatment clinical and laboratory findings in dogs with hypoadrenocorticism: 225 cases (1979-1993). J Am Vet Med Assoc 208: 85-91, 1996.
7. Rogers W, Straus J, Chew D: Atypical hypoadrenocorticism in three dogs. J Am Vet Med Assoc 79: 155-158, 1981.
8. Williard MD, Schall WD, McGraw D, et al: Canine hypoadrenocorticism: Report of 37 cases and review of 39 previously reported cases. J Am Vet Med Assoc 180: 59-62, 1982.

76. 腹膜炎
PERITONITIS
Catriona MacPhail, D.V.M.

1. 腹膜の主な機能は？

腹膜は、腹壁や内臓への高い浸透性を持つ内張りで、腹腔内腔を形成する。腹部臓器間の潤滑剤として働く自由液の1部は常に確保されている。水や他の生産された溶液は、細胞膜間を自由に拡散する。この特性は、腹膜透析のように生命維持に関与している。

2. 腹腔内液の通常の特性およびその量は？

通常、腹水は比重が1.016で透明、蛋白は2 g/dLよりも低く、また一般的に単核球は2,000〜2,500/μLである。通常、腹腔内液は1μL/kgより少ない。

3. 腹腔内にみられる細胞と蛋白のそれぞれの特徴とともに、異常な腹腔内液のタイプについて述べよ。

異なる特徴を持つ液体は、次のような基準に従い漏出液、変性した漏出液、もしくは滲出液に分類される。

漏出液、変性した漏出液、滲出液 の特性

細胞数	蛋白		
	< 2.5g/dL	2.5〜7.5g/dL	>3.0g/dL
< 1500/μL	漏出液		
1000〜7000μL		変性した漏出液	
>7000/μL			滲出液

4. 漏出液、変性した漏出液、滲出液の鑑別診断として最も用いられるものを挙げよ。

漏出液	変性した漏出液	滲出液
肝機能不全	心血管系疾患	敗血症性腹膜炎
蛋白喪失性腸炎	猫伝染性腹膜炎	胆汁性腹膜炎
蛋白喪失性腎症	胆汁性腹膜炎	腹腔出血
腹膜尿	腹腔出血	乳糜浸潤
	乳糜浸潤	腹膜尿
	腹膜尿	新生物
	新生物	

5. 腹膜炎とは？

　腹膜炎は、腹膜と腹膜腔を侵す炎症過程と定義される。猫伝染性腹膜炎は唯一代表的な腹膜疾患である。腹膜炎の多くは、他の疾患の経過における続発的な疾患状態としてみられるか、腹腔臓器の損傷による障害もしくは外部からの腹腔内への傷害である。二次的に起こる腹膜炎は、通常、急性重篤な全身性症候群と症状を伴う甚急性のものである。

6. 猫伝染性腹膜炎（FIP）の原因は？

　FIPはコロナウイルスによる伝染性の強い、全身性の免疫介在性疾患である。重度慢性の滲出性腹膜炎はウエットタイプの疾患として代表的なものであるが、腹膜は影響を受ける数多くの器官の1つである。浸潤や炎症は血管周囲炎の結果起こり、続発性に血管浸透性を増大させる。

7. 二次性腹膜炎の主な原因を挙げよ。

二次性腹膜炎の原因

細菌性	化学薬品	様々な組み合わせ
子宮蓄膿症	腹腔尿	新生物
胃腸障害	膵炎（膵酵素）	医原生の異物（スポンジ、縫合糸）
外科による傷	胃消化管液（破裂、穿孔）	
膵膿瘍		肉芽腫症（グローブ・パウダー）
前立腺膿瘍	胆汁（胆管破裂）	造影剤（バリウム、ヨウ化物）
異物の貫入		猫伝染性腹膜炎
穿刺や胆汁による傷害		

8. 腹膜炎の主なカテゴリーは？

　腹膜炎は限局的なものと拡散的（全身的）なものに分類される。症状、診断、治療、予後において、この2つの形態はかなり異なっている。限局的な腹膜炎には、医療的な処置が必要である場合とそうでない場合がある。医療処置が必要でない場合であっても、生命を脅かす可能

性のある拡散性へ、あるいは全身状態に進行していくことがある。腹膜の生理機能のために、全身性の腹膜炎は他の器官系に対して重篤なダメージを与える可能性がある。

9. 一般的な腹膜炎の典型的な徴候は？
　一般的な腹膜炎の動物では、原発性疾患（76-7.を参照）に関連する病歴や身体的な異常が共通してみられる。患者は通常、低血流性ショックを示しており、明らかな腹痛がある。患者には明らかな腹部膨満があり、液体波動（振盪聴診法）により腹腔の浮遊状態を確認できる場合もある。腹膜炎のある動物は、最近、腹部外科手術を受けた病歴を持っていることが多い。

10. 腹膜炎には常に痛みがあるか？
　拡散性腹膜炎の急性もしくは甚急性の初期に、腹部の触診により痛みの症状を示す。腹痛のひどい動物は、祈りの姿勢を呈する（前肢を曲げて、後肢は伸ばして宙に持ち上げている）。FIPのような長い期間をかけて進行する腹膜炎は、通常、痛みはない。

11. 傷害に対する腹膜の反応はどのようなものか？
　最初の反応は、液体の流入に伴う血管浸透性の増加である。細胞数と総蛋白質の増加は、血液、アルブミン、フィブリン、老廃物の影響によるものである。フィブリンは損傷に対し壁で隔離するため生産される。これにより腹腔内の臓器間に癒着が生じることもある。

12. 腹膜炎の診断に用いられる簡単で最も診断価値のあるものは？
　細胞学的な評価のために液体を採取する腹腔穿刺術は、腹膜炎の診断をするために最も侵襲性が低く、迅速な方法である。液体の波動があれば、腹部正中線上に穿刺を行えば、成功する。液体の量が少なかったり、合併症が疑われたり、正中線から穿刺を実施することが不可能であれば、正中周囲を4分割して実施する。通常、動物を立位か横臥位にする。無意識に膀胱を破裂させないよう絞り出す。腹部を剃毛して消毒し、臍に向かって頭部と尾部、そして腹部正中線の両側の4分円に分ける。20ゲージ、1インチ針は各4分円内から正中線上に向かって垂直に挿入する。針の端から液体が漏れたら、最初に、細胞分析のためにEDTA処置を施したチューブを用いて採取する。また蛋白質測定や細胞数も数える。疑われる主要な原因を明らかにするために、培養、感受性試験、赤血球沈降層容積、血液尿素窒素（BUN）、クレアチニン、総ビリルビン、アミラーゼ、リパーゼ、トリグリセライドについても検査を行う。

13. 腹腔穿刺術で液体を腹部正中線周囲より採取できなければ、どのようなことが考えられるか？
　腹腔穿刺により否定されても腹膜炎を除外することはできない。76-12.で述べた手技は通常、特に液体の量が少ない場合に偽陰性といった結果をもたらす。代わりに大きなゲージの針を使用したり留置針や腹膜透析カテーテルを使用する。診断的な腹膜洗浄は18か20ゲージ、1・1/4インチの留置針で行われることもある。挿入領域の準備を行った後、カテーテルを腹腔内に挿入し、スタイレットを取り除く。そして等張液（22mL/kg）をカテーテルを通して灌流する。液体が直ちに腹腔内で分散され、攪拌された後、カテーテル内に吸引し、細胞診と生化学的検査に供す。

14. 通常の簡易な試験開腹術後、術後の腹腔穿刺ではどのようなタイプの液が回収されるか？

その液体は、細胞に富んでいるが、これは組織の修復のための緩やかな炎症反応を示しているためである。最初に現われる細胞は非変性好中球である。

15. 敗血症を示す腹膜炎はどのようなときに起こるか？敗血症性腹膜炎で最もよくみられる原因は？

腹腔内液に細菌が存在するのが敗血症性液体の特徴である。感染の経路は通常、胃拡張－捻転症候群、物理的腸閉塞、以前行った外科的腸切除術や吻合術、もしくは腸切開術の失宜などによる二次的な胃消化管の破裂からである。他の可能性としては、肝臓や膵臓、前立腺腫瘍の限局的な崩壊、そして子宮蓄膿症からの汚染などが考えられる。

16. 非敗血症性滲出液で最もよくみられる原因は？

非敗血症性の滲出は、通常、尿、胆汁、膵酵素、血液のような生化学的な刺激による炎症に関連すると考えられている。『非敗血症』という言葉は細菌の存在がないことを示しているが、非敗血症性の一般的な腹膜炎は、治療を行わないと敗血症性の腹膜炎に急速に進行することがある。生化学的な非敗血症性腹膜炎は、小腸の無力性イレウスを生じることがあり、そのため小腸管腔は変性して、細菌の侵入により敗血症性腹膜炎を誘発することがある。

17. FIP 滲出液の典型的な特徴は？

FIP に関連する滲出液は、通常非敗血症性であり、高蛋白、比較的低細胞の淡黄色の液体である。その液体は、高蛋白成分のために粘着性で泡状であり、しばしば糸状であったり、フィブリノーゲンの細片を含む。マクロファージや桿状核好中球が主体なため、ほとんどの細胞は発熱性肉芽腫症（Pyrogronulomatous）のような特徴を示す。滲出液のアルブミンとグロブリンの比率が＞0.81 であれば、FIP の疑いはほとんどない。

18. 腹腔尿の確定診断は？

腹腔尿は一般的に、透明な漿液血状の液体を生じ、潜在的な尿管感染が成立していなければ、最初は無菌的なものである。BUN とクレアチニンは腹水と血清で測定するべきである。BUN は速やかに変性腹膜上で平衡状態になるために、BUN のレベルは、腹水・血清ともほとんど同じとなる。しかし、一方でクレアチニンの濃度は血清より腹水の方が高くなっている。興味深いことに、BUN は急性の腹腔尿で確認されているクレアチニンと同様に正確であることが発見されている。

19. 膵炎が原因と考えられる腹膜炎は腹水によって診断できるか？

膵炎と関連する腹水は、一般的に非敗血症性のものと、漏出液や滲出液の少ない化膿性のものとに分類される。血清と滲出液の比較では、リパーゼ活性は一般的に滲出液中で高いことが示されている。

20. 血管や器官からの出血性滲出液か、穿刺による血液かをどのように判別するか？

液体の赤血球沈降層容積を末梢血液と比較し、その値が異なっていれば、出血性滲出液を疑

うべきである。液体の細胞検査で血小板の欠乏や赤血球貪食の存在があれば出血性滲出液である。中程度から多量の液体が採取できれば、サンプルは凝固試験により評価するべきである。凝固が起これば、液体は末梢血液か亜急性腹腔内出血である。腹腔内器官や血管の外傷性破裂、凝固異常、新生物は腹腔内出血でよくみられる原因である。

21. 腹膜炎の致死的な要因について述べよ。

一般的な腹膜炎の患者の予後は、潜在的な根本原因、あるいは発症前もしくは併発性の疾病、状態の持続期間、患者の全身状態に左右される。しかし、明らかな併発状態においては死亡率が高くなる。低血流性ショックが進行し、あるいは滲出液中に多数の細菌の混在や遊離ヘモグロビンが単体あるいは結合した状態でみつかると、予後はきわめて悪い。メカニズムはよくわかっていないが、ヘモグロビンは細菌毒性を高めることが知られている。

22. 腹膜炎が確認された患者に対する腹部X線検査には診断的な価値があるか？

腹水は、X線写真ですりガラス状に見え、そのため腹部器官の獎膜細部が不明瞭となる。しかし腹部X線検査は、腹部に胃や腸の穿孔を示唆するようなガスを映し出すことがある。これは立位ラテラルでのX線撮影で最もよく評価でき、それにより液体とガスの境界がわかりやすくなる。通常の腹部X線検査でも、一般的な腹膜炎としてよくみられる合併症である機能性腸イレウスの存在はわかる。液体の量が少なければ、X線写真をよく見ることで膀胱や腹腔内腫瘍の存在が確定されるだろう。

23. 腹膜炎の原因解明の補助として、他にどのような診断的検査があるか？

腹部超音波検査により膵炎のような腹膜炎の基礎原因を発見できる。膵臓や肝臓の膿瘍に関連していると思われる限局的な腹膜炎にみられるような少量の液体の貯留をみつけることもできるだろう。コントラストが強調される膀胱尿道X線検査は、膀胱破裂と尿管捻除を鑑別する手助けとなることがある。機能的な障害や腸の穿孔を確定するために、上部胃腸系の検査が適切であるケースもある。

24. 明らかな代謝の変化および一般的な腹膜炎の続発症とは？

ショック、代謝性アシドーシス、急性腎不全、低血糖症、膵炎、敗血症および血管内凝固の亢進は、一般的な腹膜炎の動物で最もよくみられる二次的な問題である。

25. 敗血症性腹膜炎に適切な抗生物質は？

敗血症性腹膜炎のある動物では腸が細菌の源であるため、グラム陰性、グラム陽性、嫌気性細菌の治療に1種類あるいは複数の抗生物質が使用される。併用療法の中では、エンロフロキサシンやアミノグリコシドがグラム陰性細菌に対するものとして選択され、グラム陽性嫌気性細菌に作用する広域スペクトルのあるペニシリン、または第一世代セファロスポリンやクリンダマイシンと併用される。1種類の抗生物質を使用したければ第二世代セファロスポリン、第三世代セファロスポリン、イミペネムは良い選択薬である。

26. 外科手術はどこで必要になるか？外科手術を行う主な目的は？

　敗血症性腹膜炎のある患者はすべて、基礎となる原因および、汚染の原因を特定し、正確に知るために外科的に精査する必要がある。手術により異物を除去し、腹腔内の洗浄、さらに腹腔内ドレーンの設置、胃瘻造設術によるチューブの設置、空回腸へのチューブの設置を行うこともできる。多量の暖かい等張液で腹腔内を洗浄することにより、壊死性の組織片を除去する手助けとなるうえ、癒着の形成を少なくし、多くの細菌を減弱させ、そのため膿瘍の発生を減少させる。

27. 腹膜炎の治療において腹腔内ドレーンの役割は？

　腹腔内ドレーンは、腹腔内膿瘍や限局した腹膜炎により発生した憩室の局所の排液を行うのに有効である。一般的な腹膜炎の管理のための閉鎖的腹腔内ドレーンの設置は、多くの合併症を生じる。損傷に対して腹膜は迅速に反応するので、排液システムのほとんどがフィブリンや癒着のために6時間以内に閉鎖する。腹腔内液の連続的な滲出に対する腹腔内ドレーンの効果は、多数のドレーンと断続的あるいは連続的洗浄により増強される。滲出物の細胞学的な評価によって患者の進行過程を判断し、ドレーンを除去するときを決める。腹腔内ドレーンで最も効果のあるものはsump-Penroseシステムである。それによってsumpドレーンは、穿孔術を施したPenroseドレーンや他のドレーン・チューブの内部に設置される。これは腹腔臓器を保護するためであり、Penroseドレーンや他のドレーン・チューブの使用やsumpドレーンのみの使用よりも有効な排液方法であると考えられている。

28. 閉鎖的腹腔排液と腹腔洗浄に関連する合併症について述べよ。

　排液システムはどれも感染を上向させる可能性がある。腹腔内へ異物を侵入させることは、炎症性の反応の増加や癒着形成をもたらす。ドレーンは漿膜面の糜爛により腹腔内臓器に直接障害を与える可能性もある。腹腔内洗浄の問題点は、多量の洗浄液の注入と除去、および細胞や蛋白、赤血球の喪失に関連するものである。最も起こりやすい合併症は貧血、低蛋白血症、低カリウム血症、低ナトリウム血症、低カルシウム血症である。低体温は、暖かい洗浄液を使用することによって容易に回避できる。ドレーンの周囲を無菌的に覆うことで、感染が上向する危険性を最小限にすることもある。

29. 腹部の開放性ドレナージにはどのような利点があるか？その利点と欠点および合併症は？

　腹部開放性ドレナージは腹腔内の排液方法としてより迅速でより効果的なものである。明らかな危険性は、裂開と内腸摘出とともに起こる感染および敗血症である。しかしこのような合併症は、無菌的な包帯交換を頻回に行い患者を注意深く観察することで防ぐことができる。外科手術では、単純な連続的縫合法を用いて外部の直筋膜を緩く閉鎖し、腹部を完全には閉鎖しない。皮下組織や皮膚は局所汚染の程度に応じて、開放のまま、あるいは閉鎖することになる。切開部は無菌布で覆い、腹部周囲に留める。包帯は必要に応じて交換するべきであり、通常1日に1〜2回行い、液体の量と状態を評価する必要がある。主な欠点は、この手法は腹部を完全に閉鎖するためにもう一度外科的処置が必要となることである。しかし手術により洗浄する機会が得られる。他の合併症は明らかな液体や蛋白の喪失であり、そのため循環血液量の不足、貧血、低蛋白血症が生じる。これらの状態を見極め、適切な処置を行う必要がある。

参考文献

1. Burrows CF, Bovee KC: Metabolic changes due to experimentally induced rupture of the canine urinary bladder. Am J Vet Res 35: 1083-1088, 1974.
2. Cowell RL, Tyler RD, Meinkoth JH: Abdominal and thoracic fluid. In Cowell RL, Tyler RD (eds): Diagnostic Cytology of the Dog and Cat. Goleta, CA, American Veterinary Publications, 1989, pp 151-156.
3. Crowe DT, Bjourling DE: Peritoneum and peritoneal cavity. In Slatter DH (ed): Textbook of Small Animal Surgery. Philadelphia, W. B. Saunders, 1993, pp 407-430.
4. Hosgood G, Salisbury SK: Generalized peritonitis in dogs: 50cases (1975-1986). J Am Vet Med Assoc 193: 1448-1450, 1988.
5. King LG: Postoperative complications and prognosotic indicators in dogs and cats with septic peritonitis: 23cases (1989-1992). J Am Vet Med Assoc 204: 407-414, 1994.
6. MacCoy D: Peritonitis. In Bojrab MJ (ed): Pathopysiology in Small Animal Surgery. Philadelphia, Lea & Febiger, 1981, pp 142-147.
7. Rubin MJ, Blahd WH, Stanisic TH, et al: Diagnosis of intraperitoneal extravasation of urine by peritoneal lavage. An Emerg Med 14: 433-437, 1985.
8. Shaw PM, Kim KH, Ramirez-Schon G, et al: Elevated blood urea nitrogen: An aid to the diagnosis of intraperitoneal rupture of the bladder. J Urol 122: 741-743, 1979.
9. Shelly SM, Scarlett-Kranz J, Blue JT: Protein electrophoresis in effusions from cats as a diagnostic test for feline infectious peritonitis. J Am Animal Hosp Assoc 34: 495-500, 1998.
10. Sparkes AH, Gruffydd-Jones TJ, Harbour DA: An appraisal of the value of laboratory tests in the diagnosis of feline infectious peritonitis virus infection. J Am Animal Hosp Assoc 30: 345-350, 1994.
11. Withrow SJ, Black AP: Generalized peritonitis in small animals. Vet Clin North Am (Small Animal Pract) 9: 363-379, 1979.
12. Woolfson JM, Dulisch ML: Open abdominal drainage in the treatment of generalized peritonitis in 25 dogs and cats. Vet Surg 15: 27-32, 1986.

77. カリウム異常
POTASSIUM ABNORMALITIES
Wayne E. Wingfield, D.V.M, M.S.

1. 体内のカリウムの多くはどこにあるか？

　細胞内液（ICF）におけるカリウム濃度は約150mEq/Lである。ところが細胞外液（ECF）や血漿中の濃度は約4〜5mEq/Lである。

2. ICFとECFのカリウム濃度を保持するための生化学的流れとは？

　ナトリウム／カリウム（Na+/K+）アデノシン・トリフォスファターゼ・ポンプの作用により、細胞からナトリウムを放出し、細胞内にカリウムを取り込む。この働きは体内のすべての細胞で行われている。さらに、細胞は外部と比較すると電気的に陰性であり、細胞内のカリウムの保持に役立っている。

3. カリウム濃度がICFに比べECFで低い場合、電気的な過程がECFのカリウム濃度の変化の影響を受けるのはなぜか？

　心筋の刺激伝導や平滑筋や骨格筋の収縮のような電気的作用を決定するのは、ECFとICFのカリウム濃度の比率である。ECFのカリウム濃度は低いため、ECFでのわずかな絶対的変化でさえ、ECFとICFのカリウム濃度の比率の大きな変化となる。

4. ECFとICFの間でのカリウムの変動に影響を与える要因は？
   - 酸－塩基交換：酸血症は水素イオンの細胞内緩衝作用を導き、細胞外液にカリウムを移動をさせる。そのためECFのカリウムは増加する。アルカローシスでは、カリウムは細胞外から細胞内に移動する。
   - ホルモン：インシュリン、エピネフリン、成長ホルモン、アンドロジェンは細胞へのカリウムの移動を促進する。
   - 細胞代謝：蛋白とグリコーゲンの合成はカリウムの細胞内結合と関連している。
   - 細胞外カリウム濃度：ECFのカリウムレベルが高い場合は、逆にカリウムはICFに移動する傾向がある。

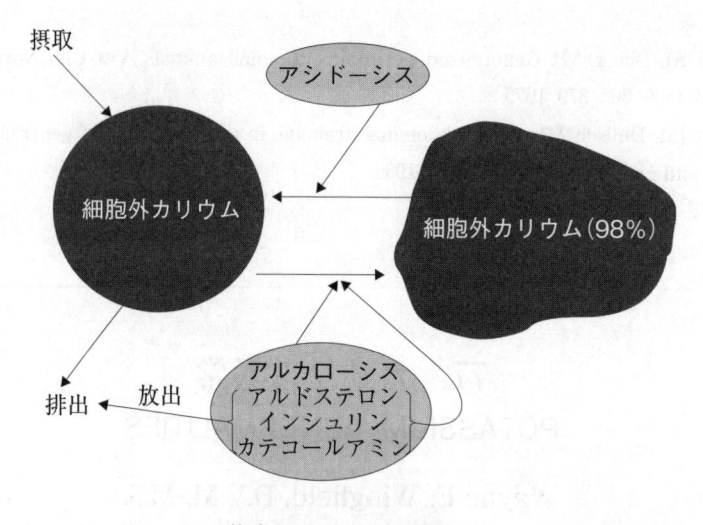

体内のカリウムの動態

5. 腎臓ではカリウムはどのように調節されているか？

　多くのカリウムは近位尿細管で再吸収され、遠位尿細管で排泄と再吸収が行われる。健康な動物はたいていカリウムが過剰であり、排泄の必要がある。

6. カリウムの主な調節ホルモンは？
　副腎皮質で産生されるアルドステロンは、遠位ネフロン、腸、汗腺でカリウムを排泄し、ナトリウムの再吸収を促進する。主な作用は腎臓で起こり、アルドステロンの放出はECFのカリウム増加時に多くなり、ECFのカリウム減少時に少なくなる。

7. カリウムの腎排泄が増加するのはどのような原因か？
- 静脈内へのカリウムの投与。
- 循環量の減少は、アルドステロンの分泌の増加を引き起こす。
- アルカローシスはカリウムの腎排泄を促進する。
- 遠位ネフロンへ放出したナトリウムの増加は、遠位ネフロンでのカリウム排泄と引き換えにナトリウムの再吸収を促進する。
- 遠位ネフロンでの塩化物濃度の減少は、重炭酸塩や硫酸塩のような、より少ない透過性イオンを再吸収するためにナトリウムを必要としている。そのため遠位ネフロンにおいて尿細管の陰イオンが増加する。陰イオンの増加はカリウムの排泄を抑制する。
- 薬物、特に利尿薬。

8. カリウム喪失のその他の原因は？
　カリウムの喪失は胃腸からも起こる。一般に、下痢はカリウムの腸からの喪失量を増加させる。上部胃消化管からの嘔吐は、アルカローシス、循環血液量の減少（アルドステロン分泌の増加）、塩化物の減少（77-7.参照）により腎臓からのカリウム排泄を引き起こす。

9. カリウムの血清濃度によって体全体の濃度を誤って見積るのはどのような場合か？
　細胞膜を通過するカリウムと水素イオンの移動は、酸血症患者においてpHが0.1低下するたびに、約0.6mEq/Lの血清カリウムが増加する。アルカリ血症はpHが0.1上昇するたびに、0.1〜0.4mEq/Lの血清カリウムが低下する。このように血清カリウムを評価するには酸-塩基状態を考慮することが重要である。

高カリウム血症

10. 高カリウム血症と診断するのは、カリウム濃度がどのぐらいのときか？
　血清カリウム濃度が5.5mEq/L以上のときに高カリウム血症と診断する。

11. 犬、猫の高カリウム血症で最もよくみられる原因は？
　1. カリウム摂取の増加
- 最も多いのは、静脈内への不適切な混入やカリウム塩化物が多すぎることである
- 細胞での移動形態
　　インシュリンの欠乏
　　急性ミネラルアシドーシス（HCl、NH_4Cl）
　　急性腫瘍崩壊症候群
　　主要な組織の損傷

　　　　　　ジキタリス中毒
　　　　　　血栓塞栓症による再灌流
　2. 腎排泄の減少
　　• 尿道閉鎖症
　　• 無尿あるいは乏尿性の腎不全（糸球体濾過量や尿排出の明らかな減少を招く）
　　• 副腎皮質機能低下症
　　• 薬物
　　　　　アンギオテンシン変換酵素（ACE）阻害薬
　　　　　カリウム保持性利尿薬
　　　　　非ステロイド系抗炎症薬（NSAIDs）
　　　　　ヘパリン

12. 高カリウム血症の明らかな臨床症状は？
　　衰弱や神経筋肉麻痺（CNS障害を伴わない）、腎アンモニア発生の抑制（代謝性アシドーシスを生じる可能性がある）および徐脈は、高カリウム血症でよくみられるものである。

13. 高カリウム血症において最もよくみられる心電図所見は？
　　心拍数の減少、P波の振幅の減衰、QRS間隔の延長は、高カリウム血症において最もよくみられる心電図所見である。昔から高カリウム血症の心電図所見と考えられているスパイクT波は、臨床的には滅多に認められない。

14. 高カリウム血症の治療の目的は？
　　• 心臓への毒性作用の改善
　　• ECFからICFへのカリウムの移動
　　• 体内のカリウム濃度の減少

15. 高カリウム血症は、どのように管理するか？
　　• カリウム投与の中止（例えば、静脈点滴液、塩化物、カリウム塩化物、カリウムペニシリンなど）
　　• カルシウム・グルコネートの投与（10%生理的食塩液の2〜10mL）（心臓への毒性作用を改善）
　　• 重炭酸ナトリウム（0.25〜1mEq/kg IV）やECFからICFへのカリウム移動のためのレギュラーインスリン（0.5〜1.0U/kg IV）とともに25%デキストロースの投与の検討
　　• ECFを希釈するための静脈内への大量のカリウムが含まれていない晶質液の投与

低カリウム血症

16. 低カリウム血症と診断するのに必要な血清カリウムのレベルは？
　　血清カリウム濃度が<3.0mEq/Lのときは、中程度−重度の低カリウム血症である。低カリウム血症では、多くの獣医師はアシドーシスがICFからECFへのカリウムの移動によって血

清カリウム濃度を上昇させることを忘れている。このようにアシドーシスの患者では、実際の体内の血清カリウム濃度は測定値よりも低い（77-9.参照）。

17. 危篤状態の動物で最もよくみられる電解質の異常は？

　低カリウム血症について学んでいれば、真実の答えを推測することができる！事実 Van Pelt による研究では、460例の動物の約43.5%に低カリウム血症を確認した。マグネシウムについての章を読むと、マグネシウム不均衡が最もよくみられる電解質異常であることに気付くだろう（387ページを参照）。どのイオンが最もよく異常を示すかということにはたいした差違はない。重要な点は、多くの犬猫がカリウムもマグネシウムも低いと思われていることである。この2つのイオンの関係は非常によく似ている。そのためしばしば、難治性の高カリウム血症の動物は、マグネシウムの投与開始後すぐに反応する。

18. 低カリウム血症でよくみられる原因は？
  1. 食欲の減少
  2. 細胞間の移動
     - カテコールアミン（エピネフリン、ドブタミン）
     - アルカローシス
     - 代謝性アシドーシス
     - インシュリンあるいはグルコースを含有する液体
     - 低体温（？）
     - 低カリウム性麻痺（バーミーズ・キャット）
  3. カリウムの喪失
     - 腎臓
        利尿療法
        嘔吐
        過換気
        肝硬変
        ステロイド療法
        過度の胃内容物吸引による喪失
        カリウムフリーの晶質液やグルコースの投与
        猫の慢性腎不全
        閉鎖後の多尿症
        過度のミネラルコルチコイド（副腎機能亢進症や原発性アルドステロン症）
        ACE阻害薬療法
     - 腎臓以外
        下痢
        嘔吐（大部分はアルカローシスで腎より喪失）

19. 低カリウム血症の臨床症状は？

　低カリウム血症の臨床症状は頸腹屈曲位（猫）に関連し、腎濃縮作用の減少から尿崩症や多

飲多尿を起こす。一般にこれらの所見は、中〜重度のカリウムの枯渇で生じる。このように血清カリウム濃度の減少は、程度にかかわらず重要なことである。

　低カリウム血症の最も重要な作用は、心筋の伝導異常（不整脈）である。この作用は動物に強心配糖体を投与する場合に明らかである。低カリウム血症も、横紋筋や平滑筋に影響を与える。多くの動物では筋肉の虚弱や麻痺、そして胃腸機能の異常（イレウス）を示す。

20. 犬、猫の体内のカリウムの喪失量をどのように見積るか？
　今のところ、体内のカリウムの喪失量を評価する方法はない。血清カリウム濃度は輸液療法管理に用いられる。

21. カリウム塩化物の静脈内投与の指標は？

血清カリウム濃度 (mEq/L)	晶質液1Lに加えられる カリウムの (mEq/L) の量
< 2.0	80
2.1 〜 2.5	60
2.6 〜 3.0	40
3.1 〜 3.5	30
3.6 〜 5.0	20

22. 動物へのカリウム投与でみられる主な2つの合併症は？
　1. カリウムが非常に速く投与されると、心臓麻痺（しばしば致死的）が生じる。
　2. カリウム塩化物は非経口的に与えられると、静脈炎を起こす可能性があり、また経口的に与えると嘔吐することがあるといった刺激薬である。

参考文献

1. Barxmeyer DL, Keyes JL: The pathopysiology of potassium balance. Crit Care Nurs 16 (5): 59-71, 1996.
2. Dhein CR, Wardrop KJ: Hyperkalemia associated with potassium chloride administration in the cat. J Am Vet Med Assoc 206: 1565-1566, 1995.
3. DiBortola SP, de Morais HAS: Disorders of potassium: Hypokalemia and hyperkalemia. In DiBartola SP (ed): Fluid Therapy in Small Animal Practice. Philadelphia, W. B. Saunders, 1992. pp 89-115.
4. Dow SW, Fettman MJ, LeCouter RA, et al: Potassium depletion in cats: Renal and dietary influences. J Am Vet Med Assoc 191: 1569-1575, 1987.
5. Nemzek JA, Kruger JM, Walshaw R, et al: Acute onset of hypokalemia and muscular weakness in four hyperthyroid cats. J Am Vet Med Assoc 205: 65-68, 1994.
6. Rose BD: Introduction to disorders of potassium balance. In Rose BD (ed): Clinical Pysiology of Acid-Base and Electrolyte Disorders, 3rd ed. New York, McGraw-Hill, 1994, pp 702-714.
7. Van Pelt DR, Meyer DJ, Salman MD, et al: Serum electrolyte values in emergency patients: A

review of 460 dogs and cats. J Vet Emerg Crit Care 1997 [accepted for publication].
8. Wingfield WE: Potassium and magnesium: The two most important ions in critically ill patients. Vet Prev 3 (2): 8-13, 1996.

78. マグネシウム異常
MAGNESIUM ABNORMALITIES
Linda G. Martin, D.V.M, M.S.

1. マグネシウムの重要な機能は？
 マグネシウムの投与は、血管平滑筋の活動状態の調節、電気信号のトランスダクション、アデノシン三リン酸（ATP）の産生、核酸の合成、リンパ球刺激、サイトカインの産生に関与する。

2. どのような細胞膜結合ポンプが補酵素としてマグネシウムを利用するか？
 ナトリウム-カリウム ATPase、カルシウム ATPase、プロトン・ポンプである。

3. マグネシウムは体内でどのように分布しているか？
 マグネシウムは元々は細胞内陽イオンである。ほとんどのマグネシウムは骨（60%）、筋肉（20%）で認められる。残りは他の組織でみられ、主に心臓と肝臓である。体内のマグネシウムの約1%は血清と体内間質液にみられる。

4. 低マグネシウム血症の3つの一般的な原因は？
  - 摂取の減少
  - 喪失の増加
  - 分布の変化

5. 短期間の食欲不振が重大な低マグネシウム血症を引き起こすことがあるか？
 いいえ。食物摂取によるマグネシウムの減少によりマグネシウムの枯渇を生じるのには、数週間その状態が持続されなければならない。

6. 臨床的な状況において、摂取の減少による低マグネシウム血症はどのように生じるか？
 静脈内輸液療法の長期化、腹膜透析、もしくはマグネシウムの回復や維持レベルの補充にならない非経口的栄養補給。

7. 体内からのマグネシウム喪失の主な経路は？
　　胃腸と腎臓。

8. マグネシウムの尿排泄を増加させることが知られている薬物は？
　　ジギタリス、フロセミド、サイアザイド系利尿薬、そしてマンニトールである。

9. 腎尿細管の障害を引き起こしたり、マグネシウムの腎からの喪失を招く薬物は？
　　アミノグリコシド、アンフォテンシン、シスプラチン、カルベニシリン、セファロスポリンである。

10. 循環中のマグネシウムの再分布は、どのように低マグネシウム血症を引き起こすか？
　　低マグネシウム血症は、マグネシウムの隔離による細胞外から細胞内への移動やキレート化により引き起こされる。グルコースやインシュリンあるいはアミノ酸の投与でマグネシウムが細胞内へ移動することがある。敗血症や外傷性神経症のある動物でのカテコールアミンの増加は、β-アドレナリン刺激の脂肪分解による低マグネシウム血症を引き起こす。遊離脂肪酸は変性し、マグネシウムをキレート化させ、その結果不溶性の塩類を生じる。またクエン酸塩加血液を多量に投与すると、マグネシウムイオンをキレート化する。急性膵炎では、マグネシウムは不溶性の石鹸状の形態をとることがある。またマグネシウムの隔離により脂肪の壊死を生じることもある。

11. 重大な低マグネシウム血症の患者において、2つの最も影響を受けやすい器官は？
　　心臓血管系と神経・筋肉系。

12. 低マグネシウム血症で起こる不整脈は？
   - 心房細動
   - 上室性頻脈
   - 心室性期外収縮
   - 心室性頻脈
   - 心室細動
   - ジキタリス性不整脈

13. 低マグネシウム血症の患者が、ジキタリス性不整脈に陥りやすいのはなぜか？
　　マグネシウムの欠乏は、心筋層によるジギタリスの取り込みを高めるばかりではなく、ジギタリスによって心筋層のナトリウム-カリウム ATPase ポンプを抑制する。この抑制は、静止膜電位の妨害や作用電位の再分極を引き起こす。さらに、マグネシウムへのカルシウム・チャンネル・ブロッカーの作用は、マグネシウム欠乏状態まで低下させ、その後細胞内カルシウム含有量を増加させると思われる。この増加により、強心配糖体の毒性に対する感受性が高まり、ジキタリス性不整脈が進行することとなる。

14. 低マグネシウム血症における神経・筋の異常は？
    - 脱力
    - 運動失調症
    - 単収縮
    - 反射異常亢進症
    - 発作
    - 昏睡

15. 危篤状態の犬において、他のどのような電解質異常が低マグネシウム血症と関連しているか？
    低カリウム血症と低ナトリウム血症。

16. マグネシウム欠乏の評価はなぜ難しいか？
    体内マグネシウムの99％は細胞内に存在するため、血清マグネシウムレベルは体内の貯蔵量を表すものではない。そのため、血清マグネシウムレベルは、体内でマグネシウム欠乏があっても正常なことがある。

17. 血清マグネシウム濃度の測定のほかに、マグネシウムを評価する測定方法は？
    マグネシウムを評価する別の方法として、限外濾過やイオン化による測定と単核球のマグネシウムレベルの測定が考えられる。

18. 低マグネシウム血症が、カリウムの補正に反応しない低カリウム血症を引き起こすのはなぜか？
    マグネシウムがナトリウム−カリウムATPaseポンプ膜結合のための補因子であるため、マグネシウム欠乏はポンプ機能に障害を与え、カリウムを細胞から移動させることとなる。最終的にカリウムは尿中に排泄される。体内カリウムの枯渇は理解し難い問題であり、カリウムの多量の投与では、マグネシウムの欠乏が回復するまで低カリウム血症を調整できない例もある。

19. マグネシウムの投与はいつ行うべきか？
    血清マグネシウムレベルが1.2mg/dLよりも少なく、低マグネシウム血症による臨床症状（難治性の低カリウム血症、発作、心不整脈）がみられるときに、1.2mg/dLよりも高い血清濃度の投与を考慮する。

20. マグネシウム投与の前に評価されなければならない2つの要因は？
    腎機能と心筋伝導を障害する。マグネシウムは主に腎臓で排泄されるため、高窒素血症の患者ではマグネシウムの用量を50％まで少なくするべきであり、高マグネシウム血症に進行しないよう血清レベルを頻回にモニタリングする必要がある。マグネシウムは房室（AV）結節の伝導も延長する。そのため心筋伝導障害がある患者は、マグネシウムの適切な補正とECGの頻回な管理が必要である。

21. 低カルシウム血症が起こった場合、マグネシウムをどのような形で非経口的に投与するか？

　マグネシウム塩化物である。硫酸マグネシウムの非経口的な投与は、硫酸塩によるカルシウムのキレート化のために低カルシウム血症をより悪化させることがある。

22. 高マグネシウム血症の原因は？
- 急性、慢性の腎不全
- 副腎皮質機能低下症
- 副甲状腺機能亢進症
- 獣医師によるマグネシウムの過剰投与、特に腎不全のある患者おいて

　マグネシウムの排泄は糸球体濾過率の低下によって減少するため、高マグネシウム血症患者のほとんどが、程度は異なっていても腎機能不全を併発しているのは驚くべきことではない。副腎皮質機能低下症と副甲状腺機能亢進症により、血清マグネシウム濃度の緩やかな上昇が生じる可能性がある。

23. 高マグネシウム血症による心臓血管系の症状は？

　高マグネシウム血症では、心房心室の伝導を遅らせるため、PR間隔の延長とQRSの増高といったECGの変化が現れる。血清マグネシウムレベルが著しく上昇していると、3度のAVブロックや収縮不全が起こることもある。高マグネシウム血症は二次的に血管の抵抗を低下させるような低血圧を引き起こすことも報告されている。心筋収縮力はおそらく高マグネシウム血症の影響を受けない。

24. 高マグネシウム血症による神経・筋への症状は？

　高マグネシウム血症で最もよくみられる臨床症状は衰弱と反射減弱である。明らかなマグネシウム毒性は、昏睡と二次的に呼吸筋の麻痺を引き起こすことによる呼吸低下に関係する。

25. 高マグネシウム血症の治療について述べよ。

　まず、すべての外因性マグネシウムの投与を中止することである。さらに高マグネシウム血症の程度、臨床症状、腎機能に基づいて治療を行う。軽度の臨床症状のある患者で腎機能が正常な場合は、補助的な看護と経過観察により治療を行う。反応性の消失、呼吸の低下、血行動態の不安定などの重症例では、マグネシウムの腎排泄を促進するために生理的食塩液利尿やフロセミドによる治療を行う必要がある。不整脈や血行動態の不安定があれば、静脈内にカルシウムの投与も行う。カルシウムは神経筋肉接合部でマグネシウムの直接的な拮抗物として作用し、高マグネシウムの影響を阻止するのに効果がある。

参考文献

1. Arsenian MA: Magnesium and cardiovascular disease. Prog Cardiovasc Dis 35: 271-310, 1993.
2. Cannon LA, Heiselman DE, Dougherty JM, et al: Magnesium levels in cardiac arrest victitims: Relationship between magnesium levels and successful resuscitation. Ann Emerg Med 16: 1195-1199, 1987.

3. Cobb M, Michell AR: Plasma electorolyte concentrations in dogs receiving diuretic therapy for cardiac failure. J Small Animal Pract 33: 526-529, 1992.
4. Dhupa N: Magnesium therapy. In Bonagura JD (ed): Kirk's Current Veterinary Therapy XII. Philadelphia, W. B. Saunders, 1995, pp 132-133.
5. Martin LG, Matteson VL, Wingfield WE, et al: Abnormalities of serum magnesium in critically ill dogs: Incidence and implications. J Vet Emerg Crit Care 4: 15-20, 1994.
6. Martin LG, Van Pelt DR, Wingfield WE: Magnesium and the critically ill patient.In Bonagura JD (ed): Kirk's Current Veterinary Therapy XII. Philadelphia, W. B. Saunders, 1995, pp 128-131.
7. Martin LG, Wingfield WE, Van Pelt DR, et al: Magnesium in the 1990's: Implications for veterinary critical care. J Vet Emerg Crit Care 3: 105-114, 1993.
8. Olerich MA, Rude RK: Should we supplement magnesium in critically ill patients? New Horizons 2: 186-192, 1994.
9. Salem M, Kasinski N, Munoz R, et al: Progressive magnesium deficiency increases mortality from endotoxin challenge: Protective effects of acute magnesium replacement therapy. Crit Care Med 23: 108-118, 1995.
10. Salem M, Munoz R, Chernow B: Hypomagnesemia in critical illness: A common and clinically important problem. Crit Care Clin 7: 225-252, 1991.

79. 低蛋白血症
HYPOPROTEINEMIA
Michael R. Lappin, D.V.M,. Ph.D.

1. 低蛋白血症とはどのようなものか？

低蛋白血症とは、血清総蛋白が犬で＜5.4g/dL、猫で＜5.9g/dLのことである。低蛋白血症は、普通グロブリンの減少（犬で＜1.9g/dL、猫で＜2.9g/dL）、もしくはアルブミンの減少（犬で＜2.7g/dL；猫で＜2.3g/dL）、あるいはグロブリンとアルブミンの減少（汎低蛋白血症）の結果起こるものである。体内に存在する他の蛋白質としては、リポ蛋白、糖蛋白、ムコ蛋白質、フィブリノーゲン、凝固因子がある。

2. 血清グロブリンは主にどこで作られるか？

α、β、γグロブリンは、全血清グロブリンを構成する。α、βグロブリンは主に肝臓で産生され、γグロブリンはBリンパ球やプラズマ細胞で産生される。

3. 血清アルブミンは主にどこで作られるか？

アルブミンは肝臓で産生される。

4. 低アルブミン血症の主な原因は？

　低アルブミン血症の患者で臨床的に最も関連のある原因は、血管内からの喪失や、肝臓での産生の減少、過度の静脈内輸液による血液希釈である。血管内からのアルブミンの喪失が最もよくみられる部位は腎臓や胃消化管、組織や漿膜でのアルブミンのサードスペース、つまり胸膜腔や腹腔である。重度の肝不全におけるアルブミン産生の減少もまた、低アルブミン血症でよくみられる原因である。断食や栄養不良で低アルブミン血症を生じることは、ほとんどない。

5. 低グロブリン血症の主な原因は？

　低グロブリン血症のほとんどが、胃消化管からの喪失により引き起こされる。アルブミンも通常同時に失われ、結果として汎低蛋白血症を生じる。腎疾患やサードスペースでは、血管内からグロブリンの喪失が生じることはあまりない。低グロブリン血症が肝不全から引き起こされることはほとんどない。α、βグロブリンは減少するが、γグロブリンは一般的に増加するからである。この多クローン性免疫グロブリン異常症は、肝細網内皮系による抗原除去が低下するためである。つまり増加した末梢抗原は、抗体を産生するために末梢Bリンパ球とプラズマ細胞を刺激する。先天性低グロブリン血症はきわめて珍しい。

6. 低蛋白血症の動物で緊急治療が行われるのはなぜか？

　低アルブミン血症の多くの動物では、呼吸困難や腹部膨満あるいは周囲の浮腫がみられる。アルブミンは膠質浸透圧の維持のために最も重要な蛋白質である。そのため低アルブミン血症は、胸腔漏出や腹膜滲出液で最もよくみられる原因である。心嚢水の増加や心タンポナーゼは低アルブミン血症から生じることはほとんどない。低蛋白血症が原因で引き起こされる臨床症状はしばしば明らかである。時おり、呼吸困難は抗トロンビンⅢ（ATⅢ）欠乏により肺血栓塞栓症を引き起こすことがある。ATⅢはアルブミンとほぼ同じ分子量で、蛋白腸症と喪失性腎とともに失われる。

7. 蛋白喪失性腎症の原因と臨床症状は？

　多尿症と多飲多渇症は最もよくみられる症状である。食欲不振や腎疾患以外の症状についても幾つか報告されている。蛋白喪失性腎症は、糸球体腎炎やアミロイドーシスと関連している。犬猫における糸球体腎炎は、一般に免疫複合体による疾患である。全身紅斑性狼瘡は最もよくみられる免疫性疾患である。細菌、真菌、寄生虫、新生物、薬物、ワクチンからの慢性的な抗原刺激は、蛋白喪失性腎症を引き起こすことがある。*Ehrlichia canis*、*Brucella canis*、*Dirofilaria immitis* は糸球体腎炎を引き起こす伝染性の例である。

8. 蛋白喪失性腸症の原因と臨床症状は？

　蛋白喪失性腸炎の多くの動物は嘔吐、小腸性や大腸性あるいは両者による下痢の症状を示す。約5～10％のものについては、胃腸管の症状は知られていない。蛋白喪失性腸症は、胃腸管のび漫性あるいは巣状的な障害により生じる。寄生虫、腸の炎症性疾患、新生物、リンパ管拡張症はよくみられる原因である。

9. 肝不全の原因と臨床症状は？
　肝不全は一般的に先天性門脈シャントか慢性肝炎で起こり、先天性門脈シャントでは肝萎縮を、慢性肝炎では硬変を引き起こす。肝不全の動物は一般的に食欲不振、唾液分泌過多、嘔吐、下痢、発育不良、肝性脳症あるいは尿酸塩結石形成による下部尿路の症状を示す。

10. アルブミンのサードスペースの原因と臨床症状は？
　アルブミンは血管内から胸腔内、腹腔内、組織内に失われる。脈管炎から生じる組織のサードスペースは、一般的に免疫性あるいはエールリッヒ病やロッキー山紅斑熱のような伝染性の脈管炎から生じる。高蛋白腹水症（変成した漏出液）は右心不全、後大静脈疾患、心タンポナーゼから最もよく引き起こされるものである。新生物は胸腔内や腹腔内へ、アルブミンや他の蛋白の喪失を引き起こすことがある。脈管炎のある動物は元気消失、発熱、食欲不振を示す。非特異的な臨床症状は、液体のサードスペースがある組織により異なる。呼吸困難や腹部膨満は共通している。

11. 低蛋白血症が疑われる動物に対する初期の診断計画は？
　診断および治療的胸腔穿刺は、呼吸困難を示す多くの動物に対して行われる。液体波動が身体検査で確認されば腹腔穿刺を行う。細胞数、蛋白量、細胞分析を採取された液体で行う。低アルブミン血症や低グロブリン血症、もしくは両者は血清検査により明らかになる。CBC、生化学パネル、尿分析を、低蛋白血症により臨床症状のある多くの動物で行う。アルブミンおよびグロブリンの値を基に鑑別診断を行う。

グロブリン濃度を基本にした低アルブミン血症の動物の鑑別診断

症状	グロブリン濃度
蛋白喪失性腎症	正常
蛋白喪失性腸症	減少
肝不全症	正常あるいは減少
サードスペース	正常あるいは減少

12. 低アルブミン血症の動物を評価するのに用いられる特別な診断は？
- 膿尿や血尿のない蛋白尿があれば、蛋白：クレアチニン比は、蛋白喪失の程度を評価するために用いられる。抗原の原因をみつけるため伝染病血清検査、抗核抗体検査、胸部や腹部X線検査が行われることもある。
- 汎低蛋白血症があれば、潜在する根本原因を評価するために糞便の脂肪、糞便浮遊法、腹部X線、胃消化管の対比、内視鏡検査が行われる。
- 肝不全に一致する血液学、血清生化学、尿分析に異常があれば、肝機能異常を確認するために食前と食後の胆汁酸を測定する。超音波検査と肝バイオプシーは、明らかに肝不全がある動物において、より良い診断の指標となる。
- 蛋白喪失性腸症や蛋白喪失性腎症があれば、血栓塞栓症の危険性を評価するためにATⅢを測定することがある。

13. 低蛋白血症のある動物の緊急状態時の管理は？
   - 呼吸困難あれば、診断および治療のために胸腔穿刺術を行う。
   - 呼吸困難を改善させ、細胞学的評価のために液体を採取するために、胸腔あるいは腹腔から液体を十分に除去する。根本原因が確認され治癒するまで、液体は再産生され、潜在的に血清蛋白濃度はさらに失われていく。
   - 診断を評価するために血液と尿のサンプルを採取する。
   - 低アルブミン血症が生命を脅かすようであれば、血漿や合成コロイド液を投与する。治療の目的は、漏出液形成を十分少なくするためにコロイド浸透圧を増加させることである。アルブミン濃度を正常にするためには多量の血漿が必要である。ヘタスターチあるいは低分子デキストランは最もよく使用される合成コロイド溶液である（394 ページを参照）。

14. 慢性的な低蛋白血症の動物をどのように管理するか？
   効果的な管理法は根本原因を確定し、治療を成功に導くことだけである。蛋白喪失性腎症や蛋白喪失性腸症による低アルブミン血症（ATⅢが考えられる）の動物において、血栓塞栓症の危険性を少なくするために経口的にアスピリン1〜5mg/kg/日の投与が推奨されるケースある。

参考文献

1. Forrester SD: Diseases of the kindney and ureter. In Leib MS, Monroe WE (eds): Practical Internal Medicine. Philadelphia, W. B. Saunders, 1997, pp 293-299.
2. Fossum TW: Protein-losing enteropathy. Semin Vet Med Surg 4: 219-225, 1989.
3. Leib MS, Matz ME: Diseases of the intestine. In Leib MS, Monroe WE (eds): Practical Internal Medicine. Philadelphia, W. B. Saunders, 1997, pp 698-699.
4. Leib MS: Hepatobiliary diseases. In Leib MS, Monroe WE (eds): Practical Internal Medicine. Philadelphia, W. B. Saunders, 1997, pp 778-796.

80. 液体と電解質治療
FLUID AND ELECTOROLYTE THERAPY
Wayne E. Wingfield, D.V.M., M.S.

1. 血漿浸透圧とは？

血漿浸透圧とは、体内溶質と体内溶液の比により起こるものであり、水のバランスにより調節される。水分摂取の源は主に3つあり、摂取された水、フードに含まれる水、糖質や蛋白質や脂肪の酸化から生じる水である。水分は、皮膚や気管からの蒸発により失われたり便や尿からも喪失する。1〜2％と小さい血漿浸透圧の変化は、視床下部の浸透圧受容器により感知さ

れる。これらの受容体は、血漿浸透圧を正常に戻すために水の摂取（渇き）や水の排泄（抗利尿ホルモン：ADH）に影響を与える機能に働きかける。

2. 有効な循環量を定義せよ。

有効な循環量とは、組織に効果的に灌流する血管内腔の細胞外液（ECF）の一部として定義される。ナトリウム塩は細胞外腔に水を保持する主な溶質であるため、ECF容量や全体内ナトリウムに伴い変化する。そのため、腎ナトリウムイオンの変化によるナトリウムの調節と有効な循環量の維持とは深く関係している。

3. 有効な循環量の主な要因は？

(1) 交感神経系、(2) アンジオテンシンⅡ、(3) 腎ナトリウム排泄といった3つの主な因子が、有効な循環量を変化させる。循環量の低下は、低血圧として動脈圧受容器により感知され、末梢交感神経の緊張を増加させる原因となる。交感神経の緊張が増加すると、次に示すような特殊な代償性変化が起こり、正常な循環量に回復する。
- 静脈狭窄は、静脈還流を増加させる。
- 心筋収縮力や心拍数の増加は、心拍出量を増加させる。
- 動脈の血管収縮は、全身の血管抵抗と血圧を増加させる。
- レニン分泌の増加は、血管収縮の作用のあるアンジオテンシンⅡのレベルを増加させる。
- 腎尿細管のナトリウム再吸収が増加する（アンジオテンシンⅡとアルドステロン・レベルの増加のため）。

有効な循環量を変化させる交感神経の緊張は、一時的で代償的なものであり、腎のナトリウム排泄の適切な変動は、正常な循環量に回復するために必要である。

4. 高浸透圧に対する体内の主な防御能は？

高浸透圧（過剰な体内水における溶質の蓄積）に対する主な防御は、渇きの増強である。腎臓はADHの作用により水の喪失を最小限にし、水分の欠乏は食物摂取を増やすことにより調節することができる。

5. 低浸透圧はいつ起こるか？

低浸透圧は、体内溶質を希釈するような過剰な体内水から引き起こされたり、過剰な水の喪失（下痢）による溶質の喪失により起こることもある。腎臓は毎日多量の水を排泄するため、低浸透圧を招く持続的な水の保持は、腎臓からの水分排泄量を減少させるのみである。正常な腎機能を示す患者でみられる低浸透圧は、過剰な体内水の喪失状態における溶質の喪失のために違いない。

6. 循環血液量減少症（脱水）はどのようにして循環量を増加させるか？

血液量不足はレニン分泌を増加させる。その後のアンジオテンシンⅡの増加は、腎臓でのナトリウム保持と同時に血圧の上昇（血管収縮力の増加による）を招く（どちらも直接作用し、またアルドステロン分泌の増加を引き起こす）。ナトリウムの保持により、水も維持される。

7. 動物の脱水の程度をどのようにして判断するか？
　脱水を臨床的に評価するには、体重を連続して測定することが最も良い方法である。経験を重ねることにより、全身症状の脱水の程度が判断できるようになる。急性期の循環血液量の不足では、従来からの身体所見がのみが有効である。次に示す一般的な指標は、重大な血液量不足があるかどうかを見極めるものである。

脱水の推測	身体所見
＜5％	液体喪失の病歴はあるが、身体検査では異常が認められない
5	口腔粘膜の渇きはあるが、浅速呼吸や病的頻脈はない
7	軽度～中度の皮膚弾力の減少、口腔粘膜の渇き、わずかな頻脈、正常な血圧
10	中度～重度の皮膚弾力の減少、口腔粘膜の渇き、頻脈、血圧の減少
12	重度の皮膚弾力の喪失、口腔粘膜の渇き、明らかなショック症状

8. 皮下輸液はいつ、どの程度投与するべきか？
　軽度の脱水では、皮下輸液は有効である。等張液を用い、5～10mL/Ib（1ポンド：0.45kg）以上の液体を1カ所に投与するべきではない。皮下輸液の速度は通常、患者の状態により調節する。これらの液体は無菌的に投与し、適切な量を与えるために数カ所から輸液する。一般的に皮下投与された輸液剤は、6～8時間以内に吸収される。輸液剤がそれ以後もまだ皮下に残っている場合は、末梢灌流の回復のために静脈内輸液を検討する必要がある。

9. 腹腔内輸液についてはどうか？
　腹膜内投与は迅速で容易に行うことができ、輸液剤は通常吸収され、循環量を増加させる。しかし、腹腔内への投与は細菌性腹膜炎、内臓穿孔、横隔膜運動を妨害することによる呼吸の減少を招く危険性がある。犬における腹膜透析の経験では、腹腔内輸液により横隔膜が傷害され、胸腔内に輸液剤が入り込み、いずれ呼吸に影響を与えることが示されている。現在、腹腔内輸液は推奨できない。

10. 静脈内輸液はいつ、どのように行うか？
　一般に静脈内輸液は、犬猫で7％あるいはそれ以上の脱水がある場合に行われる。静脈内輸液が可能なのは、末梢静脈、頸静脈および骨内投与である。

11. 輸液の投与量をいつ、どのように見積るか？
　回復のために必要な輸液量は患者の状態により異なる。主に血液量の状態に関連し、次に体内の水分と電解質の回復を図る。

12. 輸液療法の3段階とは？
- 緊急期（92ページを参照）
- 回復期
- 維持期

13. 回復のためには輸液剤をどのくらい与えるべきか？

脱水状態に投与される輸液量は、輸液剤の必要量の評価に基づく。

1. 患者の状態を正常状態へ回復（欠乏量）。
2. 正常状態で失われていく量の回復（維持量）。
3. 持続する異常な喪失からの回復（持続的な喪失量）。

14. 欠乏量はどのように計算するか？

欠乏量は、身体検査による異常や体重の変化に基づいて推測できる。欠乏量の測定、つまり推測される脱水量は、体重によって増加する。24時間で脱水をすべて改善することは難しく、試みることで、それ以上の脱水を招くような尿中への喪失が生じることもある。そのため最初の24時間に、欠乏量の75～80％のみを改善させることが推奨される。動物がまったく食べたり飲んだりしない場合は、見積った欠乏量に毎日の維持量を加えなければならない。

例：10kgの犬に7％の脱水があるとする。最初の24時間でどのくらいの欠乏量を与えるべきか？水1kg＝1000mLと覚えておくこと。

　　　全欠乏回復量＝欠乏量＋維持量
　　　欠乏回復量（mL）＝脱水％×体重（kg）×1000（mL）×0.80
　　　欠乏回復量（mL）＝0.07×10（kg）×1000×0.80＝560mL

15. 輸液療法における維持量は？

維持量は、正常状態で失われていくものである。持続する喪失は著しいものとそうでないものに分けられる。著しい喪失、もしくは尿や便からの水の喪失は測定することができる。気付かないほどの喪失は正常であり、容易に測定することはできない。気付かない程度の水分喪失は浅速呼吸や発汗により生じる。維持量の1/3は気付かない喪失量を補い、2/3は著しい喪失量を補うものである。維持量の測定については、この章の最後にある『論点（399ページ）』を参照すること。

16. 輸液療法の回復期における連続的な喪失に対しどのように対処するか？

持続する異常な喪失に対する、粗雑だが有効な輸液の指標は、液体の喪失量を見積り、それを2倍にするものである。その結果は嘔吐、下痢、尿量によって失われた実際の量に驚くほど近い。

17. 動物が不適切な輸液量を投与された場合どうなるか？

体重の急激な変化は、水分の減少や増加により生じる。晶質液が与えられている間に体重が減少した動物は、おそらく不適切な輸液量が投与されている。サードスペースに液体（腹膜炎、子宮蓄膿症、胸膜滲出液）貯留が考えられる動物の体重は、当てにならないこともある。そのような動物はまだ脱水していても、体重は変化しない可能性がある。中心静脈圧の管理は5cmH$_2$Oより下回るのが好ましい。さらに、腎機能が正常であれば、脱水状態の動物の尿比重は1.025以上である。

18. 水和過剰での臨床症状は？

　従来より肺水腫は、過剰な水和によるものと考えられている。しかしながら臨床上、肺水腫は過剰水和の最終的な状態である。肺水腫が生じる前に、まず結膜水腫を伴う漿液性の鼻水に気付き、最終的に水腫が悪化する前に聴診によって肺のうっ血が示唆される。

19. よく使われる晶質液と電解質構成、pH、浸透圧を挙げよ。

溶液	Na$^+$	K$^+$	Cl$^-$	Ca^{2+}	Mg^{2+}	緩衝液 (mEq/L)	カロリー (Kcal/L)	浸透圧 (mOsm/L)
デキストロース5％液	–	–	–	–	–		170	278
0.45％生理的食塩液中のデキストロース2.5％液	77	–	77	–	–		85	280
乳酸加リンゲル液	130	4	109	3	–	乳酸塩、28	9	272
リンゲル液	147	4	156	4.5	–		–	309
Normosol-R	140	5	109	–	3	酢酸液、27 グルコン酸塩、23	15	294
乳酸加リンゲル液内の5％デキストロース	130	4	109	3	–	乳酸塩、28	179	525
生理的食塩液（0.9％）	154	–	154	–	–		–	308
デキストロース50％	–	–	–	–	–		1,700	2,525
0.9％生食内にデキストロース5％	154	–	154	–	–		170	–
塩化カリウム	–	2	2	–	–		–	–

20. 非経口輸液をどのように選択するか？

　輸液剤の選択には、どの電解質が喪失しているかを調べて、その疾病に対する病態生理学の知識に基づいた輸液療法を開始することが重要である。

特殊な疾患に対する輸液剤の選択

状態	血清 Na$^+$	K$^+$	Cl$^-$	HCO$_3^-$	循環量	輸液剤の選択
下痢	D	D	D	D	D	Normosol-R+KCl あるいは 乳酸加リンゲル液 +KCl
幽門狭窄症	D	D	D	I	D	0.9％生理的食塩液 + KCl
脱水	I	I	N	N/D	D	Normosol-R+KCl、乳酸加リンゲル液 +KCl、0.9％生理的食塩液 +KCl、5％デキストロース
うっ血性心疾患	N/D	N/D	N	N	I	0.45％生理的食塩液 + 2.5％デキストロース、5％デキストロース
末期の肝疾患	N/I	N/I	D	D	I	0.45％生理的食塩液 + 2.5％デキストロース

次ページへ続く

特殊な疾患に対する輸液剤の選択（続き）

状態	血清 Na⁺	K⁺	Cl⁺	HCO₃⁻	循環量	輸液剤の選択
急性腎疾患						
乏尿	I	I	I	D	I	0.9% 生理的食塩液
多尿	D	D	N/D	D	D	Normosol-R+KCl、乳酸加リンゲル液 +KCl
慢性腎疾患	N/D	N/D	N	D	N/D	Normosol-R、乳酸加リンゲル液、0.9% 生理的食塩液
	D	D	N/D	D	D	0.9% 生理的食塩液（± KCl）
副腎皮質機能低下症	D	I	I	N/D	D	0.9% 生理的食塩液
糖尿病性ケトアシドーシス	D	D	N/D	D	D	0.9% 生理的食塩液（± KCl）

D＝減少、I＝増加、N＝正常、KCl＝塩化カリウム

論 点

21. 動物がまったく飲食しない場合は、維持量としてどのくらいの輸液量を与えるべきか？

犬猫における水の必要要求量についてのデータはほとんどない。水とエネルギーの要求量は数字の上では同じである（エネルギー1 kcal＝水1 mL）。運が悪いことに、多くの筆者がまったく異なる輸液剤とエネルギー要求量を推奨している。水の必要量を見積るには、66mL/kg/日（30mL/ポンド/日）、$132\text{kcal} \times \text{kg}^{0.75}$、$156 \times \text{kg}^{0.667}$、$(30 \times \text{kg}) + 70$、$70 \times \text{kg}^{0.75}$ が用いられる。二次的なカロリー表を用いた研究では、推奨されている公式は犬猫が必要とするエネルギー（と水）より明らかに過量に見積っていると報告されている。

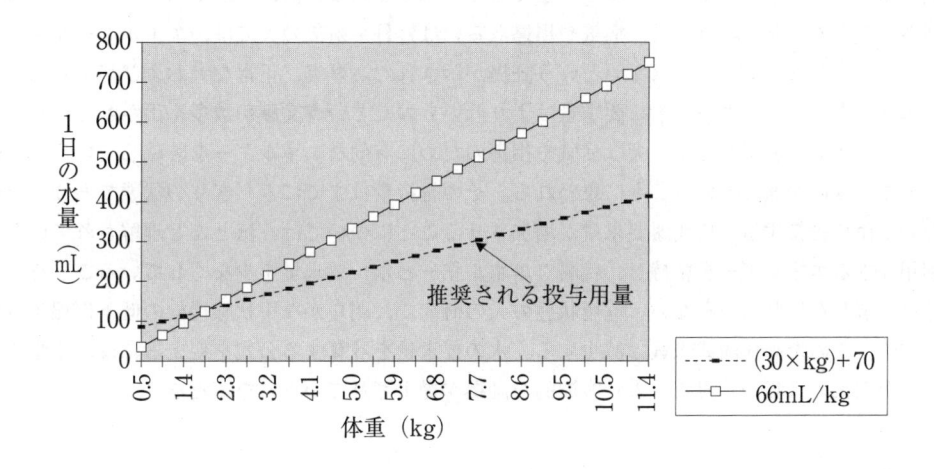

猫に対する維持輸液量。推奨される輸液量は公式により計算される。$(30 \times 体重[\text{kg}]) + 70$

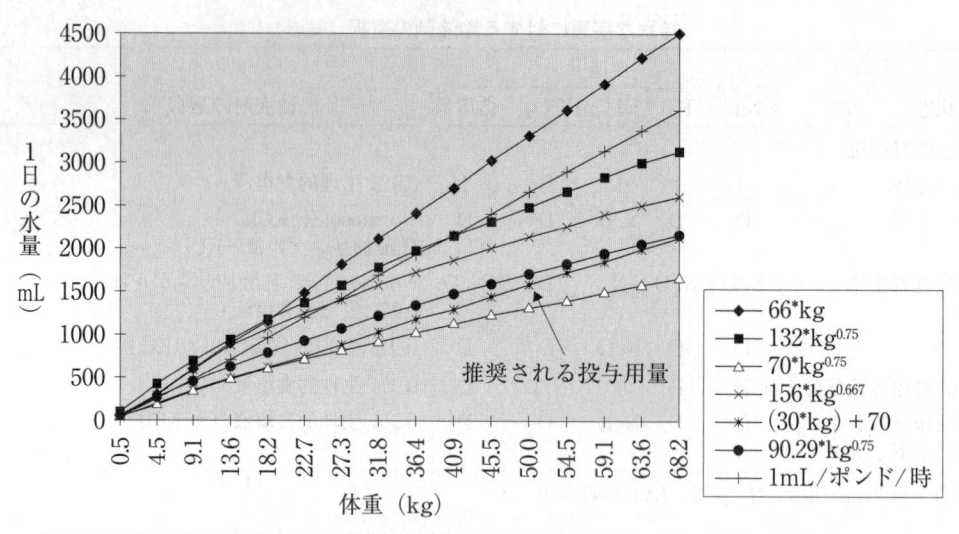

犬に対する維持輸液量。推奨される輸液量は公式により計算される。(30×体重〔kg〕) + 70

例:10kg の犬が7% の脱水嘔吐がある。24 時間にどのくらい輸液するべきか?
用量(要求される輸液 mL) = 欠乏量 + 維持量
= 〔0.07 × 10kg × 454 × 0.80〕+ 〔(10 × 30) + 70〕
= 〔560〕+ 〔370〕= 930mL

22. 病気の動物において上の公式により必要な水分が補えるか?
　病気の動物でのエネルギー(水)の要求量の問題については論議が続いている。一般に、病気、損傷、外科手術によりエネルギー必要量は増加する。これは、ヒトや動物のデータから外挿されたものである。その後、病気や損傷あるいは外科手術後の犬では、エネルギー要求量の増加がよくみられるものではないという証拠が示された。事実、正常な犬および病気もしくは心因性の犬のエネルギー(水)要求量はより低いものだという文献が数多く出されている。さらに、革新的な展望として、犬は病気や損傷のために有効なエネルギーを貯蔵していると期待することは筋が通っているように思われる。その維持量はすでにぎりぎりの状態であり、そのため生命を維持するのに代謝要求量が増加させることについては、ほとんど理解されていない。利用できるエネルギーを維持し、代謝(エネルギーと水)要求量を少なくしていることを、十分に理解しなければならない。危篤状態の犬の研究で、明らかな甲状腺機能の低下が報告されている。このため代謝要求量は減少する。水の要求量を計算する公式を変えるには、正常な犬猫また病気の犬猫から得た、より客観的な証拠が提出されてからになるだろう。

参考文献

1. Aberman A: The ins and outs of fluids and electrolytes. Emerg Med 14 (7): 121-127, 1982.
2. Adams LG, Polzin DJ: Mixed acid-base disorders. Vet Clin North Am Small Animal Pract 19: 307-326, 1989.
3. Bonner CW, Stidham GL, Westenkirchner DF, Tolley EA: Hypermagnesemia and hypocalcemia

as predictors of high mortality in critically ill pediatric patients. Crit Care Med 18: 921-928, 1990.
4. Concannon KT: Colloid oncotic pressure and the clinical of colloidal solutions.J Vet Emerg Crit Care 3: 49-62, 1993.
5. Dubick MA, Wade CE: A review of the efficacy and safety of 7.5% NaCl/ 6% dextran-70 in experimental animals and in humans. J Trauma 36: 323-330, 1994.
7. Duval D: Use of hypovolemic saline solutions in hypovolemic shock. Comp Cont Educ Pract 19: 1021-1057, 1989.
8. Haskins SC: A simple fluid therapy planning guide. Semin Vet Med Surg 3: 227-236, 1988.
9. Kronfeld DS: Protein and energy estimates for hospitalizsed dogs and cats. Proceedings of the Purina International Nutrition Symposium, January 15, 1991, Orlando, FL, pp5-11.
10. Ogilvie GK, Salmon MD, Kesel ML, et al: Effect of anesthesia and surgery on energy expenditure determined by indirect calorimetry in dogs with malignant and nonmalignant conditions. Am J Vet Res 57: 1321-1326, 1996.
11. Ogilvie GK, Walters LM, Salman MD, et al: Resting energy expenditure in dogs with nonhematopoietic malignancies before and after excision of tumors. Am J Vet Res 57: 1463-1467, 1996.
12. Schaer M: General principles of fluid therapy in small animal medicine. Vet Clin North Am Small Animal Pract 19: 203-213, 1989.
13. Schertel ER, Allen DA, Muir WW, et al: Evaluation of a hypertonic saline-dextran solution for treatment of dogs with shock induced by gastric dilatation-volvulus. J Am Vet Med Assoc 210: 226-230, 1997.
14. Thatcher CD: Nutritional needs of critically ill patients. Comp Cont Educ Pract Vet 18: 1303-1337, 1996.
15. Walters LM, Ogilvie GK, Salman MD, et al: Repeatability of energy expenditure measurements in clinically normal dogs by use of indirect calorimetry. Am J Vet Res 54: 1881-1885, 1993.
16. Walton RS, Wingfield WE, Ogilvie GK, et al: Energy expenditure in 104 postoperative and traumatically injured dogs with indirect calorimetry. J Vet Emerg Crit Care 6 (2): 71-75, 1996.

81. 酸-塩基平衡異常
ACID-BASE DISORDERS
Wayne E. Wingfield, D.V.M., M.S., and Suzanne G. Wingfield, R.V.T., V.T.S.

1. 5つのよくみられる酸-塩基平衡異常とそれぞれの例を挙げよ。

| 酸-塩基平衡異常 | よくみられる例 |
| 代謝性アシドーシス | 心肺機能の停止 |

代謝性アルカローシス	幽門閉鎖症による嘔吐
呼吸性アシドーシス	慢性閉塞性肺疾患
呼吸性アルカローシス	過呼吸
複合的酸-塩基平衡異常	胃拡張 – 捻転症候群

2. 4つの主な酸-塩基平衡異常をどのように診断するか？またそれぞれの障害に対し体はどのように代償しているか？

酸-塩基平衡異常	主な障害	代償
代謝性アシドーシス	↓ HCO_3^-	↓ $PaCO_2$
代謝性アルカローシス	↑ HCO_3^-	↑ $PaCO_2$
呼吸性アシドーシス	↑ $PaCO_2$	↑ HCO_3^-
呼吸性アルカローシス	↓ $PaCO_2$	↓ HCO_3^-

3. 酸-塩基ホメオスタシスに統括的な作用を及ぼす3つの臓器とは？
   - 肝臓：有機酸（乳酸塩）の肝代謝
   - 肺 ：二酸化炭素の排出
   - 腎臓：濾過した重炭酸塩の再生と蓄積した酸の排泄

4. 代謝性アシドーシスの原因を挙げよ。
   - 腎疾患
   - 下痢
   - 慢性嘔吐
   - 重度のショック状態
   - 真性糖尿病
   - 副腎皮質機能低下症

5. 代謝性アルカローシスの原因を挙げよ。
   - 急性の大量嘔吐
   - 幽門閉塞
   - 利尿剤の過剰使用
   - 重炭酸塩療法

6. 呼吸性アシドーシスの原因を挙げよ。
   - 麻酔
   - 呼吸抑制薬
   - 肥満
   - 慢性閉塞性肺疾患
   - 脳障害

7. 呼吸性アルカローシスの原因を挙げよ。
   - 発熱
   - 左 – 右短絡
   - ショック
   - 低酸素血症

8. アニオンギャップが意味するものは？
   アニオンギャップとは、血漿や血清の検体を用いてルーチンに検査された陽イオンと陰イオンの相違を表している。それは通常、次のように計算される。：

$$([Na^+] + [K^+]) - ([Cl^-] + [HCO_3^-])$$

Na＝ナトリウム、K＝カリウム、Cl＝クロール、HCO_3^-＝重炭酸塩

　カリウムはアニオンギャップに対してごく僅かしか影響を与えないため、上記公式で時おり用いられないことがある。アニオンギャップについての我々の病院の正常値は、猫で10〜27、犬で8〜25である。血漿蛋白に充電されないことは、多くの陰イオンが欠損していることの説明になる。というのは、他の陽イオン（カルシウム［Ca^{2+}］とマグネシウム［Mg^{2+}］）および陰イオン（リン酸塩、硫酸塩、有機陰イオン）の充電がうまく調和されていない傾向にあるためである。病気の原因がアニオンギャップを増加させるか否かに分類できるために、アニオンギャップは代謝性アシドーシスにおける鑑別診断に利用できる。

　酸は体内に蓄積するために、重炭酸塩により素早く細胞外へと緩衝される。酸が塩酸（HCl）であれば、次の公式が適用される。

$$HCl + NaHCO_3 \longrightarrow NaCl + H_2CO_3 \longrightarrow H_2O + CO_2$$

　その効果は、塩化物イオンによる細胞外重炭酸のmEqからmEqへの補充である。Cl^-とHCO_3^-濃度の和は保持された状態であるため、アニオンギャップは変化しない。血漿中の塩化イオン濃度が増加するため、この状態は高塩化性アシドーシスといわれる。逆に、もしH^+がCl^-以外の陰イオンにより蓄積されたら、細胞外HCO_3^-は測定されない陰イオンにとって代わられる。その結果、塩化物と重炭酸濃度の和は減少し、アニオンギャップが増加する。

9. アニオンギャップが上昇する代謝性アシドーシスの原因を挙げよ。
- エチレングリコール摂取
- 乳酸アシドーシス
- ケトアシドーシス
- サリチル酸中毒
- 尿毒症
- 極度の飢餓

10. アニオンギャップが減少する原因を挙げよ。
- 増加した測定されない陽イオン（K^+、Mg^{2+}、Ca^{2+}）
- 異常な陽イオンの追加（リチウム）
- 陽イオンの免疫グロブリンの増加（プラズマ細胞性悪液質）
- アルブミンのような測定されない陰イオンの喪失（低アルブミン血症）
- アルブミンへの有効な負の充電の喪失を生じる重度のアシドーシス

11. 強力なイオンは？
　強いイオンは、水で完全に分離された食塩である（例えば、Na^+、K^+、Cl^-）。

12. 強いイオンの違い（Strong Ion Difference：SID）は？
　SIDはすべての陽と負の強いイオン（通常、Na^+、K^+、＋Cl^-）で異なっている。SIDが増加するのは普通、代謝性アルカローシスのためであり、SIDの減少は通常、代謝性アシドーシスから生じる。

13. 塩基過剰（BE）とは？
　塩基過剰（BE）とは、塩基の総数（水素イオンを受け入れることができる物質）が正常な

緩衝塩基より多いか、少ないかの指標である。BE は mEq/L で表わされる。正の BE 値は過剰塩基（もしくは酸の欠乏）を示すが、負の BE 値は塩基の欠乏（もしくは酸の過剰）を示す。

14. BE に影響を与える４つの因子は？
    - 自由水（Na⁺）
    - 蛋白濃度
    - 塩基物濃度
    - 識別不可能な負のイオン（乳酸）

15. 乳酸アシドーシスとは？その原因を挙げよ。
    乳酸アシドーシスとは、解糖作用の最終産物である乳酸の蓄積である。この蓄積により体内の緩衝液は欠乏し、pH は低下する。乳酸アシドーシスの原因には次のようなものがある。
    - 細胞低酸素症
    - 糖尿病性ケトアシドーシス
    - 乳酸の肝利用の減少
    - 一酸化炭素中毒
    - シアン中毒
    - ニトロプルシッド・ナトリウム注入
    - 大きな腫瘍のある新生物

16. 患者の酸素飽和度の効率をどのように決めるか？
    酸素飽和度は、肺胞 - 動脈血酸素分圧勾配（A－a 勾配）を計算して決定される。動物が室内で呼吸（例、酸素 21％）をしているときの使用される公式を次に示す。

    A ＝計算された肺胞酸素＝（気圧計の圧 − 47）(0.21) − $PaCO_2$/0.8
    A ＝測定された PaO_2
    A － a 勾配＝ A － a

    この方程式では気圧計の圧、水蒸気圧（47）、室内の酸素濃度（21％ あるいは 0.21）、測定された PaO_2、呼吸商（0.8）、測定された PaO_2 を必要とする。

17. 動物が室内で呼吸している時の A － a 勾配の正常値は？
    - 正常＝ 0 〜 10
    - 急性呼吸困難症候群（？）＝ 21 〜 30
    - 正常（？）＝ 11 〜 20
    - 急性呼吸困難症候群＝ 30 〜

18. 動物が酸素を供給されている場合、酸素飽和度をどのように評価するか？
    動物が酸素を供給されている場合、81-16. の方程式を使うことができない。そのため次のような方程式を用いなければならない。

    A － a 勾配（供給された酸素）＝ PaO_2/F_IO_2

    このような例における動脈 PaO_2 は、吸入された酸素（F_IO_2）の濃度により変化する。マスクや経鼻通気カニューレで呼吸するとき、F_IO_2 は約 40％（F_IO_2 ＝ 0.40）である。気管内チューブを挿入し、カフを膨らますと、濃度は 100％（F_IO_2 ＝ 1.0）になる。方程式の結果が ≧200mm/Hg であれば、動物は適切な酸素飽和状態である。

19. 肺胞性低酸素症でよくみられる原因は？ A－a勾配への影響は？

原因	PaO₂の影響	A－a勾配の影響
異常な拡散	減少	増加
換気－血流不適合	減少	増加
右－左シャント	減少	増加

20. 動物の換気能力をどのように評価するか？

動脈血で$PaCO_2$を検査する。動物が低換気であれば、$PaCO_2$は増加する。過換気の動物の$PaCO_2$は減少する。

21. 動脈血液ガス（ABG）の正常値は？

パラメーター	正常値	範囲
pH	7.40	7.35～7.45
PaO₂	38	35～45
HCO₃⁻	24	22～27
PaO₂	92	80～110

22. 標高は正常値に影響を与えるか？

はい。コロラドのような場所で生活していると、高所における低酸素血症（正常PaO_2 = 78～92）の反応として赤血球は増加する。さらに、高所では動物がより速く呼吸することにより、$PaCO_2$（正常 = 28～32）と重炭酸（正常 = 18～22）が減少する。

23. ABGを評価するステップを順に述べよ。
  1. 答えなければならない最初の問題は、検体が動脈血か静脈血であるかである。酸素飽和（＞90％）とPaO_2（＞75mm/Hg）を基に区別する。
  2. 次にpHを決定する。動物はアシドーシス（pH＜7.35）か、あるいはアルカローシス（pH＞7.45）か？
  3. $PaCO_2$の評価
     - 呼吸性アシドーシス：$PaCO_2$＞45mm/Hg
     - 呼吸性アルカローシス：$PaCO_2$＜32mm/Hg
  4. HCO_3^-の評価
     - 代謝性アシドーシス：HCO_3^-＜20mEq/LとBE＜-5mEq/L
     - 代謝性アルカローシス：HCO_3^-＞27mEq/LとBE＞+5mEq/L
  5. 主に代謝性あるいは呼吸性の障害に対する代償性の反応であるかどうかを判定する。
  6. 複合的な酸－塩基平衡異常を明確にするためにBE検査を行う。
  7. A－a勾配を計算することで酸素飽和度を評価する。

8. アニオンギャップを計算する。

24. ABG$_s$ と 3 ます目並びの図表に共通するものは？
　酸 – 塩基平衡異常を診断するために ABG$_s$ の解釈を簡素化するには、3 つの質問を行う必要がある。
　1. pH はアシドーシスあるいはアルカローシスか？
　2. pH のアンバランスの原因は代謝性か呼吸性か？
　3. 酸 – 塩基平衡異常のための代償か？
　これらの質問に答えるために 3 ます目並びの図表を作り上げ、図表の上段に酸、正常、アルカリの用語を書き込む。

酸	正常	アルカリ

　患者の ABG 値と正常値を比較しながら、適切な場所に pH、PaCO$_2$、HCO$_3^-$ を書き込む。上段を含む 3 つの項目が縦の列になったら、患者の状態を診断する準備ができ上がる。
　例えば、真性糖尿病で 3 歳齢のイエロー・ラブラドール・レトリーバーの例を考えてみよう。ABG の結果は pH = 7.26、PaCO$_2$ = 42、HCO$_3^-$ = 17 であり、次のように図表に数値を書き込む。

酸	正常	アルカリ
pH	PaCO$_2$	
HCO$_3^-$		

　pH の段は患者がアシドーシスあるいはアルカローシスであるか否かを示す。pH、PaCO$_2$、HCO$_3^-$ の相対関係は、酸 – 塩基平衡異常の原因を明かにする。pH と PaCO$_2$ が同じ縦の列（正常なもの以外）に入れば、問題となるのは呼吸である。pH と HCO$_3^-$ が同じ縦の列に入れば、問題となるのは代謝である。このことにより正しい診断は代謝性アシドーシスである。

25. 酸 – 塩基平衡の変化で最もよく影響を受けるのは、どのような電解質か？
　血清カリウムである。重篤な代謝性アシドーシスの動物では血清カリウム濃度が増加する傾向があり、重篤なアルカローシスの動物では血清カリウム濃度は低下する傾向がある。pH が 0.1 変動すると、血清カリウムは約 0.6（0.3 ～ 0.8）mEq/L 変動する。pH が 0.1 上昇すれば、血清カリウムは 0.6mEq/L 低下する。pH が 0.1 下がれば、血清カリウムは 0.6mEq/L 上昇する。このことは糖尿病性ケトアシドーシスを治療するために非常に重要である。体内のカリウムは極度に欠乏しているだろうが、重篤なアシドーシスの動物では、初期の段階では血清カリウム濃度が上昇している。静脈内に晶質液とインシュリンの治療を行うことにより、アシドー

シスは改善され、カリウムの血清濃度は著しく低下するため、カリウムの補充を必要とする。

26. 動物の体温は ABG_s にどのような影響を与えるか？

　低体温では、正しくない ABG_s は PaO_2 と $PaCO_2$ を誤って減少させると同様 pH を誤って上昇させる。1℃（1.8°F）体温が減少するごとに、pH は 0.015 上昇し、$PaCO_2$（mm/Hg）は 4.4%減少し、PaO_2 は 7.2%（37℃参照）減少する。高体温は pH を減少させ、$PaCO_2$ と PaO_2 を同当量まで増加させる。すべての検体について ABG の判定がでる前に温度について補正すべきである。

27. パルス・オキシメトリーは、酸－塩基状態を理解するのにどのように貢献しているか？

　まったく貢献していない。パルス・オキシメトリーは酸素飽和度を測定し、酸－塩基あるいは呼吸状態の測定値を示すものではない。酸－塩基状態を判定するためには ABG 分析が必要である。

28. 静脈血液ガスは酸－塩基平衡の評価に利用できるか？

　はい。動脈や静脈の pH、$PaCO_2$、HCO_3^- は統計的に良い相関を示す。不幸なことに、次のような古い方程式で静脈血液ガス値を求めなければならない。
　(1) 動脈 pH = 0.329 +（0.961 ×静脈 pH）
　(2) 動脈 $PaCO_2$ = 7.735 +（0.572 ×静脈 $PaCO_2$）
　(3) 動脈 HCO_3^- = 0.538 +（0.845 ×静脈 HCO_3^-）

29. 心肺停止を起こすほど重篤ではない循環不全において、動脈と中心静脈の両サンプルを評価するのはなぜか？

　重篤な血行動態異常に陥っている患者では、ABG_s は肺のガス交換について重要な情報を与える。しかしながら、重度の低灌流がある場合は、組織レベルでの高炭素血症や酸血症が中心静脈血においてよく確認される。

30. 複合的な酸－塩基平衡異常とは？

　ここまでは、ただ 1 つの主な障害があると決めてかかっていた。しかしながら、実際の患者は 1 つ以上の障害（複合的な酸－塩基平衡異常）を持っている。これらの障害は、主な異常で起こる変化に対して生じると考えられる代償性反応を見極めることにより認識される。範囲外にある値は原因的な異常に付け加えられたものを示していると考えられる。多くの図表と数学公式が利用できる。不幸にも、数学的方程式は、特に急性と慢性の障害で異なるために、覚えておくことが難しい。図表は単純なものであるが、関連する病態生理学を理解することなく答えを導き出すことにより、酸－塩基平衡の分析は不可解なものになる。単純な代替法として、次に示すルールのように、まず最初に臨床的に最も重要な障害を明らかにすることである。

　ルール 1．pH を調べよ。pH が 7.40 付近のどこでも、pH を変化させるような過程が主な異常である。
　　　原則：体は主な酸－塩基平衡異常を十分に補うことはできない。
　ルール 2．アニオンギャップを計算しなさい。アニオンギャップが（20mEq/L であれば、

患者はpHや重炭酸濃度に関係なく、代謝性アシドーシスである。
原則：体は主な障害を代償するために大きなアニオンギャップを生じることはない。

ルール3. 過剰なアニオンギャップを計算し（全アニオンギャップから正常なアニオンギャップを引いたもの）、そしてこの値を重炭酸濃度測定値に加えなさい。その和が正常な血清重炭酸よりも高ければ、潜在的な代謝性アルカローシスである。その和が正常な血清重炭酸よりも小さければ、潜在的な非アニオンギャップ代謝性アシドーシスである。
原則：測定できない酸の1mEqは、重炭酸の1mEqを滴定する（＋Δアニオンギャップ＝−Δ［HCO_3^-］）。

論点

31. 代謝性アシドーシスを治療するために、いつ重炭酸ナトリウムを使用するか？

十分な輸液量が正常な組織に灌流されれば、ほとんどの酸‐塩基平衡異常は自然に調整される。難しい問題は、重度のアシドーシスの動物（pH＜7.10：重炭酸＜8）において重炭酸ナトリウムを投与するかどうかである。このケースでは重炭酸ナトリウムを投与するべきだが、一般的に代謝性アシドーシスを引き起こすために、重炭酸塩を用いて全体の不足を回復させようとしてはならない。筆者が用いている重炭酸塩輸液の公式を次に示す。

重炭酸塩の量＝0.4 ×（体重（kg））×（12−患者の重炭酸）

たいていのケースで、この用量の1/3をゆっくり静脈内に投与し、残りはその後8時間かけて投与する。血液ガスをモニターすることができれば、理想的には重炭酸ナトリウムだけを投与する。使用する用量は経験的上、0.25mEq/Lよりも多く投与するべきではない。

参考文献

1. Adrogué HJ, Nashad N, Gorin AB, et al: Assessing acid-base satatus in circulatory failure: Differences between arterial and central venous blood. N Engl J Med 320: 1312-1316, 1989.
2. Cornelius LM, Rawlings CA: Arterial blood gas and acid-base values in dogs with various diseases and signs of diseas. J Am Vet Med Assoc 178: 992-995, 1981.
3. Haber RJ: A practical approach to acid-base disorders. West J Med 155: 146-151, 1991.
4. Kollef MH, Schuster DP: The acute respiratory distress syndrome. N Engl J Med 332: 27-37, 1995.
5. Mays D: Turn ABGs into child's play. RN Jan: 36-40, 1995.
6. Van Pelt DR, Wingfield WE, Wheeler SL, et al: Oxygen-tension based indices as predictors of survival in critically ill dogs. J Vet Emerg Crit Care 1: 19-25, 1991.
7. Wingfield WE, Van Pelt DR, Hackett T, et al: Usefulness of venous blood in estimating acid-base status of the seriously ill dog. J Vet Emerg Crit Care 4: 23-27, 1994.

82. 門脈体循環シャント
PORTOSYSTEMIC SHUNTS

Derek P. Burney, D.V.M.

1. 門脈体循環シャントとは？

　門脈体循環シャントとは、門脈が体循環の静脈に結合している異常な血管の存在を示す。門脈体循環シャントが最も多くみられる部位は、静脈管の開存、もしくは門脈と尾下大静脈あるいは奇静脈の結合部である。

2. 先天性門脈体循環シャントと後天性の門脈体循環シャントの違いは？

　多くの後天性のシャントは様々な箇所でみられるが、肝外のシャントが多い。後天性のシャントは、慢性の肝疾患や肝硬変により高血圧が持続することから進行する。先天性の門脈体循環シャントは通常1カ所であり、肝内あるいは肝外にある。最も一般的な肝内門脈体循環シャントは静脈管開存である。

3. 門脈体循環シャントの発生しやすい犬種は？

　先天性の門脈体循環シャントは、どのような犬種でも起こりうるが、よくみられるのはミニチュア・シュナウザー、ミニチュア・プードル、ヨークシャー・テリア、ダックスフンド、ドーベルマン・ピンシェル、ゴールデン・レトリーバー、ラブラドール・レトリーバー、アイリッシュ・セッターである。後天性の門脈体循環シャントは、慢性肝疾患による二次的な疾患であり、どの犬種でも生じる可能性がある。

4. 門脈体循環シャントのある患者では、なぜ肝機能が低下するのか？

　静脈血は肝親和性成長因子と肝臓へのインシュリンの運搬を担っているために重要である。インシュリンがシャントにより肝臓を迂回すれば、かなりの量が他の器官で利用され、肝臓はほとんど利用できなくなる。静脈血流は、グリコーゲンの貯蔵、肥大、過形成、再生と同様、正常な肝臓の成長にとって重要なものである。先天性門脈体循環シャントでは肝萎縮、低形成、機能異常がみられることがある。

5. 門脈体循環シャントで最もよくみられる臨床症状は？

　成長不良や体重の不足が、よくみられることがある。最も臨床的な症状は、肝性脳症であり、これは肝疾患により二次的に発生した神経機能障害の臨床症状として定義される。症状は、運動失調、昏迷、嗜眠、行動異常、見当識障害、盲目、発作である。食欲不振、嘔吐、下痢を示す動物もいる。多尿症や多飲多渇症を示す可能性もある。動物によっては尿酸アンモニウム結石症を有し、頻尿、血尿、有痛性排尿困難、閉塞を引き起こすことがある。唾液の産生の増加（流涎症）や腹水症による腹部の膨張がみられる例もある。

6. 門脈体循環シャントによって起こる肝性脳症は、どのようなメカニズムによるか？

アンモニア、単鎖脂肪酸（SCFAs）、メルカプタン、（-アミノ酪酸（GAVA）のような腸における細菌の代謝産物は、肝性脳症のメディエーターと考えられる。さらに、芳香族アミノ酸と分枝鎖アミノ酸の割合は、肝性脳症の患者では増加していることがある。芳香族アミノ酸は化学的伝達物質として誤って作用することがある。フェニルアラニンやチロシンはCNSのシナプス前ニューロンで弱い化学的伝達物質として作用することがある。トリプトファンは、化学的伝達物質の効果を抑制するセロトニンの産生を増加させる。GAVA受容体はバルビツレート、ベンゾジアゼパムやこれに類似する化学的構成物質と結合する。これらが、肝性脳症におけるCNSの低下の原因となる可能性がある。

7. 肝性脳症の発生はどのような因子によるものか？その機序は？

因子	肝性脳症を引き起こす機序
高蛋白食	腸内細菌によるアンモニア合成の増加
便秘	腸内細菌によるアンモニア合成の増加
貯蔵血液の輸血	アンモニアは貯蔵血液内で保管期間に従い増加する
伝染病	全身のアンモニアレベルを増加させる可能性がある
アルカローシス	アンモニアイオンをアンモニアに変換してCNSに拡散し、アンモニアとして囲い込む
嘔吐	体液、電解質、酸-塩基平衡異常
腎前性高窒素血症による循環血液量減少症	アンモニア産生を増加する可能性のある血液中尿素窒素（BUN）の増加
低カリウム血症	細胞内でのアンモニアの囲い込みの増加
低血糖、アンモニア、SCFAs	発作の機会の増加における相乗効果

8. 肝性脳症の治療は？

すぐに低血糖症について評価し、それが明らかならば適切な治療を行う。異常を補正するために、酸-塩基と電解質状態に基づく（394ページを参照）適切な輸液療法を開始する。すべての反応が明らかになれば、アンモニア濃度とその産生をラクツロースとネオマイシン（10〜20mg/kg、経口、6時間毎）を投与することで減少させる必要がある。メトロニダゾールを経口でネオマイシンの代わりに8時間毎10mg/kgの用量で使用することもある。動物に意識障害があれば、水で1:2に希釈した20〜30mL/kgのラクツロースあるいはポピドンヨード液の1:10希釈液を浣腸として用いることもある。発作があれば、最初にジアゼパムを0.2mg/kgで静脈内に投与する。しかし、肝性脳症のある動物では、ジアゼパムのようなベンゾジアゼピンを代謝することが困難な例もある。ジアゼパムの効果がなければ、flumazenilやベンゾジアゼピン拮抗薬により治療できる可能性があるといわれている。なぜなら、循環中のベンゾジアゼピン様物質は、脳障害を引き起こすことがあるからである。これらの薬物で発作をコントロールできなければ、フェノバルビタールを静脈内効果がでるまでゆっくりと点滴していくのも良い。患者ではバルビツレートのクリアランスが減少していることがある。

9. 通常の血液検査と尿分析の異常の何が、門脈体循環シャントを示唆するか？

門脈体循環シャントの患者において、小赤血球症はCBCにおいて一致する異常である。数例の動物では、酸-塩基、電解質、グルコース異常（低血糖症）が明らかである。嘔吐や脱水のため、腎前性高窒素血症が発現することがある。アラニン・アミノトランスフェラーゼ（ALT）、アスパラギン酸トランスフェラーゼ（AST）、アルカリ・フォスファターゼ（ALP）に関しては一致する所見はない。門脈体循環シャントの患者ではこれら酵素の活動性は上昇したり、減少したり、あるいは正常であったりと様々である。数例の動物では、腎髄質を洗い流す結果となるために等張尿になる。尿酸アンモニウム結晶は、顕微鏡検査による尿沈査所見で確認されることもある。

10. 門脈体循環シャントを診断する最良の方法は？

肝性脳症の症状のある若い動物では、食前と食後の血清胆汁酸の上昇と成長不良は一致するが、門脈体循環シャントの診断基準にはならない。過テクネチウム酸ナトリウムTc99mを利用する放射性薬物スキャンでは、門脈体循環シャントを有する動物の肝臓以前に心臓で放射能を示している。放射性薬物は動物に対し、迅速で非侵襲的であり、そして安全である。欠点は、動物は24時間放射能の活動があることや、特別に訓練された人々にしか研究がなされていないこと、シャントの正確な位置が決まらないことである。また肝臓内シャントである肝微小血管内の異形成（ケアン・テリアでみられるような）は、誤って陰性となった結果を示すことになる。放射性薬物の設備が利用できないときには、対比門脈造影法を行うことにより、異常血管を示すことができるだろう。しかし門脈造影法は、技術が必要で侵襲性がある。さらに二次的外科手術は、長時間の麻酔の危険があるため、同時にシャントの修復が要求される。対比門脈造影法を利用する主な利点は、シャントの正確な位置を認識できることである。

11. 門脈体循環シャントの患者の管理をするために最も良い方法とは？

薬物による管理が有効であろうが、シャントの外科的な結紮が最適である。ある研究では、たとえ2回あるいはそれ以上しなければならないとしても、すべてを結紮した動物が、不完全なシャントの結紮を行った患者よりも臨床的によく改善していることが示されている。

12. 門脈体循環シャントの患者の手術前の管理について述べよ。

肝性脳症を示している動物では、手術前に酸-塩基平衡と電解質異常を補正することが重要である。肝性脳症をコントロールするために、手術前に低蛋白食、経口内ラクツロース、ネオマイシンやメトロニダゾールを与える。ビタミンA、B、C、E、Kの給与を勧める人もいる。手術前の1～2週間の薬物による安定化は、肝性脳症のすべての患者で推奨される。手術前に凝固検査を行うべきで、新鮮血のクロスマッチは有効である。新鮮な保存血漿の輸液は、低アルブミン血症の患者には必要となるだろう。多くの外科医は広域抗生物質（例えば、第一世代セファロスポリン）を手術中あるいは手術前に静脈内に投与する。

13. 肝性脳症の患者に薬物療法や麻酔を実施するために、どのような点を考慮する必要があるか？

門脈体循環シャントの患者では肝機能が減退するため、肝毒性の可能性のある薬物は避けな

ければならない。さらに、薬物と麻酔薬の肝クリアランスは遅延することがある。

14. 門脈体循環シャントの患者は手術に、どのようなパラメーターをモニタリングするべきか？

手術後、多くの門脈体循環シャントの患者では、低血糖、低体温、低アルブミン症を示す。手術後の検査には体重、体温、赤血球沈降層容積、全固型物（≒総蛋白量）、グルコースが必要である。有効な付加的な検査は、電解質とアルブミンである。水和状態を維持することやバランスのとれた電解質溶液で灌流することは重要である。可視粘膜色、毛細血管再充満時間、心拍数や性状、体温を確認するべきであり、そして発作に対する管理を行う必要がある。さらに、患者の多くが手術後に高血圧と腹水症を起こすため、腹部周辺を継続してモニターすることは役に立つ。

15. 手術後によくみられる合併症は？

敗血症、発作、高血圧が、手術後に発生する最も重篤な合併症である。膵炎や腸重積症も報告されている。発作を呈する動物には、酸－塩基と電解質バランスを補正するために測定しながら適切に治療すべきである。ジアゼパムやペントバルビタールが発作をコントロールするために必要となる場合もある。敗血症は積極的に治療する必要がある。

16. 手術後の高血圧でよくみられる症状は？

高血圧では、腹水症により引き起こされる腹部膨満が最もよくみられるものである。高血圧は潜在性で、腹水症が数日で回復する例もある。数例の患者は腹部膨満、疼痛、循環血液量減少症を引き起こす。他に激しい痛みのある腹部膨満、心循環虚脱、出血性下痢、敗血症あるいはエンドトキシン・ショックがみられる。

17. 手術後の高血圧はどのように治療するか？

動物が疼痛や不安などの臨床症状もなく、腹部膨満を呈している場合は、実施してきた薬物治療は適切である。疼痛や腹部膨満のある多くの動物は、コロイド輸液療法により安定化する。重度疼痛、腹部膨満、出血性下痢、心循環ショックの患者では、輸液によりショックの治療を行うべきであり、可能な限り全身状態を安定させる。そして、部分的に衰えた門脈体循環シャントへと進行する可能性のある不十分な結紮や血栓を取り除くために、診査的外科手術を実施しなくてはならない。

18. 門脈体循環シャントの患者が手術後に敗血症になるのはどうしてか？

門脈体循環シャントの動物は門脈内菌血症のために、手術後に敗血症性の腹膜炎を発生させる場合がある。また肝臓の単球－マクロファージ・システムが十分に機能していない場合もある。門脈血が体循環へと入り広がる前に、その血液が肝臓で不十分に濾過された結果、敗血症が発生することもある。

参考文献

1. Birchard SJ, Sherding RG: Feline portosystemic shunts. Vet Med 14: 1295-1300, 1992.

2. Holt D: Critical care management of the portosystemic shunt patient. Comp Cont Educ Pract Vet 16: 879-892, 1994.
3. Hottinger HA, Walshaw R, Hauptman JG: Long-term results of complete and partial ligation of congenital potosystemic shunts in dogs. Vet Surg 24: 331-336, 1995.
4. Johonson SE: Disease of the liver. In Ettinger ST, Feldman EC: Textbook of Veterinary Internal Medicine, 4th ed. Philadelphia, W. B. Saunders, 1995, pp 1341-1347.
5. Koblik PD, Hornoff WJ: Transcolonic sodium pertechnetate Tc 99m scintigraphy for diagnosis of macrovascular portosystemic shunts in dogs, cats, and potbellied pigs: 176 cases (1988-1922). J Am Vet Med Assoc 207: 729-733, 1995.
6. Lawrence D, Bellah JR, Diaz R: Results of surgical management of portosystemic shunts in dogs: 20 cases (1985-1990). J Am Vet Med Assoc 201: 1750-1753, 1992.
7. Matushek KJ, Bjourling D, Mathews K: Generalized motor seizures after portosystemic shunt ligation in dogs: Five cases (1981-1988). J Am Vet Med Assoc 196: 2014-2017, 1990.

83. 肝リピドーシスと急性肝炎
HEPATIC LIPIDOSIS AND ACUTE HEPATITIS
Cynthia Stubbs, D.V.M.

1. 肝リピドーシスとは？

 肝リピドーシスとは、肝細胞内に過剰に脂肪を蓄積する猫で多くみられる病気であり、重度の肝内胆汁分泌停止や進行性の肝疾患を引き起こす場合がある。猫ではほとんどの例が突発的である。真性糖尿病、膵炎、肝胆管炎、甲状腺機能亢進症、肥大型心筋症、腎疾患、慢性膀胱炎、慢性上部気道感染症、副腎機能亢進症、新生物もまた、肝リピドーシスのある猫で認められることがある。肝リピドーシスの犬では、他の基礎疾患の経過観察中であることが多い。

2. 急性肝炎とは？

 急性肝炎は、肝臓の炎症や腫脹を呈する状態である。障害は薬物、外傷、毒物、伝染性疾患により促進される。さらに、免疫介在性疾患、先天的代謝欠損（例えば、ベドリントン・テリアの銅起因性肝炎）、新生物性疾患が急性肝炎となることがある。犬猫において、急性肝炎は急性膵炎をも併発する。

3. 急性肝炎と疑われる動物の飼い主には、病歴に対する質問をどのように行うべきか？

 薬物の使用、外傷、毒物による暴露は問診により除外することができる。メトロニダゾールのような潜在的にスルフォンアミドや駆虫薬を含む多くの薬物は、急性肝炎や急性肝壊死に関連している。動物がカビの繁殖しているフードを摂取したか否かを確認するべきである。ある

数種のカビ類により産生されたアフラトキシンには、強い肝毒性がある。旅行やワクチン歴は重要である。レプトスピラ症は犬で急性肝炎を引き起こすことがあり、これは直接的な人獣共通感染症である。

4. 特発性肝リピドーシスを発生しやすい猫の集団は？

中年期の猫が主に影響を受けるが、どの年齢の猫でも肝リピドーシスを引き起こす可能性がある。品種や性別による傾向はみられない。罹患した猫の多くは、臨床症状が発現する以前は肥満している。

5. 急性肝炎とリピドーシスに共通する病歴の主訴は？

食欲不振は、ほとんどの動物で起こる。特発性リピドーシスの猫では、外科手術、移動、引っ越し、家族の新しいメンバーといったストレスの強い出来事が、食欲不振に先立って起こっているだろう。嗜眠、抑うつ症、黄疸、流涎症、嘔吐も急性肝疾患によくみられるものである。下痢は特発性肝リピドーシスに共通するものではないが、急性肝炎の例での発生が確認されている。頭痛、昏迷、昏睡の特徴がある肝性脳症が、急性肝疾患の動物でみられることがある。

6. 急性肝炎や肝リピドーシスの動物によくみられる身体的な異常とは？

抑うつ症、黄疸、脱水がよくみられる。報告によれば、特発性肝リピドーシスの猫のほとんどは、以前の体重の25〜50%を喪失している。急性肝炎のほとんどの動物には、心拍数の増加、可視粘膜の蒼白、毛細血管再充満時間の延長、心拍微弱といったショック症状がみられる。肝臓の大きさは、症状が発現する以前の疾病の主な原因や期間により、正常であったり、大きかったり、小さかったりする。急性に悪化する慢性肝疾患の動物では、持続する高血圧や低アルブミン血症による漏出性の腹水のために、腹部が膨満する場合もある。

7. 急性肝炎やリピドーシスの疑いがある動物には、どのような診断検査を考慮するべきか？

CBC、血小板の測定、血清生化学検査、活性凝固時間、尿分析は治療のために評価するべきである。赤血球沈降層容積、総蛋白、血糖、電解質、凝固はできる限り早く評価し、そこでわかったことに従って救急治療を開始する。肝吸引生検やバイオプシーが適切なことがあるために凝固機能を評価するべきであり、特に急性肝炎の動物では、播種性血管内凝固がみられる。

8. 肝炎や肝リピドーシスに最も一致する一般検査における異常所見は？

CBCでは、肝リピドーシスに関連する診断学的変化はみられないが、軽度の非再生性貧血、好中球増加、好中球減少症に気付くこともあるだろう。肝酵素活性の上昇はよくみられる。つまり、アラニン・アミノトランスフェラーゼ（ALT）、アスパラギン酸アミノトランスフェラーゼ（AST）、アルカリ・フォスファターゼ（ALP）、γ-グルタニル・トランスフェラーゼ（GGT）の活性の上昇が引き起こされるであろう。ほとんどの猫において活性ALPとGGTの上昇は、活性ALTとASTの上昇よりも大きい。肝酵素活性の上昇がみられないからといって、特発性肝リピドーシスを診断から除外することはできない。高ビリルビン血症やビリルビン尿は、特発性肝リピドーシスのほとんどの猫で生じる。所見は急性肝炎と類似しているが、活性ALTとASTの上昇は、活性ALPとGGTの上昇よりも大きい。

9. 急性肝炎と肝リピドーシスが疑われる動物で、肝疾患の原因を特定するための補助的な診断検査は？

絶食時と食後の血清胆汁酸は、通常著しく上昇するが、高ビリルビン血症がある場合は、測定する必要はない。絶食中のアンモニア濃度は上昇することもある。また、肝性脳症の診断の二次的な指標として使うことができる。腹部X線検査、肝臓や膵臓の超音波検査は、急性肝疾患のある動物の鑑別リストを縮小するために用いられることがある。

10. 急性肝炎や肝リピドーシスが疑われるすべての動物に対し、肝臓のバイオプシーを行う必要があるか？

猫における特発性肝リピドーシスは、正確な病歴、検査における異常、肝臓の吸引による細胞学的評価における空洞化した肝細胞により仮診断する。肝炎の原因が病歴（外傷、薬物、毒物）、あるいはその他の所見（膵炎）により特定されれば、生検を行う必要はない場合もある。しかし肝疾患の参考となる検査は、肝組織の評価である。肝臓の吸引生検やバイオプシーが行われれば、その検体で好気性細菌と嫌気性細菌の培養を行うべきである。

11. 急性肝炎とリピドーシスが疑われる動物に対して、直ちに行う支持療法はどのような治療か？

体液、電解質、酸‐塩基、凝固、グルコースの異常については他の章で論じたように調節するべきである。酸‐塩基や電解質の状態によるが、0.45% NaClと2.5%デキストロースあるいはNormosol-Rは適切な輸液剤として選択される。カリウムの補給がほとんどのケースで必要である。腸から肝臓内への細菌の拡散がよくみられるため、抗生物質は急性肝炎が疑われるすべての動物に投与するべきである。敗血症を疑う臨床的な所見がなければ、非経口的にペニシリン誘導体あるいは第一世代セファロスポリンの投与を行うことも適切である。グラム陰性の敗血症が疑われる動物ではエンロフロキサシンを考慮する。ビタミンKは、活性凝固時間の延長がある動物の皮下に投与するべきである。ビタミンBの補給はすべてのケースで支持されている。肝性脳症が明らかであれば、門脈体循環シャント（389ページを参照）で述べられたように管理するべきである。cyproheptadineやベンゾジアベパムなどの食欲刺激薬は、それだけの投与では通常うまくいかない。肝機能障害が重篤なら、ベンゾジアベパムにより極度の鎮静を引き起こすことがある。

腸からの補給が適切かどうかは、病気の原因により様々である。迅速で積極的な栄養補給治療は、特発性肝リピドーシスの猫の治療を成功させるポイントである。初期の短期間の栄養は、経鼻食道チューブにより供給する。しかし、栄養補給はほとんどの猫で少なくとも3〜6週間を必要とするため、胃瘻造設術を強く推奨する。60〜80Kcal/kg/日供給できるようバランスの良い少量の食事を猫に与えるべきである。食事の摂取量は数日かけて徐々に増やしていき、十分に成長した猫は、1回に50〜80mLの食事を受け入れることができる。肝性脳症の症状が明らかでなければ、蛋白は制限するべきではない。食事はいつも口から食べるように試み、チューブは食べ始めたら抜去できる。

12. 特発性肝リピドーシスの予後は？

予後は、いかに迅速に診断するかにかかっている。その状態は積極的な栄養補給療法により

回復させることができる。飼い主には動物が回復して、自発的に食べるまでに 20 週間を要することを理解させる必要がある。肝リピドーシスは治療しなければ、通常肝疾患を進行させ、致命的になる。

参考文献

1. Bunch SE: Hepatotoxicity associated with pharmacologic agents in dogs and cats. Vet Clin North Am 23: 659, 1993.
2. Center SA: Hepatobiliary infections. In Greene CE (ed): Infectious Diseases of the Dog and Cat, 2nd ed. Philadelphia, W. B. Saunders, 1990, pp 146-156.
3. Dimski DS, Taboada J: Feline idiopathic hepatic lipidosis. Vet Clin North Am 25: 357-373, 1995.
4. Marks SL, Rogers QR, Strombeck DR: Nutritional support in hepatic disease. Part II: Dietary management of common liver disorders in dogs and cats. Comp Cont Educ Pract Vet 10: 1287-1295, 1994.
5. Sherding RG: Acute hepatic failure. Vet Clin North Am 15: 119, 1985.

X

消化器系疾患における救急救命療法
Digestive Emergencies

Section Editor : Wayne E. Wingfield, D.V.M., M.S.

X

消化器系救急における致命的疾患

Digestive Emergencies

Section Editor : Wasfie F, Winocki D./M. MS.

84. 消化器内の異物
FOREIGN BODIES IN THE DIGESTIVE SYSTEM
Howard B. Seim, III , D.V.M.

食道閉塞

1. 食道閉塞の最も一般的な原因は？最もよく閉塞が起こるのはどの部位か？

最も一般的な食道閉塞の原因は、異物（例えば、骨、軟骨、釣り針など）である。食道狭窄と食道腫瘍もまた、閉塞の症状を引き起こす。閉塞は心基底部と下部食道括約筋の部位で最も一般的に起こる。異物は、頸部食道と胸腔の入口で時折停滞する。食道狭窄は一般的に頭側の胸部食道で起こるが、腫瘍は下部食道括約筋の部位に生じる。

2. 食道閉塞の患者で、最もよくみられる臨床症状と身体検査所見を述べよ。

食道閉塞の患者は、閉塞期間により、様々な臨床症状を呈する。最初は、吐出、流涎、込みあげ、吐き気などが一般的な臨床症状である。嚥下困難、苦悶、ゆっくりとした持続的な嚥下を示す患者もいる。その後、これらの症状は消失し、非特異的な症状（元気消失、食欲不振、体重減少など）を示すようになる。身体検査所見は、一般的に非特異的である。ときに、頸部あるいは胸腔入口の異物を触知することがある。

3. 食道閉塞の確定診断のためにはどのような検査を行うか？

食道内の異物の約50%はX線不透化であり、このような場合、X線検査が診断に有効である。X線検査では、食道内にガスを含んだX線透過性の異物をみつけることができる。また縦隔洞炎や胸膜炎もみられるが、それは食道穿孔を意味するものである。診断が疑わしい場合は、X線造影検査を行う。穿孔の疑いが強ければ、バリウムの代わりにヨード系造影剤を使用する。X線造影検査で食道狭窄や腫瘍の診断もできる。硬性鏡やフレキシブル内視鏡による内視鏡検査が、診断を確定する方法である。

4. 食道内異物を除去する最も一般的な方法を挙げよ。

次に示す方法のうちの1つを用いることにより、食道内異物の90%を外科手術をせずに除去することができる：

1. 硬性鏡：利点としては、閉塞部位より近位の食道を拡張できること、近位の食道を傷つけることなく内視鏡下で異物を移動できること、胃の中への異物を押し込むことができること、設備にかかる費用が比較的安価ですむこと、そして、食道の穿孔が存在していても気胸を起こす危険が少ないことが挙げられる。欠点としては、視野が明瞭でないこと、異物の移動の後に食道壁を評価することが困難なことである。

2. フレキシブルファイバー内視鏡検査：利点は、異物を正確にみることができること、異物を保持することができること、胃の中へ異物を押し込むことができること、また、異物を移動させた後の食道を正確に評価できることなどが挙げられる。欠点としては、食道の穿孔が存在した場合、気胸を起こす危険性が高いこと、設備が高価であること、および異物の移動の間、頭側の食道を保護することができないことなどである。

5. 異物を移動させた後に、最初にしなければならないことは？
　最初に、食道の粘膜に糜爛、潰瘍、または、穿孔などがないかどうかを調べる。穿孔が存在すれば、整復のために外科手術を行う。潰瘍や糜爛が存在すれば、食道炎の治療を行う。

6. 異物を移動した後の治療を挙げ、各々の根拠を説明せよ。
   1. H_2ブロッカーは、胃酸を減少させ、酸性の強い胃液の食道への逆流の危険を減少させる。
   2. 食事制限によって、糜爛や潰瘍を引き起こす食道粘膜の物理的外傷を除外できる。患者は数日間、絶食させ、胃チューブを設置する。
   3. コルチコステロイドは、食道狭窄の発生を減少させる。食道は、身体の器官の中では真皮を持たないユニークな器官である。層状の鱗状上皮が、直接、ルーズな粘膜下の結合組織の上に配列している。そのため、治癒過程は皮膚のような複雑な器官に比べ、より単純で速やかである。コルチコステロイドにより、早期にコラーゲン合成を遅延させることで、最終的に瘢痕の質および量において明らかな違いが生じるようである。
   4. 抗生物質を投与し、細菌感染と膿瘍を予防する。特に発見することができないほどの小さな穿孔に対して患者を保護することとなる。
   5. 運動機能調節薬は、正常な胃の運動と下部食道括約筋の圧力を増加させる。両者の働きは、食道への胃内容の逆流を減少させる。

7. 食道穿孔の患者は、すべて外科的に治療するべきか？
　食道の異物を移動させた後、穿孔の疑いがある患者では、有機ヨード剤による食道造影検査を行う。小さな穿孔（1～3mm）は、保存的に治療する（84-6.を参照）。胃瘻チューブの設置を考慮する。大きい穿孔（>3mm）は、外科的に探索し、壊死組織を除去し縫合する。

小腸の閉塞

8. 小腸の閉塞は、どのように分類されているか？
   1. 絞扼性と非絞扼（単純）性の閉塞：絞扼とは、狭窄した腸管部位での血液供給をある程度妨げているものを意味する。非絞扼性閉塞では、狭窄した腸における脈管への障害を引き起こさない。一般に絞扼性閉塞は、非絞扼性閉塞より重篤である。
   2. 完全閉塞と部分的閉塞：完全閉塞とは、閉塞部より上方のガスと液体が、閉塞部より下方に通過することができないことを意味する。部分的閉塞とは、ガスと液体のいくらかは閉塞部位を越えて通過できることを意味する。完全閉塞は、一般に部分的閉塞より重篤である。
   3. 上部と下部の閉塞：上部閉塞とは一般に幽門、十二指腸、および空腸中央部までの閉塞

を意味する。下部閉塞とは、一般に空腸末端と回腸中央部までの閉塞を意味する。一般に、幽門部での閉塞が強固であれば、より完全な閉塞であり、その症状も激しいものとなる。

9. 小腸の閉塞の原因は？各々の一般的な例を挙げよ。
   1. 小腸腔内の異物（例：骨、石、ぼろ切れ、靴下、紐）
   2. 小腸壁の病変（例：腺癌、平滑筋腫、平滑筋肉腫、リンパ肉腫）
   3. 小腸腔外の原因（例：腸重積、腸軸転、ヘルニア、腸捻転）

10. よくみられる臨床症状は？
   小腸閉塞の臨床症状は、嘔吐、腹部痛、落ち着きがない、腹部膨満、脱水、低酸素、食欲減退などである。症状の激しさと期間は閉塞の位置とそれが完全なものであるかどうか、また血管の閉塞（すなわち絞扼）の有無にかかっている。

11. 小腸閉塞の患者における最も一般的な身体検査所見を述べよ。
   腹部圧痛あるいは疼痛、腹部の腫瘤の触知、軽度の発熱、および脱水が一般的な身体検査所見である。完全閉塞や重度の閉塞または長期（数日から数週間）にわたる絞扼性閉塞の患者では、瀕死の状態に陥ることがある。低体温、粘膜の暗赤色化、毛細血管再充満速度の2秒以上の延長、心拍数の上昇、酸‐塩基平衡の状態により様々な呼吸様式が認められる。

12. 確定診断をつけるのに最も良い方法は？
   腹部の単純およびX線造影検査が最も良い検査である。単純X線検査における特徴的な所見は、(1) ガスによりいろいろな太さに拡張した複数の小腸の弯曲、(2) 立位側方撮影における拡張した小腸弯曲部でのガスと液体によってできる水面像、(3) X線不透過性異物、(4) 腹水が存在すれば、すりガラス様陰影、(5) 腸穿孔があれば、腹腔内のガス像である。X線造影検査では、造影による腸管内の腫瘤のアウトラインや、腸壁や腸管外の部位からの圧迫による造影像によって確定診断をすることができる。

13. 一般にどのような臨床検査上の異常がみられるか？
   小腸閉塞の疑いがある患者ではCBC、生化学検査、および尿検査を行うべきである。血液パラメーターは、絞扼の有無と腸閉塞の位置と程度により影響を受ける。一般に、患者は正常か、あるいは軽度の白血球増加、低ナトリウム血症、低クロール血症、低カリウム血症、代謝性アルカローシス、腎前性高窒素血症、そして尿比重の増加を示す。継続する嘔吐により代謝性アシドーシスへと移行し、脱水によりさらに体液と電解質の喪失が起こり、その結果、循環血液量減少性ショックに陥いる。激しい体液の喪失は、(1) 嘔吐、(2) 腸管内への液体貯留、(3) 腸壁の浮腫によるものである。

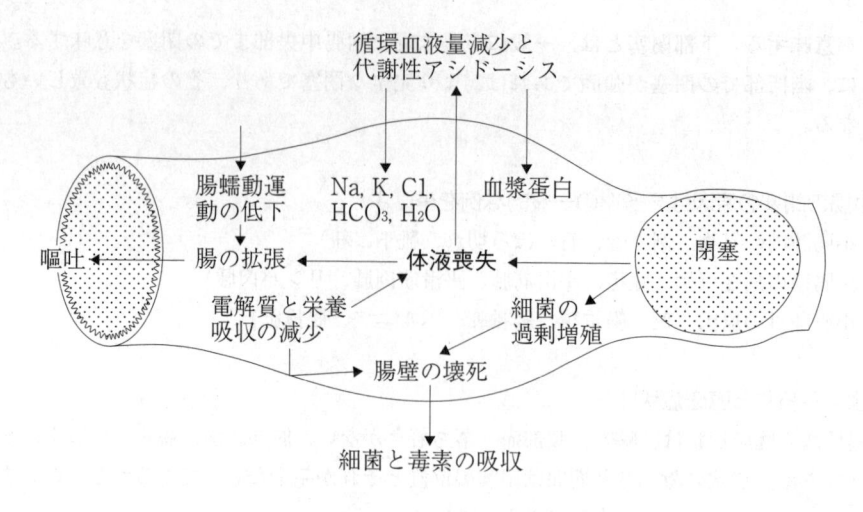

```
                    循環血液量減少と
                    代謝性アシドーシス
                         ↑
     腸蠕動運          Na, K, Cl,      血漿蛋白
     動の低下          HCO₃, H₂O
嘔吐 ←   腸の拡張  ←              体液喪失  ←         閉塞
             電解質と栄養                細菌の
             吸収の減少                  過剰増殖
                    → 腸壁の壊死  ←
                         ↓
                    細菌と毒素の吸収
```

腸閉塞の病態生理学

14. 小腸閉塞の初期治療を挙げよ。
    1. 静脈内輸液による適切な脱水の補正、喪失した電解質の補正、酸 – 塩基平衡の改善、循環血液量減少性ショックの治療である。
    2. 絞扼性閉塞か敗血症の疑いがある患者には、コルチコステロイドやフルニキシンメグルミンの投与を考慮する。
    3. (1) 高齢あるいは衰弱した患者、(2) 敗血症の患者、(3) 絞扼性閉塞の疑いがある患者、(4) 穿孔と閉塞の両方がある患者(例えば、線状異物、壊死性腫瘍)には抗生物質による治療を考慮する。さらに、外科手術が90分以上かかるようであれば、抗生物質の投与を考慮するべきである。
    4. 敗血症患者では静脈内輸液にグルコースを加えることを考慮する。特に、血清生化学検査においてグルコースレベルが低値であったり、その疑いが高い場合には考慮する。

15. 小腸閉塞の鑑別診断は？
    1. 麻痺性腸閉塞：多くの患者では、無分別な給餌歴がある。身体検査で、腹部のマスを触知することはない。また腹部の疼痛もあまりない。単純X線検査により、分節性腸閉塞よりもむしろ多いことが明らかとなる。
    2. 腸間膜の捻転：多くの患者は突発性の激しい腹部痛と血便を示す。身体検査では、他の身体検査所見に釣り合わない激しい腹部の膨満と腹痛がみられる。単純X線写真では、一般的に腹部の膨満を伴った腸閉塞がみられる。

16. 小腸閉塞の患者は、外科手術を行うために、いつ"安定した"状態になるか？
    - 小腸閉塞で患者を死亡させてはならない。
    - 糞便や腸内ガスが直腸を通過できない時、外科処置をしなければ、患者は悪化するか、または確実に死亡するであろう。

2つの明確な事実（症状の悪化および死亡）は、小腸閉塞の症状を示す患者にあてはまるものである。閉塞が幽門に近ければ近いほど、外科手術の必要性が高くなる。外科手術前の全身状態の安定化に必要な時間は次のようなものである。ショックに対する輸液を行うための時間、心臓血管系の安定を確実にするための時間、電解質と酸−塩基平衡の異常の分析を始めるための時間、および必要に応じて追加のショック療法（抗生物質、コルチコステロイド、グルコース、フルニキシンメグルミン）を行う時間である。

17. 開腹手術で選択できる手術法を記せ。各々の手術に適した例を挙げよ。
  1. 腸切開術（例：腸内異物、腸壁の腫瘍、腸のバイオプシー）
  2. 腸切開術と横閉鎖（例：腸管腔内に納まらなくなり直線的な閉鎖が必要な腸壁の腫瘤の切除）
  3. 吻合術（例：腸壁病変、腸管の部分壊死、複数の腸間膜の損傷）
  4. 腸嚢形成術（例：腸重積の整復や切除の後または吻合の後）
  5. 給餌チューブ設置術（例：外科手術後の経腸栄養のための手術部位のバイパス）

18. 外科手術時に小腸壁が生きているかどうかを評価するための信頼できる基準は？
　最も信頼することができる基準は、色調、蠕動、動脈の拍動、静脈内へのフルオレセインの注入、および再手術 である。静脈内へのフルオレセインは、犬と猫で選択する方法である。
　フルオレセイン染色液は、末梢静脈経由で注入する。注入後60〜90秒で手術室の照明を暗くし、紫外線照明（例：ウッド灯）で検査を行う。腸の侵襲部位を、確立された基準に従って評価する。
　再手術は、疑いのある腸を再検査するために、前の開腹手術の24〜36時間後に行う。あまり精密ではない方法としてドプラー検査、表面酸素測定、および切開面の漿膜出血所見がある。

19. 腸管の外科手術後に最もよく起こる合併症は？
　腸切開部や吻合部の哆開と続いて起こる腹腔内への腸内容の漏出が、腸管の外科手術後に最もよく起こる合併症である。原因としては、(1) 3 mm 未満の粘膜下組織での刺孔、(2) 3 mm 以上の間隔での縫合、(3) 腸の切開縁の粗雑な取り扱い、(4) 不適切な結紮、(5) 壊死部における縫合、などが挙げられる。

20. 術後の腸内容の漏出診断のための最も正確な検査は？
　腹腔穿刺と腹水の細胞検査は、吻合部からの漏出による二次的腹膜炎に対する最も高感度な診断的検査である。嘔吐、発熱、腹部圧痛、術創からの排液、炎症性の白血球像と低血糖により、仮診断がつけられる。腹部単純X線検査は、一般的に有用ではない。術後の腹腔内の空気と液体の存在のために、正確に評価するのが難しいからである。バリウムは腹膜炎を引き起こすことがあるので、使用するべきではない。水溶性の造影剤は、小さな穿孔を検出するために、感度が不十分である。漏出の存在を疑うならば、「死後に陽性となるより試験的開腹術で陰性となる方が良い」という原則を思い出しなさい。

論点

21. 小腸の吻合は8〜10号の縫合糸で行うべきか？

賛成意見：最小の縫合糸（すなわち8〜10号）でうまく腸の吻合を行うことができると提案している人々が何人かいる。このテクニックでは、時間がかからず、腸組織への損傷がなく血液供給もできる。

反対意見：腸閉塞の患者は、腸の病態としばしば関連している（例えば、炎症、浮腫、脈管の変性）。8〜10号の縫合糸では漏出を引き起こしかねない隙間を残す可能性がある。縫合は、3mm以上の間隔で行うべきではない。通常吻合は、20〜25号の縫合糸を必要とする。

参考文献

1. Lantz GC: The pathophysiology of acute mechanical small bowel obstruction. Comp Cont Educ 3: 910-918, 1981.
2. Nemzek JA, Walshaw R, Hauptman JG: Mesenteric volvulus in the dog: A retrospective study. J Am Animal Hosp Assoc 29: 357-362, 1993.

85. 犬の出血性胃腸炎
CANINE HEMORRHAGIC GASTROENTERITIS
Wayne E. Wingfield, D.V.M., M.S.

1. 犬の出血性胃腸炎（Hemorrhagic gastroenteritis:（HGE））とは？

犬のHGEは、重大な血液濃縮を伴う急性の激しい嘔吐と出血性下痢に特徴づけられる症候群である。

2. HGEの原因は？

原因は不明である。HGEという言葉は炎症性状態を意味するが、この疾患は、腸粘膜の透過性の変化と粘膜分泌過多によるのであろうと考えられている。HGEに罹患した犬の胃腸内容から *Clostridium perfringens* が多数培養されている。この細菌あるいはその外毒素が病気の原因となると推測されている。

3. どのような犬がHGEになりやすいか？

トイおよびミニチュア・ブリード（特にトイ・プードル、ミニチュア・プードル、シュナウザー）は、HGEになりやすい傾向があるように思われるが、この症候群はあらゆる品種に起こる可能性がある。

4. HGE の臨床症状は？
   - 急性の嘔吐
   - 多量で血様の悪臭のある下痢
   - 重度の元気消失
   - ショック

5. HGE の診断はどのようになされるか？
   - 極端な血液濃縮（PCV＞50～60％）
   - 血様の悪臭のある下痢
   - 白血球減少症はない
   - 糞便検査で糞便中にクロストリジウム属の細菌の増加

6. HGE の治療を述べよ。
   - PCV が正常範囲になるまで、集中的な輸液療法を行うとともに嘔吐がコントロールされるまで電解質液の静脈内輸液（Normosol－R＋塩化カリウム）を行う。
   - *C. perfringens* を抑制する抗生物質（アンピシリンかアモキシシリン）の投与
   - 食事と水の制限
   - 制吐剤（メトクロプラミド）

7. HGE の予後は？
   - 初期の積極的な輸液療法で 24 時間以内に有意な改善が得られる。
   - 嘔吐と下痢が 48 時間で解決されなければ、HGE に類似した他の原因を調べるべきである（パルボウイルス、コロナウイルス、胃腸の異物、腸重積、腸捻転、クロストリジウムによる腸炎、リンパ球プラズマ細胞性腸炎）。

参考文献

1. Sherding RG, Johnson SE: Diseases of the intestines. In Birchard SJ, Sherding RG (eds): Saunders Manual of Small Animal Practice. Philadelphia, W. B. Saunders, 1994, p 704.
2. Twedt DC: Clostridium perfringens-associated enterotoxicosis in dogs. In Kirk RW, Bonagura JD (eds): Current Veterinary Therapy XI (Small Animal Practice). Philadelphia, W. B. Saunders, 1992, pp 602-604.

86. 食道の障害
ESOPHAGEAL DISORDERS
Wayne E. Wingfield, D.V.M., M.S.

1. 食道の障害の最も一般的な臨床症状は？
   吐出である。

2. 吐出と逆流の違いは？
　吐出とは受動的なものを指す。すなわち、摂取された食物の近位上部食道括約筋レベルでの逆行性の動きである。このとき通常、普通食物は胃に到達していない。吐出は、異常な食道の蠕動、食道の閉塞、または胃食道の接合部の非同期的な運動の結果生じることが最も多くみられる。逆流は、おくび※や嘔吐と関係なく、胃や十二指腸の内容物の食道への移動を指す。
※おくび…胃からガスまたは少量の酸性液を排出すること。

3. 吐出の原因を列挙せよ。
　1. 巨大食道
　　・突発性
　　・二次性
　　　　重症筋無力症
　　　　多発性神経障害
　　　　全身性エリテマトーデス
　　　　多発性筋炎
　　　　中毒（鉛、タリウム）
　　　　甲状腺機能低下症
　　　　副腎皮質機能低下症
　2. 食道の異物
　3. 食道狭窄
　　・腔内の狭窄
　　・圧縮による腔外の狭窄
　　　　膿瘍
　　　　頭側の縦隔の腫瘤
　　　　胸郭のリンパ節腫脹
　4. 血管輪の異常
　5. 新生物（原発性または転移性）
　6. 肉芽腫（例えば、オオカミセンビチュウ Spirocerca lupi）
　7. 裂孔ヘルニア
　8. 食道憩室

4. 巨大食道とは？
　巨大食道とは、拡張し蠕動運動の低下した食道によって特徴づけられる特定の症候群のことである。

5. 巨大食道の最も一般的な合併症は？
　吸引性（誤嚥）肺炎である。

6. 胸部X線写真により、食道の拡張は食道の疾患と確認されるか？
　いいえ。次に挙げるものが食道の一時的な膨張を引き起こすことが多い。
　・呑気　　・麻酔
　・不安　　・嘔吐
　・呼吸困難

7. 食道の運動性をいかに評価するか？
　最初に胸部X線検査により、食道の異物、食道拡張、胸部の腫瘤を評価する。理想的には、透視によるバリウム食道造影が行われるべきである。収縮性の減少を観察するには、バリウムを食事と混ぜて使用するのが最も良い。

8. 食道運動性の異常の検査に、液体バリウムによる食道造影が行われないのはなぜか？
　液体バリウムによる食道造影では食道の運動性が減少しているようにみえることがある。しかし、食道の運動性を確かめることには大体において有用である。異常な運動性は、食事に混ぜたバリウムによって最もよく評価できる。運動性が異常な食道は、バリウムと食物の混合物を正常な方向に進ませることができない。

9. 重症筋無力症とは？
　重症筋無力症は、後天性または先天性（家族性）の免疫介在性疾患である。神経筋の接合部のニコチンアセチルコリン受容体に対し自己抗体が働き、その結果発症する。

10. 重症筋無力症の最も一般的な臨床症状は？
- 運動時の早期疲労
- 骨盤痙攣性歩行（脚部と肢先端の強直が特徴）
- 四肢不全麻痺
- 虚脱
- 頻回呼吸
- 呼吸困難
- 流涎
- 吐出
- 嚥下困難
- 顔面の筋肉の脆弱
- 眼瞼反射の減少

11. 重症筋無力症に対して選択すべき検査は？
　アセチルコリン受容体に対する抗体価の測定。

12. 重症筋無力症の犬の特徴的なプロフィールを述べよ。
- よくみられる犬種：ゴールデン・レトリーバー、ジャーマン・シェパード
- 二峰性の発症年齢：2～4歳齢と9～13歳齢

13. 重症筋無力症をどのように治療するか？
 1. コリンエステラーゼ阻害薬 – ネオスチグミン
- 注射薬（Prostigmin「Roche」）：0.02mg/ポンド IM 6時間毎
- 経口薬（Mestinon「Roche」）：0.25～0.45mg/ポンド 8～12時間毎
 2. コルチコステロイド

14. 巨大食道の治療の原則を述べよ。
 1. 可能な限り原因を除去する。
 2. 食道内容物の誤嚥の機会を最小限にする（動物を立位にして給餌する。上半身を下半身より45度以上高くする。食後と寝る前の少なくとも10分間はこの位置を維持する）。
 3. 胃腸管へ入れる栄養素を最大限にする（可能なら、2～4回/日 給餌する）。

15. 巨大食道の犬に給餌するための摂食に代わる方法は？
　胃瘻チューブである。

16. 巨大食道の犬の予後は？
    要注意である。

17. 犬の食道狭窄の原因を列挙せよ。
    • 食道炎
    • 全身麻酔中の胃酸の逆流（しばしば傾いた手術台上で起こる）
    • 強酸または強アルカリ性物質の摂取
    • 食道の異物
    • 熱傷
    • 毛球（猫）

18. 食道狭窄はどのように診断されるか？
    食道狭窄は、バリウム食道造影と食道内視鏡検査によって診断される。

19. 食道狭窄の治療法とその各々の成功率を列挙せよ。
    • 外科（食道切開、パッチグラフト、切除、および吻合）：成功率＜50％
    • 食道のブジー拡張法：成功率50〜70％
    • バルーンカテーテル拡張法：成功率＞50〜70％（選択すべき治療、理想的には透視下で行う）

20. 一般的に異物が最も留まりやすい食道の部位はどこか？
    • 胸腔入口附近
    • 心基底部上部
    • 横隔膜裂孔部附近

21. 食道異物のある犬をどのように管理するか？
    食道内異物は緊急救急状態とみなされる。次に示す治療が勧められる：
    1. 内視鏡による異物の除去は、通常成功する。異物を引き抜くかまたは注意深く胃に押し込む。異物が骨ならば、胃の中へ押し込むのが最も良いであろう。胃造瘻術は、通常骨の除去のためには必要でない。しかし、骨の消化、または通過を確認するために連続的なX線検査を実施するべきである。
    2. 内視鏡による移動がうまくいかなければ、外科手術による除去が必要となる。
    3. 出血、糜爛、裂傷、または穿孔より食道粘膜を評価する。
    4. 24〜48時間の間、食物と水を与えないで電解質輸液と抗生物質の非経口投与を行う。

22. 食道の逆流に対してどのような治療法があるか？
    • メトクロプラミド（Reglan）は、胃食道括約筋を正常な状態に回復させ、胃の逆流を減少させる。
    • H_2ブロッカー（例：シメチジンやラニチジン）は逆流する胃内容の酸を減少させる。
    • アルミニウム塩であるスクラルフエイト懸濁薬は、傷ついた胃食道粘膜へ選択的に結合し、

逆流食道炎と関連して起こる胃酸、ペプシン、胆汁酸による障害に対し防御効果を示す。

参考文献

1. Johnson SE, Sherding RG: Diseases of the esophagus and disorders of swallowing. In Birchard SJ, Sherding RG (eds): Saunders Manual of Small Animal Practice. Philadelphia, W. B. Saunders, 1994, pp 630-654.
2. Shelton GD: Disorders of neuromuscular transmission. Semin Vet Med Surg (Small Animals) 4: 126, 1989.
3. Shelton GD, Willard WD, Cardinet GH Ⅲ, et al: Acquired myasthenia gravis: Selective involvement of esophageal, pharyngeal, and facial muscles. J Vet Intern Med 4: 281, 1990.
4. Tams TR: Esophagoscopy. In Tams TR (ed): Small Animal Endoscopy. St. Louis, Mosby, 1990, pp 47-88.
5. Zawie DA: Esophageal strictures. In Kirk RW (ed): Current Veterinary Therapy X. Philadelphia, W. B Saunders, 1989, pp 904-906.

87. 犬パルボウイルス
CANINE PARVOVIRUS
Wayne E. Wingfield, D.V.M., M.S., and Dennis W. Macy, D.V.M., M.S.

1. パルボウイルス（CPV）に感染した犬の一般的な臨床症状は？
   - 昏睡
   - 嘔吐
   - 食欲不振
   - 発熱
   - 急性下痢
   - 重度の好中球減少症（白血球数＜1,000/mm^3）

   6週齢から6カ月齢の子犬に、最も感染しやすい。カナダの研究では、去勢・避妊手術をしていない犬は、去勢・避妊ずみの犬に比べ4倍の危険性があり、また7月、8月、9月は、CPVの発生が3倍に増加した。

2. 胃腸管の他にどの組織がCPVと関係しているか？

   CPVの胃腸形態を持つ犬の研究で、不整脈が148例中21例で診断された。これには上室性不整脈と伝導障害が含まれていた。数例で、心陰影の重要な拡大と他の心臓のX線所見の異常が明らかになった。CPVは、骨髄、心臓、および内皮細胞にも感染し、脳の内皮細胞へ感染すると、神経学的疾患を引き起こす。

3. CPV感染と誤診されることのある他の感染症は？

　サルモネラ属、キャンピロバクター属、大腸菌の感染は、CPVの症状と類似しており、同じような白血球の変化を引き起こす。CPV感染は出血性胃腸炎（HGE）と混同される場合もあるが、HGEはより小型犬種に多く、通常24時間ほどで解決する。コロナウイルスでは、しばしば胃腸症状がみられるが、好中球減少症はCPVよりも急速に回復する傾向がある。コロナウイルス感染症の臨床症状は、パルボウイルスと混合感染した犬にのみみられることが多い。

4. CPVの初期の伝搬経路は？

　糞便中のウイルス数はかなり多い。便からの経口感染経路が伝搬方法として最も考えやすい。吐瀉物に関する研究は行われなかったが、多分ウイルス粒子が含まれている。

5. CPVはどのようにして腸に感染するか？

　感染後、最初の2日間で口腔咽頭部にウイルスの増殖が起こり、血液を経由して他の器官組織へ広まる。3～5日で明らかにウイルス血症へと移行する。ウイルスは、腸内からよりはむしろ血液から腸の粘膜に到達する。臨床症状は曝露後4～5日でみられ、潜伏期は3～8日であり、3日目よりウイルスの排泄を伴う。

6. CPVは身体のどこで増殖するか？

　ウイルスは、細胞分裂が盛んな部位で増殖する。それはリンパ節、脾臓、骨髄、腸である。腸におけるウイルスの増殖は、腸の陰窩の胚上皮を殺す結果となる。それに伴い上皮の喪失、腸の絨毛の短縮、嘔吐、下痢が引き起こされる。リンパ組織の壊死と骨髄増殖性の細胞破壊は、リンパ球減少症をもたらし、また重症例では汎白血球減少症を引き起こす。CPV症例の3分の1だけが、好中球減少症もしくはリンパ球減少症を示す。

7. 1970年代以降、CPV感染症の臨床症状はどのように変わったか？

　CPVにはいくつかの株がある。それはオリジナルの株、CPV-1（微小でより激しい病原性の株）、CPV-2（サブタイプ2aと2bを持つ）である。CPV-2bは、現在アメリカで最も一般的な株である。1970年代に流行したCPV-1は、発熱などの軽症の症状を引き起こし、治療に時間がかかった。CPV-2bは6～12週齢の若齢犬に感染し、爆発的に急性の症候群を引き起こす。初発の胃腸症状から治療までの期間は短く、より重篤である。過去の6年間に、症状に主だった変化はない。嗜眠、沈うつ、血様の下痢が最も一般的な症状である。通常、1歳齢以上の犬では十分にワクチン接種されているが、コルチコステロイド投与による免疫抑制や他の疾患歴を持つCPV犬より、不完全なワクチン接種を受けている犬の方が治療により速く反応する。CPVと関係のある、あるいはCPVと間違えられる他の疾患は、犬ジステンパーウイルス、コクシジウム症、ジアルジア症、鉤虫症、回虫症、またはそれらの複合疾患である。

8. いつ、そしてどのようにしてCPVを診断するか？

　CPVは、ELISA（酸素結合免疫測定法）により最も容易に診断できる。検査結果が陰性であっても、まだCPVが疑われれば、動物を隔離し、48時間後に再検査する。ウイルスは、通常は3日目まで排出されず、慎重な飼い主は、病気の最初の症状が発現したときに動物を病院

へ連れて来る。CPV が糞便中に排出される期間は短く、通常感染後 10 〜 12 日で検出できなくなる。通常、このときまでには病気の急性期は経過している。生ワクチン接種後 4 〜 10 日間は糞便中にワクチンウイルスが排出され、ELISA が偽陽性となる。

　CPV の診断には、ELISA、血液理学的検査（CBC）、および X 線検査の組み合わせが用いられることがある。X 線検査は、腸の異物の可能性を除外するのに有益である。腸の弯曲部で液体の充満した一般的なイレウスの発見は CPV の診断を助ける。ELISA による検査を行う際には、糞便サンプル中に、十分な抗原があることを確認しなければならない。水分が多い糞便では、抗原希釈してしまうので偽陰性の結果が出ることもある。

　CPV 感染の最終的な証明は、電子顕微鏡でウイルスを確認することである。

9. 入院時、CPV 感染犬に対して推奨される治療法は？
  1. 積極的な輸液療法
    　脱水を補正し、静脈内へバランスの良い晶質液の維持量投与を行うことである。持続的な体液喪失（嘔吐と下痢）を補うために、同量の晶質液を用いて様々な試みをする。最も容易な方法は、喪失量を換算してその 2 倍量を投与することである。持続的喪失がある場合は、それが生じた時点から補正する必要がある。少なくとも 20mEq/L の塩化カリウムを加えた Normosol を使う。血糖値をモニターする。必要ならば、静脈内輸液に 2.5 〜 5 ％のデキストロースを加える。5 ％デキストロース溶液は浸透圧利尿を起こすが、それは、敗血症の症例では症状の進行を評価することにもなる（敗血症が改善していれば動物に 5 ％デキストロースを投与すると、血糖値は上昇する）。反応の遅い低カリウム血症を適切に改善するために、低容量の塩化マグネシウムを輸液に加えることもある。
  2. 抗生物質療法
    　粘膜バリアの破壊と潜在的な敗血症のために、非経口的広域スペクトラムの抗生物質の投与が推奨される。アンピシリンとゲンタマイシンを組み合わせて 8 時間毎に投与することが勧められるが、アミノ配糖体の使用は腎毒性に注意しなければならない。多くの獣医師は犬に好中球減少症や発熱がなければ第 1 世代のセファロスポリンだけを使用し、アンピシリンやゲンタマイシン、またはアミカシンは敗血症のためにとっておく。
  3. 菌体内毒素中和剤
    　菌体内毒素中和剤は抗生物質治療と一緒に使用される場合がある。それらの使用はグラム陰性菌の数の多さに基づく。殺菌性の抗生物質による治療法によって、身体に内毒素が放出され、これにより CPV の状態を悪化させる。研究によれば、菌体内毒素中和剤は敗血症性ショックの発生を減少させる。菌体内毒素中和剤は同量の生理的食塩液で希釈し（4 mL/kg）、30 〜 60 分かけて静脈内に投与する。
  4. 制吐薬
    　メトクロプラミドは選択薬である。フェノチアジン誘導体は、注意深く用い、また激しい低血圧を避けるために十分な量の輸液を行った後にだけ使用するべきである。水和と電解質バランスを維持することが困難なほどの嘔吐が続く場合は、特に制吐薬が有用である。
  5. 消化管運動調整薬
    　消化管運動調整薬の使用については議論の余地がある。抗コリン作動性の止瀉剤（下痢止め）の投薬は、分節運動を抑制し、通過時間を遅延させる。麻薬性鎮痛薬と合成アヘン

製剤は、より良い選択であるが、症状の激しい症例や長期化した症例のために温存しておく。腸管の流れを遅くすることで、毒素吸収を増加させる可能性があるからである。
6. 絶食
動物の嘔吐が止まって24時間後にゆっくりと水を与え始め、その後、無刺激食で作った食事を粥状にして徐々に与える。

10. 顆粒球コロニー刺激因子（GCSF）とは？それは、CPVの犬の治療にどんな役割を果たすか？

GCSFは、骨髄からの顆粒球の放出を選択的に刺激する。予備試験では、それがCPVの罹患率と死亡率を減少させることが示された。残念ながら、GCSFは人体薬としてだけ利用可能であり、また高価である。しかし、確実な効果があるとみなされた場合には、使用が認可される。

11. CPVの犬をどのようにモニターするか？

過水和を防ぐために、呼吸と中心静脈圧（CVP）をモニターする。浸透性の下痢では、動物は蛋白質を喪失する。腹部や四肢の腫大が観察されるか、血中総蛋白質量が許容量の50％に低下するか、2.0g/dL以下なったら、コロイド浸透圧を維持するために6％ヘタスターチかプラズマのいずれかを補う。血糖値は、最初の2日は少なくとも1日4回モニターする。血糖値は、突然、急激に下降する。最も重要なことは、少なくとも1日に2回犬の体重を測定することである。十分な晶質液が補充されていれば、初めの体重から減少することはない。理想的には、最初に見積もった脱水の程度に匹敵する割合で、体重を増加させるべきである。

12時間水を与えた犬に低刺激食で作った粥を与える。手で強制給餌されると、犬は嘔吐するであろう。この反応は、精神的なもの（嘔吐の連想）かあるいは物理的なものである。経鼻胃チューブによりこの問題は解決する。メトクロプラミドは、流動食を与えたときに、胃の空虚化を早め、制吐薬のような働きをし、胃の拡張を抑える。嘔吐のない犬は、たとえ下痢が完全に止まっていなくても食物を与えるべきである。低脂肪、高繊維食が、腸の運動性を刺激するために良い選択となる。

12. いつ犬を退院させるかをどのように決定するか？

犬は、固形の食事を食べても嘔吐をしなくなってから12時間後に退院させる。退院後7日間に嘔吐がみられたり、または24時間食べなかったら飼い主にすぐに連絡させるようにする。高繊維食は、下痢を減らすために勧められる。1週間後に糞便サンプルを確認することは疾病の進行を評価するのに良い。

13. CPV感染を受けた動物のいる飼い主が今新たなペットを望んでいる場合、何を勧めるか？

正しいワクチネーション・プログラムに基づいた予防、他の動物との接触の制限（特に12週齢以下の子犬）、汚染区域の漂白剤を用いた清掃（長時間、漂白剤に接触させる）、そして前のペットが接触したすべての物品（敷物、カーペット、壁、家具）を電気掃除機で掃除する。家に新しいペットを連れて来るのを少なくとも1カ月は待つ。環境（特に戸外で）に、ウイル

スが常にまったく存在しないということはあり得ない。CPV は、強く、あらゆる場所に存在する微生物である。

14. CPV を保有する犬はどのくらい長く免疫を維持するか？
　CPV から回復した犬は、20 カ月以上の間免疫を維持することができる。

15. 犬に勧められるワクチネーション・スケジュールは？それは、すべての犬種に同一か？
　数種の犬種は、他の犬種より CPV に感受性が高い。ロットワイラー、アメリカン・ピットブル・テリア、ドーベルマン・ピンシャーおよびジャーマン・シェパードは、最も感受性が高い。一方、トイ・プードル、コッカー・スパニエルは感受性が低い。新しい高力価のワクチンは、以前の低力価のワクチンと異なり、より高い抗原レベルを持ち、移行抗体に打ち勝つより強力なワクチン株である。これらのワクチンは、特に感受性の高い品種での感染の危険のある期間を短くする。新しい高力価ワクチンのワクチネーション・プロトコールは、6 週、9 週および 12 週と考えられている。特に感受性の高い品種では、高力価の CPV ワクチンだけでワクチンを接種するべきである。そしてそのワクチンの投与間隔は 6 〜 8 週、12 週および 16 週である。感受性の低い品種では、通常ワクチンの投与間隔は 6 〜 8 週、12 週および 16 週で十分である。

16. 飼い主が、CPV の犬を入院させることに乗り気でない場合、どのように処置するか？
　CPV は外来で治療することができる。食事制限、皮下輸液、そしていくつかのケースでは内服薬の投薬の組み合わせが 1 〜 3 日間行われる場合がある。外来患者での治療は、以下のとおりである：
- 少量の頻回の輸液
- 消化しやすい食物
- 抗生物質の経口投与
- 再び嘔吐したり食欲減退が続いている場合は、再検査と治療のための入院を強く勧める。

　10 人のうち 9 人の飼い主は一度家に戻った後、間もなく入院のために再来院する。外来患者の治療の前に、沈うつ状態の犬の直腸温は 40.2℃（106°F）で、12 時間以内の血糖値は 30 mg/dL であることを覚えておく。

論 点

17. CPV の疑いのある犬は、入院させて隔離するべきか？
　入院は、間違いなく生存させるための最善策である。隔離については、議論の余地がある。多くの動物病院では、隔離は常にスタッフのいない場所で行われる。「見ていない、心がこもっていない」治療は、多くの CPV 感染犬を死に導いている。コロラド州立大学獣医学教育病院では、集中治療室における CPV 感染犬を入院させた経験から、良識のある忍耐強い患者の管理により院内感染を避けることができることを示した。動物は、最も移動の少ない場所に入院させ、その中だけで使用する清潔な器具・器材を準備する。毎回、動物の取り扱いには、ガウンと手袋を着用する。そして、ケージは可能な限り清潔に保つ。これらの手法は、隔離室で

行われるものとまったく同じである。継続的な監視ができるところに入院させることにより、動物は、十分な輸液治療を受けられ、また速やかに起きる変化をモニターされていることとなる。

18. 嘔吐のある犬に栄養をどのように与えるか？

　乱暴な質問である。3〜5日間食事をとらなかった犬は、おそらく負の窒素バランスになっている。そして腸の絨毛はCPVによって既に破壊されているのでなければ、確実に萎縮している。経口的な栄養摂取を始めるのは早ければ早い程、回復も早くなるであろう。その上、腸粘膜への微量栄養素の供給は粘膜バリアの維持に必要である。このバリアがなければ、敗血症や菌血症が容易に起こる。あいにく、微量栄養素は経口でのみ供給できるものである。

　ブドウ糖は栄養を供給することにはならない。デキストロースは単に水の源であると考えれば良い。5％デキストロース溶液1Lは、たった170kcalしかない。通常、デキストロース濃度を5％以上増加させると、糖尿と浸透性利尿を引き起こす。

　数日間食事をしなかった動物は、脂肪代謝が亢進している。したがって、イントラリピッド（20％）が輸液に加えられる場合がある。それは、中心静脈カテーテルを使用して投与し、厳密な無菌管理を必要とするが、患者が病院の隔離区域に入院しているのなら、これは難しい場合がある。

　嘔吐がなく、水分を保持できる犬では、飲水に直接グルタミンを加える場合がある。しばしば、水入れに電解質液を入れておくことが、動物に飲水を始めさせる良い方法となる。これらの液体の中にデキストロースを加えるか、または、Ensur-Plusのような市販の経口輸液剤を使うことは、腸に栄養を供給する手助けとなる。

19. 子犬の免疫の状態を調べるために、パルボウイルス抗体を測定するべきか？

　パルボウイルス抗体は測定することができるが、抗体価が陰性であっても必ずしも犬がCPVに感染しやすいというわけではない。抗体陰性の犬に対してワクチン接種を繰り返し行っても、通常、著しい抗体価の上昇は得られない。

参考文献

1. Dunn T, Abood SK, Polley D, et al: Clinical management of canine parvovirus. Part I. Canine Pract 20 (5): 10-14, 1995.
2. Dunn T, Abood SK, Polley D, et al: Clinical management of canine parvovirus. Part II. Canine Pract 20 (6): 11-16, 1995.
3. Dunn T, Abood SK, Polley D, et al: Clinical management of canine parvovirus. Part III. Canine Pract 21 (1): 21-26, 1995.
4. Houston DM, Ribble CS, Head LL: Risk factors associated with parvovirus enteritis in dogs: 283 cases (1982-1991). J Am Vet Med Assoc 208: 542-546, 1996.
5. Pollock RVH, Coyne MJ: Canine parvovirus. Vet Clin North Am (Small Animals) 23: 555-568, 1993.

88. 腸重積
INTUSSUSCEPTION
Howard B. Seim, III, D.V.M.

1. 腸重積とは？

　腸重積は、隣接する弛緩した腸の内腔に腸の一部を押し込むように、活発に腸壁が収縮することによって起こる。さやに納められた部分は、内筒と呼ばれ、包んでいる部分は外筒と呼ばれる。

2. 腸重積は何により引き起こされるか？

　腸重積の原因は不明である。それは、原発性疾患ではなく、パルボウイルスの感染、重篤な寄生虫の寄生、腸閉塞（例えば、異物、腫瘍）などの様々な胃腸の異常が原因であると考えられている。

3. 腸重積が最も多く診断されるのは何歳か？最もよく起きる腸の部位は？

　腸重積は一般に1歳齢以下の動物の回盲結口部でよく起こる。高齢の動物における腸重積は、腸の異物か腸壁の腫瘍で最もよくみられ、腸のさまざまな部位で発現する。

4. 腸重積の患者の主な臨床症状と身体検査所見を挙げよ。
   1. 嘔吐。嘔吐の激しさは、しばしば腸重積の位置や狭窄の程度により、また原因疾患（例えば、パルボウイルス、寄生虫）と関係がある。一般に幽門閉塞が重度であり、腸管腔の狭窄が強固であればあるほどより激しい嘔吐がみられる。
   2. 腹痛。腸重積は、括約する閉塞である。一般に、絞扼の程度や閉塞の期間が増加すればするほど、腹痛も激しくなる。
   3. メレナまたは血便。内筒の壁がその正常な粘膜のバリアを変化させるために十分なほどに括約すれば、腸内腔に出血が起こる。上部の腸重積（空腸）はメレナを引き起こし、下位の腸重積（回盲腸）は血便をもたらす。
   4. 触知できる腹部の腫瘤。腸重積は、腹部に腫瘤塊を生じる。その腫瘤塊は容易に触知することができ、ソーセージ状をなし、移動可能でわずかに痛みを伴う（絞扼の程度による）。若齢の動物では、腹部の筋肉の発達が不十分なので、触診が容易である。

5. 特徴的な臨床症状や身体所見が良くなったり、悪くなったりするような患者についてはどうか？

　動物は時折、腸重積に合致する臨床症状と身体検査所見を示すが、それは良化傾向を示したり悪化したりする。このパターンは、滑脱性の腸重積の患者に起こることがある。腸重積は間欠的に改善し、その後、再び重積が起きることにより臨床症状や身体所見が良くなったり悪く

なったりする。若齢の動物における滑脱性の腸重積は、一般に胃腸の疾患（例えば、パルボウイルス、寄生虫）に関連して起こる。

6. どのようにして腸重積の確定診断を行うか？
　確定診断は、基本的な臨床症状と身体検査所見、単純および造影X線造影検査と超音波検査によって行われる。単純X線検査では、ガスと液体の充満した腸重積に近い部位の小腸ループと液体様の透過度の腹部の腫瘤が明らかになる。X線造影検査（すなわち、上部消化管造影とバリウム注腸）では、腸重積部での造影剤の圧縮像が認められる。超音波検査では、腸重積に特有の像がみられる。

7. ヒトではしばしばバリウム浣腸が腸重積の最終的な治療となる。犬や猫に対してもそれはうまくいくか？
　いいえ。バリウム注腸は診断目的で実施される場合があるが、最終的な治療として有効なことは滅多にない。

8. 腸重積の患者の外科手術前の治療は？
　術前の治療は一般に臨床症状、身体検査所見、臨床検査データに基づいて行われる：
- 激しい腹部痛、頻回の嘔吐、および血粘液状の糞便（完全な、括約している閉塞）を示す患者は、一般に静脈内の輸液（ショック量の）、ブドウ糖、コルチコステロイド、またはフルニキシンメグルミンそして抗生物質によって治療する。輸液と投薬が行われ、心血管系が安定したらすぐに外科手術を行う。
- 症状の軽い患者は、循環血液量を増加させ、手術室が利用可能になったら速やかに手術を行う。

9. 腸重積をどのように整復するか？
　整復は、外筒をつかみ、そして、ソーセージを包みから絞り出すように、内筒を絞り出すようにする。腸重種を牽引する際には、いずれにせよ重積した腸間膜の血管に沿って牽引する力が伝わるので、最大限の注意が必要である。

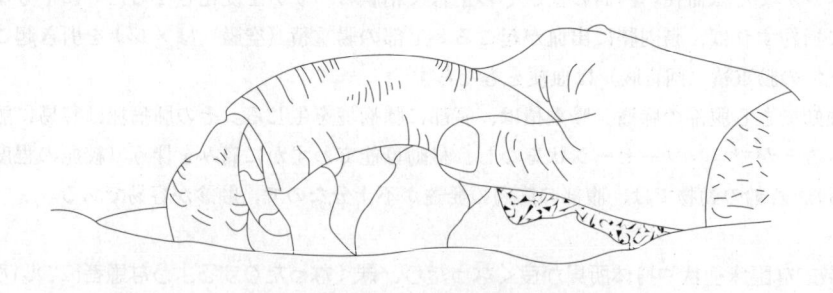

外科手術による腸重積の整復

10. 漿膜筋層を裂くことなく腸重積を整復できない場合、適切な処置は？
　腸の切除と吻合を考えなさい。癒着し嵌頓した腸を強制的に整復すると、腹膜腔と全身循環

中へ潜んでいた内毒素を放出することになる。その上、強制的に整復すると、腸の穿孔と腸内容の腹腔への漏出を引き起こす可能性がある。

11. 腸重積をうまく整復でき、腸管が生存しており、特に問題がない場合の適切な処置は？

　腸ヒダ形成術を考えなさい。腸重積の再発率は 27% であると報告されている。腸ヒダ形成術は、十二指腸、空腸、回腸の漿膜筋層の層をヒダを作るようにして縫い合わせる（下の図を参照）。腸ヒダ形成術は、腸重積の再発を効果的に予防する。

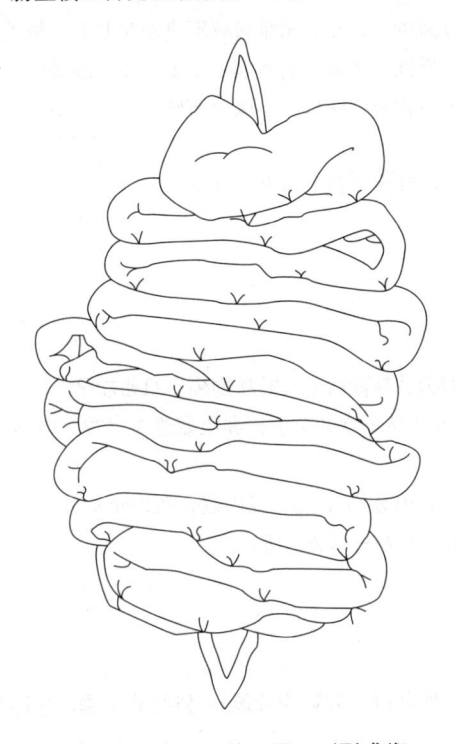

腸重積の再発を防ぐ腸ヒダ形成術

12. 腸重積はうまく整復できても腸壁の生存が疑わしい場合、適切な処置は？

　小腸が生存しているかどうかについて、最も信頼できる外科的評価の基準は色、蠕動、動脈の拍動、静脈内へのフルオレセン染色液の注入である。静脈内へのフルオレセイン染色液の注入は、腸壁が生存しているか否かを調べるために 95% 以上正確であることが示されている。腸壁が生きていれば、侵された腸を整復し、常法に従って終了する。腸壁が壊死していれば、その部分の切除と再吻合を行う。

13. 腸重積がうまく整復でき、異物か腫瘍がみつかった場合の適切な処置は？

　腸重積の原因の除去するために、腸切開術（異物、小さい壁の腫瘍、または腸の生検のため）か吻合（絞扼を引き起こす異物か大きい壁の腫瘍のために）を行う。そして、再発を防ぐために、残った腸の腸ヒダ形成術を行う。

14. 若齢犬の腸重積では、回盲結合部が最も一般的な発生部位である。回盲弁を除去することによる影響は？

腸切除の結果、回盲弁がなくなると、吸収不良症候群と慢性の下痢が起こる可能性がある。この弁は小腸と大腸での細菌の数をコントロールするために機能している。小腸内の細菌数は比較的少ないが、大腸では多い。もし弁がなくなったら、細菌の逆流が結腸から回腸まで起こる可能性がある。小腸内の細菌数の増加により、上皮細胞に毒性を示す細菌代謝産物が生産されるのはもちろん、非抱合型胆汁酸の増加と食事中の脂肪酸のヒドロキシル化が起こる。その際、上皮細胞の吸収能力は減少し、その結果吸収不良が生じる。絨毛に対する毒性により、炎症と浮腫が起こり、これは慢性の下痢を引き起こすような、腸管内への液体分泌とさらなる吸収不良が生じる。腸への抗生物質療法は、小腸で増殖した細菌のコントロールになるだろう。

15. 犬と猫の腸吻合のために考えられた縫合法は？
   1. 単純連続並置縫合
   2. 単純結節並置縫合
   3. 単純結節挫滅縫合

16. 腸の外科手術にはどのような縫合糸と針が勧められるか？
   - 縫合糸：合成吸収性モノフィラメント、非吸収性モノフィラメント、合成吸収性マルチフィラメント
   - 犬の縫合糸のサイズ：3-0 から 4-0；猫の縫合糸のサイズ：4-0 から 5-0
   - 針：糸付の丸針、角針、リバースカット

論 点

17. 腸重積の原因に対し（例えば、異物や腫瘍）、外科的治療が可能な患者に腸ヒダ形成術を行う必要があるか？

賛成意見：腸重積は比較的高率に（すなわち27%）再発し、その再発する腸重積を整復するため、腸ヒダ形成術を必要とするので、再発予防のために行うことは正しいと思われる。その上、腸ヒダ形成術は下痢、嘔吐、減量、食欲減退などの異常な副作用を引き起こすことはない。

反対意見：腸重積を引き起こす原因は、確認され、治療されている。たった27%の患者だけに必要な腸ヒダ形成術を行うことは賢明なことではない。その上に、腸ヒダ形成術は総手術時間を延長させ既に衰弱している患者を危険にさらすことになる。

参考文献

1. Lewis DD, Ellison GW: Intussusception in dogs and cats. Comp Cont Educ 9: 523-532, 1987.
2. Oakes MG, Lewis DD, Hosgood G, Beale BS: Enteroplication for prevention of intussusception recurrence in dogs: 31 cases (1978-1992). J Am Vet Med Assoc 205: 72-75, 1994.
3. Wilson GP, Burt JK: Intussusception in the dog and cat: A review of 45 cases. J Am Vet Med Assoc 164: 515-518, 1974.

89. 大腸炎
COLITIS

Wayne E. Wingfield, D.V.M., M.S

1. 急性大腸炎の特徴は？
   - ジャーマン・シェパードとゴールデン・レトリーバーが好発犬種である。
   - 1～4歳齢が好発年齢である。
   - 雄は雌より多く発症する（3：2）。

2. 急性大腸炎の一般的な臨床症状は？
   - 下痢か軟便（水気の多い、粘液、鮮血、頻回で少量）
   - しぶり
   - 食欲は正常で、わずかな体重減少があったりなかったりする。
   - 嘔吐（30%）
   - 腹部痛

3. クロストリジウム属の院内感染の象徴的な症状は？
   動物病院来院後、1～3日で始まる急性の血様下痢である。

4. 急性大腸炎を起こす原因は？
   急性大腸炎の原因はよくわかっていないが、次の可能性が考えられている：
   1. 粘膜の異物か外傷による損傷
   2. 感染
      - 寄生虫（鞭虫「*Trichuris* sp.」）
      - 細菌（サルモネラ、キャンピロバクター、クロストリジウム）
      - 真菌（ヒストプラスマ症）
   3. 全身性疾患（特に尿毒症）

5. 急性大腸炎の疑いがある患者では、どのような鑑別診断が考えられるか？
   1. 他の胃腸の問題
      - 慢性大腸炎
      - 新生物（腺癌、リンパ腫、平滑筋肉腫、ポリープ）
      - 回腸結腸重積
      - 盲腸の反転
      - 過敏性結腸（除外診断）
      - 直腸の狭窄

- 肛門周囲瘻孔
- 尿毒症性潰瘍
2. 腹痛
- 出血性胃腸炎（HGE）
- ウイルス性腸炎
- 消化管内異物
- 血栓による腸の虚血
- 腸捻転
- 膵炎
- 肝胆汁性の問題
- 泌尿器の疾患（腎結石、腎盂腎炎、尿路感染症）
- 腹膜炎（腹部臓器の破裂、敗血症）
- 脾捻転
- 生殖器の問題（子宮の捻転または破裂、精巣の捻転、前立腺膿瘍）
3. 胸腰椎の疼痛

6. 一般によく急性大腸炎と混同される診断は？
   - 新生物（腺癌、リンパ腫、平滑筋肉腫、ポリープ）
   - 直腸の狭窄

7. 最も一般的な身体検査所見は？
   1. 身体検査所見は、ほとんどの例で正常である。
   2. 強く触診すると、腹部の痛みを生じることがあったり、なかったりする。
   3. 直腸検査で、疼痛、鮮血および粘液をみる場合がある。

8. 急性大腸炎の診断にどのようにアプローチするか？
   - 直腸検査
   - 浮遊法による糞便中の虫卵と寄生虫の検査
   - 直接および染色後の糞便の検査
   - 糞便の細菌培養
   - 通常の臨床検査（血液理学的検査、生化学的検査、尿検査）
   - 腹部のX線検査とバリウム注腸
   - 結腸鏡検査
   - 粘膜の結腸鏡検査による生検

9. 適切な治療について述べよ。
   1. 24〜48時間、または下痢が止まるまで絶食。もしリンパ球-プラズマ細胞性腸炎が疑われる場合、絶食は問題を解決しない。
   2. 塩化カリウムを加えた晶質液の投与。
   3. 糞便の水分の増加と結腸の運動性の減少（ロペラミド）のために投薬する。

10. 急性大腸炎の原因の特異的治療は？
    - もしわかっていれば原因を除去する（例えば、異物除去）。
    - クロストリジウムの増殖の抑制（タイロシンまたはメトロニダゾール）。
    - タイロシン、メサラジン、スルファサラジン（経口、注腸、または泡沫）またはプレドニゾロン（抗炎症量）による炎症性腸疾患の治療（すなわち慢性大腸炎）。
    - 高繊維食（しばしば Metamucil を与える）。

参考文献
1. Burrows C: Canine colitis. Comp Vet Cont Educ 14: 1347-1354, 1992.
2. Bush B: Colitis in the dog. In Practice 17: 410-415, 1995.
3. Gilford WG: New ideas for the dietary management of gastrointestinal tract disease. Small Animal Pract 35 (12): 620-624, 1994.
4. Macintire DK: The acute abdomen-Differential diagnosis and management. Semin Vet Med Surg 3: 302-310, 1988.
5. Willard MD: Selected bacterial problems of the alimentary tract. Vet Ann 35: 96-106, 1995.

XI

生殖器系疾患における救急救命療法
Reproductive Emergencies

Section Editor: Lori A. Wise, D.V.M., M.S.

XI 生殖器系疾患における救急救命療法

90. 子宮蓄膿症
PYOMETRITIS

Donald A. Ostwald, Jr., D.V.M.

1. 子宮蓄膿症とは？

子宮蓄膿症とは子宮内腔に膿が蓄積した状態である。これは、雌の生殖器系疾患の中で生命に危険を及ぼす数少ない疾患の1つである。結果的に、ショック、敗血症、糸球体腎炎による腎機能不全、続発性腹膜炎を伴う子宮破裂といった全身性疾患に陥る可能性がある。子宮蓄膿症は、腟からの排液の量によって、子宮頸の開放性の程度を確認することができる。腟分泌物はわずか、またはまったくない（閉塞性子宮蓄膿症）患者は、病勢が進行していることが多く、時には重篤な症状を呈する場合もある。子宮蓄膿症は、犬、猫、ウサギ、フェレット、モルモットを含む多くの動物種で報告されている。

2. プロゲステロンとエストロゲンは、子宮蓄膿症の病理発生にどのように関与しているか？

子宮内膜の囊胞性過形成は、子宮内膜のプロゲステロンに対する異常反応の結果である。子宮内膜の囊胞性過形成の影響で、腟内常在菌（*Escherichia coli* が最も一般的）が子宮内へ入り込んだ場合に、子宮蓄膿症となる。プロゲステロンはまた、局所の免疫系を抑制し、子宮内膜腺からの分泌を刺激して細菌の成長を促進し、子宮筋の収縮能を減退させる。さらに子宮頸管を閉鎖させるので、子宮内に滞留した滲出物の排出を妨げる。子宮内膜過形成はプロゲステロン、あるいはプロゲステロンとエストロゲンの相互作用によって発生する。しかしながらエストロゲンは、子宮内膜にあるプロゲステロン受容体の数が増加するために、上昇しているのである。誤交配をして無発情期の犬に堕胎薬としてエストラジオールを投与した場合、25％程度の子宮蓄膿症の発症がみられる。子宮蓄膿症の発症率は犬より猫の方が低い。猫は交尾排卵のため、プロゲステロンは通常交尾後にのみ分泌される。

3. 子宮蓄膿症の発症徴候および症状を述べよ。

子宮蓄膿症は中齢から老齢の雌で臨床症状が現われ、2週間程前までには発情している例が多い。主訴には、陰部からの排泄物、昏睡、食欲減退、嘔吐、多飲/多尿、体重減少などが挙げられる。最も共通してみられる症状は、陰部からの排出物、腹部膨満、子宮の拡大、脱水である。発熱は現在のところすべての症例の1/3以下である。猫はグルーミングの習性のため、陰部からの排泄物は確認されないことが多い。

4. 多飲多尿が共通した症状である理由は？

子宮蓄膿症の犬のおよそ50％が多飲/多尿を示している。腎機能障害の併発はあまり知られていないが、おそらく腎前性高窒素血症が二次的に引き起こした脱水やショック、抗原−抗体複合体による糸球体腎炎、内毒素の腎尿細管機能への干渉作用（腎性糖尿病）、あるいはこ

れらが合併した病態が発現していると考えられる。しかしながら、子宮蓄膿症の犬の多くは腎機能不全に陥っていない。腎機能不全を引き起こす程の病態に進んでいない例がほとんどである。

5. 子宮蓄膿症の診断除外リストは？
    - 妊娠
    - 腟腫瘍
    - 流産
    - 腎不全
    - 産褥性子宮内膜炎
    - 糖尿病
    - 発情
    - 肝不全
    - 腟炎
    - 副腎皮質機能低下症

6. どのように子宮蓄膿症を診断するか？
　最近の発情歴、および陰部からの排泄物が臨床的に確認されることによって、高率に診断を確定することができる。血液検査では左方移動を伴う白血球増加症、軽度～中等度の正赤血球性正色素性貧血がみられる。なかには、おそらく白血球の消費が起こり、白血球減少症を呈する例もある。50～75％の犬は血清ALP値が上昇している。高窒素血症は、全例の1/3もみられない。ほとんどの子宮蓄膿症の犬は、尿路感染症を併発している。

7. 子宮蓄膿症の診断における超音波検査の役割は？
　腹部X線検査は子宮の拡大は確認できるだろうが、妊娠初期6週間（胎児の骨化がみつかるまで）の間は子宮蓄膿症と正常妊娠の鑑別は不可能である。超音波検査は子宮の拡大を明確にし、かつ子宮の内容物を写し出すためには最も優れた手法といえる。

8. 子宮蓄膿症の患者にはどのような処置を施すか？
　子宮蓄膿症の治療は、敏速かつ積極的に行うべきである。まず脱水の補正、腎機能の改善、適切な組織灌流の維持のために静脈内輸液を行う。細菌培養と感受性試験の結果が出るまでは、広域の殺菌性抗生物質を静脈内投与する。卵巣子宮全摘出術は、繁殖への使用が非常に強く要望されている場合以外は、最も推奨される方法である。

9. 外科手術を行う時期は？
　古くから、子宮蓄膿症は日没を待つなといわれてきた。子宮の破裂が考えられる場合は6～12時間以内、あるいは直ちに外科的摘出を行うべきである。脱水、高窒素血症、低血圧、ショック、酸-塩基平衡異常、電解質異常は麻酔の前に必ず是正しておくべきである。

10. 手術に代わる治療法はあるか？
　ある。開放性子宮蓄膿症はプロスタグランジン$F_2\alpha$（$PGF_2\alpha$）と長期間の広菌域抗生物質でうまく治療されている。臨床的に安定し、次回の発情で交配する予定の犬に対しては、$PGF2\alpha$による子宮蓄膿症の治療は控えるべきである。閉鎖性子宮蓄膿症の場合、子宮破裂という大きなリスクがあるため、$PGF_2\alpha$の使用には注意が必要となる。天然$PGF_2\alpha$（Lutalyse）は0.05～0.25mg/kg/s.c. 1日1回または2回、3～5日間投与する。合成$PGF_2\alpha$

（Fluprostenol、Cloprostenol）は、天然 $PGF_2\alpha$ より効能が強いため臨床的には使用されていない。アメリカでは $PGF_2\alpha$ の小動物における使用が認められていないので、使用する前には十分なインフォームド・コンセントを行うべきである。

11. $PGF_2\alpha$ の詳細な作用機序は？

$PGF_2\alpha$ は子宮運動を刺激し、子宮頸を通して子宮内容物を排泄させる。その子宮頸管拡張作用は相反するため、使用にあたっては開放性子宮蓄膿症に対しての処置に限られる。$PGF_2\alpha$ は黄体溶解物質であり、犬猫のプロゲステロン値を低下させる。しかし、犬における黄体退行作用は治療の要因となってはいないようである。なぜなら本疾病は、無発情期の末期に発症するからである。$PGF_2\alpha$ に対する反応は、用量よりもむしろ根本的な子宮の病態に依存していると考える方が妥当であろう。最初は低用量で開始し、反応がみられなかった場合にのみ増量を考慮するべきである。

12. $PGF_2\alpha$ の副作用は？

$PGF_2\alpha$ の副作用は喘鳴、唾液過多、嘔吐、脱糞、失禁である。これらの作用は、一時的であり、投与後1時間以内には消失する。継続的に投与した場合、次第に副作用は激しくなる。

13. 子宮蓄膿症の予後は？

子宮蓄膿症の外科的治療では術後の生存率も高く、予後は良好な例が多い。プロスタグランディンによる開放性子宮蓄膿症の内科療法では、90％以上の犬猫で徴候および症状が回復する。治療後、次回発情で交配させることを強く勧める。$PGF_2\alpha$ での治療に成功した70％以上の犬で2年以内の再発はみられない。プロスタグランディンによる治療で回復した閉鎖性子宮蓄膿症の症例は30％にも満たない。

参考文献

1. Davidson AP, Feldman EC, Nelson RW: Treatment of pyometra in cats, using prostaglandin F2-alpha-21cases（1982-1990）. J Am Vet Med Assoc 200: 825-828, 1992.
2. Gilbert RO: Diagnosis and treatment of pyometra in bitches and queens. Compend Contin Educ Pract Vet 14: 777-785, 1992.
3. Grieve GR: Pyometra in cats. Vet Rec 129: 516, 1991.
4. Johnson JH, Wolf AM: Ovarian abscesses and pyometra in a domestic rabbit. J Am Vet Med Assoc 203: 667-669, 1993.
5. MacIntire DK: Emergencies of the female reproductive tract. Vet Clin North Am Small Animal Pract 24: 1173-1188, 1994.
6. Memon MA, Mickelsen WD: Diagnosis and treatment of closed-cervix pyometra in a bitch. J Am Vet Med Assoc 203: 509-512, 1993.
7. Okkens AC, Bevers MM, Dieleman SJ, et al: Fertility problems in the bitch. Animal Reprod Sci 28: 379, 1992.
8. Potter K, Hancock DH, Gallina AM: Clinical and pathological features of endometrial hyperplasia, pyometra, and endometritis in cats-79cases（1980-1985）. J Am Vet Med Assoc 198: 1427-1431,

1991.
9. Threlfall WR: Diagnosis and medical management of pyometra. Semin Vet Med Surg Small Animal 10: 21, 1995.
10. Tobias KMS, Wheaton LG: Surgical management of pyometra in dogs and cats. Semin Vet Med Surg Small Animal 10: 30-34, 1995.
11. Wheaton LG, Barbee DD: Comparison of 2 dosages of prostaglandin-F2-alpha on canine uterine motility. Therio 40: 111, 1993.

91. 嵌頓性包茎
PARAPHIMOSIS
Adam J. Reiss, D.V.M.

1. 嵌頓性包茎とは？
 嵌頓性包茎は、陰茎を包皮の正常な位置に戻すことができない状態をいう。

2. 包茎と嵌頓性包茎とは何が違うのか？
 包茎は陰茎を包皮から出すことができないのに対し、嵌頓性包茎は陰茎を一度出すと、包皮が元の位置に還納しない場合をさす。

3. 嵌頓性包茎の臨床症状は？
 ・包皮から充血した陰茎の突出
 ・露出した陰茎が乾燥あるいは壊死している
 ・露出した陰茎を極端に舐める
 ・排尿困難、血尿、無尿

4. 嵌頓性包茎になりやすい要因は？
 次の要因が挙げられるが、嵌頓性包茎でなくても、性的刺激があれば起こりうる。
 ・先天性奇形あるいは外傷で、二次的に包皮孔の大きさが縮小している
 ・包皮の毛や体外の異物（紐、毛など）による陰茎の嵌頓
 ・外傷、感染、腫瘍、持続性勃起による二次性の陰茎腫大
 ・慢性の亀頭および包皮の炎症

5. 嵌頓性包茎の病態生理は？
 嵌頓性包茎の病態生理は、陰茎の血流に関係している。収縮できずに包皮内に還納できない充血した陰茎により、静脈血の流れが減少もしくは遮断された結果、嵌頓性包茎となる。長期間露出すると、乾燥、外傷を起こし、壊死に至る。これは、陰茎の腫大が進むと圧迫する力が増強し、さらに静脈血流を妨げて還納を阻止するためである。

6. 嵌頓性包茎と同様の症状を呈する他の疾患は？
   - 慢性持続性勃起症
   - 陰茎後引筋の麻痺
   - 陰茎骨の奇形、骨折
   - 著しい包皮の拡張
   - 先天性の短縮包皮

7. 類似疾患と嵌頓性包茎との鑑別法は？

   鑑別には病歴をたどれば良い。嵌頓性包茎は侵襲を受けたり、交尾で結合した場合に急性に起こるのに対し、類似疾患はおおかた慢性である。

8. 来院までに悪化させないために飼い主に電話でできるアドバイスは？
   - 陰茎を舐める、噛むなどをさせないようにしておく。
   - ゼリーや軟膏で陰茎を潤滑にしておく。
   - 犬を落ち着かせ、静かにさせておく。

9. 嵌頓性包茎の治療法は？

   嵌頓性包茎で来院した犬には疼痛があり、興奮しているため、ショックを起こす可能性がある。まず心血管系の機能を評価しなければならない。陰茎を整復するためには、鎮静あるいは全身麻酔が必要となる。整復治療の前に露出した陰茎を清潔な状態にしておく。毛やその他の付着物を除去しておく。必要があれば陰茎および包皮全体を潤滑に保つ。陰茎を本来の位置に整復するためには丁寧な処置が必要である。冷却パックや高張液は、腫脹した陰茎を縮小させ、還納しやすくする。陰茎を還納するために、包皮切開を必要とする場合もある。陰茎の状態に疑問がある場合には、ドップラー検査を実施し、局所血流の確認を行う必要があるだろう。

10. 嵌頓性包茎で発現しうる合併症とその予防、治療法は？
    - 陰茎の壊死と尿道閉塞が最も避けたい合併症である。壊死や尿道閉塞の場合には陰茎切断術、尿道造瘻術が必要となる。
    - 包皮と陰茎の癒着も起こり得る。毎日陰茎を露出させ、包皮内にステロイド／抗生物質の軟膏投与を行うのが最良の予防法である。

11. 嵌頓包茎の再発の予防法は？
    - 先天性奇形を矯正する。
    - 陰茎とその周囲の筋骨格系、および神経系の異常に対応する。
    - 包皮の衛生、包皮の被毛の定期的なトリミングを行う。
    - 去勢手術を実施する。

参考文献

1. Bjorling DE: Reproductive emergencies-Surgical treatment. In Proceedings of the Fourth IVECCS, San Antonio, TX, 1994, pp 246-248.

2. Boothe HW: Penis, prepuce and scrotum. In Slatter D (ed): Textbook of Small Animal Surgery. Philadelphia, W. B. Saunders, 1993, pp 1344-1345.
3. Feldman EC, Nelson RW: Canine and Feline Endocrinology and Reproduction. Philadelphia, W. B. Saunders, 1996, pp 692-693.
4. Hall MA, Swenberg LN: Genital emergencies. In Kirk RW (ed): Current Veterinary Therapy VI-Small Animal Practice. Philadelphia, W. B. Saunders, 1977, pp 1216-1217.
5. Held JP, Prater PE: Diseases of the external genitalia. In Morgan RV (ed): Handbook of Small Animal Practice. New York, Churchill Livingstone, 1992, pp 670-671.
6. Hobson HP: Surgical procedures of the penis. In Bojrab MJ (ed): Current Techniques in Small Animal Surgery. Philadelphia, Lea&Febier, 1990, pp 428-430.
7. Holst PA: Canine Reproduction:A Breeder's Guide. Loveland, CO, Alpine Publications, 1985, pp 203-204.

92. 子　癇
ECLAMPSIA
Teresa Dye, D.V.M.

1. 子癇とは？
子癇とは雌犬や雌猫で妊娠に関連する低カルシウム性テタニーのことである。

2. 他に子癇といわれるものに、どのような疾患があるか？
- 産褥テタニー
- 授乳テタニー
- 分娩前後の低カルシウム血症

3. 子癇にかかりやすい動物は？
子癇は小型犬で最も多くみられ、猫や大型犬では比較的少ない。子癇の病歴のある犬は同腹子も発症する可能性がある。

4. 子癇と関係がある低カルシウム血症の原因は？
カルシウムは、妊娠期には胎盤を介しての胎子への移行、授乳期には母乳を介して失われる。分娩前後の栄養状態が悪いとカルシウムの摂取量が低下する。十分な食事を与えていても授乳のストレスのために食欲が低下し、カルシウムの摂取量が不足する場合がある。妊娠中の過度のカルシウム摂取は、甲状腺の萎縮を招き、甲状腺ホルモンの分泌が低下する。このような機序で、分娩後は体内の貯蔵カルシウムの動員が阻害され、食事によって摂取されたカルシウムが利用される結果となる。アルカローシスといった代謝的要因は、カルシウム結合蛋白量の上

昇を促進し、イオン化カルシウム値が減少するために、子癇の病勢進行を助長させる。

5. 子癇の臨床症状は？
　子癇の初期にみられる症状には、落ち着きがない、不安、興奮、パンティングなどがみられる。このような症状は、唾液分泌過多、歩行強直、運動失調などの症状とともにテタニーの初期に数分間から数時間続く。激しいテタニーでは強直性および間代性の痙攣が起こり、これは聴覚・触覚過敏、横臥、全身性の発作が徴候となる。これらの徴候には、一般的に頻脈、縮瞳、発熱が付随して発現する。著しい呼吸低下、高熱、脳浮腫があった場合には死亡する例もある。

6. 子癇の病態生理は？
　子癇は、細胞膜の変性が起こり、神経線維が露出し、骨格筋の強直性収縮が起こることによって発現する。低カルシウム血症の程度とカルシウム値の低下の状態が、臨床症状の開始と重症度を決定する。

7. 子癇はいつ起きるか？
　典型的な子癇は産後2週間以内にみられるが、妊娠後期や分娩中にも起こることもある。この時の低カルシウム血症は子宮無力症が原因となっている可能性がある。

8. 子癇の診断は？
　診断は、病歴と臨床症状、治療に対する反応により、診断できると考えられている。治療を開始する前にカルシウム値を測定しておくとよいが、治療のために検査による確定診断が遅延することはない。血清カルシウム値は、通常7mg/dL以下である。同時に、低血糖の併発も確認できる。

9. 子癇の患者にはまず、どのような治療を実施するか？
　10％グルコン酸カルシウムをゆっくりと（15〜30分以上かけて）静脈内投与すると効果が発現する。総量として1〜20mL必要となるだろう。投与中は心拍数と心電図のモニタリングを行うこと。徐脈や不整脈が発現した場合、心拍数と不整脈が改善するまで投与を中断し、改善したら初回量の1/2量投与を再開する。動物の状態が安定してたら、臨床症状の再発を防ぐために初回量と同量の生理的食塩液で希釈し、1日3回皮下投与する。低血糖、高熱、脳浮腫が併発していた場合はこれに対する治療もあわせて実施する。コルチコステロイドの投与は避けること。カルシウム尿症が進むために、血清カルシウム値がさらに低下し、腸管からのカルシウムの吸収が減少し、骨折抑制機能が低下するからである。

10. カルシウム投与に反応がしなかった場合はどうするか？
　カルシウムを投与しても臨床症状が改善しない場合には、発作をコントロールするのにジアゼパムやフェノバルビタールを用いることもある。発作に対しては、低血糖、脳浮腫、中毒、初期神経障害といったその他の原因も考えられる。

11. 退院時にどのような指導をするか？
　グルコン酸カルシウム、または乳酸カルシウムやカルボン酸カルシウムの錠剤を経口投与によって補給させることである。カルボン酸カルシウム10〜30mg/kg、1日3回、あるいはグルコン酸カルシウム150〜250mg/kg、1日3回の投与を行うとよい。カルボン酸カルシウムを使用する場合には、併せて制酸薬を処方するとよいだろう。バランスの良い成長期用の食事を与えること。
　子犬が生後3週以後ならば離乳するべきである。それよりも若齢の場合は授乳させ、あわせて用手による人工給餌も行うこと。これは、母犬の乳汁分泌を抑制させるためである。再発した場合は、子犬は日齢に関係なく離乳し、用手人工給餌をしなければならない。

12. 子癇を予防するために、妊娠中の犬には何を行うか？
　妊娠後期から授乳期にはバランスの良い成長期用の食事を与える。妊娠中には決してカルシウムの補給を行ってはならないが、子癇の病歴のある授乳中の母犬には与えるようにする。カルボン酸カルシウムを10〜30mg/kg、1日3回の投与を行う。

参考文献
1. Feldman EC, Nelson RW: Canine and Feline Endocrinology and Reproduction. Philadelphia, W. B. Saunders, 1987, pp 444-445.
2. Davidson AP: Postpartum disorders. In Morgan RV (ed): Handbook of Small Animal Practice, 2nd ed. New York, Churchill Livingstone, 1992, pp 670-699.
3. Jones DE, Joshua JO: Reproductive Clinical Problems in the Dog. Boston, Wright, 1982, pp 108-109.
4. Wallace MS, Davidson AP: Abnormalities in pregnancy, parturition, and the periparturient period. In Ettinger SJ, Feldman EC (eds): Textbook of Veterinary Internal Medicine, 4th ed. Philadelphia, W. B. Saunders, 1995, p 1620.

93. 難　産
DYSTOCIA
Adam J. Reiss. D.V.M.

1. 難産とは？
　難産とは、動物が子宮から胎児を娩出できない状態をいう。

2. 安産（正常分娩）と難産とを鑑別するために知っておくべき分娩のステージと症状は？
　ステージ1：初期行動の変化である。よくみられる症状は、落ち着かない、巣作り行動、パンティング、振せんである。これらの徴候は分娩の48時間前までに起こることが多いが、分

娩を正確に示すものではない。
　ステージ2：外観的にも明らかに腹部の強い収縮がみられる。この腹部の収縮力によって胎児を産道から押し出す。このステージは大型犬で分娩の約24時間前、猫では約36時間前から始まる。
　ステージ3：胎盤の娩出である。第2および第3ステージはどちらか一方のこともある。第3ステージは犬猫が胎盤を食べた場合はみられないこともある。このステージで子宮の収縮は完了する。

3. 飼い主や獣医師が難産であると理解するための共通する徴候は？
- 妊娠期間の延長（犬猫では最終交配から考えて遅くても妊娠68日目には娩出される）。
- 体温が38℃以下に下がって24時間以内に分娩ステージ2が起こらない。
- 確実に30分間以上にわたって腹部が収縮しているにもかかわらず、胎児が産道を通過しない。
- 胎膜が15分以上見えている。
- 分娩ステージ2が始まってから4時間以上経つのに、陣痛が弱い、またはない。
- 娩出が開始してから3時間以上経過しても次の陣痛が起こらない。
- 膣から異常な排出物がある（子犬、子猫ではなく、異臭、膿、緑色を呈する）。
- 何度も排尿姿勢をとりながら鳴いたり、横腹や陰部を噛んだりする。
- 犬で24時間、猫で36時間経過しても、すべての胎児が娩出されない。

4. 分娩徴候を確認するために最も信頼性が高く、かつわかりやすい指標は？
　分娩の徴候を知るのに最も信頼性が高く、かつわかりやすい指標は、体温が38℃を切る（36.4～37.5℃以下）ことである。この体温の下降は普通、分娩の24時間以内に起こる。飼い主は予定日の7～10日前から1日2回体温をモニターするとよい。体温の下降は、猫では犬ほど信頼性のある指標とはいえない。

5. 難産の患者の診断にはどのようなステップを踏むべきか？
　①病歴を十分に聴取すること。質問する重要な事項は
- 分娩予定日は
- 最終交配日は
- 膣垢検査の有無は
- 無発情期に入った日は
- 既に陣痛を確認しているか
- 前回陣痛を確認した時間とその持続時間は
- 前回の出産はいつか
- 難産を呈したことがあるか、またその際に受けた治療は
- 体温の下降があったか

　②身体検査を十分行うこと。脱水、ショック、妊娠中毒症の有無を直ちに確認すること、可能ならば無菌的に、産道閉鎖の軽減を行っておく。
　③腹部X線撮影を行うこと（2方向）。腹部X線検査は有効であり、胎児にも危害を与え

ない。妊娠期間（胎児は妊娠45日で骨格が完成する）、胎児の数、胎位、産道に対する胎児の大きさ、胎児の生存性を知ることができる。胎児死亡のX線所見による確定診断は、子宮内のガスの貯留、頭蓋骨と脊髄とのオーバーラップ、胎児の骨吸収、異常胎位を確認する。

6. 胎児の生存を確認する最良の方法は？
　超音波検査で心拍を確認することが最適な診断法である。

7. 難産と診断されたら、どのように難産を分類するか？
　難産には大別して物理的要因（60～70%）と胎児側の要因（25～40%）とに分類することができる。物理的要因の難産は解剖学的、生理学的（原発性子宮無力症）あるいは解剖学的、生理学的に複合（二次性子宮無力症）した要因に大別される。
　子宮無力症（子宮筋組織性の胎児娩出不全）は、難産の生理学的要因である。原発性子宮無力症もまた、完全性と局所性の2つのグループに分類される。完全性原発性子宮無力症の患者は、分娩第2ステージに移行しない。実験的に局所性原発性子宮無力症を起こさせた動物は、分娩第2ステージに移行したが、胎児の娩出は弱く、分娩は成功しなかった。
　解剖学的理由は、産道の狭窄であろう。産道の狭窄は、骨盤の狭窄（先天性、後天性）、子宮の変位、腫瘤による障害、腟の狭窄や癒着、外陰部の過形成、粘膜の過形成による場合が考えられる。
　二次性子宮無力症は、解剖学的、生理学的要因の複合による。閉鎖あるいは狭窄した産道に対する持続的な子宮の収縮の結果、子宮筋の組織が消耗し、二次性の無力症を発現する。
　難産の胎児側の要因として、巨大胎児（胎児が1頭）、成長異常（奇胎、腹水、水頭症、水腫胎）、胎位の不完全、胎液の不足、胎児の死亡が考えられる。

8. 難産の基本的要因を知っておくことは何故重要なのか？
　基本的要因を知っておくことは、最良の治療法を選択するための本質である。難産の原因が閉塞である患者に対して、オキシトシンのような子宮筋収縮薬を投与すれば、子宮破裂、胎盤剥離を誘発し、胎児は死亡する。

9. 内科療法に最もよく反応する難産のタイプは？また最適な治療法は？
　用手法や会陰切開で対応できる閉鎖性由来ではないすべての（または閉鎖性の）難産は直ちに治療できる。内科療法で治療した難産の60～70%は外科的処置が必要であるという報告がある。患者が中毒を起こしている場合は、難産の治療よりも先にこの状態を改善させなければならない。
　最も多く報告されているのは、オキシトシン、10%グルコン酸カルシウム、デキストロースを混合して投与する方法である。それぞれ単独で使用しないことが良いかどうかは意見が分かれている。最初にオキシトシンは1.1～2.2U/kgを筋肉内投与する。ただし、20Uを超えないようにすること。この用量を、オキシトシンの作用時間と同じ30分間隔で反復投与する。オキシトシンは静脈内投与することもある（10Uオキシトシン/1溶液）。オキシトシンの初回投与はゆっくりと行い、1/8～1/4量で維持する。腹部の収縮がみられるまで15～30分おきに投与量を調節する。

2〜3回のオキシトシンの反復投与で反応がなければ、10％グルコン酸カルシウムおよび／またはデキストロースを静脈内投与する。10％グルコン酸カルシウムは1mL／3〜5kgで投与する。カルシウムはゆっくりと投与し、投与中は患者の心拍数と不整脈をモニタリングすること。デキストロースは処置に応じて制限しながら加えていく。用量は、50％デキストロースで0.5mL/kgである。投与前に滅菌生理的食塩液で希釈（1：1）しておく。オキシトシンを静脈内投与している場合は、5％デキストロースを1L加える。

上記のプロトコールで腹部の収縮が刺激されなかった場合、外科的治療が要求される。

10. オキシトシンの過剰投与は起こり得るか？

ある。オキシトシンの筋肉内投与量が過剰か、静脈内投与が速すぎた場合、子宮の収縮が強直性になる。このような収縮では、胎児が娩出できないだけでなく、子宮破裂や、胎盤剥離を招来する。子宮の強直性収縮とは、非常に強い収縮がみられたり、強い収縮が数分間かそれ以上持続する状態をいう。オキシトシンの用量は、通常の収縮が戻って来るまでは少なくとも50％までは減量しなければならない。

11. 他に有効な子宮筋収縮薬は？その利点と欠点は？

他に有効な子宮筋収縮薬はマレイン酸エルゴノビンである。投与量は0.125〜0.5mg/kgで、IMもしくはPOである。利点は、作用時間が長く強い子宮収縮作用を持ち、オキシトシンよりも子宮頸管の収縮作用が弱い。利点はまた欠点でもあり、過剰投与すれば子宮破裂の危険性はより高い。

12. 帝王切開を判断するための徴候は？
- 子宮無力症が内科治療に反応しない場合。
- 骨盤や腟の狭窄が用手法で整復対応できない。
- 胎児が巨大である。
- 胎児が死亡している。
- 計画的手術
- 矯正できない胎位異常がある。
- 胎児に奇形がある。
- 胎液が不足、あるいは過多である。

13. 母体と胎児の生存を保証するために確立されている麻酔前投薬プロトコールは？

最終目的は、麻酔前投薬、麻酔導入から胎児を摘出するまでの時間を最小限にすることである。
内容は以下のとおりである：
- 麻酔導入の前に手術部位の準備をしておく。
- 母体と胎児の低酸素症を予防するために、酸素化しておく。妊娠中は肉体的、生理的に様々な変化が起きており、母体の肺容積、横隔膜の機能、酸素運搬能力が低下し、酸素の消費量が増加するためである。
- 輸液。麻酔をかける前に、脱水やショックを補正しておく。腹腔からの子宮摘出手術のた

め、サードスペースが増加する。したがって、二次性の循環血液量の減少を予防するのである。
- 薬物の用量。妊娠中の動物は、過剰量投与になりやすい。実際の要求量は体重に基づいたものより少ないからである。麻酔薬は効果が発現するまで点滴で投与するべきである。ほとんどの薬物は胎盤から胎児へ移行する。胎児は器官が未発達であるため、薬物の排泄が遅延する。

14. 難産に関して最も多い議論のポイントは、帝王切開時の麻酔プロトコールである。どの麻酔薬が適切であり、また適切ではないのか？

妊娠動物に対しては様々な麻酔プロトコールがあり、1つの薬物が適切である、または適切でないと論じることはできない。それぞれの方法にはそれぞれ利点も欠点もある。どのプロトコールを使用するかは、動物の状態、獣医師の知識、利便性のすべてを含めた要因に基づいて決定する。

①精神安定薬投与後に局所麻酔を施す。
②鎮静薬を投与して、または鎮静薬を投与せずに硬膜外麻酔を実施する。
③全身麻酔を実施する。

局所麻酔および硬膜外麻酔は、胎児への影響は最小限ではあるが、多くの患者では、おとなしくしてもらうため、また多少の内臓麻酔をかけるためにも鎮静薬か精神安定薬が必要となる。鎮静薬および精神安定薬はすべて、胎盤関門を通過する。しかし胎児の中枢神経系および呼吸を抑制するのは麻薬性鎮痛薬である。神経弛緩性鎮痛状態を作り出すための麻薬性鎮痛薬と精神安定薬の混合投与は、局所麻酔を追加すると、全身麻酔時に適切な前処置をするのと同様に有効である。

15. 麻酔薬の混合は、どのようなものが一般的に使用されているか？
- アセプロマジン（0.05～0.1mg/kg）とモルヒネ（0.1～0.2mg/kg）、またはオキシモルフォン（0.025～0.05mg/kg）の静脈内投与
- ブトルファノール（0.45mg/kg）とジアゼパム（0.45mg/kg）の筋肉内投与

これらの組み合わせに対しては、拮抗薬が利用できる。例えば、オピオイドに対してはナロキソン、ベンゾジアゼピンに対してはフルマゼニルが使用できる。これら薬物の組み合わせでは血圧低下を起こす場合があるので、同時に拮抗薬を静脈内投与しておくと良いこともある。他に、プロポフォールやエトミデートも有用だが、これらの使用に関しては、多くの臨床経験を積む必要があるだろう。

リドカインの局所麻酔も、5mg/kg以上使用すると全身毒性を示す。ブピバカイン（1mL/3.5kg）および/またはモルフィン（0.1mg/kg）は、局所麻酔薬として硬膜外投与される。

ハロセンおよびイソフルレンは麻酔前投与薬を施した後に適用される場合と、または麻酔前投与薬なしで適用される。吸入麻酔は通常、犬猫にとって最も安全と考えられており、鎮静薬、精神安定薬、麻薬性鎮痛薬の大量投与を回避することが可能となる。これらの麻酔法は非常に安全性が高いが、標準プロトコールとして抗生物質の麻酔前投与と、輸液を行わねばならないだろう。

16. 上記の麻酔プロトコールの利点と欠点は？

　局所麻酔の利点は、胎児への影響が最小限であることである。欠点は精神安定薬の併用の必要性、薬物の影響が全身性に発現する可能性、内臓麻酔効果の欠如である。硬膜外麻酔は、胎児への影響がなく、局所麻酔と比較して、内臓の無痛性と下半身の不動化が期待できる。硬膜外麻酔の欠点は、投与が難しいこと、局所の血管拡張に伴って起こる低血圧、精神安定薬投与が必要であるなどである。

　全身麻酔の大きな利点は、投与が容易なこと、胎児が麻薬性鎮痛薬や精神安定薬の曝露を受けないこと、覚醒が早いこと、完全に無痛・不動となることが挙げられる。欠点は、胎児と母体の抑うつ、導入中の拘束、興奮期にカテコールアミンが分泌されることが掲げられる。

17. 難産になりやすい種類（犬種・猫種）や妊娠のタイプは？

　ほとんどすべての犬種で難産が報告されている。共通して多いのは、超小型犬種および小型犬種、頭部が大きく肩幅が広い犬である。チワワ、ダックス・フンド、ペキニーズ、ヨークシャー・テリア、ミニチュア・プードル、ポメラニアン、ブルドッグ、パグ、ボストン・テリア、スコティッシュ・テリアにおいては、難産発生のリスクが高い傾向にある。ペルシャの難産発生率の上昇も報告されている。また、初産で単胎である場合、難産の発生率はさらに高くなるといわれている。単胎は、胎児が巨大化し、初産のため胎児のホルモン分泌が不十分なことから難産を助長すると考えられている。

参考文献

1. Ekstrand C, Forsberg CL: Dystocia in the cat: A retrospective study of 155 cases. J Small Animal Pract 35: 459-464, 1994.
2. Darvelid AW, Forsberg CL: Dystocia in the bitch: A retrospective study of 182 cases. J Small Animal Praact 35: 402-407, 1994.
3. Davidson AP: Dystocia. In Morgan RV (ed): Handbook of Small Animal Practice. New York, Churchill Livingstone, 1992, pp 697-699, 709.
4. Feldman EC, Nelson RW: Canine and Feline Endocrinology and Reproduction. Philadelphia, W. B. Saunders, 1987, pp 432-438.
5. Gaudet DA, Kitchell BE: Canine dystocia. Compend Contin Educ 7: 406-416, 1985.
6. Gaudet DA: Retrospective study of 128 cases of canine dystocia. J Am Animal Hosp Assoc 21: 813-818, 1985.
7. Johnson CA: Disorders of pregnancy. Vet Clin North Am Small Animal Pract 16: 477-494, 1986.
8. Jones DE, Joshua JO: Reproductive Clinical Problems in the Dog. London, Wright PSG, 1982, pp 61-101.
9. Macintire DK: Emergencies of the female reproductive tract. Vet Clin North Am Small Animal Pract 24: 1173-1188, 1994.
10. Robbins MA, Mullen HS: En bloc ovarihysterectomy as a treatment for dystocia in dogs and cats. Vet Surg 23: 48-52, 1994.
11. Root MV, et al: Vaginal septa in dogs: 15 cases (1983-1992). J Am Vet Med Assoc 206: 56-58, 1995.

12. Sharpe WS, et al: Detrusor atony of the urinary bladder following prolonged dystocia in a dog. J Am Animal Hosp Assoc 29: 299-302, 1993.
13. Wallace MS: Management of parturition and problems of the periparturient period of dogs and cats. Semin Vet Med Surg Small Animal 9 : 28-37, 1994.
14. Wykes PM, Olson PN: Normal and abnormal parturition. In Slatter D (ed): Textbook of Small Animal Surgery. Philadelphia, W. B. Saunders, 1993, pp 1316-1325.

94. 流　産
ABORTION
Lori A. Wise, D.V.M., M.S.

1. 犬、猫の流産の共通点は？
　流産の正確な発生率は不明である。早期胎児吸収が起こった患者では妊娠診断ができないからである。さらに犬猫では、流産した胎児を飼い主が発見する前に食べ尽くしてしまうことがある。

2. 流産の一般的な原因は？
　原因は大きく3つに分類される。
　①胎児側の問題：成長異常、染色体の欠陥。
　②母体側の問題：子宮疾患（感染、新生物、嚢胞性子宮内膜過形成）、低黄体ホルモン血症、その他プロゲステロン値を 2.0ng/mL 以上を維持する機能の低下または不全、犬の甲状腺機能低下症、栄養不足、一部の薬物や化学物質の曝露などの全身性疾患である。
　③代表的な感染源：犬では、*Brucella canis*、*Escherichia coli*、streptococci、イヌヘルペスウイルス、イヌパルボウイルス、イヌジステンパーウイルス．*Mycoplasma* sp.、*Ureaplasma* sp.、*Campylobacter* sp.、*Toxoplasma gondii*、*Neoplasma caninum*。猫では、猫汎白血球減少症、猫白血病ウイルス感染症、猫ウイルス性鼻気管炎、トキソプラズマ症、その他多くの細菌感染である。

3. 犬、猫で流産の原因となる薬物は？
　犬ではコルチコステロイドは有害である。同様にドキソルビシン、メトトレキサート、キシラジンはさらに増悪させる。一般的に妊娠中はどのような薬物も、ワクチンも極力投与しないように心がける。

4. 切迫流産の徴候となる症状は？
　患者は、嘔吐、熱性または無熱性の食欲低下、腹痛、腹部の収縮がみられることがある。腟からの漏出物が膿性、血色、異色、暗緑色、悪臭の場合は異常徴候であり、おそらく流産の徴

候である。一部の胎児が流産しても生存胎児が残存していることもある。

5. 流産の危険のある患者の管理上行うべきことは？

　患者を十分に評価し、今までの繁殖歴をよく聴取することである。交配日、前回の妊娠の結果、ワクチン歴、ブルセラ検査の結果、健康状態・交配相手・薬物投与についての情報などである。十分な臨床検査を行うこと。内容は、十分な血球計算、生化学検査、尿検査、甲状腺ホルモン値、*Brucella canis*、*Toxoplasma gondii*、犬ヘルペスウイルスの血清検査である。プロゲステロンを測定するため、血漿も採取しておく。プロゲステロン値は、一度流産すると下降するが、流産中に低値を示すものではない。感染の可能性がある場合、運動を制限し、抗生物質を投与する。

6. 流産後の母体には何を施すか？

　身体検査（触診）、X線検査、可能であれば超音波検査を行い、子宮蓄膿症、胎児残存、胎盤残存の有無を確認する。子宮内感染が考えられる場合は、抗生物質療法の他にプロスタグランディンの投与が必要となる。将来的に交配の計画がない場合は、卵巣子宮摘出術を考えるべきである。犬ではブルセラ抗体の検査をしておく必要がある。もし可能なら、飼い主は流産した胎児と胎盤を回収し、検査結果が出るまで冷却保存しておくと良い。

7. 流産の原因を診断するのに有効な特殊検査は？

　胎児の肺と肝臓は、*Brucella* sp.とヘルペスウイルスの培養を行う。胎児の胃内容物の細菌培養を行う。*Campylobacter* sp.は特殊な培養法が必要となる。胎児と胎盤組織は病理組織検査を依頼する。母体から腟垢を採取し、細胞診と培養を行う。通常の細菌培養の他に、*Mycoplasma* sp.と*Ureaplasma* sp.の培養を検査機関に依頼する。腟培養の結果は注意深く解釈する必要がある。なぜなら、各々の細菌やウイルスは、それぞれ健康な動物から分離されたものだからである。母体から血清を採取し、*Brucella canis*、イヌヘルペスウイルス、*Toxoplasma gondii*の検査を行う。

8. 流産が再発生した場合はどうすれば良いか？

　超音波検査（16日前後）あるいはX線検査（42～45日）によって妊娠を確認する。交配前に母体と雄犬のブルセラ抗体検査を行う。身体検査、腟検査、腟垢培養と細胞診を実施する。種々の感染症の抗体検査を行う。妊娠中にプロゲステロンの定量を行う。最終的に感染症については、子宮の生検と細菌培養によって確定する。

9. 低黄体ホルモン血症はヒトで早期流産の一般的な原因である。同様なことは犬、猫でもあり得るのだろうか？

　低黄体ホルモン血症（またはプロゲステロンの妊娠維持量分泌不全）は犬、猫では明らかではない。妊娠診断された時点で血中プロゲステロン値が異常に低値（＜1.0ng/mL）を示す場合には診断可能である。

参考文献

1. Feldman EC, Nelson RW: Canine and Feline Endocrinology and Reproduction. Philadelphia, W. B. Saunders, 1996, pp 574-578, 757-759.
2. Floss JL, Hardin DK: Diagnosing, treating, and preventing canine abortion. Vet Med 91: 846-849, 1996.
3. Purswell BJ: Differential diagnosis of canine abortion. In Kirk RW, Bonagura JD (ed): Current Veterinary Therapy XI. Philadelphia, W. B. Saunders, 1992, p 925.
4. Zone M, et al: Termination of pregnancy in dogs by oral administration of dexamethasone. Therio 43: 487, 1995.

XII

泌尿器系疾患における救急救命療法
Urologic Emergencies

Section Editor: India F. Lane, D.V.M., M.S.

XII

泌尿器系疾患における救急医療の実際
Urologic Emergencies

95. 急性細菌性前立腺炎と前立腺膿瘍
ACUTE BACTERIAL PROSTATITIS AND PROSTATIC ABSCESS
Cary L. Matwichuk, D.V.M., M.V. Sc., and India F. Lane, D.V.M., M.S.

1. 犬の前立腺の感染には一般的にどのような微生物が関与しているか？

 犬の前立腺の感染に関与しているよくみられる微生物は、尿路系の病原体と共通である。*E. coli* は最も多く分離される微生物である。その他に分離される微生物として、staphylococci、streptococci、*Proteus*、*Klebsiella*、*Pseudomonas* spp. 等が挙げられる。嫌気性菌による感染はあまり一般的ではないが、前立腺膿瘍を起こす可能性がある。

2. 急性細菌性前立腺感染を示唆する病歴や臨床徴候は？

 病歴や臨床症状は、全身状態を反映している。例えば、無気力感、食欲不振、嘔吐などがある。犬では後肢の跛行を伴う場合もある。発熱を伴うケースでの身体検査所見には、直腸検査による後腹部の疼痛がみられ、これは前立腺に限局したものと考えられる。また、尿道からの出血や排膿がある。しかし、重度の沈うつ状態を示す犬では、触診に対し劇的な反応を示さないこともある。これに代わって鑑別困難な腹部疼痛や腹部のスプリンティングが観察されることもある。嘔吐、元気消失、尾側の疼痛、発熱を呈する未去勢犬には、細菌性前立腺炎を初期の類症鑑別に含めるべきである。

3. 急性細菌性前立腺炎の徴候と異なる前立腺膿瘍の徴候とは？

 犬の前立腺膿瘍の臨床症状は、腹膜炎や敗血性ショックなどを伴う急性細菌性前立腺炎の症状と酷似している。前立腺は肥大し、形が不均一になる場合もある。犬は肥大した前立腺によって尿道や結腸が圧迫され、その結果、狭窄やしぶりを示すこともある。*E. coli* によって引き起こされた前立腺膿瘍の場合、多飲多尿が疾病の前駆症状として発現することもある。子宮蓄膿症に罹患した雌犬のように、*E. coli* によるエンドトキシンが、抗利尿ホルモンによる反応や尿の濃縮機能の障害になっている場合もある。

4. 急性細菌性前立腺疾患の確定診断法は？

 急性細菌性前立腺炎の仮診断は通常、病歴、身体検査、血液検査、尿検査、そして尿の細菌培養などに基づいて行われる。急性細菌性前立腺炎が示唆される病歴のある犬に対しては、直腸検査などの十分な身体検査を行うべきである。血液検査において、白血球増加症が観察されるが、これは左方移動を伴う場合も伴わない場合もある。尿沈渣では、血尿、膿尿、あるいは細菌が観察されることもある。尿のサンプルは、可能なら膀胱穿刺によって採取し、細菌培養と抗生物質の感受性試験を行う。前立腺膿瘍が疑われる症例では、腹部 X 線検査と超音波検査が必要となる。X 線検査で、肥大し、形態が不均一になった前立腺が認められる可能性がある。超音波検査では、前立腺内に低エコーあるいは無エコー領域が観察されることがある。

5. 急性細菌性前立腺炎の疑われる犬では、前立腺液のサンプルを採取するべきか？

　尿路感染を起こした未去勢の雄犬は、すべての例で前立腺に影響が及んでいると考えるべきである。前立腺液を分析しても、尿沈渣による炎症像、尿培養の陽性結果、臨床的あるいは身体的徴候などのような急性細菌性前立腺炎に合致した付加的な情報を得ることはあまりない。通常、犬は射精時に強い痛みを伴う。尿道をしごいたり前立腺をマッサージすることは、菌血症を引き起こす可能性があるので行うべきではない。

6. 前立腺に形成された嚢胞や膿瘍を、細胞診や培養のために穿刺するべきか？

　可能であれば超音波をガイドにしてファインニードルを用いてサンプルを採取する。合併症は、ニードルの通過に伴う細菌の拡散と腹膜炎である。発熱していたり白血球増加症を呈する犬では、ファインニードルによる穿刺は禁忌であろう。22G針を用い、ガイドラインに沿って採取したサンプル液を細胞診、培養、そして確定診断に供する有用性は、穿刺によるリスクよりも勝っているだろう。ファインニードル穿刺によって連続的に治療を評価することが可能になる。偶然にも膿瘍を穿刺してしまったら、抗生物質による治療を開始する。

7. 急性細菌性前立腺炎に対し、抗生物質の選択について考慮するべき重要因子は？また、長期の抗生物質療法で考慮することは？

　急性前立腺炎に対する抗生物質療法の決定については、原因となっている微生物の同定、その薬物感受性、前立腺内に十分に薬物濃度を浸透させることができる薬物であること、そして動物の臨床症状などを踏まえて考えるべきである。基本的には、尿培養と感受性試験の結果を参考にして選択するべきである。培養結果が出るまでの間、担当医はグラム陰性菌に対して有効に働き、抗菌スペクトルの広い薬物を用いて治療を開始する必要がある。グラム染色の結果は、治療開始の指針として有用であろう。急性炎症が存在している間は、血液－前立腺関門が不完全であるため、ほとんどの抗生物質は前立腺に浸透する。症状が重篤な犬の場合、抗生物質は静脈注射で投与する。

　長期の治療に際しては、血液－前立腺関門を通過する抗生物質を選択することが重要である。pKa値が高く脂溶性の高い抗生物質が必要である。グラム陰性菌感染症で推奨される抗生物質は、トリメトプリム－スルファジアジン、エンロフロキサシン、クロラムフェニコールである。トリメトプリム－スルファジアジン、クロラムフェニコール、エリスロマイシン、クリンダマイシンなどはグラム陽性菌感染症に対して適切な選択薬である。ペニシリン、セファロスポリン、アミノグリコシドなどのような一般的に使用される抗生物質は、前立腺への浸透性が低いため推奨できない。

8. 急性細菌性前立腺炎の治療指針は？

　動物に対しては、まず静脈内輸液などの支持療法を始める。細菌、培養と抗生物質の感受性試験の結果が出る以前の抗生物質の選択は、グラム染色の結果を参考にする。犬の状態が重症な場合、非経口的に抗生物質療法を開始する。急性期に選択する抗生物質として、トリメトプリム－スルファジアジン、アンピシリン、セファロスポリン、クロラムフェニコール、エンロフロキサシンなどが挙げられる。その後、細菌培養と抗生物質の感受性試験の結果に基づき、前立腺内に浸透すると思われる経口用の抗生物質に切り替える。抗生物質療法は、21〜28日

間は継続するべきである。

9. 急性期をしのいだ後、急性細菌性前立腺炎の動物にはどのようなモニタリングが必要か？
　抗生物質療法を終了した後の5～7日は追跡評価を続けるべきである。身体検査、尿検査、尿培養、前立腺液の細胞診と抗生物質の培養などの評価を要する。前立腺液のサンプルを採取するのに、尿道を圧迫したり、前立腺内にファインニードルで穿刺吸引する方法が有用である。臨床症状が改善されたというだけで感染が終息していると決めてかかってはいけない。去勢手術は、急性症状が改善された後に行うが、これは細菌を排除するために有効であり、前立腺疾患の再発を防止することができると考えられている。

10. 前立腺膿瘍の治療のためには、どのような外科的選択肢があるか？
　前立腺膿瘍の外科的排液方法として、針穿刺、前立腺を覆うようにドレインを設置、膿瘍の造袋術、部分的前立腺摘出術などが挙げられる。針穿刺によって併発する問題点としては、敗血症性ショックと細菌の菌体毒素の吸収である。完全に排液させ、膿瘍を分離させるためには、この方法単独では困難ではあるものの、断続的に行う排液と抗生物質療法よって臨床症状を最小限に抑えることができる。前立腺にドレインを設置することによって併発する問題点としては、瘻管の形成、上向性の感染、膿瘍の再発などが挙げられる。造袋術は開口部を体表外に露出するように形成する。もし早期に開口部が閉塞すると膿瘍が再発する。反面、慢性的に排液することによって瘻管となってしまうこともある。前立腺により広範囲な外科手術を行うと、術後の尿失禁の発生率が高い。前立腺の全摘出術は、尿失禁の発生率が高くなることから推奨しないが、部分摘出は重度の膿瘍を形成している症例においては必要であろう。前立腺膿瘍では、内科的あるいは外科的処置によって、多くの合併症が発生するため、十分な予後の監視が必要となる。

参考文献

1. Dorfman M, Barsanti J: Diseases of the canine prostate gland. Comp Cont Educ Pract Vet 18: 791-806, 1995.
2. Dorfman M, Barsanti J: CVT update: Treatment of canine bacterial prostatitis. In Bonagura JD (ed): Kirk's Current Veterinary Therapy XII. Philadelphia, W. B. Saunders, 1995, pp 1103-1108.
3. Hardie EM, Barsanti JA, Rawlings CA: Complications of prostatic surgery. J Am Animal Hosp Assoc20: 50-56, 1984.
4. Klausner JS, Johnston SD, Bell FW: Canine prostatic disorders. In Bonagura JD (ed): Kirk's Current Veterinary Therapy XII. Philadelphia, W. B. Saunders, 1995, pp 1029-1032.
5. Kraweic DR, Heflin D: Study of prostatic disease in dogs: 177 cases (1981-1986). J Am Vet Med Assoc 200: 1119-1122, 1992.

96. 尿路感染症と急性腎盂腎炎
URINARY TRACT INFECTION AND ACUTE PYELONEPHRITIS
Cary L. Matwichuk, D.V.M., M.V. Sc., and India F. Lane, D.V.M., MS.

1. 突然の頻尿、血尿、排尿障害などに対して、どのような類症鑑別を行うか？

　頻尿（たびたびの排尿）、血尿（尿中の出血）、排尿障害（排尿困難）などの臨床症状は、下部尿路の炎症を示しているが、原因を特定しているわけではない。下部尿路に臨床症状を示している動物に対する類症鑑別として、細菌感染、尿石症、新生物、外傷、猫下部尿路疾患、前立腺疾患などが挙げられる。

2. 上部尿路（腎臓、骨盤部尿道、尿管）に問題が生じた場合の臨床症状は？

　上部尿路に影響が及んでいる場合には、より積極的な治療が必要となり、尿路に沿って感染の範囲を特定することが重要である。感染を一部分のみに留めておくことは困難であろう。しかし、問題が下部尿路に限局している動物は、典型的な症状を示すことはない。発熱、沈うつ、食欲不振、嘔吐、多飲多尿、腰部の疼痛などの症状は、上部尿路の感染、新生物、外傷などを示唆している。下部尿路からの上向性の感染によって腎盂腎炎が二次的に生じてしまった場合は、下部尿路疾患の臨床症状が同時に観察されるであろう。

3. 血尿の起源をどのように特定することができるか？

　腎臓、尿管、膀胱、尿道、外生殖器からの出血は、顕微鏡的に、あるいは肉眼的に血尿として発現する。臨床症状、身体検査（直腸検査や膣検査を含む）、排尿時における血尿排泄のタイミング、膀胱穿刺と自然排尿によって採取したサンプルの比較、X線検査や超音波検査による尿路の確認などが、血尿の起源を特定する参考になる。

　排尿開始時から出血が認められる場合は、膀胱頸、尿道、あるいは生殖管（子宮、膣、前立腺、包皮）からの出血が示唆される。排尿の終了時に出血が認められる場合は、膀胱全体、あるいは上部尿路（腎臓、尿管）からの出血と考えて、ほとんど矛盾がない。凝固異常による出血も、この血尿排泄パターンをとる可能性がある。病巣部が膀胱（特に腹側面あるいは頭腹側面）にあったり、大きな膀胱結石があることによって、血液は主に排尿終了時に混入するだろう。生殖器からの出血や漏出は、排尿とはまったく別に発生し、自然排尿によるサンプルと鑑別が可能である。下部尿路症状（頻尿、排尿障害、排尿困難）のない血尿は、上部尿路疾患、生殖器からの出血、凝固障害などを示唆している可能性がある。

4. 急激な尿量の変化（多尿、乏尿）における鑑別診断リストは？

　正常な動物において、尿の比重と量は水と溶質の摂取量に応じて変化する。尿産生の変化は、単純に体の水分平衡におけるホメオスタシス機能を表わしている。しかし、尿産生の劇的な変化は、病的状態を意味している可能性がある。急性の多尿は、ナトリウムと水の摂取の増加、

副腎皮質機能亢進症、子宮蓄膿症、非乏尿性急性腎不全、腎盂腎炎、E. coli による尿路および前立腺の感染症、糖尿病などに起因していることもある。これらの疾患のほとんどは、身体評価とミニマムデーターベースにより鑑別が可能である。尿産生量の突然の減少は、生理的な尿の濃縮（脱水）、乏尿性急性腎不全、尿のうっ滞、尿路の破裂あるいは閉塞を意味している可能性がある。

5. 尿路感染症（UTI）の診断に対して、膀胱穿刺が禁忌となる時期は？

膀胱穿刺は、尿の採取時に選択される方法の1つである。膀胱穿刺によって採取した尿は無菌であるのに対し、自然排尿やカテーテルによる尿の採取は、遠位尿道や生殖管内に存在する細胞や細菌叢によって汚染されている。採取するにあたって、膀胱穿刺は安全な手技である。膀胱穿刺が禁忌となるのは、血小板減少症やその他の凝固障害がある場合、子宮蓄膿症が疑われていたり確認されている場合、腹部に大きな腫瘍がある場合、穿刺部位の皮膚に激しい感染がある場合などである。尿道の閉塞により二次的に膀胱が拡張している場合も、膀胱壁を傷つける可能性があるため禁忌となる。

6. 急性の UTI を示唆する尿所見とは？

急性の UTI を示唆する尿所見として、血尿、膿尿および細菌尿がある。血尿や蛋白尿は尿検査試験紙で検出されるだろう。尿検査試験紙による白血球の定量は、一般的に信頼性がなく、炎症細胞を検出できる尿沈渣検査の代わりにしてはならない。感染がある場合、ウレアーゼ産生菌（staphylococci, Proteus sp.）によって尿 pH は上昇するだろう。臨床症状や尿沈渣所見が一致しない場合のアルカリ尿は、UTI を示唆しているものではない。

7. 急性の頻尿、多尿、血尿、および排尿困難を伴った動物における結晶の意義は？

結晶は、尿中のミネラルと他の基質が過飽和状態になった場合に形成される。正常な犬猫でも、結晶が形成されることがあり、臨床症状なしに尿中に容易に発見される。リン酸アンモニウムマグネシウム（ストルバイト）結晶は、猫における特発性下部尿路疾患や尿石症の原因となっていることもある。他の結晶は、代謝障害（シスチン、尿酸塩）や病的状態（シュウ酸カルシウム）を強く示唆する。

8. 急性の多尿や乏尿を伴った動物における円柱の意義は？

円柱は尿細管の管腔に形成されて、尿中に排泄される構造物である。それらはヘンレ係蹄、遠位尿細管、集合管において尿細管上皮細胞から分泌された細胞塊であり、タム・ホースフォール蛋白である。円柱は上皮細胞、細菌、炎症産物、ビリルビン、脂肪球を含んでいる。正常な動物の尿中にも、いくつかの硝子円柱や顆粒円柱が観察されることがある。おびただしい数の円柱の存在は、尿細管の損傷のような腎尿細管を巻き込んだ病的状態の活動期を示している。細胞円柱は、尿細管内に出血や炎症があることを示している。円柱は間欠的に尿中に排泄され、円柱が存在しないからといって急性腎損傷を除外することはできない。

9. なぜ UTI の疑われる動物の尿培養を実施するのか？

血尿や膿尿は、多数ある類症鑑別において、尿路感染症のみに認められる所見である。尿培

養は、炎症が感染によるものなのか、非感染によるものなのかを判別するために行う。培養結果が陰性の場合、診断の過程で、下部尿路疾患の他の原因追求を早期に開始することができる。UTI に罹患した多くの動物では、尿沈渣中に細菌が認められない場合が多く、培養によって感染を確認することができる。細菌培養や感受性試験は、個々の微生物に対する抗生物質の有効性を確認し、抗生物質療法を開始するにあたって適切であるか否かを確認するだけの方法である。

　頻繁に UTI に罹患する動物において、尿培養の重要性は、再発（同じ微生物による感染）なのか再感染（異なった微生物による感染あるいは異なった感受性試験の結果）なのかを区別することにある。この区別は、動物を評価したり、追跡調査を行うにあたって重要である。再感染とは、尿路感染しやすい異常事態になっているのに対し、再発とは感染による持続性の病巣が存在し続けている可能性があり、抗生物質療法の効果がない状況をいう。

10. 尿検査や尿培養のための尿サンプルをどのように扱えば良いか？

　信頼性の高い結果を導くためには、尿検査は採取後直ちに行わなくてはならない。室温放置された尿の場合、赤血球や白血球が溶解し、結晶の構成に変化が現われることがある。尿は冷蔵にする必要があるが、それでも 12 時間以内に分析するべきである。室温下では細菌がすぐに 2 倍に増えてしまうため、尿培養は採取してから 30 分以内に実施するのが好ましい。培養を直ちに実施することができない場合は、6 時間までなら冷蔵保存で対応できるだろう。尿検査および尿培養は、抗生物質や造影剤を投与する前に実施するべきである。

11. 尿の簡易培養はどのように実施するか？

　早急に検査機関に依頼することができない場合、尿培養は病院内で簡単に実施することができる。血液寒天培地とマッコンキー培地に定量白金耳とピペットを用いて尿を塗り、37℃ で 18 〜 30 時間培養する。著しい細菌増殖を認めた培地を、感染微生物の同定と、抗生物質の薬剤感受性試験を実施するために検査機関に送れば良い。

12. 上部 UTI の診断を示唆する臨床病理学的所見は？

　上部 UTI に罹患した動物の尿中には、意外にも細菌が認められる。上部 UTI が示唆された場合の追加的な尿検査所見には、等張尿や低比重尿（尿比重が犬で 1.008 〜 1.029、猫で 1.008 〜 1.034）、尿沈渣に炎症像（膿尿や血尿）、円柱（特に白血球による円柱）などがある。炎症性の白血球像がみられる場合は急性腎盂腎炎の可能性があり、重症の高窒素血症は両側性の腎盂腎炎の可能性がある。これらの所見がない場合は、腎盂腎炎を診断リストから除外できないが、慢性腎盂腎炎の場合には、血液生化学検査においてごくわずかな異常値しか認められないこともある。

13. 上部 UTI の仮診断はどのように行うか？

　腎盂腎炎を裏付ける証拠は、尿路造影や超音波検査による腎臓の画像から得られる可能性がある。腎盂腎炎のケースに一致する所見として、拡張、ぼやっとした非対称性の腎盂、拡張した尿管などが挙げられる。腎盂腎炎の確定診断には、腎盂腎炎を起こしている腎臓からの細菌の分離や、腎臓の生検が必要である。これらの診断は侵襲性であるため、上部 UTI の仮診断

は通常、上部尿路障害に一致する臨床的、検査学的、放射線学的所見を確認することによって行われる。

14. 下部UTIの疑われる症例に対して、第一選択薬として用いられる抗生物質は？

抗生物質の選択は、感受性試験の結果を基にするのが最良である。理想をいえば、最小発育阻止濃度（MICs）によって決定し、阻止円が少なくとも4倍以上になっている抗生物質が生体内において有効である。培養や感受性試験が簡単にできるようになる以前の初期治療は、尿のグラム染色や尿路感染症に適した薬物を使用するという概念を基にして行っていたのだろう。一般的に、アンピシリンやアモキシシリンは、グラム陽性菌の感染に対して良い選択薬であるだろう。トリメトプリム－スルフォナマイド合剤は、通常グラム陰性菌の感染に対して有効である。セファロスポリンは *Klebsiella* sp. の治療にふさわしく、テトラサイクリンやフルオロキノロンは *Pseudomonas* sp. に対して有効である。

15. 上部UTIの疑われるものに対して、第一選択薬として用いる抗生物質は？

上部UTIの治療は、血清や腎組織によく浸透する抗生物質が必要である。推奨される薬物として、トリメトプリム－スルフォナマイドやクロラムフェニコールが挙げられる。

アミノグリコシドが使用される場合もあるが、腎疾患のある動物に対しては、細心の注意を払い、監視を続けなければならない。現在、フルオロキノロンやアミノグリコシドは、上部UTIに対してあまり適用されない。

16. 上部UTIの疑われる症例には、どのような支持療法を行うか？

急性腎盂腎炎に罹患した動物は、相当重症である。適切な支持療法として、必要によって静脈内輸液、非経口による抗生物質療法、疼痛の緩和、栄養補給などが挙げられる。輸液は不足分を補う形で迅速に（6～8時間以上）投与し、緩徐に利尿を施す。抗生物質療法の効果がでてくると、ほとんどの動物に臨床的な改善が認められ、数日以内に経口的な水分の供給が可能となる。

17. 腎盂腎炎に罹患している動物では、どの時点で外科的治療を考慮するべきか？

感染を排除するための適切な抗生物質療法に失敗し、長期の治療を余儀なくされた場合や、感染病巣が残存してしまった場合（腎結石など）、外科的治療が必要となることがある。腎結石は腎切開をすることによって摘出する。腎摘出は、片側性の感染の場合、腎膿瘍になった場合、摘出せずに残す例の腎臓が十分な機能を維持することが可能である場合に対してのみ適応になる。核シンチグラフィーは、個々の腎臓の糸球体濾過機能を測定するのに用いられるため、残した腎臓の機能を評価するのに有用な方法である。

18. 単純な下部UTIに罹患した動物のために、どのような予後管理を推奨するか？

根本的な原因を特定することができない動物において、単純あるいは複雑でないUTIは、単一のまたは稀な感染として定義されている。このような動物は通常、適切な抗生物質療法に対し迅速に反応する。適切な治療とは、特定の有機物に対して感受性の高い抗生物質を用い、10～14日間治療することである。理想的には治療終了後3～5日において、感染が排除され

ているかを確認するために、尿検査と尿培養を行う。

19. UTIに罹患している動物に対し、より積極的に治療していく際にどのような制約があるか？

　潜在的にUTIに罹りやすくなっている動物に対して、感染の根絶を確実に成功させるためには、より注意深い予後観察の必要性が認識されている。併発症の確認と、その排除を行うためにあらゆる努力を払うべきである。動物の防御能に起因するものとして、形態的解剖学的異常、尿の停滞や排泄機能不全、尿の性状の変化、尿路結石や新生物、免疫抑制疾患や治療などが挙げられる。防御能の異常が示唆される動物は、複雑な感染を起こしており、少なくとも4週間は抗生物質による治療を行うべきである。選択した抗生物質が有効に働けば、治療開始3〜5日後には尿培養は陰性となる。治療終了前3〜5日の時点と治療完了後5〜7日において、感染の排除を確認するために尿培養を行うべきである。培養を行う場合も行わない場合も、尿検査は抗生物質による治療終了後30日と60日に実施する必要がある。上部UTI、未去勢犬におけるUTI、猫におけるUTIなどに対しても、同様に考え治療する必要がある。

20. 緊急救急状態に陥った動物において、UTI発症の危険性を増加させる因子とは？

　正常な宿主防御能を低下させるいくつかの要因として、動物の院内感染（病院内での感染）が指摘される。共通する誘因として、長期の入院、免疫抑制、尿道カテーテルの留置、静脈内カテーテル、慢性消耗性疾患、以前の抗生物質療法、火傷や皮膚の損傷などが挙げられる。獣医学において、尿道カテーテル（尿道閉塞を起こした猫、尿道の外科手術）、排尿障害（神経原性の障害、膀胱アトニー）、免疫抑制（真性糖尿病、糖質コルチコイドや化学療法剤の投与）などが院内感染発生の最も共通する要因である。

21. どのようにして院内感染を防ぐことができるか？

　院内感染はしばしば、細菌の薬剤耐性が原因で引き起こされるため、あらゆる努力をして阻止するべきである。院内感染を最小限に留めておくためのガイドラインは、感染しやすい要因を確認すること、入院期間を最小限にすること、必要な時だけ尿道カテーテルを留置すること、静脈内カテーテルや尿道カテーテルを持つときには十分に注意すること、頻繁に手を洗うこと、器具の消毒を行うこと、環境の清浄を維持すること、抗生物質を適切に使用することなどである。

22. カテーテル誘因性のUTIはどのような疾患か？

　尿道カテーテルを挿入することは、直接膀胱内に細菌を持ち込むことになり、細菌が多くの正常宿主防御能を回避して入り込み、その結果として動物をUTIに罹患しやすくしている。小動物では20〜75％の確率で発生しているとの報告があるように、カテーテル誘因性の感染は多くみられる。感染のリスクは、カテーテルの留置期間中、開放性にカテーテル留置を行った場合、糖質コルチコイドの投薬中、あるいは免疫抑制疾患などの場合において増加する。UTIの可能性がある場合、尿道カテーテルの必要性は十分に検討するべきであり、特に感染が示唆される動物に対してはカテーテル留置は避けるべきである。実施する場合はいつでも、間欠的な尿道カテーテル法を推奨するが、個々の動物に対して、繰り返し行うカテーテル法の

危険性（損傷、感染の誘発）は重要視しなくてはならない。

23. カテーテルを留置している動物に対し、いつ抗生物質療法を行うべきか？
　尿道カテーテルを留置した動物で、カテーテルが除去された後、感染を認めた場合のみに抗生物質療法を開始する。カテーテル留置中の予防的な抗生物質の投与は、感染を防止することにならず、かえって耐性菌を蔓延させる可能性が高くなる。カテーテル誘発性UTIの可能性を最小限にするために、尿道カテーテルの留置はできる限り短期間にしておくべきである。カテーテルを抜去した時点で、原因となっている微生物と感受性パターンを確認するために、尿培養やカテーテルチップの培養を実施するべきである。
　尿道カテーテルを留置している間、上部UTIを示唆する臨床徴候の存在がある場合に抗生物質療法が必要となる。尿道カテーテルを留置している動物に抗生物質療法を開始するならば、カテーテルを抜去する時点で、治療期間中に発生した耐性菌の感染を確認するために尿培養と抗生物質の感受性試験を行うべきである。

参考文献

1. Barsanti JA: Urinary tract infections. In Greene CE (ed): Infectious Diseases of the Dog and Cat. Philadelphia, W. B. Saunders, 1990, pp 158-170.
2. Barsanti JA: Effect of therapy on susceptibility to urinary tract infection in male cats with indwelling urethral catheters. J Vet Intern med 6: 64-70, 1992.
3. Jones RL: Control of nosocomial infections. In Kirk RW (ed): Current Veterinary Therapy IX. Philadelphia, W. B. Saunders, 1986, pp 19-24.
4. Lees GE: Diagnosis and localization of urinary tract infection. In Kirk RW (ed): Current Veterinary Therapy IX. Philadelphia, W. B. Saunders, 1986, pp 1118-1123.
5. Lees GE: Bacterial urinary tract infections. Vet Clin North Am (Small Animal Pract) 26: 297-304, 1996.
6. Lees GE: Use and misuse of indwelling urethral catheters. Vet Clin North Am (Small Animal Pract) 26: 499-505, 1996.
7. Osborne CA: Three steps to effective management of bacterial urinary tract infections: Diagnosis, diagnosis, and diagnosis. Comp Cont Educ Pract Vet 17: 1233-1248, 1995.
8. Polzin DJ: Management of recurrent bacterial urinary tract infections. Comp Cont Educ Pract Vet 16: 1565, 1994.
9. Senior DF: The use of enrofloxacin in the management of urinary tract infections in dogs and cats. Suppl Comp Cont Educ Pract Vet 18: 89-95, 1996.

97. 急性腎不全
ACUTE RENAL FAILURE
India F. Lane, D.V.M., M.S.

1. 急性腎不全（ARF）の場合、糸球体濾過率の急激な低下を導く病態生理学的変化とは？

 糸球体濾過率（GRF）とネフロンの機能は、求心性と遠心性の血流、糸球体の毛細管圧、毛細管内圧の平衡によって維持されている。血流、糸球体の毛細管機能、毛細管内機能などの不全がGRFの低下を引き起こす。

2. ARFとなるきっかけとそれを存続させる主なメカニズムは？
 - 求心性細動脈の血流不全、通常は求心性細動脈の狭窄
 - 機能している糸球体毛細管表面領域の減少
 - 糸球体の毛細管圧の低下による遠心性細動脈の血管拡張
 - 毛細管周囲内に濾液の漏出が起こることによる尿細管上皮の損傷
 - 細胞片、細胞の浮腫、円柱、結晶などによる尿細管の閉塞

3. 小動物のARFを引き起こす最も一般的な原因は？

 ARFを引き起こす最も一般的な原因は、腎毒素と虚血性の腎障害である。腎毒素、特にエチレングリコール中毒は、小動物では虚血性の腎障害よりも一般的なARFの原因である。また腎毒性を持つ治療薬や医原性の虚血性腎障害も、医原性ARFを引き起こす原因となる。毒素誘発性ARFは、アンフォテリシンB、アミノグリコシド、化学療法剤、非ステロイド系消炎剤などによって惹起されることもある。循環血液量減少や低血圧によって腎血流量の減少を引き起こし、その結果、虚血性の腎障害が発生する。外傷、心肺不全、高熱などが虚血性腎障害を引き起こす場合もある。外科手術や麻酔、血管拡張薬による治療（特にアンジオテンシン変換酵素阻害薬）によって低血圧症に陥ることが、医原性の原因として挙げられている。

 ARFに罹患した動物の第三番目の病期に、急性腎不全から慢性腎不全に陥るケースがあり、腎機能低下や機能不全となった動物は、重篤な高窒素血症を示す。腎腫瘍、高カルシウム血症、腎盂腎炎、レプトスピラ症などから急性腎機能障害に陥る可能性もある。

4. 後天性ARFに罹患する危険性の最も高い動物とは？

 腎疾患、大きな損傷、あるいは膵炎、真性糖尿病、循環器障害、肝疾患などのような全身性の疾患を素因に持つ動物は、後天性ARFに発展する危険性が高い。さらに脱水症状、電解質異常、低血圧や高血圧症、発熱、敗血症などのような臨床状態が危険因子となる。ARFの危険性のある動物に対して、腎毒性のある薬物の投与、麻酔、外科手術、陽性造影剤の投与などを行うことによってARFに発展する場合もある。

5. 危険性の高い動物において、ARFに発展しないようにするにはどうしたら良いか？

　麻酔薬、陽性造影剤、腎毒性の可能性のある薬物を使用する前には、水分不足、電解質異常、大きな臨床的異常などは解消しておくべきである。処置、麻酔あるいは外科手術を行っている間は血圧をモニターし、輸液や薬物を用いて60mmHg以上で維持するべきである。腎毒性の可能性のある薬物は中止または回避し、適切な治療薬のみを使用する。処置前に生理的食塩液で利尿を施し、さらにマンニトールを輸液することで予防できることもある。

　危険性の高い動物に対しては、水和状態、体重、血液尿窒素、血清クレアチニン、血清電解質濃度などを頻繁に監視することで腎機能の早期低下をモニターするべきである。尿排泄量を推測あるいは測定する必要があり、尿中の血液、円柱、蛋白、細胞塊をモニターするべきである。尿酵素は、アミノグリコシドや化学療法剤の投与中のモニタリングの指標として役に立つ。

6. ARFの示唆される病歴や身体的な手がかりを記述せよ。

　ARFはGFRの突然の低下として定義されており、即座に高窒素血症に陥り、尿毒症の臨床症状を呈示する。食欲不振、沈うつ、嘔吐、下痢、尿排泄量の突然の変化（多尿もしくは乏尿のどちらか）などがARFの臨床症状である。前述した症状を伴わず急性腎毒性障害を起こした動物は、最小限の前徴はあるものの体調は良く活動的である。エチレングリコール中毒は、早い時期に運動失調、嘔吐、多飲多尿などの症状を呈し、一時的に回復したかと思うとその後腎不全に陥る。この時期に中毒やARFの症状が観察されることもある。

　身体検査で、尿毒症特有の呼吸臭が確認できることもある。いくつかのケースで、口腔内に潰瘍が現われ、激しい口内炎と舌尖に壊死を生じる。蒼白、衰弱、脱水症状が共通して認められる。しばしば正常以下の体温低下を認める。腎臓の外被膜内に腫大が生じた場合、腎臓は腫大し、疼痛を伴うこともある。

7. ARFの診断を示唆する臨床病理学的異常所見を記述せよ。

　急激に高窒素血症へと発展するのはARFの特徴である。尿素とクレアチニンの上昇は、通常平行している。高リン血症と代謝性アシドーシスは高窒素血症に伴うものである。乏尿の動物、腎後性高窒素血症のある動物、重篤な代謝性アシドーシスを伴う動物などで、高カリウム血症は最もよくみられる所見である。ARFにおいて、貧血は比較的迅速に現われるものの、通常診断の根拠にはならない。尿比重は一様ではないが、しばしば等張を示し、通常急性糸球体疾患を伴う。蛋白尿、糖尿、尿円柱や細胞塊などが尿検査のサンプルから観察されることもある。

8. 急性高窒素血症を伴う場合、腎性高窒素血症は腎前性の場合とどう鑑別するか？

　脱水症状や低血圧を伴う腎前性高窒素血症において、尿の濃縮機能は水分保留のために反応する必要があり、その尿比重は＞1.030（犬）、＞1.035（猫）である。多くの非腎性の疾患も尿の濃縮機能に影響を及ぼすものの、副腎皮質機能低下症、副腎皮質機能亢進症、真性糖尿病、利尿薬やステロイド療法の実施などによって、腎前性高窒素血症との鑑別を複雑にしている場合もある。腎前性高窒素血症が示唆されるその他の所見として、尿中ナトリウム濃度が＜20mEq/Lであり、ナトリウム排泄量がわずか＜1.0％であり、尿の重量オスモル濃度と血漿の重量オスモル濃度の比が＞5で、尿中クレアチニンと血漿クレアチニン比が20＞である。これらの定量分析が得られない場合は、輸液療法による反応性をみることによって腎前性高窒

素血症との鑑別ができることもある。脱水状態を改善し、腎臓の灌流を元に戻すことによって腎前性高窒素血症を迅速に解決するべきである。

9. 腎機能を反映させることのできる他の検査方法は？

いくつかの専門病院や教育機関において、腎機能の定量検査に核シンチグラフィーを用いている。個々の腎臓の濾過と排泄機能の評価が可能である。疾患の程度、経過、治療の反応性を連続的に分析することで評価する。

もしシンチグラフィーが使用できないのであれば、排泄性尿路造影を行うことで個々の腎機能を主観的に判断することができ、腎後性の障害を除外することができる可能性もある。しかし腎臓の陰影を明瞭にさせるよう、陽性造影剤を大量に投与するため、さらに腎臓への負担を増加させることになる。尿を採取する装置が整った環境にいる動物では、内因性のクレアチニンクリアランスを定期的に測定することにより、客観的に GFR のモニターができるであろう。

10. 乏尿性 ARF とは？多尿性 ARF とはどのように異なるのか？

乏尿とは、尿の生産量が＜ 0.27mL/時/kg として一般的に定義されているが、水和されたARF の動物において、尿生産量が＜ 0.5 〜 1.0mL/時/kg 以下でもその定義に当てはまらないと考えるべきである。乏尿や無尿とは、重度の腎機能障害、または両側の腎後性閉塞を意味している。乏尿性の腎不全に対して、輸液療法は尿毒症性物質を劇的に弱毒化させることから管理はより複雑となり、高窒素血症や高カルシウム血症を改善させるのが困難となる。乏尿性 ARF はまた、過水症や輸液過剰となる可能性がある。非乏尿性 ARF において、高窒素血症や高カルシウム血症の程度は低い傾向にあり、過水症に陥る可能性は少ない。

11. ARF において、腎臓以外に生じる合併症にはどのようなものがあるか？

嘔気、食欲不振、下痢、口腔内潰瘍などは、ARF に伴う共通した消化器症状である。ウレアーゼ産生菌によって局所的に作られるアンモニアの腐食作用が、口腔内潰瘍をもたらす可能性がある。胃炎や腸炎は、局所的なアンモニアの生成、胃粘膜バリアの障害、ガストリンの腎クリアランスの減少などによって生じる。嘔気や嘔吐は、尿毒症性物質が化学受容体のトリガーゾーンに影響を及ぼすことによって引き起こされることがある。代謝要求量と食事摂取量不足が相互に関与することによって、迅速に栄養失調に陥る。

白血球機能や細胞性免疫が障害されることにより、感染や敗血症を併発する危険性が高くなる。血小板機能障害の特徴である出血傾向が、重篤な尿毒症において時折みられることがある。尿毒症性の脳障害、精神機能の明らかな変化、奇異な行動、振顫、頭を揺らす行動、発作などが重症の腎機能障害の動物において観察される。ARF の稀な合併症として、尿毒症性の肺炎、肺水腫、不整脈などが挙げられる。

12. ARF の治療における主要な治療は？

可能であれば、根本的な疾患（閉塞物、高カルシウム血症、リンパ腫、レプトスピラ症）に対する治療を行う。体液、電解質、酸 – 塩基異常の補正、利尿の開始、合併症の管理などの支持療法を確実に実施するべきである。ARF を管理するにあたって、通常使用する薬物についての作用、推奨投薬量、副作用、禁忌などを次ページの表に掲載した。

急性腎不全の治療に用いる薬物

薬物名	作用	投与量	副作用	禁忌
利尿薬				
フロセミド	ループ利尿薬 ↑RBF	2〜3mg/kg IV q6〜8時 2〜6mg/kg IV q30〜60分 1mg/kg/時 IV CRI	脱水症状 低カリウム血症	ゲンタマイシン 腎毒性
ドーパミン	↑RBF、↑GFR ↑ナトリウム排泄	1〜5μg/kg/分 IV CR	不整脈 高血圧 嘔吐	
マンニトール	浸透圧利尿薬 ↓細胞浮腫 フリーラジカル	0.5〜1.0g/kg IV 緩徐 ボーラス(10〜20%溶液として)	肺水腫 胃腸障害	過水症 心疾患
デキストロース （10〜20%）	浸透圧利尿薬 カロリー維持	25〜50mL/kg IV 緩徐 点滴 q8〜12時	容量性拡張 高血糖 高浸透圧	
高カリウム血症における治療薬				
グルコン酸カルシウム （10%溶液）	心保護	0.5〜1.0mL/kg IV 緩徐 ボーラス	不整脈	
重炭酸ナトリウム	ECFのアルカリ化	0.5〜2mEq/kg IV 緩徐 ボーラス	高ナトリウム血症 ↓カルシウムイオン 低カリウム血症	低カルシウム 血症
デキストロース	↑インシュリン	0.1〜0.5g/kg IV （1〜2mL/kg 25%溶液）	高血糖 高浸透圧	
インシュリン/ デキストロース	カリウムの 細胞内移動	0.25〜0.5U/kg インシュリン 1単位のインシュリンにつき 1〜2gのデキストロース	低血糖	
代謝性アシドーシスの治療薬				
重炭酸ナトリウム	アルカリ化	投与量についてはテキスト参照	高ナトリウム血症 低カリウム血症 ↓カルシウムイオン	
嘔気と嘔吐に対する治療薬				
シメチジン	H_2ブロッカー	2.5〜5.0mg/kg IV q8〜12時	新陳代謝の変化	重度の腎肝不全
ラニチジン	H_2ブロッカー	2mg/kg IV q8〜12時		重度の腎肝不全
メトクロプラミド	ドーパミン ブロッカー	0.2〜0.4mg/kg IM、IV 1〜2mg/kg/24時 IV CRI	CNSサイン ドーパミンによる阻害 便秘	GI障害 てんかん発作

次ページへ続く

急性腎不全の治療に用いる薬物（続き）

| ミソプロストール | プロスタグランジンアナログ | 1～5μg/kg PO q6～12時 | GI不調 子宮収縮 | 妊娠 高血圧？ てんかん発作？ |

RBF＝腎血流量、GFR＝糸球体濾過率、CRI＝点滴、ECF＝細胞外液、CNS＝中枢神経系、GI＝胃腸

13. ARFの初期治療に対する適切な輸液剤の組成は？

多尿性のARFにおいて、ナトリウムとクロールは、通常水分の喪失とともに失われる。ナトリウムや細胞外液の喪失は、胃腸からの喪失によってさらに増加する。カリウムは、腎臓や胃腸による排泄や喪失を最小限にすることによって保持されるだろう。ARFのほとんどの動物において、初期治療の輸液剤として、血漿と等張でカリウムを含んでいないことから生理的食塩液（0.9%）が選択される。Normosol-R液や乳酸加リンゲル液は、カリウムをごく微量にしか含まないため代用可能な輸液剤であり、どちらの輸液剤を選んでも問題はない。心肺疾患を有する動物では、2.5%のデキストロースで2倍に希釈した生理的食塩液（0.45%）や2倍希釈した乳酸加リンゲル液が好ましい。高ナトリウム血症の動物では、等張液を代用液として用い、その後低ナトリウム液（0.45%ナトリウム塩あるいは5%デキストロース）を血清ナトリウム濃度に応じてゆっくりと投与するのが賢明である。

14. ARFが示唆される動物に対し、初期の輸液の速度をどのように算出すれば良いか？

不足量を算出し（脱水程度（%）×体重（kg）＝必要量（L））、4～6時間以内に補正する。1日の維持量（40～60mL/kg/日）と多尿、嘔吐、下痢などによって失われつつある量を合計し、24時間以上かけて補正するべきである。失われつつある量とは、10～20mL/kg/日として算出することができるが、他に代用できる方法として、維持量を1.5～2倍にすれば良い。理想的には、尿の産生量と中心静脈圧を測定している間、輸液剤は頸静脈カテーテルを通じて投与する。

15. 高カリウム血症や代謝性アシドーシスに対する補正はいつ必要となるか？

脱水の改善や利尿の開始によって、高カリウム血症や代謝性アシドーシスはゆっくりと穏やかに改善される。高カリウム血症の影響による心毒性を防止あるいは中和するために、時折、特殊な治療法が必要になることがある（361ページ77を参照）。薬物治療効果は短時間であることから、尿の排泄を回復させるか、または透析療法を考慮しなければならない。重炭酸イオンによる治療は、重度の代謝性アシドーシス（血液pH7.2、重炭酸イオンまたは総二酸化炭素が12～15mmol/L以下）の動物に適用される。12～24時間を超える重炭酸イオンの欠乏に対する一時的補正については注意が必要であることが広く知られている（381ページ81を参照）。

16. 尿の排泄量を増加させるための薬物療法が必要な時期は？

留置された尿道カテーテル、遮断されている採取装置、代謝ケージ、連続的に計測できるいらなくなった皿や吸収性のある敷物などから、尿の産生量を測定する。脱水状態が補正された

後では、尿産生量は1mL/kg/時 を超えるはずである。尿産生量が不十分な場合は、輸液量を少し増やすことを検討し（体重の3％にあたる輸液剤を追加投与）、尿産生量を再評価する。それでも尿産生量が不十分ならば、フロセミドやドーパミンあるいはマンニトールなどの薬物療法を実施する。

17. 尿の排泄を促進させるために、どのような薬物を使用すれば良いのか？

ARFの動物において、尿の排泄を促進させるために利尿薬や血管拡張薬が用いられる。フロセミド、マンニトールそして高張性のデキストロースなどが利尿薬として用いられる。低用量のドーパミンは、腎血管を拡張させる作用がある。ほとんどの場合、尿量の改善があるものの、GFRや臨床症状においては若干の変化が認められる。

18. ARFの治療において、フロセミドはどのように用いるか？

フロセミド は容易に入手することができ、間欠的な静脈内への瞬時投与（2～3mg/kg IV 6～8時間毎）や点滴投与（1mg/kg/時）が簡単である。ループ利尿薬としてのフロセミドは、尿細管の流量を増加させ、腎血流の改善をはかるものであるが、GFRにまったく影響を与えない。フロセミドは、この部位での輸送機能の減少によって肥厚したヘンレループの尿細管上皮細胞を保護している可能性がある。フロセミドの効果は、ドーパミンの同時投与によって上昇する。

フロセミドは、極端なカリウムの喪失を引き起こすため、腎毒性のあるゲンタマイシンの治療中には禁忌である。

19. ARFの治療において、ドーパミンの潜在的な効果とは？

ドーパミンは、低用量（1～5mg/kg/分）では内臓や腎動脈床の拡張を引き起こし、ナトリウムの排泄を促進させる腎のレセプターに働くノルエピネフリンの前駆物質である。猫において、ドーパミンはαアドレナリン受容体を刺激し、血圧上昇と尿中へのナトリウム排泄増加を導く。尿産生効果はかなり大きいが、GFRへの効果はあまり大きくない。

20. ARFの治療において、マンニトールの潜在的な効果とは？

再水和された動物、ARFで正常な循環血液量を持っている動物、心肺機能の正常な動物などに対して使用する場合、マンニトールは安全で効果の高い浸透圧利尿薬である。浸透圧利尿薬として、マンニトールは容量性拡張を引き起こし、尿細管の流量と尿産生量を増加させる。また腎血管拡張作用もあり、恐らくプロスタグランディン活性の増加や心房性ナトリウム利尿ペプチドの放出を仲介している。マンニトールの容量性拡張の効果と血管拡張作用によって、腎血流量とGFRのゆるやかな改善が認められる。ARFにおいて、浸透圧利尿薬は損傷の危険性や細胞の低酸素状態などを最小限に留めておく効果があることから、マンニトールには細胞保護作用があることも考えられる。また弱いフリーラジカル活性も、虚血性の再灌流障害を最小限に留めておく効果がある可能性がある。

21. 持続的輸液療法をいつから始めるか？

不足量を補正し、電解質濃度を正常にし、利尿状態を定着させ、尿産生量や感蒸泄あるいは

不感蒸泄量に応じて輸液療法を調整するべきである。不感蒸泄（例：呼吸による水分喪失）としては、13〜20mL/kg/日と推定される。尿産生量（最も変動の激しい喪失量）は6〜8時間間隔で定量し、同時に胃腸からの喪失量を測定あるいは推定することによって総喪失量を算定する。

　維持療法中の輸液剤の組成は、個々の動物によって調整するべきである。特に胃腸からの喪失や電解質の喪失が顕著ならば、治療開始の初めの数日間は、緩衝作用のあるイオンを多く含んだ代用溶液や電解質代用液を投与する。長期の治療に対しては、維持に必要な量に合わせて作られた低ナトリウム溶液を選択する。

22. 乏尿や無尿を伴ったARFにおいて、どのような輸液管理が必要であるか？

　乏尿の動物における輸液の必要量は、尿産生量を基に考えるべきである。代表的な維持輸液療法として、不感蒸泄量を13〜20mL/kg/日と計算し、尿産生量は計測もしくは推定する。輸液量は、水和状態を評価することで頻繁に調節する。中心静脈圧を連続的に測定することで、輸液過剰を早期に発見することができる。

23. ARFおいて、いつから透析療法を実施するか？

　腎毒素が原因でARFとなった動物、生命を脅かすほどの輸液過剰状態、高カリウム血症、代謝性アシドーシスに陥っている動物、薬物療法に反応しない乏尿あるいは無尿の動物、24〜48時間内に薬物療法に反応しない動物などに対して、透析療法を検討するべきである。

24. ARFの動物のモニタリングをどのように行うか？

　体重、水和状態、血圧、食事と水分の摂取量、尿産生量については、頻繁にモニタリングするべきである。臨床病理学的モニタリングとして、PCV、総蛋白、BUN、血清クレアチニン、ナトリウム、カリウム、リン、酸-塩基平衡などを測定し、記録する必要がある。モニタリングの頻度は、程度や病期に基づいて行うべきであり、臨界状態に陥った動物に対しては、1日に1〜2回モニタリングを行う。

25. ARFにおいて、経過や回復状況をどのようにモニタリングできるか？

　ARFの管理において、高窒素血症の安定化、電解質と酸-塩基障害の解消、多尿症の維持などが順調な徴候として挙げられる。回復の見込みがある場合、維持期の輸液療法中においても、高窒素血症の緩やかな改善が期待できる可能性がある。動物が輸液や透析療法から離脱する前に、腎機能の回復と組織学的な腎臓の修復が必要である。確定診断と回復状況を監視するには、経皮的腎バイオプシー（治療開始時と3〜4週間経過後）が最も有用な手段である。

26. ARFの動物において、予後や生存率に影響を及ぼす要因とは？

　基礎疾患の過程で迅速に改善することができなければ（例：レプトスピラ症の治療、腎結石の摘出）、ARFは予後不良となる。急性内因性腎不全の予後は、機能障害の激しさ、組織学的な障害の程度、治療の反応性などの影響を受ける。一般的に非乏尿性ARFは、乏尿性ARFと比べて予後はより良くなり、完全な無尿の動物は、生存の可能性はほとんどない。しばしば尿細管の基底膜が完全な状態で残っていることから、腎毒素誘発性ARF（エチレングリコー

ル中毒を除いて）は、虚血性 ARF と比べるとより良い予後となる。先天性心疾患、腎疾患、新生物、膵炎、大きな外傷などがあることによって、乏尿、呼吸不全、昏睡、敗血症へと発展するが、ARF のヒトにおける予後指標としては不十分である。

　獣医科領域における ARF に対して、早期の利尿薬、血管拡張薬の使用や早期の透析療法を行うことにより、最終的には結果が好転する可能性がある。透析療法は、腎の修復に猶予時間を与えるものの、合併症を伴う。透析によって生存あるいは維持することができる動物において、部分的な腎機能の回復には3〜6週間かかると思われる（乏尿期の初めの12週間まで）。

参考文献

1. Behrend EN, Grauer GF, Mani I, et al: Hospital-acquired acute renal failure in dogs: 29 cases (1983-1992). J Am Vet Med Assoc 208: 537-541, 1993.
2. Chew DJ: Fluid therapy during intrinsic renal failure. In Dibartola SP (ed): Fluid Therapy in Small Animal Practice. Philadelphia, W. B. Saunders, 1992, pp 554-572.
3. Forrester SD, Brandt KS: The diagnostic approach to the patient with acute renal failure. Vet Med 212: 214-218, 1994.
4. Lane IF, Grauer GF, Fettman MR: Acute renal failure. Part I: Risk factors, prevention, and strategies for protection. Comp Cont Educ Pract Vet 16: 15-29, 1994.
5. Lane IF, Grauer GF, Fettman MR: Acute renal failure. Part II: Diagnosis, management and prognosis. Comp Cont Educ Pract Vet 16: 625-645, 1994.
6. Rubin SI: Management of fluid and electrolyte disorders in uremia. In Bonagura JD (ed): Kirk's Current Veterinary Therapy XII-Small Animal Practice. Philadelphia, W. B. Saunders, 1995, pp 951-955.

98. 猫の閉塞性下部尿路疾患
OBSTRUCTIVE FELINE LOWER URINARY TRACT DISEASE
Kristi L. Graham, D.V.M., and India F. Lane, D.V.M., M.S.

1. 猫の尿道閉塞の最も一般的な原因物質は？

　尿道閉塞となりうる最も一般的な2つの原因物質は、ムコ蛋白様の栓子と尿道結石である。尿道の栓子は、蛋白様の物質とミネラルによって構成されている。尿道栓子内のミネラル構成は多岐にわたっているが、一般的にリン酸アンモニウムマグネシウム（ストルバイト）、シュウ酸カルシウム、リン酸カルシウムあるいはこれらの結晶の混合物などが挙げられる。基質は、タム－ホースフォール蛋白からなる蛋白様物質である。尿道結石は、尿道の閉塞の原因物質としては発生の可能性は低いが、血尿、頻尿、排尿困難などの臨床症状のある猫の15〜22％にみられる。猫の尿道結石の最も一般的な構成成分は、リン酸アンモニウムマグネシウムとシュウ酸カルシウムである。その他の尿道閉塞の原因としては、膀胱頸や尿道の新生物、尿道狭窄、

管腔外からの圧迫、機能的尿道障害や排尿筋－尿道の共同運動障害などが挙げられる。

2. 閉塞性尿路疾患において、最も頻発する代謝異常は？

　代謝障害は、脱水状態、高カリウム血症、代謝性アシドーシスを含む腎後性高窒素血症と関連している。渇感欠如、食欲不振、嘔吐などにより脱水状態に陥るものの、身体検査ではしばしば過少評価されがちである。尿道閉塞は、カリウムや水素イオンの排泄作用を阻害し、その結果、高カリウム血症や代謝性アシドーシスを発現させる。同時に、膀胱や尿道内の圧力が上昇し、糸球体濾過機能、腎血流、尿細管機能などに障害を与え、その結果、高窒素血症を引き起こす。

3. 24～72時間以上もの間、尿道が完全閉塞してしまった場合、典型的にはどのような臨床経過をたどるか？

　尿道の栓子や尿道結石があることによって、初期に排尿困難、尿淋瀝、頻尿などの症状を示す。膀胱拡張や膀胱炎、尿道炎によって、血尿や疼痛を伴うようになる。猫は落ち着かなくなり、奇声を発し、あるいは会陰部をしきりに舐めるようになる。12～48時間以内に、食欲不振、嗜眠状態、沈うつ状態となる。腎後性尿毒症は、通常完全閉塞から24時間以内に現われる。さらに閉塞が続くと、猫は横臥位をとり、ショック状態あるいは昏睡状態に陥る。処置をしないでおくと、通常、完全閉塞から3～6日以内に死亡する。

4. 尿道の完全閉塞が示唆された場合の治療目標は？

　当面の治療目標としては、閉塞物の除去とそれに伴う代謝異常の改善である。治療においては、動物の状態を十分に考慮することである。閉塞物の除去は、高窒素血症や高カリウム血症を改善するのに必要である。しかし、より全身状態の悪い猫では、循環血液量の減少や高カリウム血症は生命を脅かす恐れがある。したがって、輸液維持や心臓の保護処置を優先する。さらに重症な猫においては、尿道カテーテルの準備と同時に静脈内輸液療法を開始する。全身状態の安定している猫に対しては、初期の段階から尿道カテーテル法を施した方が良い。

5. 閉塞性の下部尿路疾患（LUTD）に対する適切な輸液療法は？

　輸液療法の目標は、必要循環量を補給し、高カリウム血症や尿毒症を改善し、酸－塩基の平衡異常を最小限にすることである。通常の生理的食塩液（0.9％ナトリウム塩化物）は最も安全で、有効な選択である。カリウムを含んでいない輸液剤として、生理的食塩液は容量不足を補正することができ、保有しているカリウム、尿素、水素イオンの排泄を助長する。Normosol-Rや乳酸加リンゲル液のようなアルカリ溶液は、酸血症や高カリウム血症に対しては適しているが、これらの溶液には微量ながらカリウムを含んでいる。組織内灌流、アシドーシス、カリウム排泄能などを改善するにあたって、少量のカリウム投与によりしばしば重大な状況に陥ることがある。尿路におけるカリウムの排泄を回復させ、利尿作用が続くことで、低カリウム血症に至るものの、これらは治療期間や輸液剤の構成に依存している。その後、輸液剤にカリウムを添加する必要がある。

6. 尿道カテーテル法を実施するにあたって、どのようにして猫を保定すべきか？

　尿道の閉塞物は、非常に強い疼痛を伴うため、尿道カテーテル法を容易に実施するためには、動物に化学的保定を施すことが必要となる。しかし、このような猫に対し、麻酔薬や鎮静薬を投与することの危険性を検討しなければならない。鎮静薬の選択は、猫の臨床状況によって判断する。重度の沈うつ状態を呈する尿道閉塞の猫に対しては、麻酔薬をまったく必要としない場合もある。その他の猫に対しては、ケタミンやジアゼパムが最も一般的に選択される薬物である。ほとんどすべてのカテーテル法を実施するためには、ケタミンの単独投与で十分な麻酔深度と麻酔持続時間を得ることができる。しかし、鎮痛効果を得るには至らない。ケタミンは腎臓によって排泄されることから、十分注意して使用しなければならない。繰り返し投与することは推奨しない。ジアゼパムを併用することで、付加的な筋弛緩を得ることができると考えられる。心臓の安定性が心配されたり、注射による尿道カテーテル法が失敗に終わってしまった場合、猫にアイソフルレンをマスク吸入させて非動化させるのが最も安全な方法である。アイソフルレンは処置を施すのに十分な麻酔深度と麻酔持続時間を得ることができ、吸入を中止することで迅速にその効果を取り除くことができる。

閉塞性尿路疾患の猫に対する薬用量表

薬物名	適応	投与量	備考
ケタミン	化学的保定	3〜5 mg/kg	鎮痛作用・筋弛緩作用なし
ケタミンとジアゼパム	化学的保定	ケタミン：3〜5 mg/kg ジアゼパム：0.25〜0.5mg/kg	
グルコン酸カルシウム	高カリウム血症時の心筋の保護作用	2〜10mL（10%溶液）IV	ECGをモニターしながらゆっくりと投与
重炭酸ナトリウム	高カリウム血症	1〜2 mEq/kg	
ブドウ糖	高カリウム血症	5〜10%デキストロースを飲水に添加 あるいは50%デキストロース1〜2 mL/kgボーラス（生理的食塩液で25%に希釈）	
インスリン添加ブドウ糖	高カリウム血症	インスリン：0.5〜1U/kg ブドウ糖：インスリン1単位につき2gのデキストロース	血糖値のモニター
ベタネコール	排尿筋収縮	1.25〜7.5mg/頭 8時間毎に経口投与	
プラゾシン	尿道平滑筋の弛緩	0.03mg/kg IV	低血圧

次ページへ続く

閉塞性尿路疾患の猫に対する薬用量表（続き）			
フェノキシベンザミン	尿道平滑筋の弛緩	2.5～7.5mg/頭 12～24時間毎に経口投与	低血圧
ジアゼパム	尿道横紋筋の弛緩	1～5mg/頭 8時間毎に経口投与 あるいは1mg/kg IV	鎮静作用あり

7. 尿道の閉塞物を除去するのには、どのような方法があるか？

　尿道カテーテル法は、滅菌された先穴あるいは横穴タイプの3.5Frのトムキャット・カテーテル（Sherwood Medical, St. Louis）を用いる。ミネソタオリーブチップ・カテーテル（Ejay International, Glendora, CA）もまた、いろいろな長さと径があるので利用でき、それらはスチール製ではあるものの、尿道への損傷を最小限にするようにデザインされている。閉塞物が簡単に除去することができない場合は、滅菌した生理的食塩液をフラッシュすることで、栓子を膀胱内に押し戻し、あるいは尿道カテーテルを膀胱内に挿入していく段階で閉塞物を粉砕することができる。単純なフラッシュで除去することができなかった場合、尿道開口部を圧迫し、強くフラッシュすることで栓子周囲の尿道を拡張させ、除去できることもある。膀胱の大きさや尿管内圧が極限状態で、フラッシュやカテーテルの挿入が困難な場合、減圧の目的で、膀胱穿刺を慎重に行う。少量のリドカイン（液あるいはゲル）をカテーテルの先端に付着させることにより、尿道の痙攣を抑制することができ、カテーテルの設置が容易となる。カテーテルの先端に大量の局所麻酔薬を使用することは、尿道膀胱粘膜から容易に吸収され、炎症を助長することになるので、避けるべきである。尿道カテーテル法を容易に行う目的で、尿道圧を低下させる薬物（α拮抗薬、骨格筋弛緩薬）を投与することについては、現在検討中である。しかしながら、これらの薬物を用いて尿道圧を変化させることによってカテーテル挿入が劇的に操作しやすくなることはないであろう。

8. 膀胱洗浄は、排尿障害や再閉塞を最少限に留めるために有効か？

　栓子を除去した後、滅菌生理的食塩液で膀胱洗浄を行うことを推奨する。この処置が有効であるという根拠は、膀胱内に残存した結晶、砂、ムコ蛋白沈殿物などを除去し、再閉塞の可能性を減少させるという仮説に基づいている。生理的食塩液による膀胱の拡張と洗浄は、猫のLUTDの原因である炎症産物の放出排泄を助長する。間質性膀胱炎に罹患したヒトの女性に対して膀胱を拡張させると、知覚神経興奮による消耗、炎症メディエーターの放出促進、治癒経過の延長による上皮損傷などによって生じた痛みを一時的に軽減する。しかし、処置後、改善が認められるまでの数週間は、患者は通常より一層強い痛みを強いられる。猫における、積極的な膀胱洗浄による効果は認められているが、その処置によって過度に膀胱を拡張させない限り、障害を引き起こすことはないと考えられている。

9. 尿道留置カテーテル継続の主な判断基準とは？

　尿道カテーテルの除去の判断は、動物の状態や閉塞物を除去した後の膀胱と尿道の機能に基づいて行う。重度の高窒素血症や代謝性アシドーシスがある場合は、閉塞物除去後の排尿時の

尿産生量を評価するために、カテーテルを留置しておくのが一般的である。カテーテルの留置により、臨界期の猫において回復の妨げとなる早期再閉塞の危険性を避けることにもなる。

カテーテル法によって尿道が傷ついたり早期に再閉塞を起こした猫、あるいは重度の結晶尿、血尿、尿残屑を示す猫に対して、カテーテル留置により再閉塞を最少限に留めておく可能性もある。排尿筋アトニーや機能的尿道閉塞によって排尿が阻止されている場合には、一時的なカテーテル留置が必要である。理想的には、ポリプロピレン製カテーテルを除去し、穏やかな膀胱圧迫により尿流を評価する。その後必要ならば、柔らかくてしなやかなカテーテルに交換し、再び留置する。カテーテル法が困難な場合、付加的な損傷を避け、尿道の炎症や痙攣を考慮に入れ、最初のカテーテルは短期間の使用（12～24時間）に留めておくのが一般的である。

10. 留置カテーテルの維持はどのように行うか？

柔らかいポリビニール製（「レッドラバー」）カテーテルは、長期間尿道カテーテルを留置する場合、医原性の尿道および膀胱炎を最小限に留めるために選択される。十分な尿流を確保するには、通常A5-Frのカテーテルが必要である。代用できるものとして、栄養カテーテル（アーガイルフィーディングチューブ、Sherwood Medical社製、St Louis）や入手しやすいものとしてシリコンあるいはテフロン製（スリッパリーサムカテーテル、Cook Veterinary Product社製、Bloomington、IN）のものなどが挙げられる。柔らかいカテーテルは、冷凍することで硬くなり挿入が容易になる。カテーテルの先端は、理想的には排泄効果が上がるように膀胱頸内に位置させるが、膀胱内に先端を残さないようにする。その後、カテーテルをテープでしっかり固定し包皮に縫合する。猫の尾にカテーテルや排出チューブをテープで固定することで張力がかからないようにする。

尿道留置カテーテルを維持するには、開放性と閉鎖性の2つの方法がある。開放性尿道カテーテル法は、尿道が開放した状態になり、膀胱内での細菌の増殖が容易となり、尿産生の定量ができない。閉鎖性尿道カテーテル法は、使用済みの輸液ラインをカテーテルと空の滅菌バック（通常は空の輸液バック）に接続して作成することができる。市販の尿採取システムも利用できる。閉鎖性尿道カテーテル法は、初期の細菌の増殖を最小限にすることができる。しかし時間が経過するにつれて、尿道カテーテルに沿って細菌が移動し、膀胱内に侵入してくるため感染の可能性が徐々に高くなる。

11. 閉塞物除去後に利尿効果が生じるのはなぜか？

閉塞物除去後に劇的な利尿効果が起こるのは、おそらく正常な生理的反応や尿細管濃縮機能障害によるものである。尿素、ナトリウム、カリウム、リン、水素イオンなどの運搬に関与している恒常性反応が高まる。また閉塞中の心房性ナトリウム利尿因子の蓄積も、ナトリウム排泄増加や利尿を促進する。腎臓内に残存している尿細管の数が不足しているため、濃縮能力をより悪化させる可能性がある。髄質勾配や抗利尿ホルモンに対する尿細管の反応も、閉塞の後には鈍くなっていることもある。

12. 輸液療法を実施する際に参考となる尿産生量は、どのようにして測定するか？

閉塞物を除去した後の時期の尿喪失量は多量である。尿道が閉塞した猫において、感蒸泄（主に尿）と不感蒸泄の両方による喪失が維持量として必要なことから、尿産生量は輸液療法

の準備をするうえで参考になる。不感蒸泄量は、13～20mL/kg/dayとして算定する。尿喪失量を6～8時間毎に計測し、同様に6～8時間かけて尿喪失量に合わせた量を補給する。このような「イン-アンド-アウト」法は、より本来の要求に近い水分補給を実現することができる。24～72時間後において、尿喪失量が減少してくるため、輸液量は次第に少なくなるであろう。

13. 尿道留置カテーテルの抜去が必要となるのはいつか？

　尿道感染や医原性の損傷を与える危険性があるため、猫が臨床的に落ち着き、代謝が安定し、自発的に排尿可能になったと同時に、尿道カテーテルを抜去するべきである。閉塞物除去後の排泄機能を予想することは困難であるが、いつ血尿が解消したのか、あるいはいつカテーテルの先端周囲の膀胱が小さく収縮するようになったのかは判断が可能である。カテーテル抜去の決定は、通常設置してから24～48時間以内に行う。

14. 抗生物質療法は必要か？必要ならばいつからか？

　猫の閉塞性、あるいは非閉塞性LUTDにおいて、原発性の細菌感染が報告されることがある。しかし、尿道カテーテルを挿入したり留置する過程において、医原性に尿路内に細菌を導入してしまうことが考えられる。尿道カテーテルが留置されている間、炎症の徴候や、尿路性敗血症（激しい疼痛、嗜眠、発熱）が現われない限り、予防的な抗生物質の投与は推奨しない。予防的な抗生物質の投与は、しばしば耐性菌の感染によって悪化の経過をたどることがある。上部尿路系への上向性感染も起こりうる。時間の経過に伴い尿路で細菌が増殖するため、滅菌操作や閉鎖性採取システムを用いることで、尿路感染への移行を遅らせることができるだろう。理想的には、抗生物質療法は尿道カテーテルを抜去した後に行う尿培養を基にして実施する。

15. 閉塞性尿路疾患の病歴を持つ猫において、重度の排泄機能障害を起こす原因は？

　閉塞物除去後の早い時期における排尿困難は、物理的な再閉塞、尿道口の機能的閉塞、排尿筋アトニーなどが通常の原因となる。尿道口の抵抗性や膀胱機能は、適度に満たされた膀胱を手で圧迫することによって判断できる。軽く圧迫するだけでしっかりした尿流を認めたなら、排尿筋アトニーによる尿貯留が起きているであろう。圧迫しても排尿しなかったり、十分な尿流を認めないのなら、尿道口の物理的、あるいは機能的な閉塞が考えられる。物理的な再閉塞は、しつこい粘液結晶塊、小さな結石、尿道浮腫などによって引き起こされる。尿道カテーテルを挿入するときの抵抗性で、物理的閉塞と機能的閉塞を鑑別することができるが、小さな結石の場合には、簡単に通過してしまったり、尿道膀胱内に押し戻されてしまう可能性もある。数週間から数カ月にわたって排尿障害を認めたなら、尿道狭窄あるいは栓子、結石、カテーテルのいずれかによる尿道損傷の併発を示唆していることも考えられる。

16. 機能的尿道閉塞をどのようにして発見することができるか？

　猫において、まるで尿道が閉塞しているかのごとく、尿道口に過度の抵抗性を認めることがある。猫が排尿する際に腹圧をかけても、ごく少量の尿しか排泄されない。膀胱圧迫による排尿も困難、あるいは不可能であるが、尿道カテーテルの挿入は容易である。数例の猫において、排尿時の腹圧のかかっている間には、会陰部のわずかな収縮が観察できる。広範囲にわたる尿

道痙攣が発生した場合、尿道カテーテルの抜去は困難である。

17. 機能的尿道閉塞に起因する排尿機能障害に対して、効果のある処置とは？

尿道平滑筋や横紋筋は、薬物療法に反応することがある。αアドレナリン拮抗薬（プラゾシン、フェノキシベンダゾール）は、犬の尿道平滑筋を調整するために有効に働き、実験的には猫の尿道圧を低下させる効果がある。しかしながら猫の遠位尿道の抵抗性を軽減するには、横紋筋の弛緩がより効果的であり、閉塞による障害を起こしたばかりの猫で、常に用いられている。この効果については、ジアゼパムやダントロレンが研究されている。臨床的な使用法として、ジアゼパムを使用することで膀胱圧迫が容易になり、また閉塞物の除去直後の治療時に最も有効な薬物であるだろう。しかし正常な排泄機能に回復させるためには、ほとんどのケースにおいて、根気と時間が唯一の有効的な処置である。

18. 外科的処置はいつ実施するか？

会陰部尿道造瘻術は、尿道閉塞を防止するために行う。尿道カテーテル法を繰り返し試みても失敗に終わった場合に、緊急の会陰部尿道造瘻設置術を行う必要がある。閉塞物を除去するにあたって、その処置を成功に導くために、時間稼ぎの目的で膀胱穿刺による減圧を行うことがある。頻繁に再閉塞を起こす猫に対して、会陰部尿道造瘻術は最も一般的に行われる手術である。不適切な医療方針と猫のLUTDとは密接に関係しているため、あらゆる医学的試行が失敗に終わった場合にのみ、外科手術を行うべきである。外科手術は、将来的に再閉塞を防止できるが、特発性の炎症（血尿、頻尿、排尿障害）が以後も発生する可能性があるということを飼い主にアドバイスしておくべきである。

論　点

19. 猫の閉塞性LUTDに対して、コルチコステロイドは使用するべきか？

猫の閉塞性LUTDに対し、グルココルチコイドの使用の決断は、注意深く検討して行なわなければならない。確かに炎症は、尿道閉塞に伴う血尿、頻尿、排尿障害へと展開する。グルココルチコイドの抗炎症作用で、臨床症状を最小限にしたり、再閉塞の可能性を減少させることができる。しかし、腎後性高窒素血症を伴う尿道閉塞の猫で、グルココルチコイドの免疫抑制作用や異化作用は悪影響を及ぼし、代謝異常を引き起こすことになる。さらに非閉塞性疾患において、グルココルチコイドの効能は証明されていない。尿道カテーテルを留置していたり、尿路感染症がある猫に対しては、グルココルチコイドの使用は禁忌である。

20. 尿道閉塞を起こしている動物に対し、減圧の目的で膀胱穿刺を行うべきか？

尿道閉塞物が直ちに除去できない場合、減圧目的の膀胱穿刺が必要となる可能性がある。膀胱穿刺の利点として、極限状態にまで拡張した膀胱を迅速に減圧でき、疼痛を緩和させ、腎臓への負担を軽減し、フラッシュを容易にして尿道栓子を押し戻すことができようになる。膀胱穿刺によって採取されたサンプルは、尿検査や尿培養を行うには最適である。しかし、特に膀胱壁が脆弱になっている場合の膀胱穿刺は危険である。尿は穿刺針の周囲から溢出し、さらに膀胱壁に損傷を与え、時には膀胱破裂の原因となることもある。以上の点から、減圧目的の膀

胱穿刺は、早急に減圧の必要性があり、膀胱壁が無傷であると評価された場合にのみ実施する。

参考文献

1. Barsanti JA, Shotts EB, Crowell WA, et al: Effect of therapy on susceptibility to urinary tract infection in male cats with indwelling urethral catheters. J Vet Intern Med 6: 64-70, 1992.
2. Osborne CA, Kruger JM, Lulich J, et al: Medical management of feline urethral obstr uction. Vet Clin North Am 26: 483-498, 1996.
3. Polzin DJ, Osborne CA, Bartges JW: Management of postrenal azotemia. Vet Clin North Am 26: 507-513, 1996.
4. Ross LA: The protocol for treating cats with urethral obstruction. Vet Med 85: 1206-1214, 1990.
5. Straeter-Knowlen IM, Marks SL, Rishniw M, et al: Urethral pressure response to smoooth and skeletal muscle relaxants in anesthetized, adult male cats with naturally acquired urethral obstruction. Am J Vet Res 56: 919, 1995.

99. 腹膜透析と血液透析
PERITONEAL DIALYSIS AND HEMODIALYSIS
India F. Lane, D.V.M., M.S., and Leslie Carter, M.S., C.T.V., V.T.S.

1. 透析はどのようにして行うか？

すべての透析の原理は、血漿液と半透膜を通過した溶質の相互作用に基づいており、その半透膜は、除去可能な透析物質を含んだ血漿から選択的に膜を通じての移動が可能である。水と溶質の移動は、拡散作用（濃度や活性の高い領域から低い領域への分子の移動）、浸透作用（溶質濃度が高い方への水分の移動）、溶質の抗力作用（拡散や浸透力に応じて集中する物質の移動）などの原理によって支配されている。腹膜透析において、腹膜が溶質や水の移動のための膜として機能しており、移動は圧倒的に浸透圧勾配に支配されている。血液透析においては、透析膜内部の人工膜を通じて移動を可能にしており、その移動は拡散勾配に匹敵し、人工的に生じる静水圧に支配されている。腎不全における透析の最終目的は、不要な溶質の除去と、尿毒症に陥った動物の血液中の過剰な液体を透析することである。

2. 獣医学領域における、透析療法の指標は？

獣医学領域において、透析は急性内因性腎不全の管理のために、最も一般的に行われる処置である。内科療法（452ページ97を参照）を行っても臨床症状、高窒素血症、アシドーシス、高カリウム血症が改善されなかった症例に対し、透析を実施する。重度の高窒素血症に対して透析を実施する指標として、血中尿素窒素値＞100mg/dL 以上あるいは血清クレアチニン値＞10mg/dL である。生命を脅かす高カリウム血症があり、過剰輸液を行っても医学的に回復しなかった場合、あるいは乏尿を認めた場合に対して、透析は急性腎不全の治療として早期に選

択するべきである。理想的には、透析は可逆性の急性腎不全に対して行うが、慢性腎不全、腎移植の術前、腎バイオプシーの結果が出るまでの間の一時的な処置として有効な方法だろう。慢性腎不全における間欠的な透析療法は、尿毒症の臨床症状を最小限に抑え、総合的な生活の質を向上するために行う。透析治療期間中に、高窒素血症がさらに重症化したとしても、尿素濃度の最高値と平均は減少している。その他の透析療法の適応として、急性中毒症あるいは腎臓とは無関係の原因によって引き起こされる治療不応性の過剰飽和状態などが挙げられる。

腹膜透析

3. 腹膜による溶質の浄化率に対し、どのような要因が影響を及ぼすか？

　腹膜の表面積は広いものの、液体移動のための毛細血管の表面積は相対的に狭い。移動は、細胞間、血漿細胞質間あるいは膀胱を経由して行われる。溶質の移動は、拡散勾配に依存しているだけでなく、分子の大きさ、重さ、電荷、蛋白質との結合などに依存している。移動は、間隙の脈管の静水力、腹膜の透過性、貯留時間などによっても影響を受ける。透析液を暖め、貯留時間を延長させ、高張性の透析液を用いることで、拡散作用や溶質の誘引作用を高めることができるだろう。

4. 血液透析と比較して、腹膜透析はどれほどの効果があるか？

　腹膜透析は、尿毒素、酸、カリウムの貯留を除去する効果がある。大きい分子量の物質を除去する場合において（尿毒症性物質は中分子）、孔のサイズが大きいことから、腹膜透析は血液透析よりもより効果的である可能性もあるが、一般的には血液透析は腹膜透析よりも効率が良い。その簡便さから、獣医臨床において腹膜透析は実用的であるが、その反面、重度の負担を伴うので合併症の危険がある。血液透析には、専門設備、血管への確実な導管、特殊な訓練を受けたスタッフなどが必要である。専門の機関において、間欠的に血液透析を行う方が、連続的に腹膜透析を行うよりも時間や労力を節約する。

5. 腹膜透析液の交換はどのようにして行うか？

　透析カテーテルの外科的設置後、カテーテル・チューブの末端を灌流セットと無菌的に接続し、そのセットは事前に暖められている透析液のバッグとつなげられている。シングルスパイクシステムの場合、透析液の交換は以下の要領で行う。
　①新しい透析液のバッグを準備した後、排液のために動物の位置よりも低い場所に空のバッグを広げ設置する。
　②腹腔からゆっくりと排液を排出させるために灌流セットのクランプを開ける。
　③新しい透析液のバッグを設置してあるスパイクに接続し、重力によって透析液を注入する。
　④1〜6時間（透析の必要度に依存する）腹腔内に透析液を入れたままにし、この過程を繰り返す。

　Y字管システムの場合、Y字管をカテーテル・チューブあるいは灌流セットに接続し、一方を新しい透析液のバッグに、もう一方を排液採取用のバッグに接続する。透析液の交換時に、初めに新しい透析液を排液バッグ内に少量流すことによって、処置中に汚染した液が腹腔内に流れ込まないで排液バッグの方へ流れ出るようになっている。腹腔から排液した後、次の透析

液交換のため、新しい透析液を注入する。Y字管セットを交換するか滅菌した栓でふさぐことで、感染を防御することができる。透析手技の詳細については、参考文献欄に挙げた報告を参照すること。

6. 腹膜透析のために用意する透析液はどのようなものか？

透析液は緩衝性があり、液体、カリウム、尿素、リンなどを血清から透析液内へと取り込むように作られた、わずかに浸透圧が高い結晶状の液体であり、同時に拡散性の緩衝液として、あるいはマグネシウム、カルシウムのような必要な物質を供給することができる。カリウムを含まない市販の透析液は、1.5％、2.5％、あるいは4.25％濃度のデキストロースや、主要な緩衝液としての乳酸とともに使用する。カリウムの供給は、カリウム値が正常あるいは低カリウム血症の動物の長期透析療法を行っている場合には必要であろう。類似した液体として、乳酸加リンゲル液にデキストロースを添加したものが挙げられるが、その場合マグネシウムの供給が必要となるだろう。アセテートを主成分とした液体は、腹腔に対してダメージを与えることになるため推奨しない。

7. 腹膜透析に高張液を使用するのはなぜか？

高張性でデキストロースを含む液体は、過飽和状態に陥った動物に対し、浮腫を最小限にする効果があり、すべての動物においてさらに過剰濾過効果（水分の除去）を高める。高張性のデキストロースは、毛細血管の拡張を促進し、腹腔内の孔の大きさを広げ、溶質の取り込みを高める。1.5％濃度のデキストロースを含む透析液は、脱水状態あるいは正常の動物に対して用いるが、2.5％あるいは4.25％濃度のデキストロースを含む溶液は、軽度～重度の過飽和状態の動物に対して用いる。4.25％デキストロース液の間欠的な投与は、すべての動物の透析療法の効果を高めるだろう。

8. 透析液の交換時に推奨される液量はどのくらいか？

小動物における推奨液量として、1回の交換につき30～40mL/kgである。カテーテル設置後、初めの12～24時間においては、腹部の膨張の程度、呼吸機能に与える影響、透析液の漏れる可能性などを考慮して、交換量は計算量の0.5倍にするべきである。

9. 猫や小型犬において、交換する量が少ない場合に、交換を簡易化にするにはどうすれば良いか？

ほとんどの場合、透析バッグを1つにすることで対処できる。透析中、バッグの重さを測定することで、交換量を算出して投与する（液体1Lは1kgに相当する）。排液は、Y字管灌流セットを用いた場合別の採取容器に回収するか、あるいは直接新しい透析液のバッグに戻す。新しい透析液で排液を希釈することで、今後数回にわたる交換の際に、有効な透析液として再度使用することができる。

10. 腹膜透析には、どのようなカテーテルを使用するか？

腹膜透析カテーテルは、まっすぐなもの、曲がっているもの、あるいは円柱～円盤状のものを用いる。他の形よりも容易に閉塞しないことから、獣医科領域では、円柱～円盤状のものを

好んで用いる。しかし、市販のものは時々閉塞する。曲がっているカテーテルは、小動物における長期間の透析療法を必要とする場合に適応できるだろう。ヒト用に作られたまっすぐなカテーテルは、容易に利用でき、犬や猫の突然の透析に対しても満足できるものである。特殊な形状の腹膜カテーテルが早急に入手できないのであれば、長期間の透析療法の準備をしている間、胸部造瘻術用のチューブや滅菌したその他の有窓性のチューブを一時的に用いることができる。

11. カテーテルの閉塞をどのように防ぐことができるか？

カテーテルを設置する時に、大網の全切除術あるいは部分切除術を行うことによって、カテーテルの穴の物理的閉塞を最小限にすることができる。ヘパリン（はじめのうちは100U/L、その後250U/L）を透析液に添加することで、透析開始の数日間はフィブリンの形成や血液凝塊による閉塞を最小限にすることができる。

12. 排液が能率良く排出しない場合は、どのようなことが考えられるか？

初めの2、3回の交換時は、腹腔から回収できる量は注入した量よりも少ない。しかし、その後の排出量は注入量と同等か、それ以上であるべきである。透析液を注入した後に、それを回収しないで、持続的に腹腔内に留めておくと、動物は過剰に透析液を吸収し、カテーテル周囲から液体が漏れ、カテーテルが閉塞する。動物が透析液のほとんどを吸収したなら、その後行う数回の交換時には、透析液として高濃度のデキストロースを選択する。バンテージ内の漏れ、あるいは皮下への漏れは、カテーテル部位を入念に調べることによって発見できる。深刻な漏れは、透析療法の効果を下げる。腹腔内に貯留している透析液の量が一時的に減少する。持続性の漏れを解決するには、部分的な縫合が必要なこともある。透析液が腹腔内に留まったままの場合は（腹部の膨張や不快感を進行させる）、カテーテルが確実に設置されているか否かを再確認しなければならない。

13. 排液が注入量よりも多い場合は、どのようなことが考えられるか？

透析中、動物からの液体の喪失が非常に多くなることがある。動物が過飽和状態、あるいは非経口的に水分を多量に摂取した場合は、かえって望ましい状況といえるだろう。理想的な交換が行われていないことは、不適当な液体の喪失や獲得によりモニターできる。排液産生量が適量でなく過剰ならば、浸透圧による引き込みを最小限にするため、透析液の浸透圧を下げるべきである。脱水や輸液過剰を防止するため、静脈内輸液で調整する。

14. 腹膜炎への移行を示唆する所見は？

細菌性腹膜炎は、腹膜透析における深刻な合併症であり、通常はカテーテル・チューブやバッグの針の汚染部位と接触することによって発生する。臨床症状や特徴的な排液が腹膜炎の最初の徴候である。腹部の疼痛、嘔吐、沈うつ、発熱などが腹膜炎の特徴であるが、これらのほとんどの症状は尿毒症の症状と区別することが困難である。混濁したり血液が混入した排液は腹膜炎が示唆され、外観にとらわれないで、排液の細胞診を行うことを推奨する。次に挙げる3つの条件のうち、2つに該当するならば腹膜炎と診断する。①混濁した排液中に好中球を含む炎症性の細胞がある場合（>100μL）、②グラム染色や培養によって排液中に微生物を確認

した場合、③腹膜炎の臨床症状がある場合。

15. 腹膜透析中の腹膜炎の管理はどのように行うか？

腹膜炎が示唆された場合、排液の好気性、嫌気性培養を行う。広菌域抗生物質療法は（例：セファロスポリンの非経口投与）、細菌培養や感受性試験の結果が出る前から始める。ヒトの治療では、抗生物質を透析液に入れて投与することが多いが、獣医科領域では、全身投与が最適であろう。これは透析液の交換のほとんど、もしくは一部の処置をたった１つのバッグで行っているために、抗生物質の混入が特に困難な場合に適している。

16. 腹膜透析において起こりうるその他の合併症とは？

腹膜透析における合併症には、カテーテルによる合併症、代謝性の合併症、その他様々な問題点が含まれている。カテーテルの設置部位、皮膚の開口部や皮下の感染、透析液の漏出などは、カテーテルによる合併症のうち、最も一般的なものである。代謝性の合併症として、血液や蛋白の喪失、低ナトリウム血症、低カリウム血症、高血糖症が含まれる。体液の平衡障害は、早期の透析療法の合併症としては、あまり一般的ではない。血清から生じる尿素や他の浸透圧性の産物を迅速に除去することで、細胞内の続発的な水の移動を伴う浸透圧勾配を発生させ、脳浮腫を発生させる可能性がある。症状としては、落ち着きがなく、嘔吐、痴呆、発作、あるいは死に至る。

17. 腹膜透析はいつ終了するべきか？

理想的には、時々の透析あるいはまったく透析をしないでも、高窒素血症が臨床的に容認できる値を維持し、腎機能が十分に回復するまで透析療法は続ける。再発性の急性腎不全において、この状況に至るまでには数週間を要するだろう。急性中毒や腎後性高窒素血症においては、透析は、より短い期間で十分であろう。他の動物において、透析療法と残存した腎機能だけでは、適切なクオリティ・オブ・ライフ（QOL）を維持するのに不十分な場合がある。尿毒症の臨床症状が透析でコントロールできない場合、生化学的な異常を整復することができない場合、あるいは治療不能の腹膜炎に至ってしまった場合などの時点で、通常は治療終了の決断を下す。

血液透析

18. 血液透析はどのようにして行うか？

血液透析とは、血液を体外へ取り出し、腎臓の排泄や調節機能をまねた人工腎臓内を循環して体内へ戻すことである。透析時に半透膜を通過させることで、不用な尿毒素を除去する。水分の除去（過剰濾過）は、体外循環での静水力の発生を操作することで調整する。

19. 腹膜透析と比較して血液透析はどのようなものか？

急性あるいは慢性の尿毒症の治療管理に、血液透析は腹膜透析よりも 10 ～ 20 倍以上の効果がある。血液透析のための設備や人員は、腹膜透析よりも多く必要ではあるが、専門機関では能率よく容易に行うことができる。熟練した専門のスタッフによる血液透析は、腎不全や中毒

の治療管理を積極的に行うための有効的な選択肢の1つとなる。

20. 適用可能な血液透析器の特徴とは？

　理想的な人工腎臓とは、血中蛋白、細胞、必要な溶質などの喪失を阻止し、小〜中分子量の老廃物を除去することができなければならない。そのシステムは、独立して過剰濾過（水分の除去）機能の調節ができ、かつ拒絶反応を起こさないものでなければならない。

21. 血液透析装置の特有の構造を述べよ。

　血液透析装置は、構造や膜の組成に基づいて分類される。最近最もよく使用されている透析膜の型は、中空繊維構造のものである。透析膜は、拡散作用のために、多数の小さな穴が開いている細い毛細管の繊維の束からなる。透析中、中空繊維内を一定方向に通過した血流は、逆方向に向かうように繊維束の周囲に分散する。そうすることで、交換のための広い表面積を得ることになり、中空繊維がぎっしり詰まった中に血液が流れても、その抵抗性を最小限にすることができる。透析膜には使い捨てで天然のセルロース素材のものと、より高価ではあるもの、何度も使用できる合成プラスチックポリマー製のものがある。

22. 血液透析装置は他にどのようなメカニズムで構成されているか？

　血液透析には、透析膜の他に確実な静脈の確保と調節可能な搬送装置が必要である。透析の搬送装置を整え、手動で行うこともできるが、自動装置を用いることによって、これらの面倒な過程を簡素化でき、透析中の監視の手間を少なくすることができる。搬送装置は、透析物と血流を制御し、抗凝固剤を供給し、適切な透析物の組成や圧力を作りだしている。循環中に、血液や空気の漏れ、結合部の外れ、圧や温度の変化などを操作員に警告できるように、アラームがその装置に組み込まれている。幼児あるいは小児用の装置は、犬や猫に容易に適用することができ、十分に活用できる。

23. 血液透析のために確保した導管の管理をどのようにするか？

　大腿動静脈あるいは頸動静脈にカニューレを入れて作製した動静脈シャントを、通常導管の出入り口として使用する。透析中、血液は股動脈から透析器に入り、導管を経由して股静脈へ戻ってくる。透析を行っている期間は、四肢のシャントに接続し、半永久的に設置して動静脈のシャントとして用いる。不運にも、容易に凝血したり、動物が活動的で導管の維持が困難な場合には、外科的設置が必要となる。犬猫における短〜長期の透析療法のために、二腔式の経皮カテーテルを使用する。カテーテルの先端は、頸静脈を経由して右心耳に設置し、二腔式のカテーテルを通じて血液の交換を行う。

24. 急性腎不全の動物に対して、どのような血液透析の計画を立てるか？

　急性腎不全の動物に対して、通常尿素濃度が処置前の40〜50％に低下するように調節し、1日1回の透析を行う。処置前の血液尿素窒素濃度が90mg/dL以下であれば、48〜72時間の間隔で処置を行う。透析時間、透析膜を通過する血流量、過剰濾過圧などを増やすことによって、透析効果が上がるだろう。

25. 慢性腎不全の動物に対して、どのような血液透析の計画を立てるか？

　最小限の処置で満足のいく QOL を提供するため、透析時間と透析液の組成は、慢性腎不全の程度によって変更する。中等度の尿毒症の犬や猫において（血清クレアチニン値：6～8 mg/dL）、週に1回の透析で十分である。より重度な尿毒症の動物において（血清クレアチニン値：＞8 mg/dL）、4～5日間隔での透析が必要である。進行性慢性腎不全の動物に対する透析療法は、尿素濃度を処置前の85～90％となるよう急激に低下させ、平均尿素濃度が60mg/dL かそれ以下を維持するように調節する。

26. 血液透析の最も一般的な合併症は？

　透析中において、一時的な低血圧、嘔吐、発作、痙攣、体外循環中での凝血、血液の喪失などが最も一般的な合併症である。これらの合併症は、透析方法や抗凝固剤を適量加えることによって最小限に抑えることができる。透析療法の初期の段階で、急激な浸透圧の変化によって体液の平衡障害が発生するが、適度なナトリウムの添加と、慎重な前処置を行うことによって避けることができる。透析後の一般的な合併症として、凝血、導管部の接続の失敗、あるいは感染、導管部に起因した静脈の血栓症、敗血症、そしてヘパリンを加えたことによる出血などが挙げられる。

参考文献

1. Birchard SJ, Chew DJ, Crisp MS, Fossum TW: Modified technique for placement of a column disc dialysis catheter. J Am Animal Hosp Assoc 24: 663-666, 1988.
2. Carter LJ, Wingfield WE, Allen TA: Clinical experience with peritoneal dialysis in small animals. Comp Cont Educ Pract Vet 11: 1335-1343, 1989. (Updated in The Compendium Collection: Renal Disease in Small Animal Practice. Trenton, NJ, Veterinary Learning Systems, 1994, pp 125-132.)
3. Chew DJ, Dibartola SP, Crisp MS: Peritoneal dialysis. In Dibartola SP (ed): Fluid Therapy in Small Animal Practice. Philadelphia, W. B. Saunders, 1992, pp 573-597.
4. Cowgill LD: Application of peritoneal dialysis and hemodialysis in the management of renal failure. In Osborne CA, Finco DR (eds): Canine and Feline Nephrology and Urology. Baltimore, Williams & Wilkins, 1995, pp 573-596.
5. Cowgill LD, Maretzki CH: Veterinary applications of hemodialysis: An update. In Bonagura JD (ed): Kirk's Current Veterinary Therapy XII. Philadelphia, W. B. Saunders, 1995, pp 975-977.
6. Crisp MS, Chew DJ, Dibartola SP, Birchard SJ: Peritoneal dialysis in dogs and cats: 27 cases (1976-1987). J Am Vet Med Assoc 195: 1262-1266, 1989.
7. Lane IF, Carter LJ, Lappin MR: Peritoneal dialysis: An update on methods and usefulness. In Kirk RW, Bonagura JD (eds): Current Veterinary Therapy XI. Philadelphia, W. B. Saunders, 1992, pp 865-870.
8. Parker HR: Peritoneal dialysis and hemofiltration. In Bovee KC (ed): Canine Nephrology. Media, PA, Harwal Publishing, 1984, pp 723-753.
9. Thornhill JA: Peritonitis associated with peritoneal dialysis: Diagnosis and treatment. J Am Vet Med Assoc 182: 721-724, 1983.
10. Thornhill JA: Hemodialysis. In Bovee KC (ed): Canine Nephrology. Media, PA, Harwal Publishing, 1984, pp 755-802.

XIII

毒物を原因とする症例の救急救命療法
Toxicology

Section Editor: J. Michael McFarland, D.V.M.

XIII

薬物を原因とする疾病の概念的研究法
Toxicology

Section Editor : J. Michael McFarland, D.V.M.

100. よくある中毒とそのアプローチ法
GENERAL TOXICOLOGY AND APPROACHES

Tam Garland, D.V.M., Ph.D.

1. 毒物学とは？
  毒物学とは、毒物の化学的性質や検出法、生物への影響、治療法に関する学問である。

2. 毒物の定義は？
  固体、液体、気体のほか、イオン性・非イオン性放射線など、あらゆる状態下において万物が毒物となり得る。それらに曝露したり、それらを利用すると、各細胞の性質が障害され、その生存過程が妨げられる。それには機械的作用を伴うことはなく、温度が関与する。

3. 自然界に毒物は存在するか？
  存在する。天然産物であるにもかかわらず、多種類のハーブや植木、マイコトキシン、菌体外毒素などは毒物である。また、毒蛇や毒グモの生体毒素も、天然産物であるが毒物に属する。『すべての天然産物』が、安全であるとは言えないのが現状である。

4. 急性中毒の定義は？
  急性中毒とは、24時間以内に1回、あるいは数回にわたり毒物が曝露した場合をいう。その影響は数日から数週間後にわたり継続することもある。

5. 慢性中毒とは？
  慢性中毒とは、90日もしくはそれ以上にわたり、毒物への曝露が続いた結果、影響が現れる場合をいう。

6. 中毒を評価する上で考慮すべき要因は？
  品種、動物種、年齢、性別、妊娠、泌乳といった生理的要因や、季節、気温、湿度、空気循環などの環境要因が挙げられる。水の質や量、食事内容、ケージのサイズと素材、他の動物の存在も環境要因に含まれる。

7. 曝露期間は重要か？
  重要である。曝露期間は大いに影響する。動物は毒物への1回の曝露では生存可能であっても、長期間、数回にわたって毒物に曝露すると死に至ることがある。また、げっ歯類が殺鼠剤に対しそうであるように、頻回の曝露により耐性を獲得する場合もある。毒物に曝露した期間と量は重要である。

8. 曝露のルートは重要か？
　重要である。一般的ルートは経皮、経口、吸入であるが、静脈、腹腔、皮下を介しても中毒は起こり得る。

9. どれくらいの量を摂取すると、動物にとって毒物となるか？
　摂取する物質、動物のサイズ、動物種により異なる。

10. 中毒に陥った動物はどのような臨床症状を示すか？
　中毒に陥った動物は様々な臨床症状、例えば嘔吐、下痢、振戦、戦慄、痙攣、昏睡、心臓の異常、呼吸困難、血液凝固異常、筋脆弱、筋硬直などを呈する。中毒は多くの疾患に類似した症状を招き、全身に影響を与える。

11. 中毒を治療するうえで、動物種や品種は関係あるか？
　生理的要因は常に関与している。動物種により感受性に差がある。すなわち特定の殺虫剤に対し、猫は犬に比べて感受性が高く、猫同士でも品種により感受性が異なる。また例えば、コリーやコリー系の犬はいくつかのフィラリア予防薬に高い感受性を持っている。

12. 影響を受けた動物が1頭以上の可能性はあるか？
　はい。他の動物が曝露した可能性の有無を問診するよう、常に心掛ける。

13. 中毒に陥っているかどうかを直ちに判断する必要はあるか？
　ケースバイケースである。シアン化合物やストリキニーネのような中毒性物質には即刻対処する必要があるが、死に直結しないその他の状況下では、まず動物を安定化させることが重要である。

14. 動物が中毒に陥っているとわかった場合、最初にすべきことは？
　動物の状態が安定しているかどうかを確認し、最適な解毒薬を投与する。臨床症状の改善に努め、ダメージを与えてはならない。

15. 曝露してから獣医師に受診するまでの時間は予後に関係するか？
　多くの場合、受診するまでの時間が短ければ短いほど、予後は良好である。

16. 催吐剤として最も適した物質は？
　アポモルフィンが最も確実かつ効果的である。嘔吐が長期に及ぶことがあるが、その作用は麻薬拮抗薬を静脈内投与することによりコントロール可能である。一時期市場から消え失せたが、今では複合製剤として薬局で入手することができる。

17. アポモルフィン以外の物質で嘔吐を誘発できるか？
　トコン（吐根）シロップが用いられるが、犬では50%の有効率である。20分後に一度だけ再投与することができる。二度目の投与で催吐できなければ、胃洗浄を行いトコンシロップを

除去しなくてはならない。というのはトコンシロップには毒性があるからである。硫酸銅が奏効することもあるが、この薬物は危険を伴う。また安全とはいえないが、食塩が嘔吐を誘発することが知られている。過酸化水素水はコンパニオンアニマルではそれほど有効ではないが、うまく作用する可能性もある。Rompun（キシラジン）が催吐の目的で使用されることがあり、おおむね効果的である。

18. 嘔吐させてはならないのはどのような場合か？
　動物の意識が消失している、あるいは中枢神経系（CNS）の抑制がみられる場合は、催吐は禁忌である。呼吸抑制は中枢神経系抑制の指標となる。石油蒸留物中毒の場合、また中毒物質摂取後4時間以上経過した場合は、嘔吐をさせてはならない。その理由は、4時間以上経過すると、恐らく胃の中に毒物は残存していないと考えられ、また催吐の処置が動物に過度のストレスを与えるためである。酸やアルカリを摂取した場合、胃壁は障害を受ける。レッチング（訳者注：嘔吐を伴わない胃、食道の嘔吐様の動き）は胃破裂を招来し、食道や口腔の損傷の原因となることもある。

19. 毒物の摂取から嘔吐をさせるまで、どのくらいの時間の経過が限界と考えられているか？
　一般に摂取後4～5時間経過してから嘔吐させても無駄であろう。

20. 活性炭は、どのような作用機序を持っているか？
　木炭は加熱することによって表面積が増大し、活性化する。表面に物質を吸着させる作用を持っている。

21. 活性炭の投与量は？
　まず1gの活性炭を5～10mLの水に溶かしたスラリー（混濁液）をつくり、投与する活性炭量が動物の体重1kg当たり2～8gになるように計算する。ロートや大きめのシリンジに胃食道カテーテルを連結して注入する。活性炭を与えて30分後、塩類下剤を投与すること。最良の結果を得るには、毒物摂取後数日間、活性炭を1日4回の投与を続けることである。

22. どのようなタイプの活性炭が最も適しているか？
　植物や石油から精製されたものを用いる。獣炭を使用してはならない。

23. 活性炭使用時、トコンシロップの使用は推奨できない理由は？
　トコンシロップは活性炭の作用を抑制し、毒物粒子の吸収を阻害するからである。また、炭はトコンシロップと結合し嘔吐を抑制してしまう。

24. 塩類下剤とは？
　ある種の下剤は腸刺激性であり、膨張性や蠕動運動を増加させて、排泄を促進する。塩類下剤は、浸透圧作用で腸内に組織中の水分を移行させて、腸内容物の水分含有率の増加を図る。その結果、間接的ながら、腸管の運動性を亢進させる。硫酸ナトリウムは塩類であり、塩類下剤に属する。

25. 塩類下剤の調剤法と投与法は？

　塩類下剤は硫酸ナトリウムや硫酸マグネシウムを十分な量の水と混合させ、薄いペースト状にする。これはマグルシアミルク（水酸化マグネシウムの水性懸濁液）と同程度の濃度かかすかに低い濃度である。でき上がった混合物を経口的に、あるいは麻酔下であれば胃カテーテルや食道カテーテルを用いて投与する。一般に硫酸ナトリウムを用いる機会の方が多く、体重1kg当たりおよそ1gの割合で投与する。硫酸マグネシウムは硫酸ナトリウムの代用である。

26. 活性炭を用いた治療後、下剤、特に塩類下剤を投与しなくてはならない理由は？

　活性炭は吸着性を有している。活性炭に吸収された物質は化学的・物理的方法で脱着することができる。すなわちそれらの物質が活性炭表面に吸着してさえいれば、それらの排泄を早めることが可能である。塩類下剤の作用機序は、浸透圧を利用して腸管内に液体を増加させたのち空にすることにあり、この作用は、治療や中毒の後で体内で生じる生理的プロセスによって妨げられることはない。

27. 非てんかん性痙攣発作に対し、フェノバルビタールよりペントバルビタールの方が適しているのはなぜか？

　ペントバルビタールは、発作を起こしている動物に素早く作用する。ストリキニーネ中毒のような症例では、呼吸筋の麻痺を生じるため、一刻も早く適切な処置を施す必要がある。フェノバルビタールは、投与してから効果発現までの時間が長く、20分を要することもある。その間に発作を起こしている患者が死亡する可能性もあるので、発作に対して即効性のある薬物が適している。

28. 患者が中毒性の植物を摂取した疑いがあっても、その患者が死亡するまでに確定診断を下すことは不可能なのか？

　ケースバイケースである。嘔吐の経過についての問診と吐物の検査が最も有効であるが、今までのすべての経緯を聞き出すのが最も簡便な方法といえる。実際に飲み込むことはなくても植物を食いちぎる動物もいる。その植物の一部だけでも病院に持ち込まれたら、ただ食いちぎられただけか、すでに誤飲されてしまったかを慎重に確認する必要がある。通常、吐物は検査センターで調査可能であり、毒物学者が顕微鏡で植物片を検査し、どの植物が摂取されたかを確認する。胃にカテーテルが挿入できれば、採取液を検査することもできる。

29. 植物中毒に陥った疑いのある動物に対する最良の治療法は？

　植物種を同定できて、その植物に対する対処法があるのならば、それが最も良い治療法である。特定の治療法がない、あるいは種の同定が不可能であれば、対症療法が最適となる。動物の体内からできるだけ多くの植物を取り除くためには嘔吐が望ましい。

30. 間違いなく中毒に陥っている動物に対する最良のアプローチ法は？

　第一段階は、動物の全身状態を安定化させることである。発作が起きているようならばそれを鎮める。すなわちABC蘇生法に従うことが重要である。ABC蘇生法とは、閉塞しないように気道（Airway）を確保し、呼吸（Breathing）を維持し、そして生命を存続させるのに十

分な心拍出量（Cardiac output）を得ることである。動物の示す症状に対処しなさい。飼い主の中には、臨床像が一致しない他の物質による中毒と確信している人もいる。

31. 中毒に陥った動物に関して訴訟を起こされたときに備え、どのような情報を記録しておくべきか？

いかなる場合にせよ、正確かつ詳細なカルテを残すことが肝心である。カルテがあれば、施した治療とその結果が明らかになる。そして法的な問題が生じる恐れがあれば、検査センターにその旨を伝えておくこと。吐物や組織のサンプルを冷蔵（冷凍ではない）しておけば、いつでも入手できる。カルテは公的文書であり召喚時に不可欠である。

32. 実際にどのようにすれば、動物が中毒に陥っているかどうかを見分けられるのか？

全経過を探る必要がある。謎解きから始めるのがおそらくベストであろう。しかし中毒の診断は、しばしば忘れ去られてしまうものである。多くの場合、中毒は他の疾患や状況に類似しており、確定診断を下すのは難しいが、中には非常に特異的で、疑う余地のないものもある。適切なサンプルを検査センターに提出することで、動物が中毒に陥っているかどうかを判断する手助けとなることがある。

33. なぜ各物質の毒性の強さを分類するべきなのか？

各物質をどれくらいの量摂取すれば中毒に陥るのかを基礎に分類している。下の表を使えばうまく説明がつくであろう：

毒性比較表

分類	中毒量
超毒性	< 1 mg/kg
激毒性	1～50mg/kg
強毒性	50～500mg/kg
毒性	0.5～5 g/kg
弱毒性	5～15g/kg
ほとんど無毒	>15g/kg

34. 用量反応とは？

各物質をどのような量で用いても反応が発現し、時には死に至ることもある。用量反応性は曝露量 vs. 生物学的反応の大きさとして定義される。獣医師が薬物の投与量や投与回数を誤れば中毒に陥る可能性がある。薬物が原因の中毒に対して、適切な対策を講じられない場合は、獣医師の責任が問われることになる。

35. 耐性レベルと作用レベルの違いは？

耐性レベルとは、人間が摂取する食品や動物の飼料に合法的に添加できる化学物質、あるいは薬物の最大量のことである。このレベルは規制機関が法にのっとって設定し、連邦規制法典や連邦登録簿に公布される。作用レベルも類似しているが、こちらはガイドラインというだけで法的に決定されたものではなく、規制機関は耐性レベルと同様に扱っている。

36. 一次の毒物動態と零次の毒物動態の違いは？
　　零次動態は与えられた時間内における排出量、例えば 10/mg/kg/日 などを指し、一次の動態は単位時間当たりの化学物質の排出量を分数またはパーセンテージで示したものである。一次動態の方がよく用いられている。

37. ある物質が一次動態か、零次動態であるかを確認することはなぜ重要なのか？
　　危険量の毒物、特にペットが思いもよらぬ状況下で偶発的に摂取してしまう化学物質が、どれくらいの期間、体内に蓄積されるかを評価できるからである。

38. 稟告をとる際に、中毒に陥っているか否かを決定するためには何が有益なのか？
　　あらゆる事柄が有益であり有効である。特に食物以外のものを摂取していないかどうかについて注意する。動物は植物を飲み込まないまでもひきちぎることがあり、吐物や尿中に中毒の手がかりを見い出すこともある。毒物センターや検査センターを利用することが得策である。飼い主が動物や周囲の環境に最大限の注意を払っていれば、動物の健康状態を理解する糸口となる。台所から出るゴミに興味を示す動物は、様々な天然物による中毒に罹患しやすい。例えば、じゅうたんや植物などを新たに買い足していないか、あるいは近頃、庭や屋内に殺虫剤を散布していないかなどの問診も大切である。

39. 中毒に陥った動物の治療目的は？
　　治療の目的は常に、緊急処置とさらなる曝露への防御である。沐浴や催吐によってさらなる吸収を遅らせること。解毒薬の投与と、治療効果の評価が重要である。可能なら吸収されてしまった毒物の排泄促進に努めること。適切な支持療法を確実に行うこと。さらに可能なら中毒源を決定し、クライアント・エデュケーションを行う。

40. 胃洗浄の方法を述べよ。
　　胃洗浄は、動物の胃内から物質を除去するための重要な手段である。無意識の状態下か、軽度の麻酔下でカフ付きの気管チューブを、その先端が門歯から突出するように挿管する。マズルから剣状軟骨までの長さを測り、経口胃カテーテルに印をつける。経口胃カテーテルは気管チューブと同サイズであるものが良い。動物の頭部と胸部を少し下げ、5～10mL/kg の洗浄液を注入する。そして大容量のアスピレーターか 50～60mL のシリンジを使用して、洗浄液を胃から回収する。同様の処置を 10～15 回繰り返す。活性炭を添加すると効果が増す。この処置はそれほど加圧して行うべきではなく、決して無理に洗浄液を注入しないことが重要である。胃が弱っている徴候があったり、その疑いがあれば洗浄液の量を減少する。すなわち食道や胃の壁を破裂させないようにするためである。

41. 体内から毒物を早急に除去するのは重要なことか？
　　はい。毒物の除去を早急に行うほど、動物が受けるダメージは少なくてすむ。

42. どうすれば動物体内から毒物排泄を早めることができるか？
　　活性炭投与後、下剤を投与する。特に塩類下剤を使用するのが排泄を早める最良の方法と思

われる。活性炭の後には必ず下剤を投与すること。毒物が水溶性で尿中に排泄されるのなら、輸液による利尿や腎臓におけるイオン・トラッピングが有効なこともある。

43. 体内から毒物を排泄させる重要な方法は？

　動物は糞便中や尿中に老廃物を排泄する。嘔吐も場合によっては、胃洗浄と同様の効果を示す。また呼気や泌乳も排泄に一役買っているが、泌乳により哺乳中の動物が中毒を起こす場合もある。摂取した物質が非水溶性で体内に吸収されなければ、恐らく糞便中に含まれるか腸肝循環に取り込まれ、結果的に毒の曝露時間が延長することになる。毒物が水溶性であれば尿中に排泄されるであろう。すなわち輸液による利尿や腎臓でのイオン・トラッピングが有益になる。

44. 腎臓でのイオン・トラッピングのメカニズムを述べよ。また、体のどの部位で起こるのか？

　問題にしている物質が腎臓で再吸収されなければ、尿のpHは当てにできない。尿がアルカリ化すると酸性物質はトラップし、再吸収されなくなる。そのため、この物質は排泄されるのである。同様に、尿が酸性化すると主な物質が膀胱内でトラップされる。この現象がイオン・トラッピングである。イオン・トラッピングは胃の中でも起こる。

45. 胃内容物を動物用診断検査施設に提出する最良の方法は？

　胃内容物は清潔なガラス容器やビニール袋に入れて提出するべきである。冷凍ではなく冷蔵する。検査施設まで運送しなくてはならないときは、必ず適量の氷を添え検体を冷やし続ける。

46. 有機リン製剤を分析するのに最適な組織は？また、どのように組織を動物用診断検査施設に提出すれば良いか？

　有機リン製剤を分析するのに最適な組織は脳であるが、『有機リン製剤を分析するために脳を検査する』と表現すると若干の語弊が生じる。実際、アセチルコリン活性が抑制されれば脳を検査するが、これは有機リン製剤への曝露が示唆されるからである。ただし脳が自己溶解してもアセチルコリン活性の抑制はみられる。脳組織はよく冷やす必要があるが、冷凍させてはならない。

47. アスピリン中毒、アセトアミノフェン中毒の所見を示している猫に、どのように対処するか？

　メチレンブルーについては意見の分かれるところである。永年にわたり猫に対する毒性が言われてきた。しかし最近の研究によると、注意しながら投与すれば、あながち危険ではないとのことである。基本的な治療法は1～20%の濃度の滅菌アセチルシスティン（Mucomyst）溶液を8時間毎に140mg/kgずつ経口投与する。アスコルビン酸を200mgずつ1日3回、経口投与するのも良い。

参考文献

1. Osweiler GD, Carson TL, Buck WB, Van Gelder GA: Clinical and Diagnostic Veterinary

Toxicology, 3rd ed. Dubuque, IA, Kendall / Hunt, 1976.
2. Osweiler GD: Toxicology. Baltimore, Williams & Wilkins, 1996.
3. Timbrell JA: Introduction to Toxicology, 2nd ed. London, Taylor & Francis, 1995.

101. エチレン・グリコール中毒
ETHYLENE GLYCOL INTOXICATION
J. Michael McFarland, D.V.M.

1. エチレン・グリコールの致死量は？

　犬における最少致死量はおよそ 4.4 〜 6.6mL/kg か体重 10kg 当たり 1/2 カップ以下である。猫は犬より感受性が高いと思われ、飽和溶液で 1.4mL/kg もしくは体重 5 kg の猫 1 頭当たり茶匙 1.5 杯程度である。

2. エチレン・グリコール中毒の病態生理学は？

　エチレン・グリコールの作用は用量依存性である。大量に摂取すれば、患者は昏睡状態に陥るか、数時間以内に死亡する。これは主に、エチレン・グリコールが直接 CNS（中枢神経系）に作用するためである。患者がこの初期段階を乗りきったとしても、肝臓でのアルコール・デヒドロゲナーゼによる代謝が原因で、重篤な代謝性アシドーシスや、腎障害を続発する。エチレン・グリコールの代謝産物には、グリコアルデヒドやグリコール酸、シュウ酸などがある。グリコアルデヒドの CNS 抑制作用は代謝性アシドーシスや、大きなオスモル濃度ギャップの存在により増悪する。また他の代謝産物、特にグリコレートは、腎尿細管上皮に重度の障害を与える。シュウ酸（シュウ酸塩）がカルシウムと結合し、尿細管内で結晶化することがあるが、シュウ酸カルシウム結晶によるダメージは比較的少ないと思われる。何の処置も施さなければ、1 〜 4 日以内に無尿期の腎不全に移行するであろう。

3. エチレン・グリコール中毒に伴う臨床所見ならびに症候群を述べよ。

　初期症状はアルコール中毒に類似しており、抑うつ、昏迷、運動失調、ナックリング、嘔吐などである。これらの症状は、不幸にも摂取から数時間後に現われ、飼い主が気付かないうちに進行していることも多い。摂取量が十分であれば 12 時間以内に多飲、多尿、脱水が発現する。その後の症状は主に、乏尿期の腎不全に由来している。エチレン・グリコール中毒の猫では 12 〜 24 時間、犬では 48 〜 72 時間以内に腎不全に陥る。非特異的所見として口腔内潰瘍、流涎、嘔吐、等張性の乏尿などが挙げられ、時として（4 日以内に）無尿を呈することもある。

4. 診断の際に血清浸透圧はどのように利用できるか？

　エチレン・グリコールは低分子量で浸透作用を持つ優れた不凍薬である。エチレン・グリコールは摂取後 1 時間以内に、血清重量オスモル濃度を上昇させる。通常、血清重量オスモル濃

度は6時間以内にピークに達し、24時間にわたって高値を維持する。犬猫の血清重量オスモル濃度の正常値は280〜310mOsm/kgで、オスモル濃度ギャップは、10mOsm/kg程度である。測定した血清重量オスモル濃度と算出したそれは異なる。血清重量オスモル濃度（mOsm/kgで表す際の）の求め方は次のとおりである：

$$1.86\,(Na + K) + グルコース/18 + BUN/2.8 + 9$$

N=ナトリウム、K=カリウム、BUN=血中尿素窒素

　エチレン・グリコールを摂取するとオスモル濃度ギャップは顕著になる（猫で＞30、犬で＞50）。これほど濃度が変化し、急性の抑うつ、もしくは嘔吐などの症状を示していれば、エチレン・グリコール中毒の診断を下すのは容易である。ただし症状が発現するまでに時間がかかるので、重量オスモル濃度が低値であっても、エチレン・グリコール中毒を否定できない。

5. エチレン・グリコール中毒を診断するために、一般的に検査室でできることは他にあるか？
　エチレン・グリコールの代謝産物は高濃度の有機酸であるため、摂取後数時間で重篤な代謝性アシドーシスに移行する。このような有機酸の存在がアニオンギャップ（AG）を有意に増加させるのである。アニオンギャップ（正常値：10〜15mEq/L）は次のようにして算出する：

$$AG = (Na + K) - (HCO_3 + Cl)$$

　エチレン・グリコール中毒の診断には尿分析を欠かすことができない。通常、尿中には様々な形のシュウ酸カルシウム結晶が出現する。エチレン・グリコールを摂取した際に、最も頻繁に出現するのがモノハイドレイト（6面の小柱）結晶である。さらに摂取後3時間以内に尿比重が等張尿のレベル（1.012〜1.014）にまで下がる。pH低下も一般的に認められるが、血尿、蛋白尿、糖尿などは、あまり多くはみられない。腎不全の初期には高窒素血症、高リン酸血症がみられる。腎不全が進行するにつれ、高カリウム血症が認められるようになる。カルシウムはシュウ酸によってキレート化され消耗するため、低カルシウム血症を呈する。

6. その他の診断的検査法は信頼できるか？
　家庭用のエチレン・グリコール検査キットはすでに使用されているが、摂取後18時間が経過すると信憑性を失ってしまう。また検査前にプロピレン・グリコールを含む物質（例えば、ある種の活性炭）を投与されていると疑陽性の結果が出ることがあるが、おおよその経過と臨床所見を鑑みて陽性の診断を下し、積極的な治療を施すべきである。

7. エチレン・グリコール中毒の治療目的を述べよ。
　他のほとんどのタイプの中毒と同様、まず吸収を妨げることが第一の目標となる。摂取後2時間以内なら嘔吐させて吸収を低下させるべきである。胃洗浄や活性炭の投与も適応となる。
　エチレン・グリコールの代謝産物は致死的なダメージを与える可能性が高い。摂取されたほとんどすべてのエチレン・グリコールは、48時間以内に排泄もしくは代謝されるので、曝露

後できるだけ迅速に、アルコール・デヒドロゲナーゼ（ADH）の作用を妨害することが望まれる。理想的にはエチレン・グリコール摂取後、猫では3時間以内、犬では8時間以内にADH抑制薬を用いて治療を開始するべきである。

補助療法や厳密なモニタリングは不可欠である。また輸液療法は電解質および酸－塩基平衡異常の補正、脱水の改善、組織灌流量の増加、利尿促進などの重要な役割を果たす。1日の水分維持量を3回に分けて輸液投与し、必要に応じてその量を調整する。1日の維持輸液量は次のようにして求める：

$$1日の維持輸液量（mL）=（30×体重 kg）+70$$

酸－塩基平衡の異常には、重炭酸イオンの補充に関する伝統的な方法が推奨できる。重炭酸ナトリウムの要求量は次の式を用いて決定する：

$$重炭酸ナトリウムの要求量（mEg）=（体重[kg]×0.3×(12-HCO_3))/3$$

8. アルコール・デヒドロゲナーゼによるエチレン・グリコールの代謝を抑制するためにどのような手段を講じるか？

エチレン・グリコールの代謝を妨げるための古典的な方法は、20%エタノールを注射投与することである。エタノールはADHに対し、エチレン・グリコールよりも高い親和性を有する。犬では5.5mL/kgを4時間毎に計5回、その後6時間毎に計4回、猫では5mL/kgを6時間毎に計5回、その後8時間毎に計4回、静脈内投与をすることが推奨されている。ボーラス投与は望ましくない。エタノールは1時間以上をかけて緩徐に投与するか、等分にして数回注射する。

エタノールの副作用には、重度のCNS抑制、酸血症、高浸透圧症、低体温などがある。犬では副作用の発現がないため、理想的なADH抑制剤として、4-メチルピラゾール（4-MP）を用いる。しかし猫への4-MP投与は、最近は推奨されてない。4-MP治療に関するプロトコールは次のとおりである：

初回投与量	初回投与後12〜24時間の投与量	初回投与後36時間の投与量
20mg/kg	15mg/kg	5mg/kg

4-MPは、犬のエチレン・グリコール中毒に対する優れた選択薬であるが、現場の獣医師が入手するのがとても困難であった。4-MPは1997年初頭にAntizol-Vet（Orphan Medical, Minnetoka, MN）から発売が予定された。

参考文献

1. Beasley VR, Buck WB: Acute ethylene glycol toxicosis: A review. Vet Hum Toxicol 22 (4): 255-263, 1980.
2. Connally HE, Thrall MA, Forney SD, et al: Safety and efficacy of 4-methylpyrazole for treatment

of suspected or confirmed ethylene glycol intoxication in dogs: 107 cases (1983-1995). J Am Vet Med Assoc 209: 1880-1888, 1996.
3. Dial SM, Thrall MA, Hamar DW: The use of 4-methylpyrazole as treatment for ethylene glycol intoxication in the dog. J Am Vet Med Assoc 195: 73-76, 1989.
4. Dial SM, Hull-Thrall MA, Hamar DW: Efficacy of 4-methylpyrazole for treatment of ethylene glycol intoxication in dogs. Am J Vet Res 55: 1762-1770, 1994.
5. Dial SM, Hull-Thrall MA, Hamar DW: Comparison of ethanol and 4-methylpyrazole as treatments for ethylene glycol intoxication in cats. Am J Vet Res 55: 1771-1782, 1994.
6. Frederick C: Utility of the serum osmol gap in the diagnosis of methanol or ethylene glycol ingestion. Ann Emerg Med 27: 343-346, 1996.
7. Grauer GF, Thrall MA, Henre BA, et al: Early clinicopathologic findings in dogs ingesting ethylene glycol. Am J Vet Res 45: 2299-2303, 1984.
8. Grauer GF, Thrall MA, Henre BA, Hjelle JJ: Comparison of the effects of ethanol and 4-methylpyrazole on the pharmacokinetics and toxicity of ethylene glycol in the dog. Toxicol Let 35: 307-314, 1987.
9. Thrall MA, Grauer GF, Mero KN: Clinicopathologic findings in dogs and cats with ethylene glycol intoxication. J Am Vet Med Assoc 184: 37-41, 1984.

102. 鉛中毒
LEAD POISONING
Colleen Murray, D.V.M.

1. コンパニオン・アニマルが鉛に曝露する最も一般的な原因は？

　鉛は主に消化管を介して体内に進入する。1950年以前に建物に塗られたペンキの薄片、1950年以前に塗装された木材を燃やして出る灰、カーテンのおもり、釣りのおもり、鉛製のおもちゃ、蓄電池、橋や給水塔のペンキの薄片やほこり、美術用塗料、はんだ、鉛弾、鉛を塗布した陶器、リノリューム、パテ、工業用パイプ掃除用のドープ塗料の化合物、ガソリン、エンジンオイル、タール紙、ゴルフボール、屋根材料、絶縁体、土壌や植物に付着した鉛の廃棄物、そしてインクや染料などが鉛の摂取源となる。

2. 鉛中毒の臨床所見はどのようなものか？

　主な所見は、胃腸炎と神経症状である。概して短期間に高用量の曝露の場合、神経症状を現わすが、長期にわたった低用量の曝露の場合は、消化器症状を呈する。主たる神経症状には痙攣発作、ヒステリー（吠える、鳴く、駆け回る、無差別に噛みつく）症状、運動失調、振戦、失明、開口障害、牙関緊急などの異常行動が挙げられる。こうした所見は、犬ジステンパーや狂犬病と誤診されがちである。嘔吐、腹痛、腹部緊張、食欲不振は最もよくみられる消化器症

状である。

3. 検査室における検査あるいはX線所見で、最も頻繁に認められる所見は？

貧血を呈していないのに非常に多数（白血球100個に対し5～40個以上）の有核赤血球がみられる。他には好中球増加、塩基性斑点、赤血球の形態学的異常などが認められる。

X線所見で役立つのは、消化管内のX線不透過性物質の存在であるが、この程度の透過度の差では、骨と砂利を判別することは難しい。鉛弾は猟犬のX線検査でよく観察される。鉛弾の存在は哺乳類ではさほど問題にならないが、鳥類においては非常に危険である。急速に成長しつつある若齢犬の中には、長骨骨幹端に鉛線を生じるものもいる。鉛線は判別が難しく、成長板が閉鎖していない橈尺骨および中手骨遠位端から、やや近位部分にかけてよく出現する。

4. 診断を下すにはどのような検査が有用か？

鉛中毒の最良の確定診断法は、ヘパリン処理した全血（他の項目の血液検査についてはそれぞれの検査施設に照合すること）から異常に高濃度の鉛が化学的に検出されることである。臨床症状を伴い、血中の鉛濃度が0.4ppm以上なら診断を下す（正常値：0.05～0.25ppm）。糞便、肝臓、腎臓も検査すると良いだろう。糞便中の鉛濃度が35ppmを超えていれば鉛への曝露を示唆している。また肝臓で5ppm、腎臓で10ppm以上の濃度が検出されれば明らかである。

5. 鉛中毒の治療法は？

鉛中毒の治療法は、消化管や血液、体の組織からの鉛の排除、神経症状の緩和、再曝露の回避である。鉛は浣腸や催吐で、そして胃や腸管内にある大きな鉛片は外科的に除去するべきである。吸収した鉛を結合・無毒化し、水溶性物質となったその化合物を、尿や胆汁を介して排泄させる作用があるため、伝統的にキレート化剤が使用されている。以前、エデト酸カルシウム2ナトリウム（CaNa$_2$EDTA）を1日75～110mg/kg、2～5日間用いたことがある。すなわちCaNa$_2$EDTAを10mg/mLの濃度になるように5％ブドウ糖溶液で希釈した後（高濃度のCaNa$_2$EDTAは接種時に疼痛を生じる）、1日投与量を4等分し、4回に分けて皮下注射する。瀕死の動物には緩徐に静脈内投与しても良い。2～5日間の投薬後5日間休薬し、再度5日間投薬することが可能である。CaNa$_2$EDTAには強い副作用がある。例えば、可逆性の急性壊死性ネフローゼ、胃腸炎、抑うつなどである。十分な水分補給や十分な尿量のない動物に使用してはならない。鉛が骨から急速に動員されれば、鉛中毒の症状が悪化するか、もしくは体内の鉛の蓄積により死さえ招く。またCaNa$_2$EDTAは、亜鉛、銅、鉄などの生体内金属に非特異的に結合して、これらを除去することもできる。

経口キレート剤であるD-ペニシラミンは、急性症状を示していない動物に有用である。また、CaNa$_2$EDTAでの治療後のフォローアップとして用いることもできる。35～110mg/kgを1週間にわたり1日に3～4回の分割投与を行い、1週間休薬して再投与する。全身の回復には、様々な治療の併用が必要であろう。D-ペニシラミンも可逆的な副作用を有する。ペニシリン・アレルギーを持つ動物には禁忌であり、腎障害の原因となる。

鉛中毒の選択的拮抗薬はDMSA（meso-2, 3 dimercaptosuccinic acid）（Chemet, McNeil Consumer Products Co., Fort Washington, PA）である。DMSAはCaNa$_2$EDTAより特異的なキレート化剤で、鉛、水銀、ヒ素に最も強固に結合するが、他の生体内金属を除去すること

はできない。キレート化された金属は尿中に排泄される。DMSA の作用機序は $CaNa_2EDTA$ と異なり、キレート化により消化管から鉛の吸収を促進したり、体内に侵入した鉛を代謝するのではない。Dr. Ramsy の研究によると、DMSA で治療した犬には不快な硫黄様の口臭や悪臭の強い糞便以外に副作用らしきものは報告されなかった。犬では、DMSA をゼラチンカプセルに入れ、10mg/kg を 8 時間毎に 10 日間経口投与する。

6. 鉛中毒の公衆衛生学的意義は？

　獣医師はコンパニオン・アニマルを鉛に対する指標と考えるべきである。またペットの飼い主は、鉛が人間、とりわけ子供にもたらす危険性を十分に認識していなくてはならない。潜在的に曝露している可能性があれば、その家族全員が主治医の元へ鉛の検査に行くべきである。鉛中毒の原因を特定し、環境中からそれを排除するあらゆる努力をする。中毒源が特定できたら、一定期間後にペットの再曝露認識のために検査を行うべきである。

参考文献

1. Bratton GR, Kowalczyk DF: Lead Poisoning. Current Veterinary Therapy X. Philadelphia, W. B. Saunders, 1989. pp 152-159.
2. Ettinger SJ, Feldman EC: Toxicology. Textbook of Veterinary Internal Medicine. Philadelphia W. B. Saunders, 1995, p 318.
3. Morgan RV: Lead Poisoning in Small Animals: Recent Trends. Proceedings of the 12th ACVIM Forum. 1994, pp 262-263.
4. Ramsey DT, et al: Use of orally administered succimer (meso-2, 3 dimercaptosuccinic acid) for treatment of lead poisoning in dogs. J Am Vet Med Assoc 208: 371-375, 1996.

---

103. 有機リン酸塩とカルバメート系殺虫剤による中毒
ORGANOPHOSPHATE AND CARBAMATE TOXICITY

J. Michael Walters, D.V.M.

---

1. 2種類のコリン作動性殺虫剤とは？また、なぜ中毒を起こすのか？

　犬猫に用いるために製造された最も一般的なコリン作動性殺虫剤は、有機リン酸塩（OP）製剤とカルバメート製剤である。これらはノミやマダニの駆除に広く使われている。犬猫では突発的な曝露、意図的な誤用、そして稀に特異体質、アレルギー性過敏反応によって中毒が生じる。これら2種類の殺虫剤は化学的構造ならびにアセチルコリンエステラーゼの作用部位が異なる。有機リン酸塩は『エイジング』と称される不可逆的結合過程を介して、アセチルコリンエステラーゼを阻害するのに対し、カルバメートは可逆的な作用を有するコリンエステラーゼ阻害薬である。中毒所見は同様である。

2. コリン作動性殺虫剤によって影響を受けるのはどの神経伝導路か？

　ほとんどの場合の臨床所見は、副交感神経支配によるが、交感神経刺激の結果もたらされる所見もある。アセチルコリンは随意筋支配の神経線維のニコチン受容体、副交感神経節前線維のニコチン受容体、ムスカリン性の神経節後線維受容体、交感神経節前線維のニコチン受容体を刺激する。随意筋支配神経の効果器は骨格筋であり、副交感神経のそれは虹彩、心筋、血管、肺平滑筋、消化管（GI）の平滑筋、外分泌腺である。またコリン作動性神経の節前線維が、副腎や心筋、虹彩、血管、肺平滑筋、消化管の平滑筋、外分泌腺などに存在するアドレナリン作動性神経節後線維を興奮させることにより、交感神経の効果器が刺激を受ける。副交感神経や交感神経がどの程度まで刺激されるのかは多くの要因に左右され、さらに臨床所見は刺激の程度を反映する。

3. コリン作動性殺虫剤は、化学構造上のどの部位がどのようにして中毒を引き起こすのか？

　正常な状態下であれば、自律神経シナプスと神経筋接合部において、神経化学伝達物質の放出が終了した後に、アセチルコリンはアセチルコリンエステラーゼによって早々に加水分解される。有機リン酸塩中毒の場合、リン酸塩基が酵素の活性部位と共有結合し、不活化される。不活化酵素を産出するこの過程は、『エイジング』として知られ、蛋白質と強固に結合し、活性部位を変化させて、酵素の再賦活化を不可能にする。このアセチルコリンエステラーゼ活性阻害は、シナプスでのアセチルコリンの蓄積を招来し、結果的に中枢神経系、副交感神経終末、いくつかの交感神経終末、随意筋支配の神経線維、自律神経節などにおける作用増強や、後になって起こる伝達異常の原因となる。カルバメートはアセチルコリンエステラーゼをカルバモイル化する。ただしアセチルコリンエステラーゼは再賦活化するので、この結合は48時間以内に解除される。

4. 化合物はどこで吸収されるか？またどのように代謝されるか？

　そのほとんどは結膜、皮膚、肺、消化管から吸収される。一度吸収されると著しい生体内変化を受けるが、その経路と速度は種特異的である。

5. コリン作動性殺虫剤中毒の臨床所見は？

　犬猫における有機リン酸塩（OP）製剤やカルバメート製剤中毒は、次のような場合に生じる。家庭用もしくは農業用の製剤を摂取するかそれらを誤用する、浸液を適当に希釈する、コリンエステラーゼ阻害薬とともに他のOP製剤を局所的・全身的に投与する、犬用の製剤を猫に使用する。そして特異的な感受性を持つペットが曝露する場合などである。Chlorpyrifosは猫に誤用されがちな殺虫剤の一例であるが、急性あるいは慢性中毒の原因となることがある。

　OP中毒、カルバメート中毒の臨床所見は、ほとんどの場合が副交感神経刺激の結果であり、嘔吐、抑うつ、流涎、振戦、下痢、運動失調、食欲不振、高体温、呼吸困難、痙攣、脆弱、死亡などが該当する。典型的な所見には縮瞳と徐脈がある。なお、OP中毒、カルバメート中毒による死後病変は一定とは限らない。猫では急性中毒でも、それ以外の中毒でも、慢性的な食欲不振、筋萎縮、攣縮が起こり得る。時として頻脈などの交感神経刺激による所見が発現するが、これを矛盾したものと考えるのは軽率である。

　Carbofuranのようにカルバメートを含有する殺虫剤により、急激な発作、呼吸不全などを

招来することもあり、積極的な対処が望まれる。

6. 通常、どのOP系もしくはカルバメート系殺虫剤が利用されているか？

　有機リン酸塩製剤にはchlopyrifos、cythioate、diazinon、dichlorvos、fenthion、phosmet、tetrachlorvinphos、safrotinなどがあり、広く使用されている。一方、カルバメート製剤にはCarbaryl、propoxur、methomyl、bendiocarbなどが含まれる。各薬剤の毒性は異なり、また曝露の経路によっても毒性に差が生じる。

7. どのようにして診断を下すか？

　曝露の結果、副交感神経や骨格筋が刺激され、何らかの臨床所見を呈していて、曝露した病歴があれば中毒の仮診断になり得る。代謝が迅速なため、組織には低量しか残存せず、一般に化学分析は有用ではない。最近では、代謝された殺虫剤が尿中に検出され、それが診断に結びつくとの報告もある。また胃内容物中に殺虫剤成分が発見できれば診断を下すのに十分な根拠となる。診断を確定するには、曝露した動物の全血、血清、組織中のアセチルコリンエステラーゼ活性が、どの程度阻害されているかを評価することである。すなわち全血／血清中アセチルコリンエステラーゼ活性が正常の25％以下に減少していれば、過度の曝露が推測できる。使用した殺虫剤にもよるが、犬のアセチルコリンエステラーゼ活性は曝露後数日から数週間にわたり抑制され続ける。殺虫剤の日常的な使用後にアセチルコリンエステラーゼ活性が多少低下することもある。そのため、体内アセチルコリンエステラーゼ状態の指標として全血／血清中アセチルコリン活性を検分するべきである。アセチルコリンエステラーゼ活性は脳で測定でき、中毒動物の活性は、ほとんどの場合正常の動物の10％以下に低下している。検査センターでの検査で、正確な結果を得るには、全血／血清、脳の組織サンプルを提出前に十分に冷却、または冷蔵しておくこと。アセチルコリンエステラーゼ活性を検査するのに、脳のどの箇所を必要とするかは、依頼する検査施設により異なるため、脳組織は矢状面で半分割して提出する。また疑わしい胃内容物も化学分析用に冷凍し、検査施設に提出する。CBC、血清生化学検査、肝機能検査、心電図検査、胸部X線撮影も合わせて行うことができる。

8. 緊急療法とは？

　特別な解毒剤の使用などの効果的な支持療法が最も優れたものである。緊急時のABC蘇生法も実施するべきである。気道を確保し、必要量の酸素を吸入させる。呼吸困難は過剰分泌、気管支痙攣、肺水腫、化学物質起因性の肺炎、吸引（誤嚥）、成獣の呼吸困難症候群、筋脆弱または麻痺が原因となる。重症例では、血管を確保し、適切な治療を開始する。殺虫剤の使用や曝露の有無、含有する有害成分、臨床所見、症状の発生と持続時間、曝露量についての詳細は重要である。もし患者がOP製剤やカルバメート製剤を摂取してから2時間以内の経過で、無症状であれば、粥状にした食事を与えてから3％過酸化水素水（2 mL/kg経口；最大量：45mL）を投与し嘔吐させる。胃の中に飲食物が存在する場合は、過酸化水素水は催吐剤として優れた効果を発揮する。一方、アポモルフィンも催吐の目的で用いられる。石油精製溶液は換気や肺機能を妨げることがあるので、液体のOP製剤を摂取した後の催吐処置は回避するべきである。またカルバメート製剤摂取後は、早い段階で発作を起こす恐れがあるため、催吐処置は見合わせるか、または注意しながら行う。殺虫剤を経口摂取した後、残存分を吸着させる

ために、活性炭（2.0mL/kg 経口または胃チューブ使用）と 70% ソルビトール（3.0mL/kg）などの下剤を水で希釈したものを混合して投与する。多量の殺虫剤の摂取により症状を発現しているものの摂取後間もない患者に対しては、麻酔薬を投与し、カフ付きの気管内チューブを挿管する。そして内径の大きな経口胃カテーテルを使用して胃洗浄を実施する。胃洗浄は、摂取した物質が見当たらなくなるまで反復し、最後に活性炭とソルビトールのスラリーを注入する。毒物摂取後、ある程度の時間が経過していれば、嘔吐させずに活性炭とソルビトールを投与するか、胃洗浄を行うとより大きな効果が期待できるだろう。

　ペットが痙攣していたら、フェノバルビタール（6mg/kg、効果発現まで）とアトロピン（0.2mg/kg、1/4 量を静脈内注射、残りを皮下あるいは筋肉内注射）で発作のコントロールと副交感神経症状の除去に努める。ジアゼパムは OP 中毒を悪化させるようである。そのメカニズムは解明されていないが、CNS が抑制されたり、結合した殺虫剤が競合的に放出される結果、ムスカリン様作用が増強するためと考えられている。すなわち OP 中毒が疑われ、臨床所見の悪化を招来する可能性がある場合は、ジアゼパムは用いない。また呼吸抑制、気管支収縮、徐脈など瀕死の状態をコントロールする必要があれば、アトロピンを投与する。臨床所見がみられなければアトロピンは使用するべきではないが、使用する場合は効果が発現するまで滴定すること。呼吸機能が正常に回復するまで、酸素吸入と補助呼吸は欠かせない。

　OP 製剤によるニコチンレセプター刺激が招来する所見、例えば筋線維束収縮は、プラリドキシムヨウ化メチル（2-PAM, Protopam）を 10〜15mg/kg、8〜12 時間毎に筋肉内注射あるいは皮下注射すれば治まる。プラリドキシムヨウ化メチルは曝露後 24 時間以内に投与したときに、最も効力を発揮する。改善がみられなくても約 36 時間は投薬を続ける。未使用のプラリドキシムヨウ化メチルはホイルで覆って冷蔵しておけば 2 週間は保存可能である。

　皮膚に曝露した患者では、状態が安定したところで、穏やかな作用のシャンプー剤で付着した物質を洗い落とし、皮膚からのさらなる吸収を食い止めたり、グルーミングによる摂食を避ける。幾つかの OP 製剤は胆汁中に排泄された後、消化管内で再吸収されたり、代謝されたりするので、皮膚曝露の症例に対しても活性炭は有用であろう。改善がみられるまで 6〜8 時間毎に 1mg/kg ずつ反復投与する。

　静脈内輸液、栄養補給、体温管理は重要である。看護と栄養補給が 1〜4 週間にわたって必要なことを飼い主に知らせる必要がある。

9. 猫は OP やカルバメートに対する感受性が高いか、低いか？
　猫は OP やカルバメート、特に chlorpyrifos に対する感受性がきわめて高い。殺虫剤を全身投与、あるいは局所投与の目的で使用したり、殺虫剤に汚染された環境下で、長期間にわたって曝露されると、慢性の OP 中毒を招来する。猫は犬より慢性 OP 中毒に陥りやすい。

10. 猫の慢性 OP 中毒の所見は？
　猫が慢性 OP 中毒に陥ると、運動失調、嗜眠、食欲不振、神経筋機能障害などのニコチン様作用といった CNS 障害が現われるが、急性 OP 中毒にみられるムスカリン様作用の典型的所見、すなわち SLUD（流涎、流涙、排尿、排便）は認められない。慢性の OP 中毒の診断はかなり厄介である。というのは症状が非常に緩徐に現われ（数日〜数週間）、特異的な所見が少なく、他の全身性、感染性、栄養性、神経筋性疾患に類似しているためである。

11. 猫における chlorpyrifos の中毒量はどれくらいと考えられているか？

猫での経口致死量は 10 〜 40mg/kg である。Chlorpyrifos の急性 LD50 は、ラットで 118 〜 245mg/kg、モルモットで 504mg/kg、ウサギではおよそ 2,000mg/kg である。

12. 猫の慢性 chlorpyrifos 中毒の診断法は？

診断法は他の OP 中毒のそれと類似している。相当量曝露した経緯があり、臨床所見が発現していれば、OP 中毒の仮診断は十分に下すことができる。さらに全血/血清または組織中のアセチルコリンエステラーゼ活性を調べれば、診断は確定的なものとなる。

13. 猫の慢性 chlorpyrifos 中毒の治療法は？

猫への治療は労力と時間を要する。ほとんどの猫で、曝露後 2 〜 5 日間は無症状である。製剤を経皮的に曝露して、脂肪組織、とりわけ皮下脂肪へ分布すると、そこで蓄積され殺虫剤を緩徐に放出するようになるため、結果的に継続して曝露されたことになる。それ故、曝露後数時間以内に治療を開始しても、数週間にわたって治療を続行する必要がある。

治療がもたらすストレスを減少させる目的で、必要であれば沐浴や給餌に先立ちアトロピン（0.2mg/kg、1/4 量を静脈内注射、残りを皮下注射あるいは筋肉内注射）や 2-PAM（10 〜 15mg/kg、筋肉内注射または皮下注射、12 時間毎）を投与しておく。ストレスが呼吸状態へ急変する引き金となることもある。慢性的に OP に曝露している症例では、リン酸化されたコリンエステラーゼのエイジングが原因となって、アトロピンと 2-PAM の効果が低いことがある。ジフェンヒドラミンはニコチン受容体の過度の刺激を遮断し、OP 中毒に罹患した動物の筋強度を改善する。沐浴、活性炭、補助療法なども欠かすことができない。

参考文献

1. Aiuto LA, Pavlakis SG, Boxer RA: Life-threatening organophosphate-induced delayed polyneuropathy in a child after accidental chlorpyrifos ingestion. J Pediatr 122（4）: 658-660, 1993.
2. Fikes JD: Toxicology of selected pesticides, drugs and chemicals. Organophosphate and carbamate insecticides. Vet Clin North Am Small Anim Pract 20（2）: 353-367, 1990.
3. Hooser SB, Beasley VR, Sundberg JP, Harlin K: Toxicologic evaluations of chlorpyrifos in cats. Am J Vet Res 49: 1371-1375, 1988.
4. Levy JK: Chronic chlorpyrifos toxicosis in a cat. J Am Vet Med Assoc 203: 1682-1684, 1684-1686, 1993.
5. Nafe L: Selected neurotoxins. Vet Clin North Am Small Anim Pract 18（3）: 593-604, 1988.
6. Wagner SL, Orwick DL: Chronic organophosphate exposure associated with transient hypertonia in an infant. Pediatrics 94（1）: 94-97, 1994.

104. 血液凝固阻害性殺鼠剤による中毒
ANTICOAGULANT RODENTICIDE TOXICITY

J. Michael Walters, D.V.M.

1. 血液凝固阻害性殺鼠剤が開発された理由は？

　血液凝固阻害性殺鼠剤は牛のスイートクローバー中毒に関する調査の結果開発された。自然発生するクマリンは有毒物質ジクマロールに転化する。ワルファリンは、この有毒物質の作用機序の研究中に合成された。その後ワルファリンは殺鼠剤として広く用いられているが、長期間にわたり使用されているため、殺滅目的であった動物が、ワルファリン系殺鼠剤に耐性を獲得し始めた。その後、より有効な殺鼠剤が開発されたが、標的外の動物がそれらを摂取した場合の治療が非常に困難になった。ワルファリン耐性のげっ歯類に無効であるワルファリンや、他の血液凝固阻害性殺鼠剤（インダンジオン誘導体）は第一世代、より多くのげっ歯類に奏効する殺鼠剤は第二世代に属すると考えられる。

2. 血液凝固阻害性殺鼠剤の作用機序を述べよ。

　元々の中毒の機序はビタミン K_1 の欠乏である。凝固因子 II、XII、IX、X が凝固のために活性化するにはカルシウムと結合する必要がある。凝固因子表面のジカルボン酸がカルシウムとの結合部位を活性化させるのだが、ジカルボン酸を形成するのにビタミン K_1 が必要である。ビタミン K エポキシド・レダクターゼは生物学的に重要な酵素であり、この酵素なしではビタミン K は再利用されない。その結果、急速にビタミン K 貯蔵量が欠乏し、新たな凝固因子の結合が阻害される。犬の凝固因子の中でも II、XII、IX、X の半減期は最短（それぞれ 41、6.2、13.9、16.5 時間）で、補充しなければ、みるみるうちに枯渇していく。そのため、摂取してから臨床所見が生じるまでに『時差』が生じる。

3. 血液凝固阻害性殺鼠剤の毒性はどのようなものか？

　米国では 8 種類の異なった殺鼠剤が、店頭もしくは害獣駆除業者によって販売されている。通常、害虫には致死量に達するまでに第一世代血液凝固阻害性殺鼠剤を数回摂取させる必要がある。そのため単回摂取で、より高い致死率を発揮する第二世代の製剤開発を余儀なくされた。製剤の濃度か作用時間、またはその両者を最大化することにより、単回摂取で死亡させることになる。そのため第二世代製剤は第一世代製剤より高濃度であるか、長時間作用するか両方の特徴を同時に有することもある。

犬と猫における血液凝固阻害性殺鼠剤の毒性

製剤名	毒餌の濃度 (ppm)	製剤量 (mg/kg) 犬	製剤量 (mg/kg) 猫	毒餌の量 (oz/Lb) 犬
ワルファリン	250	20〜300	3〜30	1.3

次ページへ続く

犬と猫における血液凝固阻害性殺鼠剤の毒性(続き)

製剤名	毒餌の濃度(ppm)	製剤量(mg/kg) 犬	製剤量(mg/kg) 猫	毒餌の量(oz/Lb) 犬
フマリン	250	?	?	?
ピンドン	250	5〜75	?	?
バロン	250	?	?	?
ジファシノン	50	0.9〜8	15	0.3
クロルファシノン	50	?	?	?
ブロジファコム	50	0.2〜4	〜25	0.06
ブロマジオロン	50	11〜15	>25	3.5

4. 一般的な臨床所見は？

典型的な初期の臨床所見には抑うつ、脆弱、呼吸困難などがある。メレナ、うっ血、吐血、血尿、歯肉出血、創傷からの過剰出血、挫傷など、出血と関連した外見上の所見もみられるが、これらは直ちに発現する場合とそうでない場合がある。胸腔および腹腔内出血、またはどちらの出血も稀ではない。

5. どのようにして診断するか？

播種性血管内血液凝固（DIC）、先天性凝固因子欠損、Von Willebrand's病、過粘性症候群（hyperviscosity syndromes）、血小板欠乏症、血小板病、犬エールリッヒア症との類症鑑別を行う。凝固の概要（一段法プロトロンビン時間［OSPT］、活性化部分トロンボプラスチン時間［APTT］、フィブリン分解産物、血小板数）や凝固因子試験、頬粘膜の出血時間、活性化凝固時間（ACT）、血清学など検査室で行う検査はできる限り考慮する。曝露した可能性と全経過が何をさておいても最重要なものである。24時間継続してビタミンK_1で治療すれば良好な結果が得られるとの考え方が強く支持されている。凝固の指標の延長、ACT（>120〜150）、OSPT、APTTが共通所見である。血小板数は正常か減少傾向にある。確定的な検査結果は殺鼠剤の検出である。

6. 毒物のタイプによって治療期間が変わるか？

変わる。診断がついても血液凝固阻害性殺鼠剤のタイプによって、治療期間が大きく異なる。第一世代か第二世代かの判別試験を行わない場合、どの程度の期間治療を実施するべきかを決定するために、製品のパッケージや製品の一部分を再確認する必要がある。パッケージが手許になければ、製品を購入した店に連絡し、その活性成分を確認する必要がある。第一世代の血液凝固阻害性殺鼠剤に対しては、ほとんどの場合かなり短時間（7〜10日間）の治療でこと足りるが、第二世代の血液凝固阻害性殺鼠剤に対する治療には、4〜6週間を要することがある。下の表には一般的な血液抗凝固阻害性殺鼠剤のリストと、その推奨治療期間を記載した。

化学製品名	治療期間
ワルファリン（第一世代）	4〜6日間
ジファシノン（第二世代）	3〜4週間

次ページへ続く

化学製品名	治療期間	（続き）
クロルファシノン（第二世代）	3～4週間	
ブロジファコム（第二世代）	3～4週間	
ブロマジオロン（第二世代）	3～4週間	

7. 血液凝固阻害性殺鼠剤に対してどのような治療法を用いるか？

ビタミンK_1はビタミンKの中の優先的なものである。投与法は非経口、経口ともに可能であるが、アナフィラキシーを招く危険性が高いので、静脈内注射は避けた方がよい。投与量は殺鼠剤のタイプにより（第一世代か第二世代か）異なり、第二世代の血液凝固阻害性殺鼠剤は第一世代の血液凝固阻害性殺鼠剤の5～25倍量を必要とする。最も一般的な投与ルートは経口および経皮下である。ビタミンKの経口による吸収率は脂肪性の食事でより高くなる。缶入りフードにビタミンKを混ぜると、ビタミンKを単独で与えた場合の4～5倍吸収される。ビタミンK_1の初回投与の際に筋肉内投与を行うと、致命的な筋肉内出血を引き起こすことがあるので、初回投与ではこのルートを避けるべきである。循環血液量が減少した動物では、皮下注射による吸収率は低いため、静脈内注射が望ましい。ワルファリン系殺鼠剤中毒の治療に際し、まず負荷量として0.25～2.5mg/kgを皮下注射し、その後は4～6日間にわたって経口投与を続ける。経口投与量と同等の高負荷量が用いられることが多い。また第二世代の殺鼠剤中毒に対する治療量は2.5～5mg/kgの皮下注射で、その後4～6週間継続して経口投与を行う。高用量を長期間にわたって投与することは止むを得ない。第二世代血液凝固阻害性殺鼠剤中毒に対する治療の失敗の原因のほとんどは、投与量が少なすぎたり、治療期間が不適切なことである。ビタミンKは、殺鼠剤の代謝や吸収に何ら影響を及ぼさないので、治療は毒物が動物の体内から消失するまで続行するべきである。

すみやかに出血をコントロールする必要がある場合は、凝固因子II、XII、IX、Xを濃縮した新鮮な血漿、あるいは新鮮な冷凍血漿を輸血する。この血漿輸血は、症状に応じ、6時間毎に実施する。血液量をそれぞれ犬90mL/kg、猫70mL/kgとして、輸血する血漿量は患者の総血液量のおよそ5～10％に設定する。貧血を併発している症例には、全血か濃縮赤血球溶液、および新鮮な冷凍血漿を投与しても良い。

8. 血液凝固阻害性殺鼠剤中毒に対してビタミンK_3は使用可能か？

いいえ。ビタミンK_3は食物に添加して使用されてきたが、ワルファリン中毒やジクマロール中毒に対し、まったく効果がない。注射用のビタミンK_3は、25mg/kgを投与するとハインツ小体性貧血、メトヘモグロビン尿症、ウロビリン尿症、肝障害を誘発するとの理由で、食事と投薬に関する獣医療センター（The Center for Veterinary Medicine of Food and Drug Administration）によって、1985年に製造販売が中止された。

9. 治療の終了をどのように決定するか？

最近では、ビタミンK_1を用いて血液凝固阻害性殺鼠剤中毒を治療し終えた2～3日後、プロトロンビン時間を測定することが推奨されている。一方、第VII因子活性（半減期が最短である）の軽度から中程度の変化がある場合、「プロトロンビン時間はあまりあてにならないので、より確実な他の試験を行うべきだ」という考え方もある。ビタミンK欠如によって生じ

る蛋白の検出や拮抗作用（PIVKA：ビタミンK依存凝固因子前駆体の検出による）の確認はおそらく多くの獣医師にとってなじみの薄いものだが、この検査について理解すれば、血液凝固阻害性殺鼠剤中毒の診断治療に大いに有益である。PIVKA試験（Thrombotest, Nycomed Phama AS, Oslo, Norway）はPIVKA蛋白同様、凝固因子Ⅱ、Ⅶ、Ⅹに感受性があり、抗凝固治療コントロール手段として開発された。殺鼠剤への曝露から、もしくはビタミンK_1による治療を中止してから48時間以上経過しても、PIVKAが正常のままであれば、これ以上治療を継続する必要はない。犬で、長時間作用型殺鼠剤の毒素が原因で出血が止まらなければ、4～6週間治療を続けるのが安全である。未知の物質やタイプを同定できない殺鼠剤に曝露した動物に対しても同様のことが言えよう。治療は早めに切り上げるよりは、長期間行う方が良い。理論的には再曝露したときの方が感受性は高くなるので、飼い主は使用する殺鼠剤のタイプを変えるようにして欲しいものである。

参考文献

1. Bellah JR, Weigel JP: Hemarthrosis secondary to suspected warfarin toxicosis in a dog. J Am Vet Med Assoc 182: 1126-1127, 1983.
2. Mount ME: Proteins induced by vitamin K absence or antagonists (PIVKA). In Kirk RW (ed): Current Veterinary Therapy IX. Philadelphia, W. B. Saunders, 1986, pp 513-515.
3. Mount ME, Feldman BF: Mechanism of diphacinone rodenticide toxicosis in the dog and its therapeutic implications. Am J Vet Res 44: 2009-2017, 1983.
4. Mount ME, Feldman BF, Buffington T: Vitamin K and its therapeutic importance. J Am Vet Med Assoc 180: 1354-1356, 1982.
5. Peterson J, Streeter V: Laryngeal obstruction secondary to brodifacoum toxicosis in a dog [clinical conference]. J Am Vet Med Assoc 208: 352-354, 354-355, 1996.
6. Schaer M, Henderson C: Suspected warfarin toxicosis in a dog. J Am Vet Med Assoc 176: 535-536, 1980.

105. コレカルシフェロール中毒
CHOLECALCIFEROL TOXICITY
J. Michael Walters, D.V.M.

1. 通常、ワルファリン以外にはどのような殺鼠剤が使用されているか？

近年ビタミンD_3（コレカルシフェロール）を有効成分とする殺鼠剤が上市された。これらはラットと比較して、犬や人間に対する危険性が少ないという触れ込みであった。最近の研究でその真偽が検討され、これらの製品は犬に対する重大な危険性を有することが明らかになった。

2. コレカルシフェロールが効力を発揮するためにはどれくらいの期間を必要とするか？

　無作為に選出した対象が、中毒所見を呈するまでに数日しかかからないであろう。かつてビタミンDは蓄積して毒性を現わすとされており、最大の効果であるミネラル代謝を生じるのに1～2週間を要した。しかしその時間は、おそらく摂取した殺鼠剤の量に依存している。

3. コレカルシフェロール中毒の典型的臨床所見は？

　中毒所見は比較的非特異的で、嗜眠、食欲不振、嘔吐、脆弱、運動失調、吐血、ショックなどがみられる。多飲、多尿の病歴が指摘されることもある。たいていは、コレカルシフェロールに曝露したことが報告されている。ビタミンD中毒の臨床作用は、骨における破骨細胞の活性化と、消化管からのカルシウム吸収量の増加により起こるものであり、結果的に高カルシウム血症、高リン酸塩血症を引き起こす。高カルシウム血症が続く結果、死に至る。

4. 一般的な生物化学的徴候は？

　生物化学的分析では、高リン酸塩血症を伴った高カルシウム血症を呈するのが一般的であるが、中には正常リン酸塩値や、一過性の正常なカルシウム血症の報告もある。また正常濃度ではない尿（等張尿）が生成されるような様々な程度の高窒素血症、糖尿、蛋白尿もみられる。CBCの結果はほとんどの場合、非特異的である。すなわち、正常な白血球像やストレス性の白血球像である。

5. 検査センターでの特殊な検査や、診断的分析によって確定診断ができるか？

　血清中の25-ヒドロキシコレカルシフェロール濃度の定量に、高速液体クロマトグラフィーが利用されてきたが、この分析を実施するために検査施設を作ることは難しいであろう。その上、正常値は検査センターにより異なる。実施する際には、できるだけ同年齢の動物からサンプルを採取して、基礎正常値を設定しておくのが賢明である。腹部超音波検査で腎臓を調べることも可能である。腎皮質のエコーレベルの上昇は糸球体腎炎、腎石灰症、もしくは尿細管壊死を示唆し、コレカルシフェロール中毒では通常みられる。転移性石灰化のデータも補助的に利用できる。

6. 類症鑑別するべき疾患は？

　悪性の高カルシウム血症（偽副甲状腺機能亢進症）、原発性副甲状腺機能亢進症、副腎皮質機能低下症、原発性腎不全、栄養過剰、ヤコウボク属などの植物（日昼性ジャスミン、デイ・ケストラム、ワイルドジャスミン）がある。面白いことに、サケの肝油が、ビタミンAとDの摂取源にされていた時期があったが、同時に中毒源となっていたと考えられている。

7. 病態生理学的変化を述べよ。

　胃腸からのカルシウムとリンの吸収量が増加するのに伴い、骨吸収も増加するという現象は、病態生理学的に異常な反応である。その結果、心内膜、血管、腱、腎臓、肺などの軟部組織に過度の石灰化をもたらす。カルシウムとリンの積が60mg/dL以上になると（成育中の子犬のCa×P値は100mg/dLを超えることもある）転移性石灰化の徴候を示し、顕微鏡で観察すると組織の石灰化を伴うことがある。

8. コレカルシフェロール中毒の動物に多く認められる病理学的、組織学的変化は？

腎皮質の尿細管基底膜の斑状石灰化とともに、胃腸粘膜からの重度の出血が報告されている。肺胞基底膜同様、腸陰窩細胞に多病巣性壊死を形成する。

9. どのように治療するか？

コレカルシフェロール殺鼠剤中毒の治療は侵襲的で、特に転移性石灰化に対しては非常に高い危険性を伴う。利尿を促進させる目的で、通常の（0.9%）生理的食塩液を投与する。最初に脱水を補正したら、さらに最少維持量の2～3倍を投与する。一旦十分に水分補給されれば、フロセミド（1.0～2.0mg/kg、12時間毎、皮下注射あるいは筋肉内注射）で利尿を促す。プレドニゾロン（1～2mg/kg、12時間毎、皮下注射あるいは筋肉内注射）を投与して、消化管内でのカルシウム吸収を制限することができる。またサケ由来カリトニン（Calicimar, USV, Laboratories, Tarrytown, NY）、（4.0～8.0U/kg、6～8時間毎、皮下注射）は骨からのカルシウム吸収の軽減に役立つ。サケ由来カリトニンの投与量は確立していない。そのため使用量が広範囲に及んでいるのが現状である。カルシフェロール殺鼠剤中毒の治療に対しての使用法は明らかにされていないが、手応えは十分と思われる。カルシトニンの主な生物学的作用は破骨細胞の働きを抑えたり、前駆細胞からの新たな破骨細胞の形成を阻止することにある。期待した効果を得るために投与量や投与回数を決定するには、血清中のカルシウム濃度をまめに測定すること。ヒトでは比較的軽度で数少ない一過性の副作用として、例えば、皮膚反応、蕁麻疹、腹部痙攣、下痢、掻痒、頻尿などが報告されている。動物では食欲不振と嘔吐の報告があるが、これらはカルシトニン投与を中止すればまもなく治まる。

10. 何をもって長期治療を終了するか？

動物の状態が安定し、静脈点滴の必要がなくなれば退院して良いだろう。頻繁に血清カルシウム濃度の測定を行い、帰宅後もフロセミド、カルシトニン、プレドニゾロンを経口投与し続けること。カルシウムを添加していない食事が望ましい。予後は長期にわたり良好である。

参考文献

1. Dorman DC: Toxicolgly of selected pesticides, drugs,and chemicals. Anticoagulant, cholecalciferol, and bromethalin-based rodenticides [Review]. Vet Clin North Am Small Anim Pract 20: 339-352, 1990.
2. Dougherty SA, Center SA, Dzanis DA: Salmon calicitonin as adjunct treatment for vitamin D toxicosis in a dog. J Am Vet Med Assoc 196: 1269-1272, 1990.
3. Fooshee SK, Forrester SD: Hypercalcemia secondary to cholecalciferol rodenticide toxicosis in two dogs. J Am Vet Med Assoc 196: 1265-1268, 1990.
4. Gunther R, Felice LJ, Nelson, Franson AM: Toxicity of a vitamin D_3 rodenticide to dogs. J Am Vet Med Assoc 193: 211-214, 1988.

106. 中毒性発作
TOXIN-INDUCED SEIZURES

J. Michael McFarland, D.V.M.

1. 毒物性発作の一般的な原因物質は？
   - 有機リン酸塩とカルバメート
   - 塩素化炭化水素殺虫剤
   - ピレトリン
   - ストリキニーネ
   - メタアルデヒド
   - 鉛
   - カフェイン
   - 塩酸プソイドエフェドリン
   - エチレン・グリコール
   - 薬物乱用

2. 中毒性発作と診断する際、発作に至った経緯はどれ程重要か？

   特に中毒が疑われる場合、評価を下すのに最も役立つのが発作に至った経緯である。病状、病歴、器官（例えば、循環器系、呼吸器系、消化器系、腎臓）、食事に関する通常の問診に加え、飼い主への質問の中でいくつかの点を聞き出す。
   - 毒物に曝露したところを実際に見たか？
   - 見たとすれば、どのように曝露したか（経口、経皮、吸引）？
   - 曝露量と曝露時間はどれくらいか？
   - 飼育環境とどの程度の行動制限を課しているか？
   - いつまで正常だったか？
   - 発作について（性質、開始時期、持続時間）
   - 外的刺激（騒音、接触、明光）が発作の引き金になっていないか？
   - 発作が起こる前の行動と健康状態について
   - 家族の中に薬を飲んでいる者はいないか？
   - 乱用している薬物に曝露した可能性はないか（慎重に尋ねること）？
   - 近隣の住人があなたやペットの脅威になっていないか？
   - 自分の庭や近所の庭に毒餌や殺虫剤がまかれていないか？

   もちろん、てんかん重積持続状態にある患者に対しては、タイミングを見計らわなくてはならない。飼い主への質問票をあらかじめ準備しておけば、獣医師やスタッフが緊急の処置に気を取られている際に役に立つだろう。

3. 中毒性発作に対応するのに最小限必要なデータベースは？

   CBCと電解質を含む生化学検査を即座に行うべきである。尿分析と中毒学的スクリーニングのために採尿しておく。胃内容物もスクリーニングに一役買うであろう。長時間の発作や無呼吸、過呼吸、または中毒自体が酸-塩基平衡に深刻な影響を与えることもあるので、血液ガス測定も重要である。心臓血管系のモニタリング（心電図、血圧）により、不整脈、低血圧、

高血圧を発見でき、胸部、腹部 X 線により、吸入や肺水腫、異物摂取を鑑別できる。

4. 中毒性発作の最も一般的な原因は？

　殺虫剤である。有機リン酸類やカーバメイト、ピレトリンは、飼い主が手軽に使用できる多くのシャンプー、スプレー、浸液に含まれている。誤って曝露したり過剰投与することは非常によくみられるものである。殺虫剤の毒性については、次の章でさらに詳しく論じている。

5. メトアルデヒド中毒はストリキニーネ中毒とどのような点が異なるか？

　通常、経緯だけが頼りになる。というのは両者は相当似通っているからである。また両者は強直性発作と、癲癇重積持続状態を招く可能性がある。メトアルデヒドを含む毒ダンゴにはカルバメートが含まれており、コリン作動性所見（流涎、嘔吐）を引き起こすことがある。ストリキニーネは抑制性神経伝達物質グリシンの過分極反応を競合的に遮断する。ストリキニーネ中毒による発作は、大声や明光などの外的刺激が原因で引き起こされることが多い。メトアルデヒドは胃酸によって加水分解され、アセトアルデヒドに変化する。メトアルデヒド摂取の結果みられる筋肉の振戦や痙攣は外的刺激によるものではない。さらにアセトアルデヒドは、発作を起こした患者の呼吸状態をほとんど、もしくはまったく補正することなく、重篤な代謝性アシドーシスに導く。胃内容物の検査は大切である。ほとんどのストリキニーネを含む毒ダンゴには、グリーンかピンクのマーカーが付けられ、食事の中でも目立つように配慮されている。胃内容物は、メトアルデヒドによって、ホルムアルデヒド臭を発生する。

6. ストリキニーネ中毒やメトアルデヒド中毒に対して講じられる特別な治療法は？

　ストリキニーネは尿中に完全に排出するまでに 24 〜 48 時間かかるので、長時間の鎮静化が必要である。発作のコントロールに、ペントバルビタール（15 〜 30mg/kg）の反復投与や、吸入麻酔を用いる。通常より多量に投与しないと効果が発現しないこともある。メトカルバモール（150mg/kg、静脈内注射または経口投与）により筋弛緩を得られることもある。利尿剤や、塩化アンモニウムのような尿酸化剤は排尿を促すが、患者がアシドーシスやミオグロビン尿症を呈していれば、尿酸化剤は禁忌である。長時間作用型バルビツレートの影響で、呼吸抑制や低体温が現われることが多いので、綿密なモニタリングは欠かせない。患者は暖かくて乾燥し、明るすぎない場所で管理すること。

　メトアルデヒド中毒による発作のコントロールは、ストリキニーネ中毒による発作のそれとほぼ同一であるが、重度のアシドーシスに陥っている場合、注意を要する。乳酸加リンゲルの静脈内投与で、ほとんどのケースのアシドーシスを緩和できる。可能なら血液ガスも測定するべきである。血清重炭酸イオン濃度が 12mmol/L 以下であれば炭酸水素ナトリウムを投与した方が良い。補助療法とモニタリングは、4 日間程度必要であろう。肝不全の結果 3 〜 4 日後に死亡する例もある。

7. 家庭の中に普通にある物の中で、摂取して発作を引き起こすものは？

　チョコレートやカフェインなどのメチルキサンチン化合物が最も一般的である。メチルキサンチンの LD$_{50}$ はおよそ 100 〜 500mg/kg である。たいていのカフェインベースの嗜好品には 100mg のカフェインが含まれている。また、28g（1 オンス）のミルクチョコレートはおよそ

5～10mgのカフェインと、35～50mgのテオブロミンを含有する。ダークチョコレートやベーキングチョコレートに至っては、ミルクチョコレートの約10倍の毒性を有する。さらに、店頭で売られている冷えて湾曲しているチョコレートは、シュードエフェドリンを含んでいるので特に問題がある。

8. メチルキサンチン中毒とシュードエフェドリン中毒に対しては発作予防にのみ注意を払えば良いのか？

　いいえ。メチルキサンチン中毒とシュードエフェドリン中毒では、明らかに消化器系(GI)と心血管系にも障害をもたらす。発作のコントロールと解毒処置のあとは、特に循環器系のモニタリングに注意する。頻拍性不整脈と高血圧は重要な問題で、突然死に至ることもある。たいていの循環器系の合併症にはプロプラノロール（0.04～0.06mg/kg、8時間毎、緩徐に静脈内注射）が推奨できる。上室性頻脈と心室性期外収縮のコントロールには、リドカイン（2mg/kg、緩徐に静脈内注射または50～75μg/kg/分、CRI；一定速度で投与）が適しているだろう。徐脈の改善とコントロールのためにアトロピン（0.02～0.04mg/kg、静脈内、皮下、筋肉）を用いる。

　消化管刺激は重度になると、出血性胃腸炎が一般的にみられる。静脈内輸液による補助療法は、水和を維持し、利尿を促すために重要である。また尿道カテーテルを設置すれば膀胱を常時空にし、毒物の再吸収を阻止できる。半減期の長いメチルキサンチン化合物中毒に対する治療は72時間程度まで必要とされることもある。

参考文献

1. Chrisman CL: Seizures. In Ettinger SJ, Feldman EC (eds): Textbook of Veterinary Internal Medicine. Philadelphia, W. B. Saunders, 1995, pp 152-156.
2. Dorman DC: Toxins that induce seizures in small animals. Proceedings of the 8th ACVIM Forum. 1990, pp 361-364.
3. Drobatz KJ: Clinical approach to toxicities. Vet Clin North Am Small Anim Pract 24: 1123-1138, 1994.
4. Hooser SB, Beasley VR: Methylxanthine poisoning (chocolate and caffeine) toxicosis. In Kirk RW (ed): Current Veterinary Therapy IX. Philadelphia, W. B. Saunders, 1986, p 191.
5. Nicholson SS: Toxicology. In Ettinger SJ, Feldman EC (eds): Textbook of Veterinary Internal Medicine. Philadelphia, W. B. Saunders, 1995, pp 312-326.
6. Udall ND: The toxicity of the molluscicides metaldehyde and methiocarb to dogs. Vet Rec 93 (15): 420-422, 1973.
7. Webster CJ, Webster JM: Anaesthetic control for metaldehyde poisoning [letter]. Vet Rec 119 (20): 511-512, 1986.

107. 咬傷と刺傷
BITES AND STINGS

Terri E. Bonenberger, D.V.M.

1. 犬、猫の刺傷はどの部位に生じやすいか？
　犬猫は元来、詮索好きな性格が災いして、頭部と前肢が被害を受けやすい。

2. ペットに最も重篤な反応を引き起こすのは、どの種の昆虫か？
　大部分の異常と副作用を引き起こすのは、膜翅目の中でもミツバチ科（ミツバチ）、スズメバチ科（ジガバチ、クマンバチ、ホホナガスズメバチ）、アリ科（アリ）の順である。

3. ミツバチとジガバチによる刺傷はどのように異なるか？
　ミツバチ科のハチ（ミツバチ）は一風変わった刺針器官を持っている。相手に針を刺すとき一緒に内臓が引き抜けてしまい（ハチは死亡する）、相手の体に針と毒袋が残存する。毒袋が確認できれば針を刺した犯人がミツバチだと断定できる。スズメバチ科のハチ（ジガバチとクマンバチ）は針を相手の体内に残さない。そのために相手を自由に攻撃し、繰り返し針を刺すことが可能である。ただしこの科のハチは、相手を攻撃したり、挑発する際、ほとんどの場合一度しか攻撃しない。ハリアリ（fire ants）の刺針は2段階に分けて行われるという点でユニークである。まず力強い咬顎で相手の皮膚に咬み付き、特徴的な産卵管で相手を刺す。この結果2つの噛み穴を中心に円が形成される。咬まれた後は膿疱の消毒を行う。

4. 昆虫毒のどの成分が積極的に反応するのか？
　ミツバチやジガバチ／クマンバチの毒素は類似している。蛋白は主にフォスフォリパーゼA1とA2、ヒアルロニダーゼ、酸性フォスファターゼ、第5抗原、メリチンおよびアパミンから構成されている。ジガバチとクマンバチの毒素にはまた、それぞれジガバチとクマンバチのキニンが含まれている。これら種特有のキニンはブラジキニンと似ており、毒素の病因として重要である。ハリアリの刺針は膜翅目の中でも興味深い。その毒素は約5％の蛋白と95％のアルカロイドからなるが、蛋白は他の膜翅目のそれと同一である。

5. ミツバチの針をどのようにして患者から除去するか？
　針はハチが刺してから2〜3分間は動物に毒素を放ち続けることが可能なので、できるだけ即座に除去するべきである。針は切開して（メス刃も使用可）除去するのが良く、指やピンセットで引き抜こうとするのは望ましくない。というのは毒袋が破裂し、動物がさらに毒物に曝露してしまうからである。

6. アフリカナイズバチ（Africanized bees: 殺人バチ killer bees）はミツバチとどう違うか？

　アフリカナイズバチ、または殺人バチ（*Apis melifera scutellata*）は従順なヨーロッパミツバチと、より攻撃的なアフリカバチとの交雑によって生まれた。アフリカナイズバチは攻撃的な性格を残し、特にコロニーの防御に関しては、好戦的である。アフリカナイズバチは刺針してもそれほど多量の毒素を注入できないが、彼らの攻撃的な行動により、数多く刺され、全身性中毒を引き起こすことがあるために、より危険である。

7. 昆虫による刺傷の分類はどのようになっているか？

　昆虫による刺傷は反応別に次のように分類されている。

グループ1：全身性、中毒（大量の毒素注入）
グループ2：大きい、局所性（アレルギー反応）
グループ3：全身性、アレルギー性（アナフィラキシー）
グループ4：全身性、中毒（大量の毒素注入）

8. 軽症の場合に推奨できる治療法は？

　グループ1反応の症例で獣医学的な観察が必要なことは稀である。毒液による局所的な変化には発赤、疼痛、腫脹がある。冷罨法やリドカインの局所注射が症状緩和に役に立つ。グループ2反応は、もとはアレルギー反応によるもので、顔面や四肢の浮腫を呈することもある。グループ1と同様の管理と併せて、抗ヒスタミン薬（ジフェンヒドラミン2〜4mg/kg 2時間毎）を、さらに浮腫が重度であれば、コルチゾン（プレドニゾロン、1mg/kg 12時間毎 5日間かけて漸減）の投与を勧める。治療への反応を評価するために投与後2〜3時間は患者を観察する。残念ながら、抗ヒスタミン薬とコルチコステロイドはハリアリによる咬傷の予防、治療に無効のようである。

9. アナフィラキシー（グループ3）の臨床所見はどのようなものか？

　昆虫による刺針の合併症として、アナフィラキシーはあまり報告がない。動物は刺されてからたいてい15分以内に緩徐に症状を現し始める。臨床所見には腫脹、嘔吐、排尿、排便、筋脆弱化、痙攣発作などがある。猫では掻痒、呼吸困難、流涎、運動失調、虚脱がみられる。

10. アナフィラキシーに対し、どのような薬物治療が推奨できるか？

　切迫した循環不全に対する治療を施すべきである。クリスタロイド液やコロイド液は不可欠で、ショック時の循環量維持に用いる。初期段階であれば、抗ヒスタミン薬（ジフェンヒドラミン2mg/kg 緩徐に静脈注射）とグルココルチコイド（コハク酸プレドニゾロンナトリウム、10mg/kg）が奏効することもある。エピネフリンの使用は疑問視されており、ショックのきわめて初期の段階でのみ有効と考えられる。

11. 大量の毒素注入（グループ4）による臨床所見はどのようなものか？

多数の刺傷で、大量の毒素による反応が生じる。この反応はアレルギーではなく中毒性である。そのために浮腫や蕁麻疹を呈することはないが、犬猫では神経毒性、肝毒性、腎毒性、細胞毒性所見がみられる。これらの臨床所見は、受傷の初期段階には現れず、数日かけて進行する。患者はたいてい発熱したり抑うつ傾向に陥る。神経症状には運動失調や顔面麻痺、発作などが含まれる。嘔吐、赤色～茶色の尿、茶色の吐物、血便がみられることもある。

12. 大量の毒素注入による異常にはどのようなものがあるか？

検査室における検査の結果、総ビリルビン、ALT、血液尿素窒素、クレアチニン値が上昇していることがある。またヘモグラムで変性性左方変移か、再生性左方変移を伴った白血球増加症がみられることもあり、二次的に血管内溶血による貧血がみられる。重症例では凝固時間延長（活性化部分トロンボプラスチン時間延長、OSPTとフィブリン分解産物増加）と血小板減少症が現れる。DICの程度を示唆する指標が必要である（DICの典型的所見に陥る前に治療を開始すればそれだけ効果は高い）。腎尿細管障害（尿中の顆粒円柱検出）や急性腎不全の徴候が明らかになることもある。

13. 昆虫の刺傷による全身性中毒に対してどのような治療が推奨できるか？

膜翅目による多数の刺傷を負った患者は直ちに入院させて観察するか、中毒反応の出現を遅らせる。全身性炎症反応症候群（SIRS）を併発することもあるので、血液循環量低下と脈管うっ滞を是正することが治療の最重要目的となる。輸液、補助療法、抗生物質の予防的投与、血行力学のモニタリングなどが治療の土台である。神経症状や血管内溶血がみられる場合には、グルココルチコイドの静脈内注射が奏効することもある。抗ヒスタミン薬は経過の初期段階にのみ、あるいはアレルギー成分が存在する場合にのみ効果を発揮する。

14. ハリアリは犬、猫にとって重大な脅威か？

通常はない。ハリアリの害が重篤かつ致命的であることはきわめて稀であるが、多数のハリアリの攻撃を受けた患者は、たいてい衰弱し、大群の中から抜け出せなくなる。刺傷は瘢痕となったり二次感染の原因となる。

15. クロゴケグモ（*Lactrodectus*）の毒素注入（クロゴケグモによる咬傷）による臨床所見は？

通常咬まれた当初は痛みを感じず、局所的な組織変化もみられない。咬傷は、局所周囲を紅斑で囲まれた蒼白な部位とともに小孔として残るが、被毛が密であったり、皮膚に色素沈着があるために発見し難いこともしばしばある。重度の筋痙攣が一般的に起こり、腹部の痙攣は時として呼吸を妨げる。疼痛を伴わない腹部硬直は、特徴的所見である。重度の筋痙攣は不安、痙縮、発作を引き起こすことがある。猫は咬傷に敏感で、激しい疼痛、不安、多量の流涎、麻痺などの反応を示す。

16. クロゴケグモの毒素が原因での筋痙攣や、他の所見に対してどのような治療があるか？

10%グルコン酸カルシウムの緩徐な静脈注射（10～30mL：犬、5～15mL：猫）がある。

投与中は心拍数とリズムをモニタリングする。4〜6時間以内に反復投与の必要があるだろう。発作が起こったらジアゼパムを投与すること。予後を慎重に見守り（特に猫）、できれば2〜3日後までモニタリングを続けた方が良い。

17. バイオリングモ〈褐色グモ（brown recluse）またはバイオリングモ（fiddleback spider）〉による咬傷はどのようなものか？

受傷当初疼痛はないが、2〜6時間するとその部位が痛み始め、紅斑が現れる。やがて水疱（12時間後）と、のちに典型的な牛目病変 bulls-eye（紅斑部位とは対照的に虚血により蒼白なリングに囲まれた壊死部分）が生じる。病変部位は局所的潰瘍と壊死に移行する。他には発熱、関節痛、嗜眠、嘔吐、発作などの症状が発現する。創傷の治癒には時間がかかり、しばしばデブリードマンを用いた積極的な解放創管理が必要となる。

18. サソリ毒による所見は？

サソリによる刺傷は即座に痛みを生じるが、たいてい疼痛のコントロール以外は必要ない（冷罨法とアスピリン）。しかし全身症状が進行することもある。サソリの中には、興奮性の神経毒性を発揮する神経毒を有する種もある。流涎、排尿、排便、流涙、散瞳などの臨床所見がみられ、有機リン中毒やカルバメート中毒との鑑別は容易ではない。呼吸虚脱、高血圧、不整脈が死因となる。治療はあくまでも補助的なもので、抗ヒスタミン薬やコルチコステロイド、アトロピンは無効である。肺水腫を招く恐れがあるので、静脈内輸液は慎重に行う。

論点

19. 膜翅目による刺傷で重篤なアレルギー発作を起こしている動物に対し減感作療法は有効か？

ヒトでは、免疫療法を用いて膜翅目の刺傷に対する重度の全身反応を減じている。特定の昆虫による刺傷には効果的である。一般に多種の毒素に対する感受性は多様で、多効果の毒物は減感作療法に利用できる。刺傷によって動物がアナフィラキシーに陥ることは滅多にないので、この治療法はそれほど多く適用されていない。ミツバチ科のハチの針が認識できず、どの昆虫によりこの反応が起こったかを決められないこともしばしばある。膜翅目の刺傷により二次的に生じたアナフィラキシーの治療が成功したら、減感作療法の可能性について、飼い主と獣医皮膚病専門医とともに検討すべきであろう。

参考文献

1. Cowell AK, Cowell RL: Management of bee and other Hymenoptera stings.In Kirk RW (ed): Current Veterinary Therapy XII-Small Animal Practice. Philadelphia, W. B. Saunders, 1995, pp 226-228.
2. Cowell AK, Cowell RL, Tyler RD, Nieves MA: Severe systemic reactions to Hymenoptera stings in three dogs. J Am Vet Med Assoc 198: 1014-1016, 1991.
3. Dart RC, Lindsey D, Schulman A: Snakes and shocks. Ann Emerg Med 17: 1262, 1988.
4. Elgart GW: Ant, bee, and wasp stings. Dermatol Clin 8: 229-236, 1990.

5. Peterson ME, Meerdink GL: Bites and stings of venomous amimals. In Kirk RW (ed): Current Veterinary Therapy-Small Animal Practice. Philadelphia, W. B. Saunders 1989, pp 177-186.
6. Reedy LM, Miller WH Jr: Allergic Skin Disease of Dogs and Cats. Philadelphia, W. B. Saunders, 1989, p 28.
7. Synder CC, Knowles RP: Snakebites: Guidelines for practical management. Postgrad Med 83 (6): 52-75, 1988.

---

108. 市販の非ステロイド性抗炎症剤による中毒
OVER-THE-COUNTER NONSTEROIDAL ANTIINFLAMATORY INTOXICATION

J. Bruce Nixon, D.V.M.

---

1. 犬、猫はどれくらいの量の非ステロイド性抗炎症剤（NSAIDs）で中毒症状を起こすか？

アスピリンは、犬で15mg/kg 8時間毎（一般の錠剤1錠/50lbs（1ポンド≒0.45kg）1日3回）、猫は半減期がより長いので、25mg/kg/日（一般の錠剤1/2錠）の投与で中毒を起こすことがある。

アセトアミノフェンを犬に150mg/kg（一般の錠剤2錠/10lbs）投与すると中毒に陥る。アセトアミノフェンの活性代謝産物の結合能が猫では著しく低いため、中毒量は50mg/kg（わずか1/2錠）である。

イブプロフェンは50mg/kg（10lbsにつき一般の錠剤1錠）で中毒を生じるとの報告がある。

2. NSAID中毒の病態生理学は？

潰瘍形成などの胃の変化がアスピリン中毒の特徴である。アスピリンはプロスタグランディン生成を抑制し、プロスタグランディンの持つ防御機構を狂わせる。このため胃粘膜がダメージを被る。そればかりかアスピリンは自身の持つ脂肪融解能により粘膜細胞に直接侵入し、細胞を障害する。酸-塩基平衡が妨害され、呼吸性アルカローシスから代謝性アシドーシスに移行する。また猫はハインツ小体性貧血や、骨髄形成不全を生じやすい。特に慢性的投与により、中毒性肝炎も引き起こされることがある。

アセトアミノフェンを過剰投与すると、活性代謝産物がグルタチオンと結合し中毒量にまで増加する。グルタチオン濃度が減少すると、生体内反応や薬物を排出する能力が低下し、特に猫では即座に中毒に陥る。このような状況下では、猫のヘモグロビンはメトヘモグロビン血症の原因になりやすい。また溶血やハインツ小体性貧血も起こり、アスピリン同様、特に慢性的投与により肝壊死を招来することもある。

3. NSAIDの中毒症状は？

アスピリンの場合、嘔吐（血液混入の有無）や腹痛に注意する。初期には過呼吸の結果、呼吸性アルカローシスに陥る。通常、体温上昇と抑うつがみられる。処置を施さなければ症状は

進行し、昏睡や死に至ることもある。黄疸は徐々に悪化していく。

　犬のアセトアミノフェン中毒の主症状は、ほとんどの場合肝毒性と関連があるのに対し、猫の臨床症状の最たるものはメトヘモグロビン血症由来である。メトヘモグロビン血症が進行すると頻回呼吸やチアノーゼを起こし、また暗褐色の尿（血尿やヘモグロビン尿が原因）を排泄する。浮腫は顔面や四肢遠位に生じやすい。アスピリン中毒同様、特に摂取後まもなくの嘔吐や腹痛、経時的抑うつがみられることもある。とりわけ犬では、肝毒性に起因する黄疸が現れることもある。猫はNSAIDの過剰投与によって、より重篤な所見を示しその進行も早い。

4. どのような検査が役に立つか？

アスピリン	アセトアミノフェン
ハインツ小体性貧血（特に猫）	メトヘモグロビン血症
ビリルビン、ALT上昇（特に慢性的投与）	ビリルビン、ALT、ALP上昇（犬）
酸‐塩基平衡異常　　呼吸性アルカローシス後の　　代謝性アシドーシス	ハインツ小体性貧血（猫）
	血尿／ヘモグロビン尿
低カリウム血症	
低ナトリウム血症	

5. アスピリン中毒に対する適切な治療法は？

　アスピリンは溶解しないまま胃の中に塊として残存するので、摂取後12時間以内であれば嘔吐とともに胃洗浄を行うか、そのどちらかを実行する。そしてその後2g/kgの活性炭を投与する。特に衰弱した患者には輸液や電解質の補正を行う。尿のアルカリ化を目的として炭酸水素ナトリウムの1mEq/kgの静脈注射も考慮すること。この治療によりサリチル酸塩の排泄量が増加する。

　胃潰瘍の治療法は様々である。最も一般的なのがシメチジンの5mg/kg、1日4回、皮下注射、静脈内注射、または経口投与である。またラニチジン（ザンタック）はシメチジンより効果的なH₂ブロッカーであるとの報告があり、その投与量は2mg/kg、1日2回、静脈注射、皮下注射もしくは経口投与である。潰瘍形成がほぼ確実であれば、スクラルフェイト（Carafate）の使用を考える。この薬物は潰瘍形成部位に付着し、局所的な保護作用を発揮する。スクラルフェイトは0.5～1.0gを1日4回、経口投与する。潰瘍が存在したり、その存在が強く疑われる場合は、ミソプロストール（サイトテック）の使用も良いだろう。ミソプロストールは分泌抑制と細胞防御の両作用を有し、犬とヒトの潰瘍の管理にはきわめて有効である。ミソプロストールの投与量は2～4μg/kg、1日3回、経口投与である。

6. アセトアミノフェン中毒の治療法は前述したアスピリン中毒のそれと異なるか？

　はい。メトヘモグロビン血症を積極的に治療する。N-アセチルシステイン（Mucomyst）をまず140mg/kg、以降70mg/kgを6時間毎に5～7回投与する。N-アセチルシステインは通常5％グルコース溶液に溶解して経口投与を行うが、患者が受け付けない場合は静脈内注射しても良いだろう。特に猫ではメトヘモグロビン血症を好転させるための策として、N-ア

セチルシステインにビタミンCを添加しても良い。ビタミンCの投与量は猫1頭当たり200mg、1日3回、静脈内注射、皮下注射、経口投与である。猫のメトヘモグロビン血症を確実かつ迅速に改善させるため、単回であればメチレンブルー1.5mg/kgを静脈内注射しても良い。しかしメチレンブルーはメトヘモグロビン血症の原因になることがあるため、反復投与は勧められない。

　必要であれば輸液や電解質の補正を行う。一方、重篤なメトヘモグロビン血症や大量の赤血球破壊、肝毒性起因の肝壊死を伴った患者には輸血が必要である。

　胃に対する刺激や潰瘍の治療法はアスピリン中毒の項で既述した。

7. どのようなフォローアップが大切か？

　アスピリンの場合、電解質、肝酵素、腎機能測定である。骨髄抑制性貧血は予後の指標としてあまり意義がない。

　特に猫のアセトアミノフェン中毒では、継続してメトヘモグロビン血症をモニタリングすることが効果的な管理といえる。また犬に関しては、肝酵素の観察が重要である。

8. 市販されているその他のNSAIDs中毒の治療法は？

　特にイブプロフェン中毒はアスピリン中毒と類似した症状を呈する。アスピリン中毒同様に治療すれば良い。アセトフェネチジン（フェナセチン）は市販の鎮痛薬や洞治療薬に含まれている。アセトフェネチジンは、代謝されてアセトアミノフェンになる。治療と管理はアセトアミノフェン中毒のそれに準ずる。

参考文献

1. Johnston SA, Leib MS, Forrester SD, Marini M: The effect of misoprostol on aspirin-induced gastroduodenal lesions in dogs. J Vet Intern Med 9: 32-38, 1995.
2. Jones RD, Baynes RE, Nimitz CT: Nonsteroidal anti-inflammatory drug toxicosis in dogs and cats: 240 cases (1989-1990). J Am Vet Med Assoc 201: 474-477, 1992.
3. Murtaugh RJ, Matz ME, Labato MA, Boudrieau RJ: Use of synthetic prostaglandin E1 (misoprostol) for prevention of aspirin-induced gastroduodenal ulceration in arthritic dogs. J Am Vet Med Assoc 202: 251-256, 1993.
4. Oehme FW: Aspirin and acetaminophen. Current Veterinary Therapy IX. Philadelphia, W. B. Saunders, 1986, pp 188-190.
5. Rose BD: Clinical Pysiology of Acid-Base and Electrolyte Disorders, 4th ed. New York, MacGraw-Hill, 1994, pp 565-567.

VIX

救急救命治療の手技
Emergency Procedures

Section Editor: Robert J. Murtaugh, D.V.M.

109. 一時的な気管切開術
TEMPORARY TRACHEOSTOMY

Steven Mensack, V.M.D.

1. 一時的な気管切開術が適応となるのはどのような場合か？

救急的な気管切開術は喉頭や気管内の異物、喉頭麻痺、喉頭が押しつぶされる程の損傷、そして近位の気管の裂傷や裂離によって、二次的に上部気道が確保できていない状態の動物に適用される。加えて以下の場合が適応症となる。

- 長時間（12時間以上）の機械的な換気を必要とする場合。
- 喉頭や気管の近位への外科的な侵襲により、気管内挿管が困難で、かつ術後気道確保を維持する必要がある場合。
- 昏睡時や煙を吸引した動物にみられるような、発咳反射の消失のため、下部気道の分泌物を積極的に除去する必要がある場合。
- 肺葉切除を実施した動物にみられるような、多量の分泌物が産生される場合。

2. 気管切開術用のチューブにはどのような種類のものが使用されるか？

気管切開術に使用されるチューブは、内径のサイズが2.5～10mmの範囲のシングル・カニューレチューブであり、カフの付いているもの、あるいは付いていないものがある。内径が7～9mmの気管切開用チューブには、使い捨てのインナーカニューレも製造されている。インナーカニューレによりチューブの内径は2mm程小さくなる。このような器具の1つがSmith Industries Medical System、Keene、NH 製の Blue Line tracheostomy tube である。

3. それぞれの種類のチューブはどのような場合に適応となるか？

カフの付いた気管切開用チューブ、動物に麻酔が予定されている場合、昏睡状態にあるため吸引性肺炎となる危険性が高くなっている場合、あるいは換気装置による支持治療下に置かれると予想される場合に適応となる。カフは、高容量で低圧力のものが望ましい。カフの付いていない気管切開用チューブは、気管切開術が適応となる場合のような、その他の大部分の症例で使用される。代わりに、カフ付きのチューブは、カフを膨らませないまま使用される。カフの付いていないチューブは、チューブの外側を空気が移動できるため、チューブの閉塞により生命を脅かすようなことは起こりにくい。

ダブル・カニューレチューブは、動物の気管の直径が十分に大きい場合に好んで使用される。ダブル・カニューレチューブは、アウターカニューレで気道を開存したまま、インナーカニューレを洗浄のために取り外すことができる。残念ながら、小型犬種や猫に使用されるサイズでは、シングル・カニューレチューブしかない。

4. 市販の気管切開用チューブを利用できないとしたら、代用できるものは?

　気管チューブを改良した気管切開用チューブを作ることができる。まず、呼吸回路アダプターを気管チューブの後端から取り外す。カフの膨らむ機能を保存しつつ、チューブ本体を縦方向に裂く。チューブは、遠位端をおよそ4〜7cm程そのまま残すようにして裂く。小型犬種や猫の場合には、チューブの遠位端を気管内に2cm入れ、皮膚切開部より外側に2cm出すようにする。大型犬種の場合は、チューブを気管内に4cmは挿管できるようにチューブを裂く長さを調節する。アダプターを再びその気管チューブに装着する。裂いたチューブの両端に穴を開け、その穴に包帯か臍帯テープを通して動物の体に固定する。レッドラバーの気管チューブは、他の素材のものより気管粘膜に炎症を起こしやすいため、気管切開用のチューブとしての代用は避けた方が良い。

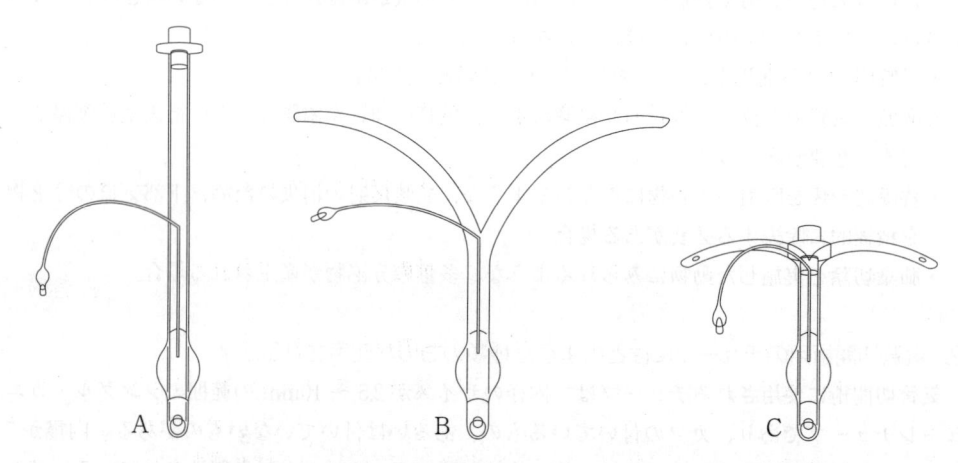

気管チューブを気管切開用チューブとして代用する方法

A. 通常の気管チューブからアダプターを取り外す
B. カフの膨らむ機能を保存して、チューブを縦方向に裂く
C. アダプターを再び装着し、両端に孔を設ける

5. 一時的な気管切開術を実施するためには特別な器具を必要とするか?
　必要ない。典型的な気管切開術の器具パックには以下のものを準備する。

・覆布・タオル	4	・鼠歯摂子	1
・タオル鉗子	4	・アリス鉗子	2
・メス柄	1	・ウェイトラナー開創器	小 1
・メス刃 No. 10	1	・　〃	大 1
・バードパーカー No. 11 または No. 15 のイス	1	・持針器	1
・モスキート鉗子	2	・ガーゼ	
・メッツェンバウム剪刀	1		

6. 気管切開術はどのように実施するか?
　1. 可能な場合には、動物に全身麻酔を施した後、背臥位に保定する。頸を伸ばし、上腕部

を尾方に牽引し、胸の側方で固定する。頸部腹側を剃毛し、なるべく無菌的に準備する（時間が許す限り）。緊急の生命の危険がある場合には、頸部腹側を剃毛し、リドカインを浸潤させる。
2. 喉頭からおよそ第8気管輪までの皮膚に正中切開を加える。連なっている帯紐状の筋肉（胸骨舌骨筋および胸骨甲状軟骨筋）を正中にて鈍性に分離し、気管を露出させる。ウェイトラナー開創器を用いてこの筋群を拡げることで、神経血管の保護と気管の露出が容易となる。
3. 第4と第5気管輪の間の輪状靭帯に切開を加える。気管全周の約50％になるまで両方向より外側に切開を拡げる。反回喉頭神経が気管に近接して走行しているため、気管切開を外側に拡げていく前にその位置を確認しておく。
4. 切開部へのチューブの挿管や交換を容易にするために、切開部のすぐ頭側と尾側の1〜2個の気管輪の周囲に絹糸かナイロン糸にて長めの支持糸を付けておく。
5. 適切なサイズの気管切開用チューブを気管切開部から挿入する。チューブの両端に付けた包帯か、あるいは臍帯テープを、首の背側に回して結びチューブを動物の体に固定する。

切開した皮膚の頭側と尾側のそれぞれの端は縫合閉鎖するが、チューブの周囲の皮膚切開部は閉鎖せず、空気が通過できるように、開放にしたままにしておく。

7. 気管切開用チューブの適切なサイズは？

　気管切開用チューブは、気管の直径の2／3から3／4の太さのものが良い。このサイズであれば、チューブが閉塞を起こした場合でも、カフのない、あるいはカフを膨らませていないチューブの周囲から空気を吸い込むことができるため、呼吸の停止を防止できる。また、このチューブにより医原性の気管損傷の危険性を最小限にし、挿管後の狭窄の発生率も下げることができる。

8. 気管切開用チューブを設置している間にみられる合併症は？また、それら合併症をどのように回避できるか？

　気管切開用チューブの設置で遭遇する合併症には、気管周辺の神経血管に対する損傷、気道の閉塞、そして皮下気腫がある。気管周辺の神経・血管への損傷では、術前に、その局所解剖に精通すること、確かな外科手技、そして最大限に気管を露出することにより回避し得る。気道閉塞の発生は、適切なサイズの気管チューブを選択することにより減少させることができる。適切なサイズのチューブでさえ、挿管時に、遠位端にねじれや閉塞が起きる場合がある。そのような状況を迅速に察知し、必要に応じて、再度チューブを挿入し直したり、チューブを交換することが重要である。通常、軽度の皮下気腫が発生するが、気管の切開部より漏出した空気が排出されるように、チューブの周囲の皮膚および軟部組織を縫合せず、開放したままにしておくことで、皮下気腫を最小限にとどめることができる。

9. 気管切開用チューブを設置した後、それを維持するためにどのような管理が必要か？

　動物と気管切開用チューブを適切に管理するには、吸入するガスの給湿、呼吸器分泌物の吸引、チューブの定期的な交換、そして手術創の適切な管理が必要である。

1. 給湿：給湿は正常な気管の防御機構に役立ち、呼吸器の分泌物の除去を促進させる。吸入するガスの給湿には、市販の給湿器あるいはネブライザー（PulmoAide, DeVilbiss Co., Somerset, PA）を使用するのが最良である。動物が酸素吸入を受ける場合には、酸素が動物に到達する前に給湿器を通るようにする。動物が室内の空気で呼吸する場合には、4〜6時間ごとに15分間、給湿器あるいはネブライザーのあるチャンバー内（閉鎖した空間）に置くことで、気道の湿潤性を維持できる。このような装置が使用できない場合には、滅菌生理的食塩液を 0.1mL/kg（最少で 1 mL、最大で 5 mL）を 1〜2時間ごとに気管切開用チューブに注入することにより、上部気道の水和状態を維持できる。
2. 吸引：チューブが設置されている間、気管や気管チューブから呼吸器の分泌物をこまめに吸引することは、気道の閉塞を防ぐために役に立つ。吸引は、無菌的操作で実施する。動物は吸引の前に100%酸素で数回呼吸させ、予備酸素飽和の状態にしておく。滅菌した吸引用カテーテルを真空にさせることなく気管内の気管切開用チューブに差し込む。カテーテルを回転させ動かしながら、弱い間欠的な吸引を施す。吸引操作は、10〜15秒以上連続して行わない。それ以上の長い吸引は、重篤な低酸素血症に結びつく。吸引は、生産される分泌物の量によるが、必要に応じて実施する。チューブの設置当初には、15分毎ぐらいに頻繁に吸引を実施しなければならない場合もあるが、少なくとも1日4回は実施するようにする。吸引時の合併症には、低酸素血症、嘔吐、嘔気、不快感、不整脈、そして気管粘膜の損傷などがある。
3. チューブの交換：気管切開用チューブは、少なくとも24時間毎に1回は交換し、気道分泌物による閉塞が発生するようであれば、さらに頻回に交換する。ダブル・カニューレチューブの場合には、前述したようにアウターカニューレを吸引している間、インナーカニューレを取り外し、滅菌したインナーカニューレに入れ替えることができる。シングル・カニューレチューブの場合には、動物を純酸素で予備酸素飽和状態にしておき、支持糸をつまんでチューブを取り出し、滅菌したチューブに入れ替える。
4. 創孔の管理：創孔は毎日、滅菌生理的食塩液を浸み込ませたガーゼか、綿棒で清拭する。消毒薬は、露出した気管粘膜を刺激するので使用を避ける。

10. 気管切開用チューブのカフは定期的に収縮させるべきか？

気管切開用チューブのカフを補助換気している、あるいは昏睡状態にある動物に膨らませて使用する場合には、チューブを設置している間は継続してカフを膨らませたままにしておく。定期的にカフを縮小させることで、カフが原因で起こる気管の損傷を減少させられることは証明されていない。むしろ、そうすることにより合併症を起こす可能性がある。気道を保護する能力がないために、気管切開用チューブを設置している動物では、カフが収縮していると誤嚥性肺炎を起こしかねない。補助換気を必要とする動物では、カフが収縮していると適切な気道の圧力を維持できないため、換気が不十分になる危険性がある。

11. 気管切開用チューブを設置している間に起こる可能性のある合併症は？それはどうすれば回避できるか？

閉塞、院内感染、そしてチューブが外れることが最も一般的に報告されている合併症である。閉塞は、呼吸困難、喘息、苦悶といった動物の症状を注意深く監視することで回避でき、それ

はチューブの腔が閉塞している状態を示している。適度な給湿、呼吸器分泌物の頻繁な吸引、そして適切なチューブの交換により、この危険性を最小限にすることができる。チューブを使用する際の適切なガイドライン、すなわちチューブを取り扱う際は常に滅菌操作で行うこと、毎日の手術創の管理、分泌物の吸引除去、そして適切なチューブの交換といったことを遵守することにより、院内感染の発生を減少させることができる。予防的な抗菌薬の使用は、抗生物質耐性菌の選択作用により感染の危険性を増加させるために、推奨できない。チューブの脱落は、適切な長さのチューブをガーゼあるいは臍帯テープでしっかりと固定し、緩みを頻繁にチェックすることで回避できる。

12. 気管切開用チューブはいつ抜去するべきか？

　気管切開用チューブは、開放した近位の上部気管が機能回復し、補助的換気がもはや必要ではなくなった時に抜去する。チューブの抜去は段階を踏みながら実施し、気道の開存性を評価する。口径の小さいチューブを順番に入れていき、動物の呼吸の負担の程度、あるいは喘鳴性呼吸の有無を観察する。気管の直径の半分以下のチューブを入れたときにチューブ腔を閉塞して、再び動物の呼吸の負担、あるいは喘鳴を観察する。チューブが閉塞した状態でも、動物が楽に呼吸をしているようであれば、チューブを抜去し状態を観察する。チューブを外している間、いかなるときでも呼吸に危険な徴候がみられたら、楽に呼吸ができる十分な大きさのチューブを入れておく。その後チューブの抜去を12〜24時間後に再び試みる。

13. 気管切開術の切開部は外科的に閉鎖するのか？

　しない。切開部は二期癒合で治癒させる。外科的閉鎖は、皮下気腫や感染を誘発する可能性がある。創は、良性肉芽組織が形成されるまで少なくとも1日1回は滅菌生理的食塩液にて清拭する。

論　点

14. 気管の切開はどの方法が最も良いか？

　気管の切開には、次の4通りの方法が用いられる。すなわち、横切開、縦／垂直切開、横方向の弁、そして縦方向の弁である。動物において、これらの各方法において発生する合併症に関する研究報告はほとんどない。気管切開用チューブの交換の容易性、切開部周辺の気管粘膜の壊死、そして抜管後の気管狭窄の程度について比較した報告はある。研究では、弁を設ける方法としてチューブの交換が容易であるとわかった。この方法では、切開部を開けておく支持糸は1本でよく、そのためフリーとなったもう片方の手でチューブを挿入することができる。切開部周辺の気管粘膜の壊死については、どの方法でもある程度認められた。縦および横切開でみられる粘膜の壊死は、気管の持つ半固体という性質によりチューブを圧迫するために生じる。弁を設ける方法は、この問題を減少させるために考えられた。しかし、縦方向に弁を設ける方法には、チューブの交換の際に弁が繰り返し引っ張られるために、作成した弁に破壊や変形を生じるという欠点がある。横方向に弁を設ける方法での、気管粘膜の壊死の程度に関する研究は現在までに行われていない。また、切開部が二期癒合で治癒した後の気管狭窄の程度に関しては、どの方法でも有意差はなかったと多数の報告がある。一時的な気管切開術で起きる

狭窄の程度は、気管直径の18〜28%であるとの報告がある。そしてこの程度の狭窄ならば、呼吸能力が臨床的に明白な侵襲を受けることはない。

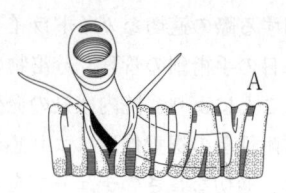

A. 横切開による気管切開術
B. 縦方向の気管弁作成
C. 縦／垂直切開による気管切開術（Slatter D：Textbook of Small Animal Surgery, 2nd ed. Philadelphia, W. B. Saunders, 1993の許可を得て転載）

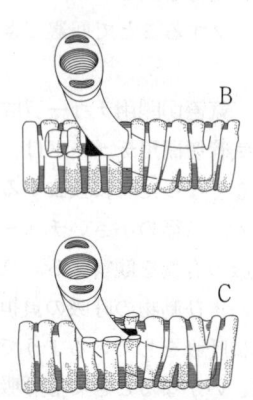

一時的な気管切開術の3つの形成方法

参考文献

1. Caywood DD: The larynx, trachea, and thyroid and parathyroid glands. In Harvey CE, Newton CD, Schwartz A (eds): Small Animal Surgery. Philadelphia, J. B. Lippincott, 1990, pp 197-199.
2. Fingland RB: Temporary tracheostomy. In Bonagura JD (ed): Current Veterinary Therapy XII. Philadelphia, W. B. Saunders 1995, pp 179-184.
3. Gibbons G: Respiratory emergencies. In Murtaugh RJ, Kaplan PM (eds): Veterinary Emergency and Critical Care Medicine. St. Louis, Mosby, 1992, p 416.
4. Hedlund CS: Tracheostomies in the management of canine and feline upper respiratory disease. Vet Clin North Am Small Animal Pract 24: 873-886, 1994.
5. Huber ML, Henderson RA, et al: Tracheal healing after short and intermediate duration transverse flap tracheostomy in the dog. Proc Am Coll Vet Surg 27, 1996.
6. Macintire DK, Henderson RA, et al: Transverse flap tracheostomy: A technique for temporary tracheostomy of intermediate duration. J Vet Emerg Crit Care 5: 25-31, 1995.
7. Nelson AW: Lower respiratory system. In Slatter D (ed): Textbook of Small Animal Surgery, 2nd ed. Philadelphia, W. B. Saunders, 1993, pp 791-794.
8. Powaser MM, et al: The effectiveness of hourly cuff monitoring in minimizing tracheal damage. Heart Lung 5: 734, 1976.
9. Westgate HD, Roux KL: Tracheal stenosis following tracheostomy: Incidence and predisposing factors. Anesth Analg 49: 393, 1970.
10. Wheeler SJ: Care of respiratory patients. In Slatter D (ed): Textbook of Small Animal Surgery, 2nd ed. Philadelphia, W. B. Saunders, 1993, pp 808-811.

110. 胸腔ドレナージ
THORACIC DRAINAGE
Nancy S. Taylor, D.V.M.

1. 胸腔ドレーンの設置を最初に提唱した医者は誰か？

  ヒポクラテスが、その最初の医者で、彼は『悪い体液』を排出させるために胸腔内に金属の管を設置したという記述を残している。

2. 胸腔穿刺や胸腔ドレナージの目的は？

  この技術は、診断および治療を目的として用いられている。

3. 胸腔ドレナージの主な適応は？
   - 胸腔内に溜まった空気や液体が原因で起こっている症状を緩和させること。
   - 細胞学的評価あるいは微生物学的検査のために液体を採取すること。

4. 空気は胸腔内にどのように蓄積するか？

  気胸あるいは胸壁と肺の間の空気の蓄積は、様々な原因で生じることがある。気胸は部分的な場合と、肺全体が虚脱する場合がある。肺が裂けたり、損傷した場合、一方向性の弁の機構により肺の虚脱はますます増悪する。吸気時には、胸膜内が陰圧になるため、肺表面の傷口が開き胸膜腔内に空気が流入する。呼気時には、胸膜腔内が陽圧になるため、傷口は閉じられ、漏れ出していた表面を圧迫する。

気胸の原因

肺実質の損傷	胸腔内の気縦隔症の損傷（破裂）
外傷	気管支の損傷
肋骨の骨折	気管支拡張
手術	異物
胸腔穿刺	腫瘍
肺炎	外傷
異物	胸壁の穿孔
陽圧換気	食道の損傷
肺の嚢胞、ブラ（肺胞）あるいは肺胞性小肺嚢胞の損傷	外傷
気管の損傷	異物
寄生虫	新生物
外傷	寄生虫
異物	

（Murtaugh RJ, Kaplan PM（eds）: Veterinary Emergency and Critical Care. St. Louis, Mosby, 1992 より許可を得て転載）

5. 気胸にはどのような種類があるか？
   - 閉鎖性気胸は、臓側胸膜の損傷により生じる。
   - 開放性気胸は、胸壁の損傷により生じる。
   - 自然気胸は、肺胞あるいは肺胞性小肺嚢胞の損傷後、突発的に生じる閉鎖性気胸である。
   - 外傷性気胸は、肺への直接的な外傷あるいは肺を傷つける肋骨骨折により生じる。
   - 緊張性気胸、これは呼吸機能に重篤な危険を及ぼすものであるが、完全に肺が虚脱した後も、吸気が一方向性の弁の機構により漏れ続けた場合に発生する。その結果、胸膜腔内は陽圧となり、縦隔を反対側に偏位させ、反対側の肺を圧迫する。加えて、大静脈を圧迫し、静脈の還流量および心拍出量が減少する。縦隔が完全ではない場合には、増加した胸腔内圧により、両側の肺は虚脱する。どの気胸も呼吸機能に危険を及ぼすが、ことに緊張性気胸は生命を脅かす危険性がある。そのためすぐに、処置をしなければ動物の死を招く。

6. 胸水の性状は胸腔ドレナージに対するアプローチに影響を与えるか？
   　影響を与える。漏出液は、血管内圧、胸腔内圧およびコロイド浸透圧間のバランスの不均衡が原因で、液体が胸腔内に受動的に移動した場合に生じる。このタイプの胸水はうっ血性心不全、心膜疾患、肝疾患およびネフローゼ症候群でみられる。漏出液内の蛋白質含量は低い。原発疾患が治療されれば漏出液は消失するが、治療がなされない場合には、液体を排出しても再び貯留してしまう。うっ血性心不全の動物の呼吸を楽にするために多量の胸水を抜くことは意味があるが、胸腔ドレナージによる有益性が、その処置のために生じるストレスのリスクよりも上回らなければならない。
   　滲出液は、蛋白含量が高く、胸腔内に能動的に産出された液体であり、腫瘍や炎症、ウイルス性あるいは細菌性感染症および断裂したリンパ管からの排液（乳び液）に関連している。滲出液はドレナージ処置により治療するが、原因を取り除かなければ再貯留する。
   　出血により貯留した血液もまた、排液する。しかし外傷あるいは凝固障害に起因する血液を排出することについては、現在もなお異論のあるところである。血液の貯留により胸腔内圧が増し止血効果を生むが、相当量の貯留となれば肺機能の重大な低下を引き起こす。貯留した血液が、肺機能の低下および呼吸困難の原因となっていれば、血液の除去は一般的に推奨される。除去する血液の量は、呼吸不全を解除するのに必要な量だけにとどめる。
   　化膿性滲出液は、その粘性により胸腔穿刺では排液が制限されるため、チェスト・チューブを用いる。チェスト・チューブを用いてのドレナージは、炎症反応の消失を促進し、細菌性毒素も除去される。

7. 胸腔穿刺に必要なものは？
   - 電気バリカン
   - 滅菌手洗い用設備
   - 延長チューブに連結した19〜22ゲージの翼状針
   - 三方活栓
   - 12cc以上のシリンジ
   - 助手

8. 胸腔穿刺はどのようにして実施するか？
   1. 動物には通常最小限の拘束が必要となる。気胸の解除には横臥位保定が最適となる。液体の穿刺には、立位、坐位あるいは胸骨位が適している。

2. 胸壁の第7、8肋骨間部を剃毛し、無菌的に準備を施す。穿刺は、気胸の場合には、胸壁背側に、胸水除去の場合には動物のポジショニングに応じて、胸壁の下方に行う。
3. 翼状針を付けた延長チューブを三方活栓に接続し、シリンジも取り付ける。肋間の血管分布を避けるために翼状針を第7あるいは第8肋骨の頭側縁から胸腔内に挿入する。それから貯留した液体や空気をシリンジ内に吸引する。この方法では、針を操作している間に助手にシリンジと三方活栓の管理を任せられるのが利点である。針が胸腔内にある時には、肺を傷つける危険性を最小限にするために、針を胸壁（肋骨周囲を覆っている）の内側と平行に向けておく。三方活栓を使用することで、針を抜かずにシリンジの内容物を排出することができる。
4. 液体は細菌学的な評価のために、EDTA管に採取する。細菌の培養や分離用に好気性および嫌気性のサンプルも採材しておく。他の部位とまったく融合せずに、ポケット状に貯留している空気や液体を確実に排出するためには、時には針を入れ直したり、ポジショニングを変えたり、何度も穿刺したりする必要がある。

9. 胸腔穿刺の合併症は？

　針による胸腔穿刺により、医原性の肺損傷や気胸になる危険性がある。過度な拘束が施されれば、呼吸困難やその危険性を増幅させる。動物の不安や過度な拘束を減らすために、ブトルファノール（0.2〜0.4mg/kg IV）を用いて鎮静化させるのが賢明な方法であろう。感染症の発現は、通常稀である。

10. チェスト・チューブはどういう場合に設置するか？

　チェスト・チューブの適応は、膿胸の例、あるいは胸腔内の空気や液体の再貯留を軽減するために、頻回に穿刺する必要がある場合である。さらに、術中の空気、あるいは術後の貯留した液体を確実に排出させるために、胸部の手術後にチェスト・チューブを設置することもある。

11. チェスト・チューブを設置するにはどのような器材が必要か？

　電気バリカンと、無菌操作で皮膚を準備するための器材が必要となる。加えて、滅菌した市販のチェスト・チューブ（Argyle Trocar Catheter, Sherwood Medical, St. Louis）、あるいはレッドラバー・カテーテルが必要となる。チューブのサイズは動物のサイズに適応したものにする。すなわち、超小型犬や猫には14〜16Fr、小型犬には18〜22Fr、中型〜大型犬には22〜28Fr、そしてそれ以上の大型犬には28〜36Frのチューブを使用する。チェスト・チューブを挿入する前に、チューブの末端付近に追加の穴を数箇所、無菌的に作成しておくと良い。挿入後穴が外にないことを確認すること。市販のチェスト・チューブを使用するのであれば、チェスト・チューブの位置をX線検査にて決定しやすいように、チェスト・チューブのX線不透過性となっている線の上に最後部の穴を作成しておく。

　チェスト・チューブの設置は全身麻酔下にて行う。しかし、動物の全身状態が非常に危険で、早急な処置を必要としている場合には、胸壁に2％リドカインによる局所浸潤麻酔を適用する。すなわち、帽子、マスク、滅菌ドレープおよび手袋、メス刃およびメス柄、持針器、直および変曲の止血鉗子、ガーゼなどの手術用機器が一式必要である。三方活栓、バブル・チューブ（Argyle, Sherwood Medical, St. Louis）、非吸収性縫合糸、大きなカテーテル付きシリンジ

(large catheter tip syringe)、22ゲージのワイヤー、包帯剪刃および包帯などもまた必要となる。

12. チェスト・チューブの設置はどのような手順で実施するか？

　動物の全身状態が許容できるものならば、横臥位に保定して麻酔を施す。第5から第9肋間までの胸部側面を剃毛し、皮膚を滅菌消毒する。第6あるいは第7肋間中央部で、2％リドカインにて皮膚、皮下織、肋間筋および胸膜に局所浸潤麻酔を施す。帽子、マスク、滅菌したガウンおよび手袋を着用し、滅菌ドレープをかける。

　市販のチェスト・チューブ：助手は肘のちょうど尾方で胸部全側面の皮膚をつかみ、前方に

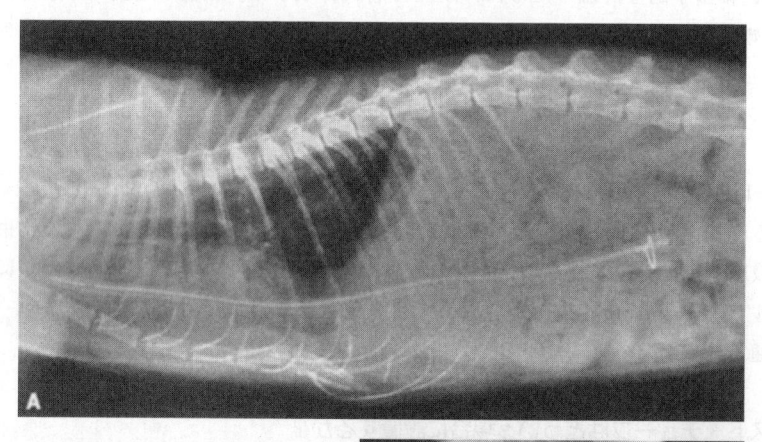

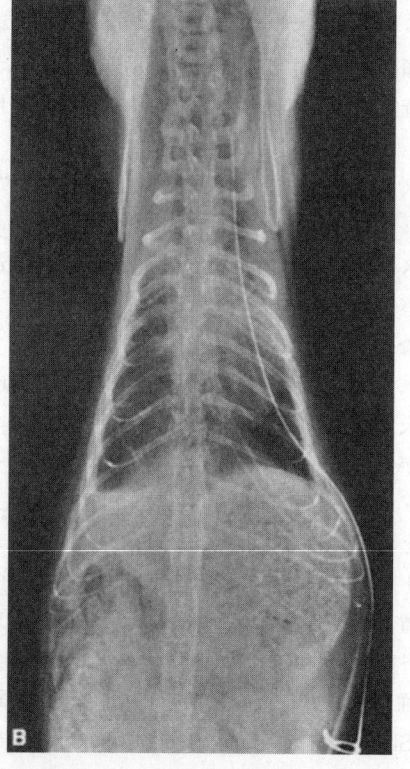

写真説明
膿胸の猫に適切に設置されたチェスト・チューブ
A. 胸部ラテラル像
B. 胸部VD像

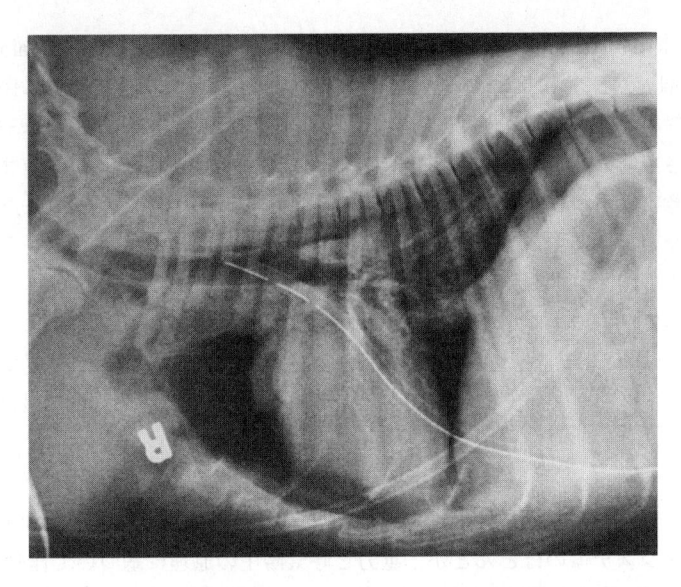

VIX　救急救命治療の手技

気胸の犬に適切に設置されたチェスト・チューブを示す胸部ラテラル像

引っ張る。第6あるいは第7肋間部胸部にわたる中央の皮膚に小切開を加える。この切開部の周縁に巾着縫合を先に設けておき、挿入するチューブの長さを測る。次に、チェスト・チューブの先端を皮膚切開部に向け、チューブとトロカールを胸壁から数 cm 離したところでしっかりと保持する。そして、手の平の最も手首に近い部分でトロカールの先端に一撃を加えてチェスト・チューブを胸膜まで突き通す。チューブが胸腔内に入ったら、肺や心臓、血管への損傷を避けるため、トロカールをチューブの先端よりも長く出さないように注意する。少し引っ込めたトロカールとチューブを胸腔内に数 cm 進めた後に、45°の角度であらかじめ測っておいた長さだけトロカールからチューブをさらに進める。胸水の場合には頭腹側に、気胸の場合には頭背側にチューブを向ける。

　次にトロカールを抜去するが、全部を引き抜いてしまう前にチェスト・チューブをクランプし、胸腔内への空気の流入を最小限にとどめる。チューブの末端に、60cc のシリンジあるいはバブルチューブに連結させた三方活栓を設置する。それから、前方に引っ張っていた皮膚を放し、元の位置に戻す。皮膚の皺によりチューブの周囲にトンネルが形成され、胸腔内への空気が流入するのを防ぐ覆となる。皮膚先端に前もって糸をかけておいて巾着縫合を施し、チューブが出ている周囲の皮膚を結紮する。胸壁にチューブを固定するために、チューブに翼状のバンテージをつけて皮膚に縫合するか、あるいはチャイニーズ・フィンガー・トラップ（525ページの Smeak の文献を参照）を設ける。

　レッドラバー・チェスト・チューブ：市販のチェスト・チューブが利用できない場合には、レッドラバー・チューブが使用できる。前述したように、皮膚を消毒し前方に引っ張り、切開を加える。第7あるいは第8肋骨の頭側縁に近い部位に、閉じた弯曲の止血鉗子を用いて胸腔内まで一気に穴を開ける。そして穴に鉗子を拡げて刺しておく。もう1本の止血鉗子でレッドラバー・チューブの先端をはさみ、胸腔内へ誘導する。2本目の止血鉗子を開き、チューブを前述のとおり胸腔内前進させ、鉗子を2本とも取り除く。皮膚を元の位置に戻し、皮膚の切開部とチューブを前述と同様に固定する。

541

チューブの末端は吸引装置あるいはHeimlich valve（Heimlich Chest Drain Valve, Bard-Parker, Rutherford, NJ）に接続する。皮膚切開部は抗菌性の被覆材で三重に保護し、包帯で胸部をきつく締めつけすぎない程度に巻いて、チューブを固定する。排液チューブの長さの余った部分で小さな輪をゆるめに作り、胸部の包帯にテープで止めておく。こうすることで、チューブが不用意にはずれることを防止する。チェスト・チューブ、連結チューブそして排液チューブが捻れないようにすることが重要である。捻れにより排液が妨げられ、おそらく胸腔内圧の上昇を招く可能性があるからである。

連結部はすべてワイヤーにて確実に締結し、偶発的にはずれることのないようにする。連続的に吸引せず、またHeimlich valveを使用せずに、間欠的な吸引のみが必要な場合にはバブルチューブ・コネクターに接続した三方活栓をチェスト・チューブの末端に設け、ワイヤー締結で固定する。

13. チェスト・チューブのドレナージ・システムはどのように作動しているか？

ドレナージ・システムのほとんどが、重力と呼気陽圧の原理に基づいて作動している。3-ボトルシステムは、封水を設けた排液収集用の2本のボトルと、外部装置からの吸引を調節し、空気の通気孔の役割も持つ1本のボトルからなる。吸引を調節するボトル内の液体の水位により、胸腔内からどれだけ排液を吸引するかが決まる。

市販のチェスト・チューブのドレナージ・システム（Hemovac, Snyder Labs, Dover, OH）は、3-ボトルシステムに基づいている。最初のチャンバーは、収集用のチャンバーである。動物側から吸引された空気は、すべて2番目の封水を設けたチャンバーに移動する。封水として通常水を2cmの水位まで入れておく。流入する空気が水中から泡となり浮上することにより、システムを通じて空気が逆流することを防ぐ一方通行の弁としての役割を果たす。それから空気は封水をした2番目のチャンバーを出て、3番目の吸引を調節するチャンバーへと流入する。その吸引チャンバーは胸腔に影響する陰圧を調節できる。一般的にチャンバーは20cm程度の滅菌水で満たされている。3番目のチャンバーで、吸引により発生した陰圧が20cmの水位を越えた場合、外気からの空気が通気孔から流入し、水中で泡となり過剰な圧力を取り除く。ドレナージ装置は、患者より低い位置に置くことにより、重力による排液を促進させ、また胸腔内に空気や液体が逆流するのを防ぐ。

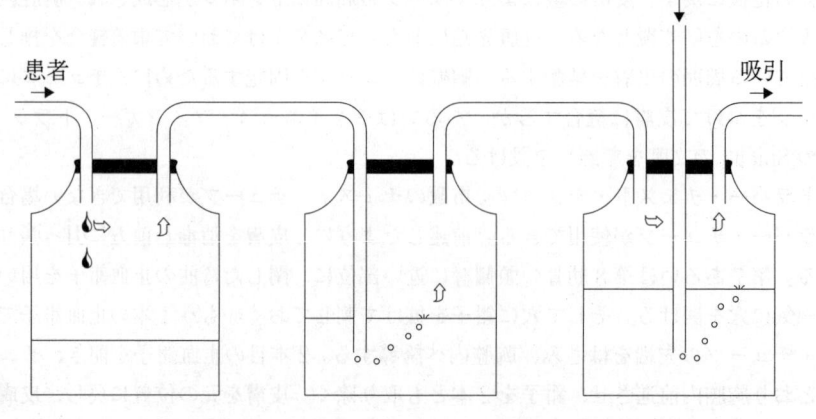

3-ボトルのチェスト・チューブ・ドレナージ・システム

14. 収集システムを使用するべきか、あるいはチューブからの間欠的な吸引を実施すべきか？

膿胸の場合には、連続して排液を行うために収集システムを使用する。この方法はその膿の濃度ゆえにしばしば有益であり、進行する局所および全身性の炎症反応を引き起こす胸腔内の液体の貯留を最小限にする。難治性の気胸や多量の液体が再貯留するような状態には、この連続した収集システムが役立つ。通常、このようなシステムは、排除する空気や液体の量、装置やチューブの大きさの関係で犬にのみ使用される。これらの要因により、猫での使用は扱いにくくなっている。

15. Heimlich valve とは？

Heimlich valve は、プラスチック製の小さな一方通行の弁で、チェストチューブに接続する（Heimlich Chest Drain Valve, Bard-Parker, Rutherford, NJ）。それには一方通行の弁として作用するチャンバーの内部に折り畳めるラバー・チューブが設けてある。胸腔内圧が大気圧を越えた呼気時に、空気は胸腔から流出する。Heimlich valve は胸水の排除にはうまく作動しない。チューブを通過する液体により完全には弁が閉じない場合もある。なぜなら蛋白質性の液体が貯留するし、それが凝集したり、弁の側面に固着することで、排液が妨げられたり、胸腔内に空気が流入するためである。

16. チェスト・チューブを付け、連続的に吸引を施している患者に対して注意すべきことは？

封水を施したボトルの気泡を監視して、空気の漏れをチェックする。気泡が出ていなければ、空気の排出はうまく行われていること、そして拡張した肺の圧力でチューブの開口部が閉鎖されていることを示している。吸気中に間欠的に気泡が出ていれば、ドレナージが正常に機能しており、しかも気胸が継続していることを示している。吸気時にも呼気時にも連続して気泡が出ていれば、システム内で空気が漏れていることがわかる。この場合、患者に近い側のチューブをクランプして、気泡が止まれば間違いなくチューブより空気が漏れていると判断できる。チューブがはずれてしまったか、チューブを挿入した部位で、チューブ周囲より漏れている場合もある。チューブをクランプした後も引き続き気泡が出ていれば、そのクランプとチャンバーの間のどこかで漏れていることになる。水面をチェックしながらチューブのクランプする位置をドレナージ装置側へと徐々に移動させなさい。出ていた気泡が止まる地点が発見できれば、クランプはその漏れている場所とドレナージ装置の間にあることになり、欠陥のあるチューブを交換する必要がある。

チューブの末端をクランプしてもなお漏れが続くようであれば、ドレナージ・システムから漏れているのであり、交換の必要がある。皮下気腫の患者はよく観察し、ひどくなるようであれば、チューブを挿入する位置の再評価が必要となる。

17. チューブは定期的に手でしごいた方が良いか？

幸いにもチューブをしごくことはほとんど意味がない。開存性を維持するためにチェスト・チューブやドレナージ・チューブをしごいたり、絞ったりする必要はない。最近の研究では、チェスト・チューブを絞ることにより胸腔内に 400cm/H_2O ほどの高い陰圧が発生するため、患者に悪影響があると指摘されている。

18. 患者を移動させる際には、チェスト・チューブをクランプするべきか？

　いいえ。チェスト・チューブをクランプすることにより気胸からの空気を胸腔内に溜めてしまい、緊張性気胸を発生させるために十分な圧力が生じることがあり、これは生命にかかわるものである。一般的に短時間以上クランプするのは、患者がチューブの抜去に耐え得るかどうかを評価する場合のみである。動物を移動させなければならないなら、ドレナージシステムを吸引装置から外し、システムごと動物を移動させる。チェスト・チューブあるいは連結チューブを患者とドレナージ・システムの間で外す場合には、チェスト・チューブの連結部の端を再び連結させるまで滅菌生理的食塩液を2cm程入れた容器に浸しておく。その生理的食塩液により、胸腔内圧が過度に高くなることはない。

19. チェスト・チューブが誤って抜去されてしまった際にはどう対処するか？

　すぐに乾燥した滅菌被覆物を当てる。また肺に進行性気胸の原因となっている漏れがあるようならば、密閉性のある被覆物は使用しないように注意する。それは緊張性気胸へ発展させる可能性があるからである。進行性の空気の漏れがまったくない場合には、密閉性のある被覆物を使用する。後者の場合には、チェスト・チューブを入れ直す前に救急的に胸腔穿刺を実施し、前者の場合にも、胸部の解放創からどのくらい空気の流入があったかを評価する意味で同じように胸腔穿刺を行う。

20. チェスト・チューブはいつ、どのようにして抜去するか？

　患者の呼吸状態が改善し、X線にて肺がしっかり拡張していることが証明され、液体の排出が10mL/kg/日以下であり、ドレナージ・システム内に空気の漏れがまったく確認されない場合に、チェスト・チューブの抜去が適応となる。

　チェスト・チューブを抜去する前に、連続的な吸引を2、3時間程試験的に停止させ、肺が問題なく膨らみ、呼吸がまったく苦しそうではないことを確かめる。チューブを抜く前に、鎮痛薬の投与が推奨される（ブトルファノール、0.2～0.4mg/kg IV）。抜く時には、バンデージを外し、抜糸後、一気にチューブを引き抜くという連続した操作で行う。抜去した後は、必要があればその部位を縫合閉鎖し、密閉性のある被覆物を当てる。患者は24時間、胸膜疾患の再発の徴候が現れないかどうかしっかりと監視する。

21. チェスト・チューブに関連して起き得る合併症は？

　不適当なポジショニング、不注意に損傷させた肋間血管からの出血、肋間神経の損傷、横隔膜および胸部または腹部臓器への損傷、感染そして疼痛が、チェスト・チューブ挿入後の合併症である。

22. チェスト・チューブに起因する疼痛はどのようにコントロールできるか？

　中～大型犬にはブピバカイン（1.5mg/kgを生理食塩液20～25ccで希釈する）をチェスト・チューブに注入し、その後、生理食塩液を10～15cc程フラッシュして壁側胸膜へ局所麻酔を伝達させる。この処置は必要であれば6時間毎に繰り返す。小型犬や猫ではブピバカイン1.1mg/kgを生理食塩液10～15ccで希釈して6時間毎に投与する。犬や猫に鎮痛効果を与え、チェスト・チューブ設置による不安を軽減させるために、ブトルファノール0.2～0.4mg/kg

を6時間毎に静脈注射する。

23. チェスト・チューブは洗浄する必要があるか？
　一般的にはその必要はない。チェスト・チューブの洗浄は病院内の細菌を胸腔内に運び入れる危険性をはらむ。例外は前述のごとく痛みを取り除く場合である。チェスト・チューブが血液や化膿性物質で閉塞した場合には、チェスト・チューブを交換するのが最も望ましい。

24. チェスト・チューブを装着した患者に抗菌薬の投与は必要か？
　一般的に必要ではない。しかし、外傷性血胸のためチェスト・チューブを設置したヒトにおいて予防的に抗菌薬を投与した例で、肺炎や膿胸といった合併症の低下がみられている。

参考文献

1. Carroll P: Chest tubes made easy. RN 12: 46-55, 1995.
2. Crow SE, Walshaw SO: Manual of Clinical Procedures in the Dog and Cat. Philadelphia, J. B. Lippincott, 1987.
3. Fishman NH: Thoracic Drainage: A Manual of Procedures. Chicago, Year Book, 1983.
4. Harvey CE, Newton CD, Schwartz A: Small Animal Surgery. Philadelphia, J. B. Lippincott, 1990.
5. Iberti TJ, Stern PM: Chest tube thoracostomy. Crit Care Clin 8: 879-895, 1992.
6. Murtaugh RJ, Kaplan PM: Veterinary Emergency and Critical Care Medicine. St. Louis, Mosby, 1992.
7. O'Hanlon-Nichols T: Commonly asked questions about chest tubes. Am J Nutr 5: 60-64, 1996.
8. Smeak DD: The Chinese finger trap suture technique for fastening tubes and catheters. J Am Animal Hosp Assoc 26: 215-218, 1990.

111. 心膜穿刺
PERICARDIOCENTESIS
Jean M. Betkowski, V.M.D.

1. 心膜穿刺はどのような場合に適応となるか？
　心嚢水の貯留した動物、あるいはそれに加え心タンポナーデを伴っている動物には、診断および治療の目的で心膜穿刺が必要となる。心タンポナーデ、これは心嚢液によって生じる心原性ショックの状態であるが、拡張期に心嚢内圧が右心房内圧、時には右心室内圧を越えた場合に発生する。上昇した心嚢内圧とともに中心静脈圧（CPV）は十分な心拍出量を維持するために上昇しなければならない。CPV上昇の臨床徴候は、頸静脈の怒張、頸静脈拍動、腹水および奇脈である。奇脈は、呼気時よりも吸気時に明らかに弱くなる大腿部の脈にて確認される。この脈圧の変動は、吸気とともに、減少した左心への静脈還流と連動して増加した、右心への

静脈還流に原因がある。心タンポナーデは貯留する液体の多少にかかわらず発生し得る。液体が急速に貯留する場合には、少量の心嚢水が心嚢内圧の重大な上昇を引き起こす。液体がゆっくりと貯留する場合には、心嚢膜が伸張するため、心タンポナーデが発生するまでには多量の液体が貯留する必要がある。後者のケースでは心タンポナーデの段階に進行する前に、心嚢水の貯留のため、他の臨床徴候が発現する。

2. 心膜穿刺の必要性を確定するために、どのような診断的検討を加えるべきか？

　患者の心肺機能が安定しており、心嚢水の貯留が疑われるか、確証が得られている場合、心膜穿刺の前に十分に心臓機能の評価をすることを推奨する。心血管系の完全な理学的検査（頸静脈の検査、股動脈の触診および胸部の慎重な聴診が含まれる）により有益な手掛かりが得られる。頸静脈が拡張していたり、頸を伸張させた時に頸静脈の拍動がみられることがある。股動脈圧が弱まっていたり、呼吸とともに激しく変動している場合もある。心音は頻拍と共調して、消失していることもある。

　心電図には、洞性頻脈、電気的交互脈、および低電圧波といった特徴的な所見がみられる。電気的交互脈とはR波の高さが脈拍ごとに交互に変化するものと定義されており、心嚢内で心臓が前後に動揺することにより生じる。低電圧群は、心嚢内の液体（および貯留している場合は、胸水）により電流が弱まることに原因がある。CPVもまた計測される。この場合、$10cm/H_2O$を越える上昇は重大な心嚢液の存在が示唆される。

　胸部X線写真で、大きな球形の心臓のシルエットが頭側および尾側のウエストを失わないままでみられた場合には、心嚢液の貯留が強く示唆される。その際、後大静脈の拡張も認められる。

　心臓の超音波検査画像により、心嚢水と心タンポナーデの存在が直接的に証明される。理想的には、心膜穿刺の前に心臓の超音波検査を実施し、新生物や左心房の破裂といったような根本にある原因を明らかにするために感度を高めて行う。液体を除去した後の超音波検査では、そのような原因を明らかにするのは難しくなる。

　CTあるいはMRIスキャンは患者が心膜穿刺により容体が安定した後に実施し、心嚢膜の厚さを評価すると同時に、心嚢内の新生物や異物について検査する。

3. 心膜穿刺を実施する前に、あるいはそれと平行してどのような治療が必要となるか？

　患者の血行動態が安定していれば、心膜穿刺の前の輸液は必ずしも必要ではない。患者がショック状態にあれば、静脈輸液を維持量の1〜3倍行い、前負荷を増加させることで、状態を安定させることができる。心電図が不整脈や電気的交互脈を示すことがある。重大な心室性不整脈（脈拍の25〜30％以上）は、リドカイン（20mg/kg IVボーラス、反復投与3回まで）などによる特異的な治療を必要とする。酸素吸入も有効である。利尿薬は一般的に適応とされない。なぜなら利尿薬投与により右心に対する前負荷が減少し、右心の充満が不十分となり、さらには心拍出量の低下を招来するからである。

4. 鎮静剤および鎮痛剤にはどのような種類のものを使えば良いか？

　心膜穿刺が考慮されるほど心嚢水が貯留している動物のほとんどは鎮静剤を必要としない。患者が獰猛であるか活発ですばしこい場合には、処置中に心臓や肺を誤って傷つけないように、

低用量の鎮静剤を投与するのは賢明である。鎮静剤のコンビネーションとしては、ケタミン（11mg/kg）とジアゼパム（0.02mg/kg）、アセプロマジン（0.025mg/kg）とブトルファノール（0.02mg/kg）あるいはブプレノルフィン（0.0075mg/kg）、あるいはジアゼパムとブトルファノール などを使用する。状態の良くない動物は薬用量を全量必要としないので、薬物は効果が現われるまで滴定して使用する。患者にはすべて不快感を抑える目的で、穿刺する部位に2mLの2％リドカインで皮膚から胸膜まで局所浸潤麻酔を施す。

5. 心膜穿刺を実施するためにはどのような器材が必要か？

心膜穿刺には内径の大きなカテーテルが使用され、処置の間は心電図のモニタリングを続けておく。犬には、14あるいは16ゲージ、5$\frac{1}{4}$インチのオーバーザニードルカテーテル（Abbocath Laboratories, North Chicago, IL）が最もよく使用されている。心嚢水を完全に除去する場合には、カテーテルの末端の側面にメス刃にて（切開面がまくれ上がらないように注意して）1～3カ所穴を開けると良い。猫の場合には、18あるいは19ゲージの翼付カテーテルを使用する。

胸壁にカテーテルを挿入後、3～6mLのシリンジをカテーテルに接続し、陰圧をかけて心嚢膜の穿刺を試みる。シリンジにて吸引した最初のサンプルはレッドトップ・チューブあるいは活性化凝固時間検査用チューブに採り、凝血塊の形成の有無を観察する。凝血塊の形成があればほとんどの場合で、心臓あるいは心膜内腫瘍を穿刺したことを示している。この初期評価で、カテーテルが適切に穿刺されていることを確認した後にスタイレットを抜き、カテーテルに延長チューブを連結する。心嚢水の排出を容易にするためにその延長チューブに三方活栓と大きめのシリンジ（犬で60mL、猫で12mL）を接続する。大型犬種では、吸引した排液を入れる十分な容量の容器を手元に用意しておく。というのは、排液量が500mLから1L以上にもなるためである。細菌学的検査および微生物学的検査が実施できるようにサンプルをレッドトップ・チューブおよびEDTAチューブに採取しておく。

6. 心膜穿刺はいかにして実施するか？
   1. 動物は左側横臥位に保定する。右側胸部は胸骨から胸部中央まで、および第9から第3肋間部までを剃毛し、消毒液で無菌的に準備する。カテーテルを挿入する部位は2％リドカインを1～2mL程用い、浸潤麻酔を施す。
   2. 大きな口径のカテーテルを挿入する際には皮膚に小切開を加える。カテーテルを挿入する的確なポイントは、心拍最強点の触診あるいは心臓超音波画像や胸部X線写真を使用して、胸壁から心膜まで、最も近い位置および挿入する針の適切な進路を判断する。一般的には、肋軟骨接合部の位置の第5あるいは第6肋間部よりカテーテルを挿入する。
   3. カテーテルを胸壁から挿入し、対側の肩部へ向けて、背頭側方向に角度をつける。胸壁貫通後、接続したシリンジに陰圧をかけながらカテーテルをゆっくりと前方へ進めていく。血液様の液体が得られたときには、心臓を穿刺した可能性を考慮するべきである（111-5. を参照）。
   4. 心臓を穿刺していないことを確認した後、カテーテルを心嚢内にしっかりと進め、可能な限り多量の液体を排出する。排出を促すには、動物の位置を変えたり、カテーテルをゆっくりと引いたり、前に進めたりして、液体が貯留した部分を狭窄すると良い。この

場所でも心臓超音波画像がこれらの液体貯留部位を確認するのに有益である。

　液体の再貯留が超音波にて正確に監視できるように、液体は完全に排出することが望ましい。心機能を正常に復帰させるのに液体を完全に排出する必要はない。液体をある程度（症例によっては少量でも）排出することができたなら、通常、心嚢内圧は急激に下降し、心タンポナーデを解消させることができる。穿刺によって、心嚢水がカテーテルを通してよりも、むしろ胸腔内へ漏出することがある。この場合、心嚢から完全には排液されないが、心嚢内圧はやはり下降する。

7. 心膜穿刺を行っている間およびその後、どのようなパラメーターを監視するべきか？

　最も重要なのは連続した心電図のモニタリングである。心電図により、心室性早期収縮（PVCs）が検出され、PVCsは、心臓穿刺の際にカテーテルが心臓に触れたときや、穿刺後、原発疾患または心筋への再還流障害の結果として発生する。PVCsが処置中に発生した場合、心筋への進行性の機能的刺激を避けるため、カテーテルの穿刺位置を変えるべきである。心膜内の液体が除去され、心嚢内圧が減少すれば、心膜内液に起因する心電図所見は消失する。すなわち、心拍数は減少し、R波は増高し、電気的交互脈（存在していれば）は、消失する。心嚢内圧が、いったん下がれば、PVCもまた正常に復帰する。右心不全や多量の腹水、あるいは胸水が存在していると、正常への回復は遅れる。処置後、重篤な不整脈の発生の危険性があるため、24時間連続の心電図モニターを行うのが理想である。心室性不整脈がみられた場合には、リドカイン（20mg/kg、3回まで反復投与し、必要であれば40〜80 $\mu g/kg/$分にて持続投与）の静脈内投与などの抗不整脈治療を施す。処置後、数時間、PVCsあるいは頸動脈拍をモニターすることは、心膜内液の再貯留を評価する上で有用な方法である。翌日の心臓超音波検査は、心嚢内の少量の液体をも検出できる感度の良い検査法である。2週間後の心臓超音波検査もまた、心嚢内穿刺の長期的な成功を評価する上で推奨される。この再検査により、心嚢液の再貯留するまでの間に成長する可能性のある新生物のような原疾患を確認することができる。

8. 心嚢水はどのような検査に供するべきか？

　心嚢水の細胞学的検査は、しばしば報いのない結果となるが、その液体が特に典型的な凝固物のない出血様の外観を呈していない場合には、実施することが望ましい。サンプルは細菌および真菌培養のために回収しておく。サンプルの微生物学的培養検査の必要性は、迅速細胞学的検査に基づいて判断する。最近、犬における心嚢水のpH分析に診断的価値が見出された。pH＜7.0の場合は炎症の過程と一致し、一方pH＞7.0では新生物による疾患を示唆する。液体のpHは、血液ガス分析器あるいは尿検査試験紙により測定されるだろう。

9. 心膜穿刺の最も一般的な合併症は？

　心膜穿刺の合併症は相対的に少ない。心室性不整脈が一般的であるが、ほとんどの場合、特異的な治療は必要とされない。心膜穿刺後の出血が特に右心房に血管肉腫があり、処置中に傷つけた場合には、発生することがある。冠状動脈を不注意に傷つけることもあるが、下降冠状動脈は心臓の左側を走行しているため、右側からのアプローチにより、この危険性を少なくすることができる。通常、心膜内液の再貯留がよくみられるが、これは数時間から数週間以内に

発生する可能性が高い。

10. 心膜穿刺後には、どのような治療が必要とされるか？

　心膜穿刺後の動物が循環血液量が減少したままの状態であれば、適切な補充と維持の輸血を静脈内から投与する必要がある。しかしほとんどの場合は、復帰した心拍出量に起因する自然利尿および腹水の移動により、輸液は必要とされない。多量の腹水あるいは胸水が呼吸機能を障害している場合を除き、利尿剤は投与すべきではない。

　抗炎症剤が特発性心膜炎の再発を防ぐため使用されている。最初の心膜穿刺後には、プレドニゾン（1 mg/kg 経口、12 時間毎、2〜3 週間以上かけて漸減）が使用されている。デキサメサゾン（1 mg/kg 皮下、24 時間毎）が使用されることもある。しかし、特発性心膜炎に対するコルチコステロイド療法の有効性は未だ立証されていない。最近ではアザチオプリン（1 mg/kg 経口、1 日 1 回、3 カ月間投与）が特発性の心嚢水の再貯留の予防に有望であることが示されている。液体が再貯留する場合は、心膜切除術が有効だろう。血管肉腫が右心耳にある場合は外科的切除は可能であるが、ほとんどの場合、微少な転移が起こっており、長期の生存は望めない。心膜切除術は、非クロム親和性傍神経節腫の外科的全摘出と一致しているが、数カ月間にわたって臨床症状の再発を防ぐことがある。シスプラチン（70mg/m^2）あるいはアドリアマイシン（30mg/m^2）あるいはデキサメサゾン（0.2mg/kg）のような抗炎症剤の心膜内投与が実験的に試みられている。シスプラチンの心膜内投与による反応は良好であるという話も耳にするが、比較対照をおいた研究はまだなされていない。抗炎症剤に関してはあまり期待できないようである。

参考文献

1. Bjorling DE, Keene BW: Canine pericardial disease. Compan Animal Pract 19: 9-15, 1989.
2. Bussadori C: Idiopathic haemorrhagic pericarditis: Update on clinical evaluation. In Proceedings of the 13th American College of Veterinary Internal Medicine Forum, 1995, pp 225-227.
3. Edwards NJ: The diagnostic value of pericardial fluid pH determination. J Am Animal Hosp Assoc 32: 63-66, 1996.
4. Jones CL: Pericardial effusion in the dog. Comp Cont Educ 1: 680-685, 1979.
5. Lombard CW: Pericardial disease. Vet Clin North Am Small Animal Pract 13: 337-353, 1983.
6. Miller MW, Fossum TW: Pericardial disease. In Bonagura JD (ed): Kirk's Current Veterinary Therapy XII. Philadelphia, W. B. Saunders, 1996, pp 725-731.
7. Miller MW, Sisson DD: Pericardial disorders. In Ettinger SJ, Feldman EC: (eds): Textbook of Veterinary Internal Medicine, 4th ed. Philadelphia, W. B. Saunders, 1995, pp 1032-104s5.

112. 緊急静脈確保
EMERGENCY VENOUS ACCESS

Lisa L. Powell, D.V.M.

1. 緊急に静脈確保を必要とする主な状況を2つ挙げよ。
   - ショック
   - 心肺停止

2. 循環血液量が減少している状態で、末梢静脈に血管流路を求めるのは困難か？

　血液量が減少し、血圧の低下している患者に静脈内カテーテルを挿入するのは困難なことがある。循環血液量減少あるいは低血圧の状態を促進させるような事態の後に起きるアドレナリン作動反応のために、末梢静脈はしばしば収縮している。静脈確保もまた、小型の動物、幼若の動物、小型のエキゾチック・アニマル、浮腫のある患者および肥満の患者では困難なことがある。たいていの場合、静脈内カテーテルは通常の方法で留置することができる。

3. 通常の方法が不可能であるとしたら、血管を確保するために他のどのような方法があるか？

　血管を確保する代替の方法としては、補助切開法、静脈切開法および骨内カテーテル法がある。

4. 骨内カテーテル法あるいは静脈切開法を実施するには、化学的な鎮静が必要となるか？

　ほとんどの動物が危篤状態であるため、骨内カテーテルや静脈切開を行う際に化学的な鎮静は通常必要とされない。2％リドカインの局所浸潤麻酔で通常は十分である。

5. 補助切開法とは？

　補助切開法とは、カテーテルを入れようとしている静脈上の皮膚を全層切開することである。時間が許せば、その部位を無菌的に処理し、リドカインを浸潤させる。No.11のメス刃あるいは18ゲージの注射針の針先を用いて、カテーテル挿入部位の皮膚に全層にわたる小切開を加える。カテーテルをその切開部から進め、可視下で血管に容易に入れることができる。この方法により、カテーテルに対する皮膚の緊張と摩擦を減らすことができ、カテーテル操作がしやすくなる。

6. 静脈切開法はどのように行うか？

　静脈切開法にはミニカットダウン法とフルカットダウン法の2種類がある。ミニカットダウン法は補助切開法に類似しているが、切開部は血管の表面が見えるまで拡張させる。そして、20ゲージの注射針の針先で血管を切開し、カテーテルを血管内へ挿入する。

フルカットダウン法は、無菌操作で実施しなければならない。リドカインを浸潤させた後、血管に沿って 2.5 〜 5 cm の皮膚切開を施す。血管を周囲組織から剥離し、血管鉗子あるいは縫合糸を用いて血管の近位と遠位をクランプする。鉗子間の血管に切開を施し、カテーテルを切開部より近位側へと入れる。鉗子を外し、カテーテルを血管内に固定するために縫合糸でカテーテルと血管を近位と遠位の 2 カ所で結紮する。生理的食塩液でその部位を洗浄した後、カテーテル周囲の皮膚を縫合する。フルカットダウン法は、長期間静脈内にカテーテルを留置する必要がある場合、あるいは救急時に他の静脈確保に失敗した場合に実施される。

7. 静脈切開法が禁忌となるのは主にどのような場合か？
　静脈切開法を実施する上で相対的に禁忌となるのは、重篤な凝固障害のある場合である。すなわち、DIC、全身性感染症、代謝障害、免疫誘発性血小板減少症、DIC 出血あるいは感染症（ロッキー山紅斑熱、エールリッヒア症、ライム病など）に続いて起きる血小板減少症、von Willebrand 病のような凝固因子の欠乏症、そしてワルファリン摂取のような中毒などである。このような状況下で、静脈切開法によりカテーテルを留置しなければならない場合は、切開部の出血を制御するよう努力をしなければならない（例えば、直接圧迫を施すなど）。通常の方法が困難な場合には、補助切開法、ミニカットダウン法、あるいは骨内カテーテル法が望ましい。

8. 静脈切開法に関連する合併症とは？
　静脈切開法に関連する併発症として可能性があるものとしては、カテーテルを入れる部位の出血と感染である。出血は処置中にしっかり止血ができていれば問題はなく、感染はカテーテルを最初に留置する際に無菌的操作で行うことで回避できる。カテーテルを入れた部位は後の汚染や感染を防ぐため、滅菌包帯にて覆う必要がある。

9. 骨内カテーテルが設置される最も一般的な部位は？
　骨内カテーテル設置の最も一般的な部位は、大腿骨の顆間窩、腸骨翼、脛骨粗面、脛骨粗面のちょうど末端部の脛骨近位の内側面、上腕骨の大結節などである。

10. 骨内カテーテルはどのように設置するか？
　骨内カテーテルの設置には、以下のような器具が必要である。
- 局所麻酔用　1 ％リドカイン
- No. 11 のメス刃
- 針　16 〜 20 ゲージ骨髄針（犬、猫）
　　　18 〜 22 ゲージ骨髄針（若齢犬、猫）
　　　18 〜 25 ゲージ皮下注射針（新生子）
　　　12 および 15 ゲージの一般的な骨内カテーテル
- 12mL シリンジ
- ヘパリン加生理的食塩液（3 mL）
- 消毒用軟膏

　設置する部位を剃毛し、無菌的に準備をする。皮膚と骨膜を 2 ％リドカインにて浸潤させ

る。メス刃にて骨膜までの穿刺切開を施す。切開部より針を入れ、骨皮質に到達する。軽く力を入れながら、針を約30°の傾きで前後に回転させる。通常、針が髄腔内に入れば突然抵抗が減少する。可能なら、針を奥まで進める。肢を曲げたり伸ばしたりして針がそれと同調して動くことにより、しっかりと設置されていることを確認する。針が骨髄腔に接触していなければ、ぐらつくだろう。12ccのシリンジにて骨髄を吸引し、髄腔内に設置されたことを確認する。針はヘパリン加生理的食塩液でフラッシュする。フラッシュの際、抵抗はほとんど感じられないはずである。抵抗が感じられた場合は針を90〜120°回転させ、針先を内側の皮質から離す。針が皮膚と接している部位に帯状のテープを取り付け、そのテープと骨膜あるいは周囲の皮膚と縫合し固定する。さらに消毒用軟膏を付けたガーゼを当て、針の動揺や破損、挿入部位の汚染を防ぐために針全体を包帯で被覆する。一般的な包帯法としては、カテーテルの周囲にギプス用の詰め物を8の字に巻き、外側を伸縮ガーゼとベトラップあるいは伸縮包帯で被覆する。

11. 骨内カテーテルはどのような場合に適応となるか？

骨内カテーテル法は小型の動物、幼若の動物そして重度な低血流量、低血圧の動物において静脈確保をする上で優れた方法である。骨内カテーテルからの輸液や薬物の投与は、末梢血管からの投与と同様の血中濃度を達成できる。心肺機能の停止した患者では、次の2つの理由から、骨内カテーテル法が有利となることが多い。⑴多くの場合、末梢血管は虚脱していること、⑵静脈確保がしばしば不可能であること。

12. 骨内カテーテル法が禁忌となるのは主にどのような場合か？

骨内カテーテルが禁忌となるのは、設置する部位に骨疾患（例えば、骨折、新生物、骨髄炎）や設置箇所を覆う膿瘍、皮膚や創傷の感染がある場合、および敗血症の場合である。敗血症の患者を治療する場合には、骨髄炎を引き起こす可能性（すなわち、血液性病原体の血液にのって拡散していく）があることと、不十分な輸液は死亡率の増加につながることを比較検討しなくてはならない。

13. 骨内カテーテルを設置することによる合併症とは？

骨内カテーテルに関連する最も一般的な合併症は感染症である。他の合併症としては、カテーテルが骨を貫通した場合に生じる周囲組織への輸液の漏れと、稀に骨折がある。感染症の危険性は、骨内カテーテルの留置期間が長いほど高くなる。

14. 骨内カテーテルを通じてどのような薬物の投与が可能か？

骨内カテーテルを通じて投与すると以下のような多くの薬物が効果的である。

アミノフィリン	デキサメサゾン	エピネフリン
アトロピン	ジアゼパム	インシュリン
グルコン酸カルシウム	ジギタリス	モルヒネ
重炭酸塩	ジフェンヒドラミン	チオペンタール
セフォキシチン	ドブタミン	デキストロース

15. 骨内カテーテルでの血漿、血液製剤、高張食塩液、ヘタスターチ、デキストランの投与については？

血漿、血液製剤、高張食塩液、合成膠質液は骨内カテーテルから安全に投与できる。骨内経路では、最大投与速度は大口径の静脈カテーテルを用いた場合よりも遅くなるが、体液補正は十分に成功するだろう。

16. 骨内カテーテルで薬物、膠質液、血液製剤、あるいは晶質液を投与する場合、その投与量を変える必要があるか？

骨内カテーテルの使用は静脈内経路の場合と共通している。したがって、薬物、膠質液、血液製剤および晶質液の骨内カテーテルからの投与量も静脈内投与量と同様である。

17. 骨内カテーテルを安全に留置できる期間は？

無菌的操作で留置し、包帯も確実にできていれば72時間は安全に留置可能である。

18. 絶対的に救急時に通常の方法が使えない場合、最も安全で効果的なカテーテルの設置法は？

緊急時には、静脈確保は患者の生命を救うために必要な処置の1つである。しかしそれはまた、最も困難なものであり、場合によってはほとんど不可能な処置のようにみえる。静脈切開法や骨内カテーテル法のようなカテーテル設置の代替法では、無菌的操作が必要である。しかし、無菌的な準備をする時間がない場合は、体液補正がなされ、患者の状態が安定したところで緊急用のカテーテルを通常の静脈カテーテルに入れ変えるべきである。

参考文献

1. Hansen B: Treatment of shock. ACVECC Proceedings, San Antonio, TX, 1995, pp 21-24.
2. Otto C, McCall-Kaufman G, Crowe DT: Intraosseous infusion of fluids and therapeutics. Comp Vet Cont Educ 11: 421-430, 1989.
3. Poundstone M: Intraosseous infusion of fluids in small animals. Vet Tech 13: 407-410, 1992.
4. Okrasinski EB, Krahwinkel DJ: Treatment of dogs in hemorrhagic shock by intraosseous infusion of hypertonic saline and dextrans. Vet Surg 21: 20-24, 1992.

---

113. 尿道カテーテル法
URETHRAL CATHETERIZATION
Steven Mensack, V.M.D., and Orna Kristal, D.V.M.

---

1. 尿道カテーテル法はどのような場合に適応となるか？

1回きりの、あるいは定期的な尿道カテーテル法は、尿道の閉塞を解除したり、あるいは膀

胱穿刺ができない場合に、診断の目的で膀胱から直接尿を採取するために最もよく用いられる。他の適応としては、膀胱あるいは尿道のX線検査のための造影剤の注入、検査に供する膀胱結石の回収、前立腺の洗浄、そして横臥、膀胱の神経学的機能不全、疼痛などの理由から、正常な排尿が困難な動物の膀胱からの採尿などがある。

尿道カテーテルの留置の適応は、尿の産生量を測定する場合や、尿道の閉塞（特にその閉塞が重度な炎症と尿路内のデブリスの存続に関連する場合）の解除後、尿道の開存性を維持しておきたい場合、圧力の低い膀胱を空にしておく場合、そして横臥状態の動物より尿を回収する場合などである。また、膀胱や尿道、前立腺に関わる手術後にも尿道カテーテルの留置が適用されることがある。

2. 尿道カテーテル法が禁忌となるのは、相対的にどのような場合か？

尿道カテーテル法は次のような患者や状況では実施すべきではない。すなわち、免疫力に異常があったり（パルボウイルスのようなウイルス感染症、汎血球減少症、化学療法の際など）、敗血症となっている患者、尿道や膀胱への損傷（尿道や膀胱の新生物）の明らかな危険性なしに、容易には尿道カテーテル処置が行えない場合、そして尿道カテーテルが装着されていることが原因となり、手術（恥骨前の尿道造瘻術）の結果に悪影響を及ぼす場合である。

3. どのようなタイプのカテーテルが最も一般的に使用されるか？

尿道カテーテルには大きさ、材質、形状により、様々な種類がある。これらは、French (Fr) システムを用いて外径の大きさにより分類されている。1-Fr は 1/3 mm に相当する。カテーテルの内径は、構造と材質により変わってくる。カテーテルにはそれ独自で留置するものと、そうでないものがある。

フォリーカテーテルは、最も一般的に使用される留置可能なタイプのカテーテルである。これには先にバルーンが付いており、カテーテルの壁に包含されている注入管を通して、そのバルーンに生理的食塩液を注入することができる。カテーテルの先が膀胱内にある場合、バルーンを膨らますことでカテーテルが膀胱から逸脱するのを防いでいる。フォリーカテーテルはテフロンコーティングされたラテックス、あるいはシリコンでできているため、伸縮性に富み化学的変化を起こさない。フォリーカテーテルは、著しく伸縮性があり、多くの非固定型カテーテルに比べ傷つけることが少ない。フォリーカテーテルは、主に雌の大型犬の留置カテーテルとして使用される。一方、雄犬では尿道が細く長いため、比較的硬度があり長いサイズのカテーテルが必要となる。小型の犬や猫では、8-Fr あるいはそれ以上の大きさのフォリーカテーテルは使いにくい。

最も一般的に使用される、バルーンの付いていない型のカテーテルは、真直ぐな尿道カテーテルで、1つの管腔を持ち、遠位端には1つもしくは複数の開口部がある。これらのカテーテルには金属、ポリプロピレンおよび塩化ポリビニール（レッドラバー）が用いられている。独自で留置しない型のカテーテルは、テープおよび／あるいは縫合糸で固定する。雌犬には金属のカテーテルで単一の大きさのものが使用される。このカテーテルは剛性であるため挿入しやすいので、留置しない1回だけのカテーテルの使用時によく用いられる。しかし、金属性のカテーテルは尿路を傷つけやすいため、手放しには勧められない。ポリプロピレン製カテーテルは比較的硬く、先端が閉鎖状態になっている。これには内径が数種類あるが、長さは皆同じ

(22インチ) である。一般的に雄犬および雌犬に使われる。トムキャット・カテーテルもまたポリプロピレン製であるが、単一の直径 (3.5-Fr) のみであり、先端はオープンとクローズドの2種類がある。これは主に雄猫の尿道閉塞の解除に使用される。ポリプロピレン製のカテーテルは、その硬さのため尿道や膀胱を傷つけてしまう危険性があるので、留置カテーテルとしての使用には理想的ではない。塩化ポリビニール製（レッドラバー）カテーテルには多くの種類の直径と2種類の長さがある。ほとんどのカテーテルの長さは16インチであるが、8-Frの大きさのものだけには、16インチと22インチの2種類の長さがある。レッドラバーカテーテルはポリプロピレン製カテーテルよりも軟らかく、尿路を傷つけることも少ない。研究によると、レッドラバーカテーテルはまた、ポリプロピレンのタイプのものより尿道粘膜に対する刺激も少ないとされている。これらの特徴から、レッドラバーカテーテルは犬猫の雄雌ともに対する留置カテーテルとしてより適している。

4. 使用する尿道カテーテルの適切なサイズをどのように決めるか？

　尿道カテーテルには3.5～14-Frの範囲のサイズがある。犬では体重に基づいて適切なサイズを判断する。雄犬では、体重12kg以下のものでは3.5～5-Frのカテーテルを、12～35kgでは8-Fr、35kgを越えるものは10もしくは12-Frのカテーテルを使用する。雌犬では、5kg以下のもので5-Frを、5～25kgでは8-Fr、25kg以上では10～14-Frのカテーテルを使用する。猫はほとんど3.5-Frのカテーテルを使用し、時に大型の猫には5-Frを使用することもある。

犬および猫に使用する尿道カテーテルのサイズと種類

動物	カテーテルの種類	カテーテルのサイズ(Fr)
猫	トムキャットあるいは塩化ビニール	3.5
雄犬		
体重＜12kg	ポリプロピレン製あるいは塩化ビニール	3.5～5
体重12～35kg	ポリプロピレン製あるいは塩化ビニール	8
体重＞35kg	ポリプロピレン製あるいは塩化ビニール	10～12
雌犬		
体重＜5kg	ポリプロピレン製あるいは塩化ビニール	5
体重5～25kg	ポリプロピレン製、塩化ビニールあるいはフォーリー	8
体重＞25kg	ポリプロピレン製、塩化ビニールあるいはフォーリー	10～14

5. 雄犬にはどのように尿道カテーテルを入れるか？

　一般的に、雄犬にカテーテルを入れるには、2人のスタッフが必要である。犬を横臥位に保定する。

1. まず1人が包皮を引っ張り、陰茎を露出させる。陰茎は1％ポピドンヨード液でやさしく洗浄する。
2. もう1人は滅菌グローブを装着し、適切な長さと直径のカテーテルを持つ。カテーテルを挿入する長さは、包皮の先端から会陰部までの長さと再び包皮へと戻る長さの半分を計測して概算する。カテーテルの先の3～5cmの部分に滅菌潤滑剤（K-Y Jelly, Johnson & Johnson）をつける。滅菌グローブを装着する代わりに、離して2つの切れ

込みをいれる。パッケージの先端を捨て、残りの部分から3～5cm部分を切り離し、これをカテーテルの先端近くでパッケージを3～5cm程カテーテルの導入部用に無菌的操作で扱う。

3. カテーテルの先端を尿道口より入れ、ゆっくりと膀胱内へと進めて行く。カテーテルが坐骨弓の上を通過する際に抵抗を感じるかも知れないが、その場合にはカテーテルを回しつつ肛門の下部の会陰部を押しながら入れてみるとよい。過度に力を入れると尿道の粘膜を傷つけたり、尿道を破裂させる危険性があるので気を付ける。

4. カテーテルが膀胱内の十分な位置に入った後にもまったく採尿できない場合には、滅菌注射筒で尿の吸引を試みる。この時点で膀胱に圧縮をかけるのは膀胱を損傷させる可能性があるために避けるべきである。まったく採尿できない場合は、カテーテルをほんの少しだけ引いたり前へ進めたりと位置を変えてみる。カテーテルをやさしくとりはずし、再び挿入を試みる前に尿の吸引をくり返すべきである。

5. 尿道カテーテルの目的が、採尿あるいは膀胱内の圧力を減ずることであれば、処置が終了した後、カテーテルはやさしく抜去する。

6. カテーテルを閉鎖性尿収集システムの一部として留置しておくのであれば、柔らかいレッドラバーのタイプを使用する。カテーテルを患者に固定するために、包皮から出たところのカテーテルに1インチの防水テープで作製した翼状部を取り付け、その翼状部と包皮の両側とを非吸収性縫合糸にて固定する。他の方法としては、チャイニーズ・フィンガーノットを利用して包皮に固定しても良い。テープあるいは包帯でカテーテルを腹部頭側に固定し、カテーテルが捻れたり、はずれたりするのを防ぐ。患者の口や頭がカテーテルに届くようであればエリザベスカラーを装着する。

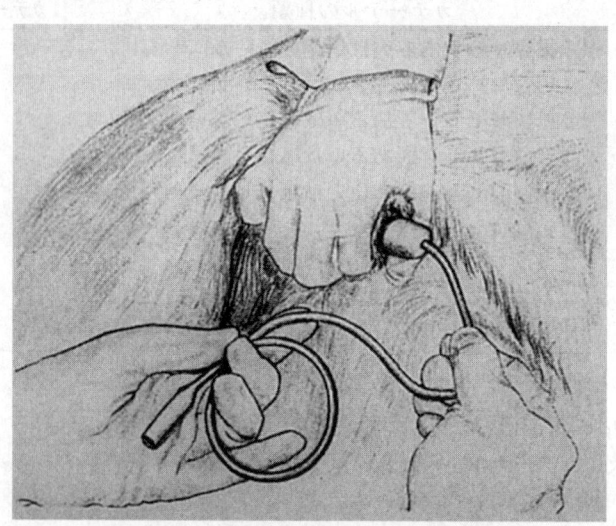

雄犬における尿道カテーテルの設置

(Crow SE, Walshaw SO: Urethral catheterization. In Manual of Clinical Procedures in the Dog and Cat. Philadelphia, J. B. Lippincott, 1987, pp 110～127 より許可を得て転載)

6. 雌犬にはどのように尿道カテーテルを入れるのか？

雌犬にカテーテルを入れるには、2人のスタッフが必要である。

1. 1人が犬を立位に保定する。これが無理であれば、横臥位あるいは両後肢がテーブルの両端まで開くような胸骨臥位が望ましい。またこのポジションで保定する場合には、犬とテーブルの端にはタオルか他の詰め物を敷く。尾を側方に引き、外陰部を露出する。1％ポビドンヨード液にて外陰部とその周辺をやさしく洗浄する。
2. もう1人は滅菌グローブを装着し、尿道カテーテルを入れる準備をする。眼科用点眼麻酔液（Ophthaine 0.5％、Solvay）、2％リドカイン液あるいは2％粘性リドカインなどのような局所麻酔薬を膣内に注入し、カテーテルを設置する際の不快感をやわらげる。
3. 滅菌した膣鏡あるいは耳鏡に滅菌潤滑剤（K-Y Jelly, Johnson & Johnson）をつけ、膣内に入れる。鏡は陰核窩を避けるため背側に進め、それから尿道乳頭を確認するために腹側に向ける。尿道乳頭は細い切口状あるいは窪み状に見え、通常、骨盤の尾側縁に位置している。
4. 適切なタイプと直径のカテーテルを選び、先端に滅菌潤滑剤をつける。カテーテルを直視下で尿道に入れ、膀胱内へと進めていく。この距離は普通8～14cm（雌犬の尿道の長さ）である。尿道の粘膜を傷つけたり、尿道を破裂させる危険性があるので過度に力を入れないこと。
5. カテーテルが膀胱内の十分な位置に入った後でもまったく採尿できない場合には、滅菌注射筒で吸引してみる。それでもまったく採尿できない場合は、カテーテルをほんの少しだけ引いたり前へ進めるなどしながら、吸引をくり返す。この時点で陰圧を強くかけると膀胱を損傷してしまうので注意を要する。尿が採れない場合は、カテーテルをやさしく取りはずし再び挿入を試みる。
6. 尿が採取でき、あるいは膀胱が減圧されたらカテーテルをやさしく抜去する。カテーテルを留置するのであれば、下記に示すように犬に固定し、閉鎖性尿収集システムに接続する。

代替的に、雌犬には触知法を使用して尿道カテーテルを設置できる。

1. 犬を視覚法と同じように保定し準備する。局所麻酔法を前述したように施す。
2. カテーテルを扱う人は滅菌グローブを装着し、適切な直径とタイプのカテーテルを選ぶ。カテーテルには潤滑剤をつける。
3. 利き手でない方の（右利きの人は左手）人差し指に潤滑剤をつけ、膣に入れる。尿道乳頭を触知する。
4. カテーテルを腹側より指の方に進めて行く。指は、カテーテルを尿道へと誘導する役目を果たす。カテーテルが人差し指の先を越えて触知されれば、カテーテルは尿道には入っていない。この場合にはカテーテルを少しだけ引き戻し、腹側（指の直下）に再び進め尿道口に入れる。
5. カテーテルの先端が尿道に入れば、前述したようにカテーテルを進める。雌犬では、留置カテーテルはいくつかの方法で固定する。
    1. フォーリーカテーテルを使用した場合は、バルーンを滅菌生理的食塩液で膨らませる。膨らましている間に抵抗を感じたらバルーンは尿道内にある可能性がある。この時にはバルーンを一旦しぼませ、カテーテルを少しだけ前へ進めて再びバル

ンを膨らませる。バルーンを膨らませるのに必要な生理的食塩液の容量は、一般的にはそのパッケージに記載してある容量を用いる。
2. フォーリーカテーテルを使用するのにあまりに小型犬の場合には、レッドラバーカテーテルが推奨される。膣から出たところのカテーテル周囲に翼状様に防水テープでカテーテルを犬に固定する。カテーテルはそのテープを通して外陰部までを非吸収性縫合糸で縫合する。患者がカテーテルに届くようであればエリザベス・カラーを装着する。

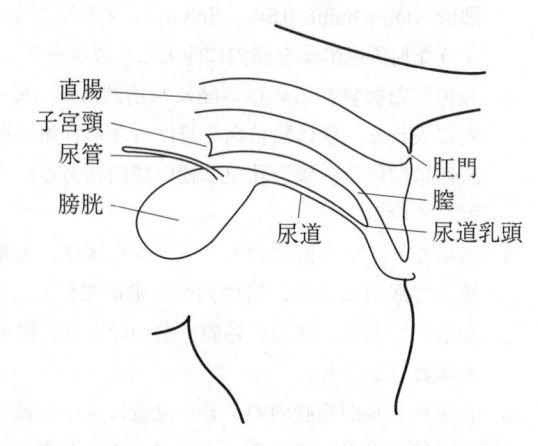

雌犬の下部尿路
(Phillip S: Urine collection in cats and dogs. Part II: Urinary catheterization. Vet Tech 11: 1, 1990 より許可を得て転載)

7. 雄猫にはどのように尿道カテーテルを入れるか？

雄猫にカテーテルを入れるには、2人のスタッフが必要である。通常、鎮静あるいは短時間の麻酔が必要となる。

1. 1人が横臥位に保定し、両後肢を頭方に、尾を側方あるいは背方に引っ張る。包皮周辺を剃毛し、1％ポビドンヨード液で洗浄する。
2. もう1人は滅菌グローブを装着する。3.5Frのポリプロピレン製のトムキャット・カテーテルあるいは3.5Fr（大型の猫では5Fr）のレッドラバー・カテーテルの先端に滅菌潤滑剤（K-Y Jelly, Johnson & Johnson）をつける。クローズドエンドのトムキャット・カテーテルは、先端が膀胱粘膜を傷つけることが少ないため好んで使用される。
3. 包皮の片側に利き手でない方の手の親指と人差し指を置き、ペニスを包皮から引き出す。その際、手のひらは、猫の尾根部の背の上にもたせかけておく。ペニスを引き出す際に、頭側方向に圧力をかける。
4. カテーテルの先を尿道口に引き入れ、カテーテルを膀胱内へゆっくりと進める。親指と人差し指で包皮を尾腹方へ少し引っ張ることで尿道が真っ直ぐとなり、カテーテルが坐骨弓を越えて膀胱内にスムーズに入りやすくなる。
5. カテーテルを前へ進ませるのが（尿道閉塞あるいは偏位に派生して）困難となった場合、滅菌生理的食塩液でカテーテルをゆっくりとフラッシュすることにより尿道を真っ直ぐにして、閉塞を解除し、膀胱内へとカテーテルを進ませることができる。尿道粘膜を傷つけたり、尿道を破裂させる恐れがあるため過度に力を入れるべきではない。
6. カテーテルを、閉鎖性尿収集システムの一部として留置する場合には、塩化ポリビニール製の留置カテーテルを猫に固定する。閉塞を解除するために、ポリプロピレン・カテ

ーテルを最初に使用していたなら、それは取り換えるべきである。ポリプロピレン・カテーテルを抜く際に、滅菌生理的食塩液でフラッシュし、尿道内の細粒を膀胱に押し戻し、尿道を拡張させることにより、塩化ポリビニール製カテーテルを入れやすくする。潤滑剤を付け、尿道に入れる前に塩化ポリビニール製カテーテルを凍らせておけば、カテーテルの硬度が増し尿道を通過しやすくなる。

7. カテーテルを固定するために、包皮から出たところのカテーテルに幅1インチの防水テープで作製した翼状部を取り付け、その翼状部と外陰部とを非吸収性縫合糸にて固定する。収集システムをカテーテルに接続し、カテーテルと縫合部にかかる緊張をなくし、また患者がカテーテルをはずすのを予防するために尾にカテーテルをテープで巻き付ける。猫がカテーテルに届くようであればエリザベス・カラーを装着する。

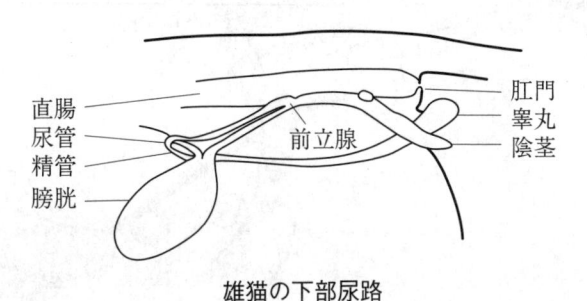

雄猫の下部尿路

(Phillip S: Urine collection in cats and dogs. Part II: Urinary catheterization. Vet Tech 11: 1, 1990 より許可を得て転載)

8. 雌猫にはどのように尿道カテーテルを入れるか？
　雌猫にカテーテルを入れるには、2人のスタッフが必要である。通常、鎮静あるいは短時間の麻酔が必要となる。
1. 1人が猫を横臥位に保定し、尾を側方あるいは背方に引っ張る。外陰部を1％ポピドンヨード液にてやさしく洗浄する。眼科用点眼麻酔液（Ophthine 0.5%, Solvay）、2％リドカイン液あるいは2％粘性リドカインなどのような局所麻酔薬を膣内に注入し、カテーテルを設置する際の不快感をやわらげる。
2. もう1人は滅菌グローブを装着する。3.5Frのポリプロピレン製のトムキャット・カテーテル、あるいは3.5Frのレッドラバー・カテーテルの先端に滅菌潤滑剤（K-Y Jelly, Johnson & Johnson）を付ける。
3. 片手で陰唇部を尾方に引っ張り、カテーテルを尿道口内へ達するまで膣壁腹側に沿って進める。カテーテル内に細いワイヤーのスタイレットを入れておけば処置がしやすくなる。尿道粘膜に傷をつけたり、尿道を破裂させる恐れがあるため過度に力を入れるべきではない。
4. カテーテルが膀胱内の十分な位置に入った後にも、まったく採尿できない場合には、滅菌注射筒で吸引してみる。ただし、陰圧を強くかけると膀胱を損傷する可能性があるため推奨できない。それでもまったく採尿できない場合は、カテーテルをほんの少しだけ引いたり前へ進めたりと位置を変える。やさしく引き抜き、再びカテーテル装着を試みる前に再び尿を吸引してみる。

5. 尿が採材でき、あるいは膀胱内の圧力を減ずることができたならば、カテーテルはやさしく抜去する。カテーテルを閉鎖性尿システムの1部として留置する場合には、塩化ポリビニール製の留置カテーテルを猫に固定する。膣から出たカテーテル周囲に翼状様に1インチの防水テープで固定する。カテーテルは非吸収性縫合糸でそのテープを通して外陰部まで縫合する。尿収集システムはカテーテルにつなげる。患者がカテーテルに届く場合はエリザベス・カラーを装着する必要がある。

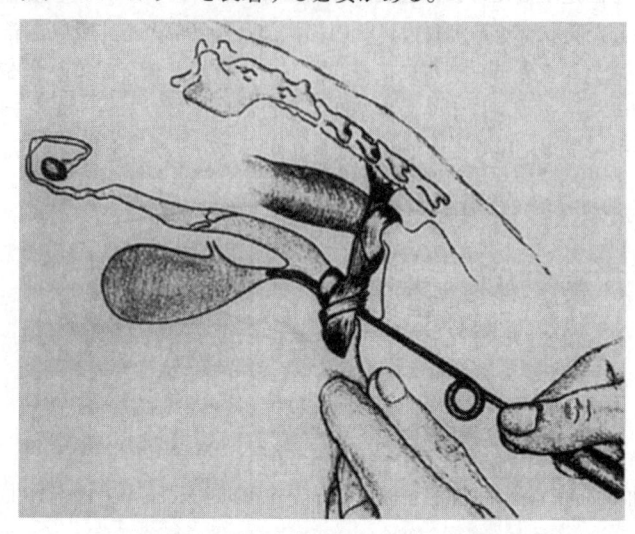

雌猫における尿道カテーテルの位置
(Crow SE, Walshaw SO: Urethral catheterization. In Manual of Clinical Procedures in the Dog and Cat. Philadelphia, J. B. Lippincott, 1987, pp 110〜127 より許可を得て転載)

9. カテーテルを尿の収集のため留置しておく場合、どのようなガイドラインに基づいてカテーテルと収集システムを管理していけば良いか？

　尿道カテーテルを留置する場合、損傷や感染の発生を減らすこととなるガイドラインが必要である。カテーテルが患者に固定されたら、閉鎖性尿収集システムが取り付けられる。閉鎖システムは通常、滅菌静脈内チューブとそれに接続された空の輸液バッグより構成される。市販の尿収集システム（Dover Urinary Drainage Bag, Sherwood Medical）でも代用できる。市販のものは接続部を外すことなしに収集バッグから尿を排出することが可能である。市販のシステムの多くは、フォリーカテーテルと適合する。

　閉鎖性尿収集システムは無菌的に取り扱うようにする。いったんカテーテルを滅菌チューブに接続したら、カテーテルが閉塞を起こさない限り連結部を分離しないようにする。カテーテルが閉塞したらチューブを無菌的に外し、滅菌生理的食塩液にてカテーテルをフラッシュしてみる。カテーテルがまったく機能しなくなったり、もはやカテーテルを入れておく必要がなくなったときにはカテーテルを抜去する。尿収集バッグは、患者よりも低い位置に置くようにして、尿の膀胱内への逆流を防ぐ。尿の逆流は膀胱内で細菌が繁殖する可能性を増す。尿収集バッグも院内病原体によるシステムの汚染や膀胱での繁殖の可能性を少なくするために床から離しておく。尿収集バッグ内にポビドンヨードや過酸化水素水を添加することにより、システムの細菌汚染やそれに続いて起こる膀胱内の細菌の繁殖が予防できることは報告されていない。

患者が留置カテーテルに届くようであればエリザベス・カラーを装着する。

10. 尿道留置カテーテルはいつ抜去するべきか？
　　尿道カテーテルの留置は最小限必要な期間だけ設置する。尿道カテーテルは、以下の3つの状況の下で抜去する。
　1. カテーテルがまったく機能しなくなった場合。抜去する前にカテーテルとシステムが捻れていないかどうかをチェックする。捻れがない場合には、滅菌生理的食塩液にてカテーテルをゆっくりとフラッシュしてみる。これらの処置の後も依然として尿が流れない場合は、カテーテルを抜去しその原因を確かめる。必要ならば、新しい無菌カテーテルを挿入し、新しい無菌の収集システムにつなげる。
　2. 膀胱や尿道の損傷、あるいは感染性の全身的な症状がみられた場合。感染の全身的な症状（膿尿、発熱、白血球増加症）が現れた場合は、カテーテルの抜去と同時に尿およびカテーテルの微生物学的培養検査を行うことが望ましい。再度のカテーテル挿入は、絶対的な必要がない限り実施しないようにする。
　3. 状態が改善してカテーテルの必要がなくなった場合。留置カテーテルの抜去後、患者の排尿時に十分な尿の通過（量と勢い）がみられることを慎重に監視する必要がある。

11. 尿道カテーテルを留置している間、抗生物質の投与を行うべきか？
　　いいえ。雄雌の犬および雄猫における多数の研究で、尿道カテーテルを留置している間、抗生物質を投与しても尿道や膀胱での細菌の繁殖を防ぐ効果は認められないとしている。抗生物質を投与しても、カテーテル設置後4日以内に膀胱内の細菌の繁殖が起こった。いくつかの研究ではさらに、カテーテルを留置している期間、抗生物質を投与することにより細菌が耐性を獲得した、としている。カテーテル抜去後の抗生物質の投与は、尿のサンプルの微生物学的培養検査および抗生物質感受性試験に基づいて実施するべきである。

論　点

12. 尿サンプルの検査試験および微生物学的検査に、尿道カテーテルが及ぼす影響とは？
　　いくつかの研究が、雌雄の犬および雄猫におけるこの問題に関して取り上げている。尿検査の結果については、尿道カテーテルを介して採取されたサンプルの方が、膀胱穿刺のものよりも変動が大きい。報告された差異には、血液の出現および蛋白濃度の増加などがある。
　　尿沈渣物の比較実験では、カテーテル法によって得られたサンプルにおいて赤血球（尿道や膀胱に対する損傷に起因）の増加、白血球および細菌（尿道や膣における尿の汚染による）の増加がみられた。犬では、尿材料の汚染は雄犬より雌犬に多いとしている。尿道カテーテルより採取した尿の検査結果は、注意して解釈する必要がある。
　　微生物学的培養検査の結果は、その材料が尿道カテーテルによって採取されたものであれば検討を加える必要がある。いくつかの研究では、カテーテルを用いて採尿した尿の沈渣中に細菌が存在しているにもかかわらず、培養結果は陰性であることもあるとしている。これは細菌のコロニー数が少ないためと考えられる（感染を汚染と区別するには最少でも 10^5/mL の細菌数が必要である）。大量の無定形の組織片は細菌のようにみえたり、嫌気性菌にみえる。他の

研究では、カテーテルで採取した尿の細菌学的培養検査が同一個体の膀胱穿刺で採取した尿の結果と異なり、誤って陽性を示したことを報告している。

13. 尿道閉塞を解除するためにどのような補助的な方法が用いられるか？

　尿道の閉塞物を除去する方法として最も頻繁に行われるのは、尿道内にカテーテルより生理的食塩液を注入して閉塞物を膀胱へ押し戻す方法である。ゆっくりとシリンジに圧力をかけ生理的食塩液の規則的な水流を作り出す。変法として、閉塞物を除去するために生理的食塩液を短く律動的に噴出させることもある。雄犬や雄猫では、生理的食塩液を注入する際に閉塞部の遠位で尿道を指で押さえることにより、反対方向の圧力が増加して、尿道が拡張し閉塞が解除されることがある。生理的食塩液の注入の際に強い抵抗があれば、尿道の粘膜を損傷したり尿道を破裂する危険性があるため、その時点で中止する。

　雄猫では尿道閉塞を解除するため、いくつかのタイプのカテーテルと付属物がうまく使われている。オープンエンドのポリプロプレン製トムキャット・カテーテル、細い静脈用留置針のスタイレットを抜いたもの、そして金属製の涙管カテーテルなどが閉塞物除去のための生理的食塩液注入時に使われる。これらのタイプのカテーテルは、尿道を損傷する危険性があるためクローズドエンド・トムキャットでうまくいかなかった場合にのみ、注意して使用するようにする。

　Walpole液は、粘液結晶性のプラグの溶解を促進する強い酸性の液体である。上記の方法でも閉塞が解除できない場合は、カテーテルにWalpole液を少量注入し、数分間待った後再び生理的食塩液にてフラッシュしてみる。この液体は組織刺激性が強いため直接膀胱に注入しないようにする。これらすべてを試みてもうまくいかなかった場合には、外科的処置（尿道切開術、膀胱切開術、あるいは一時的にチューブを用いた膀胱造瘻術）が適応となる。

参考文献

1. Barsanti JA, Blue J, Edmunds J: Urinary tract infection due to indwelling bladder catheters in dogs and cats. J Am Vet Med Assoc 187: 384-388, 1985.
2. Barsanti JA, Shotts EB, et al: Effect of therapy on susceptibility to urinary tract infection in male cats with indwelling urethral catheters. J Vet Intern Med 6 (2): 64-70, 1992.
3. Comer KM, Ling GV: Results of urinalysis and bacterial culture of canine urine obtained by antepubic cystocentesis, catheterization, and the midstream voided methods. J Am Vet Med Assoc 179: 891-895, 1981.
4. Crow SE, Walshaw SO: Urethral catheterization. In Manual of Clinical Procedures in the Dog and Cat. Philadelphia, J. B. Lippincott, 1987, pp 110-127.
5. Kirk RW, Bistner SI, Ford RB: Urine collection. In Handbook of Veterinary Procedures and Emergency Treatment, 6th ed. Philadelphia, W. B. Saunders, 1995, pp 483-489.
6. Lees GE, Osborne CA: Urinary tract infections associated with the use and misuse of urinary catheters. Vet Clin North Am Small Animal Pract 9: 713-727, 1979.
7. Lees GE, Simpson RB, Green RA: Results of analyses and bacterial cultures of urine specimens obtained from clinically normal cats by three methods. J Am Vet Med Assoc 184: 449-454, 1984.
8. Lees GE: Use and misuse of indwelling urethral catheters. Vet Clin North Am Small Animal Pract 26: 499-505, 1996.

9. Philip S: Urine collection in cats and dogs. Part II: Urinary catheterization. Vet Tech 11 (1): 21-32, 1990.
10. Stone EA, Barsanti JA: Surgical materials, instruments, and urinary catheters. In Urological Surgery of the Dog and Cat. Philadelphia, Lea & Febiger, 1992, pp 83-90.

114. 腹腔穿刺
ABDOMINAL PARACENTESIS
Orna Kristal, D.V.M.

1. 腹腔穿刺とは？

診断および／あるいは治療の目的で、腹腔内の液体を除去するために、腹腔を針あるいはカテーテルで穿刺することである。

2. 腹腔穿刺の適応は？
- 腹膜炎
- 明らかであるか、またはその疑いのある腹部の外傷
- 穿孔性の腹壁の外傷（特に腹膜貫通が確認できていない場合）
- 急性腹症
- 手術後の消化管の裂開の疑い
- 腹水の貯留
- 多くの外傷を負った患者の評価
- 循環血液量減少性あるいは出血性ショックの状態にあり、かつショックに対する治療に十分に反応しない患者の評価
- 過剰な腹水の除去

3. 腹腔穿刺はどのように行うか？

犬、猫における腹腔穿刺は注射針、留置針、あるいは腹膜透析用カテーテルを用いて行われる。患者および穿刺部位に対する準備は、どの方法でも本質的には同じである。誤って膀胱を穿刺しないように、処置前に自然排尿、圧迫排尿、あるいは尿道カテーテルの挿入によって膀胱内を空にしておく。脾臓を穿刺する危険性を避けるため、左側横臥位にて保定する大型の犬では、針による穿刺であれば立位保定も可能である。臍より1～2cm尾方の穿刺部を中心に腹部正中部を剃毛、滅菌し準備する。この部位を使用すると、針をすぐにふさいでしまう鎌状脂肪を避けることができる。

針穿刺：通常、局所麻酔は必要としない。1インチ、18～20ゲージの針を腹側正中、あるいはわずかに横にそらした部位に穿刺する（564ページの図参照）。明らかに創痕が残っている部位での穿刺は、その下の腹部臓器と癒着している可能性があるため避ける。穿刺後、検査

に供するため、針の胴部からの液体をEDTAチューブおよび血清（レッド-トップ）チューブに回収する。回収後、針を抜去する。この針だけを穿刺する方法は、報告によればシリンジで吸引する場合よりも感度が良い。シリンジを付けるなら、陰圧をかけるのはほんの少しだけにする。そうしないと針先が大網や他の腹部内容物により閉塞することがある。

　留置針による穿刺：穿刺部は白線も含めて1％リドカインにて浸潤させる。2.5インチ、14ゲージのスタイレット付きの留置針を使用する。腹膜を貫通してカテーテルを腹腔内に入れて、スタイレットを抜く。カテーテルに横穴を設けたり、腹部に少し圧迫を加えることで液体を効率良く回収できる。

　腹膜透析用カテーテルによる穿刺：透析用カテーテル（Diacath, Travenol Laboratories, Deerfield, IL）はカテーテルに付いているトロカールを用いて腹腔内に誘導する。患者は左側横臥位とし、上記のように準備する。皮膚に小切開を加え、白線部よりトロカールを回転させながら入れていく。腹膜を貫通したら、トロカールの先端をカテーテル内にしまい、全体を腹腔内に少しだけ進める。それから、カテーテルに付いている小窓すべてが腹腔内に入るまでカテーテルを尾方に進めた後、トロカールを抜き、液体を回収する。

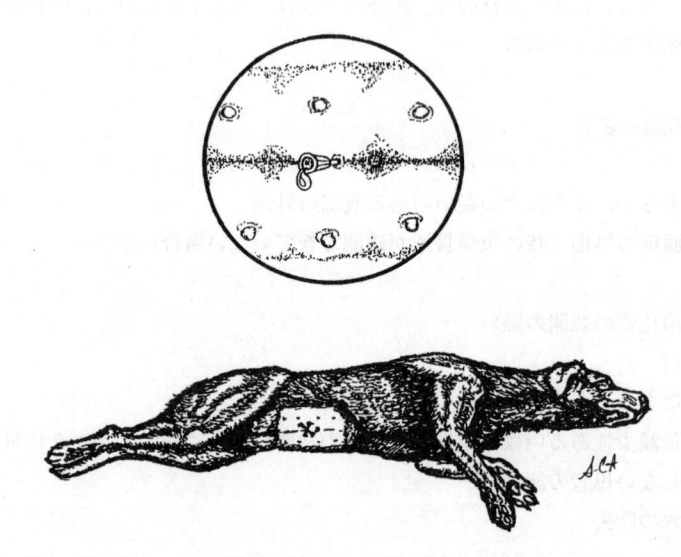

針による穿刺：針は、臍から1～2cm尾方の腹部正中より穿刺する。液体サンプルは、針の胴部から適当な試験管に回収する

4．"腹部小切開"法とは？

　腹部小切開法は、腹膜透析用カテーテルによる穿刺の代替法である。これは、腹部臓器を裂開させたり穿刺してしまったりする危険性が低く、小型の動物により適している方法である。患者を背臥位で保定し、皮膚、皮下織および白線に至るまでの小切開を加える。腹腔内への出血を避けるため、しっかりした止血が必要である。腹腔内への出血は、腹水が貯留しているという誤った結果を示すことになりかねない。トロカールの付いていないカテーテルを尾方に入れ、液体サンプルをシリンジで吸引する。サンプルが得られたらカテーテルを抜き、皮膚切開部を縫合する。腹膜透析用カテーテルによる穿刺方法でサンプルが得られなかった場合は、動物をゆっくりと端から端へ回転させ、再び吸引を試みる。繰り返してサンプリング、排液ある

いは腹膜洗浄を繰り返す場合には、カテーテルを留置したまま縫合する。

5. 3通りの穿刺法のそれぞれの利点、欠点は？

　針による穿刺は、迅速、安価かつ実施が簡単である。つまり、最少限の装備と保定で実施できる。可動性のある腸管ループは、単純に針を避けて動くので腸を穿孔する危険性は低い。針が腹腔内にある間に患者が動くと、腹腔臓器を裂開する危険性が増すため、患者の保定は重要である。針による穿刺の主な欠点は、腹水が少量の場合、感受性が低いということである。一つの針穴もまた、簡単に大網により閉塞してしまう。Kolataは、症例の78％において腹水の貯留陽性という結果を得るためには、犬の腹腔内に少なくとも体重当たり5.2～6.6mL/kgの液体が存在していなければならない、としている。また、他の研究者は、針による穿刺の精度は47～52％と報告している。

　横穴をつけた14ゲージの留置針では、針による穿刺と同じ利点がある。加えて、腹腔臓器を裂開する可能性は小さい。この方法は、カテーテルの長さと横穴のために、針による刺穿より感度が高い。しかしプラスティック製のカテーテルは容易に捻れ、閉塞しやすい。

　腹膜透析用カテーテルでの穿刺は、3つの方法の中で最も感度が高く、体重当たり1～4.4mL/kgの腹水の存在が証明できる。他の研究者は、この方法は精度的に症例の41～83％において腹水の存在が証明できると報告している。この方法が最も信頼できる理由は、大きな内径（11French）、カテーテルの長さおよび多数の小窓にあるといえる。小窓により大網や腸管でカテーテルが完全に閉塞することはなく、また液体との十分な接触面が保たれる。このような点から、腹膜透析用カテーテルは多量の腹水の排出に適し、さらには腹腔洗浄には最適であるといえる。欠点としては高価で時間と労力を必要とすること、患者の不快感が増すこと、および鎮静や局所麻酔を用いた外科的アプローチが必要となること、などである。加えて、トロカールを使用すれば、腹腔内臓器を不注意に穿刺する可能性も出てくる。

6. 腹腔穿刺で、偽陽性という結果を得ることがあるか？

　ある。偽陽性の結果は、医原的な出血や腹腔臓器（脾臓、腸管、膀胱など）の穿孔により生じる。凝集した血液が回収されると、通常、針が血管あるいは組織に入ったことを示している。この所見は顕微鏡的に、血小板の存在や赤血球食細胞増加の欠如を確かめることで確認される。結果の信頼性に疑いが持たれる場合は、別の部位で穿刺を実施する。真の陽性所見であれば、再び同様の結果が出る。

7. 針による穿刺の結果が陰性であれば、次にどうすれば良いか？

　凝集していない液体が僅かでも得られたら（時に、それは針の胴部を満たす程度しか得られないとしても）、穿刺は陽性と考えるべきである。特に単純な針の穿刺では、偽陰性の結果と出ることの方が、偽陽性となることより一般的である。偽陰性と結果が出る主な原因としては、腹水が僅かしか貯留していない場合、針先が大網により閉塞している場合、および腹膜後の損傷などによる。偽陰性が疑われる場合には、陽性結果が得られる可能性を増やすために以下に示すステップのすべて、あるいはいくつかを試してみると良いだろう。

1. 針の位置を変えてみる（すなわち針を回転させたり、穿刺角度を変えたりする）。
2. シリンジで軽く吸引してみる。そしてそれでもだめなら少量の滅菌生理的食塩液を注入

し、大網による針穴の閉塞を緩和させてみる。
3. 穿刺を数カ所で試みる。4区分の腹腔穿刺では、穿刺を4カ所に分けて実施し、腹部を解剖学的に4分割したそれぞれの中心に針を刺す(右頭方、左頭方、右尾方、および左尾方)。
4. 14ゲージの留置針に横穴をつけて実施する。あるいは腹膜透析用カテーテルを使ってみる。
5. 診断的腹膜洗浄(DPL)は、腹腔内における損傷あるいは疾患の早期発見のために最も信用のおける方法である。それは腹水の量に関係なく精度的に症例の94～100%で腹水を検出する。14ゲージの留置針、あるいは望ましくは腹膜透析用カテーテルを前述のように留置する。22mL/kg(BW)の温かいラクトリンゲル液か0.9%生理的食塩液を輸液セットを用いて腹腔内に迅速に注入する。液体を分散撹拌させるために動物をゆっくりと端から端まで回転させる。それから分析用に10～20mLのサンプルを採取する。注入した洗浄液をすべて回収する必要はない。洗浄後もまったく液体が回収できない時には、さらに22mL/kg(BW)の洗浄液を注入し、再び回収を試みる。

8. 液体のサンプルはどのように取り扱うか？

可能な場合には、サンプルの2～3mLをEDTAチューブに回収し、総細胞数、総蛋白濃度および細胞学的検索に供する。別の3～10mLは、1、2本の血清(レッド-トップ)チューブに回収し、生化学的検査および細菌培養検査に使用する。液体はできる限り迅速に検査を行う。特にDPLにて回収したサンプルは、洗浄液に塩分が含まれているため30分以内に細胞溶解を起こしてしまう。すぐに検査分析ができない場合には、回収後ただちに乾風スメアを作成し、残りの液体は次の検査が可能となるまで冷蔵保存する(最長24～36時間)。培養用のサンプルは輸送用のメディウム瓶あるいは培養液に移し変えるなどして適切に取り扱う。混濁度の低い液体のサンプルは、遠心分離をして沈渣のスメアを検査する。

9. 液体サンプルでどのような検査を実施するべきか？

液体の検査では、乾風スメアの細胞学的検査に加え、色調や濁度の評価、比重、ヘマトクリット値、および白血球数などを調べる。生化学的検査は、疑われる腹部の疾患に応じて、血中総蛋白量、クレアチニン、ビリルビン、アミラーゼ、アラニン・アミノトランスフェラーゼおよびアルカリ・フォスファターゼなどについて測定する。液体の細胞学的所見と臨床症状が細菌感染を示唆しているようであれば、好気性および嫌気性培養を考慮するべきである。多くの場合、液体貯留の確定的な原因を発見することができる。原因が特定できないとしても、これらの分析は次の検査への方向性を示している。留意すべき点は、長期間停滞していた液体はある程度腹膜の反応を刺激し、二次的に無菌的な炎症を引き起こすことにより、液体の特性をいくぶん変化させることがある、ということである。

腹腔穿刺液のデータの考え方

特　性	漏出液	変性漏出液	滲出液	出血性滲出液
理学的外観	透明〜薄茶	漿液〜漿液血液様	琥珀色〜赤色	ピンク〜赤色
比　重	＜1.018	1.018〜1.025	＞1.025	＞1.025
総蛋白量	＜2.5g/dL	2.5〜7.5g/dL	＞3g/dL	＞3g/dL
有核細胞数	＜1,000/μL	1,000〜7,000/μL	＞7,000/μL	＞7,000/μL
細胞成分	マクロファージ、中皮細胞、好中球	マクロファージ、中皮細胞、好中球、小リンパ球（時々）新生物様細胞を伴うあるいは伴わない赤血球	炎症を伴う多数の好中球、マクロファージ、中皮細胞、小リンパ球、新生物様細胞を伴うあるいは伴わない赤血球	中皮細胞あるいは新生物様細胞を伴うもしくは伴わない赤血球および白血球
原　因	低蛋白血症、新生物、腸管リンパ管の閉塞、肝後性および肝性門脈高血圧、尿による腹膜炎	新生物、うっ血性心不全、肝前性および肝性門脈高血圧、猫伝染性腹膜炎、乳び/偽乳び（リンパ管の損傷、リンパ肉腫、リンパ管拡張症）	感染性腹膜炎、膵臓性腹膜炎、胆汁性腹膜炎、尿性腹膜炎、新生物、猫伝染性腹膜炎、二次的な炎症を伴うあるいは伴わない乳び/偽乳び	出血性疾患、新生物、外傷、脾臓あるいは胃の捻転

腹腔穿刺液の化学的分析の解釈

検　査	解　釈
ビリルビン	血清中よりも高値の場合は、肝胆汁性樹状構造あるいは近位胃腸管からの胆汁の漏出を示唆する。黄疸のある動物では正確ではない
アミラーゼ	血清中よりも高値の場合は、膵炎あるいは腸管の虚血を示唆する
クレアチニン	血清中よりも高値の場合は、尿の腹腔内への漏出を示唆する
アラニン・アミノトランスフェラーゼ（ALT）	血清中よりも高値の場合は、肝の直接的な損傷あるいは炎症を示唆する
アルカリフォスファターゼ（SAP）	血清中よりも高値の場合は、小腸の虚血あるいは穿孔を示唆する

10. 試験開腹術が必要となるのは腹腔穿刺にてどのような所見がみられた場合か？
    1. 体液補正に反応しない腹腔内出血。
    2. DPLを実施したとき、洗浄液のPCVが5％以上の場合は、腹腔内でかなりの出血が起きたことを示唆している。この場合には20〜30分の間隔で洗浄液のサンプリングを繰り返す。PCVがどんどん増加しているようであれば外科的処置に踏み切る。
    3. 多数の変性好中球がみられる白血球数の高値は化膿性腹膜炎を示している。詳細な検査を実施するべきである。
    4. 液体サンプル中の好中球内部に細菌がみられた場合は、感受性腹膜炎が示唆される（細胞外の細菌は、染色液から来ている可能性があるため、注意深く解釈する必要がある）。
    5. 液体サンプル中の植物繊維は腸管の穿孔を示唆している。

6. 液体サンプル中のクレアチニンが血清中のものより高い場合は、尿路の損傷と尿による腹膜炎を示唆している。
7. 液体サンプル中のビリルビンが血清中のものより高い場合は、肝胆道あるいは近位胃腸管の損傷と胆汁の漏出を示唆している。
8. 腹水の分析結果は臨床徴候と関連させて評価すべきであり、所見の過大解釈は不必要な手術を招きかねない。

11. 腹水を大量に抜くのはどのような場合か？
治療のために穿刺にて腹水を抜くことは、いくつかの理由で通常は行われていない。
1. 明らかな腹水の貯留は疾患の二次的な所見である。したがって、腹水に対する適切なアプローチというのは原疾患（例えば、心疾患、腎臓疾患、新生物など）を明確にし、それに対する治療を試みることである。根本にある問題に力を入れない限り、腹水を抜去したとしてもすぐに再貯留してしまう。
2. いくつかの例では、原発疾患によってナトリウム制限食、利尿薬、アルドステロン阻害薬およびアンギオテンシン変換酵素阻害薬などを使用して、内科的に腹水を徐々に調節しながら抜くことができる。
3. 急速に大量の腹水を抜くことによる危険性として、腹水の急速な再貯留からくる血液量減少性ショック、蛋白の喪失、そして医原性の感染などが挙げられる。

腹水を治療目的で除去するのは、大量の貯留腹水による横隔膜の圧迫や腹部の不快のために呼吸機能が制御されている場合のみである。腹水を急速に抜くことにより循環性ショックに陥ることは実際には証明されていないが、腹水は静脈輸液を実施しながらゆっくりと抜くのが望ましいとされている。大量の腹水除去は、腹部臓器の経皮的なバイオプシーや腹腔鏡あるいは腹部X線検査を実施しやすくする可能性を増すために、適応されることもある。

12. 腹腔穿刺ではどのような合併症が起こり得るか？
腹腔穿刺が適切な方法で実施されれば、合併症の発生は低い。針穿刺による主な合併症は、腹部臓器の裂開である。動物が処置中に動けばこの危険性は高くなる。カテーテルによる穿刺の合併症は、腸管の穿孔、穿刺部からの医原的な感染および出血である。DPLでは、皮下血腫や液体の皮下への漏出などが報告されている。

13. 腹腔穿刺が禁忌となるのはどのような場合か？
腹腔穿刺が絶対に必要でない限り、一般に推奨されない唯一の状態は、出血傾向が増加する凝固障害と血小板減少症である。針やカテーテルによる腹壁の穿刺（腹部臓器や血管の穿孔の危険性も伴う）は、重大な出血を引き起こしたり、悪化させたりする可能性がある。このような場合には、腹腔穿刺をするかどうかの決定は、その有益性に対する危険性を考慮した上でケースバイケースで判断する。加えて、呼吸困難や臓器肥大のある患者、体壁の癒着や横隔膜ヘルニアの疑われる患者に穿刺をする場合には、洗浄を伴うあるいは伴わない穿刺には慎重を期すべきである。

14. 腹腔穿刺のそれぞれの方法の使い分けの一般的な目安は？

針穿刺が、迅速で安価で比較的安全なため、まず最初に試みるべきである。明らかに腹水が貯留している患者では、通常それで十分である。洗浄の有無を問わず、カテーテルによる穿刺は、手術を必要とするような腹腔の外傷や疾患が強く疑われ、かつ他の診断法（針穿刺も含めて）では確定的な結果が得られない場合に推奨される。

参考文献

1. Cowell RL, Tyler RD, Meinkoth JH: Abdominal and thoracic fluid. In Cowell RL, Tyler Rd (eds): Diagnositic Cytology of the Dog and Cat. Goleta, CA, American Veterinary Publications, 1989, pp 151-166.
2. Crowe DT Jr, Crane SW: Diagnostic abdominal praracentesis and lavage in the evaluation of abdominal injuries in dogs and cats: Clinical and experimental investigations. J Am Vet Med Assoc 168: 700-705, 1976.
3. Crowe DT Jr: Diagnostic abdominal paracentesis technique: Clinical evaluation in 129 dogs and cats. J Am Animal Hosp Assoc 20: 223-230, 1984.
4. Crowe DT Jr: Abdominocentesis and diagnostic peritoneal lavage in small animals. Mod Vet Pract 65: 877-882, 1984.
5. Davenport DJ, Martin RA: Acute abdomen. In Murtaugh RJ, Kaplan PM (eds): Veterinary Emergency and Critical Care Medicine. St. Louis, Mosby, 1992, pp 153-162.
6. Ettinger SJ, Barrett KA: Ascites, peritonitis, and other causes of abdominal distention. In Ettinger SL, Feldman EC (eds): Textbook of Veterinary Internal Medicine. Philadelphia, W. B. Saunders, 1995, pp 64-71.
7. Hunt CA: Diagnostic Peritoneal paracentesis and lavage. Comp Cont Educ Pract Vet 2: 449-453, 1980.
8. Kolata RJ: Diagnostic abdominal paracentesis and lavage: Experimental and clinical evaluations in the dog. J Am Vet Med Assoc 168: 697-699, 1976.
9. Larkin HA: Veterinary cytology-collection and examination of body cavity fluids in animals. Irish Vet J 47: 211-219, 1994.
10. Osborne CA, Perman V, Low DG: Clinical and laboratory evaluation of abnormal body fluid accumulations. Part 1: Techniques of paracentesis. Proc Annu Meet Am Animal Hosp Assoc 40: 610-612, 1973.
11. Paddleford RR, Harvey RC: Critical care surgical techniques. Vet Clin North Am 19: 1091-1094, 1989.
12. Scott RC, Wilkins RJ, Greene RW: Abdominal paracentesis and cystocentesis. Vet Clin North Am 4: 413-417, 1974.

115. 脳脊髄液の採取と評価
CEREBROSPINAL FLUID COLLECTION AND ASSESSMENT

John J. McDonnell, D.V.M., M.S.

1. なぜ脳脊髄液（CSF）穿刺を実施するのか？
    ある中枢神経系（CNS）の状態、特に感染性および炎症性脳疾患で、CSFが変性する場合がある。CSFを分析することでしばしばCNS疾患の分類あるいは特異的な原因を明確にできる。

2. CSFを採取するためにどの部位を使用するか？
    - 環椎後頭骨接合部にある大槽（CM）が、犬猫でCSFを採取するために選抜する部位である。
    - L4～L5あるいはL5～L6間にある腰部の槽は最適の部位とはいえない。

3. CSF穿刺を実施するにはどのような装備が必要か？
    1. ほとんどの犬猫で$1\frac{1}{2}×22$ゲージのスタイレット付き脊髄針が使用できる。大型および超大型犬種では$2\frac{1}{2}×22$ゲージスタイレット付き脊髄針が推奨される。腰部穿刺でCSFを採取する場合、CMから採取するときよりも僅かに長い脊髄針が必要である。犬猫の大槽における皮膚からくも膜下腔までの距離については、下記表のとおりである。
    2. サンプルの収集と検査機関への送付のためにEDTAチューブ、血清（レッド-トップ）チューブおよび/もしくはプラスティック試験管を用意しておく。細胞数の算出や細胞学的評価のためにサンプルを提出する場合、分析を依頼する検査機関によってしばしばその収集する容器が決められている。
    3. 施設内あるいは外部の臨床病理検査機関を利用するにせよ、いずれにしてもサンプルの迅速な検査（採取後60分以内）が要求される。

体重別による大槽における皮膚からくも膜下腔までの距離

	体重（kg）	距離（cm）
猫もしくは犬	＜4.5	0.5～1.25
犬	4.5～9.1	1.8
犬	22.7～50.9	3.8
犬	＞50.9	5.0

4. 大槽よりCSFを採取する際の目じるしは？
    右利きの人は、目じるしの位置を確認するために左手を使うべきである。親指と中指を使い、環椎（C1）翼の頭側面を触知する。人差し指で後頭骨隆起と軸椎（C2）を触知し確認する。

脊髄針を穿刺する位置は、環椎翼の頭側縁を結ぶ線と後頭骨隆起から軸椎棘突起までの線との交点である。

5. CSFはどのように採取するか？
    1. 動物を全身吸入麻酔下におく。ケタミンあるいはteletimine（Telazol）のような解離性麻酔薬は発作の危険性を増加させるため使用を避ける。
    2. 気管チューブを用い、処置の間、患者の気道を確保する。サンプルを採取する際に、頭を過度に屈曲させると気管チューブが閉塞することがある。
    3. 大槽上の皮膚は両耳の尾方から軸椎の背側の棘突起まで剃毛し、外科的に準備する。
    4. 右利きの人の場合は動物を右側横臥位とする。助手は患者の頭部を保持し、上部頸椎に対し90°の角度で頸を屈曲させる。脊柱、頭部そして鼻を一直線に合わせ、処置台の表面と平行となるようにする。
    5. 採取する人は膝をついて環椎後頭骨の部位が目の高さにくるようにする。穿刺する位置を決めたら、そのポイントから患者の鼻へ向けて直線をイメージし、その直線に沿って穿刺する。
    6. 脊髄針は、滅菌グローブを装着して操作する。皮膚の穿刺は、針を深く刺しすぎないようにするため、皮膚の抵抗がなくなるまで、力を加減しながら行う。特に、皮膚が厚く硬い犬猫の場合には、18ゲージの針で最初に皮膚を穿刺し、脊髄針を入れやすくしておく。
    7. 脊髄針（スタイレット付き）は非常にゆっくりと前進させる。通常、針が大槽内でくも膜下腔を貫通した時に"ポン"という感覚がある。
    8. この位置でスタイレットを抜き、針の胴部からCSFが流れてくることを確認する。脊髄や脳幹に医原的な損傷を与えないように、左手で針とその胴部を動かないように支えて、右手でスタイレットを抜く。
    9. 最初にスタイレットを抜いた時にCSFがまったくみられなかったら、スタイレットを戻し、2～3cm程針を前進させる。一度前進させるたびにCSFの流出の有無を確認しながらこれを繰り返す（皮膚から大槽までの距離については115-3.の表を参照）。
    10. CSFがいったん流れてくれば、脊髄針の胴部の下方3～5mmのところに採取管を持っていき、滴下するCSFを採取する。

6. CSFの流出が遅いときはシリンジで吸引しても良いか？
   いいえ。シリンジでCSFを吸引するとサンプルに血液が混入する危険性が増す。吸引はまた、脊髄や脳幹尾側への医原的な損傷をもたらす危険も高くする。根気よく待ちなさい。炎症性脳疾患のある動物の多くで1mLのCSFを採取するのに3～5分を要する。CSFの流出が遅い場合は、頭蓋内圧を上昇させるために助手が頸静脈を圧迫することもある。そうするとCSFの流出が増加する。

7. 脊髄針を前進させてもCSFがまったく流出しなかった場合、どうすれば良いか？
   大槽の通常の深さを過ぎて針を前進させていたら針をゆっくりと引き戻し、1mm毎にCSFの流出を確認する。また針が閉塞していないことも確認する。

8. 採取した CSF が新鮮血のようであった場合どうすればよいか？
　サンプルがレッド-トップチューブ内で凝集したなら、おそらくそれは椎骨静脈叢からの血液である。針を抜き、新しい脊髄針でもう一度やり直す。3回試みても CSF が得られない場合は、採取は断念した方がよい。針の貫通による脊髄への損傷や、医原的なくも膜下腔内での出血は、繰り返し CSF 採取を試みた結果発生する重大な併発症といえる。

9. CSF 穿刺には危険性も伴う。どのように練習すればよいか？
　CSF 採取の能力と自信を得るために新鮮な死体を使用する。CSF 採取が可能な脳脊髄圧は死後 10〜20 分以内に急速に減少するため、新鮮な死体が必要となる。

10. CSF を腰部から採取することは可能か？
　はい。採取は可能であるが、腰部の槽は穿刺がより困難となり CSF の量も少なくなる。肥満している動物では、穿刺部位を触知することは困難である。中高齢の動物の多くの場合、関節間の靱帯が石灰化し、脊柱管の間が狭くなっているため、腰部の槽に入れるのはきわめて困難である。また、腰部の槽から CSF 分析のための適切な量（1 mL）は、めったに採取できない。さらにこのアプローチでは、一般的に CSF サンプルに血液が混入しやすい。

11. 腰部槽からの採取の手順は？
1. 腸骨翼の間に位置する、L 6 の棘突起の背側を確認することで穿刺点を触知する。
2. 115-5. で述べた、穿刺部位の準備と他の全身的なアプローチが、ここでもあてはまる。
3. 助手が患者の腰部脊髄を屈曲させ、脊髄針（標準的には $1\frac{1}{2}$〜3 インチ × 22 ゲージのもの）を L 6 棘突起の、僅かに片側にそれた部位で脊柱に対し垂直に穿刺し、L 5〜L 6 間の関節間靱帯を貫通させる。
4. 皮膚を貫通した後、針は骨に接触する。この位置で針を頭側あるいは尾側に進め、L 5〜L 6 の関節間の陥凹へ誘導する。
5. 針を L 5〜L 6 の関節間靱帯に貫通させ、背側のくも膜下腔内へ入れる。
6. このアプローチでは、しばしば脊髄を貫通し、針が脊柱管の腹側面で止まってしまう。この場合には針をゆっくりと引き、腹側のくも膜下腔へ入れる。L 5〜L 6 間の脊髄への針による穿刺では通常、後遺症となるような神経症状は認められない。
7. スタイレットを抜いた際に出血があれば、CSF が透明になるかどうかを判断するため、2、3 滴流れるのを待つか、針を僅かに引き戻してみる。もし液体が 8〜10 滴以内に透明にならなければ針を抜き、新しい針で操作をやり直す。

12. 犬、猫からどれだけの量の CSF を安全に採取できるか？
　ほとんどの検査を実施するために必要な採取のサンプルの量は 1 mL である。この量は少なくとも体重 4 kg の犬猫で安全に採取できる。動物の体重が 9 kg 以上あり、微生物学的培養や感染症の力価測定のためのサンプルが欲しい場合には、2 mL の CSF は安全に採取できる。
　培養や力価測定のために採取する際には、輸送用の保存液や無菌の凝集（レッド-トップ）チューブでサンプルをとることを忘れないように。

13. CSF は 0.5mL しか採取できなかった場合は何ができるか？

採取した CSF が 0.5mL 以下の場合には、実施できる検査の項目は限られてくる。最も有用な診断検査は、重要性の高い順番でいくと、白血球（WBC）数、赤血球（RBC）数、細胞学的検査、および蛋白濃度の測定である。

14. 犬、猫における CSF のパラメーターの正常値は？

あらゆる参照値でいえることだが、CSF のパラメーターに関して設定されている正常値はそれぞれの検査機関により異なる。代表的な正常値は表に示すとおりである。

犬の大槽および腰槽から採取した CSF の正常値

細胞数	大槽	腰槽
白血球	0〜5 細胞/μL	0〜8 細胞/μL
特異的細胞数		
好中球	0〜9%	NA
リンパ球	0〜27%	NA
単球	69〜100%	NA
マクロファージ	0〜3%	NA
好酸球	<1%	NA
総蛋白質	5〜25mg/dL	25〜45mg/dL

NA：利用不可

15. サンプルを採取後 60 分以内に分析しなければならないのはなぜか？

CSF は蛋白含有量が低く、有核細胞数が少ない。そのため細胞は 30〜60 分後に変性溶解してしまう。分析が遅延することで、有核細胞数および細胞学的評価が変化してくる。検査機関へのアクセスがすぐに活用できない時は、濃縮テクニックを使用する。すなわち、1）サイトスピン、2）遠心分離とその沈渣のスライド標本、3）ミリポアフィルトレーション、4）ウエル-スライド沈渣標本（576 ページの参考文献を参照）などがある。臨床家は事前に検査機関と連絡をとり、サンプルの取扱いとスライド標本について確認しておく。

16. 濃縮した細胞はどのように分析するか？

細胞のスライド標本は、2 分間スライドを激しく振って空気乾燥させた後、1 分間アルコールで固定する。スライド標本は経験豊かな細胞病理専門医の元に送り、分析してもらう。施設内で分析する場合には、スライドを Diff-Qick 染色セット（American Scientific Products）、ライト染色液、あるいはギムザ染色液にて染色する。CSF の単球様細胞とリンパ球様細胞との鑑別は難しいため、結果は慎重に解釈する。

17. 病院内でその他に CSF を分析できることがあるか？

CSF 中の赤血球数および白血球数を血球計算盤で測定できる。計算盤のチャンバーに染色をしていない CSF を満たす。チャンバーの 9 区画内すべての白血球および赤血球をカウントする。白血球および赤血球のそれぞれの総数を 1.1 倍することで 1 mL 中の細胞数が得られる。赤血球と白血球は少々経験すれば鑑別することができる（WBC は RBC よりも大きく、顆粒

が多く、屈折率も大きい）。

18. CSF サンプル中の蛋白濃度はどのようにして測定できるか？
　　CSF 中の蛋白濃度は血漿中のものよりもずっと低いため、g/dL に対して、mg/dL で測定する。CSF 蛋白は尿蛋白に類似しているため、CSF 蛋白の評価は尿試験紙で測定する。犬猫では、正常な場合、CSF 中の蛋白は 30mg/dL 以下である。すなわち尿試験紙ではほとんどの動物で、結果が陰性か、あるいはほんのわずか（＜ 30mg/dL）しか検出されない。CSF 蛋白濃度はサンプルを検査機関に提出して確認する必要がある。

19. 分析結果をそこなわないよう CSF を保存する方法はあるか？
　　プラスティックのバイアルで、CSF を冷凍することで細胞の変性を遅らせることができる。冷凍したサンプルの正常値は公表されていないので、結果は慎重に解釈する。CSF 蛋白は冷凍では変化しない。感染性疾患の力価測定のために提出する CSF は、分析を実施するまで冷凍しておく。細菌培養に供するサンプルは、適切な培地に接種する。

20. 赤血球が混入したサンプルでも使用することができるか？
　　サンプルが 5,000RBC/μL 以下であれば WBC 数と蛋白濃度を補正する種々の公式がつくられている。犬の場合は 500RBC/μL 毎に 1WBC/μL 減少させる。猫では 100RBC/μL 毎に 1WBC/μL を減少させる。蛋白濃度は 1,000RBC/μL 毎に 1mg/dL ずつ減少させることによってそれぞれ補正する。もしサンプルが 10,000RBC/μL 以上であれば、24 〜 48 時間以内に再び CSF の採取を行う。

21. CSF サンプルでどのような疾患が診断可能か？
　　CSF の採取と分析は感染性および炎症性の脳、脊髄疾患の診断に最も役に立つ。ほとんどのケースでその疾患の過程の全体的な性状が判明し、ある疾患ではその特異的原因が明らかになる。サンプルの分析で、真菌および細菌が発見されることがある。猫伝染性腹膜炎（FIP）では、激しい蛋白と細胞の反応を生じる。FIP による髄膜炎あるいは脳髄膜炎は一般に 3 歳齢以下の若齢猫にみられる。細菌、ウイルス、リケッチア、および真菌による疾患は適切な血清学的、微生物学的あるいは超微細構造的検査手段により診断する。感染性疾患の多くは、様々な全身的な臨床症状を示し、他の部位あるいは血液の血清学的検査から採材した試料の細胞学的あるいは組織病理学的な分析によって診断可能であり、CSF 穿刺を必要としないこともある。
　　CSF の異常が典型的なパターンをとる代表的な疾患を表に示す。しかし、これらのパラメーターは様々な疾患でかなりオーバーラップするため、結果は慎重に考慮する。

CSF の異常が典型的なパターンをとる代表的な疾患

疾患	白血球数	蛋白（mg/dL）	細胞学的所見
腫瘍（髄膜腫を除く）	N or ↑	↑、↑↑	N、M、Ma、L
髄膜腫	↑、↑↑、↑↑↑	↑、↑↑	N、Ma、L
細菌性髄膜炎	↑↑、↑↑↑	↑↑、↑↑↑	N（org）
真菌性髄膜炎	↑、↑↑	↑↑、↑↑↑	N、L、E、M、Ma（org）

次ページへ続く

CSF の異常が典型的なパターンをとる代表的な疾患（続き）

疾患	白血球数	蛋白（mg/dL）	細胞学的所見
原虫性髄膜炎	↑、↑↑	↑↑、↑↑↑	L、E、M、Ma
無菌性髄膜炎（若齢犬）	↑↑、↑↑↑	↑↑、↑↑↑	N、L
ウイルス性脳炎	N or ↑	N or ↑↑	M、L、Ma
FIP 性脳炎	↑↑、↑↑↑	↑↑、↑↑↑	M、L、Ma
リケッチア性疾患	↑、↑↑	↑、↑↑	M、L、N
肉芽腫性髄膜脳炎	↑↑、↑↑↑	↑↑、↑↑↑	M、L、Ma

FIP ＝猫伝染性腹膜炎。
白血球数について：N ＝正常値、↑＝軽度の血球数増加（10〜50細胞／μL）、↑↑＝中等度の血球数増加（50〜100細胞／μL）、↑↑↑＝顕著な血球数増加（＞100細胞／μL）
蛋白濃度について：↑＝軽度の増加（10〜50mg/dL）、↑↑＝中等度の増加（50〜200mg/dL）、↑↑↑＝顕著な増加（＞200mg/dL）
細胞学的所見：N ＝好中球、L ＝リンパ球、M ＝単球、Ma ＝マクロファージ、E ＝好酸球、org ＝生物（稀に原因となる生物が細胞学的検査で発見される）

　感染性疾患を除いては、CSF の分析で確定診断が得られることはめったにない。CSF に中枢神経系は侵されているが、疾患の過程では CSF の量が変化するため、くも膜下腔あるいは脳室のシステムに影響を及ぼす。例えば、CNS 腫瘍の多くで CSF 内に細胞の剥離は起きず、CSF 内細胞数の増加につながらない。CNS 腫瘍は血液－脳関門を変化させ、CSF 蛋白を増加させる。髄膜腫はしばしば、くも膜下腔に接触している。そのため CSF 内の WBC の増加（好中球が大多数）が腫瘍の壊死を伴ってみられる。

22. 脳に疾患がある場合に、CSF の分析が正常となる可能性はあるか？
　その疾患の進行場所とその経過時期によっては、あり得る。疾患進行の場所がもたらす影響については、115-21. で述べたとおりである。付け加えれば、後に、くも膜下腔にまで影響を及ぼす疾患でも、早期に CSF の穿刺を実施すれば、CSF 分析の結果は正常となる可能性はある。

23. 脊髄穿刺を行う前に考慮すべき要因とは？
　脊髄穿刺は、危険が伴わないことではない侵襲的な診断的手技である。全身麻酔を必要とし、穿刺を行う前には動物は安定していなければならない（気道、呼吸、循環）。脊髄穿刺を行う前には類症鑑別のために、すべての補助的なかつ侵襲の少ない検査を実施し、解釈するべきである。脊髄穿刺で発生し得る結果としては、くも膜下の出血、脊髄の損傷、および脳のヘルニア形成に起因する呼吸停止あるいは死亡がある。このような結果はきわめて深刻であるため、予想される診断的情報の利益が危険性を上回るものでなければならない。

24. どのような場合に脊髄穿刺は禁忌となるか？
  1. 麻酔が禁忌である時は、CSF を採取すべきではない。
  2. 脊髄造影により、その処置後少なくとも 48 時間はくも膜下腔に炎症性反応を生じる。この間は、CSF の分析は異常を示すため、そのサンプルの解釈を困難あるいは不可能にする。脊髄疾患を有する動物では CSF の採取を脊髄造影より優先するべきである。
  3. CSF 穿刺は、最近頭部に外傷を負ったことがある動物、あるいは頸椎骨折や脱臼を負っ

ている、もしくはその疑いのある動物には実施すべきではない。

4. 意識の変化（昏迷、昏睡）、突進するような歩行、頭部の押しつけ、あるいは眼底検査での乳頭水腫といった頭蓋内圧の上昇の徴候がみられる動物は、CSF穿刺を考慮する前に上昇した頭蓋内圧の治療をするべきである。脳のCTあるいはMRIもまた実施するべきである。

5. 脳のヘルニアを持つ動物にはCSF穿刺を行うべきではない。脳のヘルニアは、急速な意識レベルの低下、小さい反応性の瞳孔から固定した遅延性の瞳孔への変化、視覚的頭運動反射の消失あるいは緩徐、除脳硬直あるいは皮質除去硬直の発展、および病的な呼吸（チェーン・ストークス性あるいは持続的吸息性呼吸）などによって認識される。

25. CSFを採取する前に、頭蓋内圧を下げるため、コルチコステロイドやマンニトールを使用できるか？

頭蓋内圧が薬物での調節を考慮しなくてはならない程上昇しているようであれば、その動物はCSF穿刺が行える程安定していないようである。コルチコステロイドやマンニトールの投与により、CSF穿刺から得られる結果は変化する可能性がある。

参考文献

1. Bailey CS, Higgins RJ: Comparison of total white blood cell count and total protein count of lumbar and cisternal cerebrospinal fluid of healthy dogs. Am J Vet Res 46: 1162-1165, 1985.
2. Braun KG: Clinical Syndromes in Veterinary Neurology. St. Louis, Mosby, 1994.
3. Christopher MM, Perman V, Hardy RM: Reassessment of cytologic values in canine cerebrospinal fluid by use of cytocentrifugation. J Am Vet Med Assoc 192: 1726-1729, 1988.
4. Jacobs RM, Cochrane SM, Lumsden JH, Norris AM: Relationship of cerebrospinal fluid protein concentration determine by dye-binding and urinary dipstick methodologies. Can Vet J 31: 587-588, 1990.
5. Rand JS: The analysis of cerebrospinal fluid in cats. In Bonagura JD (ed): Kirk's Current Veterinary Therapy XII. Philadelphia, W. B. Saunders, 1995, pp 1121-1127.
6. Tipold A: Diagnosis of inflammatory and infectious diseases of the central nervous system in dogs: A retrospective study. J Vet Intern Med 9: 304-314, 1995.
7. Wilson JW, Steven JB: Effects of blood contamination on cerebrospinal fluid analysis. J Am Vet Med Assoc 171: 256-258, 1977.

116. 侵襲的血圧モニタリング
INVASIVE BLOOD PRESSURE MONITORING
Carolyn M. Selavka, M.S., V.M.D., and Elizabeth Rozanski, D.V.M.

全身性動脈血圧

1. 全身性動脈血圧とは？

全身性動脈血圧（SABP）という用語は、心臓の収縮運動が大きな動脈の壁に及ぼす力の総量を示している。SABPは心拍出量と全身の血管抵抗の積である。SABPは一般的に3つの構成要素に分けられる。
 1. 収縮期動脈圧（SAP）：心収縮期に発生する圧力である。
 2. 平均動脈圧（MAP）：心周期を通して血管にかかる平均的な圧力であり、各器官への適切な環流を主に決めている。
 3. 拡張期動脈圧（DAP）：心拡張期の動脈における最も低い圧力を表している。

2. SABPの測定はなぜ重要か？

SABPにおける異常は、急性の病態（例えば、外傷、敗血症、麻酔など）あるいは慢性の疾患（腎不全など）を有する動物で一般的にみられる。危険な疾患の動物でも、かなり重篤な状態になるまでSABPは代償機構により正常範囲に維持されている。SABPを連続して測定し、また他のモニタリングと併用することにより、代償不全の危険性のある動物を蘇生可能な時点で発見することができる。さらにSABPのモニタリングは、麻酔時や、血圧に影響を及ぼす薬物（例えば、ドーパミン、血管拡張薬など）の投与時にも適応される。

3. SABPの正常値とは？

	収縮期	拡張期	平均
犬	100〜160mm/Hg	80〜120mm/Hg	90〜120mm/Hg
猫	120〜150mm/Hg	70〜130mm/Hg	100〜150mm/Hg

平均SABPは次の公式で概算できる。

$$MAP = \frac{SAP - DAP}{3} + DAP$$

4. 低血圧の定義は？

平均SABPが60mm/Hg以下の場合に低血圧と表現され、腎、冠および頭部の血管床への還流は不十分となる。低血圧の原因には、循環血液量減少、敗血症および心原性ショックがある。低血圧の臨床症状は非特異的であり、頭部下垂、微弱な脈拍、および不整脈などがある。

迅速な確認と適切で正確な測定が、不可逆的な臓器の障害あるいは死を防ぐのに必要である。

5. 高血圧の定義は？

　高血圧とは、動物が安静時において SABP が繰り返し 200/100mm/Hg（収縮期/拡張期）以上であること、あるいは平均 SABP が 130mm/Hg（平均：133mm/Hg）以上であることと定義されている。小型の動物においては "white-coat" 高血圧が発生することが示されているため、解釈にあたって再現性があり、理想的には適当な臨床症状を伴う必要がある。高血圧は、心拍出量の増加、あるいは全身の血管抵抗の増加の結果であり、原発性疾患として、あるいは心臓疾患、甲状腺機能亢進症、腎不全、副腎皮質機能亢進症、褐色細胞腫および疼痛などの様々な病態に関連して発生する。高血圧を治療しないと、網膜剥離、脳障害、血管障害、および臓器不全を招来する。

6. SABP はどのように測定するか？

　SABP は、直接的あるいは間接的に測定される。直接的 SABP 測定は、動脈内にカテーテルあるいは針を設置し、そのカテーテルを圧力変換器に接続することで行う。これは SABP を測定する上での一般的な基準とされている。間接的 SABP 測定は、末梢血管上に設置した振動計、あるいはドップラー超音波法で行う（560 ページ 117 を参照）。

7. 直接的 SABP はどのように測定するか？

　SABP は背側中足動脈にカテーテルを留置し連続的に測定する。カテーテルは一般的に体重 5 kg 以上で脈拍の触知できる動物であれば容易に設置できる。動脈カテーテルは経皮的に、あるいは外科的カットダウン法で設置する。経皮的にカテーテルを設置する場合にも、背側中足動脈の挿入部を剃毛し無菌的に準備する。動脈は、第 2 中足骨と第 3 中足骨の間の溝を走行している。カテーテルを入れる前に脈拍を触知しておく。一般的には、22 ゲージ、$1\frac{1}{2}$ インチの留置針が使用され、小型犬では 24 ゲージのものが用いられる。カテーテルは、拍動している部位の上より 30 〜 45° の角度で真っ直ぐ刺し、動脈血がカテーテルから自然に流れてくるまで入れる。それからカテーテルを前進させ、スタイレットを抜く。カテーテルは静脈カテーテルと同じように固定する。

　静脈カテーテルと比較して、動脈カテーテル設置の相違点は、設置する際にカテーテルの "ささくれ" がより起きやすいこと、適切な挿入にもかかわらず、カテーテルを送り込ませるのが難しいこと、およびカテーテルの開存性を維持する上で問題が増えることである。動脈カテーテルは 4 時間毎にヘパリン加生理的食塩液にてフラッシュし、時おりカテーテルの位置を変える。

　動脈カテーテルの設置後、SABP の測定は圧力トランスデューサーとモニターを使用して行われる。市販の有用な心電計の多くは血圧測定にも適用できる。一般に圧力変換器はモニターに接続されており、またトランスデューサーは患者の心臓に対して、適切なレベルにしておく。ヘパリン加生理的食塩液で満たした滅菌プラスチック・チューブで三方活栓を介して圧力トランスデューサーと患者とを接続する。チューブ内に気泡が入らないように設置する必要がある。気泡が存在したら、波形が減弱されてしまうためである。堅さのあるチューブを使用することで、圧波形の変動を小さくすることができる。

測定する前、最初に患者側のコックを閉じてトランスデューサーに圧力のかかっていないことを確認して（すなわち患者に三方活栓を近づける）、トランスデューサーをゼロに調節する。通常、この操作は、スクリーンにゼロが表示されるまでゼロボタンを押し続けることで達成される。それから患者側のコックを再び開く。そうすれば発生した圧波形が出てくる。

圧波形が、重拍するノッチを伴った鋭い峰形をしていれば信頼できる測定波形である。波形が減退していくようであればカテーテルをフラッシュしてみる。患者が測定中に動いたら変換器のゼロ調節を再び行う。結局、臨床家は動脈カテーテルの設置にはほとんど失敗することはないが、すぐにその操作のわずらわしさに重きをおくようになる。

8. 直接的な SABP 測定にはどのような利点と欠点があるか？

直接的な SABP モニタリングは、間接的な方法と比較して、より基準となる測定法と言える。その判断は、より正確とみなされ、連続したモニタリングが可能である。動脈血を連続して採取できるということは、定時的に血液ガスサンプルを採取して患者の状態をモニターする必要のある際にも有利である。

欠点は動脈カテーテルの設置とその維持に、ある程度技術を要することである。動脈カテーテルの持つ侵襲性のため、感染や血栓症を引き起こしやすい。また、チューブの脱却や破損による出血も問題となる。

中心静脈圧

9. 中心静脈圧とは？

中心静脈圧（CVP）とは、前大静脈あるいは右心房にかかる圧力である。CVP は血管内血液量、心機能および静脈のコンプライアンスを反映する。CVP の動向をつかむことで、循環能力を大体正確に知ることができる。CVP は循環血流量を完全に測定するものではなく、心臓の血液を受入れ、押し出す能力を測定するものである。

10. CVP はどのようにして測定するか？

CVP は直接法によってのみ正確に測定される。静脈カテーテルを伸展させた頸静脈より挿入し、カテーテルの先端を右心房付近の前大静脈に留める。静脈用延長チューブを用いて三方活栓をカテーテル、輸液セット、および圧力計と接続する。圧力計は患者のケージの壁面に垂直に設置し、カテーテルの先端と右心房の位置を概算し、ゼロレベルになるようにする。ゼロレベルとなる位置は、胸骨臥位の患者ではおよそ第4肋間部の胸骨の上2〜3インチ（5〜7.5cm）のところである。患者が横臥位であれば、このゼロとなる点は第4胸骨分節で胸骨に対し平行となる位置である。CVP は圧力計を等張晶質液で満たし、液体を注入した方向のコックを閉鎖する。この操作により、圧力計の液柱の圧力とカテーテル内の血液（大静脈）の圧力が平衡する。平衡点での圧力計の示す数値が患者の前大静脈圧に相当する。

11. CVP の正常値は？

犬　　0〜10cm/H₂O

猫　　0〜5cm/H₂O

1回だけのCVP測定は必ずしも血行動態を反映しているとはいえない。連続して測定をすること、そして治療と関連するその動向を解釈することにより、血液量、心血管系の機能、および血管の状態についてさらに多くの情報を得ることができる。

12. CVPはどのような時にモニターするべきか？

CVPの測定は、循環の良くない動物への輸液療法の滴定、肺性高血圧を伴った肺疾患、全身性の血管抵抗の減少、毛細血管の漏出傾向、心臓の危険な状態、あるいは腎機能に疑いがある場合などに行われる。

13. CVPの値をどのように評価するか？

CVP値（cm/H_2O）	解釈
＜0	輸液が必要である。血管収縮や低血圧があれば、5〜10cm/H_2Oに達するまでボーラスが推奨される。
0〜10	正常範囲
10〜15	静脈還流がやや過剰気味である。輸液療法は控え目とする。
＞15	輸液療法を中止する。心臓が危険な状態になり得る。血管収縮や低血圧を伴う高CVP値の持続は心不全を示唆する。

参考文献

1. Haskins SC: Monitoring the critically ill patient. Vet Clin North Am Small Animal Pract 19: 10-59, 1989.
2. Kittleson MD, Oliver NB: Measurement of systemic arterial blood pressure. Vet Clin North Am Small Animal Pract 13: 321-335, 1983.
3. Kirk RW, Bistner SI, Ford R (eds): Handbook of Veterinary Procedures and Emergency Treatment, 5th ed.
4. Murtaugh RJ, Kaplan PM (eds): Veterinary Emergency and Critical Care Medicine. St. Louis, Mosby, 1992.
5. Podell M: Use of blood pressure monitors. In Kirk RW (ed): Current Veterinary Therapy XI. Philadelphia, W. B. Saunders, 1992.

117. 非侵襲的血圧モニタリング
NONINVASIVE BLOOD PRESSURE MONITORING

Erika Zsombor Murray, D.V.M.

1. 無麻酔のウマで最初に血圧を測定したのは誰か？

統計学評論（1733）でStephen Halesは、次のように述べている：

12月、地面に農場の柵を横にし、その上に白い雌馬を右側臥に倒し、保定。左頸動脈を露出し、心臓に向け真鍮の管とガチョウの気管を固定し、もう一方の断端に12フィート9インチの長さのガラス管を固定した。血液は、先の2頭の馬の場合と同様に9フィート6インチの高さまで管内を上昇した。

2. 間接的な血圧のモニタリング法としてどのようなものがあるか？
   - 超音波（Doppler Flow Detector, Park Electronics）
     トランスデューサー近くの血流を遮断するためにカフが用いられる。ドップラー法は、カフを外した際の、超音波ピエゾ電気プローブ下の赤血球あるいは動脈壁の動きを検出する。コロトコフ音が最初に聴取された時点が収縮期動脈圧（SAP）である。拡張期動脈圧（DAP）は短い拍動性の音から連続性の音に変わった時点に相当する。
   - オシロメーター（Dinemap, Critikon）
     血流を阻害するために空気の袋を内蔵したカフが用いられる。カフ内の圧振動が動脈内の拍動圧を反映する。カフを収縮させた時、マイクロプロセッサが圧振動を感知し、SAP、DAP、平均動脈圧（MAP）を計算する。
   - フォトプレチスモグラフィ（Finapres, Choeda）
     この方法は、照射した赤外線の減弱により動脈体積を測定するものである。動脈体積は一定であると想定し、測定カフ圧は動脈内圧に等しいとする。

3. ドップラー法を基にした装置は、間接的な血圧測定においてどのように使用されるか？
   掌底あるいは足底パット近位を剃毛する。ドップラー・プローブの表面に超音波ゼリーをつけ無毛部に置く。増幅器をつけ、動脈内の血流音が明瞭に聞こえるまでプローブを動かす。テープでプローブをその場所に固定する。肘と手根関節の間の前腕部、あるいは後肢を使用する場合は、脛骨中央にカフをしっかりと巻く。15kg以上の犬では幼児サイズの血圧カフ、15kg以下の犬猫では新生児用のものを用いるのが一般的である。それ以外では、四肢の周囲の長さを測り、理想的なカフの長さと幅を決定する。血圧計を装着後、カフを200〜250mm/Hgに膨らませる。血圧計のバルブを徐々に開き、カフ内圧を減少させる。収縮期血圧はコロトコフ音が最初に再び聴取される時点である。拡張期血圧は拍動音が連続音に変化する時点である。

4. オシロメトリック法は血圧測定にどのように使用されるか？
   脛骨外側の頭側脛骨動脈上にカフを置く。拍動が消滅するより30〜40mm/Hg高い圧（通常200mm/Hg）までカフを膨らませる。マイクロプロセッサはこの一定圧での圧振動、およびカフを徐々にしぼんでいく際の5〜10mm/Hgおきの圧振動を感知する。振動の振幅の増加および減少する際の圧は、それぞれ収縮期および拡張期の圧に相当する。

5. 犬においてドップラー法およびオシロメトリック法のプローブを置く最適な位置はどこか？

動　脈	位　置
掌底表面	中手骨パッド近位
足底表面	中足骨パッド近位

舌	舌腹側
上腕	上腕骨中央部
総頸動脈	踵関節外側
大腿	大腿部中央
頭側脛骨	脛骨外側
大動脈	側腹部
眼動脈叢	角膜（超音波ゼリーを大量に用いる）

6. 猫において血圧を測定するのに最適な位置はどこか？
   オシロメトリック法　　尾
   　　　　　　　　　　　頭側脛骨動脈
   ドップラー法　　　　　尾
   　　　　　　　　　　　後肢（頭側脛骨動脈）
   　　　　　　　　　　　掌底あるいは足底動脈

7. オシロメトリック法やドップラー法を間接的な血圧測定に用いる場合、理想的なカフのサイズをどのように計算するか？
   - カフの幅／肢の周囲の長さ＝0.40
   　　　　もしくは
   - 最適カフの幅＝四肢の周囲の長さの40～50％
   　　　　および
   - 最適カフ長＝肢の周囲の長さの150％

8. 間接的な血圧測定においてエラーが生じるのはどのような場合か？
   長すぎるカフの使用や、カフを締めすぎると、血圧は低めになる。また、小さすぎるカフの使用や、カフが緩すぎる場合では、血圧は高めになる。

9. 間接的な血圧測定では何が検出されるのか？それは直接的な血圧測定とどのように関係するか？
   血圧を測定しているのは直接的血圧測定法のみである。間接的な方法は血流に関係する様々な要因を測定する。血管抵抗、あるいは血管コンプライアンスを一定とみなすと、間接的測定法から血圧の推測が可能となる。

   $$血流 \times 血管抵抗 = 血管の両端の圧の差$$
   $$動脈圧（bp）= 心拍出量（CO）\times 血管コンプライアンス \times 血液量$$

10. 末梢動脈の触診により何がわかるか？それは血圧についてどのようなことを示すのか？
    末梢の脈拍は、収縮期動脈圧（SAP）から拡張期動脈圧（DAP）を引いた圧の差を反映している。圧差が30mm/Hg以上であれば、強い脈拍が触知される。そのため、低血圧の患者においても、正常あるいは高血圧症の患者と同様の強い脈が触知される。脈を触知した際の脈質は拍出量を反映するので、循環血液量の低下した患者では、代償性に血管抵抗が増加し、血

圧が正常値を示す場合でも、脈は弱く感じられる。

11. 間接的な血圧測定が必要とされるのはどのような場合か？

　心血管系が不安定、または潜在的に不安定な動物（例えば、外傷、膵炎、腎疾患、胃拡張捻転症候群、甲状腺機能亢進症など）に対して、および一般的な麻酔下の患者に対して、間接的血圧測定が適応される。また小手術において、AHT が麻酔をモニターできない場合にも、間接的血圧測定が用いられる。ドップラー音の増強、オシロメトリック法での血圧の増加は、麻酔が浅いことを意味し、ドップラー音の減弱、血圧の減少は、麻酔が深いことを意味する。さらに心肺蘇生処置中に角膜表面にドップラー・プローブを置くことにより、蘇生効果による血流の回復をモニターできる。

12. 犬、猫における、直接法による血圧測定値の正常値とは？

正常な動脈血圧

	犬	猫
収縮期動脈血圧（mm/Hg）	100～160	120～180
拡張期動脈血圧（mm/Hg）	80～120	70～130
平均動脈血圧（mm/Hg）	90～120	100～150

13. 間接的血圧測定値における高血圧とは？

　犬：＞200/110mm/Hg
　猫：＞190/140mm/Hg

14. どのような疾患あるいは状態が高血圧を引き起こすか？

疾　患	機　序
腎疾患	拍出量と全身性の末梢抵抗の増大
副腎皮質機能亢進症	拍出量と全身性の末梢抵抗の増大
褐色細胞腫	心拍数と全身性の末梢抵抗の増大
アルドステロン過剰症	拍出量と全身性の末梢抵抗の増大
頭部外傷	全身性の末梢抵抗の増大
上皮小体機能亢進症	全身性の末梢抵抗の増大
疼痛、不安（交感神経の緊張増加）	全身性の末梢抵抗と心拍数の増大

15. どのような疾患あるいは状態が低血圧を引き起こすか？

疾　患	機　序
循環血液量の減少	心拍出量（CO）の減少による静脈還流量の減少
麻酔	心拍数、全身性血管抵抗、CO の減少
拡張型心筋症	心収縮能の低下による CO の減少
心タンポナーゼ	心充満量の減少による CO の減少

次ページへ続く

疾　患	機　序 （続き）
心弁膜症	僧帽弁における血液の逆流による CO の減少
胃拡張－捻転	静脈還流量の減少による CO の減少
内毒素血症	心筋の減衰による全身性末梢抵抗の減少
血栓症（凝固亢進）	血流の阻害により表示されるみかけ上の低値
高カリウム血症	心筋の減衰による心拍数と CO の減少
アシドーシス	心筋の減衰による CO の減少

16. 1 回の拍動から次の拍動の間に、収縮期血圧、拡張期血圧が変化する理由を説明せよ。

　洞不整脈では、拍動の間隔が異なるため圧変化が起こる。間隔が長ければ心充満量が増加し、短ければ心充満量は減少する。このため、SAP および DAP を決定するには数回の測定値の平均をとる。

17. ドップラー法による間接血圧測定により、どのように MAP を計算するか？

$$MAP = \frac{SAP - DAP}{3} + DAP$$

18. MAP の臨床的意義は？

　十分な MAP により主要組織の灌流量を保つことができる。腎臓、脳、肝臓への最低限の血液を確保するには 60mm/Hg の MAP が必要である。さらに、冠状動脈の血流を保つためには、最低 40mm/Hg の DAP が必要である。

19. 最も正確な間接血圧測定法はどれか？

　一般に、ドップラー法もオシロメトリック法も信頼に値する方法である。しかし、多くの場合、ドップラー法の方がより正確な測定法となる。オシロメトリック法では、不適切なカフを選択すると容易に不正確な値となる。猫や小型犬での血圧測定時には、よく起こりがちである。

20. オシロメトリック法による間接血圧測定は、どのような状況において使用を控えた方が良いか？

　オシロメトリック法は、四肢に巻いたカフ内で起こる拍動性の血流を反映する振動を感知するものである。高血圧、外気温の低下による血管狭窄、震戦、患者の体動により、不正確な値を示したり、または計測が困難になることがある。

21. ドップラー法は直接法と比較してどの程度の感度か？

　文献によれば、瀉血によるショックにおいて、SAP は直接法とドップラー法とでよく相関したという。DAP は犬において 70% 以上の正確性を持つが、猫では正確に計測するのは困難である。またその文献によれば、ドップラー法で得た SAP、DAP および MAP は、直接法で得た数値よりわずかに低い（10mm/Hg ± 3 mm/Hg 程度）。

参考文献

1. Binns SH, et al: Doppler ultrasonographic, oscillometric sphygmomanometric, and photoplethysmographic techniques of noninvasive blood pressure measurement in anesthetized cats. J Vet Intern Med 9: 405-414, 1995.
2. Coulter DB, et al: Blood pressures obtained by indirect measurement in conscious dogs. J Am Vet Med Assoc 184: 1375-1378, 1984.
3. Grandy JL: Evaluation of the Doppler ultrasonic method of measuring systolic arterial blood pressure in cats. Am J Vet Res 53: 1166-1169, 1992.
4. Kirk RW, Bonagura JD (eds): Current Veterinary Therapy XII (Small Animal Practice). Philadelphia, W. B. Saunders, 1995.
5. Littman MP, Drobatz KJ: Hypertensive and hypotensive disorders. In Ettinger's Textbook of Veterinary Internal Medicine, 4th ed. Philadelphia, W. B. Saunders, 1995, pp 93-100. 6. Lumb, Jones: Veterinary Anesthesia, 3rd ed. Baltimore, Williams & Wilkins, 1996.
7. Murtaugh RJ, Kaplan: Veterinary Emergency and Critical Care Medicine. St. Louis, Mosby, 1992.
8. Remilland R, et al: Variance of indirect blood pressure measurements and prevalence of hypertension in clinically normal dogs. Am J Vet Res 52: 561-565, 1991.
9. Weiser MG, et al: Blood pressure measurement in the dog. J Am Vet Med Assoc 171: 364-368, 1977.

118. 経腸栄養
ENTERAL NUTRITION

Karin Allenspach, D.M.V., and Jeffrey Proulx D.C.M.

1. 単なる短期間の絶食と関連する代謝現象はどのようなものか？

外傷や疾患を持たない動物では、栄養摂取が不足しても代謝によって順応する。栄養分の吸収後、初めにインシュリン-グルカゴン比が減少し、正常血糖を保つよう肝臓で糖原分解が促進される。栄養制限が続くとともに、12〜24時間以内にグリコーゲンが使い果たされる。この時点で、代謝順応を補助するためグルココルチコイド・レベルが上昇する。グルココルチコイドは蛋白異化作用を促進し、筋組織から遊離アミノ酸を放出させる。アミノ酸は肝臓と腎臓での糖新生の基質となる。さらに、グルココルチコイドに結合した血漿カテコールアミンは、遊離脂肪酸を放出する脂肪細胞内のホルモン感受性リパーゼを活性化する。絶食期間の延長により、脂肪分解効果が最も顕著になる。蛋白貯蔵量が減少し、エネルギー供給源として遊離脂肪酸が増加し、肝臓によるケトン体の形成が増加する。中枢神経系のような絶対的にブドウ糖を多量に利用する器官では、エネルギー要求量の50％まで、ケトン体の利用をもって順応する。血液のpHの大きな変動を妨げ、組織構成を完全に保つため、蛋白と脂肪の異化作用のバランスが維持される。

2. 疾患が進行している場合のストレス下の絶食にはどのような代謝現象が関連するか？

　代謝異常の程度は、疾患、受傷の深刻度に比例し、組織の障害に関連する。ストレス下の絶食では、代謝の亢進と異化作用が起こり、受傷後およそ72時間後にピークに達する。まず、脂肪酸がエネルギー源となるが、受傷と重篤度に関連する代謝亢進により蛋白代謝が顕著となる。この反応の多くは、腫瘍壊死因子やインターロイキンのような炎症性サイトカインの放出によって起こる。これらはストレスに関連するグルココルチコイドやカテコールアミン増加の結果上昇する。十分量の栄養補給にもかかわらず、筋肉の消耗や負の窒素バランスが続くことがある。誘発された蛋白異化作用は機能的蛋白体を枯渇させ、創傷の治癒や免疫機構をそこなう。下の図は、疾病や受傷後の代謝亢進における一般的なホルモンの影響を示す。

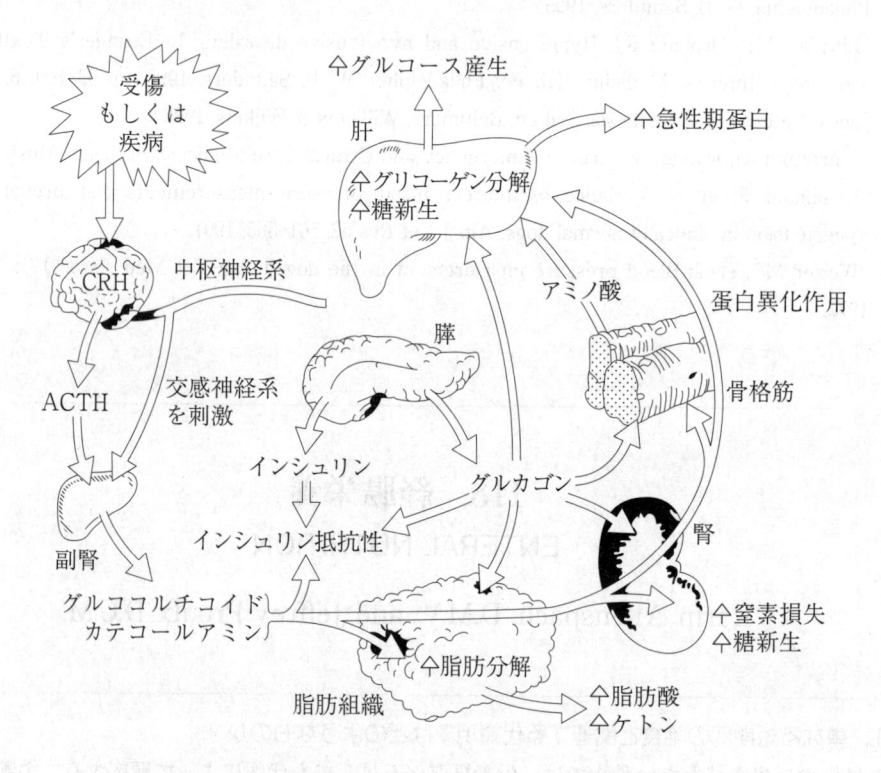

疾病や受傷後の代謝亢進における一般的なホルモンの影響

(Cahndler ML, Greco DS, Fettman MJ: Hypermetabolism in illness and injury. Comp Cont Educ Pract Vet 14: 1284～1290, 1992 により許可を得て転載)

　CRH＝コルチコトロピン放出ホルモン　ACTH＝副腎皮質刺激ホルモン

3. 栄養失調の臨床的影響は？栄養補給の利点は？

　食欲減退、外傷、疾病を持つ患者に栄養補給が行われなかった場合、深刻な合併症に発展する。大きな外傷を受けた後72時間以内には胃腸の萎縮が観察され、その結果栄養の吸収能は低下し、細菌感染のリスクが上昇する。疾病や外傷に反応して起こる蛋白異化作用の亢進は、構造蛋白や機能蛋白の蓄えを枯渇させ、創傷の治癒や免疫と細胞の機能に局所的に働きかける。また全身的には心臓や呼吸機能を減退させる。ヒトとモルモットの研究において、早期の経腸栄養補給は、深刻な急性疾患や外傷に関連した代謝亢進や異化作用を減少させ、消化管の機能

を助け、消化管からの細菌感染を抑制することが示されている。ヒトでの臨床的研究によると、早期の経腸栄養は術中‐術後の病的状態や死亡率を減少させ、入院期間を短縮できるという。

4. どのような患者が栄養補給の対象となるか？

一般的には、経腸的栄養補給が必要とされるのは、10％以上の体重の減少、またはそれが見込まれる場合、3日以上の食欲不振、外傷、外科疾患、深刻な炎症性疾患、嘔吐・下痢・排液創を通しての栄養的ロスの増加、低アルブミン血症を伴う熱傷である。さらに、発熱、感染、新生物に伴う異化反応による栄養要求の増加にも、早期の栄養補給が必要とされる。

5. 患者の必要カロリーの計算方法は？

基礎エネルギー要求量（BER）は、患者を通常の温度条件で安静状態で計算する。次に示すような公式が用いられる。

犬＜2 kg：BER ＝ 70 × 体重（kg）$^{0.75}$
　＞2 kg：BER ＝ 30 × 体重（kg）＋ 70 あるいは 70 × 体重（kg）$^{0.75}$
猫＜2 kg：BER ＝ 70 × 体重（kg）$^{0.75}$
成猫：BER ＝ 60 × 体重（kg）あるいは 70 × 体重（kg）$^{0.75}$

6. 経腸的栄養補給にはどのような方法があるか？

経腸的栄養補給には自然な食欲刺激、薬理学的な食欲刺激、強制給餌、鼻食道チューブ、鼻胃チューブ、食道胃チューブ、胃チューブ、空腸フィステルによる給餌がある。

7. どのようにして食欲を刺激するか？

食欲を刺激する自然な方法には食物の加温、手による給餌、外鼻孔の洗浄、様々な種類の食物の提供などがある。これらは、摂食可能で食欲不振を呈する動物における経腸的栄養補給として、第一に行うべき方法である。しばしば、これらの方法は時間を要し、栄養摂取量が不足することがある。

薬理学的方法は短期間の食欲刺激に用いられる。ジアゼパムを0.1～0.2mg/kgで、1日量を最大5mgとし、1日1～2回、静脈内、筋肉内、あるいは経口投与する。猫で経口投与後、不運にも激症性の肝不全を起こした特異体質的な反応が最近報告されている。Oxazepamを0.2～0.4mg/kgで1日1回経口投与、cyproheptadineを2～4mgで1日1～2回経口投与すると、急速な食欲増進が認められる。薬物による食欲刺激の欠点として、安定した結果が得られないことと鎮静作用や不快感などの副作用が挙げられる。

8. 鼻食道、鼻胃チューブによる給餌の利点および欠点は？

鼻食道、鼻胃チューブによる給餌は、短期間～中期間（14日まで）の栄養補給にしばしば用いられる。これは胃腸機能が正常で、一般的な疾患あるいは口腔疾患を持つ患者に対しては簡便で効果的な方法である。また、安価で、特別な器具や全身麻酔を必要としない。チューブの位置はX線により確認する。チューブによる給餌は、一度に大量の投与あるいは持続的な注入を可能にする。

嘔吐、機能的あるいは機械的胃腸管閉塞、上部気道閉塞、肺および心疾患、顔面の外傷、食

道疾患には禁忌である。精神状態や意識レベルの低下が認められる動物では、誤嚥の危険性を慎重に見極めなくてはならない。欠点としては、不快感、鼻出血、嘔吐、鼻炎、涙嚢炎、食道への逆流の危険が挙げられる。また液状の流動食のチューブ内での塞栓形成を防ぐ必要がある。このため入院が必要となる場合がある。

9. 咽頭または食道チューブによる給餌の適用とリスクは？

咽頭あるいは食道チューブは、摂食が不可能な下顎あるいは上顎骨折、上部気道閉塞、上部気道感染症の患者に対して用いられる。危険性としては、肺への誤嚥、食道への逆流、チューブの吐出などが挙げられる。食道チューブはチューブの設置に全身麻酔を必要とするが、多くの患者で耐え得るものである。

10. 胃チューブの設置の適用は？

胃チューブの設置は、中期間 – 長期間の栄養補給のために選択される方法である。胃チューブは口腔、咽頭、食道を迂回して設置する。一般に食欲不振で状態の悪い動物でもよく耐えている。設置方法としては、盲目的胃造瘻術、経皮的内視鏡下胃造瘻術、外科的胃造瘻術がある。持続的な嘔吐、機能的あるいは機械的胃腸管閉塞に対しては禁忌である。精神状態や意識レベルの低下が認められる動物では食道への逆流が考えられ、誤嚥の危険がある。瘻孔部が十分に癒着するまで、除去を試みる以前に少なくとも5日間は設置しておかなくてはならない。栄養失調や低アルブミン血症の患者では、通常創傷の治癒が遅れるため、より長い期間が必要となる。この方法の欠点は、チューブ設置に全身麻酔が必要なこと、瘻孔部の感染、瘻孔部裂開によるチューブの移動の可能性、腹膜炎などである。

11. 空腸瘻チューブの設置の適用は？

空腸瘻チューブは、経口あるいは経胃的に摂食するのを避けた方が良い状態にある腹部外科を施す症例に対して用いられる。空腸チューブは、膵炎や胃の疾患のような近位胃腸管の重要な機能障害あるいは疾患において検討される。その欠点は、外科手術的に設置する必要があること、瘻孔部の感染、裂開、腹膜炎の危険があることである。空腸チューブは除去を試みる以前に、10日間は設置する必要がある。

12. どのような種類の経腸栄養食があるか？考えるべき特徴とは？

犬猫ではClinical CareとRenal Care（PetAg, Inc.）が獣医療用で得られるほとんど唯一の栄養食であるが、人医領域ではいくつかの種類の液体の経腸栄養食がある。経腸栄養の方法の選択と同様に、栄養失調の程度、カロリーや蛋白要求量、消化、吸収能を考慮した、患者の要求量に基づいて処方する必要がある。また疾病の過程も経腸栄養の種類に関連してくる。一般に、ヒトの経腸栄養食に手を加えたものが犬猫に対しても用いられることがある。しかし、獣医療用の経腸栄養食は犬猫用に調整されており、できる限りこれを使用するべきである。

13. 経腸栄養食でどのように蛋白要求量を満たすか？適切な選択をするには患者側のどのような因子を考慮するべきか？

経腸栄養食における蛋白は、遊離アミノ酸、蛋白加水分解産物（ジペプチド、トリペプチド、

オリゴペプチド）あるいは完全蛋白として供給される。その濃度は10％以下から20％以上までと様々で、しばしば供給エネルギーのパーセントとして表される。加水分解産物は非エネルギー依存性に（遊離アミノ酸よりも急速に）腸管細胞から自由に吸収される。完全蛋白は胃酸の分泌と膵外分泌機構に依存する。多くの経腸栄養食は、高い生物活性を持つ蛋白質で構成されている。一般に、動物の方がヒトより多くの蛋白質を必要とする。アミノ酸粉末（Promod, Ross Laboratories）のように調整された処方食が、ヒト用の経腸栄養に使用されることが多い。

経腸栄養食を選択するための患者側の因子としては、腎あるいは肝不全などがある。この場合、高品質、低蛋白で、芳香族アミノ酸濃度の低いものが必要になる。異化機能亢進状態（例えば、熱傷、敗血症）の患者の場合、高蛋白食が必要とされる。ロイシン、イソロイシン、バリンのような分枝鎖アミノ酸は糖新生のエネルギー源として適しており、異化亢進状態においては有益である。猫ではヒト用のものを用いて経腸栄養を実施する場合、500mg/1,000kcalのタウリンの添加が必要になる。

多くの経腸栄養食には、グルタミンとアルギニンが添加されている。これらのアミノ酸は、ストレス下の異化亢進状態において必要とされると考えられている（118-21. を参照）。グルタミンやアルギニンは、腸管での免疫機能と同様、腸管粘膜の構造や機能においても重要である。

14. 経腸栄養食では炭水化物や繊維はどのように供給されるか？

炭水化物は、経腸栄養食内では多糖類、二糖類、単糖類として供給され、1日の摂取カロリーのおよそ60％を占める。単糖類は甘味を加え、製品の浸透圧を増加させる。繊維はいくつかのヒト用の経腸栄養食に加えられている。ヒトで推奨される割合は10～13g/1,000カロリーである。多くの経腸栄養食では、セルロースとヘミセルロースを含む大豆が繊維源として添加されている。繊維は結腸において嫌気性の発酵を受け、酪酸、酢酸、プロピオン酸のような短鎖脂肪酸となる。これらの脂肪酸は結腸細胞のエネルギー源となり、細菌数を増加させ、ナトリウムと水の再吸収を刺激し、栄養関連性の下痢を防ぐ（118-22. を参照）。

15. 経腸栄養食で脂肪、ビタミン、ミネラルはどのように供給されるか？

経腸栄養食に用いられる脂肪はリノール酸（ω-6）とリノレン酸（ω-3）のような必須脂肪酸を含む長鎖脂肪酸で構成されているものが多い。全カロリーのうち1～2％をリノール酸が、0.2～0.3％をリノレン酸が占めているものが良い。過度の必須脂肪酸の添加は、アラキドン酸代謝の変化を引き起こし、免疫抑制の原因ともなる。中鎖トリグリセライドは刷子縁上の酵素活性あるいは能動輸送に依存せず、また膵外分泌酵素による消化も必要とせずに、直接腸管細胞に吸収される。中鎖脂肪酸を含む栄養食は、数日間にわたって経口あるいは経腸的に栄養摂取していない患者や消化吸収能に障害のある患者に対して理想的な栄養補給となる。中鎖脂肪酸は、酸化のために長鎖脂肪酸をミトコンドリア内に取り込む必要のあるカルニチン輸送システムに依存しない。糖尿病患者では、ケトン体形成が亢進しているため、中鎖トリグリセライドは使用するべきではない。

ビタミンとミネラルは、経腸栄養食としてヒト用でも獣医療用にでも十分量供給する。

16. 経腸栄養食における浸透圧の適合性について述べよ。

経腸栄養食では、浸透圧とカロリーはかなり幅がある。多くの獣医療の患者において、空腸

チューブや鼻空腸チューブを通して小腸に直接経腸栄養食を入れる場合、局所の体液流出、悪心、痙攣、嘔吐、下痢を防ぐため等浸透圧性のもの（290～310mOsm）を用いる。2～3日食事をしていない、あるいは経腸栄養補給をしていない患者では、まず等浸透圧性のものが必要であるが、そうでなければ食道や胃に高浸透圧の流動食を供給できる。

17. 経腸栄養はどのように開始するか？持続的に注入するのか、あるいは一度に大量に注入するのか？

集中治療室に入っている患者はすべて、経腸栄養補給の潜在的利益を評価するべきである。外傷、敗血症、炎症性疾患の患者では早期に栄養補給を必要とする（入院後8時間以内）。消化管が十分に、あるいは一部でも機能しているならば、入院させ、チューブの設置を考慮するべきである。疾患の過程と投与法に基づいた栄養食の種類を考慮した後、消化管の吸収能や運動性などの機能を評価するため、ゆっくりと補給を始めなくてはならない。等浸透圧性の流動食を少量で頻回投与あるいは持続的に一定量を投与するのが、経腸栄養補給の始め方として最適である。多くの臨床的研究では、ヒトでは流動食の周期的持続投与（8～12時間連続投与し、12～16時間休息）が生理的に良いとされているが、持続的投与と大量投与では大きな差がないと言われている。流動食のカロリーと量は、食欲不振以前の状態まで徐々に増やす必要がある。急性疾患の患者に対しては、十分な経腸栄養を2日以内に開始し、慢性的な栄養失調の患者に対しては、より緩やかな開始が必要とされる。栄養補給の増量を適切に評価するために、胃内食物の残量や悪心、鼓脹、嘔吐の存在などについて検討する。

空腸チューブによる給餌は、頻繁に少量ずつ行う。栄養食は等浸透圧性で、通常の摂取において胃から排出される状態に近いものでなくてはならない。犬、猫にはRenalcareとCliniCare（PetAg, Inc.）がよく用いられる。空腸チューブでの給餌には四大元素の食事は一般に必要でない。臨床医は経腸栄養食に青色の色素（blue dye no.1）を添加することも考えなくてはならない。これは、誤って経腸栄養食を静脈に投与することを防止し、気管吸引により青色の液体が検出されれば誤嚥が確認できる。

18. 腸内の微量栄養となるのは？

腸内の微量栄養は、電解質－ブドウ糖液（例えば、2.5％デキストロース添加乳酸リンゲルなど）を少量（0.5mL/kg/時）投与することで得られる。腸点滴の投与は、消化管の機能を維持し、経腸栄養の開始を容易にする。腸内の微量栄養補給は、膵炎や胃の外科手術などの疾患にかかわらず使用される。間欠的（1～2時間毎）あるいは一定の割合での点滴で液体を投与する。腸内の微量栄養補給とともに胃内容量の残りを確かめるため、周期的に胃内を吸引する必要がある。

19. 鼻胃チューブや鼻食道チューブの栄養補給以外の目的は？

鼻食道チューブは胃内に貯まったガスや液体を断続的あるいは持続的に除去するために使用される。これにより、意識レベルの低下した患者における誤嚥の危険を減らすとともに、鼓脹による悪心を軽減する。胃捻転の術後患者においては、鼓脹症の再発や正常な腸管機能および運動性の回復の阻害が起こるため、持続的に減圧を行うことは有益である。吸引により回収した液体の量により腸管の運動性が確認でき、経腸栄養を開始あるいは持続させるかの判断が得

られる。塩酸の喪失による代謝性アルカローシスを引き起こすため、大量の吸引には注意しなくてはならない。静脈内血液ガス濃度はこの有用な指標となる。

鼻食道チューブは巨大食道の患者に有効である。断続的に吸引することにより、洗浄液や栄養食の蓄積による誤嚥の可能性を低下させ、特に肺炎を併発している患者では、咳により気管内圧、食道内容物、呼吸後の誤嚥の可能性が増加するため有効である。

20. 経腸栄養補給における4つの一般的な併発症について述べよ。

誤嚥：誤嚥は、横臥した姿勢、気道機能の低下、咽頭あるいは食道機能不全の患者などでは起こり得る。その危険性は嘔吐を繰り返す患者では高くなる。問題点あるいは危険性は、鼻食道あるいは鼻胃チューブにより給餌されている患者でより高くなる。食道チューブや胃チューブを用いている場でも誤った場所への設置やチューブの移動により、誤嚥の危険性がある。誤嚥の危険性は、空腸チューブの設置、制吐性薬物の使用、吸引により頻繁に胃内あるいは食道内の減圧を行うことで軽減される。Cisapride、メトクロプラミド、エリスロマイシンのような運動性を促進する薬物の投与によっても誤嚥の危険性を減少できる。鼻チューブの設置により、副鼻腔炎がみられることはほとんどない。

下痢：下痢は経腸栄養補給の様々な状態で起こり得るだろう。高浸透圧の流動食は、吸収能を越える量の液体を消化管内に動員する。抗菌薬と制酸剤の併用は正常細菌叢を変化させ、遠位結腸における細菌の増殖、分泌性の下痢の原因となる。多くの経腸栄養において、食物繊維の欠乏は短鎖脂肪酸の結腸内産生を減少させ、結腸でのナトリウムと水の再吸収能を低下させる。重篤な疾患あるいは外傷患者においては、しばしば血流、酸素供給、間質液の動態（浮腫）の多臓器的な異常があり、吸収能、消化能、運動能に変化が起こり、下痢を引き起こす。汚染された経腸栄養食の投与や栄養食の誤った使用は、感染性の下痢の原因となりうる。

チューブの設置部位：鼻食道チューブや鼻胃チューブの誤った設置は、経腸栄養食の誤嚥や気管への誤った挿入により気道を損傷する恐れがある。胃チューブや空腸チューブでは瘻孔部の裂開や感染、経腸栄養食の漏出の危険を伴い、局所感染や腹膜炎、敗血症を誘発する。瘻孔部とチューブの場所は毎日確認し、希釈したポビドンヨード液で消毒し、ガーゼと抗菌薬の軟膏で保護しなくてはならない。鼻チューブは頭蓋内圧の亢進している患者では使用してはならない。誘引されたくしゃみにより急激に頭蓋内圧が上昇する可能性があるためである。

悪心および嘔吐：急激な経腸栄養の実施や高浸透圧の栄養食の投与は、胃や腸を刺激し、痙攣や悪心、嘔吐を引き起こす。胃や腸の運動性の低下による鼓脹症も同様の異常を引き起こす。

21. 経腸栄養補給におけるグルタミンの重要性とは？

通常の動物では、グルタミンは器管内の窒素輸送の触媒や肝臓での糖新生の基質として最重要な遊離アミノ酸である。また核酸合成の前駆体、アシドーシス状態における腎臓でのアンモニア生成の基質、リンパ球、内皮細胞、線維芽細胞、腎尿細管細胞、腸管細胞などの急速に分裂する細胞の呼吸の燃料としても重要である。グルタミンは腸管粘膜の構造と機能を維持し、腸内細菌の他の部位への転移を防ぎ、局所免疫機構を維持している。ストレス下では血漿グルタミンレベルが著しく低下するため、重篤な患者においては必須アミノ酸と考えられる。獣医領域ではグルタミンの必須含量は特に確立されていないが、ヒトでは0.5g/kgとされている。経腸栄養食にはグルタミン粉末（Glutamine, Cambridge, Nutraceuticals）あるいは多くの新

しい経腸免疫増強物質（ImmunAid, McGaw, INC.）が添加される。

22. 経腸栄養補給における繊維の重要性とは？

　食物繊維は消化率の低い（10～15％）セルロース、ヘミセルロース、リジンのような不溶性繊維と消化率の高い（90～99％）ペクチン、ガム、粘着性繊維のような可溶性繊維とで構成される。食物繊維は結腸において嫌気的発酵を受け、酢酸、酪酸、プロピオン酸などの短鎖脂肪酸が生成される。これらの脂肪酸は能動的、積極的に結腸細胞に取り込まれ、間接的に電解質と水の再吸収を刺激する。さらに短鎖脂肪酸は栄養的な影響を持ち、結腸細胞に対して優先的に燃料を供給する。ヒトにおける研究では、繊維含量の多い食事が結腸の細菌の他の部位への転移を減少させることが示されている。繊維の発酵に伴う水素イオンの発生は、アンモニウムイオンからのアンモニア形成の流れを止め、便の窒素含量を増加させる。この性質は、経腸栄養補給の必要な腎および肝不全の患者に対して有益である。ヒトにおいて対照をおいた臨床的な研究は実施されていないが、最近実施された限定された研究により様々な結果が示されている。一般に、経腸栄養補給に関与した下痢は、繊維を添加した経腸栄養食を投与されている患者では減少する。繊維が添加されている経腸栄養食の多くは、大豆の多糖類（20％がセルロースで80％がヘミセルロース）を含む。獣医科領域で入手可能な経腸栄養食は繊維を含んでいない。

参考文献

1. Bowling TE: Enteral-feeding-related diarrhea: Proposed causes and possible solutions. Proc Nutr Soc 54: 579-590, 1995.
2. Crowe DT: Nutritional support for the hospitalized patient: An introduction to tube feeding. Comp Cont Educ Pract Vet 12: 1711-1721, 1990.
3. Heyland D, Cook DJ, Winder B, et al: Enteral nutrition in the critically ill patient: A prospective surgery. Crit Care Med 23: 1055-1060, 1995.
4. O'Leary MJ, Coakley JH: Nutritional and immunonutrition. Br J Anaesth 177: 118-127, 1996.
5. Rodman DP, Gaskins SE: Optimizing eternal nutrition. Am Fam Physician 53: 2535-2542, 1996.
6. Souba WW: Nutritional support. N Engl J Med 336: 41-48, 1997.
7. Souba WW, Klimberg VS, Plumley DA, et al: The role of glutamine in maintaining a healthy gut and supporting the metabolic response to injury and infection. J Surg Res 48: 383-391, 1990.
8. Walton RS, Wingfield WE, Ogilvie GK, et al: Energy expenditure in 104 postoperative and traumatically injured dogs with indirect calorimetry. J Vet Emerg Crit Care 6: 71-79, 1976.
9. Zaloga GP (ed): Nutrition in Critical Care. St. Louis, Mosby, 1994.

119. 機械的換気
MECHANICAL VENTILATION

Elizabeth Rozanski, D.V.M., and Therese O'Toole, D.V.M.

1. 機械的換気が必要になるのはどのような場合か？

　機械的換気が必要とされるのは以下の場合である。(1) 酸素マスク、経鼻カテーテル、酸素ケージで酸素を供給したにもかかわらず $PaO_2 > 50mm/Hg$ に維持できない場合、(2) 呼吸抑制薬剤の除去あるいは胸腔穿刺（臨床的に適応の場合）にもかかわらず $PaCO_2 < 50mm/Hg$ に維持できない場合である。これは一般に50/50ルールと呼ばれている。機械的換気のその他の適応は、(1) 切迫した呼吸不全がみられるほどの臨床状態の悪化および (2) 心肺停止である。

2. 機械的換気にはどのような選択があるか？

　人工的な換気法の選択として、簡単なものとしては気管内チューブにアンビューバックを取り付けたものがあり、複雑なものとしては長期間のケアのためのコンピューター制御の人工呼吸器がある。一般に、長期間の呼吸の補助のために設計された人工呼吸器は、手動制御の人工呼吸器に比較して、酸素レベル、湿度、呼吸量、吸気圧等をよりうまく管理できる。

3. どのタイプの換気が獣医療において一般的に使用されるか？

　容量制限型換気では、人工呼吸器は圧力にかかわらず設定された容量を排出する。一般に警報は呼吸回路内圧力の急激な増加を検知するために設定され、これは普通、閉塞のシグナルとなる。圧力制限型換気では、人工呼吸器は容量にかかわらず事前に設定された圧力に応じた空気が供給される。気道閉塞や肺のコンプライアンスの減少が起きた場合には、呼吸量が減少する傾向があるため、呼吸量（肺活量測定より）と同様に $PaCO_2$ をより頻繁にモニターしなければならない。小動物（体重4.5kg（10ポンド以下））では、圧力制限型換気がより望ましいという報告もある。

4. どんなモードの換気が一般に用いられるか？

　補助コントロールモードでは、人工呼吸器は1分間当たり一定の呼吸数が設定される。人工呼吸器は患者の吸気時の陰圧が生じると作動し、患者が呼吸しない場合はあらかじめ設定されたレートに従い作動する。患者の呼吸が速い場合（パンティング時など）は、過呼吸を引き起こす場合があり、このときは他の換気モードが用いられる。

　同調性間欠強制換気（SIMV）モードでは、人工呼吸器は1分間当たりにあらかじめ設定された呼吸数だけ供給する。呼吸は吸気時の陰圧によって誘発されるが、患者の呼吸が設定値より速い場合には人工呼吸器は余分の呼吸を供給しない。このモードは、人工呼吸器によって供給される呼吸数を徐々に減少できるため、人工呼吸器からの離脱に有用である。

　自発的換気もまた多くの人工呼吸器で使用できる。この機能は麻酔器と同じである。この換

気モードは一般に獣医療領域では使用されないが、セットした酸素濃度を動物に供給したり、あるいは人工呼吸からの離脱後持続的にモニターする場合に有用である。

5. 患者に経口気管挿管を施すべきか、あるいは気管切開を施すべきか？
　どちらの気道確保の形式を選択するかは、基礎疾患と臨床医の好みの両方により決定される。経口気管挿管の長所は、速さ、容易さ、組織の損傷が少ないことである。短所は、かなりの程度の鎮静と非動化を必要とすることである。気管切開の長所は、食事や水の経口摂取が可能な程度の鎮静と非動化ですむことである。短所は、免疫抑制の可能性がある患者には外科的処置を必要とすることと、気管チューブの閉塞や脱落の可能性があるため、麻酔されている患者より注意深いモニタリングが必要なことである。一般的に、36～48時間以上の人工呼吸を必要とする場合には、気管切開の方が適当である。

6. 鎮静と麻酔にはどのようなプロトコールが有益か？
　理想の薬物とは心血管系への抑制が最小限で、力価の調整が容易であり、かつ経済的なものである。しかしそのような薬物は存在しない。多くの犬ではペントバルビタール（2～16mg/kg IV 4～6時間毎）がよく用いられている。ペントバルビタールの長所は長時間効果が持続することであり、比較的安価である。短所としては、覚醒するまで比較的長時間を要し、拮抗薬がないことである。他に一般的に用いられる薬物としては、オキシモルフィン（0.05～0.1mg/kg IV 必要に応じて）と、ジアゼパム（0.25～0.5mg/kg IV 必要に応じて）の併用である。麻薬は一般に心血管系への予備能はあるが、頻回投与を必要とし、また高価である。他のプロトコールとしてはフェンタニールもしくはプロポフォールの（効果発現するまでの）連続定量点滴である。時に atracurium（0.2mg/kg IV）のような麻痺性の薬物が機械的換気を容易にするために用いられる。麻痺性薬物は十分な鎮痛薬とともに用いることが重要である。

7. PEEPとは？
　陽性終末呼気圧（Positive End-Expiratory Pressure: PEEP）は、高濃度の酸素を吸入し、$PaCO_2$ が正常からそれ以下にもかかわらず低酸素血症を示す患者の酸素化を改善させる。PEEPは完全な呼出を防止し、機能的残気容量を増加させ、細気道の早期閉塞を防止し、肺胞の大きさを広げその回復を促進する。その結果、換気と還流がうまく調和するようになる。重要な点は、PEEPはまた心臓への静脈還流を減少させ、潜在的に心拍出量を増加させることである。

8. 機械的換気が持つ問題点とは？
　機械的換気には危険がないわけではない。主要な臨床的問題点は圧力外傷と感染である。圧力外傷は肺の特定の領域に過度の陽圧がかかることにより起こり、破裂や気胸（あるいは気縦隔症）を引き起こす。人工呼吸によって安定していた患者の酸素飽和度が下降する最も一般的な原因の1つは、重篤な気胸の形成である。気胸は、重大な肺疾患を持つ動物では予見しておくべきである。飼い主とスタッフには、それが主な失敗であると考えていないことについて助言するべきである。
　感染は人工呼吸下にある患者にとってもう1つの重要な問題点である。感染はしばしば上部

気道や口腔咽頭部の汚染から肺へと広がる。なぜならば、人工呼吸では正常な上部気道の防御機構をバイパスしてしまうからである。さらに人工呼吸下の患者はしばしば免疫抑制状態で非動化されている。このことがまた感染の危険性を増加させる。可能な限り清潔と滅菌操作に徹することが重要である。気道の培養を定期的に（24〜48時間毎）実施し、臨床徴候と組み合わせて直接的な抗菌治療を推進していく。

その他の機械的換気に関連して起こり得る懸念としては、静脈還流の減少、酸素毒性、上部気道の損傷や刺激、長期間の横臥に起因する骨格筋の問題などがある。

9. 人工呼吸下にある動物の予後は？

人工呼吸下にある動物の予後は、その基礎疾患に大きく左右される。例えば、巨大食道症に続発した誤嚥性肺炎を再発し、急性進行性の呼吸不全がある15歳齢の犬の予後は厳しいが、それに反して外傷性動揺胸郭や肺挫傷の若い犬の予後は良好である。筆者の経験によれば、QOLを保ちつつ、30〜40％以上の生存率を保つことが目標となる。

参考文献

1. King LG, Hendricks JC: Use of positive-pressure ventilation in dogs and cats: 41 cases (1990-1992). J Am Vet Med Assoc 204: 1045-1052, 1994.
2. Parent C, King LG, Walker LM, et al: Clinical and clinicopathologic findings in dogs with acute respiratory distress syndrome: 19 cases (1985-1993). J Am Vet Med Assoc 9: 1419-1427, 1996.
3. Parent C, King LG, Van Winkle TJ, et al: Respiratory function and treatment in dogs with acute respiratory distress syndrome: 19 cases (1985-1993). J Am Vet Med Assoc 208: 1428-1433, 1996.
4. Pasco PJ: Oxygen and ventilatory support for the critical patient. Semin Vet Med Surg (Small Animals) 3: 202-209, 1988.
5. Van Pelt DR, Wingfield WE, Wheeler SL, et al: Oxygen-tension based indices as predictors of survival in critically ill dogs: Clinical observations and review. J Vet Emerg Crit Care 1: 19-25, 1991.
6. Van Pelt DR, Wingfield WE, Hackett TB, et al: Application of airway pressure therapy in veterinary critical care. J Vet Emerg Crit Care 3: 63-70, 1994.

120. 眼の初期評価
INITIAL OPHTHALMIC EVALUATION

Cynthia C. Powell, M.S., D.V.M., Dip. ACVO,
and Steven M. Roberts, M.S., D.V.M., Dip. AVCO

1. 眼科の救急とはどのような場合か？

眼科の救急とは、視覚の悪化、失明、眼球の球状形態の損失あるいは眼周囲の組織や機能の重篤な損失を引き起こす状況や出来事のことである。眼科の救急は生命を脅かすものではないが、眼の機能の保持や回復の可能性を最大限にするために、素速い診断と適切な処置が要求さ

れる。眼科の救急は、早急な処置が要求される生命を脅かす救急と関係している場合がある。

2. どのような眼の状態が真の救急を意味するか？

　眼の障害の多くは、突然の痛みと眼の発赤を示す。そのようなケースではそれらの緊急性を見極め、素速い処置の必要性を評価しなければならない。以下のリストは、すべてを網羅してはいないが、最も一般的な臨床眼科救急を分類する際に良い出発点である。

- 鋭利なものによる外傷
- 眼内異物
- 角膜潰瘍
- 眼球出血
- 眼瞼裂傷
- 眼球突出
- 緑内障（急性）
- 突然の失明
- 眼球の貫通や裂傷
- ぶどう膜炎

3. 患者が到着して最初に行うことは？

　最近の病歴を迅速に収集する。患者が眼球疾患、外傷、化学的な眼の刺激、反応性の薬物の使用などの経歴の有無あるいは、全身疾患の徴候を持っていないかを判断する。眼の障害の多くは全身疾患や外傷と関連している。明らかなこと以上のものが進行している可能性を忘れないこと。まず身体検査をしっかりと行い、迅速な対応を必要とするような全身的疾患や生命を脅かすような状態ではないことを確認して、眼の診察へと進む。

4. 救急時のアプローチにおける適切な全般的手順について述べよ。

　眼の疾患はしばしば誤診、不十分な診断、または不適切に強調された診断を下されがちである。そのような誤りは順次的な検査を行い、眼全体を精査することで最小限にとどめることができる。徹底的にそして正確に行うことが、急いで不適切で不正確な処置を行うことよりも、はるかに重要なことである。正確、適切であれば、数分の治療の遅れは、通常結果を悪い方向にもっていくことはなく、逆に治療の成功の機会を向上させるものである。

5. どのような眼科器具が使用されるか？

- 照明器具
- 散瞳薬
- 培養用スワブ
- シルマー試験紙
- フローレス染色試験紙
- 細胞採材用スパチュラ
- 拡大用補助器具（ヘッドルーペ、スリットランプ等）
- 眼圧計（例えば、Schiotz）
- 顕微鏡用スライド
- 局所麻酔薬

6. どのような保定方法を用いるか？

　賛否両論の立場から、化学的あるいは物理的保定は各々のケースに従って考えなければならない。過度の物理的保定は中心静脈圧、あるいは骨格筋や眼球組織の緊張の上昇により眼内圧の急激な上昇を引き起こす場合がある。眼球構造が脆弱化していれば、眼球破裂を引き起こす場合がある。重症患者では全身的な鎮静や麻酔が不適で、局所あるいは局部的麻酔が適応となる場合がある。犬では口輪を用いればおとなしくなり、猫は猫袋に入れることによりおとなしくなる。

7. 最適な検査の進め方とは？

　第一に、角膜や結膜表面の細菌培養が必要かどうかを決定する。次に、シルマーティアー試験が必要かどうかを決定する。診察は外部から内部に向けてバランス良く論理的に進めていく。あらかじめ眼科検査用書式を作成しておけば、情報収集の際の不慮の欠落を減少させることができる（下図参照）。可能ならば正常な眼と異常な眼を比較する。穿孔の可能性が排除されるまでは、眼球に圧力をかけることを避ける。瞳孔反射を評価した後に、短時間作用型の散瞳薬（トロピカマイド等）を瞳孔を拡張するために用いる場合がある。散瞳薬の使用は緑内障が疑われる場合には禁忌である。

眼科の病歴と検査項目

日付：　　　　　　　　　病歴：

体温：　　脈拍：　　胸部聴診所見：　　呼吸数：　　口腔粘膜：　　体重：

左眼			右眼	
正常	異常		正常	異常
□	□	視覚	□	□
□	□	PLR	□	□
		直接		
		間接		
□	□	眼窩	□	□
□	□	眼瞼	□	□
□	□	瞬膜	□	□
□	□	鼻涙管	□	□
□	□	STT/60s	□	□
		STTa/60s		
□	□	涙の排出	□	□
□	□	結膜	□	□
		（培養／細胞診）		
□	□	上強膜および強膜	□	□
□	□	角膜	□	□
		（フローレス染色）		
□	□	前眼房	□	□
□	□	斜視	□	□

Schiotz、PTG、Tonopen（使用した眼底鏡）

□	□	隅角鏡検査	□	□
□	□	水晶体	□	□
□	□	睫毛	□	□
□	□	硝子体	□	□
□	□	眼底	□	□
□	□	網膜電図	□	□

右眼（OD）　　左眼（OS）

プロブレムリスト	イニシャルプラン	治療

clinician(s): [resident/Faculty]

8. 傷害された眼が乾燥していたらどうするべきか？

　眼の外傷あるいは患者の鎮静は、瞬きの反射と涙膜の形成を減少させる。人工涙液や抗菌点眼薬で眼を浸潤させることがある。散瞳薬はシルマーティアー試験や細菌培養用材料の採材が終わるまで避けるべきである。軟膏は、眼球の穿孔がある場合や、それが疑われる場合は避ける必要がある。

9. 眼球破裂の主な指標は？

　ぶどう膜の突出や前房の虚脱は、特に破裂が角膜やその辺縁部にある時は、しばしば眼球破裂を伴う。脱出したぶどう膜組織は黒く見え、フィブリン層によって覆われている場合がある。破裂が大きければ眼球は柔らかい（緊張低下）。眼房水の湿潤は穿孔部からの漏出を示唆する。他の徴候としては激しい眼の痛み、眼房水のフレア、前房出血、縮瞳、瞳孔の不整、虹彩炎、網膜や硝子体の出血、網膜剥離がある。

10. 培養や細胞検査はどのような場合に行うか？

　敗血症性、めずらしい化膿性、あるいは奇妙な組織の反応が疑われる場合は、培養、微生物感受性試験、細胞学的評価のためのサンプルを採取する。深部の角膜潰瘍、特にそれが白色の浸潤もしくは平坦化し、溶けたように見える辺縁を伴っている場合は、感染を疑うべきである。そのような潰瘍は初めに培養のためのスワブを取り、続いて局所麻酔を行い、細胞診用の材料を掻爬するべきである。眼房水では化膿性炎症、敗血症、腫瘍性細胞、光受容体の浮遊切片（網膜剥離を示唆）、水晶体成分（水晶体破裂を示唆）等の存在について評価する。

11. 治療はいかに迅速に始めるべきか？どのような最前線治療が安全か？

　迅速な治療は重要である。しかし数分から数時間の遅れが眼の救急に重大な影響を与えるわけではない。より重要なことは、不適切なあるいは禁忌の治療の危険を犯すことよりも、動物の全身状態を確実に把握することである。炎症および感染の可能性には最も関心を払わなくてはならないことであるので、抗菌薬（第1世代セファロスポリン）や、コルチコステロイド（メチルプレドニゾロンあるいはデキサメサゾン）の静脈内への迅速な投与を行うことは一般的には問題ない。眼球組織が損傷や裂傷を受けていない場合には、抗菌薬は必要としない。

参考文献

1. Gelatt KN: Ophthalmic examination and diagnostic procedures. In Gelatt KN (ed): Veterinary Ophthalmology. Philadelphia, Lea & Febiger, 1991, pp 195-236.
2. Severin GA: Severin's Ophthalmology Notes. Ft. Collins, FL, Design Point Communications, 1996, pp 1-62.

附表：救急救命用薬物リスト
Appendix: Emergency Drugs
（欧文薬剤名　ABC順）

附表：救急救命用薬物リスト

薬物	剤型	適応	投与量	作用
アセプロマジン (ProAce)	10mg/mL	麻酔前投薬、鎮静	0.062〜0.025mg/kg 非経口投与 （最大静脈投与量： 3mg/犬 あるいは 1mg/猫）	鎮静作用
アミノフィリン Aminophyline	25mg/mL； 100mg錠	喘息、肺水腫	犬：10mg/kg 8時間毎 経口、IM、IV	冠状動脈および 気管支の拡張作用、 利尿作用
アムロジピン Amlodipine	2.5mg錠	上室性頻脈、 肥大性心筋症、 全身性高血圧症	猫：0.625mg （1/4錠）1日1回 経口	Caチャネルブロッカー
抗蛇毒素 Antivenin	10mLバイアル	ガラガラ蛇による 中毒症	1〜5バイアルを2時間 毎に IV	蛇毒抗毒素・解毒薬
アテノール Atenolol	25mg錠	全身性高血圧、 心不整脈	犬：0.5〜1mg/kg 1日2回 経口 猫：6.25mg/1日量 経口	β_1遮断薬
硫酸アトロピン Atropine sulfate	0.5mg/dL	洞性徐脈、 房室ブロック、 心室性不全収縮	0.04mg/kg IV 0.1mg/kg IT	副交感神経遮断作用
ブレチリウム トシレート Bretylium tosylate	50mg/mL	心室性頻拍、 心室細動	10mg/kg IV 1〜2mg/分 CRI	薬物的除細動、 心室性抗不整脈薬
ブトルファノール Butorphanol (Torbugesic, Torbutrol)	10mg/mL	鎮痛	犬：0.1mg/kg IV； 0.1〜0.4mg/kg 6〜12時間毎 SQ、IM	中枢作用性鎮痛作用、 麻薬性作動薬-拮抗薬
カルシウム塩 Calcium chloride	10%溶液	高カリウム血症、 低カルシウム血症、 Caチャネルブロッ カー中毒、高マグ ネシウム血症	1〜2mL IV EKGを観察し、効果を みながら注意して投与	陽性変力作用
カプトプリル Captopril (Capoten)	12.5、25、50、 100mg錠	動・静脈拡張 1日2〜3回 経口	犬：0.5〜2mg/kg 猫：0.5〜1.5mg/kg 1日2〜3回 経口	アンギオテンシン 変換酵素阻害剤
活性炭 Charcoal, activated	1ポンドバッグ； 懸濁液200mg/mL、 240mLボトル	毒物吸収	2〜8g/kg経口 （必要に応じ反復）	毒物を経口的に摂取 したときの吸収作用
クロルフェニラミン Chlorpheniramine (Aller-Chlor, Chlortrimeton)	4mg錠	抗ヒスタミン薬	犬：4〜8mg 1日2〜3回 猫：2〜4mg 1日2〜3回	抗ヒスタミン作用

薬物	剤型	適応	投与量	作用
シメチジン Cimetidine （Tagamet）	注射液： 150mg/mL 経口： 60mg/mL 溶液 錠：200、300mg	胃酸分泌抑制	犬：4 mg/kg 　6時間毎　経口、IV 猫：2.5mg/kg 　1日2回　経口	H_2 ブロッカー
デスモプレシン Desmopressin （DDAVP）	0.01% 溶液	von Willebrand's 病、抗利尿ホルモン誘導体	犬：1 μg/kg SQ	von Willebrand's 病における第Ⅷ因子の放出増加
デオキシコルチコステロン Desoxycortico- sterone	25mg/mL 　ピバレート塩	副腎皮質機能低下症	犬：25〜75mg 　ピバレート4週間毎	ミネラロコルチコイド
リン酸デキサメサゾンナトリウム Dexamethasone sodium phosphate	4 mg/mL	ショック	2〜4 mg/kg　IV	グルココルチコイド
デキストロメトルファン Dextromethor- phan	guaifenesin 20mg/mL の添加された3 mg/mL シロップ （Robitussin DM）	咳	犬：必要に応じて 　1〜5 mL	鎮咳薬
ジアゼパム Diazepam （Valium）	5 mg/mL 注射液 食欲増進	発作、痙攣	犬：1mg/kg　IV 　あるいは座薬で 猫：0.75mg/kg　IV 　食欲増進薬として 　0.05〜0.1mg/kg　IV	ベンゾジアゼピン； 　抗痙攣薬、 　精神安定薬
ジゴキシン Digoxin （Cardoxin, Lanoxin）	錠：0.125、0.25、0.5mg 注射液： 　0.25mg/mL エリキシル剤： 　0.05、0.15mg/mL カプセル： 　0.05、0.1、0.2mg	上室性期外収縮、心筋不全	犬：0.22mg/m^2 　1日2回　錠剤 　0.18mg/m^2、1日2回 　エリキシル剤あるいは 　0.005〜0.01mg/kg 　（1日2回　0.25mgを超えない） 猫：0.125mg　錠剤 　1.8〜3.2kg　1/4錠 　48時間毎 　3.2〜5.9kg 1日1/4錠 　＞5.9kg 1/4錠1日2回 　ラシックスと併用 　0.007mg/kg　48時間毎	陽性変力、房室結節を通して伝達を減少させた
塩酸ジアゼパム Diltiazem （Cardiazem）	錠：30mg、 60mg 拡大投与 （Dilacor XR）	上室性頻拍、肥大性心筋症	犬：0.5〜1.5mg/kg 　1日3回　経口 猫：1.75mg/kg 　1日3回　経口； 　1日1回 60mg 　拡大投与	Ca チャネルブロッカー

602

附表：救急救命用薬物リスト

薬物	剤型	適応	投与量	作用
ジフェンヒドラミン Diphenhydra-mine（Benadryl）	注射液：50mg/mL	抗ヒスタミン	犬：2〜4mg/kg 　6〜8時間毎 IV、IM	抗ヒスタミン作用
ドブタミン Dobutamine（Dobutrex）	12.5mg/dL	心筋不全	5〜20 μg/kg/分 CRI	合成カテコラミン、陽性変力作用
ドーパミン Dopamin（Intropin）	40mg/mL	低心拍出量、低腎血流あるいは低腸管膜血流	3〜5 μg/kg/分 　CRI で腎血流量増加 5〜10 μg/kg/分 　CRI で心拍出量の増加、血圧を上昇	ドーパミン作用性 β_1 作動薬、ノルエピネフリン前駆物質
ドキサプラム Doxapram（Dopram-V）	20mg/mL	呼吸中枢刺激	犬、猫：1〜5mg/kg 　IV	呼吸中枢刺激作用
塩化エドロホニウム Edrophonium chloride	10mg/mL	重症筋無力症の診断補助	犬：1〜2mg　IM、IV	抗コリンエステラーゼ作用
電気的除細動 Electrical therapy（de-fibrillation）	1〜400 ジュール	電気的除細動	1〜2 ジュール /kg	同時に起こる心筋の脱分極
エナラプリル Enalapril（Enacard, Vasotec）	2.5、10mg 錠	動・静脈血管拡張 うっ血性心不全	犬：0.25〜0.5mg/kg 　1〜2回/日　経口 猫：0.25〜0.5mg/kg 　12〜24 時間毎　経口	血管拡張
エピネフリン Epinephrine	1：1000 溶液	心室細動、心室性不全収縮、電気的解離	0.1mg/kg　IV 0.2〜0.4mg/kg　IT	α、β 作動薬
フェンタニール Fentanyl（Sublimaze）	注射液： 　0.05mg/mL 経皮：2.5、 　5 mg シール	鎮痛	犬：4 μg/kg　IV 　2〜4 μg/kg/時　CRI 　4.5〜18.2kg 　2.5mg シール、＞18.2kg 　5.0mg シール	麻薬性鎮痛
フロセミド Furosemide（Lasix）	錠：12.5、20、40、50、80mg 注射液： 　10、50mg/mL 経口液：10mg/mL	肺水腫、うっ血性心不全、高血圧症、無尿、乏尿	犬：2〜4mg/kg 　1日おきから1日に3回 　経口、IM、IV 猫：1〜2mg/kg 　1日おきから1日に 　2回経口、IM、IV	ループ利尿薬
ヘパリンナトリウム Heparin sodium	1,000U/mL	抗凝固、DIC	300U/kg　IV （ボーラス投与） 600U/kg/日　CRI	内因性、外因性の両方の凝固経路の凝固因子に対する抗凝固作用

薬物	剤型	適応	投与量	作用
ヒドララジン Hydralazine (Apresoline)	10mg 錠	動脈血管拡張、うっ血性心不全	犬：0.5〜2.0mg/kg 1日2〜3回	動脈血管拡張
インシュリン Insulin	100U/mL レギュラー、レンテ、NPH、ウルトラレンテ	真性糖尿病、高カリウム血症	0.5〜1U/kg SQ	ホルモン
イソプロテレノール Isoproterenol (Isuprel)	注射液：0.2mg/mL	重症のアトロピン抵抗性の徐脈	0.0025mg/kg CRI 0.1〜0.2mg 6時間毎 IM、SQ	βアドレナリン作動薬
リドカイン Lidocaine (Xylocaine)	注射液：20mg/mL （2％）	心室性期外収縮	犬：50〜100 μg/kg/分 CRIに続く2〜8 mg/kg ボーラス投与、IV	心室性期外収縮
リジノプリル Lisinopril (Zestril)	20mg 錠	ACE阻害、血管拡張	犬：0.25〜0.5mg/kg 1日1回 経口	ACE阻害薬
マグネシウム塩 Magnesium chloride	注射液：200mg/mL	非反応性心室性不整脈、化学的除細動、重症の低血圧	0.15〜0.3mEq/mg IV 2〜10分以上かけて 0.75〜1.0mEq/kg/日	電解質、化学的除細動
マンニトール Mannitol	25％溶液	利尿、脳浮腫	0.25〜1g/kg IV	浸透圧性利尿
メクリジン Meclizine	25mg 錠	前庭疾患への制吐作用	犬：4 mg/kg 1日1回 猫：2 mg/kg 1日1回	抗ヒスタミン
メペリジン Meperidine (Demerol)	50mg/mL	鎮痛	犬、猫：11mg/kg IM	鎮痛
コハク酸メチルプレドニゾロンナトリウム Methylpredni-solone sodium succinate (Solu-Medrol)	500mg バイアル	脊髄損傷	犬：30mg/kg IV	グルココルチコイド
メトクロプラミド Metoclopramide (Reglan)	注射液：5 mg/mL 経口： 　10mg 錠、 溶液：1 mg/mL	消化管運動刺激、嘔吐、悪心	犬：1〜2 mg/kg/日 CRI、IV 犬、猫：0.2〜0.4mg/kg 1日3回 経口	胃腸刺激薬、制吐剤
ミソプロストール Misoprostol (Cytotec)	100 μg 錠	胃潰瘍予防、サイクロスポリン誘発性腎毒性の減退、非ステロイド性抗炎症薬誘発性の胃腸潰瘍の治療	犬：2〜4 μg/kg 1日3〜4回 経口	合成 PGE_1 誘導体

附表：救急救命用薬物リスト

薬物	剤型	適応	投与量	作用
硫酸モルヒネ Morphine sulfate	注射液：0.5mg/mL、15mg/mL	鎮痛、血管拡張、肺水腫、鎮静	犬：0.5〜2mg/kg 肺水腫に対しては IM、SQ 0.05〜0.1mg/kg 猫：0.1mg/kg　IM、SQ	麻薬性鎮痛薬
ナロキソン Naloxone	注射液：400μg/mL	麻薬性拮抗薬、心停止時の電気、EMD時	犬：15μg/kg　IV 30μg/kg　IV 機械解離（EMD）	麻薬性拮抗薬
ニトログリセリン Nitroglycerin (Nitro-BID, Nitrol)	2％軟膏	うっ血性心不全時の（静脈）血管拡張	犬：0.635cm/kg 皮膚に1日3〜4回 猫：0.318〜0.635cm 皮膚に1日3〜4回	（静脈）血管拡張
ニトロプルシド Nitroprusside (Nipride)	200μg/mL	うっ血性心不全、肺水腫	1〜5μg/kg/分　CRI	動・静脈血管拡張
オキシモルフォン Oxymorphone (Numorphan)	1.5mg/mL	麻薬性鎮痛	犬：0.11〜0.22mg/kg IM、SQ、IV （最大量＝4.5mg/犬） 猫：0.06mg/kg 4時間毎　SQ	麻薬性鎮痛薬
ペントバルビタールナトリウム Pentobarbital sodium	65mg/mL；400mg/mL	鎮静、発作、痙攣、注射麻酔、安楽死	犬、猫：25〜30mg/kg 静脈注射麻酔として痙攣 発作時に3〜15mg/kg ゆっくりとIV（抗痙攣）	バルビツレート
フェノバルビタール Phenobalbital	注射液：130mg/mL 錠：15、30、60、100mg	鎮静、痙攣、発作	犬、猫：2〜4mg/kg 1日2回　経口 6〜20mg/kg 静脈負荷投与量	バルビツレート
臭化カリウム Potassium bromide	250mg/mL	痙攣、発作	犬：10〜30mg/kg 1日2回　経口 必要に応じて臭化Naの 静脈負荷投与 （350〜520mg/kg）	抗痙攣薬
プレドニゾン Prednisone (Deltasone)	錠：5、20mg 経口液：1mg/mL	コルチコステロイド療法、副腎皮質機能低下症、炎症性疾患、免疫介在性疾患	犬、猫： 0.5〜2.2mg/kg/日 経口	グルココルチコイド
プロカインアミド Procainamide (Procan SR, Pronestyl)	カプセル：250, 375、500mg 錠：250、375、500mg SR錠：250、500、750、1,000mg 注射液：100、500mg/mL	心室性不整脈、上室性不整脈	犬：8〜30mg/kg　IM、 1日4回　経口 （SR＝3回/日） 2mg/kg　IV 15mg/kg　全量を3〜5 分以上かけて20〜50 μg/kg/分　CRI	抗不整脈薬

605

薬物	剤型	適応	投与量	作用
プロポフォール Propofol (Diprivan)	10mg/mL	短時間型麻酔薬	犬：4～6 mg/kg　IV 効果発現まで 猫：6～8mg/kg　IV 効果発現まで	短時間作用性催眠効果薬
プロプラノール Propranolol (Inderal)	錠：10、20、40、 60、80、90mg 注射液：1 mg/mL	心房性心室性不整脈、肥大型心筋症、高血圧症、心筋梗塞、甲状腺中毒症	犬：0.2～1.0mg/kg 1日3回　経口、 0.02～0.06mg/kg　IV 猫：＜4.5kg、2.5～5 mg 1日2～3回　経口； ＞4.5kg：5 mg 1日2～3回　経口 IV：0.02～0.06mg/kg	βアドレナリンブロッカー
ラニチジン Ranitidine (Zantac)	注射液：25mg/mL 錠：15mg/mL シロップ：150mg	胃潰瘍患者の胃酸分泌抑制として	犬：2 mg/kg 1日2～3回　経口、 IV、SQ 猫：3.5mg/kg 1日2回　経口 2.5mg/kg 1日2回　IV	H_2受容体拮抗薬
重炭酸ナトリウム Sodium bicarbonate	1 mEq/mL	重度の代謝性アシドーシス	0.5～2 mEq/kg　IV	アルカリ化薬
スクラルファート Sucralfate (Carafate)	1 g錠	十二指腸潰瘍	犬：0.5～1 g 1日3回　経口	胃の塩酸と反応して、潰瘍周囲の蛋白質と結合するペースト様の複合物を形成する。
テオフィリン Theophyline (Theo-Dur)	錠：100、200、 300、450mg カプセル：50、75、 125、200mg	喘息、慢性閉塞性肺疾患	犬：9 mg/kg Theo-Dur　20 mg/kg 1日2回　経口 猫：4 mg/kg 1日2～3回　経口 Theo-Dur 25mg/kg 夜服用	気管(支)拡張
Thiacetarsa- mide, sodium	注射液：10mg/mL	犬糸状虫症	犬：2.2mg/kg 1日2回　IV　2日間	有機ヒ素合剤
ベラパミル Verapamil (Calan, Isoptin)	注射液：2.5mg/mL	上室性頻拍、 カルシウム過剰投与	0.05～0.15mg/kg　IV 15分以上かけてゆっくり 2～10 μg/kg/分　CRI	Caチャネルブロッカー
ビタミンK Vitamin K (Phytonadione)	注射液：10mg/mL	ワルファリン解毒薬	犬、猫：1 mg/kg　IM、経口；殺鼠剤毒の長時間作用には　2.5～5 mg/kg	凝固促進

附表：救急救命用薬物リスト

薬物	剤型	適応	投与量	作用
キシラジン Xylazine （Rompun, AnaSed, Tranquived）	注射液： 20、100mg/mL	鎮静、麻酔、猫で嘔吐あり	犬：1 mg/kg IM、IV 猫：0.44mg/kg IV	鎮静作用、麻酔
ヨヒンビン Yohimbine （Yobine）	注射液：2 mg/dL	キシラジンあるいは amatraz に反する効果	犬、猫：0.1〜0.5mg/kg IV	α_2 拮抗薬

IV＝静脈注射、IM＝筋肉注射、SQ＝皮下注射、IT＝気管内投与、CRI＝持続点滴、
NSAID＝非ステロイド性抗炎症薬、EMD＝電気的機械的解離、ACE＝アンギオテンシン変換酵素、
AV＝房室、NPH＝（インスリン・プロタミン・亜鉛からなる変性型）インスリン

索引

あ

アジソン・クリーゼ	371
アジソン病	369
アスピリン療法	228
圧力制限型換気	593
アドレナリン作動薬	195
アナフィラキシー	64, 316, 522
アナフィラキシー・ショック	66
アニオンギャップ	402
アンモニア濃度	160

い

イオン・トラッピング	501
威嚇反射陽性	188
移行上皮癌	161, 162
維持輸液量	400
胃チューブ	61
犬の出血性胃腸炎	424
胃・腹壁固定術	61
インシュリン分泌性腫瘍	364
喉頭麻痺	233
院内感染	181

う

うっ血性心不全	249, 279, 312
運動失調	150

え

栄養失調	586
会陰部尿道造瘻術	485
液性免疫不全	294
エチレングリコール中毒	473, 502
塩基過剰（BE）	403
炎症性エイコサノサイド	173

お

嘔吐	141
嘔吐抑制薬	143
横紋筋芽細胞腫	161
オシロメーター	581
溺れかけ	234
オルトラニサイン	177

か

外眼筋緊張	188
外眼筋挫滅	188
外傷	79
外傷性呼吸器救急疾患	42
外傷性心筋炎	89
開放性気胸	538
開放性骨折	121, 179
開放性尿道カテーテル法	483
過栄養性骨疾患	179
化学物質性吸引性肺炎	223
化学物質性肺炎	223
化学物質性火傷	187
過換気	40
拡散性腹膜炎	377
拡散性蜂窩織炎	169
拡張型心筋症	252, 277
拡張期動脈圧	577
角膜	192
角膜潰瘍	212
角膜裂傷	191
過呼吸	250
過水症	474
喀血	241
カテコールアミン	257
化膿性腹膜炎	165
カリウム異常	381
顆粒球コロニー刺激因子	432
カルシウム拮抗薬	259
カルニチン欠乏	253
カルボプラチン	161
眼圧の測定	209
眼球突出	188
眼球内出血	193
眼球復位	188
換気療法	239
ガンショット	333
肝性脳症	348, 409
間接的血圧測定	583
感染性心膜滲出	272
感染性髄膜炎	341
眼底部	188
嵌頓性包茎	448
眼内圧	188
眼内炎	202
肝不全	393
眼房水フレア	203
間葉性腫瘍	161
肝リピドーシス	413

き

機械的換気	593
気管切開	531, 594
気管内投与（IT）	31
気胸	537
起座呼吸	40
基礎的生命維持	27
気道確保	594
気道閉塞	43
キニノゲナーゼ	173
逆流性雑音	249
吸引性肺炎	222
急性胃拡張-捻転（GDV）	60
急性肝炎	413
急性虚脱	317
急性呼吸不全	220
急性昏睡	347
急性細菌性前立腺感染	463

項目	ページ
急性失明	198
急性腫瘍融解症候群（ATLS）	300
急性小気道性疾患（喘息）	45
急性腎盂腎炎	468
急性進行性下位運動ニューロン疾患	349
急性腎不全	322, 472
急性膵炎	366
急性前部ブドウ膜炎	203
急性大腸炎	439
急性中毒	495
急性副腎クリーゼ	371
急性緑内障	207
胸郭ポンプ説	28
胸腔穿刺	538
胸腔ドレーン	537
強心薬（陽性変力作用薬）	257
胸水	538
矯正歯科治療	167
巨大食道	426
菌血症	464
筋線維束収縮	510
緊張性気胸	86, 538

く

項目	ページ
隅角異常	208
隅角閉鎖	208
クーンハウンド麻痺（CHP）	349
グルコース	363
グルココルチコイド	163

け

項目	ページ
経口気管挿管	594
経腸栄養食	588
経腸栄養補給	586
血液型	102
血液凝固障害	302
血液凝固阻害性殺鼠剤	512
血液透析器	491
血管新生	203
血管透過性	237
血管内コロイド浸透圧	237
血管内静水圧	237

項目	ページ
血液透析	490
血漿浸透圧	394
血小板減少症	298, 328
血清胆汁酸	160
血清病	174
結石	160
血栓塞栓症	279, 285
血栓溶解薬	231
血尿	466
結膜移植	191
結膜充血	203
解毒剤	509
煙吸引	242
下痢	145
原発性骨腫瘍	178
原発性心筋疾患	277
原発性緑内障	208
瞼板縫合	189

こ

項目	ページ
高インスリン血症	307
高カリウム血症	371, 383
高カルシウム血症	305
高血圧	578
高血圧性の心疾患	278
虹彩	192
虹彩腫大	203
虹彩癒着形成	203
甲状腺中毒による心疾患	278
高浸透圧	395
高浸透圧性真性糖尿病	361
硬性鏡	419
合成同族体	257
拘束型心筋症	278
高体温症	158
高炭酸症性呼吸不全	40
高窒素血症	370, 472
好中球減少症	293
高熱蒸気吸引	243
抗フィブリン作用薬	196
抗不整脈薬	264
後部ブドウ膜炎	202
股関節脱臼	178
呼吸窮迫	40, 45
呼吸困難	40
呼吸性アシドーシス	402

項目	ページ
呼吸性アルカローシス	402
呼吸促迫	40
50/50 ルール	593
後大静脈症候群	228
鼓脹症	60
骨折	178
骨内カテーテル法	551
骨内投与（IO）	31
骨盤骨折	122
コリン作動性殺虫剤	507
コルチコステロイド	195
コレカルシフェロール中毒	516
昏睡	345
昏睡スコア	106
昆虫毒	521
コンパートメント症候群	85

さ

項目	ページ
サードスペース	393
サイアセタルザマイド	229
再拡張性肺水腫	240
細菌性前立腺炎	162
細菌性腹膜炎	489
サイデル試験	190
催吐剤	496
細胞集積	203
細胞性免疫不全	294
刺傷	521
酸-塩基平衡異常	401
酸-塩基ホメオスタシス	402
酸素欠乏性脳障害	235
酸素飽和度	404
酸素補給療法	43
散瞳	188

し

項目	ページ
ジアゼパム	162
シェッツ式眼圧計	209
視覚	188
子癇	450
色素沈着亢進	203
ジギタリス製剤	258
ジギタリス配糖体	257
糸球体濾過率	472
子宮蓄膿症	445

子宮無力症	454	新生血管形成	203	先天性低グロブリン血症	392
視神経炎	199	真性ケトーシス（DKA）	357	前部ブドウ膜炎	202
歯髄治療	167	真性糖尿病	357	前房出血	188
シスプラチン	161	心臓内投与（IC）	32	前方引き出し徴候	177
自然気胸	538	心臓ポンプ説	28	前立腺炎	162
失神	148	診断的腹腔洗浄	126	前立腺癌	178
死の定義	354	診断的腹膜洗浄	566	前立腺疾患	162
ジメチル・スルファイド	163	心タンポナーデ	272	前立腺膿瘍	162, 463, 465
蛇毒血清	174	心肺停止	26		
シュウ酸カルシウム	161	心肺停止（CPA）	46	**そ**	
収縮期動脈圧	577	心肺蘇生法（CPR）	26	総合非経口栄養摂取（TPN）	
重症筋無力症	427	心肥大	249		154
重度点状瞳孔	188	深部角膜潰瘍	213	僧帽弁疾患	249
羞明	203	心不全	47	続発性緑内障	203, 208
縮瞳	188, 203	腎不全	486	蘇生	26, 173, 235
縮瞳薬	195	心膜	271		
腫瘍溶解	300	心膜滲出	272	**た**	
循環血液量減少症（脱水）		心膜穿刺	274, 545	体液の損失	359
	395			対光反射陽性	188
上強膜充血	203	**す**		代謝性アシドーシス	402
橈骨神経麻痺	119	膵炎	366	代謝性アルカローシス	402
硝子体出血	196	膵β細胞腫瘍	364	タウリン欠乏	253
晶質液	93	髄膜炎	340	多臓器機能不全	293
小腸の閉塞	420	ステロイド反応性髄膜炎	342	ダニ麻痺	350
焦点性発作	337	ストルバイト結石	161	多尿性 ARF	474
上部気道閉塞	240	スリル（振せん）	249	多発性外傷	80
静脈確保	550			多発性骨髄腫	294
静脈切開術	256, 550	**せ**		多発性動脈炎	342
静脈内投与（IV）	31	成人呼吸窮迫症候群（ARDS）		断髄法	168
上腕骨折	122		46	蛋白喪失性腎症	392
上腕神経根剥離	119	成分輸血	327	蛋白喪失性腸症	392
食道狭窄	428	脊髄外傷	113		
食道の障害	425	脊髄障害	334	**ち**	
食道閉塞	419	脊髄造影法	334	チアノーゼ	42, 250
食欲不振	152	石油蒸留物中毒	497	チェーンストーク	
ショック	54	切迫流産	458	（Cheyne-Stokes）	105, 348
ショック容量	93	腺癌	161, 162	チェスト・チューブ	539
腎盂腎炎	468	前眼房出血	194	中耳炎	151
心エコー検査	255, 273, 280	穿孔性外傷	42	中心静脈圧	579
心拡大	249	センシング	268	超音波検査	126, 581
心筋症	277	全身性アナフィラキシー	64	腸間膜の捻転	422
心筋心内膜炎	278	全身性炎症反応症候群		腸／結腸穿孔	165
神経損傷	118	（SIRS）	56	腸重積	435
神経病	117	全身性動脈血圧	577	腸閉塞	164
心血管機能不全	317	全身性発作	337		
心雑音	249	喘息	219		

つ

椎間板	333

て

低アルブミン血症	392
低カリウム血症	384
低眼圧	188
低換気	40
低グロブリン血症	392
低血圧	577
低血糖症	307, 308, 363, 371
低酸素血症	594
低酸素血症性呼吸不全	40
低酸素症	43, 231, 244
低浸透圧	395
低体温	69
低蛋白血症	328, 391
低ナトリウム血症	309, 371
低マグネシウム血症	387
低リン血症	361
デキサメサゾン	335
てんかん	149
てんかん状態	337
電気的除細動器	34
伝染性疾患	180

と

透過性水腫	238, 239
瞳孔	188
瞳孔反射	199
透析	486
透析療法	478
同調性間欠強制換気	593
疼痛管理	129
動脈出血	83
動揺胸	87
ドキソルビシン	311
毒物	495
毒物排泄	500
吐出	141
特発性肝リピドーシス	415
突発性網膜変性症候群（SARDS）	199
鈍性胸部外傷	42

な

内因性ブドウ膜炎	204
内耳炎	151
鉛中毒	505
難産	452

に

肉芽腫性髄膜脳炎（GME）	342
二次性腹膜	376
ニトログリセリン	256
ニトロプルシッド	256
乳酸アシドーシス	404
乳腺癌	178
尿酸アンモニウム結晶	160
尿道カテーテル法	553
尿道閉塞	485, 562
尿毒症	473
尿路感染症	467

ね

猫伝染性腹膜炎	376
猫白血病ウイルス（FeLV）	182
猫免疫不全ウイルス（FIV）	182
熱射病	72
熱（火）傷	242

の

脳炎	340
脳灌流圧（CPP）	36
脳死	352
膿瘍	169
脳脊髄液（CSF）穿刺	570
脳損傷	104
脳膿瘍	341

は

ハーブ（Haab's）線	210
敗血症	56, 255, 293
敗血症性ショック	57, 170, 293
敗血症性腹膜炎	378
肺血栓栓塞症（PTE）	230
肺水腫	44, 237, 249
バイタルサイン（生命徴候）	23
ハイドロクロロサイアザイド	308
排尿困難	159
排尿障害	466
肺胞－動脈血酸素分圧較差	45
白内障	203
跛行	176
白血球減少症	169
抜髄	167
発咳	250
発熱	156
パラソルモン関連ペプチド（PTH-rp）	305
パルボウイルス	429
汎眼球炎	203
播種性血管内凝固（DIC）	302, 328
ハンセンⅠ型、Ⅱ型	333
万能供血犬	102

ひ

ビーグルペイン症候群	342
皮下膿瘍	169
非化膿性炎症性疾患	342
非感染性髄膜炎	342
非感染性脳炎	342
非再生性貧血	328
肥大型心筋症	277
泌尿器損傷	127
病的骨折	178
ピロキシカム	161
頻尿	466

ふ

フィラリア症	225
フェノキシベンザミン	162
フォスフォジエステラーゼ阻害薬	257
フォトプレチスモグラフィ	581
復温	70
腹腔穿刺	126, 563

索引

副次ホルモン	357	ホルネル症候群	119, 179
副腎皮質機能亢進症	199	**ま**	
副腎皮質機能低下症	369	マグネシウム異常	387
腹水	568	麻痺性腸閉塞	422
副前立腺炎嚢胞	162	慢性腎盂腎炎	468
腹部X線検査	126	慢性前部ブドウ膜炎	203
腹部小切開法	564	慢性中毒	495
腹部損傷	125	慢性の巨大結腸症	165
腹膜炎	376	慢性リンパ球性白血病	294
腹膜透析	487	**み**	
不整脈	261	ミニカットダウン法	550
ブドウ膜	202	ミネラルコルチコイド治療	373
部分的非経口栄養摂取（PPN）	154	**む**	
ブラディキニン	173	無呼吸	40, 250
フルカットダウン法	550	無呼吸検査	354
フレキシブルファイバー内視鏡検査	420	**め**	
フロセミド	256	メチルプレドニゾロン	335
プロプラノロール	308	免疫介在性溶血性貧血	327
プロプルシド	166	**も**	
へ		網膜出血	197
平滑筋腫	161	網膜剥離	188, 199, 200
平均動脈圧	577	毛様体筋麻痺薬	195
閉鎖性気胸	538	モルフィン	239
閉鎖性尿道カテーテル法	483	門脈体循環シャント	409
ペースメーカー	267	**や**	
βアドレナリン受容体遮断薬	259, 308	火傷	187
ペスト	170	**ゆ**	
蛇咬傷	171	有棘赤血球増加症	172
便秘	164	優先順位（トリアージュ：triage）	79
扁平上皮癌	161	輸液蘇生	82
弁膜性心内膜炎	296	輸液薬	92
ほ		輸液療法	324
蜂窩織炎	169	輸血	98, 327
膀胱腫瘍	161	**よ**	
膀胱洗浄	482	陽性終末呼気圧	594
乏尿性ARF	474	容量制限型換気	593
補助コントロールモード	593	**ら**	
補助切開法	550	ラクツロース	166
補助的酸素療法	231	**り**	
発作	148, 336	利尿効果	483
ボツリヌス中毒	351	流産	458
		良性特発性心膜滲出	272
		リン酸アンモニウムマグネシウム結石	160
		リンパ腫	305
		リンパ腺症	170
		リンパ肉腫	161
		る	
		ループ系利尿薬	256
		わ	
		ワルファリン	512

A

ABC 蘇生法	498, 509
ACTH 刺激試験	372
ARF	472

C

CPV	429
CSF	570
CVP	579

D

DAP	577
Dinemap, Critikon	581
Doppler Flow Detector	581
DPL	566

F

Finapres, Choeda	581
FLUTD	162
FUO	158

G

GCSF	432
greenstick 骨折	122
GRF	472

H

Harpster 分類	253

L

L-アスパラギナーゼ	316

M

MAP	577
Monteggia 骨折	122

P

PEEP	594
proarrhythmia	265

R

R on T 現象	90

S

SABP	577
Salter-Harris (SH) 分類	122
SAP	577
Schiff-Sherrington 症候群	113
SIMV	593

U

UTI	467

V

Virchow の3徴候	231

小動物医療救急救命シークレット

2004年9月30日　初版第1刷発行

編集	WAYNE E. WINGFIELD, DVM, MS
監訳	安川明男
翻訳	吉川幸一・廣中俊郎・村田　篤・斉藤　聡 畑　　孝・松倉克仁・麻生真由美・阿部　嗣 増田　聖・内藤晴道・梅原絵麻・鈴木通之 堀川元樹・増田智之・上ノ堀雅子
発行者	清水嘉照
発行所	有限会社　アニマル・メディア社
	〒113-0034　東京都文京区湯島2-12-5　湯島ビルド301
	TEL 03-3818-8501　　FAX 03-3818-8502
印刷所	株式会社　文昇堂

Printed in Japan
JAPANESE TRASLATION©AKIO YASUKAWA 2004
ISBN4-90171-08-4

製作には十分に注意しておりますが、万一、乱丁、落丁などの不良品がありましたら、
小社あてにお送りください。送料小社負担にてお取替えいたします。